Win-Q

화훼장식
기능사 필기

시대에듀

편·저·자·약·력

김근성

現 조경과 플라워 대표이사
　MIT 능력개발원 교수

前 화훼장식기사협회 사업·교육이사
　한국화훼협회 이사
　과천화훼협회 회장

편집진행 윤진영·장윤경 ｜ **표지디자인** 권은경·길전홍선 ｜ **본문디자인** 정경일·조준영

PREFACE

화훼장식 분야의 전문가를 향한 첫 발걸음!

'시간을 덜 들이면서도 시험을 좀 더 효율적으로 대비하는 방법은 없을까?'
'짧은 시간 안에 시험을 준비할 수 있는 방법은 없을까?'
자격증 시험을 앞둔 수험생들이라면 누구나 한 번쯤 들었을 법한 생각이다. 실제로 많은 자격증 카페에 빈번하게 올라오는 질문이기도 하다. 이런 질문들에 대해 대체적으로 기출문제 분석 → 출제경향 파악 → 핵심이론 요약 → 관련 문제 반복숙지의 과정을 거쳐 시험을 대비하라는 답변이 꾸준히 올라오고 있다.

윙크(Win-Q) 시리즈는 위와 같은 질문과 답변을 바탕으로 기획되어 발간된 도서로, 그중에서도 윙크(Win-Q) 화훼장식기능사는 PART 01 핵심이론과 PART 02 과년도 + 최근 기출복원문제로 구성되었다.

PART 01에서는 출제기준에 따라 각 단원별로 중요하고 반드시 알아두어야 하는 핵심이론을 제시하고, 빈출문제를 통해 핵심내용을 다시 한번 확인할 수 있도록 하였다. PART 02는 과년도 + 최근 기출복원문제를 수록하여 PART 01에서 놓칠 수 있는 새로운 유형의 최신 문제에 대비할 수 있게 하였다.

전문화되어 가고 있는 현대는 고도의 기술을 요구하는데, 화훼 또한 이러한 흐름에 맞추어 빠른 속도로 생활 속에 필요한 부분으로 자리 잡아가고 있다. 이에 따라 화훼를 이용한 장식품의 종류도 다양해지고 있어 점점 고도의 전문성과 프로정신을 보유한 인력이 요구되고 있다.

화훼장식기능사는 도·소매 꽃가게의 대형화 및 전문화를 통한 전문인력의 고용능력과 창업의 증대, 호텔, 은행 등 대형건물의 그린 인테리어로서의 활동, 조경회사, 골프회사, 화훼종묘회사, 화훼육묘회사, 화훼경매시장 등에 취업, 실내조경가, 코디네이터, 사이버플라워디자이너, 이벤트행사기획가, 전시회기획가, 화훼장식평론가 등의 프리랜서로 활약, 전문 분야의 상품 개발, 디스플레이 전문업, 화훼장식소재 제조업, 화훼장식소재 판매, 화훼유통업, 꽃꽂이학원의 경영, 화훼 관련 경기대회 관리 및 심사위원, 각종 교육기관의 강사 등에 종사할 수 있다.

윙크(Win-Q) 시리즈는 필기 고득점 합격자와 평균 60점 이상의 합격자 모두를 위한 훌륭한 지침서이다. 무엇보다 효과적인 자격증 대비서로서 기존의 부담스러웠던 수험서에서 필요 없는 부분을 제거하고 꼭 필요한 내용들을 중심으로 수록한 윙크(Win-Q) 시리즈가 수험준비생들에게 "합격비법노트"로서 자리 잡길 바란다. 수험생 여러분들의 건승을 기원한다.

편저자 씀

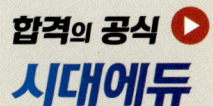
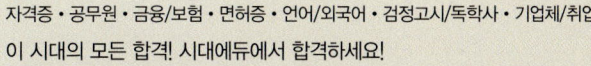

[화훼장식기능사] 필기

시험안내

개요
화훼산업의 가능성 및 역할이 증대되고, 시대 및 사회적 요구의 확대로 인해 화훼장식 전문가의 양성, 도·소매 꽃가게 운영의 현대화, 화훼장식(이용)의 과학화 그리고 체계화된 교육과 효율적인 인력활용을 위해 일정 수준의 지식과 기술을 갖춘 사람을 양성할 목적으로 제정되었다.

수행직무
화훼장식의 전문성을 가지고 화훼류를 주소재로 실내·외 공간의 기능성과 미적 효과가 높은 장식물의 계획, 디자인, 제작, 유지 및 관리하는 기술과 관련된 모든 업무를 수행한다.

시험일정

구분	필기원서접수 (인터넷)	필기시험	필기합격 (예정자)발표	실기원서접수	실기시험	최종 합격자 발표일
제1회	1월 초순	1월 하순	2월 초순	2월 초순	3월 중순	4월 중순
제2회	3월 중순	4월 초순	4월 중순	4월 하순	5월 하순	6월 하순
제3회	6월 초순	6월 하순	7월 중순	7월 하순	8월 하순	9월 하순
제4회	8월 하순	9월 중순	10월 중순	10월 중순	11월 하순	12월 중순

※ 상기 시험일정은 시행처의 사정에 따라 변경될 수 있으니, www.q-net.or.kr에서 확인하시기 바랍니다.

시험요강
❶ 시행처 : 한국산업인력공단
❷ 시험과목
　㉠ 필기 : 화훼장식 재료, 화훼장식 제작 및 관리
　㉡ 실기 : 화훼장식 제작 실무
❸ 검정방법
　㉠ 필기 : 객관식 4지 택일형, 60문항(1시간)
　㉡ 실기 : 작업형(2시간 정도)
❹ 합격기준(필기·실기) : 100점 만점에 60점 이상

검정현황

필기시험

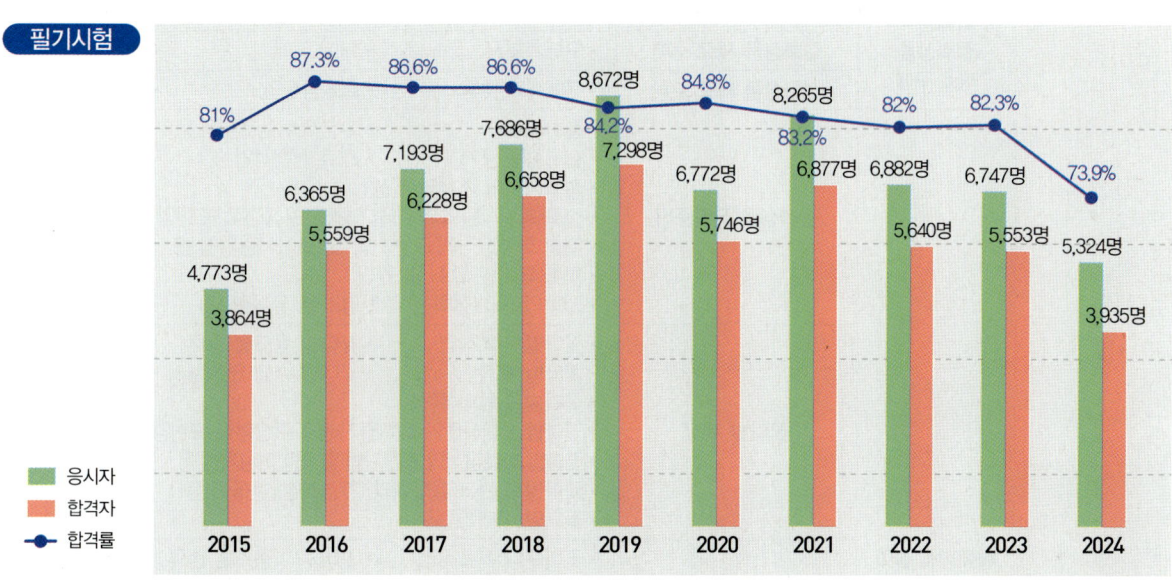

실기시험

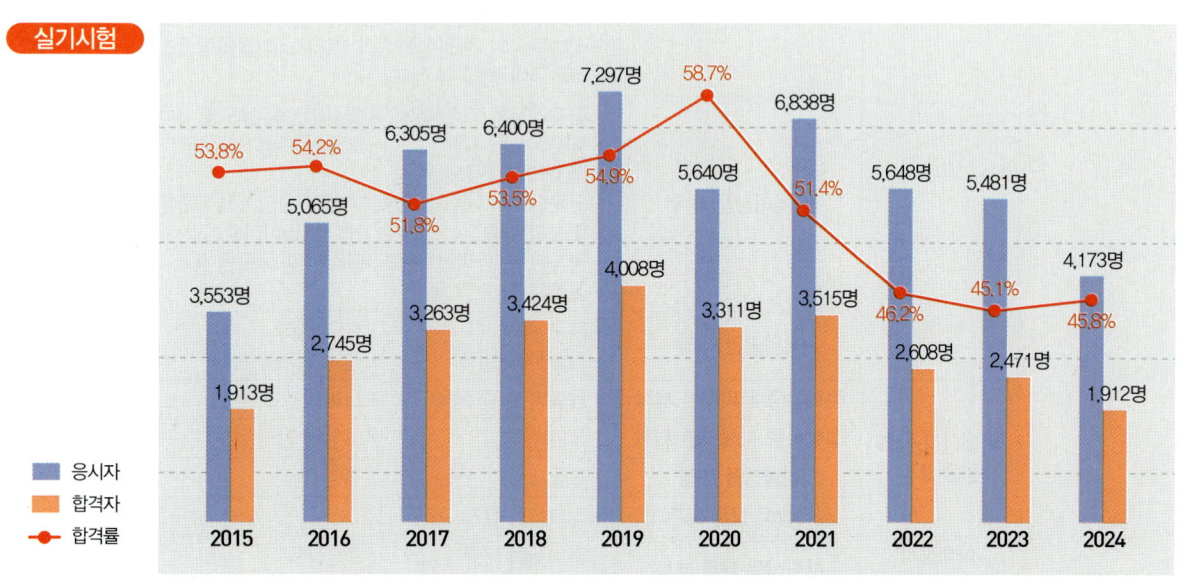

시험안내

출제기준

필기과목명	주요항목	세부항목	세세항목		
화훼장식 재료, 화훼장식 제작 및 관리	화훼장식 절화상품 재료 구매	절화시장 조사	• 상품제작 재료	• 상품재료 종류	• 실행예산서
		절화상품 재료 구매	• 구매계획서	• 재료 구매	• 재료 검수
		절화상품 재료 분류	• 구매재료 분류	• 물올림작업	• 재료 정리보관
	화훼장식 절화 기본상품 제작	절화상품 작업준비	• 절화재료 • 절화상품 용기 • 절화장식의 종류와 특성 • 절화 화훼식물의 조형(줄기배열, 구성형식, 표현양식 등) • 절화 화훼장식의 표현기법 및 와이어링기법 등 • 화훼 디자인 요소 및 원리 • 절화의 관리(절화생리, 환경조절, 물올림 등)	• 고정재료(플로랄폼 등) • 재료 선행작업	
		꽃다발 제작	• 꽃다발 기초작업 • 꽃다발 제작 • 꽃다발 종류와 특성 • 꽃다발 화훼식물의 조형(줄기배열, 구성형식, 표현양식 등) • 꽃다발 화훼장식의 표현기법 및 와이어링기법 등 • 꽃다발의 관리(절화생리, 환경조절, 물올림 등) • 꽃다발 형태 및 용도	• 꽃다발 용도별 종류 • 꽃다발 수명 연장처리	
		꽃바구니 제작	• 꽃바구니 기초작업 • 꽃바구니 제작 • 꽃바구니의 종류와 특성 • 꽃바구니 화훼식물의 조형(줄기배열, 구성형식, 표현양식 등) • 꽃바구니 화훼장식의 표현기법 등 • 꽃바구니의 관리(절화생리, 환경조절, 물올림 등) • 꽃바구니 형태 및 용도	• 꽃바구니 용도별 종류 • 꽃바구니 수명 연장처리	
		꽃꽂이상품 제작	• 꽃꽂이상품 기초작업 • 꽃꽂이상품 제작 • 꽃꽂이의 종류와 특성 • 꽃꽂이 화훼식물의 조형(줄기배열, 구성형식, 표현양식 등) • 꽃꽂이 화훼장식의 표현기법 및 와이어링기법 등 • 꽃꽂이의 관리(절화생리, 환경조절, 물올림 등) • 꽃꽂이 형태 및 용도	• 꽃꽂이상품 용도별 종류 • 꽃꽂이 수명 연장처리	
		작업공간 정리	• 도구 종류 • 작업장(시설) 정리	• 도구 정리 • 절화 폐기물 관리	
	화훼장식 절화 상품 포장	절화상품 글씨리본 제작	• 용도별 문구 선택	• 글씨리본 선택	
		절화상품 장식리본 제작	• 리본 선택	• 보우와 장식	
		절화상품 포장	• 포장재료	• 포장기법	
		절화상품 상품 마무리	• 절화상품 유지 관리		
	화훼장식 분화상품 제작	분화상품 재료 분류	• 분화재료 분류 • 분화상품 용기	• 토양재료 • 분화식물 종류와 특성	

필기과목명	주요항목	세부항목	세세항목	
화훼장식 재료, 화훼장식 제작 및 관리	화훼장식 분화상품 제작	분화상품 작업준비	• 분화상품 선행작업 • 분화재료 생리 • 분화식물 디자인 요소 및 원리 • 분화식물의 관리(토양, 번식 및 분갈이, 환경조절, 영양 및 병충해 관리 등) • 분화식물의 조형(줄기배열, 구성형식, 표현양식 등) • 분화식물 기관, 형태 및 용도	• 분화재료 관수 • 분화재료 환경	
		분화상품 제작	• 분화상품 기초작업	• 분화상품 디자인	
		작업공간 정리	• 도구 종류 • 작업장(시설) 정리	• 도구 정리 • 분화 폐기물 관리	
	화훼장식 상품 관리	화훼장식 상품 관리	• 절화상품 재료	• 절화상품 및 품질 관리	
		분화상품 관리	• 분화상품 유지 관리		
		가공화상품 관리	• 가공화소재의 종류와 특성 • 가공화소재 화훼장식의 표현기법 및 와이어링기법 등 • 가공화소재 재료 관리(환경조절, 취급 등) • 가공화소재 화훼식물의 조형(줄기배열, 구성형식, 표현양식 등) • 가공화소재 기관, 형태 및 용도 • 가공화상품 재료	• 가공화소재 디자인요소 및 원리 • 가공화상품 관리	
		대여상품 관리	• 대여상품 유지 관리		
		부재료 관리	• 부재료 분류(자재 등) • 부재료 시설 및 도구	• 부재료 관리 • 부재료 건조 가공방법	• 입·출고 관리
	화훼장식 상품 판매	고객 응대	• 고객 관리 • 화훼(장식)와 관련된 내용 상담	• 고객 상담	
		매장 판매	• 상품주문서	• 상품정보 전달	
		매장 외 판매	• 전자상거래	• 상품 홍보	
	화훼장식 배송·유통 관리	배송 준비	• 상품납품서	• 배송취급	• 소비자보호법
		배송 시행	• 배송계획서 • 소요시간 산출	• 배송현황 • 배송 관리	
		배송 후 관리	• 상품 인수 관리	• 고객만족도	• 불만고객 응대
		화훼장식 재료 유통시스템 관리	• 유통시스템 관리 • 고객 관리	• 상품 품질 유지	
	화훼장식 식물 관리	화훼식물 재료 분류	• 화훼식물 재료 분류, 기관, 형태 및 용도 • 화훼(장식)의 정의, 기능, 역사 및 범위 • 화훼의 이용 형태(생산, 취미, 후생 등) • 식물명(학명, 일반명 등) • 이용 형태별 분류	• 화훼식물 재료 품질 • 이용 용도별 분류	
		화훼식물 생장 관리	• 식물 생육환경 • 식물 품질 관리(절화, 분화식물 등)	• 식물 유지 관리	
		화훼식물 병충해 관리	• 병충해 종류 • 병충해 방제	• 병충해 예방 • 기타	

[화훼장식기능사] 필기

CBT 응시 요령

기능사 종목 전면 CBT 시행에 따른
CBT 완전 정복!

"CBT 가상 체험 서비스 제공"
한국산업인력공단
(http://www.q-net.or.kr) 참고

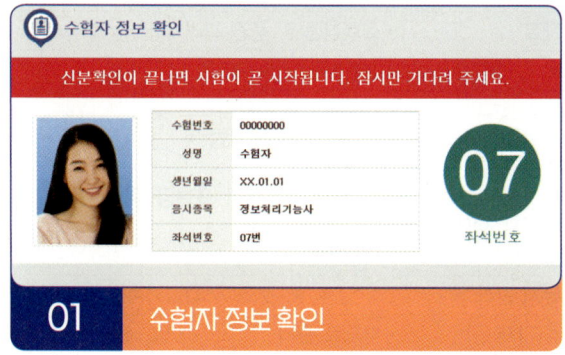

01 수험자 정보 확인

시험장 감독위원이 컴퓨터에 나온 수험자 정보와 신분증이 일치하는지를 확인하는 단계입니다. 수험번호, 성명, 생년월일, 응시종목, 좌석번호를 확인합니다.

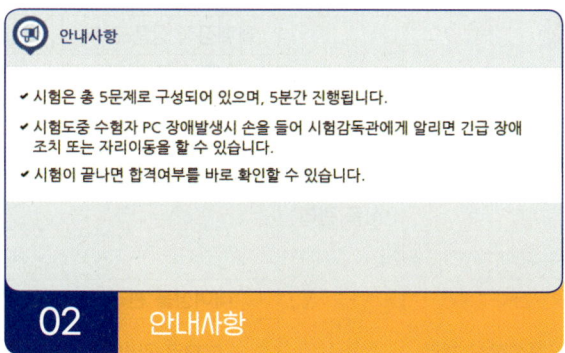

02 안내사항

시험에 관한 안내사항을 확인합니다.

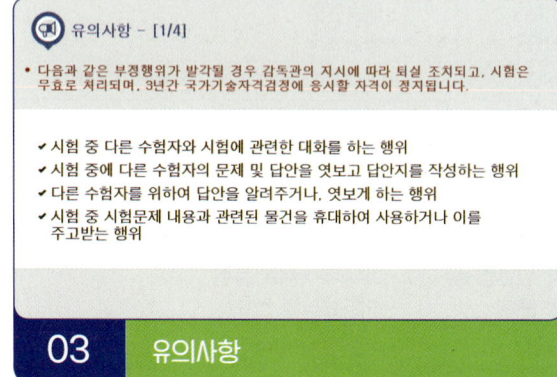

03 유의사항

부정행위에 관한 유의사항이므로 꼼꼼히 확인합니다.

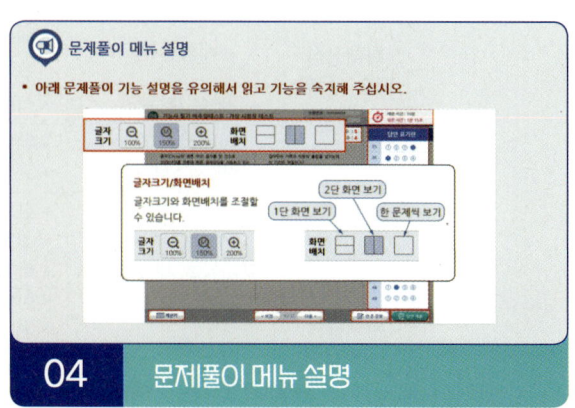

04 문제풀이 메뉴 설명

문제풀이 메뉴의 기능에 관한 설명을 유의해서 읽고 기능을 숙지해 주세요.

CBT GUIDE

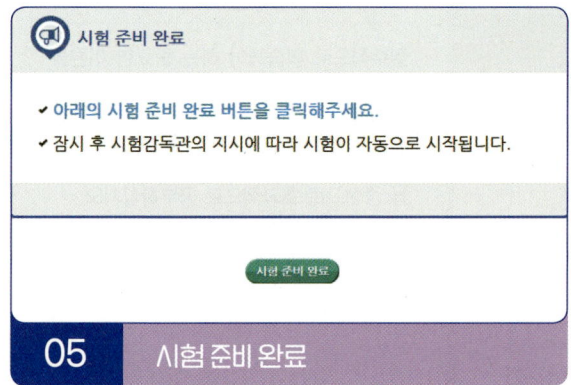

05 시험 준비 완료

시험 안내사항 및 문제풀이 연습까지 모두 마친 수험자는 시험 준비 완료 버튼을 클릭한 후 잠시 대기합니다.

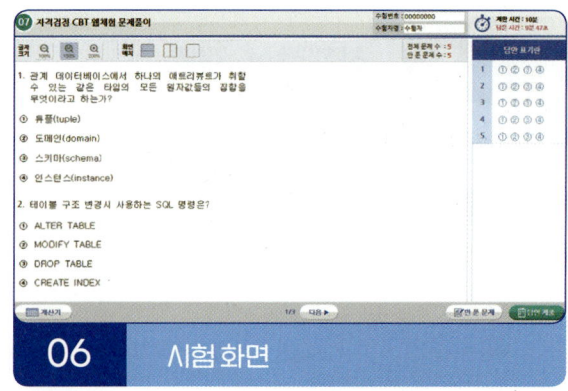

06 시험 화면

시험 화면이 뜨면 수험번호와 수험자명을 확인하고, 글자크기 및 화면배치를 조절한 후 시험을 시작합니다.

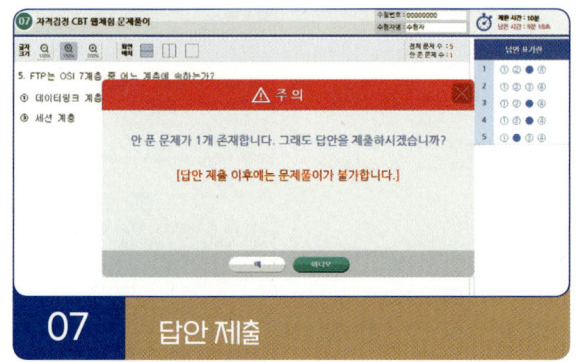

07 답안 제출

[답안 제출] 버튼을 클릭하면 답안 제출 승인 알림창이 나옵니다. 시험을 마치려면 [예] 버튼을 클릭하고 시험을 계속 진행하려면 [아니오] 버튼을 클릭하면 됩니다. 답안 제출은 실수 방지를 위해 두 번의 확인 과정을 거칩니다. [예] 버튼을 누르면 답안 제출이 완료되며 득점 및 합격여부 등을 확인할 수 있습니다.

CBT 완전 정복 TIP

내 시험에만 집중할 것
CBT 시험은 같은 고사장이라도 각기 다른 시험이 진행되고 있으니 자신의 시험에만 집중하면 됩니다.

이상이 있을 경우 조용히 손을 들 것
컴퓨터로 진행되는 시험이기 때문에 프로그램상의 문제가 있을 수 있습니다. 이때 조용히 손을 들어 감독관에게 문제점을 알리며, 큰 소리를 내는 등 다른 사람에게 피해를 주는 일이 없도록 합니다.

연습 용지를 요청할 것
응시자의 요청에 한해 연습 용지를 제공하고 있습니다. 필요시 연습 용지를 요청하며 미리 시험에 관련된 내용을 적어놓지 않도록 합니다. 연습 용지는 시험이 종료되면 회수되므로 들고 나가지 않도록 유의합니다.

답안 제출은 신중하게 할 것
답안은 제한 시간 내에 언제든 제출할 수 있지만 한 번 제출하게 되면 더 이상의 문제풀이가 불가합니다. 안 푼 문제가 있는지 또는 맞게 표기하였는지 다시 한 번 확인합니다.

[화훼장식기능사] 필기
구성 및 특징

핵심이론
필수적으로 학습해야 하는 중요한 이론들을 각 과목별로 분류하여 수록하였습니다. 시험과 관계없는 두꺼운 기본서의 복잡한 이론은 이제 그만! 시험에 꼭 나오는 이론을 중심으로 효과적으로 공부하십시오.

10년간 자주 출제된 문제
출제기준을 중심으로 출제 빈도가 높은 기출문제와 필수적으로 풀어보아야 할 문제를 핵심이론당 1~2문제씩 선정했습니다. 각 문제마다 핵심을 찌르는 명쾌한 해설이 수록되어 있습니다.

FORMULA OF PASS · SDEDU.CO.KR

STRUCTURES

과년도 기출문제

지금까지 출제된 과년도 기출문제를 수록하였습니다. 각 문제에는 자세한 해설이 추가되어 핵심이론만으로는 아쉬운 내용을 보충 학습하고 출제경향의 변화를 확인할 수 있습니다.

최근 기출복원문제

최근에 출제된 기출문제를 복원하여 가장 최신의 출제경향을 파악하고 새롭게 출제된 문제의 유형을 익혀 처음 보는 문제들도 모두 맞힐 수 있도록 하였습니다.

[화훼장식기능사] 필기

이 책의 목차

빨리보는 간단한 키워드

PART 01	핵심이론	
CHAPTER 01	화훼장식 재료	002
CHAPTER 02	화훼장식 제작 및 관리	012

PART 02	과년도 + 최근 기출복원문제	
2015년	과년도 기출문제	268
2016년	과년도 기출문제	292
2017년	과년도 기출복원문제	318
2018년	과년도 기출복원문제	332
2019년	과년도 기출복원문제	358
2020년	과년도 기출복원문제	382
2021년	과년도 기출복원문제	408
2022년	과년도 기출복원문제	432
2023년	과년도 기출복원문제	456
2024년	과년도 기출복원문제	478
2025년	최근 기출복원문제	504

빨간키

빨리보는 간단한 키워드

CHAPTER 01 화훼장식 재료

▌ 절화용
- 주요 관상 부위인 꽃만 잘라 낸 상태로 유통되며, 절엽류와 절지류에 비해 많이 쓰인다.
- 절화용 소재 : 백합, 난, 국화, 프리지아, 용담, 꽃창포, 안스리움, 장미, 델피니움, 칼라, 리시안서스, 아가판서스, 튤립, 알스트로메리아, 공작초, 스타티스, 숙근안개초, 극락조화, 오리엔탈나리 등

▌ 절지용
- 주요 관상 부위인 가지(전체) 또는 목본류 줄기만 잘라 낸 상태로 유통된다.
- 절지용 소재 : 버드나무, 곱슬버들, 태산목, 산수유, 화살나무, 사철나무, 청미래덩굴, 삼지닥나무, 조팝나무, 철쭉, 사스레피나무 등

▌ 절엽용
- 주요 관상 부위인 잎만 잘라 낸 상태로 유통된다.
- 절엽용 소재 : 유칼립투스, 미리오클라두스, 몬스테라, 스프링게리, 드라세나, 엽란, 둥굴레, 옥잠화, 아스파라거스, 알로카시아 등

▌ 사스레피나무
- 절지용으로 많이 사용된다.
- 상록성 식물이다.
- 꽃이 피는 관목식물이다.
- 제주도와 남부 지방에 자생한다.
- 화환의 뒤쪽 배경용으로 자주 사용된다.

▌ 실행예산서
실행예산서는 실행예산에 대한 상세내역을 작성하여 기재한 문서로 작성일자, 작업명, 필요재료 수량, 재료비, 실행금액, 상품금액 등이 포함된다.

■ **구매계획서**

구매할 계획이 있는 재료에 대한 관리와 자금지출에 관해 기록한 서식으로, 주별 실행예산서를 기준하여 매주 구매계획서를 작성한다.

■ **거래명세서**

거래처 간에 거래를 하고, 그에 따른 상세한 명세내역을 기록하여 상호 간 거래사실을 분명히 하고자 작성하는 문서이다.

■ **절화상품 재료 구매**
- 외적 평가 : 꽃, 화기, 줄기, 잎 등의 평가
- 내적 평가 : 절화 수명의 유지 정도, 절화 고유의 수명 측정 등

■ **라인플라워(Line Flower, 선형 꽃)**
- 라인플라워는 일반적으로 작은 꽃 여러 송이가 줄기를 따라 피는 가늘고 긴 모양의 수상화서나 총상화서가 많다.
- 종류 : 리아트리스, 모루셀라, 글라디올러스, 델피니움, 금어초, 스토크, 용담초, 락스퍼, 크로코스미아, 줄맨드라미, 진저 등

■ **폼플라워(Form Flower, 형태 꽃)**
- 화려하고 독특한 형태를 가진 꽃으로, 작품에서 포인트로 사용하거나 가장자리에 꽂아서 초점을 연출한다.
- 종류 : 극락조화, 심비디움, 방크시아, 프로테아, 안스리움, 헬리코니아, 글로리오사, 알리움, 칼라, 나리 등

■ **매스플라워(Mass Flower, 덩어리 꽃)**
- 일반적으로 줄기 끝부분에 둥그런 꽃이 하나씩 달린 단정화서가 많다.
- 종류 : 거베라, 백일홍, 아네모네, 라넌큘러스, 튤립, 스카비오사, 카네이션, 리시안서스, 장미, 수국, 국화 등

■ **필러플라워(Filler Flower, 채우기 꽃)**
- 다른 유형의 꽃들의 주변에 배치하여 주재료를 시각적으로 강조한다.
- 종류 : 라이스플라워, 솔리다스터, 부바르디아, 숙근플록스, 미스티블루, 왁스플라워, 아스타, 하이페리쿰, 벨라도나 델피니움, 프리지아, 스타티스, 카스피아, 안개꽃 등

CHAPTER 02 화훼장식 제작 및 관리

▌ 플로랄폼

꽃을 꽂기 위한 흡수성 스펀지로, 식물에게 수분을 공급해 주는 역할과 고정시켜 주는 역할을 하며 와이어, 방수테이프, 플로랄검 등을 이용해 화기에 고정한다. 플로랄폼을 물에 띄운 후 손이나 다른 것으로 누르지 말아야 하며, 기포가 멈추고 가라앉을 때까지 충분히 기다린다.

▌ 절화상품 용기

유리화기, 바스켓, 수반, 세라믹화기, 플라스틱화기, 금속화기, 종이상자, 기타 화기 등

▌ 웨딩 부케의 제작순서

신부에 대한 정보 파악 → 선호도와 디자인 파악 → 전문가로서의 의견 제시 → 디자인 결정 → 제작 → 상품 전달

▌ 신부 부케의 종류

라운드(Round) 부케, 캐스케이드(Cascade) 부케, 워터폴(Waterfall) 부케, 샤워(Shower) 부케, 비더마이어 부케, 호가스(Hogarth)라인 부케(S형), 초승달(Crescent) 부케, 암(Arm) 부케, 트라이앵글 부케, 스노볼(Snowball) 부케, 바스켓 부케, 클러치(Clutch) 부케, 콜로니얼(Colonial) 부케, 개더링(Gathering) 부케, 포멀리니어(Formal Linear) 부케 등

▌ 리스(Wreath)

절화를 이용하여 고리 모양으로 만들어 낸 장식물로 화관용, 테이블용, 벽걸이용 등과 스탠드에 걸어 사용하는 장례용이나 축하용도 있으며, 독일에서는 크란츠라고 한다.

▌ 갈란드(Garland)

갈란드는 꽃다발을 만들 때 식물소재를 철사 등에 엮어서 길게 늘어뜨리는 기법으로, 절화와 절엽 등을 길게 엮은 장식물이다.

■ 센터피스(Center Piece)
사방화라고도 하며, 음식 테이블이나 장식용 테이블 중앙에 놓는 꽃장식으로, 상하좌우 모든 곳에서 꽃을 볼 수 있는 360° 디자인이라고 할 수 있다.

■ 줄기배열에 의한 꽃꽂이 형태
방사선 배열, 평행선 배열, 교차선 배열, 감는선 배열, 줄기배열이 없는 구성

■ 구성형식
장식적 구성, 식생적 구성, 구조적 구성, 형-선적 구성, 오브제적 구성

■ 동양의 표현양식
직립형(위로 곧게 뻗는 형태), 경사형(비스듬히 뻗는 형태), 하수형(아래로 늘어지는 형태), 방사형(사방형), 분리형, 부화형(평면형), 복합형

■ 서양의 전통적 디자인의 분류
- 기하학적 기본 형태 : 반구형, 수평형, 수직형, 대칭삼각형, L자형, 초승달형
- 기하학적 응용 형태 : 비대칭삼각형, 피라미드형, 역T자형, 사선형, S자형

■ 밴딩(Banding)
묶는 기법 중에서 기능적인 것보다 장식적인 목적으로 특정한 소재를 강조하거나 관심을 집중시키기 위해 사용되는 기법이다.

■ 바인딩(Binding)
두 개 이상의 소재 줄기를 묶어서 줄기끼리 기계적으로 고정하는 기법이다.

■ 번들링(Bundling)
짚·옥수수 다발·지붕을 잇는 짚·오두막 등과 같이 서로 유사한 소재들을 한 단위로 함께 묶거나 래핑(Wrapping)하여 디자인에 위치시키는 기법이다.

■ 테라싱(Terracing)
절화장식물에서 플로랄폼이나 기초 부분을 가려 줄 수 있는 기법으로, 동일한 소재들을 어느 정도의 공간을 두어 계단처럼 층층이 쌓는다.

■ **그루핑(Grouping)**

같은 종류의 재료를 모아 꽂음으로써 재료의 형태나 색채, 양감, 질감 등을 강조하는 기법이다.

■ **클러스터링(Clustering)**

디자인의 색상, 질감, 형태 등이 대비를 이루도록 하면서, 소재들을 종류나 질감이 유사한 것끼리 모아 높든 낮든 하나가 된 느낌으로 표현하는 기법이다.

■ **조닝(Zoning)**

같은 재료는 모으고, 다른 재료는 서로 공간을 두어 겹치지 않도록 구획을 정리해 주는 표현기법이다.

■ **섀도잉(Shadowing)**

소재의 바로 뒤와 아래에 똑같은 소재를 하나씩 더 가깝게 꽂아 입체적으로 보이도록 하는 기법이다.

■ **프레이밍(Framing)**

화훼 디자인 중 특정 부분에 시선을 두도록 꽃이나 가지를 이용하여 안에 있는 소재를 감싸 주는 기법이다.

■ **시퀀싱(Sequencing)**

선, 모양, 색, 질감 등의 요소에 점진적인 변화를 주어 디자인의 한 부분에서 다른 부분으로 시선을 유도하는 기법이다.

■ **파베(Pave)**

소재를 빽빽하게 꽂아 마치 보석을 디자인한 것과 같은 느낌을 갖게 하는 기법이다.

■ **필로잉(Pillowing)**

평면적인 베이싱을 피하기 위해 마치 베개나 둥근 언덕처럼 작은 꽃들을 꽂아 질감을 표현한다.

■ **개더링(Gathering)**

꽃잎을 분리하여 하나하나 겹겹이 붙여서 제작하는데, 와이어링 테크닉과 글루잉 테크닉이 사용된다.

■ **베이싱(Basing) - 밑받침을 입체감 있게 메우기**

테라싱, 레이어링, 클러스터링, 스태킹, 필로잉, 파베와 같은 기법을 사용하여 작품의 베이스 부분을 장식적으로 표현하는 기법이다.

■ **훅법(Hook Method)**

철사를 갈고리 형태로 위에서 꽂아 빠르게 와이어링하는 기법으로, 소재에 따라 와이어를 위에서 아래로 꽂는 방법과 아래에서 위로 꽂는 방법 두 가지로 활용된다.

■ **헤어핀법(Hairpin Method)**

철사를 U자 형태로 구부려 소재의 중심부를 관통시키는 와이어링기법으로, 연약하거나 섬세한 소재에 적합하다.

■ **피어싱법(Piercing Method)**

꽃받침이 발달하여 단단한 소재의 꽃받침에 와이어를 꽂아 아래로 내려 줄기의 지지대 역할을 도와주도록 하는 기법이다.

■ **크로스법(Cross Piercing Method)**

꽃이 크고 무거워 피어싱법만으로 충분하지 않은 경우, 꽃받침에 가는 철사를 십자형으로 찔러 넣어 단단하게 지지하고, 줄기가 돌아가는 것을 막기 위한 기법이다.

■ **소잉법(Sewing Method)**

꽃이나 잎을 바느질하듯 꿰매는 방법으로, 꽃잎의 면적이 넓은 여러 개의 꽃잎을 연결하여 하나의 꽃으로 만들 때 적합하다.

■ **인서션법(Insertion Wiring Method)**

인서션 또는 인터널 와이어링이라고도 하며, 와이어가 줄기의 중앙을 지나 삽입되어 완전히 눈에 보이지 않도록 하는 기법이다.

■ **시큐어링법(Securing Wiring Method)**

줄기가 약하거나 줄기로 곡선을 나타낼 때 인서션 와이어링기법을 대신하여 사용하는 방법으로, 줄기 바깥쪽에 와이어를 감아 보강하는 기법이다.

■ **트위스팅법(Twisting Method)**

주로 철사를 찔러 넣을 수 없는 꽃이나, 가는 가지 또는 꽃잎을 모아서 묶을 때 사용하는 기법이다.

■ 화훼 디자인 요소 및 원리
- 디자인 요소 : 점, 선, 면, 형태, 방향, 명암, 질감, 크기, 색채 등
- 디자인 원리 : 구성, 초점, 통일, 균형, 율동, 조화, 대칭, 강조, 비례, 대비, 반복과 교체 등

■ 먼셀 표색계의 색표기법

색상(Hue), 명도(Value), 채도(Chroma)를 'HV/C'로 표기한다.

■ 보색의 조화(Complementary)

색상환에서 서로 반대편에 위치하며 대립하는 색들을 배치하여 강한 느낌을 주는 색채조화이다.

■ 유사색의 조화

하나의 색을 결정한 후 색상환에서 그 색의 양쪽에 위치한 두 색을 함께 배색하는 것이다.

■ 색상대비

두 가지 이상의 색을 동시에 볼 때 각 색상의 차이가 크게 느껴지는 현상이다.

■ 명도대비

명도가 다른 두 색을 병치했을 때 서로의 영향으로 밝은 색은 인접부가 밝게 보이고, 명도가 낮은 색은 더욱 어둡게 보이는 현상이다.

■ 채도대비

인접하는 두 색이 서로 작용하여 채도의 변화를 일으키는 현상이다.

■ 가산혼합(가법혼색, 색광의 혼합)

빛의 3원색은 빨강, 초록, 파랑이며, 이를 혼합하면 흰색이 된다.

■ 감산혼합(감법혼색, 물감의 혼합)

물감의 3원색은 빨강, 노랑, 파랑이며, 이를 혼합하면 검정이 된다.

■ 병치혼합

회전혼합과 같은 평균혼합이므로 명도와 채도가 평균값으로 지각된다.

■ 황금비율
1 : 1.618의 비례로, 가장 기본적인 비율은 8 : 5 : 3이며, 고대부터 중시되어 온 기본적인 비례이다.

■ 절화의 품질 저하요인
- 에틸렌 : 식물의 성숙 및 노화에 관여하며, 화학구조가 매우 단순한 식물호르몬이다.
- 꽃잎의 위조 : 절화를 에틸렌이 많은 대기 중에 두면 시들거나 마르는 위조현상이 발생한다.
- 봉오리 건조 : 봉오리가 피지 못하고 마르거나 색이 변하는 현상이다.
- 꽃잎의 탈리 : 에틸렌이나 수분 부족 등으로 인해 꽃들의 소화 또는 일부분이 떨어지는 현상이다.
- 꽃목굽음 : 절화의 수분균형이 깨져 줄기의 약한 부분이 휘어지는 현상이다.

■ 절화보존제(수명연장제 · 선도유지제)의 주성분
- 탄수화물(자당) : 절화의 주요 양분으로, 절화 후 일어나는 모든 생화학적 · 생리적 과정의 유지에 필수적인 에너지원이다.
- 살균제 : 미생물에 대한 살균작용, 보존용액의 산성화 및 수분 흡수를 촉진한다.
- 생장조절물질 : 식물체 내에서 일어나고 있는 여러 가지 생화학적 · 생리적 과정을 개시, 촉진 또는 억제한다.
- 에틸렌억제제 : 에틸렌은 식물의 노화를 촉진시키므로 생성을 억제해야 절화의 수명을 연장시킬 수 있다.

■ 재수화
절화의 물올림을 위한 방법 중 물리적 방법으로 물속 자르기, 열탕 처리, 탄화 처리, 줄기 두드림, 줄기 꺾음, 펌프 주입, 약품 처리 등의 방법이 있다.

■ 자연줄기를 이용한 꽃다발
- 나선형 줄기배열의 꽃다발 : 줄기는 한 방향으로 된 나선배열로, 묶음점(Binding Point)은 하나이고, 단단히 고정하여 꽃 형태의 흐트러짐이 없어야 한다.
- 병행형 줄기배열의 꽃다발 : 줄기는 병행배열로, 묶음점이 1개 이상일 경우도 있고, 묶음점을 장식적으로 표현하는 경우도 있다.

■ 작업공간 정리
화훼장식을 위한 작업공간은 안전에 유의해야 하는 장비와 도구가 많고, 절화소재는 환경에 민감하므로 작업 전후는 물론 항시 정리 · 정돈이 필요하다.

■ **재료 정리 및 보관**

불필요한 재료는 적시에 폐기하고, 품목별·용도별·사용빈도별로 구분해서 보관한다.

■ **절화상품 글씨리본 제작**

절화상품의 카드메시지, 경조사 문구는 고객의 요구나 상품의 목적에 맞는 T.P.O.[시간(Time), 장소(Place), 목적 또는 대상(Object)]를 정확하게 이해하여 선택하는 것이 중요하다.

■ **절화상품에 어울리는 장식리본의 종류**

- 장식리본의 종류에는 평직, 무늬직, 공단직, 벨벳 등이 있고 일반적인 직물 외에 종이, 천연섬유 등 다양한 재질이 있으며, 너비 또한 다양하다.
- 장식리본이나 출력된 글씨리본에 구김이 적고, 습기에 잘 견디며, 볼륨감을 살릴 수 있는 재질이 좋다.

■ **절화상품 포장**

- 포장의 개요 : 포장에는 '싸서 보관한다(Wrapping and Putting Away)'와 '싸서 장식한다(Wrapping and Packing Decoration)'는 의미가 있다.
- 포장의 정의 : 물품의 유통과정에 있어서 그 물품의 가치 및 상태를 보호하기 위해 적합한 재료 또는 용기 등으로 물품을 포장하는 방법 및 상태를 말한다.

■ **화훼식물의 원예학적 분류**

한두해살이 초화류(1·2년초, Annuals and Biennials), 여러해살이 초화류(숙근초화, Perennials), 알뿌리식물(구근식물, Bulbs), 관엽식물(Foliage Plants), 난초류(Orchid), 선인장과 다육식물(Cacti and Succulent), 화목류 및 관상수(Flowering and Ornamental Trees), 기타 식물(허브, 수생식물, 야생식물) 등

■ **식물에 좋은 토양조건**

배수성, 통기성, 보수력, 보비력이 좋아야 하고, 산도는 pH 5.5~6.0의 약산성이 좋다.

■ **바크(Bark)**

소나무나 전나무 껍질을 잘게 부수어 만든 것으로, 서양란의 식재재료로 많이 이용된다.

■ **하이드로볼(Hydro Ball)**

황토와 톱밥을 섞어서 둥글게 뭉쳐 고온 처리한 것이다.

■ 버미큘라이트(Vermiculite)

화강암 속의 흑운모를 1,100℃ 정도의 고온에서 수증기를 가하여 팽창시킨 것이다.

■ 펄라이트(Perlite)

진주암을 1,000℃ 정도의 고온에서 가열한 무균인조토양이다.

■ 피트모스(Peatmoss)

습지의 수태가 퇴적되어 만들어진 것으로, 유기질 용토이다.

■ 수 태

이끼를 건조시켜 만든 것이다.

■ 영구위조점

토양의 수분이 계속해서 감소하여 시든 식물이 회복되지 못하게 되는 때의 토양의 수분상태

■ 모관수

토양수분 중 식물의 흡수생육에 가장 관계가 깊은 수분으로, 모세관현상에 의해 토양의 입자 사이를 채우고 있는 지하수(地下水)의 하나

■ 관수방법

- 직접관수 : 사람이 호스나 물뿌리개 등을 사용하여 직접 관수하는 방법
- 분수관수 : 플라스틱 튜브 등에 작은 구멍을 일정하게 뚫어 물에 가해진 압력으로 관수하는 방법
- 스프링클러 : 파이프에 연결된 회전 살수노즐을 통해 넓은 지역을 고르게 관수하는 방법
- 점적관수 : 작은 구멍이 뚫린 파이프를 통해 조금씩 떨어지는 물방울로 관수하는 방법으로, 넓은 면적에 유리하고, 토양의 유실과 물의 낭비가 적다.
- 저면관수 : 화분 아래를 물에 담가 물이 아래로부터 스며들게 하여 관수하는 방법

■ 테라리움

어항과 같은 화기를 이용한 분화상품을 말하며, 유리 등 투명한 그릇 속에 배수층을 만들고 기반재를 채운 후 식물을 심어 작은 정원을 꾸미는 것이다.

■ 걸이분(Hanging Basket)

좁은 실내나 베란다, 발코니 등의 공간을 효율적으로 이용하기 위한 장식형태로 싱고니움, 필론덴드론, 아이비, 러브체인 등과 같은 덩굴식물을 심어 아래로 늘어뜨리고 매달아 키우는 것이다.

■ 수경재배(Waterculture)

천남성과 식물이나 접란 등 관엽식물의 뿌리를 토양 대신에 물속에 넣어 키우는 것이다.

■ 숯부작

참숯을 이용해 수반 위에 통으로 된 모양의 숯이나 숯을 부숴 만든 숯 조각을 기반으로 식물을 심어 장식해 놓은 것을 말한다.

■ 디시가든(Dish Garden)

배수구멍이 없는 접시나 쟁반 같은 넓은 접시류, 커피잔, 머그잔 등 각종 생활용기를 이용한 화기에 질석, 버미큘라이트, 펄라이트 등을 혼용하여 기반재에 작은 식물을 정원 꾸미듯 심어 자연경관을 축소해 놓은 것을 말한다.

■ 서양란의 분류

- 착생종 : 보통 화초와 같이 땅에 뿌리를 박는 것이 아니라 수목의 줄기나 나뭇가지 또는 바위에 뿌리를 펼치고 생육하는데 카틀레야, 덴드로비움, 반다, 팔레놉시스 등이 착생란이다.
- 지생종 : 응달진 삼림이나 초원의 땅에 뿌리를 박고 살며, 뿌리가 너무 건조되는 것을 싫어하는데 심비디움, 파피오페딜룸 등이 지생란이다.

■ 인조화(Artificial Flower)

보통 조화로 알려져 있으며 처음에는 종이, 헝겊, 실, 금속 등으로 만들었으나 공예기술의 발달로 도기, 유리, 피혁, 목재 및 자연의 과실, 종자, 수피류도 사용한다.

■ 건조화(Dry Flower, 드라이플라워)

자연에서 자라는 모든 식물이 대상이므로 크기와 형태가 다양하다.

■ 압화(Pressed Flower, 프레스플라워)

평면적 건조화로, 식물에 압력을 가하여 눌러 말린 형태이며, 꽃누르미 또는 누름꽃으로도 부른다.

■ **보존화(Preserved Flower, 프리저브드플라워)**
생화를 장기간 보존할 수 있도록 특수보존액을 사용하여 탈수, 탈색, 착색, 보존 및 건조 단계를 거쳐 제작한다.

■ **포푸리**
건조된 방향성 식물의 꽃과 잎, 열매 등에 정유(Essential Oil)를 첨가하여 숙성시키는 것으로, 좋은 향기와 함께 실내장식용으로 좋은 건조소재 장식이다.

■ **기존고객**
기존고객도 개인고객과 기업고객으로 구분하는데, 사전에 고객의 주문이력을 파악하고 응대하면 고객의 취향이나 주로 주문하는 품목을 알 수 있어서 상담을 용이하게 진행할 수 있다.

■ **신규고객**
신규고객은 충분한 상담을 통해 고객의 신상을 파악하고, 고객의 취향과 목적을 알아내는 것이 중요하다.

■ **개인고객**
인터넷으로 상품을 구매하거나 매장을 방문하여 직접 상품을 구매하는 일반적인 고객을 말한다.

■ **기업고객**
기업고객의 경우 구매담당자가 정해져 있으며, 주로 구매담당자를 통해 주문을 하게 된다.

■ **구매의사 결정과정**
- 구매욕구 : 구매욕구는 다양한 구매목적에 따라 상품을 구매하고자 하는 요구에서 생겨난다.
- 정보탐색 : 소비자가 구매에 필요한 정보를 수집하는 단계이다.
- 대안평가 : 고객 본인이 생각한 상품이나 상담자가 추천한 상품에 대해 나름의 평가기준 및 방식을 고려하여 각각의 상품을 비교·평가한다.
- 구매행동 : 소비자의 구매행동은 구매하고자 하는 상품에 대한 소비자의 관심도와 중요도에 따라 달라진다.
- 구매 후 평가 : 상품 구매 후 호의적인 반응이 나타난 경우 재구매의도가 높아지지만, 기대보다 성과가 낮은 경우 재구매하지 않는 반응을 보이므로 고객이 구매한 상품에 대해 부정적인 생각을 갖지 않도록 노력해야 한다.

▎ 상담일지
- 상담일지는 상담내용을 기록하는 서식으로, 고객과의 상담과 협의과정에서 도출된 고객요구도를 기초로 작성한다.
- 상담자가 상담하는 과정에서 직접 작성하거나, 상담이 종료된 후 상담내용을 정리하여 작성할 수 있다.

▎ 주문서
- 주문서는 고객이 구입하고자 하는 상품의 규격, 품목, 배송지, 경조사어 등을 기재한 양식이다.
- 고객 상담을 통해 정해진 상품에 대해 자세한 세부사항을 기재한다.

▎ 견적서
- 견적서는 화훼장식 상품 제작비용(제작비용 및 배송까지의 모든 제반비용)을 제안하는 문서이다.
- 고객과의 상담일지와 주문서를 바탕으로 고객이 원하는 상품에 대한 가격을 제시하기 위해 품목별로 규격과 수량, 단가 및 총금액을 상세히 기재한다.

▎ 상품납품서
- 납품서는 상품주문자 정보와 배송지 정보를 기록한 문서로, 고객이 직접 작성한 주문서를 바탕으로 작성한다.
- 주문서는 매장 방문이나 인터넷 등을 통해 고객이 직접 작성하며, 고객이 직접 작성하기 어려운 경우(전화, 문자메시지 등) 매장직원이 대리작성할 수 있다.

▎ 배송시간에 따른 배송방법
매장에서 운용 가능한 배송수단과 배송 전문업체를 파악하고, 각 업체별 운영시스템과 배송요금체계를 파악하고 있어야 한다.

▎ 전달메시지 확인
- 납품서와 비교하여 보내는 사람의 명의(회사, 직책, 이름 등)와 전달하고자 하는 메시지가 틀림없는지 확인한다.
- 매장직원이 작성한 납품서를 근거로 배송 시행의 지침이 될 상품인수증을 작성한다.

▎ 화목류의 생태적 분류
- 온실화목 : 대부분 아열대·열대 지역이 원산지로, 추운 겨울에 적응하지 못하기 때문에 온실이나 실내에서 키워야 한다.
- 노지화목 : 온대 지역이 원산으로, 겨울을 날 수 있는 내한성이 있고, 우리나라에서 관상수로 많이 이용되고 있다.

▌ 화목류의 형태적 분류
- 교목류 : 한 줄기로 높게 자라면서 위에서 가지를 뻗어 꽃을 피우는 화목으로, 8m 이상 자라며 도시환경 미화, 고속도로, 공원, 정원 등에 적합하다.
- 관목류 : 목본성 다년생 식물로, 대개 꽃 또는 열매가 색채와 형태적인 미감 그리고 경우에 따라서 꽃향기를 제공하며, 성목(成木)의 경우 키가 5m 내외이다.
- 만경류(덩굴식물류) : 줄기나 덩굴손 따위가 다른 물체에 붙어서 올라가는 식물이다.

▌ 미선나무(*Abeliophyllum distichum* Nakai)
물푸레나무과에 속하는 낙엽활엽관목으로, 화훼류 중 세계적으로 1속 1종밖에 없는 우리나라 특산식물이다.

▌ 장일 · 단일식물
- 장일식물(長日植物) : 하루 일조시간이 12시간 이상이 되면 화아분화가 시작되면서 개화가 촉진되는 식물이다.
- 단일식물 : 낮의 길이가 짧아지고, 밤의 길이가 길어질 때 개화하는 식물이다.

▌ 양지 · 음지식물
- 양지식물 : 햇볕이 들어오는 곳에서 잘 자라는 식물로, 잎이 조금 두껍고 좁으며, 꽃이 많이 피는 편이고, 주로 꽃을 관상하는 온대성 식물이다.
- 음지식물 : 5,000~10,000lx에서 잘 자라는 식물로 잎이 비교적 넓고, 잎 수가 적으며, 주로 잎을 감상하기 위해 식재하는 식물이다.

▌ 꽃의 기본적인 구조
꽃은 씨방을 형성하는 암술과 꽃가루를 형성하는 수술 그리고 이들을 둘러싸는 꽃잎과 꽃받침으로 구성되어 있다.

▌ 갖춘꽃과 안갖춘꽃
- 갖춘꽃(완전화) : 암술, 수술, 꽃잎과 꽃받침 등 꽃의 요소를 모두 갖춘 꽃
- 안갖춘꽃(불완전화) : 갖춘꽃의 4요소 중 한 가지 이상이 없는 꽃

▌ 국화의 특징
여러 꽃들이 한데 엉켜 붙어서 한 송이의 꽃처럼 보이는 두상화이고, 꽃의 바깥쪽으로는 설상화(혓바닥처럼 생긴 모양)가 돌아가며 늘어서 있으며, 가운데에는 끝만 겨우 째진 관상화(통처럼 빽빽이 들어선 모양)가 차 있다.

유한·무한화서
- 유한화서 : 꽃이 꽃대의 위에서 밑으로, 혹은 중앙에서 가장자리로 피는 꽃차례(주로 목본류)이다.
- 무한화서 : 꽃이 꽃대의 밑에서 위로, 혹은 가장자리에서 중앙으로 피는 꽃차례로(주로 초본류), 꽃대가 자라는 동안에는 꽃이 무한히 핀다.

화 색
화색은 꽃잎에 함유되어 있는 색소에 의해 결정되는데, 색소의 종류는 크게 카로티노이드계와 플라보노이드계, 베타레인, 엽록소 등으로 나눌 수 있다.

화훼의 정의
- 관상을 목적으로 장식하거나 기르는 식물을 총칭하여 화훼라고 한다.
- '화(花)'는 관상용 초본과 목본을 의미하고, '훼(卉, 풀)'는 초본식물의 초화를 의미한다.

화훼장식의 기능
장식적·건축적·심리적·환경적·교육적·치료적·경제적 기능 등이 있다.

빅토리아
일상적으로 꽃과 식물이 애호되고, 화훼장식이 체계화되기 시작하였으며 채소와 과일을 곁들인 디자인으로 아트플라워도 사용하였다.

아르누보
'새로운 미술'이라는 의미로 자연을 모티브로 한 양식으로, 프랑스에서는 아르누보(Art-Nouveau), 영국에서는 모던스타일(Modern Style), 독일에서는 유겐트 양식(Jugendstil)이라고 부른다.

삼국시대
- 식물이 조형미를 갖추고 감상의 대상이 된 최초의 시기로 불교와 함께 불전헌공화가 전래되었다.
- 고구려 쌍영총 천정 벽화, 안악2호분 동벽의 비천상, 강서대묘 현실북벽의 비천상(꽃을 흩뿌리는 산화도), 무용총의 벽화 등

고려시대
- 꽃 문화가 생활 속에 정착하고 발전하였으며, 청자의 발달로 화기가 많이 제작되어 병꽃꽂이를 처음으로 시도하였다.
- 수덕사 대웅전의 수화도, 해인사 대적광전의 벽화, 수월관음도, 동국이상국집 등

▌ 조선시대
- 초기의 그림에 병에 꽃가지를 꽂아 책상 위에 올려두는 일지화가 많이 나타난다.
- 산림경제의 양화편, 성소부부고의 병화인, 오주연문장전산고의 당화병화변증설, 서유구의 임원십육지 등

▌ 화훼의 이용 형태
- 생산화훼 : 절화, 절엽, 절지, 분화, 종묘, 구근, 화단묘
- 취미화훼 : 가정원예, 실내원예, 베란다원예, 생활원예 등의 개인적 관상목적
- 후생화훼 : 교육 및 환경 조성, 원예치료·향기치료 등의 미화를 통한 서비스

▌ 학 명
- 학명은 린네가 확립한 속명과 종명으로, 2명법(2개의 단어)으로 표기한다.
- 학명 = 속명 + 종명 + 명명자의 순서로 표기한다.
- 학명은 라틴어나 라틴어화된 단어를 사용한다.

▌ 일반명(보통명)
자기 나라 언어로 식물명이 의미 있게 붙여져 있기 때문에 부르기가 편리하며, 이해하고 기억하기가 쉬워 보통의 사용목적에 충분하다.

▌ 식물의 필수원소
- 질소(N) : 잎과 줄기의 비료로, 광합성과 영양생장을 활발하게 한다.
- 인(P) : 꽃과 열매의 비료로, 생육단계 중 꽃이 피고, 열매를 맺는 시기에 특히 많이 필요하다.
- 칼륨(K) : 식물의 발달과 성숙의 비료로, 화훼식물의 줄기부터 뿌리까지 발달을 촉진한다.

▌ 병충해 종류
- 바이러스 : 식물바이러스는 핵산과 단백질로 구성된 일종의 핵단백질로, 광학현미경으로만 관찰할 수 있으며 포플러 모자이크병, 느릅나무 얼룩반점병 등을 발병시킨다.
- 파이코플라스마(마이코플라스마) : 바이러스와 세균의 중간단계로, 대추나무·오동나무 빗자루병, 뽕나무 오갈병 등의 병원체로 알려져 있다.
- 균 : 세균과 진균(곰팡이)으로 구분되며, 전염성이 강하고 뿌리혹병(세균), 그을음병·흰가루병(진균) 등을 발병시킨다.
- 해충 : 흡즙성, 식엽성, 천공성, 충영형성 등으로 구분된다.

교육은 우리 자신의 무지를 점차 발견해 가는 과정이다.

– 윌 듀란트 –

PART 01

핵심이론

CHAPTER 01　화훼장식 재료

CHAPTER 02　화훼장식 제작 및 관리

CHAPTER 01 화훼장식 재료

10년간 자주 출제된 문제

1-1. 다음 중 주로 절화용으로 사용되는 화훼류가 아닌 것은?
① 숙근안개초
② 극락조화
③ 칼랑코에
④ 오리엔탈나리

1-2. 용도에 따라 절화용, 절지용, 절엽용으로 구분할 때, 다음 중 절화용(切花用)으로만 짝지어지지 않은 것은?
① 프리지아, 꽃창포, 장미
② 칼라, 용담, 델피니움
③ 공작초, 산수유, 유칼립투스
④ 튤립, 국화, 알스트로메리아

해설

1-1
칼랑코에는 돌나물과 다육식물로, 분화용 화훼이다.

1-2
③ 산수유 : 절지용, 유칼립투스 : 절엽용

정답 1-1 ③ 1-2 ③

제1절 절화시장 조사

핵심이론 01 상품재료 종류(1) : 절화용

① 절화류의 특징
　㉠ 주요 관상 부위인 꽃만 잘라 낸 상태로 유통된다.
　㉡ 절화 장식물의 소재이용률은 절엽류와 절지류에 비해 절화류가 많다.
② 절화용 소재 : 백합, 난, 국화, 프리지아, 용담, 꽃창포, 안스리움, 장미, 델피니움, 칼라, 리시안서스, 아가판서스, 튤립, 알스트로메리아, 공작초, 스타티스, 숙근안개초, 극락조화, 오리엔탈나리 등

> **더 알아보기**
>
> **글라디올러스**
> - 절화용으로 주로 사용한다.
> - 향 굴지성이 가장 잘 나타난다.
> - 높이 0.9~1.5m 정도 자란다.
> - 잎은 초록색으로, 칼 모양이다.
> - 여름에 잎과 잎 사이에 잎보다 긴 꽃대가 출현한다.
> - 꽃은 수상화서로, 아래에서 위로 개화한다.
> - 절화의 표준출하 규격기준의 개화 정도는 1~2번화 개화 시이다.
> - 반드시 세워서 저장·수송해야 한다.

핵심이론 02 상품재료 종류(2) : 절지용

① 절지류의 특징
  ㉠ 주요 관상 부위인 가지(전체) 또는 목본류 줄기만 잘라 낸 상태로 유통된다.
  ㉡ 전통적인 한국 꽃꽂이에서는 꽃가지나 나뭇가지를 주소재로 사용한다.
  ㉢ 절지류는 산야에서 채취하여 판매하는 경우가 많아 자생식물이 대부분이다.

② 절지용 소재 : 버드나무, 곱슬버들, 태산목, 산수유, 화살나무, 사철나무, 청미래덩굴, 삼지닥나무, 조팝나무, 철쭉, 사스레피나무 등
  ㉠ 사스레피나무
    • 절지용으로 많이 사용된다.
    • 상록성 식물이다.
    • 꽃이 피는 관목식물이다.
    • 제주도와 남부 지방에 자생한다.
    • 화환의 뒤쪽 배경용으로 자주 사용된다.
  ㉡ 꽃보다 열매가 아름다운 절지용 소재 : 노박덩굴, 좀작살나무, 청미래덩굴 등
  ㉢ 줄기를 잘랐을 때 하얀색 유액이 나오는 식물소재 : 포인세티아
  ㉣ 줄기가 곧게 외대로 직립하는 성향의 식물 : 종려죽, 관음죽, 세이브리지야자 등
  ㉤ 형태적으로 줄기가 방사상으로 자라는 표준형 식물 : 마란타, 페페로미아, 렉스베고니아 등

  ※ 말채나무, 탑사철, 파초일엽 등은 대표적인 수직적 재료지만, 곡선적인 느낌도 가지고 있어 평행이나 수직적 디자인에서 디자인의 골격을 만들거나 선을 표현하는 주소재로 가장 적합하다.

10년간 자주 출제된 문제

2-1. 절지용으로 이용되지 않는 식물은?
① 버드나무
② 철 쭉
③ 삼지닥나무
④ 홍 화

2-2. 다음 중 붉은 줄기를 소재(素材)로 이용하는 식물로 가장 적당한 것은?
① 미국미역취(Solidago serotina Aiton)
② 흰말채나무(Cornus alba L.)
③ 글라디올러스(Gladiolus gandavensis Van Houtte)
④ 스토크(Matthiola incana R. Br.)

2-3. 다음 중 형태적으로 줄기가 방사상으로 자라는 표준형 식물이 아닌 것은?
① 마란타
② 페페로미아
③ 렉스베고니아
④ 산세비에리아

2-4. 평행이나 수직적 디자인에서 디자인의 골격을 만들거나 선을 표현하는 주소재로 가장 적합한 것은?
① 말채나무
② 스킨답서스
③ 피라칸타
④ 엽 란

해설

2-2
흰말채나무는 홍서목이라고도 하며, 붉은색 줄기를 관상하는 낙엽활엽관목이다.

2-3
산세비에리아는 선형 잎(Line Foliage)을 가지고 있다.

2-4
말채나무, 탑사철, 파초일엽 등은 대표적인 수직적 재료지만, 곡선적인 느낌 또한 가지고 있다.

정답 2-1 ④ 2-2 ② 2-3 ④ 2-4 ①

10년간 자주 출제된 문제

3-1. 다음 중 절엽용 식물로만 묶인 것은?
① 몬스테라, 무늬둥굴레, 옥잠화
② 작살나무, 층꽃나무, 라일락
③ 층꽃나무, 소철, 용담
④ 피라칸타, 양치류, 소철

3-2. 몬스테라, 스프링게리, 드라세나, 둥굴레, 엽란 등을 꽃꽂이 소재로 사용할 때의 용도별 분류군은?
① 절화식물
② 절지식물
③ 절엽식물
④ 건조화 소재

4-1. 판매가 산출방법이 아닌 것은?
① 백분율 분할 산출법
② 표준비 산출법
③ 노동비 산출법
④ 노동비 포함 산출법

│해설│
4-1
판매가 산출방법 : 백분율 분할 산출법, 표준비 산출법, 노동비 포함 산출법

정답 3-1 ① 3-2 ③ / 4-1 ③

핵심이론 03 상품재료 종류(3) : 절엽용

① 절엽류의 특징
  ㉠ 주요 관상 부위인 잎만 잘라 낸 상태로 유통된다.
  ㉡ 절엽은 절화나 절지를 주소재로 만든 디자인에서 변화와 마무리, 혹은 배경을 표현하기 위해 이용된다.
② 절엽용 소재 : 유칼립투스, 미리오클라두스, 몬스테라, 스프링게리, 드라세나, 엽란, 둥굴레, 옥잠화, 아스파라거스, 알로카시아 등

핵심이론 04 실행예산서

① 실행예산 : 실행예산이란 상품을 제작하는 데 필요한 실행 가능한 금액을 산출하는 것을 말한다.
② 판매가 산출
  ㉠ 백분율 분할 산출법 : 판매가격은 운영비, 상품원가, 순수익 등으로 구성되며, 해당 매장의 특성을 고려하여 비율을 적절히 조절한다.
  ㉡ 표준비 산출법 : 가격을 결정하는 가장 손쉬운 방법으로, 표준도매가에 운영비, 이윤 등을 고려하여 표준화된 요율을 적용하는 융통성 있는 가격책정법이다.
  ㉢ 노동비 포함 산출법 : 각 품목의 도매가에 의해 결정되며, 해당 제품을 위해 투입되는 전문기술에 따라 인건비를 합하여 가격을 산출한다.
   ㉮ 절화상품 식물재료비 총액의 20~25% 정도를 인건비로 더한 가격이다.
③ 실행예산서
  ㉠ 실행예산서는 실행예산에 대한 상세내역을 작성하여 기재한 문서이다.
  ㉡ 작성일자, 작업명, 필요재료 수량, 재료비, 실행금액, 상품금액 등이 포함된다.
  ㉢ 과거의 실행예산서와 작성하고자 하는 실행예산서를 비교함으로써 적절한 매입·매출계획을 세울 수 있다.

제2절 절화상품 재료 구매

핵심이론 01 재료 구매

① **구매계획서** : 화훼장식에 사용되는 식물(절화·절지·절엽)과 그 외 재료(용기, 소모품 등)를 구매하는 것으로, 정확한 설계에 따른 구매계획서를 작성한다.
  ㉠ 구매할 계획이 있는 재료에 대한 관리와 자금지출에 관해 기록한 서식으로, 주별 실행예산서를 기준하여 매주 구매계획서를 작성한다.
  ㉡ 특별한 이벤트가 있을 경우에는 별도의 구매계획을 추가하여 작성한다.
② **거래명세서** : 거래처 간에 거래를 하고, 그에 따른 상세한 명세내역을 기록하여 상호 간 거래사실을 분명히 하고자 작성하는 문서이다.
③ **구매재료검수서**
  ㉠ 주재료 및 부재료를 구입한 뒤 재료에 이상이 없는지 검수하는 것은 필수이다.
  ㉡ 검수를 수행한 뒤 검수자가 확인한 결과를 기록하기 위해 구매재료검수서를 작성하여 보관한다.
  ※ 재료 검수 : 반입재료의 품목, 수량 및 품질 등을 확인하여 구매재료를 검수한다.

핵심이론 02 절화 품질(1) : 내적인 평가

① **절화 수명의 유지 정도** : 상황에 따라 다양하게 측정할 수 있다.
② **절화 고유의 수명 측정**
  ㉠ 품종 각각에 대해서 상위등급의 절화를 이용하여 격일로 물을 주고, 그때마다 2cm씩 잘라 낸다.
  ㉡ 실내온도가 20℃인 방에 두고 매회 일정한 시간을 조사한다.
  ㉢ 전처리는 하지 않으며, 관상한계에 이를 때까지의 일수를 표시한다.
  ※ 물에 꽂은 다음에는 물의 부족분을 보충하되, 갈아 주지 말고 줄기도 자르지 않은 상태에서 관상한계에 이를 때까지의 일수를 표시할 수도 있다.

10년간 자주 출제된 문제

1-1. 검수에서 기본이 되는 서류에 속하는 것은?
① 시방서
② 계약서
③ 거래명세서
④ 품질관리서

2-1. 절화상품 내적 품질요소 중 절화 고유의 수명 측정에 해당하지 않는 것은?
① 실내온도가 20℃인 방에 두고 매회 일정한 시간을 조사한다.
② 전처리는 하지 않으며, 관상한계에 이를 때까지의 일수를 표시한다.
③ 품종 각각에 대해서 상위등급의 절화를 이용하여 격일로 물을 주고, 그때마다 2cm씩 잘라 낸다.
④ 물에 꽂은 다음에는 물이 부족할 때마다 갈아준다.

정답 1-1 ③ / 2-1 ④

10년간 자주 출제된 문제

3-1. 절화 구매요소에 해당되지 않는 것은?
① 선호적 요소
② 외적 품질요소
③ 사회적 요소
④ 내적 품질요소

3-2. 절화상품 외적 품질요소 중 화기 꽃의 크기 부분에 관한 것으로 맞는 것은?
① 화수가 달린 부분부터 절단면까지의 길이
② 화수의 45cm 아래 위치에서 수평으로 유지한다.
③ 가장 큰 부분의 꽃의 직경, 꽃의 하단부부터 상단부까지의 높이
④ 출하 시의 개화수와 화뢰수

[해설]

3-1
절화의 구매요소 : 외적 품질요소, 내적 품질요소, 사회적 요소 등

정답 3-1 ① 3-2 ③

핵심이론 03 절화 품질(2) : 외적인 평가

절화의 품질은 외적 품질요소와 내적 품질요소 그리고 사회적 요소 등에 의해 구분된다.

① 꽃 전체에 관한 것
  ㉠ 절화장 : 화수가 달린 부분부터 절단면까지의 길이(cm)
  ㉡ 절화중량 : 출하 시의 중량(g)
  ㉢ 전체균형 : 절화장 ÷ 절화무게(실제수량)

② 화기 부분에 관한 것
  ㉠ 화형 : 품종 고유의 특성을 갖추고 있다, 있지 않다(5~1의 지수).
  ㉡ 화색 : 품종 고유의 특성을 갖추고 있다, 있지 않다(5~1의 지수).
  ㉢ 꽃의 윤기 : 광택이 있고 싱싱하다, 싱싱하지 않다(5~1의 지수).
  ㉣ 꽃의 크기 : 출하 시 화경(가장 큰 부분의 꽃의 직경, mm), 화고(꽃의 하단부부터 가장 상단부까지의 높이, mm)
  ㉤ 착화수 : 출하 시의 개화수와 화뢰수(줄기당 송이 수, 개수)
  ㉥ 스프레이형 : 정돈되어 있다, 정돈되어 있지 않다(5~1의 지수).
  ㉦ 농약·병 : 일소장해가 없다, 현저하다(5~1의 지수).
  ㉧ 자르기 전 : 개화의 정도가 적절하다, 적절하지 않다(5~1의 지수).
  ㉨ 향기 : 좋은 향이 있다, 없다(5~1의 지수).

③ 줄기에 관한 것
  ㉠ 줄기의 굵기 : 제5~6마디 사이 중앙의 최대 직경(mm)
  ㉡ 화수 바로 아래의 굵기 : 직경(mm)
  ㉢ 줄기의 경도·하중도
    • 화수부터 45cm 아래 위치에서 수평으로 유지한다.
    • 5 = 10', 4 = 20', 3 = 30', 2 = 40', 1 > 40'
  ㉣ 줄기의 구부러짐 : 없다, 현저하다(5~1의 지수).
  ㉤ 액아의 정리 상황 : 양호하다, 불량하다(5~1의 지수).

④ 잎에 관한 것
  ㉠ 5매 엽까지의 엽수 : 위에서부터 헤아린다(매 또는 장).
  ㉡ 잎 크기와 꽃과의 균형 : 양호하다, 불량하다(5~1의 지수).
  ㉢ 잎의 색채 : 5. 짙은 녹색, 4. 녹색, 3. 흐린 녹색, 2. 황색, 1. 보라색(5~1의 지수)
  ㉣ 잎의 광택 : 있음, 없음(5~1의 지수)
  ㉤ 잎의 더러움(약제·병충해) : 없음, 있음(5~1의 지수)

제3절 절화상품 재료 분류

핵심이론 01 화서의 종류

① 수상화서(穗狀花序, Spike) : 가늘고 긴 꽃대에 꽃자루 없는 꽃들이 이삭 모양으로 촘촘히 붙어 피는 꽃
  예 여뀌, 범꼬리, 맥문동, 글라디올러스 등

② 총상화서(總狀花序, Raceme) : 길게 자라는 꽃대에 꽃자루가 있는 작은 꽃들이 붙어서 피는 꽃
  예 냉이, 금낭화, 심비디움, 옥잠화 등

③ 산방화서(繖房花序, Corymb) : 여러 개의 분지점에서 나온 꽃들이 비슷한 높이에 모여 높이가 같은 형태의 꽃
  예 개망초, 기린초, 수국, 조팝나무 등

④ 산형화서(繖形花序, Umbel) : 꽃자루 있는 꽃들이 꽃대 끝 지점에 방사상으로 모여 달리는 형태의 꽃
  예 앵초, 청미래덩굴, 아가판서스, 문주란 등

⑤ 두상화서(頭狀花序, Head) : 꽃자루 없는 꽃들이 넓적한 화탁에 조밀하게 붙어 머리 모양을 이루어 한 송이처럼 보이게 피는 꽃
  예 국화, 민들레, 코스모스 등

⑥ 육수화서(肉穗花序, Spadix) : 육질이 두툼한 꽃대에 꽃자루 없는 꽃들이 조밀하게 모여 피는 꽃
  예 안스리움, 부들, 스파티필룸 등

⑦ 취산화서(聚繖花序, Cymose Inflorescence) : 맨 위나 안쪽의 꽃이 먼저 피고 그 아래쪽 가지나 곁가지의 꽃들이 피는 꽃
  예 사철나무, 작살나무 등

⑧ 단정화서(單頂花序) : 하나의 꽃대에 하나의 꽃이 피는 꽃
  예 튤립, 장미, 작약 등

10년간 자주 출제된 문제

1-1. 수상화서와 같이 가늘고 긴 형태의 꽃대에 꽃자루가 있는 작은 꽃들이 붙어서 피는 화서를 무엇이라고 하는가?
① 산형화서 ② 총상화서
③ 수상화서 ④ 육수화서

1-2. 육수화서에 대한 설명으로 옳은 것은?
① 굵은 꽃대 주변에 수많은 작은 꽃들이 피는 꽃차례
② 꽃대를 기준으로 동일한 길이의 꽃들이 방사형으로 피는 꽃차례
③ 꽃자루가 없는 꽃이 좁은 간격으로 붙어서 피는 꽃차례
④ 곧은 줄기 위에 한 송이의 꽃만 피는 꽃차례

[해설]
1-2
② 산형화서
③ 수상화서
④ 단정화서

정답 1-1 ② 1-2 ①

10년간 자주 출제된 문제

2-1. 디자인의 골격이 되어 선을 구성하거나 윤곽을 잡는 데 사용되는 것은?
① 라인플라워　② 매스플라워
③ 폼플라워　　④ 필러플라워

2-2. 꽃바구니 제작 시 꽃의 형태 중 폼플라워(Form Flower)로 이용되는 것은?
① 리아트리스　② 금어초
③ 스토크　　　④ 백합

2-3. 화훼장식 디자인에서는 외관적 특성이나 영향력 등에 따라 식물을 분류하는데, 꽃의 형태별 분류가 잘못 연결된 것은?
① Line Flower - 글라디올러스, 금어초, 델피니움
② Mass Flower - 장미, 수국, 국화
③ Form Flower - 극락조화, 리아트리스, 프리지아
④ Filler Flower - 스타티스, 카스피아, 안개꽃

[해설]

2-1
② 매스플라워(Mass Flower, 덩어리 꽃) : 긴 꽃줄기 끝에 꽃이 하나씩 달려 있는 형태로, 꽃꽂이의 중심역할
③ 폼플라워(Form Flower, 형태 꽃) : 화려하고 독특한 형태를 가진 꽃으로, 작품에 포인트를 주는 역할
④ 필러플라워(Filler Flower, 채우기 꽃) : 꽃꽂이의 빈 공간들을 채우는 역할

2-2
형태 꽃(Form Flower) : 극락조화, 안스리움, 백합, 카틀레야, 칼라 등

2-3
③ 극락조화 : Form Flower
　리아트리스 : Line Flower
　프리지아 : Filler Flower

정답 2-1 ①　2-2 ④　2-3 ③

핵심이론 02 구매재료 분류(1) : 절화

반입된 재료를 검수한 후 기준에 따라 분류할 수 있어야 하는데, 절화상품을 위한 식물재료는 형태, 크기(Size), 종류에 따라 일반적으로 다음과 같이 분류된다.

① 라인플라워(Line Flower, 선형 꽃)
　㉠ 일반적으로 작은 꽃 여러 송이가 줄기를 따라 피는 가늘고 긴 모양의 수상화서나 총상화서가 많다.
　㉡ 길고 큰 형태의 절화로 높이, 넓이, 깊이 등 작품의 프레임을 구성하는 데 효과적으로 이용되며, 디자인에서 제일 우선적으로 배치한다.
　㉢ 종류 : 리아트리스, 모루셀라, 글라디올러스, 델피니움, 금어초, 스토크, 용담초, 락스퍼, 크로코스미아, 줄맨드라미, 진저 등

② 폼플라워(Form Flower, 형태 꽃)
　㉠ 화려하고 독특한 형태를 가진 꽃으로, 작품에서 포인트로 사용하거나 가장자리에 꽂아서 초점을 연출한다.
　㉡ 시각적으로 형태나 색이 강한 경우가 많아 주위에 충분한 공간을 두어 재료가 잘 보이도록 해야 하며, 한 포인트에 집중적으로 모아서 배치하지 않도록 주의해야 한다.
　㉢ 종류 : 극락조화, 심비디움, 방크시아, 프로테아, 안스리움, 헬리코니아, 글로리오사, 알리움, 칼라(칼라릴리), 나리(백합) 등

③ 매스플라워(Mass Flower, 덩어리 꽃)
　㉠ 일반적으로 줄기 끝부분에 둥그런 꽃이 하나씩 달린 단정화서가 많다.
　㉡ 작품에 손쉽게 부피감을 줄 수 있으며, 재료의 높이와 깊이를 다양하게 하여 작품에 리듬감을 표현한다.
　㉢ 매스플라워만을 사용할 때는 꽃의 색상과 크기, 배치를 다양하게 사용하여 형태가 단조로워지는 것을 피해야 한다.
　㉣ 종류 : 거베라, 백일홍, 아네모네, 라넌큘러스, 튤립, 스카비오사, 카네이션, 리시안서스, 장미, 수국, 국화 등
　※ 수국 : 화훼장식품을 제작할 때 적은 양으로도 양감을 효과적으로 나타낼 수 있는 꽃

④ 필러플라워(Filler Flower, 채우기 꽃)
　㉠ '채우다'라는 의미의 필러플라워는 매스플라워 사이의 공간을 메우는 데 사용하거나 작품의 형태를 완성시키는 역할을 한다.
　㉡ 다른 유형의 꽃들의 주변에 배치하여 주재료를 시각적으로 강조한다.
　㉢ 종류 : 라이스플라워, 솔리다스터, 부바르디아, 숙근플록스, 미스티블루, 왁스플라워, 아스타, 하이페리쿰, 벨라도나 델피니움, 프리지아, 스타티스, 카스피아, 안개꽃 등

핵심이론 03 구매재료 분류(2) : 절엽·절지

① 라인절엽·절지(Line Foliage)
  ㉠ 선 모양의 절엽이나 절지재료는 라인플라워와 함께 작품의 골격이나 윤곽을 세우는 데 사용된다.
  ㉡ 종류 : 버들, 유카, 스틸그래스, 부들, 속세, 산세비에리아, 잎새란, 보스톤고사리, 산수유, 미국낙상홍, 산당화 등

② 폼절엽·절지(Form Foliage)
  ㉠ 주로 독특하고 흥미로운 질감, 색상, 형태를 가지고 있는 잎들로, 절화재료를 두드러지게 보이도록 하는 역할을 한다.
  ㉡ 형태 잎들은 폼플라워를 시각적으로 더욱 강조해 준다.
  ㉢ 종류 : 칼라데아 마코야나, 칼라데아 란시폴리아, 당종려, 신갈나무, 몬스테라, 필로덴드론셀로움, 디펜바키아 등

③ 매스절엽·절지(Mass Foliage)
  ㉠ 매스플라워와 마찬가지로 작품에 쉽게 중량감을 부여할 수 있으며, 보통 한 가지 이상의 덩어리 잎을 사용해 단조로움을 피한다.
  ㉡ 덩어리 잎재료는 플로랄폼이나 다른 디자인 메커니즘을 효과적으로 가릴 수 있다.
  ㉢ 종류 : 레몬잎, 루스커스, 코르딜리네, 유칼립투스, 백묘국, 금식나무, 램스이어, 피토스포룸 등

④ 필러절엽·절지(Filler Foliage)
  ㉠ 작품의 공간을 채우고, 별도의 새로운 색상을 첨가하지 않으면서 디자인을 완성시키는 역할을 한다.
  ㉡ 아스파라거스 같은 다발로 되어 있는 잎재료는 디자인을 면의 형태로 채워 부드럽게 완화시켜 주고, 다닥냉이 같은 형태의 잎재료는 다른 재료와 재료 사이를 수직형으로 채워 준다.
  ㉢ 종류 : 유칼립투스, 스토에베, 아이비잎, 페니쿰, 아스파라거스, 다닥냉이, 말냉이, 편백 등

10년간 자주 출제된 문제

3-1. 작품의 공간을 채우고, 별도의 새로운 색상을 첨가하지 않으면서 디자인을 완성시키는 역할을 하는 것은?
① 라인절엽·절지
② 폼절엽·절지
③ 매스절엽·절지
④ 필러절엽·절지

[해설]
3-1
① 라인절엽·절지 : 작품의 골격이나 윤곽을 세우는 데 사용된다.
② 폼절엽·절지 : 절화재료를 두드러지게 보이도록 하는 역할을 한다.
③ 매스절엽·절지 : 작품에 중량감을 부여하고 단조로움을 피할 수 있다.

정답 3-1 ④

핵심이론 04 재료 정리·보관

① 절화의 종류에 따라 절화보존제를 사용한다.
② 절화를 물통에 넣어 물을 흡수하게 한다.
  절화를 보관할 때 물통 안 물의 양은 줄기 아래쪽 5~10cm 정도 잠기도록 하는 것이 적당한데, 물의 양이 많을수록 빨리 부패하거나 지나치게 빠른 수분 흡수로 인해 노화가 빨라지기 때문이다.
③ 절화의 신선도를 유지하여 보관한다.
  ㉠ 물을 흡수시킨 절화를 즉시 사용하지 않을 시에는 적절한 저장환경을 제공하여 수명을 연장시킨다.
  ㉡ 물올림작업이 끝난 절화는 물통째 냉장고나 저장실로 옮겨 보관한다.
④ 손과 컨디셔닝도구를 깨끗하게 씻는다.
  절화의 유액이나 약품, 농약에 의한 피해가 없도록 작업 후 손이나 도구 등을 깨끗이 씻는다.
⑤ 절화의 신선도를 유지하여 보관한다.
  ㉠ 절화의 신선도를 유지하고 수명을 연장하기 위해 최소 2~3일에 한 번 물을 교체한다.
  ㉡ 줄기를 재절단해 수분의 흡수를 원활하게 해 주고, 세척하여 미생물의 발생을 방지한다.
⑥ 냉장고를 정기적으로 청소하고, 상한 꽃이나 잎은 즉시 제거하여 세균 감염이나 에틸렌의 발생원인을 없앤다.
  ㉠ 냉장고의 이상적인 저장온도는 5~10℃이다.
  ㉡ 2~4℃에서는 식물의 호흡률과 증산율이 감소하고, 박테리아 성장과 에틸렌가스 발생이 감소해 절화를 오래 보관할 수 있다.
  ㉢ 절화 저장 시 80~90%의 높은 습도를 유지하여 증산작용을 최대한 억제하고, 건조를 막는다.
  ㉣ 냉장고 안의 물통 사이 간격을 적절히 유지하여 통풍이 잘되고, 물리적 손상을 입지 않도록 한다.

10년간 자주 출제된 문제

4-1. 절화를 상점에서 사온 후 소비자가 우선적으로 해야 할 것은?

① 절화를 찬물에 담근다.
② 절화를 따뜻한 물에 담근다.
③ 절화를 냉장고에 넣어 시원하게 한다.
④ 절화의 아랫부분을 물속 자르기로 재절단한다.

4-2. 절화에서 증산작용을 억제하기 위하여 어떻게 하여야 하는가?

① 온도를 높여 준다.
② 온습도를 함께 조절해 준다.
③ 습도를 낮추어 준다.
④ 광선이 많이 들어오는 곳에 보관한다.

|해설|

4-1
물속에서 자르면 줄기 내의 공기 유입을 막아 물 흡수를 도울 수 있다.

정답 4-1 ④ 4-2 ②

핵심이론 05 재료 보관환경

절화재료의 품질에서 신선도는 매우 중요한 요소인데, 절화는 재배된 직후부터 수명의 감소가 시작되기 때문에 절화 후 유통·보관하는 과정에서의 취급요령이 중요하다. 적설한 관리와 환경을 조성하면 꽃의 수명을 연장시킬 수 있으므로, 절화의 수명에 관여하는 다음 요인을 알고 절화를 관리·보관하는 방법을 숙지하여야 한다.

① 습 도
  ㉠ 절화의 보관에는 높은 습도가 유리하지만, 고온다습한 환경에서는 미생물이 번식하거나 꽃이 부패하기도 쉽다.
  ㉡ 반대로 습도가 낮은 환경에서는 수분의 공급속도보다 증산속도가 빨라 꽃이 쉽게 건조해 시들어버린다.
  ㉢ 절화의 종류에 따라 다르지만, 일반적으로 적당한 보관습도는 80~90%이다.
② 온도 : 절화의 보관온도가 높으면 개화속도가 빨라지고 양분의 소모가 급격히 일어나므로, 보관온도를 낮추어 절화의 수명을 연장한다.
③ 빛 : 절화는 커팅과 동시에 광합성 과정이 멈추어 많은 빛을 필요로 하지 않으므로 직사광선을 피해 보관한다.
④ 에틸렌가스 : 노후하거나 상한 꽃은 에틸렌가스를 발생시키는데, 에틸렌가스의 농도가 높아지면 잎이 노랗게 변하는 황화현상이 발생하거나 노후가 가속화된다.
⑤ 당 도
  ㉠ 당분은 절화의 노화속도를 지연시키는 주요 영양분이다.
  ㉡ 적절한 당도는 절화의 호흡작용을 돕고, 활력을 주어 꽃의 색을 더욱 선명하게 하며, 신선도를 높이는 데 도움이 된다.
⑥ 미생물 : 미생물은 줄기의 도관을 막아 수분 흡수를 방해하거나 줄기와 물을 부패시키므로, 보관을 위해서는 미생물의 성장을 막아야 한다.

10년간 자주 출제된 문제

5-1. 에틸렌가스가 절화에 미치는 영향은?
① 꽃은 노화가 빨리 진행되고, 잎에는 황화현상이 일어난다.
② 도관을 막아 수분 흡수를 방해하거나, 줄기와 물을 부패시킨다.
③ 개화의 속도가 빨라지고, 양분의 소모가 급격히 증가한다.
④ 미생물이 번식하거나, 꽃이 부패하기 쉽다.

5-2. 절화 수명단축의 원인으로 가장 거리가 먼 것은?
① 높은 온도
② 높은 습도
③ 에틸렌 발생
④ 박테리아 등의 미생물 번식

해설
5-2
절화 수명단축의 원인 : 높은 온도, 낮은 습도, 에틸렌 생성 및 작용, 미생물 번식으로 인한 도관 폐쇄

정답 5-1 ① 5-2 ②

CHAPTER 02 화훼장식 제작 및 관리

10년간 자주 출제된 문제

1-1. 플로리스트 턴테이블이란?
① 각종 부재료와 도구 등을 보관할 수 있는 서랍이나 선반과 같은 보관장이다.
② 화훼장식과 관련한 작업 시 필요한 물을 취급하기 위해 급배수시설을 갖춘 작업대이다.
③ 절화를 이용한 화훼장식 작업을 위한 재료, 도구 등을 올려놓는 작업공간이다.
④ 절화상품 제작 시 작품을 올려놓고 회전하며 작업하는 회전식 원형 받침대이다.

1-2. 꽃냉장고에 대한 설명으로 틀린 것은?
① 절화를 저온에서 보관하기 위한 장치이다.
② 저장실과 냉각장치로 구성되어 있다.
③ 여름냉방과 겨울난방을 할 수 있는 기기이다.
④ 얼음, 전기, 가스 등을 이용하여 냉각한다.

1-3. 다음 중 설명이 틀린 것은?
① 개수대 : 화훼장식과 관련한 작업 시 필요한 물을 취급하기 위해 급배수시설을 갖춘 작업대
② 보관대 : 각종 부재료와 도구 등을 보관할 수 있는 서랍이나 선반과 같은 보관장
③ 냉난방기 : 절화를 저온에서 보관하기 위한 장치
④ 온습도계 : 민감한 식물소재의 수명 연장을 위해 항시 체크해야 하는 기기

[해설]
1-2
③ 냉난방기에 대한 설명이다.

정답 1-1 ④ 1-2 ③ 1-3 ③

제1절 화훼장식 절화상품 제작

1. 절화상품 작업준비

(1) 절화재료

핵심이론 01 작업시설과 기기의 종류

① 작업테이블 : 절화를 이용한 화훼장식 작업을 효율적으로 하기 위하여 절화소재를 포함한 여러 가지 도구와 재료를 올려놓는 작업공간이다.

② 플로리스트 턴테이블 : 절화상품 제작 시 작품을 올려놓고 회전하며 작업하는 회전식 원형 받침대로, 세 단계의 각도로 구부러지는 틸팅 턴테이블이 있으며, 스핀휠 등 다양한 이름으로 불린다.

③ 꽃냉장고 : 절화를 저온에서 보관하기 위한 장치로, 신선한 보관을 위해 저장실과 냉각장치로 구성되어 있고 얼음, 전기, 가스 등을 이용하여 냉각한다.

④ 개수대 : 화훼장식과 관련한 작업 시 필요한 물을 취급하기 위해 급배수시설을 갖춘 작업대로, 일반 개수대보다 깊은 수조가 필요하다.

⑤ 냉난방기
  ㉠ 온도에 민감한 식물소재를 다루기 위해서는 항상 적정한 온도가 유지되어야 한다.
  ㉡ 여름냉방과 겨울난방을 할 수 있는 기기로, 외부온도와 꽃냉장고의 보관온도를 고려하여 온도차가 크지 않도록 작업장의 온도를 조절한다.

⑥ 온습도계 : 온도와 습도를 체크할 수 있는 기기로, 온습도에 민감한 식물소재의 수명 연장을 위해 항시 체크해야 한다.

⑦ 보관대 : 각종 부재료와 도구 등을 보관할 수 있는 서랍이나 선반과 같은 보관장으로, 재료의 형태에 따라 편리한 것을 사용한다.

⑧ 소재폐기통 : 컨디셔닝 후 발생하는 잎과 줄기, 작업 후 발생하는 폐기소재를 즉시 분리하기 위한 비품으로, 노출되지 않도록 배치하고, 특히 작업대 내부에 설치하면 작업동선이 용이하다.

핵심이론 02 커팅도구

① 플로리스트나이프 : 플라워 디자인에서 소재를 컨디셔닝하거나 줄기를 자를 때 사용하는 나이프로, 가위를 사용할 때보다 줄기의 손상이 적어 많이 사용된다.
② 플로리스트가위 : 가장 일반적으로 사용되는 커팅도구로, 초본성 절화의 잎이나 줄기를 자르는 데 사용된다.
　※ 오래 사용하여 날이 둔화된 가위는 자른 부위가 부서져 유관속을 다치게 하여 흡수력을 약화시킨다.
③ 전정가위 : 플로리스트나이프나 가위로 자르기에는 굵고 강한 나뭇가지들을 자르는 데 사용하는 가위로, 날카로운 날을 가지고 있어 깨끗하고 부드럽게 식물소재를 커팅할 수 있다.
④ 수공가위 : 지류나 리본 등 부소재를 자르기 위한 길고 날카로운 날을 가진 일반적인 가위이다.
⑤ 와이어커터 : 다양한 소재의 철선 등을 커팅하는 공구로, 일반 커팅도구를 사용해 와이어를 자르면 날이 상하거나 와이어의 끝부분이 날카롭게 망가지기 때문에 전용커터를 사용하는 것이 좋다.
⑥ 핑킹가위 : 지류나 리본, 부직포, 포장재 등에 장식적 효과를 내기 위해 톱니 모양의 날을 가지고 있다.

핵심이론 03 워터링도구

① 스프레이 : 노즐을 이용하여 물이나 액체약품 등을 분무하는 도구이다.
② 물통 : 소재를 컨디셔닝하거나 보관하기 위한 도구이다.
③ 워터튜브(Water Tube) : 플라스틱튜브와 고무덮개로 이루어져 있으며, 덮개 부분에 작은 입구가 있어 플라워소재를 꽂을 수 있는 도구로, 물을 보관하고 포장된 꽃에 수분을 공급한다.
④ 워터픽(Water Pick) : 워터튜브와 같은 역할을 하는 플라스틱 통으로, 끝이 뾰족하여 플로랄폼에 꽂아 사용할 수 있으며, 줄기가 짧은 소재의 길이를 연장하여 사용할 때 용이하다.
⑤ 튜브필러보틀(Tube Filler Bottle) : 가늘고 긴 스트로(Straw)가 달린 플라스틱 병으로, 워터튜브나 워터픽에 물을 포함한 액체류를 채우기 위한 도구로 사용한다.

10년간 자주 출제된 문제

2-1. 전정가위에 해당하는 것은?
① 플로리스트나이프나 가위로 자르기에는 굵고 강한 나뭇가지들을 자르는 데 사용하는 가위
② 다양한 소재의 철선 등을 커팅하는 공구
③ 지류나 리본 등 부소재를 자르기 위한 길고 날카로운 날을 가진 일반적인 가위
④ 플라워 디자인에서 소재를 컨디셔닝하거나 줄기를 자를 때 사용하는 나이프

2-2. 절화의 커팅도구 중 줄기의 손상이 가장 적은 도구는?
① 수공가위
② 플로리스트가위
③ 플로리스트나이프
④ 전정가위

2-3. 핑킹가위에 대한 설명으로 올바른 것은?
① 초본성 절화의 잎이나 줄기를 자르는 데 사용한다.
② 굵고 강한 나뭇가지들을 자르는 데 사용한다.
③ 지류나 리본 등 부소재를 자르기 위한 길고 날카로운 날을 가진 가위
④ 장식적 효과를 위해 톱니 모양의 날을 가지고 있다.

3-1. 워터튜브나 워터픽에 물을 포함한 액체류를 채우기 위한 도구는?
① 튜브필러보틀
② 워터튜브
③ 스프레이
④ 물 통

정답 2-1 ① 2-2 ③ 2-3 ④ / 3-1 ①

10년간 자주 출제된 문제

4-1. 플로리스트와이어 중 가장 얇은 것은?
① #18　② #20
③ #22　④ #26

4-2. 다양한 색상이 있으며, 얇고 잘 구부러지는 특징을 이용하여 주로 감아서 장식하는 데 사용하는 와이어는?
① 지철사
② 알루미늄와이어
③ 카파와이어
④ 와이어네트

4-3. 철사(Wire)에 대한 설명으로 옳지 않은 것은?
① 꽃의 줄기를 대신하거나 뼈대, 고정용으로 이용한다.
② 철사의 굵기는 짝수 번호로 표시된다.
③ 높은 숫자일수록 철사의 굵기가 굵어진다.
④ 녹색이나 백색의 종이가 감겨있는 것과 에나멜로 한 것, 몰드와이어, 알루미늄와이어 등이 있다.

|해설|
4-3
③ 숫자가 작을수록 두꺼운 철사이다.

정답　4-1 ④　4-2 ③　4-3 ③

핵심이론 04 철 사

① **와이어(플로리스트와이어)**
　㉠ 플라워 디자인에서 다양하게 사용되는 필수재료이다.
　㉡ 일반적으로 길이 45cm, 굵기 #18~#26의 은색 철사를 말한다.
　㉢ 숫자가 작을수록 두꺼운 와이어, 클수록 얇은 와이어를 의미한다.

② **디자인와이어**
　㉠ 다양한 색상이 있어 기존 디자인에 새로운 형태와 포인트를 추가하는 역할을 한다.
　㉡ 요철 형태로 된 얇은 와이어로, 매듭을 지어 주지 않아도 잘 풀리지 않는 특징이 있다.
　㉢ 재료들을 돋보이게 하고, 고정용 와이어를 보이지 않게 감추는 데 사용한다.

③ **지철사** : 종이가 감겨진 와이어로, 다른 와이어에 비해 미끄러짐이 적어 많이 사용된다.

④ **알루미늄와이어**
　㉠ 잘 구부러지고 자유롭게 형태를 만들 수 있어 다양하게 사용된다.
　㉡ 알루미늄와이어에 다양한 색상의 컬러를 코팅한 것을 컬러와이어라고도 부른다.

⑤ **카파와이어** : 와이어의 한 종류로, 다양한 색상이 있으며 얇고 잘 구부러지는 특징을 이용하여 주로 감아서 장식하는 데 사용한다.

⑥ **와이어네트**
　㉠ 와이어네트, 와이어메시, 치킨와이어 등으로 불린다.
　㉡ 플라워 디자인에서 무겁거나 두꺼운 재료들을 지지하는 역할을 하며, 그리드 대용으로 사용하기도 한다.
　㉢ 화병 안에서 단독으로 사용되거나 플로랄폼과 함께 사용한다.

⑦ **바인딩와이어**
　㉠ 강하고 유연한 성질을 가진 종이가 감겨진 와이어의 일종으로, 결속력이 있어 소재를 기능적으로 묶어 줄 때 주로 사용한다.
　㉡ 롤에 감겨진 형태로, 필요한 길이만큼 커팅해 쓸 수 있어 사용이 편리하다.

⑧ **뷰리온와이어** : 스프링으로 만들어져 있어 늘어나는 와이어로, 반짝거리는 효과가 있으며, 꽃꽂이상품 위에 올려 놓으면 투명감을 줄 수 있고, 갈란드(Garland)를 만들 때 많이 사용한다.

핵심이론 05 스프레이

① 컬러스프레이
  ㉠ 생화나 드라이플라워를 다른 색으로 염색할 때 쓰는 스프레이식 염료이다.
  ㉡ 물올림시켜서 염색하는 생화염료보다 컬러의 표현이 약하지만, 색을 입히는 시간을 절약할 수 있다.
② 잎광택제
  ㉠ 잎이 두꺼운 식물이나 그린소재의 잎에 분무하여 잎의 표면이 윤기가 나고 깨끗하게 보이게 하는 광택제이다.
  ㉡ 잎에 생긴 물방울 자국이나 먼지를 없애 주고, 수분의 증발을 억제하는 효과가 있다.
③ 접착스프레이[스프레이글루(Spray Glue)]
  ㉠ 생화에 사용하는 스프레이로, 꽃의 뒤쪽에 얇게 뿌려 주면 꽃잎이 빨리 떨어지는 것을 예방할 수 있다.
  ㉡ 국화에 사용하였을 때 효과가 좋고, 드라이소재나 실크소재 등에도 사용할 수 있다.
  ㉢ 부케와 같이 이동이 가능한 절화상품을 제작할 때 사용하면 좋다.
④ 플로랄 에어로졸실러(Floral Aerosol Sealer) : 생화 표면의 구멍을 막아 수분 손실을 줄여 절화의 수명을 연장해 준다.

10년간 자주 출제된 문제

5-1. 식물 염색에 사용하는 방법이 아닌 것은?
① 대량 염색할 때는 염료가 첨가된 물에 식물을 넣고 삶은 후 긴조시킨다.
② 염색은 표백 후 하는 것이 좋고, 염료 혼합 시 증류수를 사용하는 것이 좋다.
③ 염료가 섞여 있는 물에 식물을 꽂아 도관을 통해 물을 흡수시킨다.
④ 스프레이 염료는 분무해서 염색시키는 것으로 건조화에서만 가능하다.

핵심이론 06 기 타

① 퍼널스 : 구부러지거나 부러질 수 있는 소재를 플로랄폼에 꽂을 때 사용하는 깔때기 형태의 픽으로, 짧은 꽃줄기를 연장시키는 데에도 사용한다.
② 더블핀 : 유핀이라고도 하는 U자 형태의 와이어로, 잎소재나 이끼를 폼에 고정시킬 때 주로 사용한다.
③ 코사지핀(구슬핀, 진주핀)
  ㉠ 머리 부분에 구슬 형태의 플라스틱이 붙은 핀으로 다양한 컬러와 사이즈가 있다.
  ㉡ 코사지나 부토니어를 고정시키기 위한 핀으로 부케의 손잡이나 보우 등을 고정시키기 위해 사용하기도 한다.
④ 딕슨핀 : 두 개의 얇은 스틱 사이에 유연한 판 형태의 와이어나 가는 실 형태의 와이어가 붙은 핀으로, 소재를 고정시킬 때 사용한다.

6-1. 유핀이라고도 하는 U자 형태의 와이어로, 잎소재나 이끼를 폼에 고정시킬 때 주로 사용하는 핀은?
① 딕슨핀
② 퍼널스
③ 코사지핀
④ 더블핀

|해설|
5-1
스프레이 염료는 생화 염색에도 사용한다.

정답 5-1 ④ / 6-1 ④

핵심이론 07 플로랄폼

① 플로랄폼의 종류

㉠ 브릭형 플로랄폼 : 가장 일반적으로 많이 사용되는 플로랄폼으로, 플로랄폼나이프를 이용하여 사이즈를 재단해 사용한다.

㉡ 링형 플로랄폼 : 리스나 링 형태의 오나먼트(Ornament, 장식품) 제작을 위한 프레임형 플로랄폼으로, 지름 20~61cm까지 단계별로 8가지 이상의 사이즈가 있다.

㉢ 부케 홀더
- 스틱형 플라스틱 손잡이에 흡수성 있는 스펀지(플로랄폼)가 들어 있어 일정 시간 동안 꽃에 수분을 공급할 수 있다.
- 부케를 가지고 다닐 수 있게 만드는 일종의 받침이다.

㉣ 오토코소 : 압축공기에 의해 부착되는 원형 흡착판이 붙어 있는 플로랄폼 홀더로, 버티컬 디자인에 활용한다.

㉤ 르클립 : 클립과 같은 플라스틱 홀더에 부착된 반구형 플로랄폼으로, Pew End(의자장식)와 같은 행잉(Hanging) 디자인에 활용된다.

㉥ 구(Sphere)
- 사방으로 꽃는 줄기를 지지하기 위해 강도를 높인 구 형태의 플로랄폼이다.
- 토피어리, 센터피스, 화동 플라워볼 등 다양한 디자인에 활용된다.

㉦ 갈란드
- 생화 갈란드를 만들기 위한 플로랄폼으로, 원통형의 케이지에 들어 있다.
- 케이지의 끝에 고리가 달려 있어 길이를 자유롭게 조정하여 사용한다.

② 플로랄폼의 특징

㉠ 꽃을 꽃기 위한 흡수성 스펀지로, 물을 많이 흡수하는 특성이 있다.

㉡ 꽃꽂이 이용에 적합하도록 만들어진 다공성 제품이다.

㉢ 물을 흡수할 수 있는 것(흡수성)과 흡수하지 못하는 것(비흡수성)이 있다.

㉣ 오아시스라는 상품명은 최초의 개발회사가 정한 명칭이다.

㉤ 플로랄폼은 각기 다른 경도와 다양한 모양으로 생산된다.

㉥ 꽃꽂이할 때 꽃을 고정하기에 편리하고, 많은 양의 꽃을 꽂을 수 있다.

10년간 자주 출제된 문제

7-1. 플로랄폼의 특징으로 가장 적절하지 않은 것은?

① 꽃을 꽃기 위한 흡수성 스펀지로, 물을 많이 흡수하는 특성이 있다.
② 꽃꽂이 이용에 적합하도록 만들어진 다공성 제품이다.
③ 물을 흡수할 수 있는 것(흡수성)과 흡수하지 못하는 것(비흡수성)이 있다.
④ 재활용이 가능하여 쓰레기 문제가 없다.

7-2. 다음 중 플로랄폼(Floral Foam)에 대한 설명으로 틀린 것은?

① 물을 빠르게 흡수시킬 때는 손으로 눌러 가라앉도록 한다.
② 물을 흡수했다가 말린 것을 재사용하는 것은 바람직하지 않다.
③ 플로랄폼(Floral Foam)은 경도가 다른 제품들이 있다.
④ 플로랄폼(Floral Foam)은 다양한 모양으로 생산되어 나온다.

|해설|

7-1
④ 플로랄폼은 재활용이 불가능하며, 폐기 시 쓰레기 문제를 일으킨다.

정답 7-1 ④ 7-2 ①

Ⓢ 고정시킬 때는 원칙적으로 접착테이프를 사용해야 한다.
ⓞ 식물에 수분을 공급해 주는 역할과 고정시켜 주는 역할을 한다.
ⓩ 플로랄폼은 폐기 시 쓰레기 문제를 일으킨다.

③ 플로랄폼의 사용방법
㉠ 칼, 가위, 철사를 이용하여 자르면 표면이 매끄럽게 잘린다.
㉡ 용기에 담긴 물 위에 띄워서 저절로 가라앉게 하여 적신다.
㉢ 물에 포화시킬 때 절화보존용액을 이용하면 절화의 수명 연장에 효과가 있다.
㉣ 충분한 수분 공급을 위해서 물이 담긴 용기 내에 공간을 둔다.
㉤ 한 번 사용했던 플로랄폼은 수분흡수력이 떨어지기 때문에 재사용하지 않는다.
㉥ 플로랄폼이 수면 위로 0.6cm 정도 떠 있으면 충분히 젖은 것으로 본다.
㉦ 한 번 꽂은 구멍은 메워지지 않으므로 정확한 위치에 많은 양을 꽂는다.
㉧ 플로랄폼에 줄기를 꽂을 때는 한 번에 꽂도록 한다.
㉨ 플로랄폼은 화기보다 약간 높게 고정시킨다.

④ 플로랄폼 사용 시 주의사항
㉠ 플로랄폼에 물을 충분히 흡수시킨다.
- 반드시 사용 전에 물을 충분히 흡수시킨 후 사용한다.
- 깨끗한 개수대나 물통에 물을 담는다.
- 한 번 물을 흡수한 플로랄폼은 재사용이 불가능하므로 필요한 면적만큼 플로랄폼을 칼로 자른다.
- 플로랄폼을 물에 띄운 후 손이나 다른 것으로 누르지 말아야 하며, 기포가 멈추고 가라앉을 때까지 충분히 기다린다.

㉡ 플로랄폼을 재단한다.
- 플로랄폼의 글씨가 있는 부분을 위로 올라가게 하여 화기 사이즈에 맞게 재단한다.
- 이때 최소 한쪽 면은 화기의 입구보다 1cm 안쪽으로 재단하여 물을 쉽게 넣을 수 있도록 입수구를 만든다.
- 일반적인 디자인일 경우 플로랄폼이 화기 위로 3cm 정도 올라오도록 넣는다.
- 플로랄폼의 가장자리를 깎아 소재를 꽂을 수 있는 면을 확보한다.

10년간 자주 출제된 문제

7-3. 생화의 기계적 지지물로 사용하는 플로랄폼을 적시는 가장 적절한 방법은?
① 수돗물을 위에서 떨어뜨린다.
② 용기에 담긴 물에 눌러서 가라앉힌다.
③ 물뿌리개로 물을 위에서 준다.
④ 용기에 담긴 물 위에 띄워서 저절로 가라앉게 한다.

7-4. 플로랄폼(Floral Foam)에 대한 설명 중 가장 적당한 것은?
① 물에 띄워 스스로 물을 흡수하여 가라앉도록 한다.
② 한 번 꽂았던 자리에 다시 꽂을 수 있다.
③ 꽂히는 길이는 10cm 이상으로 깊게 꽂는다.
④ 한 번 사용한 것은 자연건조시켜 재활용이 가능하다.

해설

7-3
플로랄폼은 물을 흡수하면서 차츰 가라앉기 때문에 억지로 물 아래로 밀어 넣어서는 안 된다.

정답 7-3 ④ 7-4 ①

ⓒ 기타 고정재료를 이용하여 플로랄폼을 화기에 고정한다. 절화소재를 꽂거나 완성된 상품을 이동할 때 플로랄폼이 화기 밖으로 빠지거나 움직이지 않도록 와이어, 방수테이프, 플로랄 검 등을 이용해 고정한다.

> **더 알아보기**
>
> **플로랄폼 고정재료**
> - 와이어
>   - 와이어를 화기의 한쪽 끝에 걸어 고정한다.
>   - 바스켓처럼 와이어를 걸 수 있는 경우 주로 사용된다.
>   - 와이어가 플로랄폼을 파고 들어가지 않도록 모서리에 스틱이나 단단한 줄기를 올린다.
>   - 다른 한쪽 끝을 화기에 걸어 고정한다.
> - 방수테이프
>   - 화기의 표면을 건조시키고, 깨끗하게 닦는다.
>   - 플로랄폼에 테이프가 파고 들어가지 않도록 모서리에 스틱이나 단단한 줄기를 올린다.
>   - 화기의 한쪽 끝에 방수테이프를 붙이고, 팽팽하게 당겨 반대쪽 화기에 붙인다.
>   - 필요에 따라 방수테이프를 십(十)자로 교차되게 한 번 더 붙인다.
> - 플로랄검
>   - 화기의 내부를 건조시키고, 깨끗하게 닦아서 준비한다.
>   - 플로랄검을 필요한 만큼 자른다.
>   - 플로랄검을 이용해 앵커핀을 화기 바닥에 고정한다.
>   - 물에 젖은 플로랄폼을 앵커핀 위에 고정한다.

핵심이론 08 절화상품 용기

화기(花器)는 꽃이나 소재를 담아 장식할 수 있는 용기로, 절화소재를 유지하기 위해 물을 담아 수분을 공급하는 용도뿐만 아니라, 소재와 더불어 구성을 형성하는 미적 요소의 역할을 한다. 따라서 작품의 특성이나 디자인에 따라 절화소재의 선택과 함께 화기의 질감, 모양, 크기, 색 등을 고려해야 한다.

① 유리화기
 ㉠ 유리는 물이나 화학적 내구성이 우수하며, 금형에 따라 자유로운 성형이 가능해 형태가 다양하다.
 ㉡ 기본적으로 무색의 투명한 유리화기 외에도 자유롭게 착색이 가능하여 흰색, 핑크색, 녹색, 푸른색, 검은색 등 다양한 컬러가 있다.
 ㉢ 투명도가 높아 빛이 통과하거나 내용물이 보이기 때문에 그리너리(Greenery)나 스템(Stem)을 이용하여 화기 안쪽도 디자인적으로 표현할 수 있다.

② 바스켓
 ㉠ 일반적으로 대나무 등 자연소재를 가늘게 쪼개 둥근 형태로 엮어 만든 친환경 용기를 뜻하며, 짚이나 플라스틱와이어 등으로 만든 바스켓도 많이 이용된다.
 ㉡ 디자인과 종류, 컬러가 다양화되어 선택의 폭이 넓다.

③ 수반 : 일반적으로 폭이 넓고, 높이가 낮아 꽂는 부분이 넓은 화기로, 주로 소재의 방향, 수면과 여백의 어울림이 중요한 오리엔탈스타일 화훼장식의 기본형에 사용된다.

④ 세라믹화기
 ㉠ 비금속 무기질 재료를 가공성형하여 고온 처리한 제품으로, 대표적으로 도자기가 포함된다.
 ㉡ 간결한 형태의 화기도 많이 이용되지만, 대부분 그 자체로 예술품과 같이 선과 형태가 아름다워 화훼장식에서 많이 이용된다.

⑤ 플라스틱화기
 ㉠ 비용이 저렴하고, 쉽게 깨지지 않아 경제적이며, 가장 쉽게 접할 수 있다.
 ㉡ 다양한 모양, 색, 크기 등 여러 가지 종류가 있으며, 독립된 화기로도 사용되지만 고급화기의 라이너로도 사용된다.

10년간 자주 출제된 문제

8-1. 절화용 용기의 조건으로 거리가 먼 것은?
① 물과 꽃줄기를 충분히 담을 수 있어야 한다.
② 전체 꽃의 무게를 지탱할 수 있는 무게를 가져야 한다.
③ 줄기를 고정하기 위한 어떤 도구도 감출 수 있어야 한다.
④ 장식의 목적과 효과에 따라 배수구가 있는 경우가 일반적이다.

8-2. 화훼장식용 용기에 대한 설명으로 틀린 것은?
① 이동과 운반이 쉽고, 재질이 견고해야 한다.
② 사용목적에 따라 크기, 형태, 색상 등을 고려한다.
③ 곡선적이며, 원추형의 작품에는 콤포트용기가 어울린다.
④ 용기 중 도자기는 토분에 비해 내구성과 방수성은 낮으나, 통기성이 좋다.

해설

8-2
도자기는 토분에 비해 내구성과 방수성이 높으나, 통기성은 낮다.

정답 8-1 ④ 8-2 ④

10년간 자주 출제된 문제

8-3. 화훼장식을 위한 용기 중 원래 서구에서 식탁용으로 과일 등을 담던 굽 달린 접시를 가리키는 것으로, 다리(굽)나 받침대가 달린 형태에 해당하는 것은?

① 항아리　　② 화 병
③ 수 반　　　④ 콤포트

⑥ 금속화기 : 구리, 청동, 황동, 백랍 등 다양한 소재의 금속화기가 있으며, 금속의 특성에 따라 다양한 광택을 가지고 있어 화훼장식에서 여러 가지 디자인에 적용된다.

⑦ 종이상자
　㉠ 두꺼운 지류로 만들어진 박스로 원형, 정사각형, 직사각형, 하트형 등 형태, 색상 및 사이즈가 다양하다.
　㉡ 다른 화기에 비해 내구성은 약하지만, 가격이 저렴하고 사용 후 처리가 쉬워 선물용으로 많이 사용된다.
　㉢ 습기에 약한 지류가 소재이므로 생화를 이용한 상품을 제작할 시에는 반드시 물 처리에 주의하여야 한다.

⑧ 기타 화기 : 그 외에도 콘크리트화기, 테라코타화기, 원목화기, 토기 등 다양한 소재의 화기가 있으며, 새로운 소재의 화기가 지속적으로 상품화되고 있어 꾸준한 시장조사가 필요하다.

핵심이론 09 재료 선행작업

① 절화의 특성에 따라 선행작업을 한다.
② 불필요한 잎이나 가시를 제거한다.
　㉠ 불필요한 잎은 영양분과 수분을 분산시켜 절화의 노화를 빠르게 진행시키고, 가시는 위험성이 있어 작업 전에 제거하는 것이 좋다.
　㉡ 꽃에서 가까운 잎 1~2개를 남기고 전부 깨끗하게 제거한다.
③ 가지 나누기를 한다.
　가장 길게 뻗은 가지 이하의 불필요한 가지를 잘라 주거나 적절한 길이의 가지 여러 개가 나오도록 나누어 소재를 경제적으로 사용한다.

정답 8-3 ④

(2) 절화장식의 종류와 특성

핵심이론 01 결혼식용 화훼장식

① 화동(花童)의 꽃도 신부용 부케와 비슷한 형태로 제작한다.
② 자연스러운 바구니형 부케는 야외결혼식에 적합하다.
③ 라운드 부케는 신부 부케의 일종이다.
④ 일반적으로 주례단상에는 낮고, 옆으로 긴 꽃꽂이를 한다.
⑤ 꽃길은 하객석 의자 옆에 꽃다발을 달거나, 꽃길을 따라 양측으로 꽃기둥을 반복해서 세워 주는 경우가 많다.
⑥ 하객석 양측 옆에 꽃길로 장식을 하고, 꽃길이 시작되는 부분에 아치장식을 하기도 한다.
⑦ 신부용 몸장식은 작은 꽃다발이나 갈란드를 만들어서 어깨, 허리 뒤, 손목 등에 부착시킨다.
⑧ 신부의 꽃다발은 신부의 키를 고려하여 적당한 크기로 만드는 것이 중요하다.
⑨ 코사지는 주례와 양가 부모, 사회자의 가슴에 꽂는 꽃이다.

10년간 자주 출제된 문제

1-1. 결혼식에 사용되는 화훼장식품들에 대한 설명으로 틀린 것은?

① 화동(花童)의 꽃도 신부용 부케와 비슷한 형태로 제작한다.
② 자연스러운 바구니형 부케는 야외결혼식에 적합하다.
③ 라운드 부케는 신부 부케의 일종이다.
④ 웨딩케이크 장식의 포컬포인트(Focal Point)는 가장 아랫부분이다.

1-2. 결혼식장의 화훼장식을 설명하는 내용으로 거리가 먼 것은?

① 일반적으로 주례단상에는 낮고, 옆으로 긴 꽃꽂이를 한다.
② 꽃길을 따라 양측으로 꽃기둥을 반복해서 세워 주는 경우가 많다.
③ 순결·순수의 의미를 강조하기 위해서 흰색 꽃을 사용하고, 유색 꽃은 사용하지 않는다.
④ 꽃길이 시작되는 부분에 아치형 구조물을 설치하여 꽃꽂이를 하거나 갈란드를 만들어 부착한다.

|해설|

1-2
③ 결혼공간 연출 스타일에 따라 흰색뿐만 아니라 분홍색, 노란색, 보라색 등 다양한 유색 꽃을 함께 사용한다.

정답 **1-1** ④ **1-2** ③

10년간 자주 출제된 문제

2-1. 웨딩 부케 제작에 필요한 테크닉적인 조건으로 틀린 것은?

① 오래 들어도 피로하지 않도록 적당한 무게로 마무리한다.
② 시각상 중심이 되는 꽃은 제일 작은 꽃으로 선택한다.
③ 손잡이의 각도, 길이, 두께에 유의해야 한다.
④ 결혼식이 끝날 때까지 싱싱하고, 흐트러짐이 없도록 마무리를 잘해야 한다.

핵심이론 02 신부화

① 결혼식용 화훼장식물 중 신부에게 필요한 것 : 부케와 머리장식
  ㉠ 부케 : 꽃을 가득 모아 줄기가 모이는 부분을 끈으로 묶어 다발로 만든 형태
  ㉡ 머리장식에 들어갈 꽃의 조건
   • 꽃이 작고, 가벼운 것
   • 꽃의 키가 크지 않은 것
   • 꽃의 향기가 진하지 않은 것
   • 꽃의 색과 모양에 특징이 있는 것
② 웨딩 부케의 제작순서 : 신부에 대한 정보 파악 → 선호도와 디자인 파악 → 전문가로서의 의견 제시 → 디자인 결정 → 제작 → 상품 전달
③ 웨딩 부케 제작 시 고려사항
  ㉠ 오래 들어도 피로하지 않도록 가볍고, 들기 쉽게 만들어야 한다.
  ㉡ 신부의 나이, 피부색, 체형 등 외형을 고려한다.
  ㉢ 신부의 취향이나 의견을 가장 우선한다.
  ㉣ 드레스의 형태나 컬러를 고려한다.
  ㉤ 신부가 특별히 선호하는 색이나 형태를 고려한다.
  ㉥ 시각상의 중심이 되는 꽃은 큰 꽃으로 선택한다.
  ㉦ 손잡이의 각도, 길이, 두께에 유의한다.
  ㉧ 결혼식이 끝날 때까지 싱싱하고, 흐트러짐이 없도록 마무리한다.

해설

2-1
② 시각상 중심이 되는 꽃은 큰 꽃으로 선택한다.

정답 2-1 ②

핵심이론 03 신부 부케의 종류

① 라운드(Round) 부케
  ㉠ 둥근 형태의 부케로, 중세시대 이전부터 사용되어 온 전통 있는 형태이다.
  ㉡ 향이 좋은 꽃을 여럿 섞어서 만든 노즈게이(Nosegay), 꽃을 색채나 종류별로 모아 동심원 모양으로 만든 터지머지(Tuzzy Muzzy), 진한 색조의 꽃으로 만든 고전적인 분위기를 자아내는 빅토리안(Victorian), 꽃의 간격을 좁게 하여 볼륨감과 둥근 맛을 내게 하는 포지(Posy) 등이 있다.
  ※ 일반적으로 모든 부케의 기본 형태는 원형이다.

② 캐스케이드(Cascade) 부케
  ㉠ 폭포의 흐름을 이미지화한 형태이다.
  ㉡ 원형 부케에 갈란드를 연결하여 부케 라인이 밑을 향해 흐르는 스타일이다.
  ㉢ 폭포형 부케라고도 하며, 물이 위에서 아래로 떨어지듯 부케 라인이 밑을 향해 흐르는 스타일로, 부케의 가장 일반적인 디자인이다.
  ㉣ 원형의 본체에 갈란드를 조립하여 만드는 부케로, 원형이 자연스럽게 길어진 형태이다.

③ 워터폴(Waterfall) 부케 : 솟아 오른 물이 흐르는 듯한 모양이다.

④ 샤워(Shower) 부케 : 아래로 늘어지는 스타일로, 전체적인 느낌이 소나기가 쏟아지듯 자연의 흐름을 이용하여 구성한 입체적인 부케이다.
  ※ 물이 흐르는 모습의 부케 : 캐스케이드 스타일, 워터폴 스타일, 샤워 스타일

⑤ 비더마이어(Biedermeier) 부케
  ㉠ 줄기를 나선상으로 조합하여 둥글게 만드는 신부화로, 흘러내리는 형태가 나타나지 않는다.
  ㉡ 1814~1848년 오스트리아와 독일에서 처음 등장한 형태이며, 전통주의와 풍요로웠던 시기의 상징이다.
  ㉢ 꽃을 촘촘하게 중심을 향해 꽂아가는 반구형으로, 아주 치밀한 양식의 꽃다발이다.
  ㉣ 꽃다발을 만들 때 같은 종류나 같은 색끼리 대칭적이며, 둥근 공 모양 또는 원추 모양으로, 원형이나 나선형으로 배열해 나간다.

10년간 자주 출제된 문제

3-1. 흘러내리는 형태가 나타나지 않는 부케는?
① 샤워(Shower) 부케
② 워터폴(Waterfall) 부케
③ 캐스케이드(Cascade) 부케
④ 비더마이어(Biedermeier) 부케

3-2. 1814~1848년 오스트리아와 독일에서 처음 등장한 형태이며, 전통주의와 풍요로웠던 시기의 상징으로, 꽃을 촘촘하게 중심을 향해 꽂아가는 반구형으로, 아주 치밀한 양식의 꽃다발 명칭으로 적당한 것은?
① 콜로니얼 부케(Colonial Bouquet)
② 터지머지 부케(Tussy Muzzy Bouquet)
③ 비더마이어 부케(Biedermeier Bouquet)
④ 스노볼 부케(Snowball Bouquet)

해설

3-1
비더마이어 부케는 꽃을 촘촘하게 중심을 향해 꽂아가는 반구형이다.

정답 3-1 ④ 3-2 ③

10년간 자주 출제된 문제

3-3. 웨딩 부케에 대한 설명으로 틀린 것은?

① 일반적으로 모든 부케의 기본 형태는 원형이다.
② 캐스케이드형(Cascade) 부케는 상부의 원형 부케를 하부의 갈란드와 연결한 것이다.
③ 초승달형(Crescent) 부케는 선의 흐름을 최대한 돋보이게 하고 대칭적·비대칭적 제작·구성이 가능하다.
④ 트라이앵글형(Triangular) 부케는 두 개의 갈란드를 중심부에 연결하여 아름다운 곡선이 돋보이는 형태이다.

⑥ 호가스(Hogarth)라인 부케(S형)
 ㉠ 자연스러운 가지의 선을 이용하여 가늘고 날씬한 S자 곡선형의 움직임을 표현한다.
 ㉡ 영국의 윌리엄 호가스에 의해 미적 가치가 인정되어 호가스라인이라고도 한다.
⑦ 초승달(Crescent) 부케 : 선의 흐름을 최대한 돋보이게 하는 부케로, 대칭적·비대칭적 제작·구성이 가능하다.
⑧ 암(Arm) 부케 : 팔에 안을 수 있도록 만든 꽃다발로 프레젠테이션 부케라고도 부른다.
⑨ 트라이앵글 부케 : 중앙 라운드형을 기준으로 세 개의 갈란드를 구성하여 비대칭 역삼각형의 형태로 만든 부케이다.
⑩ 스노볼(Snowball) 부케 : 구형으로 만든 부케이다.
⑪ 바스켓 부케 : 바구니 모양의 용기를 사용해 꽃을 흘러내리듯 디자인한 부케이다.
⑫ 클러치(Clutch) 부케 : 꽃의 줄기를 묶어 그 상태로 자연스러운 스타일이다.
⑬ 콜로니얼(Colonial) 부케 : 미국 식민지시대에 유행하였던 라운드 계통의 반구형 부케로, 그 특징은 태양의 코로나에 해당하는 부분의 홀더, 즉 주위를 돌리는 받침이라 부르는 레이스칼라가 있다.
⑭ 개더링(Gathering) 부케 : 꽃잎을 겹쳐서 만든 부케이다.
⑮ 포멀리니어(Formal Linear) 부케 : 형태와 선의 뚜렷한 각도를 가지고, 대칭과 비대칭의 질서를 유지하면서 선과 형태를 명확하게 표현하는 구성의 디자인이다.

|해설|

3-3
④ 트라이앵글형 부케는 중앙 라운드형을 기준으로 세 개의 갈란드를 구성하여 비대칭 역삼각형의 형태로 만든 부케이다.

정답 3-3 ④

핵심이론 04 코사지(Corsage)

① 특 징
  ㉠ 코사지는 신체장식의 하나이다.
  ㉡ 신체의 장식뿐만 아니라 모자 등에도 사용한다.
  ㉢ 다는 사람의 이미지와 맞는 소재, 크기를 선택한다.
  ㉣ 이용할 목적이나 대상을 고려하여 제작한다.
  ㉤ 주소재가 코사지를 달고 있는 사람을 향하도록 한다.
  ㉥ 여성들의 의복이나 신체를 꾸미는 꽃장식물로 이용된다.
  ㉦ 각종 연회와 모임에 가장 널리 사용되고, 여성용으로 가슴이나 어깨, 팔목 등을 장식하며, 의복의 특성에 따라 다양한 양식으로 디자인되는 결혼식 꽃장식이다.
  ㉧ 프랑스어로 상반신을 뜻하는 말로, 여성의 옷이나 몸을 장식하는 작은 꽃다발이다.

② 종 류
  ㉠ 리스트 코사지(Wrist Corsage) : 팔 또는 손목을 장식하는 코사지로, 제작한 꽃을 부착하여 손목에 고정시킬 수 있는 팔찌 등을 사용하면 훨씬 편리하다.
  ㉡ 백사이드 코사지(Backside Corsage) : 등 부위를 장식하는 데 쓰이는 코사지
  ㉢ 앵클릿 코사지(Anklet Corsage) : 발목이나 발목 뒤를 장식하는 데 사용하는 코사지
  ㉣ 브레이슬릿(Bracelet) : 파티나 결혼식용으로, 팔이나 손목에 장식하는 것
  ㉤ 숄더(Shoulder) : 어깨에서 등까지 늘어뜨리는 장식
  ㉥ 헤어 오너먼트(Hair Ornament) : 머리에 장식하는 코사지
  ㉦ 에폴렛(Epaulet) : 어깨 위에서 겨드랑이를 장식하는 것
  ㉧ 바디 코사지(Body Corsage) : 자신을 돋보이게 하기 위해 의복이나 신체에 다는 작은 꽃다발을 총칭하는 말
  ㉨ 부토니아(Boutonniere) : 신부 꽃다발의 꽃 한 송이를 이용하여 신랑의 예복 상의 깃의 단추 구멍에 꽂는 꽃
  ※ 갈란드(Garland) : 꽃을 여러 가지 소재와 함께 엮어서 길게 만든 것
  ※ 레이(Lei) : 낚시줄 같은 끈으로 꽃을 꿰어 행사 때나 송영식(送迎式)때 목에 걸어주는 것으로 리스와 유사한 형태
   예 하와이 꽃목걸이

10년간 자주 출제된 문제

4-1. 다음 중 결혼식용 화훼장식에 대한 설명으로 틀린 것은?
① 신랑의 부토니아는 신부 부케와는 다른 소재로 디자인하여 화려하게 만든다.
② 신부 부케의 제작방법은 부케 홀더, 철사감기 갈란드, 핸드타이드 등이 있다.
③ 하객석 양측 옆에 꽃길로 장식을 하고, 꽃길이 시작되는 부분에 아치장식을 하기도 한다.
④ 신부용 몸장식은 작은 꽃다발이나 갈란드를 만들어서 어깨, 허리 뒤, 손목 등에 부착시킨다.

4-2. 낚시줄 같은 끈으로 꽃을 꿰어 행사 때나 송영식(送迎式) 때 목에 걸어 주는 것으로, 리스와 유사한 형태는?
① 팬던트(Pendant)
② 레이(Lei)
③ 리슬렛(Wristlet)
④ 코사지(Corsage)

4-3. 각종 연회와 모임에 가장 널리 사용되고, 여성용으로 가슴이나 어깨, 팔목 등을 장식하며, 의복의 특성에 따라 다양한 양식으로 디자인되는 결혼식 꽃장식은?
① 코사지
② 부토니아
③ 꽃다발
④ 오브제 장식

해설

4-1
① 신랑의 부토니아는 신부 부케와 동일한 소재로 만든다.

정답 4-1 ① 4-2 ② 4-3 ①

10년간 자주 출제된 문제

5-1. 리스(Wreath)에 대한 설명으로 틀린 것은?
① 장례용으로만 쓰인다.
② 독일에서는 크란츠라고 한다.
③ 고대 그리스에서는 충성과 헌신의 상징이었다.
④ 생화는 물론 조화와 드라이플라워 등 사용할 수 있는 소재가 다양하다.

5-2. 리스(Wreath)에 대한 설명으로 틀린 것은?
① 원형을 이루면서 디자인의 요소와 원리에 맞게 제작한다.
② 크기와 두께의 비율이 적절해야 아름답게 제작될 수 있다.
③ 정적인 장식이며, 둥근 모양에 어울리게 느슨하게 제작해야 한다.
④ 리스의 몸체는 리스장식과 조화롭게 어울려야 한다.

5-3. 다음 중 리스(Wreath)의 유래로 옳은 것은?
① 천(天), 지(地), 인(人)의 삼재사상에서 비롯되었다.
② 음양오행사상이 구성원리에 많은 영향을 미쳤다.
③ 충성과 헌신의 상징으로서 신이나 영웅에게 바쳤다.
④ 불전공화(佛典供花)의 양식에서 비롯되었다.

|해설|

5-1
리스는 오늘날에도 일반적으로 많이 이용되는 반평면적인 장식물로 화관용, 테이블용, 벽걸이용뿐만 아니라 스탠드에 걸어 사용하는 장례용이나 축하용도 있다.

5-2
③ 형태가 틀어지지 않도록 단단하게 제작해야 한다.

5-3
리스는 고대 그리스시대에 충성과 헌신의 상징으로서 신이나 영웅에게 바치는 장식물로 이용되었으며, 머리에 쓰거나 옷에 부착하였고, 생활공간을 장식하기도 하였다.

정답 5-1 ① 5-2 ③ 5-3 ③

핵심이론 05 리스(Wreath)

① 특 징
  ㉠ 절화를 이용하여 고리 모양으로 만들어낸 장식물로 화관용, 테이블용, 벽걸이용 등과 스탠드에 걸어 사용하는 장례용이나 축하용도 있다.
  ㉡ 화환이라고도 하며, 독일에서는 '크란츠'라고 한다.
  ㉢ 고대 그리스에서는 충성과 헌신의 상징이었다.
  ㉣ 생화는 물론 조화와 드라이플라워 등 사용할 수 있는 소재가 다양하다.

② 제작 시 주의사항
  ㉠ 리스는 나무덩굴이나 짚, 로프, 철사, 철망, 이끼 등으로 만든 둥근 고리 모양의 틀에 소재를 부착시켜 만든다.
  ㉡ 플로랄폼이 있는 고리 모양의 틀에 꽃꽂이하듯 소재를 꽂아 만들 수도 있다.
  ㉢ 리스를 제작할 때는 둥근 고리의 크기와 고리 두께의 비율이 맞아야 한다.
  ㉣ 원형을 이루면서 디자인의 요소와 원리에 맞게 제작한다.
  ㉤ 크기와 두께의 비율이 적절해야 아름답게 제작될 수 있다.
  ㉥ 리스의 몸체는 리스장식과 조화롭게 어울려야 한다.

> **더 알아보기**
>
> **화환(리스, 크란츠)의 역사적인 배경**
> - 오늘날 외국의 장례식 장식에 많이 이용되는 화환은 고리 형태에서 유래했다.
> - 화환 제작 시 가장 먼저 사용한 기법은 꽂는 기법이 아닌 감는 기법이다.
> - 화환은 영원함을 상징한다.
> - 리스의 이상적인 제작비율은 황금비율(1 : 1.618)이지만 색, 배경, 환경에 따라 시각적인 비율이 다르므로 반드시 물리적인 비율에 의존하지 않는다.

핵심이론 06 갈란드(Garland)

① 특 징
- ㉠ 갈란드는 꽃다발을 만들 때 식물소재를 철사 등에 엮어서 길게 늘어뜨리는 기법이다.
- ㉡ 절화와 절엽 등을 길게 엮은 장식물이다.
- ㉢ 길고 유연성이 있어 어깨에 걸치거나 기둥의 둘레를 감거나 난간, 문, 벽, 천장 등을 장식하는 데 이용된다.
- ㉣ 고대 이집트와 로마시대부터 행사 시 경축의 용도로 사용되었다.
- ㉤ 결혼식장, 연회장, 축제의 장식에 많이 쓰인다.

② 갈란드 제작 시 주의사항
- ㉠ 꽃가루나 잎이 떨어지지 않는 재료로 선정한다.
- ㉡ 묶거나 꽂은 재료가 빠지거나 떨어지지 않게 한다.
- ㉢ 갈란드의 끈은 재료의 무게를 충분히 견딜 수 있는 것을 사용한다.
- ㉣ 철사를 꽃줄기 밑에서 위로 찔러 넣는 인서션기법은 적합하지 않다.

핵심이론 07 센터피스(Center Piece)

① 특징 : 사방화라고도 하며, 음식 테이블이나 장식용 테이블 중앙에 놓는 꽃장식으로, 상하좌우 모든 곳에서 꽃을 볼 수 있는 360° 디자인이라고 할 수 있다.

② 종 류
- ㉠ 행사용 긴 사방화 : 가로가 세로에 비해 길며, 회의용이나 긴 직사각형 테이블에 놓이고, 특히 기자회견에 많이 사용되지만 약혼식이나 결혼식에서도 긴 직사각형 테이블을 사용할 수 있다.
- ㉡ 원형 사방화 : 테이블의 모양에 따라서 달라지며, 원형 테이블에는 돔 형태나 낮은 수평형 형태가 사용된다.
- ㉢ 수직형 사방화 : 10인용 이상의 원형 테이블이나 뷔페 테이블에 높게 만들어 웅장하게 보일 수 있는 수직형 형태가 사용되는데, 이때는 상대방의 눈을 가려도 무방하다.

10년간 자주 출제된 문제

6-1. 화훼장식기법 중 절화나 절엽 등을 줄처럼 길게 이어서 만든 장식물은?
① 리스(Wreath)
② 갈란드(Garland)
③ 형상물(Figure)
④ 콜라주(Collage)

6-2. 갈란드 제작 시 주의사항으로 틀린 것은?
① 꽃가루나 잎이 떨어지지 않는 재료로 선정한다.
② 절화·절엽소재들은 모두 인서션법으로 철사 처리한다.
③ 묶거나 꽂은 재료가 빠지거나 떨어지지 않게 한다.
④ 갈란드의 끈은 재료의 무게를 충분히 견딜 수 있는 것을 사용한다.

7-1. 음식 테이블이나 장식용 테이블 중앙에 놓는 꽃장식으로, 상하좌우 모든 곳에서 꽃을 볼 수 있는 360° 디자인은?
① 콜라주
② 갈란드
③ 센터피스
④ 부 케

|해설|
6-2
② 철사를 꽃줄기 밑에서 위로 찔러 넣는 인서션기법은 갈란드 제작에 적합하지 않다.

정답 6-1 ② 6-2 ② / 7-1 ③

핵심이론 08 콜라주(Collage)

① 평면적인 화면에 입체적인 생화나 건조식물 등의 소재를 반평면적으로 배치하여 표현하는 장식물이다.
② 20세기에 등장한 독특한 시각예술 형태로, 자연적·추상적인 어떠한 구성도 가능하다.
③ 소재의 종류에 따라 종이, 캔버스, 합판, 나뭇가지 등의 지지물을 바탕으로 이용하는 디자인 양식이다.
④ 장식용 건조식물을 주소재로 하고 여기에 천, 작은 돌, 나뭇조각 등을 붙여서 구성하는 화훼장식의 표현기법이다.
⑤ 평면적 구성이다.

더 알아보기

형상물 : 절화를 이용하여 십자가, 별, 하트, 곰, 토끼, 공 등의 형상물을 반평면적이거나 입체적으로 만들어 다양한 용도로 이용하는 형태로, 토피어리가 대표적이다.

10년간 자주 출제된 문제

8-1. 20세기에 등장한 독특한 시각예술 형태로, 자연적·추상적인 어떠한 구성도 가능하며, 소재의 종류에 따라 종이, 캔버스, 합판, 나뭇가지 등의 지지물을 바탕으로 이용하는 디자인 양식은?

① 리스(Wreath)
② 콜라주(Collage)
③ 토피어리(Topiary)
④ 갈란드(Garland)

8-2. 콜라주(Collage)에 대한 설명으로 틀린 것은?

① 20세기에 등장한 독특한 시각예술이다.
② 평면적 구성이다.
③ 천, 금속, 돌 등의 재료를 붙여서 구성하는 표현기법 중 하나이다.
④ 벽장식(Wall Decoration)으로만 이용한다.

해설

8-2
④ 벽장식 외에도 조각, 설치미술, 패션 등 여러 분야에서 폭넓게 사용된다.

정답 8-1 ② 8-2 ④

(3) 절화 화훼식물의 조형

핵심이론 01 줄기배열

> **줄기배열에 의한 꽃꽂이 형태**
> - 방사선 배열
> - 평행선 배열
> - 교차선 배열
> - 감는선 배열
> - 줄기배열이 없는 구성

① 방사선
　㉠ 오랜 옛날부터 꽃꽂이에서 일반적으로 이용되어 왔던 배열이다.
　㉡ 꽃꽂이 형태에서 줄기배열을 구분할 때 모든 줄기의 선이 한 개의 초점에서 부채살처럼 사방으로 전개되는 배열이다.

② 평행(병렬)선
　㉠ 여러 개의 초점으로부터 나온 줄기가 모두 같은 방향으로 나란히 뻗어 있는 배열이다.
　㉡ 두 줄 이상의 소재가 평행을 유지하여야 한다.
　㉢ 수직, 수평, 사선 등 어느 방향이든지 평행할 수 있다.
　㉣ 소재 또는 재료의 선들이 반 이상 압도적으로 같은 방향으로 향해야 한다.
　㉤ 직선소재뿐만 아니라 곡선소재로도 표현이 가능하다.
　㉥ 규칙적으로 수평, 수직 또는 규칙적인 대각선을 이루면서 평행으로 배치되는 디자인이다.
　㉦ 용기 안의 서로 다른 점으로부터 뻗어 나온 디자인이다.
　㉧ 경직되고 구조적으로 보이기는 하나, 높이를 달리하면 부드러워 보인다.

③ 교차선
　㉠ 여러 개의 초점으로부터 나온 줄기의 선이 제각기 여러 각도의 방향으로 뻗어서 서로 교차하는 상태로 줄기가 배열된 것이다.
　㉡ 1980년 자연 관찰시점의 변화로부터 시작된 배열이다.
　㉢ 적은 소재를 써서 큰 스케일의 디자인이 가능하다.
　㉣ 대칭이나 비대칭에 상관없이 배열이 분명해야 한다.
　㉤ 교차는 평행 형태에서 변형된 형태로, 복합형이 많아 평행선에서 분리하여 다루어진다.
　㉥ 여러 개의 생장점이 있으며, 구조적 구성에서 많이 나타난다.

> **10년간 자주 출제된 문제**

1-1. 줄기배열에 따른 꽃꽂이의 형태에 있어서 연결이 옳지 않은 것은?
① 방사선 배열 : 한 개의 초점에서부터 다방면으로 전개되는 방법
② 감는선 배열 : 서로 구부러져서 휘감기는 유연한 선의 흐름으로 이루어진 방법
③ 병렬선 배열 : 여러 개의 초점으로부터 나온 줄기를 수직방향으로만 배열하는 방법
④ 교차선 배열 : 여러 개의 초점으로부터 나온 줄기의 선이 여러 각도의 방향으로 뻗어서 엇갈리게 배열하는 방법

1-2. 줄기배열에서 평행(Parallel) 형태에 관한 설명으로 틀린 것은?
① 두 줄 이상의 소재가 평행을 유지하여야 한다.
② 곡선과 직선 중 직선의 형태에서만 가능하다.
③ 수직, 수평, 사선 등 어느 방향이든지 평행할 수 있다.
④ 소재 또는 재료의 선들이 반 이상 압도적으로 같은 방향으로 향해야 한다.

1-3. 줄기배열방식 중 교차(Cross)에 대한 설명으로 가장 거리가 먼 것은?
① 평행의 변형・발전된 형태이다.
② 적은 소재를 써서 큰 스케일의 디자인이 가능하다.
③ 줄기를 꽂는 점이 겹쳐도 방향성이 좋으면 관계없다.
④ 구조적 구성에서 많이 나타난다.

|해설|

1-2
② 직선뿐만 아니라 곡선으로도 표현이 가능하다.

정답 1-1 ③　1-2 ②　1-3 ③

10년간 자주 출제된 문제

1-4. 교차선의 아름다움을 강조한 디자인에 대한 설명으로 거리가 먼 것은?

① 복수생장점을 갖는다.
② 그루핑(Grouping)기술을 이용할 수 있다.
③ 장식적 구성이 가능하다.
④ 일초점을 갖는다.

1-5. 줄기배열에 의한 분류에서 줄기배열이 없는 구성(Freeline of Arrangement)에 대한 설명으로 옳지 않은 것은?

① 절화의 줄기가 어떤 일정한 규칙 없이 배열되어 있다.
② 줄기를 짧게 잘라 꽃송이나 꽃잎만을 사용하여 구성하는 방식이다.
③ 구형으로 감은 모양, 둥글게 돌려놓은 모양 등 여러 가지 변형이 있다.
④ 플로랄 콜라주(Floral Collage)와 같이 편평한 물체에 붙인 것 등의 구성이 이에 해당한다.

ⓢ 장식적 구성이 가능하며, 그루핑(Grouping)기술을 이용할 수 있다.
ⓞ 자연의 식물 모습에서도 볼 수 있는 배열이다.
ⓩ 선이 엇갈리며 여러 각도로 표현된다.
ⓩ 꽃을 꽂는 한 지점에 여러 개의 소재가 겹치지 않아야 한다.

④ 감는선
  ㉠ 서로 구부러지고 휘감기며, 유연한 곡선적인 선의 흐름이 특징인 배열이다.
  ㉡ 교차선 배열에서 발전된 형태이다.
  ㉢ 구조적 구성의 골조구조에 많이 쓰이는 배열이다.
  ㉣ 선들이 반복적으로 사용되면서 하나의 큰 운동성이 만들어지기도 한다.

⑤ 줄기배열이 없는 구성(Freeline of Arrangement)
  ㉠ 절화의 줄기가 어떤 일정한 규칙 없이 배열되어 있다.
  ㉡ 줄기를 짧게 잘라 꽃송이나 꽃잎만을 사용하여 구성하는 방식이다.
  ㉢ 구형으로 감은 모양, 둥글게 돌려놓은 모양 등 여러 가지 변형이 있다.

더 알아보기

화훼장식에서의 생장점
- 무(無)생장점의 디자인도 가능하다.
- 식물의 뿌리와 같은 것으로, 근원적인 점이다.
- 식생 디자인에서는 복수생장점의 작품을 만들 수 있다.
- 고전적 삼각형 꽃꽂이에서 나타나는 생장점(줄기의 출발점) : 하나의 생장점

해설

1-5
④ 절화장식인 플로랄 콜라주(Floral Collage)는 평면구성에 속한다.

정답 1-4 ④ 1-5 ④

핵심이론 02 구성형식(1) : 오브제적 구성

① 식물을 다른 소재와 조합하여 비사실적 기법에 의해 새로운 형태를 탄생시키는 구성이다.
② 디스플레이용이나 전시작품용으로 많이 이용한다.
③ 서로 다른 물체들의 조화와 대비가 중요하다.
④ 식물을 다른 소재와 조합하여 그 형이나 색채, 질감의 대비나 조화 등을 비사실적 기법에 의해 순수한 구성미를 가진 형태로 표현하는 것이다.

더 알아보기

평면적 구성
- 절화장식은 대부분 입체구성이지만, 평면구성도 가능하다.
- 나무 등으로 만들어진 틀이나 골조 안에 생화 또는 건조소재를 붙여서 구성하는 것이다.
- 평면구성의 종류에는 생화나 건조화를 이용한 콜라주나 압화를 이용한 것이 있다.

10년간 자주 출제된 문제

2-1. 오브제적 구성(Objective Composition)에 대한 설명으로 틀린 것은?

① 생물과 무생물의 조화로 새로운 대상을 탄생시키는 방법이다.
② 디스플레이용이나 전시작품용으로 많이 이용한다.
③ 서로 다른 물체들의 조화와 대비가 중요하다.
④ 사실적 기법으로만 표현하여야 한다.

해설

2-1
④ 사실적인 기법뿐만 아니라 추상적인 표현, 콜라주, 몽타주 등의 비사실적 기법으로 표현한다.

정답 2-1 ④

10년간 자주 출제된 문제

3-1. 절화장식의 분류 중 구성형식에 의한 분류에서 꽃소재를 인위적으로 재구성하여 다른 형태로 구성하는 것은?
① 장식적 구성
② 선형적 구성
③ 평행적 구성
④ 자연적 구성

3-2. 화훼장식 디자인의 조형 형태에 대한 설명 중 틀린 것은?
① 장식적 구성은 식물이 자연의 식생에서 보여 주고 있는 모습과는 관계없이 디자이너의 의도로 소재를 자유롭게 구성하는 방법이다.
② 식생적 구성은 식물의 생리·생태적인 면을 고려하여 식물이 자연상태에서 살아 있는 것과 같은 형태로 조형하는 방법이다.
③ 형·선적 구성은 형 또는 매스를 최소로 표현하고, 여백을 이용하여 꽃, 잎, 줄기의 아름다움을 강조한다.
④ 꽃꽂이의 입체적인 형태는 측면에서 바라본 모습을 기준으로 하며 조형 형태를 구분한다.

[해설]

3-2
④ 꽃꽂이의 입체적인 형태는 사방에서 관상할 수 있도록 입체적으로 조성한 것이다.

정답 3-1 ① 3-2 ④

핵심이론 03 구성형식(2) : 장식적 구성, 식생적 구성

① **장식적 구성**
  ㉠ 절화장식에서 가장 먼저 만들어진 구성형식이다.
  ㉡ 소재의 독자적인 매력보다는 전체적으로 풍성한 부피감과 역동적인 효과를 나타낸다.
  ㉢ 전형적인 형태로는 대칭형의 방사선 줄기배열이 있다.
  ㉣ 장식성이 높은 형태를 구축하는 방식으로, 지금도 많이 사용하고 있다.
  ㉤ 식물의 생태적 특성보다는 주어진 형태 안에서 장식효과를 높이는 데 주안점을 둔다.
  ㉥ 식물의 식생적인 모습을 보여 주기보다는, 디자이너의 의도로 소재를 자유롭고 인위적으로 구성하여 장식성이 높은 자유로운 형태를 구축한다.
  ㉦ 절화장식의 분류 중 구성형식에 의한 분류에서 꽃소재를 인위적으로 재구성하여 다른 형태로 구성하는 것이다.

② **식생적 구성**
  ㉠ 식물이 자연상태에서 살아 있는 모습과 같은 형태로 조형하는 구성이다.
  ㉡ 작품 속에서 자연을 사실적으로 표현하는 것으로, 식물 개개의 생태적 모습이나 특성을 고려한 구성이다.
  ㉢ 장식적인 형태와는 달리 자연적인 성장 형태에 어긋나지 않게 식물의 생장 형태 혹은 앞으로 생장하게 될 형태를 사실적으로 표현하는 조형 형태이다.
  ㉣ 소재의 가치효과와 운동성, 표면구조를 살펴서 그룹별로 배치한다.
  ㉤ 식물의 생리·생태적인 면을 고려하여 식물이 자연상태에서 살아 있는 것과 같은 형태로 조형하는 것이다.
  ㉥ 대칭형으로 구성하기도 하나, 세 개의 서로 다른 크기의 그룹(주·역·부)으로 구성되는 비대칭적 질서가 일반적이다.
  ㉦ 자연에서 보이듯 생장점(출발점)이 종종 화기 안에서 한 점 또는 그 이상 있는 것처럼 보이도록 구성한다.
  ㉧ 꽃의 가치효과와 운동성, 색상, 용기 선택 등을 고려해야 한다.

핵심이론 04 구성형식(3) : 구조적 구성, 형-선적 구성

① 구조적 구성
  ㉠ 각각의 소재가 가지고 있는 형태, 크기, 색, 재질감(Texture)뿐만 아니라 소재의 배열이 나타내는 표면의 조직이나 구성, 재질감, 즉 구조의 효과를 전면에 부각시키는 구성이다.
  ㉡ 꽃, 잎 그리고 줄기의 표면질감을 중요한 요소로 사용하는 디자인이다.
  ㉢ 소재 표면의 조직이나 재질감이 드러나도록 한다.
  ㉣ 소재의 표면구조를 강조하기 위해 천, 털실, 깃털 등의 인공소재를 식물소재와 조합하기도 한다.
  ㉤ 하나하나 조밀하게 구성하여 여러 겹으로 포개 놓은 형태이다.
  ㉥ 잎소재 여러 겹을 겹쳐 쌓아서 만든 작품들이 부분적으로 포함된다.

② 형-선적 구성
  ㉠ 소재의 형·선·각도를 강조하고, 형과 선이 두드러지게 대비되며, 여백을 이용하여 소재의 아름다움을 강조한다.
  ㉡ 최소한의 소재를 사용하여 소재의 형과 선 그리고 각도를 강조한 방사선 줄기배열의 꽃꽂이 형태이다.
  ㉢ 각 식물소재가 가지고 있는 형태와 동적인 특성이 잘 나타나도록 형과 선을 명확히 표현한다.
  ㉣ 형 또는 매스를 최소로 표현하고, 여백을 이용하여 꽃·잎·줄기의 아름다움을 강조한다.
  ㉤ 선과 면의 강한 대비를 통해 긴장감의 고조를 유도한다.
  ㉥ 소재의 형태와 선이 돋보이는 비대칭 구성이다.
  ㉦ 작품소재의 종류와 양을 최소화하여 최대의 효과를 얻을 수 있는 형태이다.
  ㉧ 수직선, 수평선, 사선, 곡선을 모두 이용하여 소재의 형태를 작품에 잘 활용한다.

10년간 자주 출제된 문제

4-1. 구조적 디자인(Structured Design)에 대한 설명으로 가장 옳은 것은?
① 꽃, 잎 그리고 줄기의 표면질감을 중요한 요소로 사용하는 디자인이다.
② 한 가지 주요 소재로만 디자인하여 강조한다.
③ 식생적 디자인의 일종이다.
④ 식물의 생리와 생태적인 면을 고려한 디자인이다.

4-2. 화훼디자인에서 작품형태의 일반적 특징을 설명한 것 중 옳지 않은 것은?
① 자연의 어떤 특정한 대상과 관련 없이 독창적인 형태로 표현하는 것을 비구상적 형태라고 한다.
② 자연의 사물을 모방한 유기적 형태로, 대칭적·비대칭적·비정형적 형태를 자연적 형태라고 한다.
③ 자연적 형태에서 벗어나 인위적으로 그 형태를 변형시켜 나타내는 것을 구상적 형태라고 한다.
④ 삼각형, 사각형, 원형 등은 기하학적 형태로, 안정성과 질서를 의미한다.

4-3. 최소한의 소재를 사용하여 소재의 형과 선 그리고 각도를 강조한 방사선 줄기배열의 꽃꽂이는?
① 형-선적 구성의 꽃꽂이
② 풍경식 디자인의 꽃꽂이
③ 비더마이어 디자인의 꽃꽂이
④ 구조적 구성의 꽃꽂이

｜해설｜

4-1
구성형식에 의한 분류
- 장식적 구성 : 디자이너의 의도로 소재를 자유롭고 인위적으로 구성
- 식생적 구성 : 식물의 생리·생태적인 면을 고려하여 구성
- 구조적 구성 : 장식적 구성이 발전되어 나타난 새로운 현대적 구성
- 형-선적 구성 : 형과 선을 명확히 표현하는 구성

정답 4-1 ① 4-2 ③ 4-3 ①

핵심이론 05 동양의 표현양식(1) : 특징

① 동양식 꽃꽂이의 특징
  ㉠ 기본형태는 3개의 주지를 골격으로 구성한다.
  ㉡ 선과 여백의 미를 강조한다.
  ㉢ 구도는 긴장감이 있는 비대칭 조화를 이룬다.
  ㉣ 소재는 목본류가 많이 이용된다.
  ㉤ 공간과 선을 강조한 정적 표현의 형태이다.
  ㉥ 꽃이나 나무로 한 주지를 기본양식으로 한다.
  ㉦ 화려하고 다양한 색을 사용하기도 한다.
  ㉧ 불교문화의 전래와 유교사상의 접목으로 인해 정신적인 미를 더욱 강조하기 시작하였다.
  ㉨ 고려시대에는 연꽃놀이 등을 즐겼으며, 조선시대에는 음식장식, 머리장식 등의 맥락이 이어져 왔다.

② 우리나라의 전통 화훼장식
  ㉠ 압화사는 고려시대의 궁중에 꽃을 꽂거나 관리하는 관직이었다.
  ㉡ 꽃꽂이방법이 소개된 임원십육지는 서유구의 저서이다.
  ㉢ 두 개 이상의 화기를 복합적으로 배치하여 꽂는 방법을 복형이라고 한다.
  ㉣ 주지의 삼각구성 이론은 동양사상인 천지인의 삼재(三才)사상에 근거를 두고 있다.

③ 전통 한국식 꽃꽂이의 특성
  ㉠ 자연에서 식물이 자라는 모습을 화기에 재현한 자연적인 구성이다.
  ㉡ 나뭇가지 선의 아름다움을 강조한다.
  ㉢ 자연에서 식물이 자라는 형태는 직립형, 경사형, 하수형으로 나눌 수 있다.

10년간 자주 출제된 문제

5-1. 일반적인 동양과 서양의 전통 화훼장식의 작품 비교가 바르게 된 것은?

① 동양은 정신적 수양을 강조하고, 서양은 생활공간 장식의 실용성을 강조한다.
② 동양은 꽃의 색과 모양을 강조하고, 서양은 선과 여백을 강조한다.
③ 동양의 주재료는 꽃이고, 서양의 주재료는 나뭇가지이다.
④ 동양은 기하학적인 이론을 이해하고, 서양은 정신적인 요소를 이해해야 한다.

5-2. 다음 중 동양꽃꽂이에 대한 설명으로 잘못된 것은?

① 불교문화를 통해 시작되었다고 할 수 있으며, 선의 아름다움과 여백의 미를 중요시하였다.
② 불교문화의 전래와 유교사상의 접목으로 인해 정신적인 미를 더욱 강조하기 시작하였다.
③ 고려시대는 연꽃놀이 등을 즐겼으며, 조선시대에는 음식장식, 머리장식 등의 맥락이 이어져 왔음을 알 수 있다.
④ 모든 동양꽃꽂이의 기본형의 각도 및 형태는 일치한다.

|해설|

5-1
- 동양의 화훼장식 : 정신수양의 목적을 강조하고, 선과 공간의 처리나 단순한 표현을 선호하며, 곡선이 주를 이루는 나뭇가지가 주요 재료이다.
- 서양의 화훼장식 : 실용적·상업적 목적을 가지고 있고, 형태와 색의 처리를 중심으로 한 기하학적 형태이며, 형태를 채우기에 유리한 꽃과 잎이 주요 재료이다.

정답 5-1 ① 5-2 ④

핵심이론 06 동양의 표현양식(2) : 3개의 주지(主枝)

① 주지의 개념 : 가장 긴 것을 제1주지, 중간 것을 제2주지, 가장 짧은 것을 제3주지라 한다.
  ㉠ 제1주지는 제일 긴 가지로, 작품의 화형을 결정한다.
  ㉡ 제2주지는 중간 길이로, 작품의 넓이·부피를 구성한다.
  ㉢ 제3주지는 전체적인 조화를 찾아 흐름을 마무리하는 역할을 한다.
  ㉣ 종지는 각각의 주지보다 짧고 다르게 꽂는다.
    • 세 주지를 보충해 주는 가지를 통틀어 종지라고 하며, 제1주지의 종지, 제2주지의 종지, 제3주지의 종지로 나눈다.
    • 꽂는 요령은 제1주지의 종지는 제1주지보다 짧고, 제1주지에 가까운 곳의 전후좌우 어느 곳에 있어도 좋다.

② 주지의 역할(기호·이름·역할) 및 크기
  ㉠ 제1주지[○, 천(天), 높이] : 화기 크기(가로+세로)의 1.5~2배
  ㉡ 제2주지[□, 지(地), 넓이] : 제1주지의 3/4, 제1주지의 굵기나 무게에 따라 1/3, 1/2
  ㉢ 제3주지[△, 인(人), 깊이] : 제2주지의 3/4, 제2주지의 굵기나 무게에 따라 1/3, 1/2

③ 주지의 방향에 의한 분류
  ㉠ 직립형 – 위로 곧게 뻗는 형태
    • 제1주지가 0°를 기준으로 전후좌우의 15° 범위 안에서 수직에 가깝게 서 있는 형태이다.
    • 제1주지가 수직선을 중심으로 좌우 45° 내에 세워지는 것을 말한다.
  ㉡ 경사형 – 비스듬히 뻗는 형태
    • 제1주지의 각도가 40~60°로 기울어진 형태이다.
    • 제1주지가 왼쪽이나 오른쪽으로 약 45° 기울어져 있는 형태이다.
    • 직립형의 경계선에서 수평선 사이에 꽂힌 형태이다.
    • 한국 전통 꽃꽂이 형태이다.
  ㉢ 하수형 – 아래로 늘어지는 형태
    • 제1주지를 수평선을 기준으로 30~50°가량 늘어뜨려서 꽂는 형태이다.
    • 제1주지가 화기의 입구 아래로 늘어지는 형태이다.
    • 수평선 아래로 드리워지기도 한다.

10년간 자주 출제된 문제

6-1. 동양식 꽃꽂이에서 제1주지의 길이는 화기의 길이(가로)와 높이(세로)를 더한 길이의 몇 배가 적당한가?
① 1배
② 1.5~2배
③ 2.5~3.5배
④ 5~7배

6-2. 동양식 꽃꽂이에서 작품의 크기를 결정하는 주지(主枝)는?
① 1주지
② 2주지
③ 3주지
④ 종 지

6-3. 동양꽃꽂이의 기본형태로 사용하는 용어가 아닌 것은?
① 직립기본형
② 경사기본형
③ 하수형
④ S자형

6-4. 우리나라 꽃꽂이의 기본 형태는 식물이 자연에서 자라는 형태를 기준으로 한다. 다음 중 기본 형태에 대한 설명으로 틀린 것은?
① 직립형 – 위로 곧게 뻗는 형태
② 경사형 – 비스듬히 뻗는 형태
③ 하수형 – 아래로 늘어지는 형태
④ 평면형 – 사방으로 퍼지는 형태

|해설|

6-2
작품의 높이, 넓이, 깊이는 3개의 주지에 의해 결정되며, 제1주지를 꽂는 각도에 따라 직립형, 경사형, 하수형, 수평형으로 구분된다.

6-3
S자형은 웨스턴 스타일의 곡선구성이다.

정답 6-1 ② 6-2 ① 6-3 ④ 6-4 ④

10년간 자주 출제된 문제

6-5. 다음 중 방사형 구성의 화훼장식으로 가장 적당한 것은?
① 포멀리니어
② 패러렐디자인
③ 트라이앵글
④ 교차선 배열

6-6. 한국 전통 꽃꽂이 형태는?
① 원추형
② 경사형
③ 폭포형
④ 더치플레미시형

[해설]

6-5
트라이앵글형은 가장 기본적인 삼각형 구도의 꽃꽂이 형태로, 세 면 어디에서 보아도 아름다워야 한다.

6-6
동양식 꽃꽂이의 형태별 분류
- 작품의 높이, 넓이, 깊이는 3개의 주지에 의해 결정되며, 제1주지의 꽃는 각도에 따라 직립형, 경사형, 하수형, 수평형으로 구분된다.
- 자연현상의 모방에 따라 분리형, 부화형, 형상형, 정면화형, 복합형으로 구분된다.

정답 6-5 ③ 6-6 ②

㉣ 방사형(사방형)
- 중심축을 중심으로 사방으로 균일하게 꽂는 형태로, 식탁화(食卓花)라고도 한다.
- 식탁화에는 카네이션·거베라·데이지·튤립·장미 등이 적당하며, 곁들이는 잎도 깨끗한 아이비·금송악·관엽식물의 잎 등이 어울린다.

④ 분리형
㉠ 한 개 혹은 두 개의 수반에 분리하여 꽂는 형태이다.
㉡ 한 개의 화기에 두 개 이상의 침봉을 놓고 하나의 작품을 제작하거나, 화기를 2개 이상 사용해 분리하여 꽂는 형태이다.
㉢ 두 침봉 사이에는 공간을 살려 여유 있는 분위기를 만드는 것이 중요하다.

⑤ 부화형(평면형)
㉠ 수반에 물을 채우고 수생식물을 띄우는 형태로, 부화(浮花)라고도 한다.
㉡ 제1·2·3주지의 꼭짓점이 같은 수평선상에서 높낮이가 없게 180° 방향만 표현하므로 일방화라고도 한다.
㉢ 수생식물인 연꽃·수련·수국·작약 등의 꽃만을 따서 띄우거나, 작은 침봉 또는 돌로 고정시키고 잎을 곁들인다.

⑥ 복합형
㉠ 두 개 이상의 수반을 복합적으로 배치하여 꽂는 형태이다.
㉡ 화기를 2개 이상 반복적으로 배치하여 하나의 작품이 되도록 구성한다.
㉢ 하나하나가 독립된 특성과 완성미를 나타낸다.
㉣ 같이 연결되어 있을 때 더욱 효과적인 조화의 미를 표현할 수 있다.
㉤ 2개 이상의 화기와 화형을 선택하여 꽂는 꽃꽂이 형태이다.

핵심이론 07 서양의 표현양식(1) : 특징

① 서양식 꽃꽂이의 특징
　㉠ 크게 미국식(웨스턴 스타일) 꽃꽂이와 유럽식(유러피언 스타일) 꽃꽂이로 나눌 수 있다.
　㉡ 다양한 색과 양을 강조하고, 기하학적인 구성양식으로 풍성함을 표현한다.
　㉢ 표현기법이 기하학적이고, 꽃이 주재료이다.
　㉣ 디자인 요소와 원리를 표현한다.
　㉤ 주요 골격은 직선구성, 매스구성, 곡선구성, 입체구성 등이다.

② 디자인 형태 중 고전형(Traditional Design)의 특징
　㉠ 형태가 뚜렷해야 하고, 방사형이 일반적이다.
　㉡ 균형감을 느낄 수 있도록 장식한다.
　㉢ 다양한 전통적 꽃을 사용한다.
　㉣ 형태가 지나치게 독특하지 않은 것이 좋다.

③ 서양식 꽃꽂이의 형태 중 모던 스타일의 특징
　㉠ 자연법칙을 존중하고, 자연적인 형태를 기준으로 한다.
　㉡ 소재끼리 서로 만나지 않고, 평행이나 교차를 이룬다.
　㉢ 전통 디자인은 대칭질서를 이루는 반면, 대부분 비대칭질서를 유지한다.

더 알아보기

웨스턴 스타일과 유러피언 스타일의 차이점
- Western Design Styles
  - 고대 이집트시대에 발생하여 미국을 중심으로 전통적(고전적) 형식을 바탕으로 한 기하학적 형태가 주를 이루게 되었다.
  - 전체적인 형태와 색상에 중점을 두며, 꽃의 형태별 특성에 따라 분류하여 사용한다.
  - 형태의 구성에 있어서는 기하학적 방법을 바탕으로 한 평면적·입체적 형태로 구성된다.
  - 배치는 대칭적 또는 비대칭적이고, 배열의 출발점은 주로 한 개의 초점이지만 무초점도 있다.
- European Design Styles
  - 화훼장식의 토대를 형성하는 기본원리는 웨스턴 스타일과 같다.
  - 꽃과 식물들이 가지고 있는 가치효과나 운동성, 식물의 사회학적 측면을 고려하여 가능한 한 자연에 가깝도록 표현하는 노력이 필요하다.
  - 자연을 모방하는 것이 아니라, 자연을 이해하고 해석하며 관찰하는 능력을 길러야 한다.

10년간 자주 출제된 문제

7-1. 서양식 꽃꽂이에 대한 설명으로 틀린 것은?
① 일반적으로 미국식 꽃꽂이와 유럽식 꽃꽂이로 크게 나눌 수 있다.
② 대부분의 형태가 선과 여백을 중요시한다.
③ 디자인 요소와 원리를 표현한다.
④ 주요 골격은 직선구성, 매스구성, 곡선구성, 입체구성 등이다.

7-2. 다음 서양식 꽃꽂이의 분류에 대한 설명 중 모던 스타일의 특징이 아닌 것은?
① 자연법칙을 존중하고, 자연적인 형태를 기준으로 한다.
② 소재끼리 서로 만나지 않고, 평행이나 교차를 이룬다.
③ 전통 디자인은 대칭질서를 이루는 반면, 대부분 비대칭질서를 유지한다.
④ 단순한 조화미를 표현하는 기하학적 장식 디자인이다.

해설

7-1
- 동양식 꽃꽂이 : 선과 여백의 미를 강조하고, 정적인 표현양식으로 간결하고 세련된 분위기를 표현
- 서양식 꽃꽂이 : 다양한 색과 양을 강조하고, 기하학적인 구성양식으로 풍성함을 표현

정답 7-1 ②　7-2 ④

10년간 자주 출제된 문제

8-1. 앉아서 좌담하는 테이블 장식용으로 주로 활용되는 화형은?
① 높은 삼각형
② 수평형
③ 수직형
④ 폭포형

[해설]
8-1
수평형은 안정적이고 편안한 느낌을 줄 수 있어 테이블 장식용으로 주로 활용된다.

정답 8-1 ②

핵심이론 08 서양의 표현양식(2) : 서양의 전통적 디자인의 분류

서양식 꽃꽂이의 화형
- 직선적 구성 : 수직형, 삼각형, L자형, 역T자형, 대각선형 등
- 곡선적 구성 : 수평형, 초승달형, S자형, 부채형, 원형 등

① 기하학적 기본 형태
  ㉠ 반구형
    - 화훼장식 산업에서 매우 큰 비중을 차지하고 있으며, 반원을 표현하는 화형으로, 다양하게 응용 가능한 기본 형태이다.
    - 꽃꽂이, 꽃다발 등 다양한 작품으로 제작할 수 있다.
  ㉡ 수평형
    - 수평형은 수직적인 형태보다 수평적인 형태를 강조한 화형이다.
    - 낮고 넓게 퍼지는 형태로, 안정적이고 편안한 느낌을 줄 수 있으며, 테이블 센터피스로도 많이 활용된다.
  ㉢ 수직형
    - 수직형은 수평형과 반대되는 느낌으로 표현된다.
    - 높고 길게 뻗은 수직선을 강조하는 화형으로, 줄기마다 각각 출발점이 다른 생장점을 가지며, 응용하면 사선형으로도 제작 가능하다.
  ㉣ 대칭삼각형
    - 좌우가 같은 삼각형으로, 세 개의 끝점이 정확한 기하학적 형태의 화형이다.
    - 중심의 수직축을 기점으로 양쪽이 시각적으로 같은 무게와 같은 형태를 가지고 있으며, 정삼각형과 이등변삼각형이 대칭삼각형에 속한다.
    - 직선이 강조되며, 기하학적이면서 안정적인 느낌을 표현할 때 많이 사용하는 화형으로, 다양한 삼각형을 자유자재로 표현할 수 있다.
    - 긴장감 있는 조형을 구성하기 위해 비대칭삼각형으로도 제작할 수 있다.
  ㉤ L자형
    - L자형은 수직선과 수평선이 한 지점에서 만나 90°의 각을 이루는 화형으로, L-line이라고도 한다.
    - 단순하고 정확한 모양이 나타나게 되며, 90°의 변화를 통해 다양한 직선 조형을 표현할 수 있다.

- ⓑ 초승달형(크레센트형)
  - 초승달형은 고전적 형태의 하나이며, 알파벳 C 또는 하늘에 떠있는 초승달의 모양을 형상화한 곡선 구성이 강조되는 화형이다.
  - 대칭 형태보다는 비대칭 형태로 구성하여 곡선을 더욱 강조하는 경우가 대부분이며, 꽃꽂이 이외에도 와이어링기법을 적용하여 신부 부케로 제작할 수 있다.
  - ※ 초승달형의 반복적인 사용으로 S자형을 표현할 수 있다.

② 기하학적 응용 형태 : 고대 이집트시대부터 발전되어 온 반구형, 수평형, 수직형, 대칭삼각형, L자형, 초승달형 등의 기본 형태 중 두 가지 이상을 조합하거나, 한 가지 형태를 반복해서 사용하는 등의 응용 형태를 말한다.

- ㉠ 비대칭삼각형
  - 비대칭삼각형의 꽃꽂이는 형태를 구성하는 세 변의 길이와 세 각의 크기가 서로 다른 형태의 화형을 말한다.
  - 기하학적이면서 긴장감, 방향감 등을 강조할 수 있으며, 응용의 폭이 넓다.
  - ※ 기하학적 기본 형태인 대칭삼각형을 응용하여 비대칭삼각형으로 구성할 수 있다.

- ㉡ 피라미드형
  - 피라미드형은 밑면이 정사각형인 모양을 입체적으로 구성한 화형이다.
  - 4포인트(Four Point)라고도 불리며, 고대의 건축양식을 토대로 고안된 화형으로, 크리스마스트리처럼 공간연출에도 다양하게 사용할 수 있다.
  - 기하학적 기본 형태의 대칭삼각형을 네 개의 면에 반복적으로 사용하며, 한 면을 강조한 화형을 입체적으로 구성한 대칭삼각형의 응용으로도 볼 수 있다.
  - 반구형의 둥근 형태에 다섯 개의 꼭짓점을 부여해 직선 형태로 표현한 것은 반구형의 응용으로도 볼 수 있다.

- ㉢ 역T자형
  - 역T자형은 알파벳 T를 거꾸로 한 것처럼 보이는 화형으로, 수직선과 수평선이 대조를 이루면서도 조화로운 방향감과 공간감을 표현할 수 있다.
  - 기하학적 기본 형태인 L자형을 거울에 비춘 것처럼 반복적으로 사용해 구성하는 화형으로, L자형의 응용으로 볼 수 있다.

10년간 자주 출제된 문제

8-2. 고전적 형태의 하나이며, 양끝이 서로 이어지려는 느낌으로 곡선과 공간의 균형이 아름다워 동적인 느낌을 주는 디자인은?

① 나선형   ② 초승달형
③ 수직형   ④ 둥근형

8-3. 전후좌우 어느 방향에서도 감상할 수 있는 디자인 형태는?

① 피라미드형(Pyramid)
② 부채형(Fan)
③ 수직형(Vertical)
④ 삼각형(Triangular)

|해설|

8-3
피라미드형은 4포인트라고도 불린다.

정답 8-2 ② 8-3 ①

10년간 자주 출제된 문제

8-4. 용기 위에 꽃다발을 얹은 것처럼 구성한 디자인으로, 줄기와 꽃이 자연스럽게 연결되어 있는 것처럼 보이도록 양쪽에서 연결하여 꽂는 디자인은?

① 각선형(Diagonal)
② 나선형(Spiral)
③ 스프레이형(Spray)
④ 수평형(Horizontal)

8-5. 원형(Round) 형태의 꽃다발 제작에서 고려할 점으로 가장 거리가 먼 것은?

① 라운드 형태를 유지하는 것이 중요하다.
② 스토크, 금어초와 같이 상승하는 운동성이 있는 소재를 주로 사용한다.
③ 완성된 꽃다발이 기울어지지 않고, 균형감이 어우러져야 한다.
④ 폼(Form), 매스(Mass), 필러플라워(Filler Flower)를 고루 사용하여 제작한다.

ㄹ 사선형
- 사선형은 속도감과 리듬감, 방향감과 운동감 등이 가장 강한 화형이다.
- 긴장감을 줄 수 있는 형태로, 불안정하고 변화가 많으며 역동적이다.
- 기하학적 기본 형태인 수평형 또는 수직형의 각도를 기울여 구성한 화형으로, 수평형과 수직형의 응용으로 볼 수 있다.

ㅁ S자형
- S자형은 알파벳 S를 나타내는 화형이다.
- 호가스커브(Hogarth Curve) 또는 S라인(S-line)이라고도 하며, 18세기 영국의 화가인 윌리엄 호가스(William Hogarth)의 이론에서 유래되었다.
- 두개의 원이 연결된 듯 부드러운 곡선미와 율동감이 특징인 화형이다.
- 기하학적 기본 형태인 초승달형을 두 번 반복하여 구성한 화형으로, 초승달형의 응용으로 볼 수 있다.

해설

8-4
스프레이형은 화기 위에 꽃다발을 얹은 것처럼 구성한 디자인이 특징이다.

8-5
② 라운드형에는 주로 수국, 국화, 프리뮬러, 글록시니아 등과 같이 정적인 소재를 사용한다.

정답 8-4 ③ 8-5 ②

(4) 절화 화훼장식의 표현기법

핵심이론 01 밴딩, 바인딩, 번들링

① 밴딩(Banding)
  ㉠ 묶는 기법 중에서 기능적인 것보다 장식적인 목적으로 특정한 소재를 강조하거나 관심을 집중시키기 위해 사용되는 기법이다.
  ㉡ 질감과 색감을 부여해서 주의를 끌기 위한 기술이다.
  ㉢ 테나 틀을 끼워서 꽂기라고도 하는 프레이밍(Framing) 제작기법이다.
  ㉣ 주로 라피아(Raffia), 색상철사, 리본, 잎 등을 이용한다.

② 바인딩(Binding)
  ㉠ 두 개 이상의 소재 줄기를 묶어서 줄기끼리 기계적으로 고정하는 기법이다.
  ㉡ 핸드타이드 부케(Hand-tied Bouquet)를 제작할 때 모든 줄기들이 교차하는 묶음점에 적용되는 기법이다.
  ㉢ 물리적·기능적으로 소재를 결합하기 위한 기법이다.
  ㉣ 세 줄기 이상의 많은 줄기들을 함께 묶고, 묶은 끈으로 소재를 지탱하는 기법이다.

③ 번들링(Bundling)
  ㉠ 짚·옥수수 다발·지붕을 잇는 짚·오두막 등과 같이 서로 유사한 소재들을 한 단위로 함께 묶거나 래핑(Wrapping)하여 디자인에 위치시키는 기법이다.
  ㉡ 볏단, 밀짚 다발, 옥수수대 등을 이용하여 같은 재료 또는 비슷한 재료를 단단히 묶는 기법이다.
  ㉢ 서로 유사한 소재들을 한 단위로 함께 묶는 기법으로, 다발짓기 기법이라고도 한다.

10년간 자주 출제된 문제

1-1. 묶는 기법 중에서 기능적인 것보다 장식적인 목적으로 특정한 소재를 강조하거나 관심을 집중시키기 위해 사용되는 기법은?

① 바인딩(Binding)
② 래핑(Wrapping)
③ 번들링(Bundling)
④ 밴딩(Banding)

1-2. 강조하고자 하는 소재에 장식적인 목적으로 라피아, 리본 등을 이용하여 가볍게 묶는 기법은?

① 바인딩(Binding)
② 밴딩(Banding)
③ 번들링(Bundling)
④ 조닝(Zoning)

1-3. 핸드타이드 부케(Hand-tied Bouquet)를 제작할 때 모든 줄기들이 교차하는 묶음점에 적용되는 기법으로, 물리적·기능적으로 소재를 결합하기 위한 기법은?

① 밴딩(Banding)
② 프레이밍(Framing)
③ 그루핑(Grouping)
④ 바인딩(Binding)

1-4. 볏단, 밀짚 다발, 옥수수대 등을 이용하여 같은 재료 또는 비슷한 재료를 단단히 묶는 기법은?

① 조닝 ② 시퀀싱
③ 번들링 ④ 테라싱

정답 1-1 ④ 1-2 ② 1-3 ④ 1-4 ③

10년간 자주 출제된 문제

2-1. 그루핑(Grouping) 제작기법에 대한 설명으로 가장 적합한 것은?
① 한 가지의 소재를 분류해 놓은 것이다.
② 같거나 비슷한 재료를 함께 무리지어 꽂는 기법이다.
③ 비슷한 꽃과 색상, 모양을 모아 차례로 이어가는 기법이다.
④ 각 소재를 그룹으로 타이트하게 모아야 한다.

2-2. 화훼장식 디자인기법의 설명으로 옳은 것은?
① 바인딩(Binding) - 옥수수, 계피막 등 비슷한 소재를 다발로 묶어 장식하는 기법
② 그루핑(Grouping) - 동일한 소재를 크기에 따라 일정 간격으로 배치하여 계단처럼 연속적인 층을 만들어 주는 기법
③ 클러스터링(Clustering) - 같은 종류 혹은 같은 색의 소재를 두드러지게 보이도록 뭉치로 꽂아 주는 기법
④ 레이어링(Layering) - 디자인의 한 부위를 강조하기 위해 그 주위를 둘러싸 그 속이 바라보이도록 구성하는 기법

해설

2-1

그루핑(Grouping)
- 유사한 소재들을 무리지어 꽂는 모으기기법이다.
- 작품에 조직적이고, 계획적인 느낌을 주기 위하여 소재들을 정돈하고, 모으고, 소재들끼리 분류하는 과정이 필요하다.
- 그루핑된 품목을 통해 각각의 다양한 색과 모양, 소재들의 질감 등을 감상하면서 다른 소재들과 적절하게 구별할 수 있도록 표현해야 한다.
- 각각의 그룹들 사이에 여유 있는 공간을 두어 보는 사람으로 하여금 정확한 꽃의 양과 종류, 색을 구별할 수 있도록 하는 디자인이다.

정답 2-1 ② 2-2 ③

핵심이론 02 그루핑, 클러스터링

① **그루핑(Grouping)**
㉠ 같은 종류의 재료를 모아 꽂음으로써 재료의 형태나 색채, 양감, 질감 등을 강조하는 기법이다.
㉡ 식물의 종류, 색, 질감 등이 유사한 소재들을 같은 방향·구역에 배열하여 두드러지게 강조되도록 표현하는 꽃꽂이다.
㉢ 소재 각각의 개성을 존중하며, 서로 넉넉한 공간을 갖도록 하는 표현기법이다.
㉣ 비슷한 종류나 색상의 재료를 한곳에 모아 서로의 길이를 다르게 표현하는 것이다.
㉤ 같거나 비슷한 재료를 함께 무리지어 꽂는 기법이다.
㉥ 소재를 모으고, 분류하여 강한 인상을 줄 수 있다.
㉦ 소재를 분산시켜 구성하는 것보다 소재의 다양성 및 형태 등이 뚜렷이 구별되고, 여백의 미를 강조할 수 있다.
㉧ 색상, 질감, 형태 등이 비슷한 소재를 모아 조화를 이루고 통일되도록 한다.
※ 그루핑은 단순하게 하나로 묶어서 결합시키는 기법이 아니다.

② **클러스터링(Clustering)**
㉠ 디자인의 색상, 질감, 형태 등이 대비를 이루도록 하면서, 소재들을 종류나 질감이 유사한 것끼리 모아 높든 낮든 하나가 된 느낌으로 표현하는 기법이다.
㉡ 양을 강조하기 위해 소재를 타이트하게 모으고, 빈 공간이 없도록 작은 소재들로 빽빽하게 채우는 것이다.
㉢ 하나의 소재 그 자체만으로는 구성요소로 인식하기에 너무 작은 소재들을 색, 질감, 형태 단위로 모아 빈틈없이 덩어리를 만들어 꽂는 기술이다.
㉣ 색상과 질감이 유사한 작은 소재들을 모아서 사용하는 뭉치기 기법이다.
㉤ 같은 종류 혹은 같은 색의 소재를 두드러지게 보이도록 뭉치로 꽂아 주는 기법이다.
㉥ 솔리다스터를 짧게 잘라 뭉치로 모아 꽂았다.

핵심이론 03 테라싱(Terracing)

① 절화장식물에서 플로랄폼이나 기초 부분을 가려 줄 수 있는 기법이다.
② 동일한 소재들을 크기에 따라 앞뒤 수평이 되게 일정한 간격으로 계단처럼 배치한다.
③ 동일한 소재들을 크기 순서대로 배치하여 반복적 효과를 부여하는 것으로, 작품의 밑부분에 주로 사용된다.
④ 소재들 사이에 공간을 주어 계단처럼 서로 수평 또는 수직으로 배치한다.
⑤ 자연에 있는 식물들이 생장하는 모습을 재현하는 것으로, 식생적인 디자인을 표현할 수 있다.
⑥ 작품의 베이스에 시각적인 세부묘사를 하는 데 목적이 있다.
⑦ 베지테이티브 디자인에서 밑부분을 마무리하기 좋으며, 작품에 통일감을 준다.
⑧ 베이싱(Basing)기법 중 하나로, 디자인 유형에서 초점 지역에 바닥 처리용도로 주로 활용된다.

핵심이론 04 프레이밍(Framing)

① 특 징
  ㉠ 화훼 디자인 중 특정 부분에 시선을 두도록 꽃이나 가지를 이용하여 안에 있는 소재를 감싸 주는 기법이다.
  ㉡ 디자인에서 어떤 부위를 강조하거나 아름답게 보이게 하기 위하여 그 주위를 둘러싸 그 속이 바라보이도록 구성하는 기법이다.
  ㉢ 감상하는 사람의 시선을 특정한 곳으로 끌기 위해 초점 지역에 틀(테두리)을 만들어 소재를 꽂는 기법이다.

② 제작기법
  ㉠ 클램핑(Clamping, 조이기기법) : 어떤 소재를 빽빽하게 밀집시키고, 그 틈 사이에 다른 소재를 고정시키는 기법
  ㉡ 프로핑(Propping, 지지기법) : 소재를 고정시키거나 지탱시키기 위한 수단으로, 안스리움 줄기끼리 서로 지탱하는 기법
  ㉢ 노팅(Knotting, 매듭기법) : 케이블타이, 라피아, 컬러와이어, 쿠퍼와이어 등을 이용해서 매듭을 지어 소재와 소재를 연결시켜 고정하는 기법으로, 프레임 제작에 가장 많이 쓰이는 기법

10년간 자주 출제된 문제

3-1. 테라싱(Terracing)기법에 대한 설명으로 틀린 것은?

① 베이싱(Basing)기법 중 하나이다.
② 동일한 소재를 계단처럼 수평으로 배치하는 기법이다.
③ 디자인 유형에서 초점 지역에 바닥 처리용도로 주로 활용된다.
④ 재료를 공간 없이 촘촘하게 겹쳐서 사용한다.

4-1. 매듭을 지어 소재와 소재를 연결시켜 고정하는 기법으로 프레임 제작에 가장 많이 쓰이는 것은?

① Clamping기법
② Propping기법
③ Knotting기법
④ Lime고정기법

해설

3-1
④ 재료들 사이에 공간을 주어 계단처럼 배치한다.

정답 3-1 ④ / 4-1 ③

10년간 자주 출제된 문제

5-1. 대칭형 방사선 줄기배열의 장식적 구성양식에서 깊이감이나 입체감을 강조하는 기법으로 사용되기에 적합하지 않은 기법은?
① 섀도잉(Shadowing)
② 시퀀싱(Sequencing)
③ 조닝(Zoning)
④ 레이어링(Layering)

5-2. 소재의 바로 뒤와 아래에 똑같은 소재를 하나씩 더 가깝게 꽂아 입체적으로 보이도록 하는 기법은?
① 파베(Pave)
② 필로잉(Pillowing)
③ 섀도잉(Shadowing)
④ 베이싱(Basing)

6-1. 다음 중 시퀀싱(Sequencing)기법을 적용한 것은?
① 장미 잎을 따서 줄에 꿰어 라인을 만들었다.
② 칼라의 줄기를 가볍게 휘어 유연한 곡선을 만들어 꽂았다.
③ 여러 가지 색깔의 소국을 짧게 꽂아 언덕 모양을 만들었다.
④ 튤립을 많이 핀 꽃은 아래에 꽂고, 덜 핀 꽃을 차례로 위쪽으로 꽂았다.

해설

5-2
① 파베 : 작은 알돌들을 가능한 한 빽빽하게 모으는 것처럼 소재를 구성
② 필로잉 : 소재들을 작은 덩어리와 서로 가까이 붙은 유연한 부분으로 배치하여 언덕과 계곡처럼 표현
④ 베이싱 : 밑부분을 매혹적이고 세밀하게 표현

6-1
시퀀싱(차례차례로 꽂기)은 소재들의 패턴을 차례로 변화시키는 디자인기법이다.

정답 5-1 ③ 5-2 ③ / 6-1 ④

핵심이론 05 조닝, 섀도잉

① **조닝(Zoning)**
  ㉠ 같은 재료는 모으고, 다른 재료는 서로 공간을 두어 겹치지 않도록 구획을 정리해 주는 표현기법이다.
  ㉡ 특정 소재를 다른 소재와 분리시킴으로써 제작 시 공간이 존재하게 연출하는 기법이다.
  ※ 조닝은 대칭형 방사선 줄기배열의 장식적 구성양식에서 깊이감이나 입체감을 강조하는 기법으로 사용되기에는 적합하지 않은 기법이다.

② **섀도잉(Shadowing)**
  ㉠ 소재의 바로 뒤와 아래에 똑같은 소재를 하나씩 더 가깝게 꽂아 입체적으로 보이도록 하는 기법이다.
  ㉡ 작품에 입체적인 깊이를 주기 위해 먼저 꽂은 소재의 근처에 똑같은 소재를 하나 더 꽂아 통일감과 입체감을 주는 기법이다.

핵심이론 06 시퀀싱, 레이어링

① **시퀀싱(Sequencing)의 특징**
  ㉠ 선, 모양, 색, 질감 등의 요소에 점진적인 변화를 주어 디자인의 한 부분에서 다른 부분으로 시선을 유도하는 기법이다.
  ㉡ 크기, 색, 질감 등의 요소에 점진적인 변화를 주어 배열하는 기법으로, 꽃을 배치할 때 중심에는 어두운 색, 바깥으로 갈수록 점차 밝은 색으로 배치한다.
  ㉢ 꽃의 크기와 색깔로 차례를 짓는 기법이다.
  ㉣ 꽃은 봉우리에서 시작해 만개한 형태로 배열한다.
  ㉤ 소재의 색상, 크기 등으로 점진적인 변화를 창조한다.
  ※ 밴딩, 바인딩, 번들링은 모두 묶는 기법이고, 시퀀싱은 꽂는 기법이다.

② **시퀀싱의 적용 예**
  ㉠ 색상이 어둡고 무거운 소재들은 중앙에, 밝고 작은 소재들은 바깥쪽에 배치하여 시각적 균형과 점진적 변화를 창조하였다.
  ㉡ 백합처럼 봉오리에서 만개한 꽃까지 점차적으로 변화하는 모습을 화훼장식작품에 도입하였다.
  ㉢ 튤립을 많이 핀 꽃은 아래에 꽂고, 덜 핀 꽃을 위쪽으로 꽂았다.

③ **레이어링(Layering)** : 층만들기라고도 하며, 위층의 구성과 또 다른 소재들 사이를 빈틈없이 배치하여 층을 만드는 기법이다.

핵심이론 07 파베, 필로잉

① 파베(Pave)
  ㉠ 작은 보석들을 바탕금속이 보이지 않도록 빽빽하게 모아 배치하는 데에서 유래하였다.
  ㉡ 편평한 용기에 꽃, 잎, 줄기 등을 플로랄폼이 보이지 않도록 조밀하게 배치하여 색과 질감을 대비시켜 구성하는 기법이다.
  ㉢ 소재를 빽빽하게 꽂아 마치 보석을 디자인한 것과 같은 느낌을 갖게 하는 기법이다.
  ㉣ 보석알을 촘촘히 박아 놓은 듯하게 동일한 높이로 꽂는 기법이다.
  ※ 상대적으로 깊이감(Depth)이 덜 요구되는 기법이다.

② 필로잉(Pillowing)
  ㉠ 평면적인 베이싱을 피하기 위해 마치 베개나 둥근 언덕처럼 작은 꽃들을 꽂아 질감을 표현한다.
  ㉡ 줄기가 짧은 재료를 이용하여 둥근 언덕이나 구름의 모양으로 구성하는 기법이다.
  ㉢ 그룹의 일부는 높이와 질감을 다르게 하여 자연스럽게 흘러내리도록 함으로써 언덕과 계곡처럼 표현하고, 편안한 베개와 같은 느낌을 준다.

10년간 자주 출제된 문제

7-1. 작은 보석들을 바탕금속이 보이지 않도록 빽빽하게 모아 배치하는 데에서 유래한 형식으로, 편평한 용기에 소재들을 조밀하게 배치하여 색과 질감을 대비시켜 구성하는 화훼장식 디자인은?

① 파베 디자인
② 뉴컨벤션 디자인
③ 풍경식 디자인
④ 드플레 디자인

해설

7-1
소재를 빽빽하게 꽂아 마치 보석을 디자인한 것과 같은 느낌을 갖게 하는 기법이다.

정답 7-1 ①

10년간 자주 출제된 문제

8-1. 개더링(Gathering)기법으로 한 송이 장미꽃에 다른 장미의 꽃잎을 붙여 큰 송이의 장미꽃처럼 만든 것은?

① 빅토리안 로즈(Victorian Rose)
② 더치스 튤립(Dutchess Tulip)
③ 유칼립투스 로즈(Eucalyptus Rose)
④ 릴리멜리아(Lilymellia)

8-2. 마사징(Massaging) 제작기법을 사용하기에 가장 적합하지 않은 소재는?

① 장 미　　② 칼 라
③ 버 들　　④ 튤 립

핵심이론 08 개더링, 마사징

① 개더링(Gathering)
  ㉠ 패더링 또는 더치플라워라고 부르기도 하는 개더링은 테크닉에 속한다.
  ㉡ 작은 크기의 개더링은 코사지 형태로 바디장식에 많이 활용되고 있다.
  ㉢ 개더링기법을 이용하여 크기를 조금 크게 만들어 부케에도 활용하는데, 사용된 꽃의 종류에 따라 다른 명칭을 갖게 된다.

  더 알아보기
  - 빅토리안 로즈 : 개더링기법으로 한 송이 장미꽃에 다른 장미의 꽃잎을 붙여 큰 송이의 장미꽃처럼 만든 것
  - 캐비지 로즈 : 꽃잎이 양배추와 같이 여러 겹이라고 하여 붙여진 이름
  - 유칼립투스 로즈 : 유칼리잎으로 장미처럼 개더링한 것
  - 백합 – 릴리멜리아, 글라디올러스 – 글라멜리아, 칼라 – 칼라멜리아, 튤립 – 더치스튤립, 용담 – 젠센멜리아, 프리지아 – 프리지아멜리아 등

  ㉣ 꽃잎을 분리하여 하나하나 겹겹이 붙여서 제작하는데, 와이어링 테크닉과 글루잉 테크닉이 사용된다.

② 마사징(Massaging)
  ㉠ 꽃가지나 꽃줄기를 손가락과 손으로 부드럽게 압력을 주어 굽히거나 곡선으로 만드는 테크닉으로, 상온에서 이 작업을 하면 과정이 가속화된다.
  ㉡ 버들, 칼라, 호엽란, 개나리, 튤립 등은 마사징에 잘 적응한다.

해설

8-1
② 더치스 튤립 : 튤립의 개더링기법
③ 유칼립투스 로즈 : 유칼리잎으로 장미처럼 개더링한 것
④ 릴리멜리아 : 백합의 개더링기법

정답 8-1 ①　8-2 ①

핵심이론 09 베이싱(Basing) – 밑받침을 입체감 있게 메우기

① 작품의 기초가 되는 밑부분에 사용하는 기법을 말한다.
② 테라싱, 레이어링, 클러스터링, 스태킹, 필로잉, 파베와 같은 기법을 사용하여 작품의 베이스 부분을 장식적으로 표현하는 기법이다.
③ 색상, 질감, 형태의 대비를 주는 데 효과적이다.
④ 플로랄폼을 가려 주거나 꽃꽂이의 기초가 되는 밑부분을 아름답고 세밀하게 꾸미는 기법이다.
⑤ 작품의 밑부분을 섬세하게 표현하여 강한 시각적 강조를 주는 기법이다.
⑥ 병렬양식 디자인의 작품 밑부분에 강한 시각적 강조를 주기 때문에 병렬체계와 잘 어울린다.
⑦ 베이싱은 수평의 평면이나, 복잡한 구조상의 세부적인 묘사를 어레인지한 구성의 근원이 되는 땅 표면에 장식적인 기초를 만들어 주는 기법이다.
⑧ 베이스층과 위쪽에 배치한 소재들 사이에는 공간이 있어야 한다.

10년간 자주 출제된 문제

9-1. 화훼장식 디자인기법 중 플로랄폼을 가려 주는 베이싱(Basing)기법이 아닌 것은?
① 밴딩(Banding)
② 레이어링(Layering)
③ 필로잉(Pillowing)
④ 테라싱(Terracing)

[해설]

9-1
테라싱, 레이어링, 클러스터링, 스태킹, 필로잉, 파베와 같은 기법을 사용하여 작품의 베이스 부분을 장식적으로 표현하는 기법이다.

정답 9-1 ①

10년간 자주 출제된 문제

10-1. 리스 등을 제작할 때 이용되는 것으로 못, 진주핀 등을 이용하여 고정과 동시에 디자인을 가미하는 기술은?

① 와이어링(Wiring)
② 밴딩(Banding)
③ 피닝(Pinning)
④ 클러스터링(Clustering)

핵심이론 10 기 타

① 페더링(Feathering)
  ㉠ 코사지나 터지머지(Tuzzy-Muzzy) 등과 같은 섬세한 디자인을 할 때 사용된다.
  ㉡ 카네이션, 국화 등의 꽃잎을 여러 장 겹쳐서 감아 주는 기법이다.
  ㉢ 꽃잎을 분해하여 새의 깃털처럼 처리한다고 하여 붙여진 이름이다.
  ㉣ 꽃의 크기, 모양, 질감에 다양한 변화를 주기 위해 하나의 꽃을 몇 개로 분해하여 다시 조립하는 기법이다.

② 스태킹(Stacking)
  ㉠ 같은 크기의 소재들을 공간 없이 순서대로 위로 쌓아 가는 기법이다.
  ㉡ 소재들을 물건을 쌓아 놓듯이 나란히 그리고 서로의 위쪽에 차곡차곡 쌓는 식으로 디자인하는 기법이다.

③ 패럴렐리즘(Parallelism, 병렬식으로 꽂기)
  ㉠ 두 개 이상의 선들을 수평, 수직, 사선으로 배열한다.
  ㉡ 플라워 디자인의 구성에서 소재를 배열하는 기법으로, 꽃줄기들의 간격선을 서로 수평적이거나 수직적 또는 규칙적인 사선으로 평행배치하는 방법이다.

④ 피닝(Pinning) : 리스 등을 제작할 때 이용되는 것으로 못, 진주핀 등을 이용하여 고정과 동시에 디자인을 가미하는 기술이다.

⑤ 플로팅 테크닉(Floating Technique) : 장식적인 디자인 테크닉의 하나로, 시험관 등을 이용하여 재료가 공중에 떠 있는 것처럼 보이도록 하는 기술이다.

※ 멜리아형 꽃다발의 재료로는 장미, 백합(나리), 글라디올러스, 튤립, 유칼립투스 등을 사용한다.

해설

10-1
① 와이어(철사)를 꽂아 비틀어진 줄기는 곧게, 곧은 줄기는 휘어지게 만들 수 있다.
② 밴딩(묶기)은 특수한 요소를 강조하거나 주의를 끌 필요가 있을 때 사용한다.
④ 클러스터링(뭉치꽂기)은 동일한 단위로 알아볼 수 있도록 모아 시각적인 효과를 준다.

정답 10-1 ③

(5) 절화 화훼장식의 와이어링기법

핵심이론 01 훅법(Hook Method)

① 특 징
  ㉠ 철사를 갈고리(낚싯바늘) 형태로 위에서 꽂아 빠르게 와이어링하는 기법으로, 소재에 따라 와이어를 위에서 아래로 꽂는 방법과 아래에서 위로 꽂는 방법 두 가지로 활용된다.
  ㉡ 프리지아, 거베라, 데이지, 국화 등의 소재에 사용하는 것이 좋고, 꽃잎이 닫힌 형태의 꽃에는 적합하지 않다.

② 작업순서
  ㉠ 와이어의 끝을 갈고리 형태로 구부린다.
  ㉡ 갈고리 형태의 반대 부분부터 꽃의 중심부를 수직으로 통과하도록 철사를 꽂아 준다.
  ㉢ 갈고리 모양의 끝부분이 보이지 않도록 꽃의 중심에서 꽃받침을 향해 아래로 잡아당긴다.
  ㉣ 소재에 따라 와이어를 줄기의 아래에서부터 위로 꽃 중심부를 통과시킨 뒤 와이어 끝을 갈고리 형태로 구부려 다시 아래로 잡아당기기도 한다.

※ 와이어의 끝을 갈고리 형태로 하면 훅법(Hook Method)이라 하고, 와이어의 끝을 둥근 형태로 하면 루핑법(Looping Method)이라 한다.

핵심이론 02 헤어핀법(Hairpin Method)

① 특 징
  ㉠ 철사를 U자 형태로 구부려 소재의 중심부를 관통시키는 와이어링기법으로, 연약하거나 섬세한 소재에 적합하다.
  ㉡ U자로 구부러진 가운데에 물에 적신 솜을 끼워서 사용하면 더욱 좋다.

② 작업순서
  ㉠ 와이어의 끝을 U자 형태로 구부린다.
  ㉡ U자 형태의 반대 부분부터 꽃의 중심부를 수직으로 통과하도록 철사를 꽂는다.
  ㉢ U자 모양의 끝부분이 거의 보이지 않도록 꽃의 중심에서 꽃받침을 향해 아래로 잡아당긴다.

10년간 자주 출제된 문제

1-1. 철사 처리법 중 낚싯바늘 모양으로 구부린 철사를 꽃 중심에 꽂아 줄기 안으로 밀어 넣는 방법은?
① 피어싱 메서드(Piercing Method)
② 인서션 메서드(Insertion Method)
③ 훅 메서드(Hook Method)
④ 크로싱 메서드(Crossing Method)

1-2. 철사 처리법 중 훅법에 적합하지 않은 꽃은?
① 데이지   ② 국 화
③ 금잔화   ④ 장 미

2-1. 부케 홀더를 이용해 부케를 제작했다. 아이비 잎을 이용하여 뒷면을 마감하려고 할 때 아이비 잎에 처리할 적당한 철사 처리방법은?
① 훅(Hook)법
② 피어스(Pierce)법
③ 트위스트(Twist)법
④ 헤어핀(Hairpin)법

|해설|
1-2
④ 장미에는 피어싱법이 적합하다.

정답 1-1 ③ 1-2 ④ / 2-1 ④

10년간 자주 출제된 문제

3-1. 속이 빈 꽃의 꽃받침이나 줄기에 직각으로 철사를 꽂아 줄기와 같은 방향으로 구부리는 철사 처리기법은?

① 인서션 메서드
② 크로스 메서드
③ 피어싱 메서드
④ 헤어핀 메서드

3-2. 카네이션, 장미와 같이 꽃받기 부위가 발달하여 단단한 꽃 종류에 사용하는 기법으로, 꽃받침 기부에 철사를 관통시켜 구부리는 철사 처리방법은?

① 훅(Hook)법
② 인서션(Insertion)법
③ 헤어핀(Hairpin)법
④ 피어싱(Piercing)법

정답 3-1 ③ 3-2 ④

핵심이론 03 피어싱법(Piercing Method)

① 특징 : 꽃받침이 발달하여 단단한 소재의 꽃받침에 와이어를 꽂아 아래로 내려 줄기의 지지대 역할을 도와주도록 하는 기법이다.
② 작업순서
  ㉠ 꽃받침에 줄기와 직각이 되도록 와이어를 꽂는다.
  ㉡ 와이어의 반이 꽃받침을 통과하면 줄기의 아래방향으로 와이어를 구부린다.
  ㉢ 와이어가 굵은 경우 한쪽 와이어만 길게 구부린다.

핵심이론 04 크로스법(Cross Piercing Method)

① 특 징
  ㉠ 꽃이 크고 무거워 피어싱법만으로 충분하지 않은 경우, 꽃받침에 가는 철사를 십자형으로 찔러 넣어 단단하게 지지하고, 줄기가 돌아가는 것을 막기 위한 기법이다.
  ㉡ 세미인터널기법이나 인터널기법 등과 함께 사용되기도 한다.
  ㉢ 꽃받침이 발달하여 단단한 소재에 적합하다.
② 작업순서
  ㉠ 꽃받침에 줄기와 직각이 되도록 와이어를 꽂는다.
  ㉡ ㉠의 와이어와 십자를 이루도록 와이어를 추가하여 꽂는다.
  ㉢ 꽃받침을 통과한 와이어를 아래방향으로 구부려 줄기에 붙인다.

핵심이론 05 소잉법(Sewing Method)

① 특징 : 꽃이나 잎을 바느질하듯 꿰매는 방법으로, 꽃잎의 면적이 넓은 여러 개의 꽃잎을 연결하여 하나의 꽃으로 만들 때 적합하다.
② 작업순서
　㉠ 잎의 뒷면 한가운데에 가는 와이어를 찔러 넣어 바느질하듯이 작게 한 땀을 떠 주는데, 보통 중심 잎맥을 이용한다.
　㉡ 와이어의 양쪽을 아래방향을 향해 직각으로 내린다.

핵심이론 06 인서션법, 세미인서션법

① 인서션법(Insertion Wiring Method)
　㉠ 특 징
　　• 인서션 또는 인터널 와이어링이라고도 하며, 와이어가 줄기의 중앙을 지나 삽입되어 완전히 눈에 보이지 않도록 하는 기법이다.
　　• 줄기를 강하게 하거나 휘어진 줄기를 곧게 할 때 꽃의 목이 구부러지지 않도록 하기 위해 사용된다.
　㉡ 작업순서
　　• 가는 굵기의 와이어를 선택하여 줄기 아래쪽에 넣는다.
　　• 줄기를 한손으로 잡고, 줄기가 상하지 않게 주의하면서 천천히 와이어를 밀어 넣는다.
② 세미인서션법(Semi-insertion Wiring Method)
　㉠ 특징 : 화관에서부터 5cm 정도까지만 와이어를 삽입하는 기법으로, 줄기가 약한 경우 인서션기법을 대신하여 사용된다.
　㉡ 작업순서
　　• 적당한 굵기의 와이어를 선택하여 5~7cm 정도로 자른다.
　　• 와이어를 꽃의 중앙 화관에서 아래로 밀어 넣는다.
　　• 와이어가 삽입된 부분의 바깥쪽에서 시작하여 가는 와이어나 플로랄테이프로 줄기 전체를 감싼다.

10년간 자주 출제된 문제

5-1. 꽃이나 잎을 바느질하듯 꿰매는 방법으로, 꽃잎의 면적이 넓은 여러 개의 꽃잎을 연결하여 하나의 꽃으로 만들 때 적합한 철사 처리방법은?
① 훅(Hook)법
② 피어싱(Piercing)법
③ 트위스트(Twist)법
④ 소잉(Sewing)법

6-1. 꽃의 줄기 또는 줄기와 평행으로 꽃머리 등에 와이어를 꽂아 넣어 주는 방법으로, 줄기가 약하거나 속이 비어 있는 상태의 줄기에 사용되는 철사 처리법은?
① 헤어핀 메서드　　② 훅 메서드
③ 피어싱 메서드　　④ 인서션 메서드

6-2. 철사 처리법 중 인서션(Insertion)법으로 처리하는 소재끼리 짝지어진 것은?
① 안개초, 백합
② 거베라, 장미
③ 나팔수선, 칼라
④ 카네이션, 라넌큘러스

6-3. 소재에 따른 철사 처리법이 가장 적합하게 짝지어진 것은?
① 거베라 – 인서션(Insertion)법
② 소국 – 크로싱(Crossing)법
③ 카네이션 – 헤어핀(Hairpin)법
④ 프리지아 – 훅(Hook)법

|해설|
6-3
소재에 따른 철사 처리법
• 인서션법 : 수선화, 거베라, 칼라, 트리토마 등
• 피어스법 : 카네이션, 장미, 다알리아 등
• 헤어핀법 : 장미잎, 동백잎, 글라디올러스, 드라세나, 헤데라 등
• 훅법 : 데이지, 거베라, 국화, 금잔화, 과꽃, 마가렛 등

정답 5-1 ④ / 6-1 ④　6-2 ③　6-3 ①

10년간 자주 출제된 문제

7-1. 화훼장식 제작 시에 사용된 와이어링기법 중 트위스팅기법에 대한 설명으로 가장 적당한 것은?
① 주로 철사를 찔러 넣을 수 없는 꽃이나 가는 가지 또는 꽃잎을 모아서 묶을 때 사용되는 기법이다.
② 꽃송이가 큰 꽃에 사용되는 기법이다.
③ 줄기의 속이 비어 있는 경우에 사용되는 기법이다.
④ 철사를 낚시바늘 모양으로 구부린 후 사용하는 기법이다.

7-2. 코사지나 부케를 만들 때 식물 종류별 철사 감기방법으로 틀린 것은?
① 프리지아 – 트위스팅 메서드
② 칼라 – 인서션 메서드
③ 장미 – 피어스 메서드
④ 아이비 – 헤어핀 메서드

|해설|

7-2
프리지아·은방울꽃 등은 시큐어링기법을 사용하고, 소국·스타티스·물망초·안개꽃·아스파라거스 등은 트위스팅기법을 사용한다.

정답 7-1 ① 7-2 ①

핵심이론 07 시큐어링법, 트위스팅법

① 시큐어링법(Securing Wiring Method)
  ㉠ 특징 : 줄기가 약하거나 줄기로 곡선을 나타낼 때 인서션 와이어링기법을 대신하여 사용하는 방법으로, 줄기 바깥쪽에 와이어를 감아 보강하는 기법이다.
  ㉡ 작업순서
   • 와이어의 한쪽 끝을 꽃받침 또는 꽃받침 아래에 찔러 넣는다.
   • 줄기를 따라 비틀며 감아 내린다.
   • 필요에 따라 와이어 위에 플로랄테이프를 감는다.
② 트위스팅법(Twisting Method)
  ㉠ 특징 : 주로 철사를 찔러 넣을 수 없는 꽃이나, 가는 가지 또는 꽃잎을 모아서 묶을 때 사용하는 기법으로, 소국, 스타티스, 물망초, 안개꽃, 아스파라거스 등과 같이 줄기가 가늘고 약한 꽃에 주로 사용한다.
  ㉡ 작업순서 : 필러플라워 등 작은 꽃이나 가지 등을 한 번에 모을 때 꽃잎의 기부나 절지, 절엽 등을 철사로 감아 마무리한다.

핵심이론 08 마운트법(Mount Wiring Method)

① 특징
  ㉠ 마운트 와이어링이라고도 하며, 직접 철사를 꽂을 수 없을 때 사용한다.
  ㉡ 줄기를 길게 하거나 줄기 아랫부분에 묶는 포인트를 만들어 주며, 주로 굵기가 굵은 와이어가 사용되므로 작업 시 펜치를 사용하는 것을 추천한다.
② 작업순서
  ㉠ 꽃을 지탱할 수 있는 굵기의 와이어를 선택한다.
  ㉡ 와이어 끝을 구부려 꽃받침 밑에 건다.
  ㉢ 줄기를 따라 와이어를 비틀며 감아 내린다.
  ㉣ 필요에 따라 와이어를 추가하여 더블마운트로 사용한다.

(6) 화훼 디자인 요소

핵심이론 01 선(1) : 선의 특징

① 물체의 형태를 더욱 강하게 나타내고, 방향이나 감정을 표현할 수 있다.
② 화훼장식에 있어서 디자인의 전체적인 틀과 골격을 형성한다.
③ 형태의 윤곽, 즉 모양과 구조, 넓이, 높이, 깊이를 분명하게 제공해 주며, 방향성을 지니고 있는 특성이 있다.
④ 형태와 구조를 만드는 데 기초가 된다.
⑤ 면적은 없지만, 방향감을 느낄 수 있다.
⑥ 대상을 표현하는 동시에 독자적인 시각대상이 된다.
⑦ 선은 표현된 재료에 따라서 직선적인 재료와 곡선적인 재료로 나눌 수 있다.
⑧ 선은 윤곽선이나 윤곽선의 표면을 따라 움직이고, 율동적인 동세의 느낌을 결정한다.
⑨ 선은 눈에 보이지 않는 심리적인 선도 있다.
⑩ 선은 사람의 시선을 움직여 전체 구성을 통합하는 골격이 된다.
⑪ 디자인에 이용되는 3가지 선은 실제적 선(Actual Line), 함축된 선(Implied Line), 심리적 선(Psychic Line)이다.

더 알아보기

화훼 디자인의 요소 및 원리
- 디자인 요소 : 점, 선, 면, 형태, 방향, 명암, 질감, 크기, 색채 등
- 디자인 원리 : 구성, 초점, 통일, 균형, 율동, 조화, 대칭, 강조, 비례, 대비, 반복과 교체 등

10년간 자주 출제된 문제

1-1. 다음은 화훼장식의 디자인 요소 중 무엇에 관한 설명인가?

> 형태의 윤곽, 즉 모양과 구조, 넓이, 높이, 깊이를 분명하게 제공해 주며, 방향성을 지니고 있는 특성이 있다.

① 선(Line)
② 형태(Form)
③ 공간(Space)
④ 질감(Texture)

1-2. 화훼장식 디자인 요소 중 선(Line)에 대한 설명으로 틀린 것은?

① 선은 표현된 재료에 따라서 직선적인 재료와 곡선적인 재료로 나눌 수 있다.
② 선은 윤곽선이나 윤곽선의 표면을 따라 움직이고, 율동적인 동세의 느낌을 결정한다.
③ 선은 방향성을 나타내지만, 선의 종류에 따라 정서나 분위기를 표현하기에는 부족하다.
④ 선은 눈에 보이지 않는 심리적인 선도 있다.

해설

1-1
선은 움직이는 점의 궤적으로 어떤 형상을 규정하거나 한정하고, 면적을 분할하기도 하며, 운동감·속도감·방향을 나타내는 심리적 효과를 준다.

1-2
선은 면적은 없지만 방향과 느껴지는 감정이 있는데, 크게 정적인 직선과 동적인 곡선으로 나눌 수 있다.

정답 1-1 ① 1-2 ③

10년간 자주 출제된 문제

2-1. 화훼장식의 디자인 요소인 선의 종류별 효과로 바르게 짝지어진 것은?

① 수직선 – 느리고, 여유 있는 움직임
② 수평선 – 직접적이고, 강직
③ 사선 – 평화적이고, 안정감
④ 곡선 – 부드러움

2-2. 선의 방향에 따른 감정표현으로 옳지 않은 것은?

① 수직선 : 높이를 강조하여 강한 힘, 위엄의 느낌을 준다.
② 곡선 : 직선보다 더 부드럽고 온화하며, 유동적인 느낌을 준다.
③ 수평선 : 평화롭고 고요한 분위기, 휴식과 안정감을 준다.
④ 대각선 : 움직임과 흥미를 느낄 수 있으므로 많이 사용할수록 좋다.

해설

2-1
① 수직선 : 강한 힘, 위엄의 느낌
② 수평선 : 시선을 유도하는 속도가 느리고, 여유 있는 느낌
③ 사선 : 움직임과 흥분의 느낌

정답 2-1 ④ 2-2 ④

핵심이론 02 선(2) : 선의 종류

① 직 선
  ㉠ 일반적으로 직선은 억제된 역동성을 갖고 있으며, 이성적이고 굳건한 느낌을 준다.
  ㉡ 수직선은 높이를 강조하고, 힘과 강함을 표현한다.
    ※ 여성적이고, 유연한 느낌은 곡선으로 표현한다.
  ㉢ 조형작업과 마찬가지로 선 또한 양의 비례와 분배가 중요한 의미를 가진다.
  ㉣ 모든 방향의 선들을 한 작품 속에 같은 양으로 사용하면 일반적으로 작품의 긴장감을 상실하게 된다.
② 수평선
  ㉠ 정적인 선으로, 평화롭고 고요한 분위기, 휴식과 안정감을 준다.
  ㉡ 시선을 유도하는 속도가 느리고, 여유 있는 느낌이다.
  ㉢ 안정되어 보이는 반면, 권태로운 단점도 있다.
③ 수직선
  ㉠ 정적인 선에 해당하며, 형식적이고 엄숙한 분위기를 준다.
  ㉡ 높이를 강조하여 강한 힘, 위엄의 느낌을 준다.
④ 곡 선
  ㉠ 동적인 선으로, 흥미로운 느낌과 연속성을 가지고 있다.
  ㉡ 직선보다 더 부드럽고 온화하며, 유동적인 느낌을 준다.
⑤ 사선 : 동적인 선으로, 움직임과 흥분의 느낌을 준다.
⑥ 대각선 : 동적인 에너지, 강한 시선의 이동을 유도한다.
⑦ 포물선 : 율동감과 속도감을 준다.

핵심이론 03 형태(Form)

① 디자인의 구성요소 중 물체나 공간의 3차원적 측면을 뜻하며, 완성된 디자인은 형태의 다양한 조합이다.
② 물체를 둘러싸고 있는 시지각의 영역이며, 어떠한 물체의 외형선을 뜻한다.
③ 형태는 높이와 폭, 깊이를 잣대로 하여 자연형과 인위형으로 나눈다.
④ 형태는 3차원적인 입체공간을 말하며, 3차원 작품에서 가장 분명하게 드러나는 디자인 요소이다.
⑤ 자연적 형태는 비조형적이고, 사실적이며, 지적이고, 정적인 속성이 있다.
⑥ 기하학적 형태는 안정, 간결, 명료감을 준다.
⑦ 비기하학적 형태는 아름답고, 매력적이며, 우아하고, 여성적인 느낌을 준다.

10년간 자주 출제된 문제

3-1. 물체를 둘러싸고 있는 시지각의 영역이며, 어떠한 물체의 외형선을 뜻하는 것은?
① 크 기   ② 질 감
③ 형 태   ④ 비 례

핵심이론 04 공간(Space)

① 공간은 작품에서 소재들이 사용된 부분으로, 가장 먼저 고려되어야 할 요소이다.
② 3차원 작품에서는 실제로 작품에 빛이 비추어지면서 극적인 효과를 발휘할 수도 있다.
③ 평범한 오브제의 스케일에 변화를 주어 예술적 표현을 할 수 있다.
④ 화훼장식물을 중심으로 볼 때 공간은 물리적인 공간과 화훼장식물의 공간으로 나눌 수 있다.
⑤ 화훼장식작품 안에서 공간은 양성적 공간과 음성적 공간으로 나눌 수 있다.
  ㉠ 양성적 공간은 재료가 꽉 채워진 공간이고, 음성적 공간은 디자이너가 의도하지 않은 꽃과 꽃 사이에 생긴 빈 공간을 의미한다.
  ㉡ 양성적 공간은 작품에서 소재들이 사용된 부분으로, 꽃이 절대적인 부분을 차지한다.
  ㉢ 양성적 공간은 소재로 채워진 구심적 공간이자 의도적으로 계획한 적극적 공간이다.
  ㉣ 구심적 공간은 양성적이고, 수렴성 있는 공간이다.
  ㉤ 연결 부분인 빈 공간은 소재들을 다른 디자인 부분과 연결하는 선명하고 뚜렷한 선들이다.

4-1. 평면작품과는 다른 3차원 화훼장식 디자인에 대한 설명으로 틀린 것은?
① 작품을 주목받게 하는 요인은 작품 자체이므로 높여지는 공간은 고려의 요소가 아니다.
② 3차원 작품에서 가장 분명하게 드러나는 디자인 요소는 형태(Form)이다.
③ 3차원 작품에서는 실제로 작품에 빛이 비추어지면서 극적인 효과를 발휘할 수도 있다.
④ 평범한 오브제의 스케일에 변화를 주어 예술적 표현을 할 수 있다.

4-2. 다음 형태 중 음성(음화)적 공간(Negative Space)이 가장 적게 나타나는 것은?
① 부채형
② 호가스(Hogarth)형
③ 초승달형
④ L자형

|해설|
4-2
부채형은 절화를 부채 모양으로 풍성하게 꽂아 공간을 가득 채우는 디자인 형태로, 음성적 공간이 가장 적게 나타난다.

정답 3-1 ③ / 4-1 ① 4-2 ①

10년간 자주 출제된 문제

5-1. 색의 속성에 관한 설명으로 틀린 것은?
① 색상은 색채의 이름을 말한다.
② 색을 혼합할수록 채도는 높아진다.
③ 유채색의 구성요소는 색상, 명도, 채도이다.
④ 유채색과 무채색은 모두 명도를 가진다.

5-2. 색의 3원색이 아닌 것은?
① Green   ② Magenta
③ Yellow   ④ Cyan

5-3. 명도에 관한 설명 중 옳은 것은?
① 색채에 빨강, 파랑 등 이름을 부여하여 구별한 것이다.
② 같은 색이라도 바탕색에 따라 명도가 달라 보인다.
③ 색의 맑고 탁한 정도이다.
④ 어떤 색에 흰색을 섞으면 명도가 낮아진다.

5-4. 색채에 관한 설명으로 옳은 것은?
① 색의 3속성은 색도, 명도, 채도이다.
② 명도는 유채색에만 있으며, 무채색의 명도는 0이다.
③ 명도는 색의 밝고 어두운 정도를 가리킨다.
④ 채도는 광도(光度)라고도 한다.

해설

5-2
- 색의 3원색 : 마젠타(Magenta), 옐로(Yellow), 사이안(Cyan)
- 빛의 3원색 : 빨강(Red), 녹색(Green), 파랑(Blue)

5-3
명도는 색을 구별하는 감각적인 요소 중 하나로, 눈이 느끼는 밝기에 의존하기 때문에 그 물체 자체의 명도보다는 주변에 있는 사물과 비교했을 때 갖는 명도가 더 확실하게 영향을 미친다.

정답 5-1 ② 5-2 ① 5-3 ② 5-4 ③

핵심이론 05 색채(1) : 색의 3속성

① 색의 속성
  ㉠ 색의 3속성은 색상(Hue), 명도(Value), 채도(Chroma)이다.
  ㉡ 유채색은 무채색 이외의 모든 색으로 색상, 명도, 채도로 구성된다.
  ㉢ 무채색은 백색, 회색, 흑색 계통의 색으로, 명도의 단계로 표현한다.
  ㉣ 유채색과 무채색은 모두 명도를 가진다.

② 색 상
  ㉠ 다른 색과 구별되는 색의 고유명칭이나 특성을 말하며, H로 표시한다.
  ㉡ 색상은 색채의 이름을 말한다.
  ㉢ 색상은 빨강, 주황, 노랑, 초록, 파랑, 남색, 보라 등과 같이 빛의 파장에 의해 나타나는 색채이다.
  ㉣ 색상은 연속적으로 변화하므로 무수히 많은 색상이 존재한다.

③ 명 도
  ㉠ 색의 밝고 어두운 정도이며, V로 표시한다.
  ㉡ 명도는 색의 밝고 어두운 감각을 척도화하여 나타낸 것이다.
  ㉢ 명도는 빛의 반사율을 척도화하여 나타낸 것이다.
  ㉣ 명암의 효과는 명도(색상의 밝고 어두움)에 따라 나타난다.
  ㉤ 명도단계는 무채색(흰색・회색・검은색)을 기준으로 한다.
    • 가장 어두운 검은색을 명도 0으로 하고, 가장 밝은 흰색을 명도 10으로 하여 그 중간의 회색을 9단계로 나눈다.
    • 명도를 11단계로 나누고 이와 견주어 유채색의 명도를 판단한다.
  ㉥ 검은색을 많이 사용하면 명도는 낮아진다.
  ㉦ 같은 색이라도 바탕색에 따라 명도가 달라 보인다.

④ 채 도
  ㉠ 색의 맑고 탁한 정도로, 먼셀 표색계에서 C로 표시한다.
  ㉡ 채도는 색의 흐림이나 선명함을 나타내는 값으로, 색의 순수한 정도를 말한다.
  ㉢ 한 색상 중에서 가장 채도가 높은 색을 그 색상의 순색이라고 한다.

② 채도는 1단계에서 14단계로 나뉘며, 색입체의 중심축에서 바깥쪽으로 멀어질수록 채도번호는 점점 높아진다.
⑩ 채도가 높으면 색이 선명해지고, 채도가 낮으면 탁해진다.
⑪ 순색에 가까울수록 채도가 높고, 다른 색을 혼합할수록 채도는 낮아진다.
⊗ 색의 선명도를 나타내는 것으로, 포화도라고도 한다.
⊙ 빨강과 노랑의 채도는 14단계로 가장 높다.

> **10년간 자주 출제된 문제**
>
> **5-5. 색의 3속성 중 하나이고, 색의 선명도를 나타내는 것으로, 포화도라고도 하는 것은?**
> ① 명 도　② 색 상
> ③ 채 도　④ 순 색

핵심이론 06 색채(2) : 오스트발트 표색계

① 오스트발트 색상환
　㉠ 노랑, 빨강, 파랑, 초록을 4원색으로 설정하고, 각 색상 사이에 주황, 보라, 청록, 연두의 네 가지 색을 합하여 총 8색을 기본색으로 한다.
　㉡ 8가지 기본색을 각각 3단계씩으로 나누어 각 색상명 앞에 1, 2, 3의 번호를 붙이며, 이 중 2번이 중심색상이 되도록 하여 총 24색상이 오스트발트의 색상환을 이룬다.
　㉢ 오스트발트 색상환의 색상 배치에 기본이 된 이론은 헤링의 4원색설이다.

② 오스트발트 표색계의 특징
　㉠ 명도와 채도를 따로 분리하여 표시하지는 않는다.
　㉡ 모든 색은 순색 + 흰색 + 검정 = 100%라는 그의 이론에 따라 흰색의 함량과 검은색의 함량을 기호로 표시하여 나타낸다.
　㉰ 2R pa → 순색에 가까운 빨간색

> **더 알아보기**
>
> NCS(Natural Color System)색차계
> • NCS 기본색상은 노랑, 빨강, 파랑, 녹색이다.
> • 스웨덴에서 개발된 것으로, 색을 논리적으로 해석한 것이다.
> • 흰색량 + 검은색량 + 순색량의 합은 100이다.

> **6-1. 오스트발트 색상환의 색상 배치에 기본이 된 이론은?**
> ① 먼셀의 5원색설
> ② 헤링의 4원색설
> ③ 영-헬름홀츠의 3원색설
> ④ 뉴턴의 프리즘설

해설

6-1
오스트발트 색상환은 헤링의 4원색인 노랑, 빨강, 파랑, 초록을 색상 배치의 기본으로 설정한다.

정답 5-5 ③ / 6-1 ②

핵심이론 07 색채(3) : 먼셀 표색계

10년간 자주 출제된 문제

7-1. 먼셀(Albert H. Munsell) 표색계의 색을 표시하는 기호로 바른 것은?
① HC/V   ② VH/C
③ CV/H   ④ HV/C

7-2. 먼셀(Munsell)의 색입체의 기본모형이다. A, B, C 각 축이 의미하는 것은?

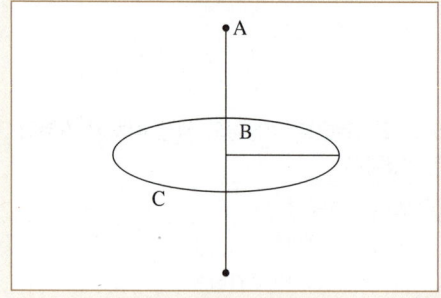

① A : 색상, B : 명도, C : 채도
② A : 명도, B : 색상, C : 채도
③ A : 채도, B : 명도, C : 색상
④ A : 명도, B : 채도, C : 색상

7-3. 다음 중 먼셀 표색계에 대하여 바르게 설명한 것은?
① 색상 : H, 명도 : V, 채도 : C로 표기한다.
② 표기순서는 CV/H이다.
③ 먼셀 표색계의 채도는 10단계이다.
④ 먼셀 색상환의 최초 색상기준은 3원색이다.

[해설]

7-3
② 표기순서는 HV/C이다.
③ 먼셀 표색계의 채도는 무채색을 "0"으로 규정하고, 채도를 14단계로 구분한다.
④ 먼셀 색상환의 최초 색상기준은 5원색(빨강, 노랑, 초록, 파랑, 보라)이다.

정답 7-1 ④   7-2 ④   7-3 ①

---

① 먼셀 색상환
  ㉠ 빨강(R), 노랑(Y), 초록(G), 파랑(B), 보라(P)의 5가지 색상 사이에 주황, 연두, 청록, 남색, 자주의 5가지 중간색을 더해서 총 10색상을 기본으로 하며, 서로 이웃하는 색끼리 섞어 중간색을 만들면 총 20색상을 만들 수 있다.
  ㉡ 10가지 색상을 각기 10단계로 분류하면 100색상이 되지만, 실용 표색계에서는 각각의 색상을 4단계로 분류하여 40색상으로 구성하고 있다.

② 먼셀 색상환의 특징

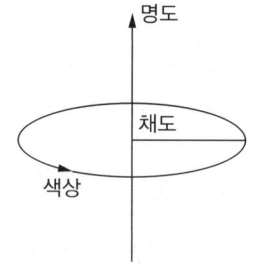

  ㉠ 먼셀 색입체의 기본모형이다.
  ㉡ 채도단계에서 회색을 시작점으로 놓고, 0이라 표기한다.
  ㉢ 먼셀 표색계의 채도는 무채색을 "0"으로 규정한다.
  ㉣ 먼셀 색상환의 최초 색상기준은 5원색(빨강, 노랑, 초록, 파랑, 보라)이다.
  ㉤ 색은 무채색에 가까워질수록 채도가 낮아진다.
  ㉥ 적색, 원색의 채도는 가장 낮은 단계를 1도로 하고, 가장 높은 단계를 14도로 한다.
  ㉦ 색표기법은 색상(Hue), 명도(Value), 채도(Chroma)를 'HV/C'로 표기한다.
    예) 먼셀의 색 표기법에서 "5Y8/10"의 의미
      → 색상은 5Y, 명도는 8, 채도는 10인 색을 의미한다.

핵심이론 08 색채(4) : 색의 조화

① 보색의 조화(Complementary)
  ㉠ 색상환에서 서로 반대편에 위치하며 대립하는 색들을 배치하여 강한 느낌을 주는 색채조화이다.
  ㉡ 대표적인 보색은 빨강과 청록, 노랑과 남색, 파랑과 주황이다.
  ㉢ 보색의 조화에서 명도의 차이가 큰 대비는 화려하고 다양한 변화를 느끼게 한다.

② 유사색의 조화
  ㉠ 하나의 색을 결정한 후 색상환에서 그 색의 양쪽에 위치한 두 색을 함께 배색하는 것이다.
  ㉡ 지루한 느낌이 들 수 있으나 톤의 변화를 주어 배색하면 부드럽고 우아한 느낌을 주는 색채조화이다.
  ㉢ 유사색의 조화는 차갑거나 따뜻한 느낌을 갖는다.
  ㉣ 서로 공통성을 가진 요소들이 조화되면 동일감, 친근감, 부드러움을 줄 수 있으나, 단조로워질 수 있으므로 적절한 통일과 변화가 필요하다.
  ※ 벽지가 분홍색인 방을 로맨틱한 분위기로 연출하고자 할 때 화훼장식의 색상조화로 적합한 것 : 빨간색의 단일색 조화

③ 이색의 3조화
  ㉠ 인상적인 색채효과를 낼 수 있는 대담하고 강한 색채조화이다.
  ㉡ 색상환에서 120° 위치에 있는 각각의 색으로 조화를 이루는 것이다.

④ 이색의 6조화
  ㉠ 유사색의 조화보다 약간 강한 색채조화의 효과가 나타난다.
  ㉡ 12개의 색상환에서 1색상씩 건너뛴 3색이 함께 조화되는 것이다.

⑤ 색채조화에서 배색을 하기 위한 조건
  ㉠ 색의 이미지와 기호, 계절, 유행 등을 고려하여 적용한다.
  ㉡ 작품이 놓일 환경과 목적 및 기능에 부합되어야 한다.
  ㉢ 조명은 화훼장식의 아름다움을 높여 주고, 분위기를 연출한다.
  ㉣ 화기와 리본의 색도 전체 작품의 색과 함께 고려하여 선택한다.
  ㉤ 광원에 대한 배려와 면적의 효과를 고려해야 한다.
  ※ 일반적으로 조화가 잘되고, 배색이 가장 아름다울 때의 배색비율 : 주조색 70%, 보조색 25%, 강조색 5%
  ㉥ 색의 심리적인 작용을 고려해야 한다.
  ㉦ 주관적인 배색은 배제해야 한다.
  ※ 미국의 색채학자 저드(D. B. Judd)의 색채조화론에서 주장한 색채조화의 원리 : 질서의 원리, 친근성의 원리, 유사성의 원리, 명료성의 원리

10년간 자주 출제된 문제

8-1. 화훼장식품 제작 시 배색의 유의점으로 거리가 먼 것은?
① 색의 이미지와 기호, 계절, 유행 등을 고려하여 적용한다.
② 작품이 놓일 환경과 목적 및 기능에 부합되어야 한다.
③ 작품은 인공조명의 영향을 거의 받지 않으므로 조명의 영향은 배제한다.
④ 화기와 리본의 색도 전체 작품의 색과 함께 고려하여 선택한다.

8-2. 지루한 느낌이 들 수 있으나 톤의 변화를 주어 배색하면 부드럽고 우아한 느낌을 주는 색체조화는?
① 보색조화 ② 유사색조화
③ 다색조화 ④ 삼색비조화

8-3. 보색조화에 대한 설명으로 가장 알맞은 것은?
① 색상환에서 서로 반대편에 위치하며 대립하는 색들을 배치하여 강한 느낌을 주는 색채조화이다.
② 색채의 비가 가장 부드럽게 나타나는 색채조화이다.
③ 인상적인 색채효과를 낼 수 있으며, 통일감을 줄 수 있다.
④ 강한 결속을 나타내며, 조화롭게 화려한 느낌을 나타낸다.

8-4. 12개의 색상환에서 1색상씩 건너뛴 3색이 함께 조화되는 것을 가리키는 것은?
① 보색조화 ② 유사색조화
③ 이색 3조화 ④ 이색 6조화

[해설]

8-4
이색 6조화 : 유사색조화보다 약간 강한 색채조화의 효과가 나타난다.

정답 8-1 ③ 8-2 ② 8-3 ① 8-4 ④

10년간 자주 출제된 문제

9-1. 다음 설명이 의미하는 것은?

> 빨간색에 둘러싸인 주황색은 노란색 기미를 띠고, 같은 주황색이라도 노란색에 둘러싸이면 빨간색 기미를 띤다.

① 색상대비 ② 보색대비
③ 명도대비 ④ 계시대비

9-2. 보색을 서로 합하면 무슨 색이 되는가?

① 유채색 ② 무채색
③ 중성색 ④ 난 색

9-3. 색의 대비에 대한 설명으로 틀린 것은?

① 색상이 다른 두 색의 영향으로 인해 색상차가 크게 보이는 것이 색상대비이다.
② 면적이 커지면 실제보다 명도는 높게, 채도는 낮게 보인다.
③ 연변대비를 방지하기 위해 색과 색 사이에 무채색을 사용한다.
④ 옆에 있는 색과 닮은 색으로 보이는 것은 동화현상이다.

해설

9-3
② 면적이 커지면 실제보다 밝고 짙게 보인다.

정답 9-1 ① 9-2 ② 9-3 ②

핵심이론 09 색채(5) : 색의 대비

① **색상대비**
  ㉠ 두 가지 이상의 색을 동시에 볼 때 각 색상의 차이가 크게 느껴지는 현상이다.
  ㉡ 빨간색에 둘러싸인 주황색은 노란색 기미를 띠고, 같은 주황색이라도 노란색에 둘러싸이면 빨간색 기미를 띤다.

② **명도대비**
  ㉠ 명도가 다른 두 색을 병치했을 때 서로의 영향으로 밝은 색은 인접부가 밝게 보이고, 명도가 낮은 색은 더욱 어둡게 보이는 현상이다.
  ㉡ 명도대비는 주위 색과의 명도차가 클수록 강한 대비를 이룬다.
  ㉢ 색의 팽창과 수축은 모두 명도의 지배를 받는다.
  ㉣ 젖어 있을 때의 물체는 명도가 낮고 무겁게 느껴진다.

③ **채도대비**
  ㉠ 인접하는 두 색이 서로 작용하여 채도의 변화를 일으키는 현상이다.
  ㉡ 무채색은 유채색보다 후퇴되어 보인다.

④ **한난대비**
  ㉠ 한난대비는 우리의 오랜 경험에 의해 형성된 이미지를 색채와 연관시켜 색채들 간의 차이를 느끼게 하는 현상이다.
  ㉡ 한난대비는 원근을 암시하는 요소를 포함하고 있다.
  ㉢ 차갑고 따뜻한 색을 서로 같이 놓았을 때 차갑고 따뜻한 속성이 서로 상승하게 된다.

⑤ **보색대비**
  ㉠ 보색인 두 색이 나란히 있으면 각각의 채도가 더 높아 보이는 현상이다.
  ㉡ 보색을 서로 합하면 무채색이 된다.
  ㉢ 빨강(R) – 청록(GB), 노랑(Y) – 남색(PB), 파랑(B) – 주황(YR), 녹색(G) – 자주(RP), 보라(P) – 연두(GY)
    예 주황색의 나리(Lily)를 주소재로 하여 꽃다발을 제작하고, 꽃을 보다 강하고 뚜렷하게 보이고자 할 때 포장지의 색상으로 가장 적당한 것 : 파랑[주황(YR) – 파랑(B)의 보색관계]

⑥ **면적대비** : 면적대비는 면적이 커지면 색이 실제보다 밝고 짙게 보이고, 면적이 작아지면 색이 실제보다 어둡고 옅게 보이는 현상이다.

⑦ 계시대비
  ㉠ 어떤 색을 본 후에 시간적인 간격을 두고 다른 색을 차례로 볼 때 일어나는 색채대비로, 먼저 본 색의 영향으로 인해 나중에 본 색이 시간적인 간격에 따라 다르게 보이는 현상이다.
  ㉡ 빨강을 보다가 흰색을 보면 빨강의 보색인 녹색계열의 색상이 보인다.
⑧ 연변대비
  ㉠ 어떤 두 색이 인접해 있을 때 두 색의 경계가 되는 부분에서 경계로부터 멀리 떨어져 있는 부분보다 색상, 명도, 채도의 대비가 더 강하게 일어나는 현상이다.
  ㉡ 연변대비를 방지하기 위해 색과 색 사이에 무채색을 사용한다.

더 알아보기

잔상 : 눈에 비쳤던 자극이 없어진 후에도 색의 감각이 남아 여운을 남기며, 생리적인 작용으로 인해 보색이 가해져 보이는 현상
- 부의 잔상 : 자극을 주어 색각이 생긴 후 자극을 제거해도 그 흥분이 남아 원자극의 형상과 닮았지만 밝기는 반대로 되는 현상
- 정의 잔상 : 자극으로 생긴 상의 밝기와 색이 똑같은 느낌으로 계속해서 보이는 현상

10년간 자주 출제된 문제

9-4. 색의 대비에 관한 설명으로 가장 부적당한 것은?

① 색상대비는 두 가지 이상의 색을 동시에 볼 때 각 색상의 차이가 크게 느껴지는 현상이다.
② 한난대비는 우리의 오랜 경험에 의해 형성된 이미지를 색채와 연관시켜 색채들 간의 차이를 느끼게 하는 현상이다.
③ 면적대비는 면적이 커지면 명도 및 채도가 감소되어 그 색이 실제보다 밝게 또는 선명하게 보이고, 채도는 낮아지는 현상이다.
④ 계시대비는 어떤 색을 본 후에 시간적인 간격을 두고 다른 색을 차례로 볼 때 일어나는 색채대비로, 먼저 본 색의 영향으로 인해 나중에 본 색이 시간적인 간격에 따라 다르게 보이는 현상이다.

해설

9-4
③ 면적대비는 면적이 커지면 색이 실제보다 밝고 짙게 보이고, 면적이 작아지면 색이 실제보다 어둡고 옅게 보이는 현상이다.

정답 9-4 ③

10년간 자주 출제된 문제

10-1. 검은색과 노란색을 사용하는 교통표지판은 색채의 어떠한 특성을 이용한 것인가?
① 색채의 연상
② 색채의 이미지
③ 색채의 명시성
④ 색채의 심리

10-2. 색에 의해서 사람의 관심을 끄는 주목성의 특징으로 옳은 것은?
① 명시성이 낮은 색은 주목성이 높다.
② 따뜻한 난색은 차가운 한색보다 주목성이 높다.
③ 명도와 채도가 높은 색은 주목성이 낮다.
④ 빨강, 노랑 등과 같은 원색일수록 주목성이 낮다.

핵심이론 10 색채(6) : 색의 명시성과 주목성

① 명시성(명시도)
  ㉠ 두 색을 대비시켰을 때 멀리서도 잘 보이는 성질로 색상, 명도, 채도의 차이가 큰 색의 대비가 명시성이 높다.
  ㉡ 검은색과 노란색을 사용하는 교통표지판은 명시성의 특성을 이용한 것이다.
② 주목성
  ㉠ 눈에 잘 띄는 빨강, 다홍, 주황 등의 난색이나 고명도, 고채도의 색이 주목성이 높으며, 선전물 등에 많이 쓰인다.
  ㉡ 따뜻한 난색은 차가운 한색보다 주목성이 높다.

더 알아보기

색상과 그 효과
- 빨강 : 주목성이 높고, 시인성(Color Visibility)도 우월하다.
- 주황 : 빨강보다는 약간 호소력이 떨어지지만 주목성과 시인성이 좋다.
- 파랑 : 물, 차가움, 상쾌함, 신선함, 냉정함의 느낌을 준다.
- 보라 : 신앙심과 예술적인 영감을 준다.

해설

10-2
색의 주목성
- 시선을 끌고 이목을 집중시키는 색의 성질을 주목성이라고 하는데, 일반적으로 명시성이 높은 색이나 고명도, 고채도, 난색 등이 명시성이 높다.
- 빨간색은 주목성이 높기 때문에 위험과 금지를 알리는 표지판에 많이 사용된다.

정답 10-1 ③ 10-2 ②

핵심이론 11 색채(7) : 색채의 감정효과

① 색(Color)의 온도
  ㉠ 따뜻한 색 : 빨강, 다홍, 주황, 노랑 등의 적색·노랑 계통 장파장색
  ㉡ 차가운 색 : 청록, 바다색, 파랑, 감청 등의 청색 계통 단파장색
  ㉢ 중성색 : 연두색, 보라색, 자주색 등
  ㉣ 무채색의 경우 저명도색은 따뜻한 느낌을 주고, 고명도색은 차가운 느낌을 준다.
    예 흰색보다 검은색이 따뜻하다.
  ㉤ 파란색의 차가움을 배경으로 한 녹색은 따뜻하게 느껴지지만, 주황색의 따뜻함을 배경으로 한 녹색은 차갑게 느껴진다.
  ※ 색을 보면서 따뜻하거나 차갑다고 느끼는 감정은 색채와 사물의 경험적인 연상으로 인한 서로 다른 감각세계의 느낌을 말한다.

② 색의 진출과 후퇴
  ㉠ 난색 : 명도·채도가 높은 색은 앞으로 진출하는 것처럼 보인다.
  ㉡ 한색 : 명도·채도가 낮은 색은 뒤로 후퇴하는 것처럼 보인다.
  ㉢ 배경이 어두울 때는 어두운 색보다 밝은 색이 진출되어 보인다.
  ㉣ 주황, 빨강, 노랑 등의 난색은 실제 위치보다 가깝게 있는 것처럼 보여 진출색이라고도 한다.
  ㉤ 고명도색은 저명도색보다 가볍고 진출되어 보인다.
  ㉥ 저명도색은 고명도색보다 후퇴되어 보인다.

③ 색채의 경중 등
  ㉠ 흰색보다는 검은색이 무겁게 느껴진다.
  ㉡ 색채의 강약은 주로 채도에 의해 결정된다.
  ㉢ 명도가 낮은 색은 높은 색보다 무겁게 느껴진다.
  ㉣ 동일 면적에서 주황색은 노란색보다 작게 느껴진다.
  ㉤ 파스텔색조는 색채가 화사하고, 안정적이며, 흥분을 가라앉힌다.
  ㉥ 빨간색은 활력이 넘치는 색으로, 따뜻하고 강한 느낌을 준다.
  ㉦ 분홍색은 빨간색에 흰색을 혼합한 색으로, 낭만적이고 여성스러운 느낌을 준다.

10년간 자주 출제된 문제

11-1. 색(Color)에 대한 설명으로 옳은 것은?
① 장파장의 색상은 따뜻한 색이다.
② 명도가 낮은 색은 높은 색보다 가벼워 보인다.
③ 동일 면적에서 주황색은 노란색보다 커 보인다.
④ 배경이 어두울 때는 밝은 색보다 어두운 색이 진출되어 보인다.

11-2. 다음 중 난색에 대한 설명으로 틀린 것은?
① 무채색에서는 고명도의 색이 더 따뜻하게 느껴진다.
② 색상환에서 빨강, 주황, 노랑 주위의 색을 말한다.
③ 난색은 주로 빨강 위주의 고채도색일 때 따뜻하게 느껴진다.
④ 색상 중에서 흰색보다 검은색이 따뜻하게 느껴진다.

11-3. 색채가 주는 감정적 효과로 옳지 않은 것은?
① 백색보다는 흑색이 무겁게 느껴진다.
② 명도가 높은 색은 가볍고, 진출되어 보인다.
③ 색채의 강약은 색상에 의해 주로 생긴다.
④ 저명도색은 고명도색보다 후퇴되어 보인다.

해설

11-1
• 장파장색 : 빨강, 다홍, 주황, 노랑 등의 적색·노랑 계통의 따뜻한 색
• 단파장색 : 청록, 바다색, 파랑, 감청 등의 청색 계통의 차가운 색

정답 11-1 ① 11-2 ① 11-3 ③

핵심이론 12 색채(8) : 색의 혼합

① 가산혼합(가법혼색, 색광의 혼합)
  ㉠ 빛의 3원색은 빨강, 초록, 파랑이며, 이를 혼합하면 흰색이 된다.
  ㉡ 가산혼합은 색광의 혼합으로, 색광을 가할수록 혼합색은 점점 밝아진다.
  ㉢ 빛은 혼합할수록 채도는 낮아지고, 명도는 높아진다.
  ㉣ 빨간빛과 파란빛을 함께 비추면 밝은 자주색(Magenta, 마젠타)으로 보인다.
  ㉤ 초록빛과 빨간빛을 함께 비추면 노랑(Yellow)으로 보인다.
  ㉥ 파란빛과 초록빛을 함께 비추면 밝은 파란색(Cyan, 사이안)으로 보인다.

② 감산혼합(감법혼색, 물감의 혼합)
  ㉠ 물감의 3원색은 빨강, 노랑, 파랑이며, 이를 혼합하면 검정이 된다.
  ㉡ 물감은 혼합할수록 채도와 명도가 모두 낮아진다.
  ㉢ 색료의 3원색 : 자주(Magenta), 노랑(Yellow), 파랑(Cyan)을 말하며, 이들 3원색을 여러 가지 비율로 혼합하면 모든 색상을 만들 수 있다.
  ㉣ 감산혼합에서 노랑과 파랑을 섞으면 녹색(Green)이 된다.

③ 병치혼합
  ㉠ 회전혼합과 같은 평균혼합이므로 명도와 채도가 평균값으로 지각된다.
  ㉡ 병치혼합의 원리를 이용한 효과를 베졸드효과(Bezold Effect)라고 한다.
  ㉢ 색료 자체의 혼합이 아니기 때문에 가법혼색에 속한다.
  ㉣ 채도가 떨어지지 않는 상태에서 중간색을 얻을 수 있다.

10년간 자주 출제된 문제

12-1. 병치혼합의 특징에 해당하지 않는 것은?
① 회전혼합과 같은 평균혼합이므로 명도와 채도가 평균값으로 지각된다.
② 병치혼합의 원리를 이용한 효과를 베졸드 효과라고 한다.
③ 색료 자체의 혼합이 아니기 때문에 가법혼색에 속한다.
④ 채도가 떨어진 상태에서 중간색을 얻을 수 있다.

12-2. 가법혼색(Additive Color Mixture)의 삼원색에 속하는 색이 아닌 것은?
① 노란색
② 파란색
③ 빨간색
④ 초록색

[해설]

12-1
병치혼합은 조밀하게 분포되어 있는 점들을 멀리서 보면 각각의 색들과 혼합되어 보이는 현상으로, 채도가 떨어지지 않는 상태에서 중간색을 얻을 수 있다.

12-2
- 빛의 3원색(가법혼색) : 빨강(Red), 초록(Green), 파랑(Blue)
- 색의 3원색(감법혼색) : 마젠타(Magenta), 노랑(Yellow), 사이안(Cyan)

정답 12-1 ④ 12-2 ①

더 알아보기

색의 혼합결과
- 명청색(Tint, 틴트) = 순색 + 흰색
- 탁색(Dull, 둘) = 순색 + 회색
- 암청색(Shade, 셰이드) = 순색 + 검은색

핵심이론 13 색채(9) : 색의 기타 특징

① 유행색
  ㉠ 사회, 경제, 문화의 변화와 밀접한 관련이 있는 색으로, 그 시대를 반영하는 색을 민감하게 받아들여 활용하고자 할 때 이용된다.
  ㉡ 한・일 월드컵경기를 계기로는 붉은색, 환경문제가 대두되면서부터는 자연적인 그린이나 파스텔색상을 추구하는 경향이 많아지는 것 등이 그 예이다.

② 공간색 : 유리컵에 담겨 있는 얼음덩어리를 바라보듯이 3차원적으로 덩어리가 꽉 차 있는 부피감에서 보이는 색이다.

③ 원 색
  ㉠ 그 색을 다른 색으로 더 이상 분해할 수 없다.
  ㉡ 어떠한 다른 색들의 혼합에 의하여 만들 수 없다.
  ㉢ 스펙트럼의 3원색을 전부 혼합하면 백색(무채색)이 된다.
  ㉣ 모든 색광의 근원이 되는 색이다.
  ※ 표면색은 빛을 반사하여 물체 표면에 나타난 색을 말한다.

더 알아보기

노란색(Yellow)의 특성과 이미지
- 노란색의 보색은 남색(PB)이다.
- 노란색은 빨간색이나 주황색과 같은 난색이며, 진출되어 보인다.
- 가시스펙트럼에서 570~580nm 사이의 색으로, 색상 중 가장 밝은 기본색이다.
- '조심'의 뜻을 지니고 있어 주의 또는 방사능 표지 등에 사용된다.
- 황제, 환희, 활발, 발전, 노폐, 경박, 도전, 신비, 풍요 등의 단어로 연상된다.

④ 기타 주요 특성
  ㉠ 3차색은 색공간에서 1차색과 2차색을 혼합할 때 나오는 색이다.
  ㉡ 대립되는 색은 주조색보다 적어야 강렬한 느낌을 주게 된다.
  ㉢ 작품의 전체적인 명도가 높을수록 커 보이고, 낮을수록 작아 보인다.
  ㉣ 시선의 주의력을 집중적으로 드러나게 할 경우에는 따뜻한 계통의 색을 이용한다.

10년간 자주 출제된 문제

13-1. 유리컵에 담겨 있는 얼음덩어리를 바라보듯이 3차원적으로 덩어리가 꽉 차 있는 부피감에서 보이는 색을 무엇이라고 하는가?

① 표면색
② 공간색
③ 평면색
④ 경영색

13-2. 원색에 대한 설명으로 틀린 것은?

① 그 색을 다른 색으로 더 이상 분해할 수 없다.
② 어떠한 다른 색들의 혼합에 의하여 만들 수 없다.
③ 스펙트럼의 3원색을 전부 혼합하면 흑색이 된다.
④ 모든 색광의 근원이 되는 색이다.

|해설|

13-2
③ 스펙트럼의 3원색을 전부 혼합하면 백색(무채색)이 된다.

정답 13-1 ② 13-2 ③

10년간 자주 출제된 문제

14-1. 다음은 화훼장식 디자인 요소 중 무엇에 대한 설명인가?

> 재료의 표면이 갖는 독특한 성질로, 촉각적인 것과 시각적인 것, 복합재료에 의한 것과 표현기법에 의한 것이 있으며, 공간의 성격이나 중량감, 양감의 감각적인 면을 결정한다.

① 균 형　　② 질 감
③ 색 상　　④ 면

14-2. 화훼장식의 디자인 요소인 질감에 대한 설명으로 틀린 것은?

① 거친 질감과 울퉁불퉁하거나 광택이 없는 표면은 형식적이며 우아한 느낌을 준다.
② 고운 질감의 식물은 시각적으로 멀어지는 느낌이 있으므로 가깝게 배치한다.
③ 칼라는 카네이션이나 맨드라미와 대조적인 질감의 강조를 표현할 수 있다.
④ 무거운 색채의 단단하고 품위 있는 질감으로 화분을 선택하였다면, 화분받침이나 식물도 그와 같은 느낌을 갖는 것으로 선택한다.

[해설]
14-2
① 거친 질감과 울퉁불퉁하거나 광택이 없는 표면은 비형식적인 느낌을 주기 때문에 캐주얼한 분위기에 적합하다.

정답 14-1 ②　14-2 ①

핵심이론 14 질감(Texture)

① 특 징
　㉠ 질감은 재료가 가진 구조적인 질과 느낌이다.
　㉡ 모든 재료들이 가지는 고유한 구조적 특성이다.
　㉢ 같은 재료일지라도 크기에 따라 다르게 나타날 수 있다.
　㉣ 질감은 감상하는 사람의 감성이나 과거의 경험에 따라 다르게 느껴진다.
　㉤ 재료의 조직, 밀도감, 질량감, 빛의 반사도 등에 따른 시각적인 느낌이다.
　㉥ 일반적으로 거친 질감은 남성적이고, 고운 질감은 여성적이다.
　㉦ 재료의 표면이 갖는 독특한 성질로, 촉각적인 것과 시각적인 것, 복합재료에 의한 것과 표현기법에 의한 것이 있으며, 공간의 성격이나 중량감, 양감의 감각적인 면을 결정한다.
　㉧ 사용되는 꽃소재나 재료의 느낌으로, 심미적인 시각전달효과가 있다.
　㉨ 고운 질감의 식물은 시각적으로 멀어지는 느낌이 있으므로 가깝게 배치한다.
　㉩ 칼라는 카네이션이나 맨드라미와 대조적인 질감의 강조를 표현할 수 있다.
　㉪ 무거운 색채의 단단하고 품위 있는 질감으로 화분을 선택하였다면, 화분받침이나 식물도 그와 같은 느낌을 갖는 것으로 선택한다.
　㉫ 거친 질감과 울퉁불퉁하거나 광택이 없는 표면은 비형식적인 느낌을 주기 때문에 캐주얼한 분위기에 적합하다.

② 질감의 구분과 그에 따른 감정표현
　㉠ 무게 : 가볍다, 약하다
　㉡ 빛에 대한 반응 : 반투명하다, 광택이 있다
　㉢ 구조와 조직 : 조밀하다, 불규칙적이다, 야무지다, 느슨하다
　㉣ 촉감 : 부드럽다, 매끄럽다, 거칠다, 반질거린다, 차다, 뜨겁다, 물렁하다

※ 크고 거칠거나 어두운 것은 무겁게 느껴지며, 작고 부드럽거나 밝은 것은 가볍게 느껴진다.

③ 화훼장식 대상물에 따른 질감의 표현
  ㉠ 루나리아, 스위트피 : 유리화기처럼 투명하다.
  ㉡ 팜파스그래스, 목화솜, 클레마티스 열매 : 순모의 털처럼 포근한 질감
  ㉢ 안스리움, 베고니아 : 크로뮴이나 알루미늄 같은 금속의 질감
  ㉣ 아킬레아, 솔리다고, 천일홍, 방크시아 : 굵은 베처럼 거친 질감
  ㉤ 알스트로메리아, 팬지 : 벨벳과 같은 부드러운 질감
  ※ 나무바구니 : 거친 질감으로, 서민적이고 자연적인 느낌을 준다.
  ※ 강철 : 부식상태에 따라 매끄럽고 거친 느낌이 나며, 차고 강한 느낌의 현대문명을 암시한다.

핵심이론 15 깊이

① 특 징
  ㉠ 줄기의 각도를 과장되어 보이도록 하기 위해 가장 뒤에 있는 줄기는 약간 더 뒤로 제치고, 맨 앞의 줄기는 앞쪽 밑으로 늘어뜨리는데, 이때 각도는 자연스럽게 점진적으로 변화시킨다.
  ㉡ 꽃을 배열할 때 부분적으로 다른 꽃을 가리거나 꽃의 길이를 약간 다르게 해서 나타낸다.
  ㉢ 큰 꽃은 아래로, 작은 꽃은 위로, 큰 것에서 작은 것으로 점진적으로 변화하도록 배열한다.
  ㉣ 식물을 이용한 질감의 변화는 빛과 그림자를 혼합하면서 디자인에 변화와 깊이를 부여한다.

② 작품에 깊이를 주는 방법
  ㉠ 줄기선의 각도를 조절한다.
  ㉡ 꽃을 부분적으로 겹치게 배열한다.
  ㉢ 색, 크기, 질감의 변화를 이용한다.
  ㉣ 저명도색(짙은 색)은 낮게, 고명도색(밝은 색)은 높게 배치한다.
  ㉤ 꽃의 크기에 따라 큰 꽃은 아래 또는 안쪽에 꽂고, 작은 꽃은 위에 꽂는다.

10년간 자주 출제된 문제

14-3. 화훼장식에 사용되는 소재 중 가장 부드러운 질감에 속하는 것은?
① 아킬레아   ② 리아트리스
③ 알스트로메리아 ④ 카네이션

14-4. 다음 중 천일홍이 가지고 있는 질감을 가장 잘 나타낸 것은?
① 매끈한 질감   ② 광택이 있는 질감
③ 거친 질감   ④ 부드러운 질감

15-1. 깊이감을 주는 방법으로 적합하지 않은 것은?
① 줄기선의 각도를 조절한다.
② 꽃을 부분적으로 겹치게 배열한다.
③ 색, 크기, 질감의 변화를 이용한다.
④ 선명하고 짙은 색은 뒷부분에 높게, 엷고 가벼운 색은 앞부분에 낮게 배치한다.

해설

14-3
알스트로메리아는 꽃이 화려하고, 색깔이 다양해 꽃꽂이, 부케, 화환용 절화로 많이 사용되고 있다.

14-4
천일홍은 수분이 거의 없어 까끌까끌한 질감, 즉 건질(乾質)의 소포가 있다.

정답 14-3 ③ 14-4 ③ / 15-1 ④

10년간 자주 출제된 문제

16-1. 화훼장식 디자인 요소로서 향기에 대한 설명으로 옳은 것은?

① 쟈스민 향기는 부드러운 분위기를 연출한다.
② 프리지아 향기는 가을을 연상시킨다.
③ 장미 향기는 소화를 촉진시킨다.
④ 소나무 향은 자극적이며, 흥분을 유도한다.

16-2. 향기와 관련된 용어의 설명으로 틀린 것은?

① 정유(Essential Oil) : 정유는 식물체의 특수한 세포나 조직 내에 아주 작은 방울로 존재하고 있으며, 유성을 갖는 액체로 식물체를 증류·냉각하여 얻을 수 있다.
② 향미(Flavor) : 냄새 중 향기로운 것으로, 기화상태이며, 특히 꽃의 향기를 지칭하는 경우를 말한다.
③ 향(Aroma) : 방향보다 포괄적인 의미의 향을 지칭할 때 사용하며, 기체상태만이 아닌 근원물질을 지칭할 때도 쓰인다.
④ 향수(Perfume) : "연기에 의해(By Smoke) 또는 연기를 통해서(Through Smoke)"의 의미인 라틴어에서 유래된 말로, 19세기까지는 대부분의 향수가 방향성 정유였다.

|해설|

16-2
② 향미는 후각의 도움을 받아서 느끼는 물질의 맛을 말한다.

정답 16-1 ① 16-2 ②

핵심이론 16 향기

① 특 징
　㉠ 향기의 강도는 보편적으로 흰색 꽃이 강하다.
　㉡ 향기는 화훼장식에 필요한 요소이다.
　㉢ 히아신스 향기는 봄을 연상시킨다.
　㉣ 쟈스민 향기는 분위기를 부드럽고, 차분하게 해 준다.
　㉤ 향기는 화훼장식에 있어서 형태, 질감 등과 마찬가지로 하나의 요소로 강조되면서도, 필수적인 요소와는 거리가 있다.

② 향기와 관련한 용어의 설명
　㉠ 정유(Essential Oil) : 정유는 식물체의 특수한 세포나 조직 내에 아주 작은 방울로 존재하고 있으며, 유성을 갖는 액체로 식물체를 증류·냉각하여 얻을 수 있다.
　㉡ 향미(Flavor) : 후각의 도움을 받아서 느끼는 물질의 맛을 말한다.
　㉢ 향(Aroma) : 방향보다 포괄적인 의미의 향을 지칭할 때 사용하며, 기체상태만이 아닌 근원물질을 지칭할 때도 쓰인다.
　㉣ 향수(Perfume) : "연기에 의해(By Smoke) 또는 연기를 통해서(Through Smoke)"의 의미인 라틴어에서 유래된 말로, 19세기까지는 대부분의 향수가 방향성 정유였다.

(7) 화훼 디자인 원리

핵심이론 01 조화(Harmony)

① 서로 다른 요소들이 통합되어 상호관계를 이루는 것을 말한다.
② 소재끼리 갖는 색상의 유사나 보색대비를 통해 이루어지기도 한다.
③ 다양함 속의 통일을 지향한다.
④ 두 가지 이상의 디자인 요소가 서로 분리하거나 배척하지 않고, 각 요소가 통합된 감각적 효과를 발휘할 때 발생하는 미적 원리이다.
⑤ 다양한 구성요소가 모여 아름다운 전체 구성을 이루어 내는 것이다.
⑥ 화훼장식 디자인에 있어 주제, 형태, 크기, 재료, 질감, 무늬와 같은 요소들이 일치된 속에서 통일된 균형을 이루고 있음을 의미한다.

더 알아보기

화훼장식 디자인 원리
- 전체를 구성하는 부분 사이의 조화를 창조하기 위한 방법이다.
- 디자인 원리는 기준으로서의 가치를 가진다.
- 디자인 원리들은 독립적으로 나타나는 것이 아니고, 상호 보완적인 관계를 가지며, 형식적·감각적 요소의 영향에 의해 총체적으로 나타난다.

10년간 자주 출제된 문제

1-1. 조화(Harmony)의 특징으로 가장 거리가 먼 것은?

① 서로 다른 요소들이 통합되어 상호관계를 이루는 것을 말한다.
② 일정한 크기의 비율로 증가 또는 감소된 상태를 말한다.
③ 소재끼리 갖는 색상의 유사나 보색대비를 통해 이루어지기도 한다.
④ 다양함 속의 통일을 지향한다.

정답 1-1 ②

| 10년간 자주 출제된 문제 |

2-1. 디자인 원리 중 통일에 대한 설명으로 가장 옳은 것은?
① 통합되거나 완전해진 하나의 상태로, 전체의 구성이 개개의 부분에 비해 훨씬 두드러지는 것을 의미한다.
② 화훼장식 구성 내의 시각적인 평형감과 평정의 느낌을 준다.
③ 화훼장식의 재료들이 대비를 이룰 때 이루어진다.
④ 디자인 안에서 전체와 부분, 부분과 다른 부분과의 관계를 의미한다.

2-2. 화훼장식에서 통일감의 표현을 위해 사용하는 방법으로 가장 거리가 먼 것은?
① 근 접   ② 연 속
③ 반 복   ④ 강 조

핵심이론 02 통일(Unity)

① 특 징
  ㉠ 하나의 디자인이 갖고 있는 여러 요소들 속에 어떤 조화나 일치감이 존재하고 있음을 의미하며, 유사한 선적인 요소, 형태, 색상 등의 반복 속에서 비롯된다.
  ㉡ 통합되거나 완전해진 하나의 상태로, 전체의 구성이 개개의 부분에 비해 훨씬 두드러지는 것을 의미한다.
  ㉢ 일관된 기술, 형태, 크기, 질감(동일 질감의 재료 선택), 색(유사색) 등을 이용하여 통일감을 나타낼 수 있다.

② 통일감을 나타낼 수 있는 방법
  ㉠ 근접 : 구성요소들을 서로 밀착시키는 것으로 꽃과 잎, 식물들을 한 용기 안에 같이 넣어 형태와 크기, 질감, 색에 대한 통일감을 줄 수 있다.
  ㉡ 반복 : 어떤 요소들을 반복하여 전체 디자인 구성에 일체감을 주어 부분과 전체를 연결시켜 통합시킨다.
  ㉢ 연 속
    • 끊어지지 않고 계속 이어지거나 지속되고, 선 또는 하나의 방향이 또 다른 방향으로 바뀌는 것이다.
    • 연속은 강약의 변화를 통해 생동감을 주며, 반복의 경우와 구분된다.

해설

2-1
② 균형, ③ 강조, ④ 비율

2-2
화훼장식에서 통일은 근접, 반복, 연속으로 표현할 수 있다.

정답 2-1 ① 2-2 ④

핵심이론 03 균형(Balance)

① 특 징
- ㉠ 균형은 형태나 색채상으로 평형상태인 것을 말하며, 중량과 선, 크기, 방향, 질감, 색 등의 디자인 요소의 배치, 양, 성질 등이 작용하는 것이다.
- ㉡ 균형이란 화훼장식물이 견고하고, 안정되어 보이도록 디자인의 모든 요소가 구성되는 것을 말한다.
- ㉢ 화훼장식 구성 내의 시각적인 평형감과 평정의 느낌을 준다.
- ㉣ 균형에는 대칭균형과 비대칭균형이 있다.
- ㉤ 대칭균형은 엄숙하고 장중한 느낌을 주고, 비대칭균형은 자유로운 질서를 나타낸다.
- ㉥ 대칭균형은 정적 화훼장식, 비대칭균형은 동적 화훼장식을 표현한다.
- ㉦ 재질의 균형은 직선과 곡선, 딱딱함과 부드러움, 강함과 약함에 대한 균형이다.

② 대칭균형(Symmetrical Balance)
- ㉠ 대칭은 중심축을 기준으로 양쪽에 같은 형태나 질감 그리고 동일한 색을 가진 물체를 마치 거울에 비춘 것과 같이 배열하여 시각적으로 편안하고 안정적인 무게감을 준다.
- ㉡ 공식적이고 위엄을 강조하는 관공서 건물이나 종교 관련 건축물에 주로 응용된다.
- ㉢ 상상에 의한 중앙의 수직축을 기준으로 양쪽 요소를 동일하게 배열하여 중심축을 기준으로 좌우 양쪽의 무게가 시각적 균형을 이루어야 한다.
- ㉣ 기하학적인 중심축과 대칭축은 일치한다.
- ㉤ 견고하고 균형 잡힌 느낌을 주지만, 단조롭거나 인위적인 것처럼 보이기도 한다.
- ㉥ 안정적이고 차분한 분위기를 연출하므로 연회용 헤드 테이블장식 등에 자주 사용된다.
- ㉦ 현관문을 기준으로 양쪽에 동일한 크기의 벤자민 고무나무를 배치한다.

10년간 자주 출제된 문제

3-1. 화훼장식의 대칭균형(Symmetrical Balance)에 대한 설명으로 틀린 것은?
① 자연스럽고, 비정형적이며, 시각적 움직임으로 인한 생동감이 느껴진다.
② 상상에 의한 중앙의 수직축을 기준으로 양쪽 요소를 동일하게 배열한다.
③ 단조롭거나 인위적인 것처럼 보이기도 한다.
④ 편안하고 안정되며, 공식적이고 위엄 있어 보인다.

3-2. 대칭 디자인에 대한 설명이 아닌 것은?
① 매우 안정된 형태이다.
② 견고하고 균형 잡힌 느낌을 준다.
③ 기하학적인 중심축과 대칭축은 일치하지 않는다.
④ 좌우대칭이 되도록 시각적 무게감이 균등하게 배열한다.

|해설|
3-1
①은 비대칭균형에 대한 설명이다.

정답 3-1 ① 3-2 ③

> **10년간 자주 출제된 문제**
>
> **3-3. 화훼장식 디자인의 조화를 이루기 위한 방법으로 적당하지 않은 것은?**
> ① 중심 테마를 반복하면서도 대비적 요소를 만든다.
> ② 디자인에서 각 요소들 간의 유사한 요소를 반복한다.
> ③ 디자인의 시각적인 균형을 맞추기 위해서 비대칭균형의 사용을 피한다.
> ④ 사람의 시선을 끌어당기는 하나의 초점을 만들어 디자인을 통합시킨다.

③ 비대칭균형(Asymmetrical Balance)
  ㉠ 자연스럽고, 비정형적이며, 시각적 움직임으로 인한 생동감이 느껴진다.
  ㉡ 중심축을 기준으로 양면에 다른 요소가 배치되지만, 동등한 시각적 무게감을 주어 같은 시선을 유도한다.
  ㉢ 다양한 요소가 여러 가지 방법으로 배열되어 있어 오래 흥미를 끈다.
④ 꽃꽂이 형태 중 비대칭삼각형의 특징
  ㉠ 중심은 좌우대칭축에서 벗어나 있다.
  ㉡ 균등하지 않으며, 자율적인 배열을 이룬다.
  ㉢ 밝고 활동적이며, 긴장감을 유발시켜 자유스러운 이미지가 강하다.
  ㉣ 대칭삼각형에 비해 역동적이면서 날렵한 느낌이 있다.

더 알아보기

조형에서의 비대칭그룹
- 균형의 중심은 기하학상의 중심축과 주그룹 사이에 있다.
- 크기, 형태, 무게, 거리 등이 서로 다른 요소와 소재가 자연스러운 느낌으로 배치되어 있다.
- 주그룹, 대항그룹, 보조그룹으로 중심 양쪽의 시각적인 균형을 잡는다.

정답 3-3 ③

핵심이론 04 비율(Proportion)

① 특 징
  ㉠ 통일과 변화를 조성하는 원리로 많고 적음, 길고 짧음, 부분과 전체의 차이에 대한 비이다.
  ㉡ 비례는 균형과 밀접한 관계를 가지고 있다. 즉, 디자인의 비례가 적절하지 못하면 조화롭지 못하고, 균형이 이루어지지 않는다.
  ㉢ 디자인할 때 상대적인 크기와의 관계를 의미하며 폭, 길이, 두께, 높이에 의한 치수와 관계가 있다.
  ㉣ 비례는 통일과 변화를 쉽게 조절할 수 있는 원리이기도 하다.
  ㉤ 분명한 수적인 질서로, 조화의 근본이 되는 균형을 말한다.
  ㉥ 길이나 거리, 높이나 넓이, 부피나 중량에 대한 비이다.
  ㉦ 비례는 전체구성에 대한 부분구성의 비율로 나타낸다.
  ㉧ 비례란 실내의 한 벽면에 커다란 소파를 놓고, 그 벽면에 그림 한 장을 걸었을 때 그 그림이 너무 크다거나, 작다거나 또는 아주 적당하다는 느낌을 주는 것이다.

② 황금비율
  ㉠ 황금비(1 : 1.618)는 고대부터 중시되어 온 기본적인 비례이다.
  ㉡ 자연에서 식물의 꽃, 잎, 가지의 배열 등은 황금비율에 해당하는 것이 많다.
  ㉢ 황금비율은 1 : 1.618의 비례로, 가장 기본적인 주그룹, 대항그룹, 보조그룹의 비율은 8 : 5 : 3이다.
  ㉣ 황금비율은 유클리드에 의해 알려진 이상적인 비율이다.
  ㉤ 황금비(1 : 1.618)와 가장 근접한 피보나치 수열은 1 : 1, 1 : 2, 2 : 3, 3 : 5, 5 : 8, 8 : 13, 13 : 21, 21 : 34 …이다.
  • 과소비율은 화기의 1배 이하의 비율(1 : 0.9 이하)이다.
  • 과대비율은 화기의 6배 이상의 비율(1 : 6 이상)로, 변화와 긴장감이 있다.
  • 정상비율(Normal Proportion)은 1 : 1~1 : 6이다.

10년간 자주 출제된 문제

4-1. 화훼장식 디자인의 원리 중 비례(Proportion)에 대한 설명으로 틀린 것은?
① 비례는 균형과 밀접한 관계를 가지고 있다.
② 비례는 통일과 변화를 쉽게 조절할 수 있는 원리이기도 하다.
③ 화훼장식물을 테이블에 놓을 때 반드시 한가운데 놓아야 하며, 이는 가장 자연스러운 시각적 효과를 가져다 준다.
④ 디자인의 비례가 적절하지 못하면 조화롭지 못하고, 균형이 이루어지지 않는다.

4-2. 비례는 폭, 길이, 높이 등의 치수와 비교되는 분량의 측정관계이다. 가장 기본적인 비율로 3 : 5 : 8 : 13의 연속적인 분할비율을 나타내는 것은?
① 황금비율 ② 정상비율
③ 과소비율 ④ 과대비율

|해설|

4-2
황금비율은 1 : 1.618의 비례로, 가장 기본적인 비율은 8 : 5 : 3이다.

정답 4-1 ③ 4-2 ①

10년간 자주 출제된 문제

5-1. 화훼장식 디자인 원리에서 강조에 대한 설명으로 옳은 것은?
① 여러 종류의 움직임에 의해 나타난다.
② 꽃이나 화기를 모두 강조할 때 나타난다.
③ 다른 재료들과 대비를 이룰 때 나타난다.
④ 서로 같은 색, 같은 형태일 때 나타난다.

5-2. 화훼장식의 디자인 원리에 대한 설명으로 옳게 짝지어진 것은?
① 구성 – 일치감, 동일성과 관련된 구성요소들을 배합하여 나타내는 미적 본질
② 조화 – 물리적·시각적 안정감을 주는 배치에 의해 이루어지는 원리
③ 균형 – 소재들 간의 상대적인 크기의 관계
④ 강조 – 부분적이고 소극적으로 특정 부분을 강하게 표현

5-3. 강조에 대한 설명으로 틀린 것은?
① 작품 전체에 통일감을 주면서 특정 부분을 강하게 표현하는 것이다.
② 다른 작품들과 대비를 이룰 때 이루어진다.
③ 디자인에서 필수적인 요소이며 디자인의 크기, 모양에 상관없이 한 개만 존재한다.
④ 디자인의 일부로 남아 있어야 한다.

해설

5-1
① 주로 한 종류의 움직임일 때
② 꽃이나 화기가 각각 핵심적인 역할을 할 때(일반적인 비율 – 꽃 3 : 화기 2)
④ 서로 다른 색·형태일 때

5-2
① 구성 : 작품의 여러 가지 요소들이 전체적인 형태를 만들어 하나의 작품으로 완성되는 것
② 조화 : 둘 이상의 요소가 분리하거나 배척하지 않고 통일된 전체로서 효과를 발휘할 때 일어나는 미적 현상
③ 균형 : 둘 이상의 힘이 서로 평균이 되는 것

정답 5-1 ③ 5-2 ④ 5-3 ③

핵심이론 05 강조

① **특 징**
  ㉠ 주가 되는 것을 강하게 표현하는 것으로, 전달내용의 주체와 핵심을 확인하고 유도하여 개성과 특성을 나타낸다.
  ㉡ 다른 재료들과의 구성에서 일정한 한 부분에 시선을 집중시키는 원리로, 주로 한 종류의 움직임에 의해 나타난다.
  ㉢ 구성 내에서 디자인의 크기, 모양, 위치에 따라 강조요소는 한 개 또는 여러 개가 될 수도 있다.
  ㉣ 작품 전체에 통일감을 주면서 부분적이고 소극적으로 특정 부분을 강하게 표현하는 것이다.
  ㉤ 단색에서는 복합색의 부분이 강조되고, 명암의 대비는 약 2배 이상 차이가 날 경우 강조효과를 볼 수 있다.
  ㉥ 헬리코니아, 극락조화, 안스리움과 같은 폼플라워나, 크고 활짝 핀 꽃 등은 그렇지 않은 꽃(소국)에 비해 시선을 유도하는 측면이 있어 강조에 적합하다.
  ※ 크기가 차이가 있는 알리움을 나란히 연속적으로 꽂는 것으로는 강조의 효과를 얻을 수 없다.

② **강조점**
  ㉠ 강조점은 디자인의 나머지 부분에 비해 두드러지기 때문에 사람들은 디자인에서 이 부분을 가장 먼저 보게 된다.
  ㉡ 강조점과 초점은 상호 밀접한 관계가 있다.
  ㉢ 강조점은 한 가지 특성에 관심을 모으고, 나머지는 모두 부수적으로 만드는 것을 말한다.
  ㉣ 강조점을 잘 사용하면 꽃꽂이 내부에 질서를 잡을 수 있다.
  ㉤ 꽃꽂이를 할 때 강조점을 두기 위해 시각적인 무게가 무거운 어두운 색의 꽃은 중앙에 두고, 주위를 엷은 색의 꽃으로 배치한다.

③ **대비(對比)에 의한 강조효과**
  ㉠ 대부분의 것이 어두울 때 하나의 밝은 형태인 것
  ㉡ 대부분의 것들이 수직일 때 사선인 것
  ㉢ 대부분의 것들이 비슷한 크기일 때 의외로 작은 것
  ※ 형태의 부분이 평행사변형일 때 직선인 것은 강조의 효과를 얻기 힘들다.

핵심이론 06 리듬(Rhythm)

① 그리스어인 흐르다(Rheo)에서 유래한 말이며, 유사한 요소가 반복·배열됨으로써 시각적 인상이 강화되는 미적 형식원리이다.
② 변이, 반복, 확산 등으로 표현되는 디자인의 원리이다.
③ 초점에 몰렸던 집중적인 시선을 디자인의 다른 모든 부분으로 옮겨가게 하는 특성이 있으며, 반복적으로 표현될 수 있다.
④ 조형상의 색, 형태, 질감, 선 등이 반복적으로 나타나는 것을 말한다.
⑤ 동일하거나 유사한 요소들에 연속적으로 반복되는 변화를 주어 시각적인 즐거움을 주는 것이다.
⑥ 움직임이 연속적으로 되풀이되는 것으로 음악의 흐름, 계절의 변화와 같이 규칙적으로 반복되어 일어난다.
⑦ 어떤 단위형태가 계속 교차·반복됨으로써 규칙적인 결과를 낳는 것을 말한다.
⑧ 눈의 흐름을 만드는 동세와 관련이 있다. 즉, 시선의 시각적인 움직임을 유도할 수 있다.
⑨ 생명감이나 존재성을 강하게 표현한다.
⑩ 직선보다 곡선이 부드럽고 자연스러운 느낌을 준다.
⑪ 색상이나 명암 또는 텍스처에 변화를 줄 수도 있다.
⑫ 리듬감을 주는 방법에는 꽃과 꽃의 간격, 선의 높고 낮음, 소재의 질감 변화 등이 있다.

※ 양감(Volume) : 화훼 디자인의 요소 중 만져서 느낄 수 있는 촉각과 더불어 덩어리감을 느낄 수 있는 뭉치, 중량감, 부피감 등을 말한다.

10년간 자주 출제된 문제

6-1. 리듬에 대한 설명으로 옳은 것은?
① 조형상의 색, 형태, 질감, 선 등이 반복적으로 나타나는 것을 말한다.
② 시선을 유도하는 데는 옅은 색에서 강한 색으로 표현한다.
③ 꽃의 크기, 길이의 변화, 굵고 가늘음, 간격은 리듬을 나타내지 못한다.
④ 강약이 반복될 때는 리듬감을 나타내기 어렵다.

6-2. 디자인의 원리를 설명한 것으로 옳은 것은?
① 균형은 소재들 간의 상대적 크기이다.
② 리듬은 움직임이 연속적으로 되풀이되는 것이다.
③ 구성은 특정 부분을 강하게 표현한다.
④ 비율은 공간과 질감의 상호관계이다.

6-3. 화훼장식 디자인의 원리 중 리듬에 대한 설명으로 틀린 것은?
① 시선의 시각적인 움직임을 유도할 수 있다.
② 생명감이나 존재성을 강하게 표현한다.
③ 직선보다 곡선이 부드럽고 자연스러운 느낌을 준다.
④ 색깔로 리듬감을 연출하기는 어렵다.

[해설]

6-2
① 균형은 둘 이상의 힘이 서로 평균이 되는 것이다.
③ 구성은 마음속에 있는 생각이나 감정을 표현하기 위해 머릿속에 지니고 있는 설계도와 같은 것이다.
④ 비율은 작품을 디자인할 때 구성요소 간의 상대적 크기와의 관계를 의미하는 것으로 높이, 넓이, 깊이의 관계로 표현한다.

6-3
④ 옅은 색에서 진한 색으로 하거나, 선이나 점에서 시작하여 면이나 뭉치로 구성하는 방법으로 표현할 수 있다.

정답 6-1 ① 6-2 ② 6-3 ④

(8) 절화의 관리

핵심이론 01 절화생리(1) : 절화의 탈수현상과 호흡

① 절화의 탈수현상
- ㉠ 증산량이 흡수량보다 많을 경우 절화가 쉽게 시들 수 있다.
- ㉡ 증산량은 엽면적, 온도, 광, 바람 등에 의해 크게 영향을 받는다.
- ㉢ 절화 장미의 꽃목굽음은 절화의 수분균형이 깨져서 발생하는 대표적인 예이다.
- ㉣ 유관속 폐쇄의 일반적인 원인은 도관에 펙틴, 폴리페놀, 단백질 등의 점착물질이 쌓이기 때문이다.
- ㉤ 탈수현상을 막기 위해서는 줄기를 재절단하거나 물을 깨끗이 유지해야 한다.

② 절화의 호흡
- ㉠ 절화의 호흡량은 종과 품종에 따라 차이가 있다.
- ㉡ 온도에 따라 현저하게 달라진다.
- ㉢ 29℃에 저장한 꽃은 2℃에 저장한 꽃보다 호흡량이 많다.
- ㉣ 모든 식물체는 온도가 올라감에 따라 호흡량이 증가한다.
- ㉤ 절화의 온도가 30℃에서 10℃로 낮아지면 호흡속도가 1/6~1/3로 느려져 신선도가 유지된다.

③ 식물의 대사・호흡에 이용되는 당의 역할
- ㉠ 호흡기질을 이용하여 체내 영양분 손실을 지연한다(노화 지연).
- ㉡ 기공을 폐쇄하여 증산 및 수분 손실을 억제한다.
- ㉢ 삼투압을 높여 영양분을 공급한다(흡수력 증대).
- ㉣ 미숙봉오리의 발달 및 개화를 촉진한다.
- ㉤ 안토시아닌계 화색의 발현을 돕는다.

④ 일반적으로 절화의 수분 흡수를 저해하는 원인
- ㉠ 절단 후 도관 중에 기포가 생겨 수분의 상승을 방해하는 것
- ㉡ 박테리아, 곰팡이 등 미생물이 도관을 막는 것
- ㉢ 절단면에 유액이 분비되어 절구가 굳어 버리는 것

10년간 자주 출제된 문제

1-1. 절화의 호흡에 대한 설명으로 틀린 것은?
① 절화의 호흡량은 종과 품종에 따라 차이가 있다.
② 온도에 따라 현저하게 달라진다.
③ 29℃에 저장한 꽃은 2℃에 저장한 꽃보다 호흡량이 많다.
④ 모든 식물체는 온도가 올라감에 따라 호흡량이 감소한다.

1-2. 절화의 온도가 30℃에서 10℃로 낮아지면 무엇이 1/6~1/3로 느려져 신선도를 유지하는가?
① 호흡속도
② 에틸렌 발생속도
③ 에틸렌 억제량
④ 이산화탄소 발생속도

1-3. 일반적으로 절화의 수분 흡수를 저해하는 유관 속 폐쇄의 원인으로 옳지 않은 것은?
① 보존제 처리 후 물속 자르기
② 절단 후 도관 중에 기포 발생
③ 절단면에 유액에 의한 절구 굳음현상
④ 미생물 증식으로 인한 도관부 폐쇄

[해설]

1-1
④ 모든 식물체는 온도가 올라감에 따라 호흡량이 증가한다.

정답 1-1 ④ 1-2 ① 1-3 ①

핵심이론 02 절화생리(2) : 에틸렌

① 특 징
- ㉠ 식물의 성숙 및 노화에 관여하며, 화학구조가 매우 단순한 식물호르몬이다.
- ㉡ 절화의 성숙과 노화에 가장 큰 영향을 미친다.
- ㉢ 무색무취의 기체로, 식물의 노화를 촉진하는 호르몬이다.
- ㉣ 에틸렌에 대한 민감도는 저온에서 감소되기 때문에 피해 방지를 위해서는 냉장보관이 효과적이다.
- ㉤ 공기 중 불완전연소의 부산물로서 발생하거나 성숙한 과일, 노화된 꽃에서 발생한다.
- ㉥ 에틸렌은 꽃봉오리와 꽃의 개화를 막고 시들게 하며, 꽃잎의 탈리를 일으킨다.
- ㉦ 식물이 상처를 입거나 부패와 같은 스트레스를 받으면 증가한다.
- ㉧ 국화보다 카네이션이 에틸렌에 민감하게 반응한다.

에틸렌에 민감한 꽃	카네이션, 델피니움, 알스트로메리아, 금어초, 스위트피, 난류, 나리, 수선화, 프리지아, 백합, 숙근안개초 등
에틸렌에 둔감한 꽃	안스리움, 거베라, 튤립, 국화 등

② 발생요인
- ㉠ 오래되고 시들은 절화, 익어가는 과일, 썩은 사과, 질병에 감염된 분식물 등에서 발생한다.
- ㉡ 좁은 공간 내 열원 가까이에 있거나, 통풍이 잘되지 않을 때 발생한다.
- ㉢ 자동차 배기가스, 포장 시 취급하는 폴리에틸렌필름, 플라스틱 조화, 포장용 끈 등이 원인이 된다.

③ 발생 억제방법
- ㉠ 감압제거법에 의한 에틸렌 발생원 제거
- ㉡ 자외선에 의한 오존의 산화
- ㉢ 활성탄에 의한 흡착

④ 에틸렌가스에 의한 절화의 노화증상 : 꽃잎탈리, 꽃잎말림, 위조, 화색의 적색화·청색화, 소화탈리, 고사 등

10년간 자주 출제된 문제

2-1. 에틸렌에 대한 설명으로 틀린 것은?
① 에틸렌은 무색무취의 기체로, 식물의 노화호르몬이다.
② 에틸렌은 공기 중 불완전연소의 부산물로서 발생하거나 성숙한 과일, 노화된 꽃에서 발생한다.
③ 에틸렌에 대한 민감도는 고온에서 감소되기 때문에 보관 시 고온 처리가 효과적이다.
④ 에틸렌은 꽃봉오리와 꽃의 개화를 막고 시들게 하며, 꽃잎의 탈리를 일으킨다.

2-2. 에틸렌의 발생원인에 대한 설명으로 틀린 것은?
① 좁은 공간 내 열원 가까이에 있으면 발생한다.
② 통풍이 너무 잘되어도 발생한다.
③ 오래되고 시든 절화가 있으면 발생한다.
④ 포장 시 취급하는 폴리에틸렌필름, 플라스틱 조화, 포장용 끈 등이 원인이 된다.

2-3. 다음 절화에 나타나는 현상 중 에틸렌과 관계가 없는 것은?
① 글라디올러스의 꽃대가 구부러진다.
② 델피니움의 꽃과 꽃잎이 떨어진다.
③ 장미 꽃봉오리의 개화가 억제된다.
④ 카네이션의 꽃잎이 오그라든다.

[해설]

2-1
③ 에틸렌에 대한 민감도는 저온에서 감소되기 때문에 보관 시 저온처리가 효과적이다.

2-2
에틸렌은 식물이 부패하고 과실이 숙성하면서 배출하는 고농도의 기체상 호르몬으로, 통풍이 잘되지 않을 때 발생한다.

2-3
①은 광에 의한 현상이다.
※ 광이 조사되는 방향에 반응하여 식물체가 굴곡반응을 나타내는 현상을 굴광현상이라고 한다.

정답 2-1 ③ 2-2 ② 2-3 ①

10년간 자주 출제된 문제

3-1. 다음 중 절화 장미의 꽃목굽음이 잘 생기는 조건으로 가장 관계가 없는 것은?

① 너무 조기(어린 봉오리)에 수확했을 때
② 꽃목의 경화가 덜 된 시기에 수확했을 때
③ 늦게(개화된 것) 수확했을 때
④ 수분균형이 불량할 때

3-2. 장미의 꽃목굽음이 일어나는 주요 원인으로 옳은 것은?

① 기온이 떨어지는 겨울에 채화할 때 일어나는 현상이다.
② 조기 채화 시 전처리로 인해 일어나는 현상이다.
③ 절화의 수분균형이 깨져 발생하는 현상이다.
④ 수분 공급이 지나치면 발생하는 현상이다.

3-3. 다음 중 절화 장미의 수확 후 품질 특성에 관한 설명으로 가장 적당한 것은?

① 장미는 수분보유력이 강해 수확 후 물올림 작업이 필요 없다.
② 물올림이 잘되지 않으면 꽃목굽음이 발생한다.
③ 저온에 민감하여 저온장해를 일으키므로 10℃ 이상에서 수송 및 유통을 한다.
④ 카네이션에 비해 수확 후 에틸렌 발생이 많은 편이다.

|해설|

3-1
개화단계가 어느 정도 진행된 후에 절화하면 꽃목굽음현상은 적지만, 절화 수명이 그만큼 짧아진다.

3-2
장미의 꽃목굽음(Bent Neck)은 증산량이 흡수량보다 많아 절화의 수분균형이 깨져 줄기의 약한 부분이 휘어지는 현상이다.

3-3
장미는 급격한 수분 감소에 의해 꽃목굽음이 발생한다.

정답 3-1 ③ **3-2** ③ **3-3** ②

핵심이론 03 절화생리(3) : 절화의 품질 저하요인

① 꽃잎의 위조 : 절화를 에틸렌이 많은 대기 중에 두면 시들거나 마르는 위조현상이 발생한다.
② 봉오리 건조 : 봉오리가 피지 못하고 마르거나 색이 변하는 현상이다.
③ 꽃잎의 탈리 : 에틸렌이나 수분 부족 등으로 인해 꽃들의 소화 또는 일부분이 떨어지는 현상이다.
④ 꽃목굽음
  ㉠ 절화의 수분균형이 깨져 줄기의 약한 부분이 휘어지는 현상이다.
  ㉡ 장미나 거베라 등에서 흔히 발생한다.
  ㉢ 절화 장미의 꽃목굽음이 잘 발생하는 조건
    • 너무 조기(어린 봉오리)에 수확했을 때
    • 꽃목의 경화가 덜 된 시기에 수확했을 때
    • 수분균형이 불량할 때(물올림이 잘되지 않았을 때)
⑤ 항굴지성
  ㉠ 식물이 중력과 반대방향으로 구부러지는 현상으로, 눕혀서 운송할 때 많이 발생한다.
  ㉡ 금어초, 글라디올러스, 스토크, 델피니움, 루피너스, 트리토마 등은 항굴지성에 민감하므로 바로 세워서 운반해야 한다(총상화서, 수상화서).
  ㉢ 부드럽고 잘 휘어지는 식물(튤립, 아네모네, 거베라 등)도 항굴지성이 나타난다.
⑥ 엽색의 황화·흑변화
  ㉠ 황화 : 고온이나 지나친 저광의 환경하에 보관했을 때 잎의 엽록소나 단백질 등이 분해되어 황색으로 변색되는 현상이다.
  ㉡ 흑변화 : 잎 내부의 탄수화물 부족으로 인해 잎이 어두운 색이나 갈색·흑색으로 변색되는 현상이다.

핵심이론 04 절화생리(4) : 절화보존제(수명연장제·선도유지제)

① 주성분 : 탄수화물, 살균제, 생장조절물질, 에틸렌억제제, 무기질 등
  ㉠ 탄수화물(자당)
  - 절화의 주요 양분으로, 절화 후 일어나는 모든 생화학적·생리적 과정의 유지에 필수적인 에너지원이다.
  - 절화의 수명 연장 : 미토콘드리아의 구조 및 기능 유지, 증산 조절로 수분불균형 개선, 수분 흡수 증가 도모 등
  ※ 카네이션의 생체중을 증가시키고, 건조를 방지하며, 삼투압 조절로 개화를 증진한다.

  더 알아보기
  절화보존제로서의 자당(Sucrose)의 특성
  - 수확 후 일어나는 대사작용에 이용된다.
  - 첨가농도는 화훼종류와 처리방법에 따라 다르다.
  - 가정용 설탕으로 대체가 가능하다.
  - 절화에 광합성 산물을 인위적으로 첨가하는 효과가 있다.
  - 기공의 기능을 높여서 수분 수지를 개선해 준다.
  - 화색을 선명하게 유지시켜 준다.
  - 엽록소의 분해를 억제시키고, 노화를 지연시킨다.

  ㉡ 살균제
  - 미생물에 대한 살균, 보존용액의 산성화 및 수분 흡수를 촉진한다.
  - 종류 : 질산은, 황산염, 구연산염 등
  ㉢ 생장조절물질
  - 생장조절물질은 식물체 내에서 일어나고 있는 여러 가지 생화학적·생리적 과정을 개시, 촉진 또는 억제한다.
  - 식물호르몬이나 합성 생장조절물질을 공급함으로써 꽃의 노화 과정을 지연시킬 수 있다.
  - 종류 : 시토키닌, 에틸렌, 지베렐린(GA), ABA, 옥신 등
  ㉣ 에틸렌억제제
  - 에틸렌은 식물의 노화를 촉진시키므로 생성을 억제해야 절화의 수명을 연장시킬 수 있다.
  - 종류 : AVG, MVG, AOA, STS, 1-MCP 등

② 역할
  ㉠ 절화의 물올림을 원활하게 하고, 본래의 화색을 보존한다.
  ㉡ 에너지원을 제공하고, 노화를 지연시키며, 꽃의 개화를 돕는다.
  ㉢ 수분 증발, 미생물 증식, 에틸렌 발생 등을 억제시켜 준다.
  ㉣ 꽃의 장기 저온저장을 가능하게 하고, 저장 후의 품질 및 수명에도 효과적이다.

10년간 자주 출제된 문제

4-1. 절화보존제의 주성분이 아닌 것은?
① 당 류
② 살충제
③ 에틸렌작용억제제
④ 식물생장조절제

4-2. 절화보존제의 구성성분 중 에너지원으로 공급되는 것은?
① 단백질   ② 자 당
③ 지 방   ④ 무기질

4-3. 절화보존제의 역할이 아닌 것은?
① 에틸렌 발생 억제
② 에너지원 제공
③ 수분 증발 촉진
④ 미생물 증식 억제

4-4. 절화의 신선도를 높이고 수명을 연장시키기 위해 처리하는 약제의 명칭으로 가장 거리가 먼 것은?
① 장기처리제   ② 절화보존제
③ 수명연장제   ④ 선도유지제

해설

4-2
탄수화물(자당)은 절화의 주요 양분으로, 절화 후 일어나는 모든 생화학적·생리적 과정의 유지에 필수적인 에너지원이다.

4-3
절화보존제는 수분 증발을 억제하는 효과가 있다.

정답 4-1 ② 4-2 ② 4-3 ③ 4-4 ①

10년간 자주 출제된 문제

5-1. 절화를 재절단할 때 물속 자르기를 하는 주된 이유는?
① 대기 중에서 자르는 것보다 쉬워서
② 도관에 기포(공기방울)가 생기는 것을 방지하기 위해
③ 도관이 뭉개지는 것을 방지하기 위해
④ 자르는 면을 깨끗하게 하기 위해

5-2. 다음 중 줄기의 아랫부분 10cm 정도를 끊는 물에 넣었다 빼내는 열탕처리가 수명 연장에 효과가 있는 화훼류는?
① 튤 립   ② 포인세티아
③ 국 화   ④ 카네이션

5-3. 절화의 경우 유액이 많이 나오는 식물의 수명 연장을 위해 어떻게 처리하여야 하는가?
① 물통에 넣어 물을 흡수하게 한다
② 절화보존제를 사용한다.
③ 물속 자르기를 한다.
④ 탄화처리를 한다.

[해설]
5-3
유액이 나오는 절화의 경우, 절단면을 불에 살짝 태운 다음 찬물에 넣는 탄화처리를 하여 보관한다.

정답 5-1 ② 5-2 ③ 5-3 ④

핵심이론 05 물올림촉진(1) : 재수화

재수화란 절화의 물올림을 위한 방법 중 물리적 방법으로 물속 자르기, 열탕 처리, 탄화 처리, 줄기 두드림, 줄기 꺾음, 펌프 주입, 약품 처리 등의 방법이 있다.

① 물속 자르기(수중절단법)
  ㉠ 수분 차단현상을 방지하기 위해 물속에서 칼로 줄기 끝을 자른다.
  ㉡ 1~2일마다 절단면을 물속에서 2~3cm 정도 재절단하며, 물도 갈아 준다.
  ㉢ 물속 자르기는 도관에 기포(공기방울)가 생기는 것을 방지하기 위한 방법이다.
  ㉣ 물속 자르기를 적용하는 소재 : 장미, 카네이션, 아이리스, 알스트로메리아, 글라디올러스, 나리 등
  ※ 재수화는 수분 스트레스를 받은 절화에 물올림을 촉진하여 절화의 팽만성을 회복시키는 것이다.

② 열탕처리(열탕법)
  ㉠ 잘라 낸 줄기 끝에서부터 2~3cm 되는 부분을 끓는 물에 수초 담갔다가 냉수에 잠시 넣어 식히는 방법이다.
  ㉡ 목본성 줄기를 가진 절화는 90~100℃ 물에 약 60초간 담근다.
  ㉢ 국화의 수명을 연장하는 데 가장 많이 사용되는 물리적 처리 방법이다.
  ㉣ 열탕법을 적용하는 소재 : 국화, 백일홍, 숙근안개초, 대나무, 맨드라미, 접시꽃, 스토크, 금어초, 캄파눌라, 아게라툼, 부바르디아 등

③ 탄화처리
  ㉠ 주로 유액이 나오는 절화의 줄기 절단면의 1~2cm 정도를 불에 살짝 태워 자극을 주고 찬물에 넣는 방법이다.
  ㉡ 줄기 절단면의 부패를 막고, 물의 흡수를 원활하게 하기 위해 사용된다.
  ㉢ 수국, 장미, 포인세티아 등에 사용한다.

④ 줄기 두드림
  ㉠ 줄기 끝부분을 망치 등으로 두들겨 짓이기는 방법이다.
  ㉡ 줄기의 아랫부분이 목질화되는 식물(작약, 버들, 국화)에 사용된다.

⑤ 줄기 꺾음
  ㉠ 줄기를 꺾으면 도관이 가늘게 쪼개져 줄기를 두들겨 짓이기는 것과 비슷한 효과가 있다.
  ㉡ 국화와 같은 식물에 줄기 두드림 대용으로 사용된다.
⑥ 펌프 주입
  ㉠ 줄기 내부에 공간이 있는 식물의 줄기 속에 펌프를 꽂아 물을 주입시키는 방법이다.
  ㉡ 수련, 다알리아 등에 적용한다.
⑦ 약품 처리
  ㉠ 물속 자르기, 줄기 두드림 등으로 도간을 넓혀준 후 보존용액(8-HQC 등)에 침지하는 방법이다.
  ㉡ 소금(칼라, 라넌큘러스), 염산(대나무), 식초(맨드라미) 등의 약품에 담근다.

10년간 자주 출제된 문제

5-4. 절화의 물올림 촉진법에 대한 설명으로 틀린 것은?

① 재절단이란 줄기 끝의 잘린 부분을 물에 꽂기 전에 다시 한 번 자르는 것을 말한다.
② 탄화처리란 줄기 절단면의 1~2cm 정도를 불에 태운 다음 찬물에 넣는 것이다.
③ 열탕처리는 절화 줄기의 중간까지 50~60℃의 물에 수초 동안 담갔다가 꺼내서 찬물에서 물올림하는 방법이다.
④ 재수화는 수분 스트레스를 받은 절화에 물올림을 촉진하여 절화의 팽만성을 회복시키는 것이다.

5-5. 절화 수확 후 절화의 흡수를 증진하는 방법으로 적절하지 않은 것은?

① 물속에서 줄기를 자른다.
② 줄기의 절단 부위를 삶는다.
③ 줄기의 절단 부위를 태운다.
④ 줄기의 절단 부위를 95% 알코올에 오래 담근다.

|해설|

5-5
절화의 흡수 증진방법
• 줄기를 물속에서 재절단하는 방법
• 절단면을 태우는 방법
• 열탕에 처리하는 방법
• 보존용액(8-HQC 등)에 침지하는 방법

정답 5-4 ③ 5-5 ④

핵심이론 06 물올림촉진(2) : 물올림방법

① 절화의 물올림
- ㉠ 물속에서 재절단하며, 재절단 시 가위보다 예리한 칼을 사용한다.
- ㉡ 손상된 잎이나 물에 잠기는 잎을 제거한다.
- ㉢ 같은 종 또는 같은 품종 단위로 동일한 용기에 넣고 물올림을 한다.
- ㉣ 유액이 나오는 줄기는 재절단 후 끓는 물에 수초간 담근다.
- ㉤ 물의 흡수면적을 넓혀 주기 위해 45°(사선)가 되도록 비스듬히 자른다.
- ㉥ 절화보존제나 살균제를 첨가한 물에 절화를 담가 둔다.
- ㉦ 절화를 재절단할 때 물속 자르기를 하는 주된 이유는 도관에 기포(공기방울)가 생기는 것을 방지하기 위해서이다.
- ㉧ 줄기의 아랫부분이 목질화되는 식물(작약, 버들, 국화 등)은 줄기의 기부를 짓이기는 것이 좋다.
- ㉨ 잎을 적당히 제거하여 적절한 엽면적을 유지하도록 한다.

② 품질 관리를 위한 수확 후 처리방법
- ㉠ 절화는 온도가 높으면 호흡량이 많아지므로 가능한 한 저온에 보관한다.
- ㉡ 절화에 STS를 처리하면 은이온(Ag^+)이 에틸렌작용을 억제하기 때문에 효과가 있다.
- ㉢ 미생물이 증식하여 절화의 도관을 막으면 수분 흡수가 억제되므로 미생물의 증식을 억제시킨다.
- ㉣ 박테리아나 곰팡이와 같은 미생물이 줄기 기부에 침입하여 번식하면서 도관이 막혀 시드는 경우도 있으므로 물통을 깨끗하게 유지해 준다.
- ㉤ 가위보다는 날카로운 칼로 줄기를 자르면 줄기의 상처를 줄여 도관을 막는 미생물의 증식을 억제할 수 있다.
- ㉥ 에틸렌에 민감한 꽃은 분리하여 저장한다.

※ 절화를 상점에서 사온 후 소비자가 우선적으로 하여야 할 것은 절화의 아랫부분을 물속 자르기로 재절단하는 것이다.

10년간 자주 출제된 문제

6-1. 다음 중 절화의 물올림을 좋게 하기 위한 방법 중 틀린 것은?

① 수중절단한다.
② 초본류의 경우 줄기 기부를 짓이기는 것이 좋다.
③ 잎을 적당히 제거하여 적절한 엽면적을 유지토록 한다.
④ 살균제가 함유된 용액에 담근다.

해설

6-1
줄기의 아랫부분이 목질화되는 식물(작약, 버들, 국화 등)은 줄기의 기부를 짓이기는 것이 좋다.

정답 6-1 ②

2. 꽃다발 제작

핵심이론 01 꽃다발의 분류

우리가 흔히 선물하기 위해 여러 가지 장식을 첨가한 꽃다발도 증정용 부케의 한 형태로, 꽃다발(Bouquet)은 크게 장식용과 증정용으로 나눌 수 있으며, 사용되는 용도와 제작방법에 따라 다양한 형태의 부케가 있다.

① 자연줄기를 이용한 꽃다발 : 자연줄기를 살리고 드러나게 제작하는 방법으로, 증정용이나 장식용으로 모두 제작이 가능하고, 유리병에 꽂을 때도 형태의 흐트러짐이 없으며, 물을 갈아 주기도 편리하다.
  ㉠ 나선형 줄기배열의 꽃다발 : 줄기는 한 방향으로 된 나선배열로, 묶음점(Binding Point)은 하나이고, 단단히 고정하여 꽃 형태의 흐트러짐이 없어야 한다.
  ㉡ 병행형 줄기배열의 꽃다발 : 줄기는 병행배열로, 묶음점이 1개 이상일 경우도 있고, 묶음점을 장식적으로 표현하는 경우도 있으며, 이 경우에는 묶음점이 드러나 보이는 화기를 선택하는 것이 좋다.

② 철사를 이용한 꽃다발
  ㉠ 철사를 이용해 인공줄기를 만들어 주어 다양한 디자인의 아름답고, 섬세한 꽃다발을 제작할 수 있는데, 이를 위해 여러 가지 다양한 철사 처리방법을 숙지하여야 한다.
  ㉡ 철사로 제작된 손잡이를 리본 등으로 감싸 주고, 철사로 인한 불편함이 없도록 잘 마무리해야 하므로 제작시간이 오래 걸린다는 단점이 있다.

③ 부케 홀더를 이용한 꽃다발 : 플로랄폼이 홀더에 고정되어 있어 다양한 형태의 디자인이 가능하고, 물을 계속 공급할 수 있어 꽃의 수명을 연장시켜 신선함을 유지할 수 있으므로 다양한 꽃 선택이 가능하다.

10년간 자주 출제된 문제

1-1. 묶음점이 1개 이상일 경우도 있고, 묶음점을 장식적으로 표현하는 경우도 있는 꽃다발은?
① 철사를 이용한 꽃다발
② 병행형 줄기배열의 꽃다발
③ 나선형 줄기배열의 꽃다발
④ 부케 홀더를 이용한 꽃다발

1-2. 부케 홀더를 이용한 꽃다발에 대한 설명으로 가장 거리가 먼 것은?
① 제작 시간이 오래 걸린다.
② 다양한 꽃 선택이 가능하다.
③ 꽃의 수명을 연장시킬 수 있다.
④ 다양한 형태의 디자인이 가능하다.

|해설|

1-1
자연줄기를 이용한 꽃다발
• 나선형 줄기배열의 꽃다발 : 줄기는 한 방향으로 된 나선배열로, 묶음점(Binding Point)은 하나이다.
• 병행형 줄기배열의 꽃다발 : 줄기는 병행배열로, 묶음점이 1개 이상일 경우도 있고, 묶음점을 장식적으로 표현하는 경우도 있다.

1-2
① 철사를 이용한 꽃다발에 대한 설명이다.

정답 1-1 ② **1-2** ①

CHAPTER 02 화훼장식 제작 및 관리

10년간 자주 출제된 문제

2-1. 꽃다발에 대한 설명으로 가장 거리가 먼 것은?
① 꽃을 모아 줄기가 모이는 부분을 묶어 다발로 만든 형태이다.
② 실생활에 꽃꽂이와 함께 많이 이용되는 절화장식물이다.
③ 종류로는 노즈게이, 리스, 갈란드가 있다.
④ 화형의 디자인에 따라 여러 가지 형태가 만들어질 수 있다.

2-2. 핸드타이드 꽃다발(Hand-tied Bouquet) 제작 시 주의사항으로 틀린 것은?
① 줄기는 반드시 직선으로 자른다.
② 묶음점 아래의 잎은 깨끗하게 정리한다.
③ 묶음점은 줄기가 모두 모이는 지점으로 한다.
④ 묶음점은 되도록 가늘게 필요한 만큼의 폭으로 묶는다.

2-3. 핸드타이드 부케 제작 시 주의사항으로 거리가 먼 것은?
① 바인딩포인트는 단단히 묶는다.
② 줄기의 끝은 예리한 칼로 일자로 자른다.
③ 줄기는 나선형 또는 평행형으로 제작한다.
④ 바인딩포인트를 기준으로 아랫부분의 줄기는 깨끗이 다듬어 준다.

핵심이론 02 꽃다발의 특징

① 특 징
  ㉠ 꽃을 모아 줄기가 모이는 부분을 묶어 다발로 만든 형태이다.
  ㉡ 실생활에 꽃꽂이와 함께 많이 이용되는 절화장식물이다.
  ㉢ 화형의 디자인에 따라 여러 가지 형태가 만들어질 수 있다.
  ㉣ 줄기의 배열에 따라 나선형과 병렬배열이 있다.
  ㉤ 상업적으로 가장 보편화된 꽃장식의 형태이다.

② 제작 시 주의사항
  ㉠ 줄기는 나선형(Spiral)이나 병렬(Parallel)로 구성되며, 나선형의 경우 교차되지 않게 한 방향으로 움직여야 한다.
  ㉡ 줄기의 끝은 모두 사선으로 잘라져 있어야 한다.
  ㉢ 줄기의 끝은 길이가 같게 하여 물속에 잠길 수 있도록 한다.
  ㉣ 묶음점 아랫부분의 줄기나 잎의 불순물이 없도록 깨끗이 다듬어 준다.
  ㉤ 묶음점은 되도록 가늘게 필요한 만큼의 폭으로 묶는다.
  ㉥ 묶음점은 줄기가 움직이지 않도록 단단하게 묶어야 한다.
  ㉦ 묶음점을 부드러운 노끈으로 묶는다.
  ㉧ 형태와 관계없이 물리적·시각적으로 좌우 균형이 맞아야 한다.
  ㉨ 묶음점은 줄기가 모두 모이는 지점으로 한다.

해설

2-1
- 노즈게이 : 손에 들고 다니는 작은 꽃다발
- 리스 : 절화를 이용하여 고리 모양으로 만들어 낸 장식물
- 갈란드 : 절화와 절엽 등을 길게 엮은 장식물

정답 2-1 ③ 2-2 ① 2-3 ②

핵심이론 03 자연줄기를 이용한 꽃다발의 제작

① 나선형 꽃다발(Spiral Hand-tied Bouquet)
  ㉠ 소재 : 장미, 리시안서스, 유칼립투스, 루모라고사리, 마끈 등
  ㉡ 필요한 수량의 소재를 준비하여 손으로 잡는 바인딩포인트 아래의 잎이나 꽃을 제거한다.
  ㉢ 매스플라워와 잎을 중심에 잡는다.
  ㉣ 매스플라워를 이용하여 원형의 형태를 잡는데, 이때 줄기가 한 방향으로 향하도록 사선으로 덧댄다.
  ㉤ 360° 전개되도록 필러플라워나 그린소재를 이용하여 각도를 유지하면서 사이사이의 형태를 완성한다.
  ㉥ 소재의 높낮이에 변화를 주어 리듬감을 나타내고, 전체적으로 무게중심이 대칭이 되도록 마무리한다.
  ㉦ 바인딩포인트를 스트링이나 와이어를 이용해 단단하게 묶는다.
  ㉧ 바인딩포인트를 중심으로 위아래 줄기를 용도에 맞게(1 : 1 또는 5 : 3 비율) 자른다.
  ㉨ 줄기를 사선으로 자른다.

② 병행형 꽃다발(Parallel Hand-tied Bouquet)
  ㉠ 소재 : 장미, 백묘국, 마끈, 리본 등
  ㉡ 필요한 수량의 소재를 준비하여 손으로 잡는 바인딩포인트 아래의 잎이나 꽃을 제거한다.
  ㉢ 폼플라워나 매스플라워 중에서 색이 진하거나 형태가 화려한 것을 포인트로 잡는다.
  ㉣ 매스플라워를 이용하여 원형의 형태를 잡는데, 이때 줄기가 일자로 구성되도록 병렬로 덧대고, 소재가 손상될 수 있으므로 무리하게 힘을 주지 않도록 주의한다.
  ㉤ 360° 전개되도록 필러플라워나 그린소재를 이용하여 각도를 유지하면서 사이사이의 형태를 완성한다.
  ㉥ 바인딩포인트를 스트링이나 와이어를 이용해 단단하게 묶는다.
  ㉦ 바인딩포인트를 중심으로 위아래 줄기를 용도에 맞게(1 : 1 또는 3 : 5 비율) 자른다.

10년간 자주 출제된 문제

3-1. 핸드타이드 꽃다발(Hand-tied Bouquet)에 대한 설명으로 옳은 것은?
① 묶음점의 아랫부분 줄기에도 싱싱한 잎을 붙여 둔다.
② 묶음점은 단단하게 하기 위해 최대한 넓은 폭으로 묶는다.
③ 줄기 끝은 직선으로 자른 후 세울 수 있게 한다.
④ 줄기는 스파이럴(Spiral)기법 또는 패럴렐(Parallel)기법으로 제작한다.

3-2. 꽃다발을 나선형으로 묶는 방법이 아닌 것은?
① 구조물을 이용한 핸드타이드
② 자연적 소재를 이용한 핸드타이드
③ 나뭇가지를 이용한 핸드타이드
④ 평행적인 조형 형태를 만들 때

3-3. 핸드타이드 부케 제작 시 일반적으로 사용되는 테크닉으로, 줄기를 나선형으로 가지런하게 배열하여 꽃과 소재의 위치와 방향을 조절하고, 시각적으로도 깔끔하게 보이도록 하는 테크닉기법은?
① 패럴렐   ② 갈란드
③ 스파이럴   ④ 바인딩

해설

3-2
꽃다발은 나선형으로 돌려가며 디자인하는 스파이럴(Spiral)과 패럴렐(Parallel) 두 가지 기법이 있다.

정답 3-1 ④ 3-2 ④ 3-3 ③

핵심이론 04 신부화의 제작

① 신부 부케 제작
  ㉠ 와이어링 부케 : 절화 줄기를 자르고, 줄기 대신 철사를 꽂아 넣어 다발로 만들거나 엮어 만드는 방법이다.
    • 줄기를 나선형 또는 병렬형 등으로 모아서 묶어 준다.
    • 철사로 만드는 신부 부케에는 난류와 다육질의 꽃이 선호된다.
  ㉡ 핸드타이드 부케 : 절화, 절지, 절엽의 자연줄기가 모이는 부분을 끈으로 묶어 주는 제작방법이다.
  ㉢ 부케 홀더를 이용한 부케
    • 플로랄폼이 있는 홀더에 꽃꽂이 하듯이 꽃을 꽂아 꽃다발 형태로 만드는 방법이다.
    • 원형이나 폭포형 등의 조형이 되도록 만들기도 한다.
  ㉣ 형태적인 것에 중점을 둔 미국식 부케가 많이 이용되지만, 최근에는 식물생태적 형태인 독일식 부케도 이용되고 있다.
  ㉤ 신부 부케는 원형, 폭포형, 삼각형, 초승달형, S자형, 링형 등 다양한 형태로 만들 수 있다.
  ※ 18세기 영국에서는 꽃다발을 방향성 식물로 만들어 악령과 질병을 막아 주는 것으로 이용하기도 하였다.

② 신부 부케 제작 시 고려사항
  ㉠ 신부의 취향, 체격(키, 몸집 등), 웨딩드레스 형태와 색상, 결혼식의 형식 등을 고려하여 제작한다.
  ㉡ 신부와 드레스의 아름다움을 최대한 돋보이게 할 수 있도록 디자인되어야 한다.

③ 신부가 부케를 드는 방법
  ㉠ 부케의 손잡이는 몸의 선과 나란히 하고, 포컬포인트(Focal Point)를 다소 위로 향하게 하면 아름답다.
  ㉡ 자연줄기로 만든 부케나, 소품으로 만든 부케는 편안한 모습으로 자연스럽게 드는 것이 매력적이다.
  ㉢ 프레젠테이션(Presentation) 부케는 한 손으로는 꽃을 안은 듯 들고, 나머지 손은 꽃다발의 줄기를 잡아 가볍게 든다.
  ㉣ 양손으로 부케를 들 때는 왼손으로 부케의 손잡이를 잡고, 오른손으로 왼손을 가볍게 겹쳐 부케의 중심이 배꼽보다 약간 아래에 위치할 수 있도록 잡는다.

10년간 자주 출제된 문제

4-1. 신부 부케 제작에 관한 설명으로 가장 거리가 먼 것은?
① 절화를 이용하여 고리 모양으로 만들어 머리에 쓴다.
② 꽃의 줄기를 잘라 철사로 대체하며, 줄기를 구부려 만들기도 한다.
③ 줄기를 나선형 또는 병렬형 등으로 모아서 묶어 준다.
④ 플로랄폼이 들어 있는 홀더를 사용하며, 원형이나 폭포형 등의 조형이 되도록 만들기도 한다.

4-2. 유럽의 신부용 부케에서 사용된 벼이삭의 의미는?
① 행 복   ② 다 산
③ 약 속   ④ 순 종

해설

4-1
화환(Wreath)은 꽃을 엮거나 꽂아 둥근 고리 모양으로 만든 형태로 머리에 쓰는 화관, 벽걸이용 화환, 축하용 화환 등이 있다.

4-2
1,500년경 도시 신부들이 실크리본과 마른 벼이삭을 들고 입장했는데, 이때의 벼이삭은 다산의 의미를 가졌다.

정답 4-1 ① 4-2 ②

3. 꽃바구니 제작

핵심이론 01 꽃바구니 제작

① 특 징
  ㉠ 꽃바구니는 다른 화훼장식물에 비해 이동성이 좋다.
  ㉡ 주로 선물용이나 증정용으로 활용된다.

② 꽃바구니 제작
  ㉠ 시선이 가장 잘 확보되는 곳에 매스나 폼 형태의 소재를 이용해 포인트를 잡는다.
    ※ 일반적으로는 중앙에서 살짝 한쪽으로 치우치게 하여 포컬포인트를 잡는다.
  ㉡ 포컬포인트를 기준으로 삼각구도를 이루도록 포인트를 잡아 매스소재를 그루핑하여 꽂는다.
  ㉢ 사방으로 균형 있게 전개되도록 바스켓의 구연부에 꽃을 꽂는다.
  ㉣ 가장자리와 포인트 사이의 빈 공간에 매스나 필러 형태의 소재를 꽂는데, 이때 같은 소재가 겹치지 않도록 주의한다.
  ㉤ 필러소재와 그린소재를 이용하여 전체적인 형태를 리듬감 있게 완성한다.
  ㉥ 수명연장제를 처리한 후 포장으로 마무리한다.
  ㉦ 남은 재료를 정리하고 보관한다.
    • 상품 제작 후 남은 재료는 재료의 길이, 종류, 특성에 따라 물통을 준비하여 재정리한다.
    • 줄기 길이가 많이 짧은 경우 플로랄폼을 이용하여 짧게 꽂는다.
    • 절엽소재 중에서 짧은 것은 물에 보관하지 않고, 플라스틱봉투에 넣어 물을 스프레이한 뒤 공기를 차단하여 꽃냉장고에 보관한다.
    • 꽃냉장고에 보관할 경우 눈에 잘 보이는 곳에 보관한다.

10년간 자주 출제된 문제

1-1. 다른 화훼장식물에 비해 꽃다발과 꽃바구니가 주로 선물용이나 증정용으로 활용되는 주된 이유는?
① 이동성이 좋다.
② 가격이 싸다.
③ 형태가 다양하다.
④ 색 표현이 다양하다.

정답 1-1 ①

> **10년간 자주 출제된 문제**
>
> **2-1. 꽃바구니 제작 시 유의사항으로 틀린 것은?**
> ① 용도와 장소에 맞게 제작한다.
> ② 제작 후 플로랄폼이 보이지 않도록 한다.
> ③ 바구니의 물빠짐을 용이하게 하기 위하여 바닥에 비닐 등을 깔지 말아야 한다.
> ④ 바구니에 맞추어 메인 플라워가 강조되도록 한다.

핵심이론 02 꽃바구니 제작 시 주의사항

① 용도와 장소에 맞게 제작한다.
② 플로랄폼에 물을 주어도 물이 흐르지 않도록 투명라이너나 비닐류를 바닥에 깐다.
③ 바구니에 물이 새지 않도록 방수시트를 사용하여 플로랄폼을 감싼다.
④ 바구니와 플로랄폼을 단단히 고정해 움직이지 않도록 해야 한다.
  ※ 보통 철사를 이용하고, 플로랄폼이 상하지 않게 줄기를 폼에 고정한다.
⑤ 제작 후 플로랄폼이 보이지 않도록 한다.
⑥ 바구니에 맞추어 메인플라워가 강조되도록 한다.
⑦ 꽃소재는 선물받는 사람이 받는 시점에서 가장 화려한 상태가 되도록 신선도나 피기 정도를 고려해 준비한다.
  ※ 피지 않은 소재는 양적으로 화려함의 효과가 적다.
⑧ 꽃을 꽂을 때는 3~4cm 정도로 깊게 꽂아 운반 중에도 변화가 없도록 한다.
⑨ 과일이나 선물을 함께 배열할 때는 손상되거나 흩어지지 않도록 비닐과 우드픽을 적절히 사용한다.
⑩ 손잡이 부분을 잡기 쉽도록 하고, 운반에 어려움이 없도록 제작한다.
⑪ 용도에 따라 리본 연출과 함께 메시지픽을 꽂아 마무리한다.
⑫ 수분 손실의 방지와 이동의 편리를 위하여 셀로판 포장을 하는 것도 좋다.

해설

2-1
③ 플로랄폼에 물을 주어도 물이 흐르지 않도록 투명라이너나 비닐류를 바닥에 깐다.

정답 2-1 ③

4. 꽃꽂이상품 제작

핵심이론 01 꽃꽂이상품 소재

① 절화를 선택할 때 고려사항
  ㉠ 개화 정도가 적당하고 성숙도가 알맞아야 한다.
  ㉡ 꽃, 잎, 줄기의 균형이 맞아야 하며, 신선해야 한다.
  ㉢ 향기 있는 절화의 경우 향기의 질이 좋아야 한다.
  ㉣ 꽃이나 잎, 줄기에 상처와 병충해가 없고, 목이 부러진 꽃이 없어야 한다.
  ㉤ 줄기의 길이가 용도에 적합해야 한다.
  ㉥ 각 묶음은 정확한 수량의 줄기를 가지고 있어야 한다.
  ㉦ 꽃은 화색이 선명하고, 잎은 농약의 잔재가 없어야 한다.

② 식물소재의 손질방법
  ㉠ 구입한 절화소재에서 시들거나 손상된 부위의 꽃잎과 잎은 제거하고, 잎이 너무 무성하면 솎아 준다.
  ㉡ 절화 줄기나 나뭇가지 아랫부분의 잎은 깨끗하게 제거한다.
  ㉢ 비슷한 길이의 서로 평행으로 자란 나뭇가지는 둘 중 하나를 잘라 준다.
  ㉣ 대칭으로 자란 잔가지는 번갈아 쳐내어 공간을 살리는 것이 좋다.

10년간 자주 출제된 문제

1-1. 화훼장식물 제작을 위해 절화를 선택할 때 고려사항으로 틀린 것은?
① 꽃, 잎, 줄기의 균형이 맞아야 한다.
② 성숙도가 적당하고, 상처가 없어야 한다.
③ 각 묶음이 정확한 본수를 가져야 한다.
④ 줄기는 될수록 긴 것이 다루기에 편리하다.

1-2. 식물소재의 손질방법으로 틀린 것은?
① 구입한 절화소재에서 시들거나 손상된 부위의 꽃잎과 잎은 제거하고, 잎이 너무 무성하면 솎아 준다.
② 절화 줄기나 나뭇가지 아랫부분의 잎은 깨끗하게 제거한다.
③ 비슷한 길이의 서로 평행으로 자란 나뭇가지는 모양이 좋으므로, 가지를 자르지 않고 잘 살리는 것이 좋다
④ 대칭으로 자란 잔가지는 번갈아 쳐내어 공간을 살리는 것이 좋다.

|해설|
1-1
④ 줄기의 길이가 용도에 적합해야 한다.

1-2
③ 비슷한 길이의 서로 평행으로 자란 나뭇가지는 둘 중 하나를 잘라 준다.

정답 1-1 ④ 1-2 ③

10년간 자주 출제된 문제

2-1. 방사선 배열의 사방화 꽃꽂이 작품으로, 테이블센터피스(Table Centerpiece) 장식에 많이 활용되는 화형은?
① 초승달형
② 수평형
③ 부채형
④ 호가스형

2-2. 라인소재에 대비하여 폼소재를 꽂아 아래쪽에 시각적으로 무게감과 균형감을 주는 센터피스는?
① 수평형 센터피스
② 수직형 센터피스
③ 플로랄폼을 이용한 원형 센터피스
④ 그리드(Grid)를 이용한 원형 센터피스

[해설]

2-1
① 초승달형(크레센트형) : 초승달 모양으로, 가로로 넓게 디자인하는 형
③ 부채형(팬형) : 주로 한쪽 면에서 감상하는 일방화로, 밑변의 반지름 길이를 높이보다 길게 하여 반원형으로 보이지 않고, 우아하고 화려하게 표현한 형
④ S형(호가스형) : 자연스러운 가지의 선을 이용해 가늘고 날씬한 S자 모양의 움직임을 표현한 형

2-2
수직형 센터피스
센터에 수직으로 라인소재를 높게 꽂고, 절엽소재를 이용하여 화기 입구를 따라 기초작업을 수행하며, 링 모양으로 기본 형태를 잡는 센터피스로, 아래쪽에 시각적으로 무게감과 균형감을 준다.

정답 2-1 ② 2-2 ②

핵심이론 02 센터피스 제작

① **수평형 센터피스**
　㉠ 소재 : 장미, 유칼립투스, 리시안서스, 플로랄폼, 화기 등
　㉡ 낮은 형태의 화기에 물을 흡수시킨 플로랄폼을 세팅한다.
　㉢ 절엽 기초작업을 수행하여 전체적인 아웃라인을 만든다.
　㉣ 라인소재나 매스소재를 이용하여 완성될 형태의 가로와 세로, 높이를 결정하여 꽂는다.
　　※ 수평형은 일반적으로 높이가 낮고, 가로로 긴 형태로 1 : 4의 비율이 안정적이다.
　㉤ 폼플라워나 매스플라워를 그루핑하여 포인트를 잡고, 전체적으로 수평과 균형이 잘 맞도록 주의한다.
　㉥ 포인트를 제외한 곳에 매스나 필러 형태의 소재를 리듬감 있게 꽂아 구조를 잡는다.
　㉦ 필러소재를 이용하여 전체적으로 볼륨감 있게 형태를 완성한다.

② **수직형 센터피스**
　㉠ 소재 : 수국, 유칼립투스, 리시안서스, 이끼샤, 플로랄폼, 화기 등
　㉡ 실린더화기에 라이너를 넣는다.
　㉢ 물을 흡수시킨 플로랄폼을 라이너에 세팅한다.
　㉣ 플로랄폼에 가상의 선을 그리고, 센터에 수직으로 라인소재를 높게 꽂는다.
　㉤ 절엽소재를 이용하여 화기 입구를 따라 기초작업을 수행하며, 링 모양으로 기본 형태를 잡는다.
　㉥ 라인소재에 대비하여 폼소재를 꽂아 아래쪽에 시각적으로 무게감과 균형감을 준다.
　㉦ 화기의 구연부를 따라 매스소재를 사방으로 균형감 있게 꽂는다.
　㉧ 필러소재를 이용하여 아래쪽에 튜브 형태로 둥글게 형태를 잡는다.
　㉨ 그린소재로 마무리한다.

③ **플로랄폼을 이용한 원형 센터피스**
　㉠ 소재 : 수국, 유칼립투스, 리시안서스, 폼폰국화, 플로랄폼, 화기 등
　㉡ 화기에 물을 충분히 흡수시킨 플로랄폼을 세팅한다.
　㉢ 중심이 되는 매스소재로 높이를 잡아 꽂는다.
　　※ 디자인에 따라 다르지만 일반적으로 화기와 꽃의 비율을 1 : 1.6으로 하는 것이 균형감 있다.
　㉣ 중심소재를 기준으로 75~80° 정도 기울여 화기의 구연부를 따라 매스소재를 꽂는다.

ⓜ ⓓ・ⓔ에서 꽂은 소재의 사이에 매스와 필러 형태의 소재를 높낮이를 주며 꽂는다.
　　ⓗ 소재 사이의 빈 공간에 필러소재와 그린소재를 꽂아 라운드 형태를 구성한다.
　　ⓢ 그린소재를 이용해 마무리한다.
　④ 그리드(Grid)를 이용한 원형 센터피스
　　ⓐ 표면이 깨끗한 화기에 물을 넣고 방수테이프를 이용해 그리드를 만든다.
　　ⓑ 그리드로 구획된 칸에 그린소재를 넣는다.
　　ⓒ 바깥 칸 8개 중 바로 이웃하지 않는 세 칸을 선택하여 삼각구도를 이루도록 매스소재를 그루핑하여 꽂는다.
　　ⓓ 매스소재를 ⓒ에서 꽂아준 매스소재보다 조금 짧게 나머지 칸에 넣는데, 이때 같은 소재가 서로 이웃하지 않도록 배치한다.
　　ⓔ 매스소재 사이에 필러소재를 꽂아 형태를 완성한 뒤 그린소재를 이용해 마무리한다.

10년간 자주 출제된 문제

2-3. 플로랄폼을 이용한 원형 센터피스에 대한 설명으로 틀린 것은?

① 화기에 물을 충분히 흡수시킨 플로랄폼을 세팅한다.
② 중심이 되는 매스소재로 높이를 잡아 꽂는다.
③ 화기의 구연부를 따라 필러소재를 꽂는다.
④ 그린소재를 이용해 마무리한다.

|해설|
2-3
③ 화기의 구연부를 따라 매스소재를 꽂는다.

정답 2-3 ③

5. 작업공간 정리

핵심이론 01 작업공간 정리

① 도구 정리
  ㉠ 작업도구를 정리하여 보관한다.
    • 작업도구를 세척하고, 마른 천으로 닦아 건조한다.
    • 커팅도구는 사용 후 즉시 닦아 말리는 것만으로도 충분하나, 유액이 묻었을 경우 녹이 슬 염려가 있으므로 잘 세척한다.
    • 도구의 소재에 따라 적절한 약품을 사용하여 관리하고 결합부를 정비한다.
    • 안전하게 정리하여 보관한다.
    • 전열기구는 충분히 온도가 내려간 뒤 정리하여 보관한다.
  ㉡ 작업대, 개수대, 작업공간의 바닥 등을 청소하고, 습기나 불순물이 없도록 닦아서 건조한다.
  ㉢ 사용이 끝난 물통의 경우 세제를 이용하여 깨끗이 닦고, 충분히 헹군 뒤 건조한다.

② 작업장(시설) 정리
  ㉠ 작업공간 정리 : 화훼장식을 위한 작업공간은 안전에 유의해야 하는 장비와 도구가 많고, 절화소재는 환경에 민감하므로 작업 전후는 물론 항시 정리·정돈이 필요하다.
  ㉡ 재료 정리 및 보관
    • 불필요한 재료는 적시에 폐기하고, 품목별·용도별·사용빈도별로 구분해서 보관한다.
    • 접착제, 약품 등을 포함하여 변질의 우려가 있는 재료는 유통기한을 잘 체크하고 남은 기간이 짧은 순으로 바깥쪽에 적재한다.
    • 부자재 재고관리대장을 만들어 수량을 파악하여 보관하면 더욱 좋다.
  ㉢ 재고관리표
    • 재고관리표는 보유하고 있는 재료나 물품의 종류와 수량을 파악하여 관리하기 위한 서식으로, 재고관리표를 만들어 재고를 주기적으로 관리하고, 작업 시 사용한 재료에 대해 작업 완료 후 표기하면 재료의 남은 수량을 파악할 수 있다.
    • 재고관리표를 통해 부족하거나 초과하는 재고의 양을 조절하면 불시에 재료가 소진되어 발생할 수 있는 손실을 막을 수 있다.

10년간 자주 출제된 문제

1-1. 작업대, 개수대, 작업공간의 바닥 등을 청소할 때 주의해야 할 점은?
① 재고
② 먼지
③ 상품
④ 습기나 불순물

1-2. 보유하고 있는 재료나 물품의 종류와 수량을 파악하여 관리하는 표는?
① 작업공정표
② 재고관리표
③ 계획표
④ 점검표

해설

1-1
습기나 불순물이 없도록 닦아서 건조한다.

정답 1-1 ④ 1-2 ②

ㄹ) 작업도구 정리 및 보관
- 작업도구의 경우 안전과 연결되는 경우가 많으므로 일정한 보관장소를 정하여 작업장 내에 산재되어 있지 않도록 하는 것이 좋다.
- 보관 시에는 작업을 방해하는 일이 없도록 잘 적재하는 것이 중요하다.

> **더 알아보기**
>
> **화훼장식 작업장 안전수칙**
> 단위화훼장식을 위한 작업공간은 대부분 위험 도구와 재료가 많아 안전수칙을 숙지하고 주의하여야 한다.
> - 화훼장식 작업을 진행할 때 수행 순서에 따라 질서를 가지고 수행하기
> - 화훼장식 작업이 이루어지는 작업공간의 바닥에 미끄러져 낙상 등을 유발할 수 있는 물이나 액체류 등의 물질이 생겼을 경우 즉시 제거하여 위험 요소를 제거하기
> - 기타 위험 요소로 작용할 수 있는 재료 등을 화훼장식 작업이 이루어지는 작업공간의 바닥에서 치우기
> - 무게가 있는 재료·공구 등을 주고받거나 정리할 때 던지지 말고 안전하게 이동하기
> - 작업공간의 작업대 또는 선반 등의 높은 위치에서 작업이 이루어질 때에는 아랫부분에 사람이 지나가지 못하게 하여 위험물질의 낙하로 인한 부상의 위험성이 없도록 하기
> - 작업 지시서에 따라 정해진 위치에서 작업하기
> - 자기 기술이 어느 정도 숙련되었을 때 방심하여 부상으로 이어지는 경우가 많으므로 늘 긴장하며 작업에 집중하기
> - 화훼장식 작업장의 모든 안전수칙과 표지 등을 준수하기
> - 불필요한 대화나 주의를 산만하게 할 수 있는 요소를 제거하여 안전하게 작업하기
> - 공동작업이 필요한 화훼장식을 진행하는 작업장의 경우에 서로 긴밀하게 상호 의논하고 협조하여 작업을 진행하기
> - 화훼장식 작업을 진행하다 조금이라도 안전에 무리가 있다고 생각되면 상급자에게 보고하여 적절한 조치 받기
> - 교대 시에는 화훼장식 작업에 대한 내용을 정확하게 인수인계하기

핵심이론 02 절화 폐기물 관리

① 재사용 소재의 처리
  ㉠ 절화상품 제작을 완료한 뒤 남은 소재는 길이, 종류, 특성별로 나눈다.
  ㉡ 공기 중에 노출된 절화소재의 끝을 재커팅하여 도관을 확보한 뒤 물통에 담근다.
  ㉢ 길이가 짧은 절화소재는 낮은 화기에 담아 냉장고 앞쪽으로 배치해 물리적 손상을 방지하고, 특히 약한 소재는 선반 위쪽에 배치한다.
  ㉣ 절엽소재 중 특성에 따라 비닐봉투에 넣어 물을 스프레이한 뒤 공기를 차단하여 냉장고에 저온보관한다.

② 폐기소재의 처리
  ㉠ 손상을 입거나 상품성이 떨어지는 소재를 구분하여 폐기한다.
  ㉡ 줄기가 강하거나 긴 소재는 짧게 여러 번 잘라 안전하게 폐기한다.
  ㉢ 종이, 플라스틱과 같이 재활용 폐기물에 속하는 부재료와 식물소재가 섞이지 않도록 분리하여 폐기하도록 한다.
  ㉣ 재사용이 어려운 보조재료나 플로랄폼은 폐기한다.
  ㉤ 플로랄폼은 물기를 제거하여 부피와 무게를 줄여서 폐기하도록 한다. 이때 손으로 짜서 물기를 제거하는 방법, 건조기 등을 사용하여 무게를 줄인 후에 부피를 줄이는 방법 등이 있다.

10년간 자주 출제된 문제

2-1. 절화 폐기소재 처리 시 물기를 제거하여 폐기해야 하는 소재는?

① 절화소재
② 절엽소재
③ 플로랄폼
④ 스펀지

[해설]

2-1
플로랄폼은 물기를 제거하여 부피와 무게를 줄여서 폐기한다.

정답 2-1 ③

제2절 화훼장식 절화상품 포장

1. 절화상품 글씨리본 제작

핵심이론 01 용도별 문구 선택

① 절화상품의 카드메시지, 경조사 문구는 고객의 요구나 상품의 목적에 맞는 T.P.O.[시간(Time), 장소(Place), 목적 또는 대상(Object)]를 정확하게 이해하여 선택하는 것이 중요하다.

② 절화상품의 경조사 문구는 사람의 라이프스타일(Life Style)에 따라 달라지는데, 주로 사람(개인, 단체 등)의 행사와 관련된 문구가 많다.
  ㉠ 절화상품 축하 문구 : 생일, 승진, 입학, 결혼 등의 축하용 문구
  ㉡ 절화상품 애도 문구 : 근조, 조의, 추모 등의 애도용 문구

10년간 자주 출제된 문제

1-1. 고객의 요구나 상품의 목적에 맞게 정확히 해야 할 T.P.O.의 뜻에 해당하지 않는 것은?
① 대 상
② 장 소
③ 시 간
④ 스타일

해설

1-1
T.P.O. : 시간(Time), 장소(Place), 목적 또는 대상(Object)

정답 1-1 ④

10년간 자주 출제된 문제

2-1. 글씨를 쓸 수 있는 리본은?
① 공단리본 ② 평직리본
③ 무늬직리본 ④ 벨벳리본

핵심이론 02 글씨리본 선택

① 리본의 특징
  ㉠ 리본은 직물이나 종이 등으로 만들어진 긴 끈 모양으로 된 것을 말한다.
  ㉡ 다채로운 기능을 가진 소재로 다양하게 이용되고 있지만 소재나 질감, 색상, 무늬 등이 다양하므로 상품에 맞는 리본을 선택한다.
  ㉢ 리본의 역할 : 리본은 상품을 묶어 주고 장식하는 기본적인 역할뿐만 아니라, 메시지 전달 효과 및 상품의 부가가치를 높여 주는 역할을 한다.

② 글씨리본의 선택
  ㉠ 리본의 종류는 다양하지만 글씨를 쓸 수 있는 리본은 공단리본이다.
  ㉡ 매끄러운 감촉과 광택이 특징이고, 무늬가 없는 단색리본이 대부분이지만 꽃이 프린트된 공단리본도 있다.

③ 글씨리본의 제작
  ㉠ 작업지시서 및 주문서에 따라 상품의 용도 및 관련 문구를 확인한다.
  ㉡ 꽃집 리본글씨 출력프로그램에 입력되어 있는 상품 종류를 선택한다.
  ㉢ 꽃바구니 38mm 리본을 선택하면 자동으로 리본 사이즈가 뜬다.
  예 300mm(전체길이) = 세로크기(글씨길이) 150mm
                  + 상단여백 100mm + 하단여백 50mm
  ※ 전체 300mm는 한쪽 부분만 선택된 것이므로, 경조사 문구와 보내는 이를 모두 선택할 때는 600mm로 잘라서 사용해야 한다.
  ㉣ 경조사 문구를 선택하고 저장한다. 주문자가 원하는 경조사 문구가 프로그램에 없을 경우 수동으로 입력한다.
  ㉤ 작업지시서나 주문서에 따라 '보내는 이'를 선택하고 필요한 문구를 입력한다. '보내는 이'가 프로그램에 없는 경우 수동으로 입력한다.

|해설|

2-1
리본의 종류는 다양하지만 글씨를 쓸 수 있는 리본은 공단리본이다.

정답 2-1 ①

2. 절화상품 장식리본 제작

핵심이론 01 리본 선택

① 리본(Ribbon)의 개요
  ㉠ 리본의 어원은 목걸이를 의미하는 중세 네덜란드어 Ringband에서 유래한 것으로, 고리(Ring)와 매듭(Band)의 복합어이다.
  ㉡ 절화상품을 제작한 후에 상품에 어울리는 적절한 너비, 크기, 색상을 선택하여 강조점이나 강조색으로 사용하면 이미지를 더욱 돋보이게 할 수 있지만, 사용 전에 충분한 고려가 필요하다.

② 절화상품에 어울리는 장식리본의 종류
  ㉠ 장식리본의 종류에는 평직, 무늬직, 공단직, 벨벳 등이 있고 일반적인 직물 외에 종이, 천연섬유 등 다양한 재질이 있으며, 너비 또한 다양하다.
  ㉡ 장식리본이나 출력된 글씨리본에 구김이 적고, 습기에 잘 견디며, 볼륨감을 살릴 수 있는 재질이 좋다.

10년간 자주 출제된 문제

1-1. 리본에 대한 설명으로 틀린 것은?
① 소재의 줄기가 모이는 부분에 달아주는 것이 무난하다.
② 작품의 크기에 비례하여 리본의 폭이 적절하여야 한다.
③ 리본 색의 선정은 전체 작품의 색과 전혀 관계가 없다.
④ 사용한 리본의 부피만큼 꽃의 사용을 줄일 수 있다.

해설

1-1
리본은 꽃다발, 포장 등 여러 부분에 이용되어 강조의 역할을 하거나 시각적 균형감을 주므로 리본 색을 선정할 때는 전체 작품의 색을 고려해야 한다.

정답 1-1 ③

핵심이론 02 보우와 장식

① 보우(Bow)의 개요
  ㉠ 보우는 리본을 사용하여 다양한 형태로 만든 장식물로, 본래는 옷을 여미거나 고정하는 용도로 단추 대신 사용하였지만, 현대에 와서는 다양한 용도의 액세서리로 사용되고 있다.
  ㉡ 형태나 크기에 따라 화려할 수도 있고, 작으면서 우아할 수도 있다.
  ㉢ 기본적으로 고리 형태의 루프(Loop), 중심의 센터루프(Center Loop), 꼬리 부분에 해당하는 스트리머(Streamer)로 구성되며, 사용 형태나 디자인에 따라 다양한 종류로 구분된다.
② 보우의 활용 : 보우는 절화상품에 따라 다양하게 사용할 수 있지만, 꽃다발이나 작고 앙증스러운 쁘띠플라워 상품에는 버터플라이 보우를 가장 많이 활용하고 있다.
③ 장식리본으로서의 보우 종류 : 작업지시서나 주문서에 따라 출력된 글씨리본과 절화상품에 적합한 보우를 선택하는 것이 좋다.
  ㉠ 버터플라이 보우
  ㉡ 트리플 보우(버터플라이 보우 응용)
  ㉢ 코사지 보우
  ㉣ 웨이브 보우
  ㉤ 싱글웨이브 보우
  ㉥ 폼폰 보우
  ㉦ 부케 보우
④ 스트리머의 끝처리 : 축하나 감사의 용도로 사용되는 경우에는 스트리머의 끝처리 시 사선이나, 삼각형, 둥근 모양 등 제한이 없지만, 애도의 용도로 사용될 경우에는 일자로 잘라야 하므로 주의해야 한다.

10년간 자주 출제된 문제

2-1. 보우(Bow)의 구성요소에 해당하지 않는 것은?
① 루프(Loop)
② 센터루프(Center Loop)
③ 코사지(Corsage)
④ 스트리머(Streamer)

2-2. 장식리본에서 상품용도에 맞게 스트리머를 자르는 방법 중 맞는 것은?
① 축하용은 삼각형으로 자른다.
② 애도용은 사선으로 자른다.
③ 감사용은 일자형으로 자른다.
④ 어떻게 자르던 관계없다.

해설

2-1
보우의 구성요소 : 루프, 센터루프, 스트리머

정답 2-1 ③ 2-2 ①

3. 절화상품 포장

핵심이론 01 포장재료(1) : 포장

① 포장의 개요
  ㉠ 포장에는 '싸서 보관한다(Wrapping and Putting Away)'와 '싸서 장식한다(Wrapping and Packing Decoration)'는 의미가 있다.
  ㉡ 절화상품은 감성적인 포장 디자인을 통해 무궁무진하게 발전할 수 있는 가능성이 있어 그 가치가 증대되고 있다.

② 포장의 정의
  ㉠ 물품의 유통과정에 있어서 그 물품의 가치 및 상태를 보호하기 위해 적합한 재료 또는 용기 등으로 물품을 포장하는 방법 및 상태를 말한다.
  ㉡ 낱포장(낱개의 단위포장)은 꽃다발을 한 송이씩 포장하는 것이다.
  ㉢ 속포장은 수분, 빛, 열, 충격 등으로부터 보호하기 위한 포장으로, 꽃다발이나 꽃바구니, 화기 디자인 등을 포장할 때 색화지나 초핑 등을 사용해서 포장하는 것이다.
  ㉣ 겉포장은 외부환경 등으로부터 보호하기 위해 쇼핑백이나 꽃박스에 넣는 것이다.

③ 포장의 기능 : 보호·보관·수송 등의 물리적인 기능(Physical Function)과 생산·적재·수송·가격 등을 결정하는 기본적인 기능(Primary Function) 및 독자성·판촉을 위한 감성적 기능(Sub Function)이 있다.

④ 포장의 목적
  ㉠ 배송 중 파손을 방지하고, 운반에 편의를 제공한다.
  ㉡ 휴대 시 편리성을 제공한다.
  ㉢ 별도의 광고나 홍보비용을 추가하지 않더라도 자생력이 있어 광고 및 경제성의 효과가 있다.
  ㉣ 판매된 상품과 매장 내의 상품을 구별하는 판매행위의 표시를 한다.

10년간 자주 출제된 문제

1-1. 포장의 목적에 해당하지 않는 것은?
① 배송 중의 파손 방지
② 수분 공급
③ 판매행위의 표시
④ 휴대하는 데 편리성 제공

정답 1-1 ②

10년간 자주 출제된 문제

1-2. 포장 디자인의 역할에 해당하지 않는 것은?
① 소비자의 욕구를 충족시키는 포장
② 소비자의 취향을 만족시키는 포장
③ 시각적인 측면에서 효과적인 포장
④ 판매자의 개성적인 포장

⑤ 포장의 효과
 ㉠ 외부환경(햇빛, 바람 등)으로부터 꽃을 보호할 수 있고, 꽃다발의 경우 사람의 체온으로 인해 꽃이 빨리 시드는 것을 방지할 수 있다.
 ㉡ 절화가 가지고 있지 않은 색이나 질감 등을 포장지 등으로 대체할 수 있어 미적 효과가 증대된다.
⑥ 포장의 방법 : 감사나 축하, 사랑의 마음을 전하기 위한 가장 효율적인 수단으로, 같은 내용물이라도 포장방법에 따라서 선물가치가 달라질 수 있기 때문에 5W1H(Who, Why, What, Where, When, How)를 고려하여 포장해야 한다.

> **더 알아보기**
>
> **5W1H**
> - Who : 대상(나이, 성별, 취향, 개성 등을 고려)
> - Why : 의미(기념일, 감사, 축하, 사랑 등의 표시)
> - What : 상품(목적에 맞는 내용물)
> - Where : 장소(전달할 장소)
> - When : 때(날짜, 시간 등)
> - How : 방법(전달방법)

⑦ 포장 디자인의 역할
 ㉠ 절화상품은 미적 가치가 풍부하고 색채 또한 다양해서 인간의 감성을 만족시켜 주는 상품 중 하나로, 사회가 발달하고 경제가 나아질수록 소비자가 선호하는 상품이다.
 ㉡ 사람의 손으로 직접 디자인·제작·포장하므로 변화하는 소비자의 욕구를 충족시키기에 알맞은 상품이다.
 ㉢ 디자인적인 상품에 디자인적인 포장을 하면 시각적인 측면에서 부가가치를 높여 판매를 촉진시킬 수 있고, 소비자의 취향을 만족시키는 효과가 있으므로 끊임없이 새로운 디자인을 개발하는 것이 중요하다.

정답 1-2 ④

핵심이론 02 포장재료(2) : 포장지

① 포장지의 개요
- ㉠ 상품 보호 및 장식적인 기능이 있고, 브랜드 고유의 디자인을 반영하기도 한다.
- ㉡ 평면적인 형태에서 입체적인 형태로 전환하는 데 적합한 재료로, 가볍고 견고하며, 가공이 쉽고 인쇄성이 좋다.
- ㉢ 여러 형태를 만드는 조형능력을 키우는 데 적합하다.
- ㉣ 꽃바구니 등을 포장할 때는 셀로판지(OPP, PP)가 효과적이다.
- ㉤ 꽃다발을 포장할 때는 포장 디자인에 따라 다양한 종류의 크라프트지, 습자지, 색화지, 백상지, 왁스지, 유산지, 한지, 부직포, OPP, 플로드지, PP(쇼핑백), 마, 망사 등을 사용할 수 있다.

② 포장지의 종류와 특징
- ㉠ 크라프트지
    - 침엽수의 펄프에서 만들어진 것으로, 매우 견고하다.
    - 표백하지 않은 크라프트펄프를 주원료로 제조된 종이다.
    - 재질이 강하고, 표면이 거친 내추럴 컬러의 지류로, 종이봉투의 원류이다.
    - 종이질이 견고한 것은 고깔포장용으로 좋으며, 시중의 다양한 박스(Box)나 쇼핑백은 절화상품 포장에 많이 사용된다.
- ㉡ 습자지 : 매우 얇은 종이에 색을 입힌 지류로, 습기에 약한 단점이 있지만 포장 시 상품의 완충제로 사용된다.
- ㉢ 색화지 : 습자지의 한 종류로, 색상이 다양하고 습기에 약하지만, 완충역할을 할 수 있어 꽃다발 포장 시 속포장용으로 효과적이다.
- ㉣ 백상지 : 표백화된 펄프만으로 제조한 고급 인쇄용지이다.
- ㉤ 왁스지 : 종이에 왁스를 처리하여 광택이 있는 포장지로, 수분차단성이 좋으나 구김에 약해 상품 포장에 숙련이 필요하다.
- ㉥ 유산지 : 화학펄프를 유산 용액으로 처리한 것으로 내수성, 내유성, 표면강도, 확장력이 강하다.
- ㉦ 한 지
    - 닥나무와 삼지닥나무의 백피를 삶아 두들겨 뽑아낸 것으로, 부드럽고 견고한 성질이 있다.
    - 자연식물염료를 사용해 색한지로도 많이 나오고 있으며, 은은함과 전통적인 매력이 있다.

10년간 자주 출제된 문제

2-1. 매우 얇은 종이에 색을 입힌 지류로, 습기에 약한 단점이 있지만 포장 시 상품의 완충제로 사용되는 포장지는?

① 한 지 ② 습자지
③ 부직포 ④ OPP

2-2. 닥나무와 삼지닥나무의 백피를 삶아 두들겨 뽑아낸 것으로, 부드럽고 견고한 성질의 포장재는?

① 백상지 ② 색화지
③ 유산지 ④ 한 지

정답 2-1 ② 2-2 ④

10년간 자주 출제된 문제

2-3. 섬유사가 얽혀 있어 올이 풀리지 않고, 부드러운 느낌을 주면서도 펠트와 달리 얇고 가벼워 다양하게 활용되며, 물에 강한 특징이 있는 포장재는?
① OPP
② 크라프트지
③ 부직포
④ PP

2-4. 목재펄프의 섬유를 가성소다 등으로 화학처리한 것으로, 착색이 자유롭고 표면에 광택이 있는 포장지는?
① OPP
② 유산지
③ 백상지
④ 왁스지

2-5. 포장지 중 플로드지에 대한 설명으로 틀린 것은?
① 방습성이 있다.
② 색상이 다양하다.
③ 침엽수의 펄프로 만든다.
④ 불투명 또는 반투명한 포장지이다.

[해설]

2-4
② 유산지 : 화학펄프를 유산 용액으로 처리한 포장지이다.
③ 백상지 : 표백화된 펄프만으로 제조한 고급 인쇄용지이다.
④ 왁스지 : 종이에 왁스를 처리한 광택이 있는 포장지이다.

2-5
③ 크라프트지에 대한 설명이다. 플로드지는 OPP의 한 종류로, 컬러비닐의 일종이다.

정답 2-3 ③ 2-4 ① 2-5 ③

ⓞ 부직포
- 합성섬유를 물에 분산시켜 연속적으로 얇은 판에 초지기로 떠서 탈수·건조하고 접착제를 첨가해서 만든 습식부직포와, 합성수지를 열로 용해시켜 연속적으로 포의 형태로 만든 건식부직포가 있다.
- 섬유사가 얽혀 있어 올이 풀리지 않고, 부드러운 느낌을 주면서도 펠트와 달리 얇고 가벼워 다양하게 활용되며, 물에 강한 특징이 있어 절화상품 포장에 많이 사용된다.
- 부직포의 종류로는 롤, 사각 시트지, 원형 시트지 등이 있다.

ⓧ OPP(Oriented Polypropylene)
- 목재펄프의 섬유를 가성소다 등으로 화학처리한 것으로, 착색이 자유롭고 표면에 광택이 있다.
- 방향성이 있어 개봉성을 부여하고, 건조 시에는 잘 파손되지만, 방습효과가 있어 절화상품 포장에 많이 활용된다.
- PP보다는 더 질기고, 투명성 및 표면광택도 좋다.
- OPP의 종류로는 플로드지, 꽃무늬 펀칭롤, OPP롤, OPP시트지, OPP 한 송이 등이 있다.

ⓧ 플로드지 : OPP의 한 종류로, 불투명 또는 반투명한 컬러비닐의 일종이며, 방습성이 있고 색상이 다양해서 절화상품 포장에 많이 사용하고 있다.

ⓚ PP(Polypropylene)
- 쇼핑백 OPP와 성질이 비슷한 필름으로, 투명도나 늘어나는 성질이 적고, 만지면 바스락거리는 소리가 난다.
- 방습효과가 있어 절화상품 포장에 좋고, 일반봉투로도 많이 사용되고 있다.

ⓔ 마 : 송이마, 내추럴마, 아바카, 컬러마, 벌납마, 일반마, 마대 등이 있다.

ⓟ 망사 : 스노망사, 사선망사, 점망사 등이 있다.

핵심이론 03 포장재료(3) : 기타 도구 및 부자재

① 도구나 부자재는 기능적인 면과 장식적인 면으로 나눌 수 있다.
  ㉠ 칼이나 가위 등은 포장지 재단기능으로 사용하고, 테이프 종류는 접착기능으로 사용한다.
  ㉡ 라벨이나 스티커, 태그(Tag) 등의 부자재는 장식용으로 사용하여 상품에 대한 정보 제공이나 마케팅수단으로 사용할 수 있다.
② 절화의 수명유지제품은 꽃에 영양을 공급하거나 수화촉진제로 사용하고, 피니시터치(Finsh Touch)는 수분 증발을 억제하여 꽃과 줄기가 건조해지지 않게 도와주는 상품으로, 제작 마무리 후에 사용하면 좋다.
③ 부자재의 종류
  ㉠ 가위 : 재단가위(수공가위), 철사가위, 꽃가위 등이 있으며, 용도에 맞게 사용한다.
  ㉡ 라벨(Label) : 상품에 부착하는 소형 인쇄물로 종이, 판지, 섬유 등에 품질, 제품명, 수신인의 주소 등을 표시하여 대상물에 붙인다.
  ㉢ 스티커 : 앞면에는 인쇄가 되어 있고, 뒷면에는 접착제가 있어 쉽게 붙일 수 있는 인쇄물로, 포장의 마무리 단계에서 활용할 수 있다.
  ㉣ 태그(Tag)
    • 라벨에 구멍을 내어 끈 또는 고무줄을 용기의 목 부분이나 그 외의 부분에 매달아서 단독적인 역할을 한다.
    • 형태가 다양하고, 표면을 고급스럽게 인쇄하여 장식적인 측면을 강조할 수 있다.
    • 상품의 정보나 취급방법, 간단한 메시지 등 스티커보다 많은 정보를 넣을 수 있다.
  ㉤ 스테이플러 : 철침을 넣어 종이 등을 철하는 집게형 기구로, 포장지나 보우 등을 고정시키는 데 사용한다.
  ㉥ 글루건 : 접착제(Glue)를 녹여서 접착하는 것으로, 두꺼운 포장지나 보우, 액세서리 등 주로 강한 접착을 필요로 할 때 사용한다.
  ㉦ 생화용 접착제(콜드글루)
    • 생화 전용 튜브타입의 액상접착제로, 건조되어 접착되기까지는 시간이 걸리지만 접착된 후에는 매우 단단하다.
    • 물에도 강한 편이며, 식물의 손상도 최소화할 수 있다.

10년간 자주 출제된 문제

3-1. 절화를 장식할 때 사용하는 가위의 종류가 아닌 것은?
① 조형가위
② 수공가위
③ 철사가위
④ 꽃가위

해설

3-1
재단가위(수공가위), 철사가위, 꽃가위 등이 있으며, 용도에 맞게 사용한다.

정답 3-1 ①

10년간 자주 출제된 문제

3-2. 프레임을 이용한 공간장식에서 절화수명을 유지하기 위해 사용하는 것은?

① 플로랄테이프
② 방수테이프
③ 철 망
④ 워터튜브

ⓒ 철사 : 바인드와이어, 지철사, 빵끈 등 보우를 제작하거나 포장할 때 묶는 용도로 사용한다.
ⓩ 워터튜브 : 품질이나 가치가 유지되도록 절화에 수분을 공급하기 위해 물을 담아둘 수 있는 튜브로, 재질에는 유리와 플라스틱이 있다.
ⓧ 테이프 : 양면테이프, 스카치테이프 등으로, 포장지나 리본을 고정할 때 사용한다.
ⓚ 절화수명연장제 : 절화의 품질이나 가치가 유지되도록 물을 올릴 때나 마무리할 때 사용하는 제품이다.

정답 3-2 ④

핵심이론 04 포장기법(1) : 포장 디자인

① 포장과 색채
  ㉠ 절화상품의 주된 재료는 꽃과 식물, 용기 등으로 다양한 색들이 사용된다.
  ㉡ 조화로운 배색을 하기 위해서는 주조색과 보조색, 강조색의 비율이 중요하다.
    • 주조색은 배색에 사용되는 색 중에서 가장 많은 양의 색으로, 전체 이미지에 영향을 미치며, 통일감 있는 인상을 준다.
    • 보조색은 보통 주조색의 보조역할을 한다.
    • 강조색은 가장 눈에 띄는 색으로, 시선을 집중시키는 효과가 있기 때문에 가장 적은 양을 사용한다.
  ㉢ 상품의 주조색을 고려하여 포장지의 색상을 선택하고, 조화되는 색상의 리본을 선택하여 강조색으로 사용하면 좋다.
  ㉣ 배색 시에는 너무 많은 색의 사용을 자제하고, 색의 감성효과(중량감, 온도감, 경연감 등)나 대비, 색상별 이미지를 이용하면 더 좋은 배색의 조화를 이룰 수 있다.
  ㉤ 절화상품의 색상, 디자인, 크기 등을 고려하여 적합한 포장지와 적절한 도구 및 부자재를 선택한다.
  ㉥ 꽃다발, 꽃바구니, 화기 디자인, 꽃박스 등 상품에 맞는 포장기법에 따라서 재단 후 포장해 주고 장식리본, 카드, 태그 등을 소품으로 장식한다.

② 포장 디자인 시 유의사항
  ㉠ 받는 이로 하여금 보내는 사람의 마음이 충분히 전달될 수 있도록 성의와 정성이 담긴 디자인으로 한다.
  ㉡ 받는 사람의 연령, 취향, 성별 등이 충분히 반영되도록 한다.
  ㉢ 상품별 특성을 고려한 적절한 포장 디자인을 선택하여 상품이 돋보이도록 한다.
  ㉣ 과대포장으로 환경오염 및 상품의 이미지가 훼손되지 않아야 한다.
  ㉤ 클라이언트의 주문 목적 및 시간, 장소, 분위기에 알맞아야 한다.
  ㉥ 운반에 잘 견딜 수 있고, 꽃의 신선도가 오랫동안 유지되어야 한다.
  ㉦ 적절한 양(포장지, 기타 부자재 등)으로 원가 계산에 신경써야 한다.
  ㉧ 악센트로 스티커, 태그, 카드 등의 소품을 잘 활용하면 효과적이다.
  ㉨ 포장 완성 후에는 견고하고 균형이 잘 맞아야 한다.

10년간 자주 출제된 문제

4-1. 절화상품 포장지의 색채에 대한 설명 중 틀린 것은?
① 주조색과 보조색의 비율은 1 : 1.618로 한다.
② 주조색은 배색에 사용되는 색 중에서 가장 많은 양의 색이다.
③ 보조색은 보통 주조색의 보조역할을 한다.
④ 강조색은 가장 눈에 띄는 색으로, 가장 적은 양을 사용한다.

4-2. 포장 디자인 시 유의사항에 해당하지 않는 것은?
① 클라이언트의 주문 목적 및 시간, 장소, 분위기에 알맞아야 한다.
② 상품별 특성보다는 디자이너의 의도에 충실한 포장 디자인을 해야 한다.
③ 지나친 과대포장으로 환경오염 및 상품의 이미지가 훼손되지 않아야 한다.
④ 운반에 잘 견딜 수 있고, 꽃의 신선도가 오랫동안 유지되어야 한다.

[해설]

4-1
일반적으로 조화가 잘 되고, 배색이 가장 아름다울 때의 배색비율 : 주조색 70%, 보조색 25%, 강조색 5%

4-2
우리나라 플라워숍 전체 매출 중 가장 큰 비중을 차지하고 있는 상품은 꽃다발과 꽃바구니로, 각 상품에 어울리는 포장이 반드시 필요하다. 따라서 꽃다발과 꽃바구니, 꽃박스에 맞는 포장기법을 익히고 숙달하는 것이 중요하다.

정답 4-1 ① 4-2 ②

10년간 자주 출제된 문제

5-1. 핸드타이드 부케(Hand-tied Bouquet) 포장과 거리가 먼 것은?

① 반밀봉형, 개방형 등의 기법이 있다.
② 부가가치를 더욱 높이는 포장을 해야 한다.
③ 포장지를 강조하는 포장을 한다.
④ 꽃다발의 활용도를 높이는 포장을 해야 한다.

정답 5-1 ③

핵심이론 05 포장기법(2) : 절화상품별 포장기법

① 꽃다발 포장

㉠ 꽃다발 포장은 외부환경과 체온으로부터 상품을 보호하고, 배송 시에도 상품을 보호할 뿐만 아니라, 미적 효과를 높일 수 있다.

㉡ 물주머니를 제작하여 수명을 연장시킬 수 있는 포장도 중요하며, 일반형과 응용형 등이 있다.

> **더 알아보기**
>
> **꽃다발 포장기법**
> - 한 송이 포장
>   - 하나의 줄기에 하나의 꽃이 달리는 스탠더드 형태의 한 송이 포장은 간결하지만 꽃을 돋보이도록 하는 효과가 있어 많이 사용된다.
>   - 꽃소재가 다양한 만큼 포장기법도 다양하다.
>   - 일반형, 응용형, 수국 한 송이 포장(고깔형, 응용형) 등이 있다.
> - 핸드타이드 부케(Hand-tied Bouquet)
>   - 꽃다발의 포장이 새롭고 다양해져 꽃다발의 활용도는 물론 부가가치를 더욱 높이고 있다.
>   - 포장기법, 포장지의 종류 및 밀폐 여부에 따라 다양한 방법이 있다.
>   - 한 송이 포장과 마찬가지로 포장지 특성에 따라 기법을 달리하여 포장한다.
>   - 반밀봉형, 개방형 등이 있다.

② 꽃바구니 포장

㉠ 꽃바구니는 꽃다발만큼 대중적으로 많이 이용되는 절화상품으로, 배송과 상품 보호를 위해 포장이 필요하다.

㉡ 포장 전에 상품의 수명 유지를 위해 플로랄폼에 추가 관수 및 스프레이를 한다.

㉢ 일반형, 응용형(손잡이가 없는 꽃바구니) 등이 있다.

③ 화기 디자인 포장

㉠ 화기는 용도에 따라 다양한 디자인이 있으므로, 화기에 어울리는 포장지 종류나 포장 형태를 선택하여 다양한 방법으로 포장한다.

㉡ 포장 전에 상품의 수명 유지를 위해 플로랄폼에 추가 관수 및 스프레이를 한다.

④ 꽃박스 포장
  ㉠ 꽃박스는 용도에 따라 다양한 디자인이 있으나, 박스 자체가 겉포장용이므로 따로 포장을 하지 않아도 된다.
  ㉡ 장식리본을 이용하여 본체와 뚜껑이 분리되지 않도록 십자매기(Cross Tie)로 묶고 뚜껑 부분에 버터플라이 보우를 묶어 장식한다.
  ㉢ 상품 용도에 따라서 보우 부분에 태그나 노리개, 태슬 등으로 장식한다.
  ㉣ 배송 시에는 PP백에 넣는다.

4. 절화상품 마무리

핵심이론 01 절화상품 유지 관리

① 절화상품의 수명을 연장시킬 수 있는 주변 환경조건을 만들어 주는 것이 좋다.
② 절화상품은 같은 용기 속에 다양한 종류의 꽃을 같이 사용하므로, 각 식물체에서 분비되는 물질이 서로 영향을 미쳐 수명을 단축시킬 수 있기 때문에 절화별 특성에 따른 관리법을 알아두면 좋다.
③ 절화의 수명이란 절화를 물에 꽂아 신선한 상태로 유지되는 기간을 말한다.
④ 절화는 종이나 품종에 따라서 수명이 다르고 광, 온도, 수분, 습도, 바람, 에틸렌, 세균 등의 주변 환경에 따라 심한 차이를 보인다.
⑤ 장시간 보관하기 위해서는 절화의 수명을 단축시킬 수 있는 요인들을 파악하여 계속 관리를 해 줘야 한다.
⑥ 절화보존제와 같은 약품은 수명 연장과 품질 유지에 효과적이다.

10년간 자주 출제된 문제

1-1. 절화상품 유지 관리 사항으로 틀린 것은?
① 장시간 보관 시 절화의 수명을 위해 실온에서 보관하여 세균의 번식을 막는다.
② 절화보존제와 같은 약품은 수명 연장과 품질 유지에 효과적이다.
③ 절화의 수명이란 절화를 물에 꽂아 신선한 상태로 유지되는 기간을 말한다.
④ 절화상품의 수명을 연장시킬 수 있는 주변 환경조건을 만들어 주는 것이 좋다.

|해설|

1-1
장시간 보관하기 위해서는 절화의 수명을 단축시킬 수 있는 요인들을 파악하여 계속 관리를 해 줘야 한다.

정답 1-1 ①

10년간 자주 출제된 문제

1-1. 봄에 파종하여 그해 꽃이 피고 종자를 맺으며, 주로 열대나 아열대 원산인 식물은?
① 숙근초화 ② 추파일초
③ 구근식물 ④ 춘파일년초

1-2. 추파1년초에 해당하는 식물은?
① 메리골드 ② 해바라기
③ 팬 지   ④ 샐비어

1-3. 겨울철 식물의 지상부는 고사하지만, 지하부는 살아남는 초본성의 화훼류는?
① 다알리아 ② 국 화
③ 배롱나무 ④ 샐비어

|해설|
1-2
①·②·④ 메리골드, 해바라기, 샐비어 : 춘파1년초
1-3
② 국화 : 여러해살이 초화류(숙근초화)

정답 1-1 ④ 1-2 ③ 1-3 ②

제3절 화훼장식 분화상품 제작

1. 분화상품 재료 분류

핵심이론 01 분화재료 분류(1) : 이용 및 생육 특성별 분류

화훼식물의 원예학적 분류
식물의 이용편의성과 재배 특성을 고려하여 인위적으로 분류한 것으로, 학문적인 기준보다는 생육의 특성 및 번식, 취급, 행정적인 편의성을 고려한 분류이다.

① 한두해살이 초화류(1·2년초, Annuals and Biennials)
  ㉠ 식물의 발아 후 개화 및 결실의 생육환이 1년 또는 2년 내인 초본 식물을 지칭하며, 주로 종자를 통해 번식한다.
  ㉡ 생육기간이 짧고, 꽃이 비슷하게 피기 때문에 주로 화단용으로 많이 이용된다.
  ㉢ 춘파1년초
    • 봄에 파종하여 그해 꽃이 피고 종자를 맺으며, 주로 열대나 아열대 원산으로, 고온에서 생육이 좋고, 여름부터 가을에 꽃을 피운다.
    • 코스모스, 한련화, 봉선화, 해바라기, 샐비어, 메리골드, 과꽃, 천일홍 등이 있다.
  ㉣ 추파1년초
    • 가을에 파종하여 저온을 지내고, 다음해 봄에 생장이 재개되어 봄에서 여름에 걸쳐 꽃을 피우는 식물로, 서늘한 기후에서 잘 자라며, 주로 온대 원산이 많다.
    • 데이지, 팬지, 금잔화, 스토크, 금어초, 페튜니아, 스위트피, 시네라리아 등이 있다.
② 여러해살이 초화류(숙근초화, Perennials)
  ㉠ 겨울철 식물의 지상부는 고사하지만, 지하부는 살아남아 여러 해 동안 살아가는 초본성 화훼류를 지칭한다.
  ㉡ 주로 절화 및 화단용으로 이용되며, 대부분 영양번식을 통해 번식한다.
  ㉢ 국화, 카네이션, 거베라, 접시꽃, 옥잠화, 작약, 꽃잔디, 구절초, 매발톱꽃, 용담, 제라늄, 베고니아, 극락조화, 안스리움, 스타티스, 칼랑코에, 리아트리스 등이 있다.

③ 알뿌리식물(구근식물, Bulbs)
  ㉠ 숙근초화의 일종으로 잎, 줄기, 뿌리 등과 같은 식물체의 일부가 비대하여 저장기능을 갖게 된 식물을 지칭하며, 일정 시간의 휴면과 휴면타파의 과정을 통해 발아한다.
  ㉡ 본래 기관의 종류에 따라 잎이 비대한 인경, 줄기가 비대한 구경, 땅속줄기가 비대한 괴경(덩이줄기), 뿌리줄기가 비대한 근경과 뿌리가 비대한 괴근 등으로 분류할 수 있다.
  ㉢ 수선화, 튤립, 무스카리, 크로커스, 아마릴리스, 글라디올러스, 나리, 칼라 등이 있다.
④ 관엽식물(Foliage Plants)
  ㉠ 독특하거나 아름다운 형태, 색상, 무늬 등을 가진 잎을 관상대상으로 하는 식물을 통칭하며, 주로 열대·아열대 원산의 상록식물이다.
  ㉡ 대부분 고온다습한 환경에서 생육이 좋고, 음지나 반음지식물로, 주로 실내장식용으로 이용된다.
  ㉢ 스킨답서스, 크로톤, 고무나무, 칼라디움, 몬스테라, 디펜바키아, 군자란, 산세비에리아, 관음죽, 소철, 포인세티아, 아레카야자, 피닉스야자, 종려죽, 보스톤고사리, 박쥐란, 프테리스, 아디안텀 등이 있다.
⑤ 난초류(Orchid)
  ㉠ 열대우림에서 한대에 이르기까지 광범위한 지역에 분포하여 자생하고, 그 종(種)과 생육조건도 다양하다.
  ㉡ 자생하는 지역의 기후에 따라 온대 지방, 특히 한국·중국·일본 등지에서 자생하는 동양란, 동남아시아나 중남미 등과 같이 열대 및 아열대 지방에서 자생하는 서양란으로 분류한다.
  ㉢ 동양란은 청초한 잎과 꽃의 향기가 주된 관상대상으로 한란, 춘란, 건란, 보세란, 풍란, 새우난초, 타래난초, 소심란 등이 있다.
  ㉣ 서양란은 화려한 꽃의 모양과 색상이 주된 관상대상으로 팔레놉시스, 덴드로비움, 반다, 카틀레야, 심비디움, 오돈토글로섬 등이 있다.
⑥ 선인장과 다육식물(Cacti and Succulent)
  ㉠ 대부분 사막이나 해발이 높은 곳 등 척박하고 건조한 날씨의 지역에서 자생하며, 자생지의 혹독한 환경에 견딜 수 있도록 땅 위의 줄기나 잎이 가시처럼 변하거나, 많은 양의 수분을 저장하고 있는 식물이다.

10년간 자주 출제된 문제

1-4. 땅속줄기가 비대해져 형성된 덩이줄기라고도 불리우는 구근은?
① 인 경   ② 괴 경
③ 괴 근   ④ 구 경

1-5. 관엽식물에 속하지 않는 식물은?
① 박쥐란
② 디펜바키아
③ 선인장
④ 보스톤고사리

1-6. 동양란에 속하지 않는 것은?
① 반 다   ② 보세란
③ 풍 란   ④ 새우난초

1-7. 서양란에 속하지 않는 것은?
① 카틀레야
② 산세비에리아
③ 심비디움
④ 오돈토글로섬

[해설]
1-6
① 반다 : 서양란
1-7
② 산세비에리아 : 관엽식물

정답 1-4 ② 1-5 ③ 1-6 ① 1-7 ②

10년간 자주 출제된 문제

1-8. 척박하고 건조한 날씨의 지역에서 자생하고, 자생지의 혹독한 환경에 견딜 수 있도록 줄기나 잎이 가시처럼 변한 식물이 아닌 것은?
① 산세비에리아
② 알로에
③ 선인장
④ 카틀레야

1-9. 꽃을 주로 관상하는 수목에 속하지 않는 것은?
① 바질
② 개나리
③ 조팝나무
④ 치자나무

1-10. 수생식물이 아닌 것은?
① 물수세미
② 개구리밥
③ 생이가래
④ 펜넬

ⓒ 선인장 : 비대한 줄기와 가시나 털로 뒤덮여 있고, 잎이 있는 나뭇잎선인장과(Pereskia)와 부채선인장과(Opuntia) 그리고 기둥선인장과가 있다.
ⓒ 다육식물 : 알로에, 산세비에리아, 꽃기린, 칼랑코에, 돌나물, 용설란 등

⑦ 화목류 및 관상수(Flowering and Ornamental Trees) : 아름다운 꽃, 열매, 잎이나 나무의 수형 및 줄기 등을 주된 관상대상으로 하는 목본식물을 의미한다.
ⓐ 꽃을 주로 관상하는 수목 : 익소라, 수국, 매화, 벚꽃, 개나리, 조팝나무, 치자나무 등
ⓑ 개성 있는 잎을 관상하는 수목 : 소나무, 단풍나무, 버드나무, 사철나무 등
ⓒ 열매를 주로 관상하는 수목 : 남천, 피라칸타, 모과나무, 꽃아그배나무, 산사나무 등
ⓓ 덩굴성 식물 : 등나무, 부겐빌레아, 담쟁이덩굴 등

⑧ 기타 식물
ⓐ 허브 : 독특한 향과 효능을 가진 잎이나 줄기, 열매 등을 식용이나 약용으로 생활에 이용하는 식물로, 지중해 연안과 서남아시아 등의 원산지가 많으며 로즈마리, 라벤더, 민트, 바질, 펜넬 등 다양한 종류가 있다.
ⓑ 수생식물 : 습지나 습원에 생육하는 식물로, 식물체의 생육장소의 수분조건에 따라 침수식물, 수변식물, 부유식물, 부엽식물, 정수식물 등으로 분류할 수 있으며 붓꽃, 알로카시아, 꽃창포, 부들, 수련, 연꽃, 물수세미, 개구리밥, 생이가래 등이 수생식물에 속한다.
ⓒ 야생식물 : 본래 들판이나 산지에 자생하는 식물이지만 그중 독특한 관상가치가 있어 인위적인 번식을 통해 이용하는 초본 및 목본류로 앵초, 복수초, 산국, 참나리, 석산, 현호색, 으아리, 백량금, 마삭줄, 야광나무 등 다양한 식물이 이용되고 있고, 앞으로도 많은 종의 소개를 기대할 수 있다.

해설

1-8
④ 카틀레야는 난과 식물에 속한다.

정답 1-8 ④ 1-9 ① 1-10 ④

핵심이론 02 분화재료 분류(2) : 원산지에 따른 분류

① 지중해성 기후형
  ㉠ 연간강수량 850~900mm, 여름철 평균기온은 20~25℃로 장마와 큰 더위가 없고, 겨울철 평균기온은 8~11℃ 정도로 다습하고 온난하다.
  ㉡ 지중해 인근 지역, 카나리군도, 남아프리카공화국, 오스트레일리아, 중부아메리카 해안가 등의 지역이다.
  ㉢ 구근식물 및 대다수 화훼식물의 원산지이다.
  ㉣ 대표적인 식물로는 라넌큘러스, 무스카리, 크로커스, 튤립, 히아신스, 수선화, 시클라멘, 금어초, 금잔화, 스토크, 글라디올러스, 프리지아, 익시아, 가자니아, 군자란, 제라늄, 아카시나무, 병솔나무, 알스트로메리아, 에피프레넘, 캘리포니아포피, 샐비어 등이 있다.

② 대륙서안 기후형
  ㉠ 유럽의 기후형이다.
  ㉡ 평균기온 차가 비교적 작고, 겨울철의 혹독한 추위는 없지만 해안으로부터 내륙 쪽으로 갈수록 기온 차가 크게 나며, 추위가 심해진다.
  ㉢ 유럽의 서해안, 북아메리카의 서북부, 남아메리카의 서남부, 뉴질랜드의 남부 지방 등의 지역이다.
  ㉣ 대표적인 식물로는 나팔수선, 독일은방울꽃, 델피니움, 데이지, 매발톱꽃, 물망초, 팬지, 클레마티스, 캄파눌라 등이 있다.

③ 대륙동안 기후형
  ㉠ 사계절이 비교적 뚜렷하다. 겨울철에는 위도에 따라 온도 차가 크며, 여름철 장마와 같이 강우량이 많다.
  ㉡ 겨울철 기온이 비교적 온난한 남부 지역에는 동백나무 등과 같은 상목성 남부수종이 자생하고, 겨울철 추위가 혹독한 북부 지역에는 낙엽수림대가 넓게 분포하고 있다.
  ㉢ 우리나라를 포함한 일본, 중국과 같은 동아시아 지역, 북아메리카의 동북부 지역, 북부 아프리카와 동남해안 지역 등이 있다.
  ㉣ 대표적인 식물로는 동백나무, 목련, 단풍나무, 벚나무, 태산목, 옥잠화, 개나리, 진달래, 남천, 나리류, 앵초, 루드베키아, 리아트리스, 리시안서스, 거베라, 세네시오, 칼라, 채송화, 부겐빌레아 등이 있다.

10년간 자주 출제된 문제

2-1. 지중해성 기후형에서 잘 자라는 식물이 아닌 것은?
① 수선화 ② 금어초
③ 매발톱꽃 ④ 시클라멘

2-2. 대륙서안 기후형에 대한 설명으로 가장 적절한 것은?
① 사계절이 비교적 뚜렷하다.
② 평균기온 차가 비교적 작다.
③ 겨울철 혹독한 추위가 있다.
④ 구근식물의 원산지이다.

【해설】
2-1
③ 매발톱꽃 : 대륙서안 기후형 식물

정답 2-1 ③ 2-2 ②

10년간 자주 출제된 문제

2-3. 열대 및 아열대 지방 고산지대의 산악 기후형은?
① 대륙동안 기후형
② 대륙서안 기후형
③ 열대고지 기후형
④ 지중해성 기후형

2-4. 열대 기후형에 해당하는 식물이 아닌 것은?
① 포인세티아 ② 호접란
③ 심비디움   ④ 나팔꽃

2-5. 사막 기후형에 대한 설명으로 가장 적절한 것은?
① 온도차가 작고, 높은 고도의 지역이다.
② 우기와 건기에 따라 강우량의 차가 크다.
③ 겨울 없이 연중 온도차가 거의 없다.
④ 연간강우량이 적어 매우 건조한 지역이다.

|해설|

2-5
① 열대고지 기후형
②・③ 열대 기후형

정답 2-3 ③ 2-4 ① 2-5 ④

④ 열대고지 기후형
  ㉠ 열대 및 아열대 지방 고산지대의 산악 기후형이다.
  ㉡ 온도 차가 작고, 높은 고도에서 연중 14~17℃의 기온을 유지한다.
  ㉢ 남아메리카의 안데스산맥, 북아메리카의 로키산맥, 중앙아메리카의 멕시코 고원지대, 인도 북부 및 중국 서남부의 히말라야의 고산지대 등이다.
  ㉣ 대표적인 식물로는 오돈토글로섬, 구근베고니아, 당동백, 장미, 프리뮬러, 다알리아, 메리골드, 아게라텀, 코스모스, 포인세티아, 페튜니아 등이 있다.

⑤ 열대 기후형
  ㉠ 겨울 없이 연중 온도 차가 거의 없으며, 우기와 건기에 따라 강우량의 차이가 크다.
  ㉡ 온실식물과 관엽식물의 원산지이다.
  ㉢ 대표적인 식물로는 마란타, 필로덴드론, 산세비에리아, 디펜바키아, 꽃기린, 안스리움, 고무나무, 드라세나, 임파첸스, 아글라오네마, 크로톤, 호접란, 심비디움, 반다, 카틀레야, 온시디움, 칸나, 나팔꽃 등이 있다.

⑥ 사막 기후형
  ㉠ 연간강우량이 적어 매우 건조한 지역이다.
  ㉡ 아프리카 북부, 오스트레일리아 중부, 멕시코 동부, 중국 서북부 등과 같은 사막지대이다.
  ㉢ 대표적인 식물로는 알로에, 공작선인장, 기둥선인장, 게발선인장, 목엽선인장, 사철채송화 등이 있다.

⑦ 북지 기후형
  ㉠ 한대 지역과 온대 지방에 속해 있는 고산지대이다.
  ㉡ 북아메리카 알래스카, 북유럽 스칸디나비아 지역, 시베리아 지역 등이 포함된다.
  ㉢ 대표적인 식물로는 바늘꽃, 시레네, 알래스카코튼, 모스베리, 세덤 등이 있다.

핵심이론 03 토양재료(1) : 토양조건 및 특징

① 식물에 좋은 토양조건
  ㉠ 배수성, 통기성, 보수력, 보비력이 좋아야 한다.
  ㉡ 산도는 pH 5.5~6.0의 약산성이 좋다.
  ㉢ 식물 생육에 필요한 영양분이 함유되어 있어야 한다(비료농도가 적당해야 한다).
  ㉣ 중금속류 등의 유해물질을 함유하지 않아야 한다.
  ㉤ 병충해의 원인이 되는 유충·알·병원균이 없는 무병토양이어야 한다.
  ㉥ 배양토는 식물이 요구하는 수분, 통풍, 비료의 양에 따라 혼합비율 및 원료가 달라진다.
  ㉦ 토양 3상인 기상, 액상, 고상은 각각 25%, 25%, 50%가 이상적인 비율이다.

② 토양의 특성
  ㉠ 뿌리의 호흡과 양·수분 흡수에 관여한다.
  ㉡ 식물의 생육에 관여하고, 식물체를 지지한다.

③ 토양의 종류

토양의 종류	진흙의 함량	촉감에 의한 판정
사 토	12.5% 이하	거의 모래뿐임
사양토	12.5~25.0%	대부분 모래인 것 같음
양 토	25.0~37.5%	반 정도가 모래인 것 같음
식양토	37.5~50.0%	약간의 모래가 있는 것 같음
점토(식토)	50.0% 이상	진흙으로만 된 것 같음

※ 모래(사토) : 화훼를 삽목할 때 많이 사용하며, 배수가 가장 잘되는 토양이다.

10년간 자주 출제된 문제

3-1. 배양토에 대한 설명으로 틀린 것은?
① 통기성, 보수력, 보비력이 양호하다.
② 식물 생육에 필요한 영양분이 함유되도록 한다.
③ 토양이 무거워야 식물의 뿌리를 잘 눌러 고정할 수 있다.
④ 사용할 식물에 맞게 적정 비율로 경량토를 혼합해서 사용한다.

3-2. 다음 중 원예용 배양토의 조건으로 적합하지 않은 것은?
① 배수성과 통기성이 좋아야 한다.
② 보수력과 보비력이 높아야 한다.
③ 일반적으로 산도가 높아야 한다.
④ 병충해가 없는 무병토양이어야 한다.

3-3. 일반적인 토양의 특성이 아닌 것은?
① 뿌리의 호흡과 양·수분 흡수에 관여한다.
② 식물의 생육에 관여한다.
③ 식물체를 지지한다.
④ 고온에서 가공되며, 균이 없다.

|해설|

3-1
배양토는 비료분이 풍부하고, 다공성(多孔性)이며, 보수력이 있고, 병해충이 없어야 한다.

3-3
고온에서 가공되어 무균의 특성이 있는 것은 특수 토양이다.

정답 3-1 ③ 3-2 ③ 3-3 ④

핵심이론 04 토양재료(2) : 원예용 특수토양

> 특수토양은 고온에서 가공되어 무균의 특성이 있는 것으로 바크, 하이드로볼, 버미큘라이트(질석), 펄라이트, 피트모스, 수태, 등이 있다.

① 바크(Bark)
  ㉠ 소나무나 전나무 껍질을 잘게 부수어 발효·살균처리하여 만든 것으로, 서양란의 식재 재료로 많이 이용된다.
  ㉡ 목재를 만드는 과정에서 생긴 부산물을 퇴비화시켜 만든 것이다.
② 하이드로볼(Hydro Ball)
  ㉠ 황토와 톱밥을 섞어서 둥글게 뭉쳐 고온처리한 것이다.
  ㉡ 1,000℃ 이상의 고열로 살균처리한 인공배양토이다.
③ 버미큘라이트(Vermiculite, 질석)
  ㉠ 화강암 속의 흑운모를 1,100℃ 정도의 고온에서 수증기를 가하여 팽창시킨 것이다.
  ㉡ 규산화합물이며, 모래의 1/15 무게이다.
  ㉢ 가벼우면서도 흡수력이 뛰어나 배양토에 섞어 쓰면 좋다.
④ 펄라이트(Perlite)
  ㉠ 진주암을 1,000℃ 정도의 고온에서 가열한 무균인조토양이다.
  ㉡ 공극량이 많은 토양으로, 통기성이 좋으나 염기치환용량이 적다.
⑤ 피트모스(Peatmoss)
  ㉠ 습지의 수태가 퇴적되어 만들어진 것으로, 유기질 용토이다.
  ㉡ 보수성이 높고, 공극이 크며, 암갈색으로 산성(약 pH 4.0)을 띤다.
  ㉢ 초본의 식물이 습지에 퇴적되어 완전히 분해되지 않고 탄화된 것이다.
  ㉣ 온대에서는 퇴적되는 양이 적지만, 아한대·한대 지역에서는 넓게 분포한다.
  ㉤ 통기성이 우수하며, 보비력과 염기치환능력이 좋다.
⑥ 수태 : 이끼를 건조시켜 만든 것이다.
⑦ 마사토 : 화강암의 풍화에 의한 부식토로, 배수성과 통기성이 좋다.
⑧ 암면 : 약 1,500℃에서 용융된 암석을 섬유상으로 가공한 것이다.
⑨ 훈탄 : 왕겨를 태워 만든 것으로, 다른 토양과 섞어 사용한다.

10년간 자주 출제된 문제

4-1. 원예용 특수토양에 관한 설명으로 틀린 것은?
① 수태는 이끼를 건조시켜 만든 것이다.
② 부엽토는 낙엽을 썩힌 것으로 만든 것이다.
③ 나무껍질로 만든 것을 질석이라고 한다.
④ 진주암을 고온에서 가열하여 만든 것을 펄라이트라고 한다.

4-2. 다음 중 피트모스에 대한 설명으로 옳은 것은?
① 물이끼를 건조시킨 것으로, 물을 저장할 수 있다.
② 보수성이 높고, 공극이 크며, 암갈색으로 산성을 띤다.
③ 낙엽활엽수의 잎이 완전히 부숙된 것이다.
④ 고온으로 가열하여 만든 pH 7 정도의 중성이다.

4-3. 배양토의 종류 중 광물질 재료에 대한 설명으로 틀린 것은?
① 버미큘라이트 – 질석을 약 1,000℃ 정도로 가열하여 입자 내의 공극을 팽창시킨 것
② 펄라이트 – 진주암을 약 1,000℃ 정도에서 부풀게 한 것
③ 암면 – 약 1,500℃에서 용융된 암석을 섬유상으로 가공한 것
④ 하이드로볼 – 1,800℃ 전후의 온도에서 현무암을 구운 다공질의 소재

[해설]

4-2
피트모스는 보수성이 좋고, 공극이 풍부하여 통기성이 우수하며, 유기질이 풍부한 용토로, 일반 토양이나 인조용토와 섞어서 원예용으로 많이 이용된다.

4-3
④ 하이드로볼 : 황토를 원료로 하여 1,000℃ 이상의 고열로 살균 처리한 인공배양토

정답 4-1 ③ 4-2 ② 4-3 ④

> **더 알아보기**
>
> **부엽토**
> - 참나무, 밤나무, 상수리나무와 같은 활엽수의 낙엽을 쌓아 충분히 썩힌 토양이다.
> - 가볍고, 보수력과 배수력이 있으며, 통기성이 좋고, 양분을 오래 간직하여 원예식물 재배용으로 널리 이용된다.
> - 중성·약알칼리성으로, 삽목용토에 적합하다.

핵심이론 05 토양재료(3) : 토양산도·수분

① 토양산도
  ㉠ 화훼류 재배 시 배양토의 가장 적정한 pH범위는 5.5~7.0이다.
     ※ 제라늄에 알맞은 토양산도는 pH 7 이상의 알칼리성 토양이다.
  ㉡ pH 5 이하의 산성토양에서 가장 잘 자라는 식물 : 블루베리, 철쭉류, 에리카, 보로니아, 베고니아, 아게라텀, 칼라, 아나나스, 은방울꽃, 아디안텀, 으아리, 치자나무 등

② 토양수분이 과다할 경우 발생하는 현상
  ㉠ 토양 속의 공기함량이 감소한다.
  ㉡ 통기불량으로 인해 뿌리의 활력이 떨어지고, 뿌리가 썩는다.
  ㉢ 식물이 알차지 않게 비대하게 되어 도장한다.
  ㉣ 토양 내 미생물의 활동이 억제된다.
  ※ 화분식물의 토양수분 관리 : 화분벽과 토양 사이에 공간이 생기는 문제를 해결하기 위해서는 점토함량을 낮춘다.

③ 용어 정리
  ㉠ 포장용수량 : 토양의 수분 함수와 관련하여, 수분이 포화된 상태의 토양에서 증발을 방지하면서 중력수를 완전히 배제하고 남은 수분상태
  ㉡ 최대용수량 : 토양입자들 사이의 모든 공극이 물로 채워진 상태의 수분함량
  ㉢ 초기위조점 : 생육이 정지하고, 식물이 시들기 시작하는 토양의 수분상태
  ㉣ 영구위조점 : 토양의 수분이 계속해서 감소하여 시든 식물이 회복되지 못하게 되는 때의 토양의 수분상태
  ㉤ 모관수 : 토양수분 중 식물의 흡수생육에 가장 관계가 깊은 수분으로, 모세관현상에 의해 토양의 입자 사이를 채우고 있는 지하수(地下水)의 하나

> **10년간 자주 출제된 문제**
>
> **5-1.** 다음 중 화분식물의 토양수분 관리법에 대한 설명으로 가장 적당한 것은?
> ① 용기재배의 경우 물기둥현상은 용기가 높을수록 높게 형성된다.
> ② 점토의 비율이 50% 이상일 때 건조의 피해를 덜 받는다.
> ③ 화분벽과 토양 사이에 공간이 생기는 문제를 해결하기 위해서는 점토함량을 낮춘다.
> ④ 일반적으로 토양상황은 액상 : 기상 : 고상의 비율이 20 : 30 : 50이다.
>
> **5-2.** 토양수분 중 식물의 흡수생육에 가장 관계가 깊은 것은?
> ① 흡착수   ② 모관수
> ③ 지하수   ④ 중력수

해설

5-2
모관수는 모세관현상에 의해 토양의 입자 사이를 채우고 있는 지하수(地下水)의 하나로, 식물의 흡수와 생장에 이용된다.

정답 5-1 ③ 5-2 ②

10년간 자주 출제된 문제

6-1. 분화상품 용기에 대한 설명으로 틀린 것은?
① 용기는 배수구가 있는 것이 관수·관리하기 용이하다.
② 일반적으로 키가 큰 식물은 높고 넓은 용기가 적절하다.
③ 배수구가 있는 용기는 물받침을 하지 않아도 된다.
④ 배수구가 없는 용기는 관찰용 파이프를 묻어 물을 관찰해 준다.

7-1. 화훼식물의 품질확인 중 관엽식물의 특징에 해당하는 것은?
① 잎이 빽빽하게 잘 붙어 있는지 확인한다.
② 꽃이 조밀하게 붙어 있으며, 고유의 형태가 잘 드러나 있는지 확인한다.
③ 물러짐이나 상처가 있는지 확인한다.
④ 꽃의 화색이 선명한지 확인한다.

|해설|
6-1
③ 배수구가 있는 용기는 물받침이 충분하지 않으면 바닥에 물이 넘칠 수 있으므로 주의한다.

정답 6-1 ③ / 7-1 ①

핵심이론 06 분화상품 용기

① 용기는 배수구가 있는 것이 관수·관리하기 용이하다.
② 일반적으로 키가 큰 식물은 높고 넓은 용기가 적절하다.
③ 배수구가 있는 용기는 물받침이 충분하지 않으면 바닥에 물이 넘칠 수 있으므로 주의한다.
④ 배수구가 없는 용기는 관찰용 파이프를 묻어 용기바닥의 물을 관찰해 준다.

핵심이론 07 분화식물의 종류와 특성 : 상품 선택 시 주의사항

① 관엽식물
　㉠ 잎의 형태와 색상이 뛰어나며, 잎의 무늬나 반점 등의 품종 특징이 잘 나타나 있는지 확인한다.
　㉡ 기부가 튼튼하고, 전체적인 균형이 좋은지 확인한다.
　㉢ 잎이 빽빽하게 잘 붙어 있는지 확인한다.
　㉣ 줄기의 물러짐이 없고, 적당한 굵기를 유지하며, 건강한지 확인한다.
　㉤ 오염과 병충해의 흔적이 있는지 확인한다.

② 난
　㉠ 잎이 건강하고, 끝이 타거나 손상되지 않았는지 확인한다.
　㉡ 꽃이 조밀하게 붙어 있으며, 고유의 형태가 잘 드러나 있는지 확인한다.
　㉢ 뿌리가 건강하게 잘 발달해 있는지 확인한다.
　㉣ 오염과 병충해의 흔적이 있는지 확인한다.

③ 선인장 및 다육식물
　㉠ 품종의 특성이 잘 나타나 있는지 확인한다.
　㉡ 물러짐이나 상처가 있는지 확인한다.
　㉢ 오염과 병충해의 흔적이 있는지 확인한다.

④ 초화류
　㉠ 전체적인 형태가 우수한지 확인한다.
　㉡ 잎과 꽃이 조밀하게 붙어 있으며, 품종의 특성이 잘 나타나 있는지 확인한다.
　㉢ 뿌리가 건강하게 잘 발달해 있는지 확인한다.

② 줄기의 물러짐이 없고, 적당한 굵기를 유지하며, 건강한지 확인한다.
⑩ 줄기가 도장되어 있지 않은지 확인한다.
⑪ 시든 곳이 없는지 확인한다.
⑫ 잎이 노랗게 변한 것이 없는지 확인한다.
⑬ 오염과 병충해의 흔적이 있는지 확인한다.

⑤ 소관목류
  ㉠ 전체적인 형태가 우수한지 확인한다.
  ㉡ 잎과 꽃이 조밀하게 붙어 있으며, 품종의 특성이 잘 나타나 있는지 확인한다.
  ㉢ 뿌리가 건강하게 잘 발달해 있는지 확인한다.
  ㉣ 줄기의 물러짐이 없고, 적당한 굵기를 유지하며, 건강한지 확인한다.
  ㉤ 낙엽이 지지 않았는지 확인한다.
  ㉥ 잎이 노랗게 변한 것이 없는지 확인한다.
  ㉦ 오염과 병충해의 흔적이 있는지 확인한다.

10년간 자주 출제된 문제

1-1. 분화상품 선행작업에 해당하지 않는 사항은?

① 식물의 뿌리상태를 체크한다.
② 분갈이 전 수분 공급상태를 확인한다.
③ 식물에 적합한 토양성분을 확인한다.
④ 토양의 영양 공급상태를 확인한다.

정답 1-1 ④

2. 분화상품 재료 작업준비

핵심이론 01 분화상품 선행작업 및 관리

① 분화상품 선행작업
  ㉠ 식물의 뿌리상태를 체크한다.
  ㉡ 분갈이 전 식물의 수분 공급상태를 확인한다.
  ㉢ 식물에 적합한 토양성분을 확인한다.
  ㉣ 토양의 병충해를 확인한다.

② 화훼장식을 위한 식물소재의 관리
  ㉠ 절화는 구입 후 충분히 물을 흡수시켜 신선하면서 적절하게 개화되도록 하고, 수명 연장을 위해 가능한 한 절화보존제를 처리해 준다.
  ㉡ 분식물은 구입 후 적절한 온도와 광선환경을 유지해 주고, 장식 후 잘 견딜 수 있도록 적절히 관수하며, 순화시킨다.
    ※ 순화 : 식물이 새로운 환경에 적응하는 것

핵심이론 02 분화재료 관수

① 관수방법
  ㉠ 점적관수 : 가는 관을 화분에 꽂아 직접 물을 주는 방법
  ㉡ 저면관수
    • 화분의 배수공을 통해 모세관현상을 이용하여 수분을 흡수시키는 방법
    • 비용이 저렴하고, 화분의 크기에 상관없이 이용할 수 있는 방법
  ㉢ 살수관수 : 물뿌리개로 관수하는 방법
  ㉣ 지중관수 : 땅속에 관을 박아서 관수하는 방법

② 관수요령
  ㉠ 관수 전에 손으로 배양토를 만져 본다.
  ㉡ 겉흙이 약간 마른 듯할 때 물을 준다.
  ㉢ 겨울철에는 오전 중에 관수하는 것이 좋다.
  ㉣ 대부분의 식물은 배양토 위에 관수한다.
  ㉤ 한 번 줄 때 흠뻑 주어서 화분 밑의 배수공으로 물이 흘러나오게 한다.
  ㉥ 여름에는 일반적으로 아침에 1회 관수하고, 건조상태에 따라 저녁에 1회 더 관수하도록 한다.
    ※ 한여름의 한낮에는 가급적 관수를 피한다.
  ㉦ 겨울에는 냉수를 가급적 피하는 것이 좋으며, 따뜻할 때 관수한다.
  ㉧ 관수 후 1~2분이 지나도 배수되지 않는 화분의 경우 배양토를 바꿔 줘야 한다.
  ㉨ 화분받침을 이용하는 경우 받침에 고인 물은 버린다.

10년간 자주 출제된 문제

2-1. 다음 관수방법 중 화분재배 관수방법으로 가장 거리가 먼 것은?
① 이랑관수   ② 저면관수
③ 매트(Matt)관수   ④ 점적관수

2-2. 수태를 이용하여 식재한 공중걸이분의 관수에 대한 설명으로 가장 적합한 것은?
① 분무기로 하루 2~3회 분무해 준다.
② 매일 욕실 등에 옮겨 물을 충분히 준다.
③ 수태가 바싹 마르면 한 번씩 흠뻑 준다.
④ 수태는 수분을 많이 함유하도록 처음 심을 때 한 번만 많이 준다.

해설

2-1
관수방법
• 두상(지상)관수 : 호스관수, 스프링클러관수, 미스트관수 등
• 지표면관수 : 점적관수 등
• 저면관수 : 매트관수, 저면담배수관수, 홈통저면관수, 저면심지관수, 저면심지매트관수 등

2-2
수태는 일종의 이끼로, 보습성이 매우 좋아 수분이 고른 상태로 유지되며, 공중걸이분의 경우 분무기를 사용하여 수분을 공급해 준다.

정답 2-1 ① 2-2 ①

10년간 자주 출제된 문제

3-1. 자생지가 온대산인 식물의 화분갈이시기로 가장 적절한 때는?
① 낙엽이 지는 가을철
② 생장이 완료되어 휴면이 시작되기 전
③ 겨울철 휴면기간
④ 휴면이 끝나고 생장 직전

3-2. 분식물의 제작과정에 대한 설명으로 틀린 것은?
① 화분 밑의 배수구는 망사나 돌로 막는다.
② 잔돌이나 굵은 모래를 용기 높이의 1/5 정도까지 깔아 준다.
③ 배수층 위에 혼합된 토양을 깔고 식물을 심어 나간다.
④ 풍성한 느낌이 나도록 분토를 화분 높이보다 높게 돋운다.

3-3. 다음 중 광이 약한 거실에 배치할 분식물로 가장 부적당한 것은?
① 스파티필룸
② 분화장미
③ 테이블야자
④ 필로덴드론

해설

3-1
휴면에서 깨어나 생장을 개시하기 직전이 가장 효과적이다.

정답 3-1 ④ 3-2 ④ 3-3 ②

핵심이론 03 분화식물의 관리 : 번식 및 분갈이

① 분식물의 제작과정
　㉠ 화분 밑의 배수구는 망사나 돌로 막는다.
　㉡ 잔돌이나 굵은 모래를 화분 높이의 1/5 정도까지 깔아준다.
　㉢ 물주기를 좋게 하기 위해 배양토를 화분의 끝에서 2~3cm 정도 아래까지만 채운다.
　㉣ 배수층 위에 혼합된 토양을 깔고 식물을 심어 나간다.

② 분식물 장식 시 주의사항
　㉠ 관엽식물을 이용한 분식물 장식은 여름철 직사광선 등 햇빛이 잘 비치는 곳을 피한다.
　㉡ 관엽식물은 열대·아열대 원산이므로 겨울의 저온에 주의해야 한다.
　㉢ 분식물 장식은 지속적으로 유지되어야 하기 때문에 배치될 공간의 환경조건을 고려하여 식물을 선택해야 한다.
　㉣ 분식물 장식 시 1년초, 숙근초 등의 초화류는 햇빛을 충분히 보아야 꽃이 오래가므로 적절한 장소에 배치한다.
　㉤ 분식물 장식에도 부가가치를 높이기 위해 식물뿐만 아니라 다양한 조형물, 나뭇가지, 돌, 섬유 등을 이용한다.
　㉥ 국화, 시클라멘과 같은 식물도 비교적 저온에서 잘 견디는 편이지만, 햇빛을 충분히 받지 않으면 꽃이 빨리 시든다.
　㉦ 장미는 항상 충분한 광을 받을 수 있는 환경을 조성해 주어야 하므로, 광이 약한 거실에 배치할 분식물로는 부적당하다.
　㉧ 저장실이나 전시실의 습도가 30% 이하이면 가습장치를 설치해 주는 것이 좋다.

③ 분화류의 환경 및 관리
　㉠ 대부분 열대식물이고, 관엽식물은 대개 그늘에서 잘 자란다.
　㉡ 관엽류는 겨울철에 동해나 저온장해를 받지 않도록 주의해야 한다.
　㉢ 관엽류는 잎을 청소해 주지 않으면 병충해가 발생하기 쉬워진다.
　㉣ 분화류는 실내나 실외로 이동될 때 환경의 급격한 변화로 인한 스트레스를 많이 받는다.

④ 실내공간을 위한 식물 모아심기를 할 때 고려되어야 할 사항
　㉠ 적절한 배양토의 선택
　㉡ 선택한 식물군의 생장속도
　㉢ 선택한 식물군이 동일한 정도의 수분요구도를 가지는가의 여부
　㉣ 환경조건이 비슷한 것들을 선택

3. 분화상품 제작

핵심이론 01 분화상품 디자인(1)

① 테라리움 : 토양을 의미하는 '테라코타'와 수족관을 의미하는 '아쿠아리움'의 합성어로, 어항과 같은 화기를 이용한 분화상품을 말하며, 유리 등 투명한 그릇 속에 배수층을 만들고 기반재를 채운 후 식물을 심어 작은 정원을 꾸미는 것이다.

　㉠ 밀폐식 테라리움
　　• 폐쇄된 화기 내의 수분이 밖으로 빠져나가지 못하기 때문에 저온이나 다습에 강하고, 음지나 반음지에서 크게 자라지 않거나 성장이 느린 식물이 좋다.
　　• 적합한 식물로는 양치류의 아스플레니움, 네프로레피스, 프테리스, 아디안텀, 베고니아, 아글라오네마, 아라우카리아, 칼라데아, 테이블야자, 피토니아, 페페로미아, 헤데라, 호야, 스킨답서스, 삼색바위취 등 주로 아열대성 식물이 많다.

　㉡ 개방식 테라리움 : 화기 내의 수분이 빠져 나가기 때문에 건조에 강한 식물이 좋으며, 적합한 식물로는 헤데라, 남천, 고무나무, 청목 등이 있다.

　㉢ 비바리움(Vivarium) : 테라리움에서 변형된 형태로, 유리용기 속에 식물과 작은 동물들(뱀, 이구아나, 도마뱀, 카멜레온 등)이 함께 살아가는 자연의 형태를 연출한 것이다.

　㉣ 아쿠아리움(Aquarium) : 유리용기 속에 물을 넣어 수생식물을 심고 물고기, 거북이 등을 넣어 같이 키우는 것이다.

② 걸이분(Hanging Basket) : 좁은 실내나 베란다, 발코니 등의 공간을 효율적으로 이용하기 위한 장식형태로 바구니 플라스틱분 등의 용기에 싱고니움, 필론덴드론, 아이비, 러브체인 등과 같은 덩굴식물을 심어 아래로 늘어뜨리고 매달아 키우는 것이다.

③ 수경재배(Waterculture) : 천남성과 식물이나 접란 등 관엽식물의 뿌리를 토양 대신에 물속에 넣어 키우는 것이다.

④ 숯부작
　㉠ 수반 위에 통으로 된 참숯이나 숯을 부숴 만든 숯 조각을 기반으로 식물을 심어 장식해 놓은 것을 말한다.
　㉡ 숯부작을 만들기 위해서는 참숯, 화기, 식물, 이끼, 글루건, 장식을 위한 크기가 다양한 돌 등이 필요하며, 적합한 식물로는 동양란인 풍란과 나도풍란 등이 있다.

10년간 자주 출제된 문제

1-1. 다음 중 아쿠아리움에 대한 설명으로 가장 거리가 먼 것은?
① 유리용기 속의 연못이라 할 수 있다.
② 거북이나 물고기도 함께 키운다.
③ 워터 레터스 등의 부유 수생식물을 배치하기도 한다.
④ 수생식물은 고광과 변온에 견딜 수 있는 힘이 있어야 한다.

1-2. 참숯을 이용해 만들 수 있는 작품은?
① 분 재
② 분 화
③ 디시가든
④ 숯부작

해설

1-1
④ 수생식물은 저광과 항온에 견딜 수 있는 열대 원산의 식물을 선택해야 한다.

정답 1-1 ④　1-2 ④

10년간 자주 출제된 문제

2-1. 노목의 형상으로 수형을 잡아 연출하는 장식품은?
① 분경
② 분재
③ 디시가든
④ 숯부작

2-2. 착생종에 해당하지 않는 것은?
① 심비디움
② 팔레놉시스
③ 호접란
④ 카틀레야

해설

2-1
① 심비디움은 지생종이다.

정답 2-1 ② 2-2 ①

핵심이론 02 분화상품 디자인(2)

① 분재 : 생육이 불량한 환경에서 오랫동안 충분히 성장하지 못한 노목의 독특한 형상을 표현하기 위해 줄기, 가지, 잎, 꽃, 열매, 뿌리 등의 수형을 철선과 같은 부재료를 이용하여 인위적으로 형상을 연출하고, 화기의 형태와 질감 등과 조화를 이루도록 수형을 잡아 주는 것이다.

② 난 분화
　㉠ 동양란 분화
　　• 심비디움 속의 동양란 : 춘란, 한란, 금릉변란 등과 같이 잎의 폭이 좁고 긴 장침형의 세엽란과 혜란, 대명란, 보세란 등과 같이 잎이 넓은 광엽란으로 구분하는데, 그 잎의 기부에는 계란 모양의 알뿌리(Bulb)를 감싸고 있으며 이 알뿌리에서 굵은 뿌리가 흙의 표면에 넓게 퍼져 양분과 물을 섭취하여 생육한다.
　　• 석곡, 풍란 : 남해안의 따뜻한 지역 해안가 바위나 나무에 착생하여 살아가며, 향기 좋은 꽃이 피고, 석곡은 10~30cm 정도의 대(竹) 모양 벌브를 가지고 있지만, 풍란의 경우 잎이 두껍고 벌브가 없다.
　㉡ 서양란 분화
　　• 동양란과 서양란의 구분은 학술적 분류가 아닌 원예적 필요에 따른 구분이다.
　　• 서양란 분화는 중남미, 호주, 동남아시아 등 열대·아열대·온대 지역에 자생하는 난으로, 주로 꽃이 화려한 난 종류를 이용한 분화를 말한다.
　　• 일반적으로 난과 식물들은 습성상 다른 식물보다 변화가 풍부하여 매년 새로운 신품종이 육종·개발되고 있다.
　　• 꽃이 화려한 재배종의 서양란들은 일반적으로 팔레놉시스, 카틀레야, 심비디움, 덴드로비움, 반다 등이 있으며, 생육되는 장소에 따라 착생종과 지생종으로 구별된다.

더 알아보기

• 착생종 : 보통 화초와 같이 땅에 뿌리를 박는 것이 아니라 수목의 줄기나 나뭇가지 또는 바위에 뿌리를 펼치고 생육하는데 카틀레야, 덴드로비움, 반다, 팔레놉시스 등이 착생란이다.
• 지생종 : 응달진 삼림이나 초원의 땅에 뿌리를 박고 살며, 뿌리가 너무 건조되는 것을 싫어하는데 심비디움, 파피오페딜룸 등이 지생란이다.

③ 토피어리

  ㉠ 인공적으로 식물을 여러 종류의 동물 모양으로 다듬거나 잘라 장식한 것을 말한다.

  ㉡ 토피어리에 사용되는 식물은 지엽이 치밀하고 전정에 강한 식물이 좋으며, 키가 너무 크거나 잎이 넓은 식물은 수분 조절이 어려우므로 피하는 것이 좋다.

  ㉢ 주로 상록침엽수, 관엽식물이나 다육식물 등이 많이 이용되고 있다.

10년간 자주 출제된 문제

2-3. 토피어리에 관한 설명으로 옳은 것은?

① 어항과 같이 유리 용기에 수생식물을 심고, 거북이나 물고기를 넣어 기르는 것을 말한다.
② 파인애플과 식물이나 착생란 등을 나무, 돌, 숲 등에 붙여 심고 관상하는 것을 말한다.
③ 식물의 가지를 전정하여 동물모양이나 기하학적 형태 등으로 디자인하는 것을 말한다.
④ 접시와 같이 넓고 얕은 용기에 식물을 심어 작은 정원을 꾸미는 것을 말한다.

|해설|

2-3
식물의 가지를 동물이나 기하학적인 형태 등으로 전정하거나 넝쿨식물을 틀에 부착시켜 틀의 형태로 유인하여 키운다.

정답 2-3 ③

10년간 자주 출제된 문제

3-1. 각종 생활용기를 이용한 화기로 장식하는 것은?
① 토피어리   ② 워터가든
③ 윈도가든   ④ 디시가든

3-2. 마당이 없는 도심의 주택이나 아파트의 햇볕이 잘 드는 창가나 베란다를 이용한 정원은?
① 허브가든   ② 테라리움
③ 윈도가든   ④ 분 경

정답 3-1 ④ 3-2 ③

핵심이론 03 분화상품 디자인(3)

① 디시가든
  ㉠ 배수구멍이 없는 접시나 쟁반 같은 넓은 접시류, 커피잔, 머그잔 등 각종 생활용기를 이용한 화기에 질석(버미큘라이트), 펄라이트 등을 혼용하여 기반재에 작은 식물을 정원 꾸미듯 심어 자연경관을 축소해 놓은 것을 말한다.
  ㉡ 이동이 편리하고, 화기 선택이 자유로워 다양한 형태로 꾸밀 수 있다.
  ㉢ 디시가든용 화기는 대개 크지 않고, 배수구가 없으므로 성장속도가 느린 식물을 선택하는 것이 좋다.
  ㉣ 재배환경이 같은 종류끼리 심으면 관리하기 쉬우며 사철나무, 싱고니움, 헤데라, 드라세나, 피토니아, 호야, 더피, 테이블야자, 안스리움, 아스플레니움, 페페로미아, 산세비에리아, 마란타, 마삭줄, 제브리나(Zebrina) 등이 적합하다.

② 워터가든
  ㉠ 투명한 화기나 옹기 같은 항아리에 물을 채우고, 모양이 좋은 돌과 첨경물, 식물 등의 재료를 이용하여 정원처럼 만든 것을 말한다.
  ㉡ 물을 좋아하는 습생식물이 바람직하며 아이비, 필레아, 싱고니움, 산호수, 스킨답서스, 시페루스, 접란 등이 적합하고, 구근식물로는 이국적이고 화려한 느낌을 주는 히아신스, 튤립, 수선화 등이 있다.

③ 윈도가든
  ㉠ 마당이 없는 도심 속 주택이나 아파트의 햇볕이 잘 드는 창가나 베란다에서 꽃과 식물을 즐기거나 채소류 등을 가꿀 수 있도록 만든 정원이다.
  ㉡ 주로 이용되는 식물은 햇빛을 좋아하는 식물인 상추, 토마토, 감자, 바질, 페퍼민트, 장미허브, 라벤더, 로즈마리 등이다.

④ 허브(Herb)가든
  ㉠ 꽃과 종자, 줄기, 잎, 뿌리 등이 약, 요리, 향료, 살균, 살충 등에 사용되어 인간에게 유용한 식물로 조성된 정원을 말하며 약초, 향초, 향미채소, 향신료 등이 모두 허브가든용 식물에 속한다.
  ㉡ 허브가든용 식물은 관상, 약용, 미용, 요리, 염료 등에 다양하게 활용되고 있다.
  ㉢ 기본적으로 생육이 매우 강해 어느 곳에서나 무리 없이 잘 자라지만, 대부분이 양지바른 곳을 좋아하고 통풍과 보온성, 배수성이 양호하며 유기질이 많은 토양에서 잘 자란다.
  ㉣ 타임, 파슬리, 바질, 파인애플민트, 레몬밤, 아니카, 시계초, 라벤더, 페퍼민트, 로즈마리, 재스민, 캐모마일, 보리지, 클라리세이지 등이 허브식물이다.

10년간 자주 출제된 문제

3-3. 허브가든에 식재해서는 안 되는 식물은?
① 스파티필룸
② 로즈마리
③ 파인애플민트
④ 라벤더

[해설]
3-3
스파티필룸은 실내용 관엽식물로 이용한다.

정답 3-3 ①

10년간 자주 출제된 문제

4-1. 실내의 분화장식물에 있어서 우선적으로 고려해야 하는 사항이 아닌 것은?
① 유행하는 식물의 선택
② 실내의 기능적인 면과 이용자의 기호도
③ 실내의 환경조건
④ 바닥재료, 벽지 등 실내분위기

[해설]

4-1
분화장식물의 이용 목적, 표현양식, 형태적 특성 등에 따라 선택한다.

정답 4-1 ①

핵심이론 04 분화상품 디자인(4)

① 장식토양
  ㉠ 분화상품은 식물 외에 하이드로볼, 콩자갈, 수태 등의 장식토양을 활용하여 장식할 수 있다.
  ㉡ 장식토의 역할은 흙을 가려 주어 미관상 보기 좋게 하고, 물을 줄 때 흙이나 먼지가 튀는 것을 방지해 준다.
  ㉢ 장식토양의 종류에는 맥반석, 자갈, 하이드로볼, 바크(나무껍질), 이끼, 숯, 왕겨, 마사토 등이 있다.

② 장식물과 첨경물
  ㉠ 다양한 구조물이나 형상물을 통해 구성물을 더욱 아름답게 만들기 위해 수경요소, 자연재료, 가공재료, 동물재료, 조각 등을 이용한다.
  ㉡ 다양한 인공적인 요소와 첨경물로 디자인의 완성도를 높일 수 있다.
  ㉢ 이용 사례
    • 식물줄기를 이용하여 장식물을 만들 수 있다.
    • 작은 화분을 이용하여 작은 정원을 꾸며 놓은 듯이 식물을 배치할 수 있다.
    • 꽃바구니에 식물을 심고, 작은 의자로 디자인을 구성할 수 있다.
    • 넓은 실내 휴식공간에 플랜트박스를 이용하여 녹지공간을 조성할 수 있다.
    • 실내 로비에 대나무를 이용하여 시원함을 조성할 수 있다.
    • 도시 건물 실외의 한적한 모퉁이에 박스를 이용하여 식물을 심을 수 있다.
    • 특정 작은 공간에 마사토를 이용하여 사막 느낌을 연출할 수 있다.
    • 테이블에 꽃이 아닌 화분을 이용하여 장식할 수 있다.
    • 음식점 건물 둘레를 식물로 장식할 수 있다.
    • 작은 화분을 이용하여 건물 벽에 여러 가지 식물을 매달아 놓을 수 있다.

③ 실내의 분화장식물에 있어서 우선적으로 고려해야 하는 사항
  ㉠ 이용 목적, 표현양식, 형태적 특성 등에 따라 선택
  ㉡ 실내의 기능적인 면과 이용자의 기호도
  ㉢ 실내의 환경조건, 바닥재료, 벽지 등 실내 분위기

④ 분식용 소재 : 포인세티아, 칼랑코에, 라디칸스, 청옥, 부용, 홍기린 등
⑤ 베란다 및 발코니 장식을 위한 계절별 분식물
  ㉠ 3~5월의 시네라리아
  ㉡ 6~8월의 페튜니아
  ㉢ 9~10월의 샐비어와 과꽃
  ㉣ 10~12월의 꽃양배추

10년간 자주 출제된 문제

4-2. 실외 창가장식에 많이 이용되는 것으로 적합하지 않은 것은?

① 제라늄
② 아이비제라늄
③ 말채나무
④ 아이비

4-3. 베란다 및 발코니 장식을 위한 계절별 분식물로 부적합한 것은?

① 3~5월의 시네라리아
② 6~8월의 페튜니아
③ 9~10월의 프리뮬러
④ 10~12월의 꽃양배추

|해설|

4-3
베란다 및 발코니 장식을 위한 분식물은 ①·②·④ 외에 9~10월의 샐비어와 과꽃이 있다.

정답 4-2 ③ 4-3 ③

10년간 자주 출제된 문제

1-1. 수명 연장을 위한 절화상품 관리로 틀린 것은?

① 온도 관리
② 세균 관리
③ 바람 관리
④ 염도 관리

1-2. 절화의 품질 관리 중 광에 관한 내용으로 틀린 것은?

① 남아 있는 잎이 광합성을 할 수 있도록 광도를 조절해 준다.
② 온도가 너무 상승하면 안 된다.
③ 태양광선이 직접 비치는 장소에 보관한다.
④ 광선이 전혀 들지 않는 곳에 보관하지 않는다.

1-3. 절화 줄기의 도관을 막아 수분 흡수를 방해하는 것을 막기 위한 관리는?

① 세균 관리
② 수분 관리
③ 온도 관리
④ 에틸렌 관리

[해설]

1-2

③ 태양광선이 직접 비치는 장소에 두면 주변 온도가 상승하게 되어 빨리 시들 수 있다.

정답 1-1 ④ 1-2 ③ 1-3 ①

제4절 화훼장식 상품 관리

1. 절화상품 관리

핵심이론 01 절화상품 및 품질 관리

① 광선 : 절화는 잎이 남아 있을 경우 조금이라도 광합성을 할 수 있도록 광도를 조절해 주는 것이 좋지만, 태양광선이 직접 비치는 장소에 두면 주변 온도가 상승하게 되어 빨리 시들 수 있으므로 주의해야 한다.

② 온 도
  ㉠ 온도 관리는 절화 품질에 가장 직접적인 영향을 미친다.
  ㉡ 절화의 보관장소가 고온일 경우에는 식물의 호흡작용이나 증산작용이 활발해져서 품질 저하의 원인이 된다.
  ㉢ 온도 변화가 심한 장소는 꽃의 증산을 유발시켜 일찍 시들 수 있으므로 호흡작용과 증산작용을 억제하기 위해 저온에서 보관하는 것이 수명 연장에 도움이 된다.
  ㉣ 지나친 저온은 냉해를 입을 수 있으므로 알맞은 온도를 유지해 주어야 한다.

③ 세 균
  ㉠ 줄기의 절단면이나 표피가 벗겨진 곳에서 미생물이 활발히 번식할 경우 절화 수명에 치명적이다.
  ㉡ 물이 깨끗하지 못한 경우 세균이 급격하게 번식하여 줄기 부패의 직접적인 원인이 된다.
  ㉢ 세균 등의 미생물은 에틸렌과 독소를 생성시켜 꽃의 노화를 촉진시키고, 도관을 막아 수분 흡수를 방해하며, 물을 오염시켜 신선도를 감소시킨다.
  ㉣ 꽃을 담는 용기는 항상 깨끗하게 소독하고, 줄기가 닿는 모든 부분은 깨끗하게 관리해야 한다.

④ 수 분
  ㉠ 식물은 도관을 통해 흡수하는 수분의 양보다 증산되는 수분의 양이 많기 때문에 수분 결핍에 의한 탈수현상이 생긴다.
  ㉡ 탈수현상을 막기 위해서는 도관이 좁아지거나 폐쇄되지 않도록 줄기를 적절히 재절단해 주어야 한다.
  ㉢ 플로랄폼에 꽂혀 있는 경우 주변 환경에 의해서 탈수현상이 자주 일어날 수 있으므로 지속적으로 물을 공급해 주고, 플로랄폼을 사용하지 않고 유리용기 등을 사용한 상품은 물을 자주 교체해 주는 것이 좋다.

⑤ 에틸렌
  ㉠ 에틸렌은 성숙·노화를 촉진시키는 식물호르몬으로, 절화에 치명적이다.
  ㉡ 에틸렌에 장기간 노출되면 절화의 색이 변하거나 시들고, 꽃이나 잎 등이 떨어지게 된다.
  ㉢ 에틸렌에 의한 손상을 줄이기 위해서는 환기를 자주하고, 저온에서 보관하는 것이 좋으며, 시든 꽃이나 잎 등은 신속하게 제거해 주어야 한다.
  ㉣ 특히 채소나 성숙된 과일과 같은 공간에 보관하지 않도록 하는 등 에틸렌 발생을 줄일 수 있는 환경조건을 유지하여야 한다.
⑥ 습 도
  ㉠ 절화는 지나친 건조 상태에서 끝마름현상이나 탈수현상이 나타난다.
  ㉡ 지나친 과습 상태에서는 식물의 부패가 촉진되어 곰팡이병의 주된 원인이 되므로 주의해야 한다.
  ㉢ 건조 상태에서는 물을 자주 분무해 주고, 과습 상태에서는 자주 통풍시켜 주는 것이 좋다.
⑦ 절화보존제 처리
  ㉠ 절화의 품질 및 수명 연장을 위해 개발된 절화수명연장제는 처리 시기와 방법 및 목적에 따라 구성성분이 다르다.
  ㉡ 일반적으로 절화수명연장제는 당분, 살균제, 산도조절제, 에틸렌억제제, 습윤제 등으로 구성된다.
  ㉢ 비교적 광범위한 절화에 사용될 수 있도록 만들어지지만 종과 품종에 따라서 효과가 달라지는 경우가 많으므로 적절한 보존용액을 선택해야 한다.
  ㉣ 절화보존제가 사용되면 용기의 물을 매일 교환해 줄 필요가 없고, 수일 동안 꽃을 보존할 수 있으며, 용액이 혼탁해지면 갈아 준다.
  ㉤ 상업용 보존용액이 없을 경우 물의 pH를 낮춰 주는 구연산이나 레몬즙, 당 공급을 위한 소다음료, 살균을 위한 극소량의 표백제를 사용할 수 있다.
  ㉥ 상품 완성 후에는 피니싱제품을 사용하면 증산을 줄일 수 있어서 품질 유지에 도움이 된다.
⑧ 바람 : 절화상품은 자연에 노출될 일이 별로 없어 바람으로 인한 피해는 없을 것으로 예상되지만, 실내에서 선풍기나 냉온풍기 등의 바람을 직접 받게 되면 손상될 수 있으므로 주의해야 한다.

> **10년간 자주 출제된 문제**

1-4. 절화의 수명을 연장하기 위한 에틸렌 관리의 의미로 볼 수 있는 것은?

① 수분의 양이 많기 때문에 수분 결핍에 의한 탈수현상이 생긴다.
② 온도 변화가 심한 장소는 꽃의 증산을 유발시켜서 일찍 시들 수 있다.
③ 꽃을 담는 용기는 항상 깨끗하게 소독하고, 줄기가 닿는 모든 부분은 깨끗하게 관리되어야 한다.
④ 에틸렌은 성숙·노화를 촉진시키는 식물호르몬으로, 절화에 치명적이다.

해설

1-4
에틸렌은 무색무취의 기체로, 식물의 노화호르몬이다. 꽃봉오리와 꽃의 개화를 막고 시들게 하며, 꽃잎의 탈리를 일으킨다. 에틸렌에 대한 민감도는 저온에서 감소되므로 보관 시 저온 처리가 효과적이다.

정답 1-4 ④

핵심이론 02 절화상품 포장 관리

① 절화상품 포장 전 주의사항
  ㉠ 유통업체로부터 꽃, 잎, 줄기의 상태, 신선도 등의 외관적 요소를 잘 살펴 건강한 절화상품을 구입하는 것이 제일 중요하다.
  ㉡ 포장 전에 누런 잎이나 시들은 꽃 등은 제거하고, 지저분한 잎을 닦아 주며, 포장 시 통풍이 될 수 있는 포장방법을 활용하는 것이 좋다.

② 절화상품 포장 후 주의사항
  ㉠ 포장된 상태의 절화상품은 포장지로 인해 통기성이 나빠지고, 밀폐 상태에 따른 고온증상이 나타날 수 있다.
  ㉡ 바인딩포인트 부분의 묶음작업으로 인해 줄기가 손상되거나, 꽃·잎 등이 배송 중에 짓눌리는 등 물리적 상해가 발생할 수 있으므로, 상품을 받는 즉시 포장을 푼 후 손상을 입은 부위는 제거해 주고, 수분을 보충해 준다.

③ 배송 중 주의사항
  ㉠ 절화의 배송은 비교적 짧은 시간이라도 온도나 광선의 조절이 안 되는 경우가 많은데, 특히 차량 내부의 냉난방기로 인한 손상에 주의해야 한다.
  ㉡ 배송되는 동안 수분 공급을 할 수 없어 품질이 저하될 수 있으므로 배송 전에 충분한 분무나 관수를 해 주는 것이 좋다.

10년간 자주 출제된 문제

2-1. 절화상품 포장 전 필요사항이 아닌 것은?
① 누런 잎 제거하기
② 시들은 꽃 등 제거하기
③ 줄기의 탄화 처리
④ 지저분한 잎 닦아 주기

2-2. 절화의 배송 중 주의사항이 아닌 것은?
① 온도 조절
② 광선 조절
③ 냉난방기로 인한 손상에 주의
④ 배송 중에 분무나 충분한 관수

|해설|

2-2
④ 배송 전에 충분한 분무나 관수를 해 주는 것이 좋다.

정답 2-1 ③ 2-2 ④

2. 분화상품 관리

핵심이론 01 분화상품 유지 관리(1) : 광선, 온도, 토양

분화상품은 장식 후에도 지속적으로 성장하므로 수명 연장을 위한 광선, 온도, 토양, 수분, 시비 등의 적절한 환경조건과 병충해가 생기지 않도록 계속 관리해 주는 것이 좋다.

① 광 선
  ㉠ 분식물의 광합성을 위해 광이 적합한 조건을 만들어 주는 것이 중요하다.
  ㉡ 분화상품의 경우 실내에 장식되는 경우가 많기 때문에 광조건이 충분치 않으면 품질가치의 유지가 어렵다.
  ㉢ 대부분의 관엽식물들은 실내 저광도에서도 잘 자라지만, 식물에 따라 광요구도가 높은 종류도 있다.
  ㉣ 광요구도에 따라 양지식물과 음지식물로 나누어지기 때문에 식물의 광요구도를 잘 알고 키우는 것이 중요하다.
  ㉤ 실내에서 키울 경우에는 간이조도계를 비치하여 식물이 자라기에 적합한 장소에 두는 것이 좋다.

② 온 도
  ㉠ 온도는 분식물의 광합성 및 여러 가지 대사활동에 큰 영향을 미친다.
  ㉡ 식물에 따라 최적의 온도조건이 다르기 때문에 온도를 맞춰 주어야 하는데, 일반적으로 식물의 원산지에 따라 생육적온을 맞춰 주는 것이 좋다.
  ㉢ 대부분의 실내는 모든 식물의 생육적온 범위 내에 있으므로 생육을 위해 따로 신경 쓸 필요는 없지만, 겨울철 저온에는 베란다 등에 식물을 두지 않는 것이 좋다.

③ 토 양
  ㉠ 분식물은 화분 속에서 뿌리가 잘 자랄 수 있는 환경조건이 중요하다.
  ㉡ 대부분의 식물은 1년 정도 지나면 화분 속에 뿌리가 가득 차서 배수성·보수성·기공성 등이 불량해지므로 분갈이를 하여 토양의 물리적·화학적 성격을 바꿔 주는 것이 좋다.

10년간 자주 출제된 문제

1-1. 분화상품 수명 연장을 위한 환경조건에 해당하지 않는 것은?
① 광 선　　② 온 도
③ 에틸렌　　④ 토 양

1-2. 광선, 온도, 수분, 토양, 시비 등의 적절한 환경조건을 관리해 주어야 하는 것은?
① 절화 관리　　② 분화 관리
③ 건조화 관리　　④ 부재료 관리

1-3. 화분 속에 뿌리가 가득 차서 배수성, 보수성, 기공성이 안 좋아지는 현상을 막기 위한 조치로 올바른 것은?
① 광선을 조절한다.
② 물관리를 철저히 한다.
③ 소독을 한다.
④ 분갈이를 한다.

정답 1-1 ③　1-2 ②　1-3 ④

핵심이론 02 분화상품 유지 관리(2) : 수분

① 분식물의 생육을 위해서는 수분 유지가 필수적이다.
② 식물에 따라서 수분 요구조건이 다르므로 과습이나 위조현상이 일어나지 않도록 관수에 신경을 써야 한다.
③ 관수는 표준화하기 어렵지만 일반적으로 화분의 표토가 0.5~1cm 정도 말랐을 때 관수해 주는 것이 좋다.
④ 관수 시 꽃이 피었을 경우에는 물이 닿지 않도록 조심해야 하고, 흙이 식물체에 튀지 않도록 해야 깨끗하고 병해충 없는 식물을 만들 수 있다.
⑤ 실내습도 : 실내분식물은 겨울철 난방에 의한 공기 건조로 인해 증산량이 많아지므로, 잎에 분무기로 2~3회 물을 분무하여 수막을 만들어 주면 과도한 증산작용과 낙엽이 되는 등의 피해를 막을 수 있다.
⑥ 분화상품 관수요령
　㉠ 관수는 분식물 관리의 기본이기 때문에 관수요령을 잘 알고 관수하는 것이 중요하다.
　㉡ 관수 시 물을 너무 세게 뿌려 주면 표토가 굳어져 통기성이나 배수성이 안 좋아지므로, 적당한 세기의 물뿌리개를 이용하여 관수한다.
　㉢ 물의 온도는 실내온도와 비슷한 것이 좋으므로 하루 정도 받아 두었다가 사용하는 것이 좋다.
　㉣ 관수 시 화분바닥으로 충분히 물이 흘러나올 정도로 흠뻑 준다.
　㉤ 겨울에는 동해를 입지 않도록 추운 시간대를 피해 낮에 관수하고, 여름에는 더운 시간대를 피해 아침・저녁으로 관수해 주는 것이 좋다.
　㉥ 같은 계절이라도 더위나 추위가 지속되거나 환경의 변화가 심한 경우 관수량을 조절한다.

10년간 자주 출제된 문제

2-1. 분식물의 수분 관리로 옳은 것은?
① 일주일에 한번씩 관수한다.
② 화분의 표토가 0.5~1cm 정도 말랐을 때 관수한다.
③ 과습할 정도로 자주 관수한다.
④ 적당히 관수한다.

2-2. 분화상품 관수요령으로 적당하지 않은 것은?
① 물의 온도는 실내온도와 비슷한 것이 좋다.
② 관수 시 화분바닥으로 충분히 물이 흘러나올 정도로 흠뻑 준다.
③ 겨울에는 동해를 입지 않도록 아침・저녁으로 관수한다.
④ 여름에는 더운 시간대를 피해 아침・저녁으로 관수한다.

정답 2-1 ② 2-2 ③

핵심이론 03 분화상품 유지 관리(3) : 시비, 병충해

① 시 비
  ㉠ 분식물은 토양으로부터 지속적인 영양분이 공급되어야 품질을 유지할 수 있다.
  ㉡ 5대 비료(질소, 인, 칼륨, 칼슘, 마그네슘)는 식물에 많은 양이 필요하므로 부족증세가 나타날 때는 추가적으로 비료를 주는 것이 좋다.

② 병충해
  ㉠ 분식물은 소독이 된 깨끗한 배양토를 사용하고, 관수 관리만 잘해도 실내에서는 병충해가 잘 생기지 않는다.
  ㉡ 극한의 온도나 지나치게 높은 습도에서는 병해가 자주 발생하고, 건조한 환경에서는 충해가 발생한다.
  ㉢ 병충해가 발생하면 실외로 옮겨 가정용 농약을 이용해 병해충이 확산되기 전에 빠르게 살포하고, 비가 오는 날에는 특히 주의해서 살포한다.
  ㉣ 농약 살포 시에는 권장농도와 용량을 정확하게 지켜 살포하는 것이 좋다.
  ㉤ 농약은 냄새가 많이 나는 단점이 있으므로 병충해 발생 즉시 식물과 부근의 토양을 갈아 주는 것도 좋은 방법이다.

10년간 자주 출제된 문제

3-1. 5대 비료에 속하지 않는 것은?
① 질 소
② 칼 륨
③ 마그네슘
④ 철

3-2. 실내에서 분식물에 병충해가 발생한 이유에 해당하지 않는 것은?
① 소독이 되지 않은 배양토 사용
② 극한의 온도나 지나치게 높은 습도
③ 건조한 환경
④ 충분한 관수

|해설|

3-1
5대 비료 : 질소, 인, 칼륨, 칼슘, 마그네슘

3-2
극한의 온도나 지나치게 높은 습도에서는 병해가 자주 발생하고, 건조한 환경에서는 충해가 발생한다.

정답 3-1 ④ 3-2 ④

핵심이론 04 분화상품 포장 관리

① 분화상품 포장 전 주의사항
  ㉠ 유통업체로부터 순화가 잘되고, 건강한 식물을 구입하는 것이 제일 중요하다.
  ㉡ 포장 전에 누런 잎이나 시들은 꽃 등은 제거하고, 지저분한 잎을 닦는다.
  ㉢ 뿌리의 생육이 좋은지 화분을 뒤집어서 확인한다.
  ㉣ 뿌리가 많이 자라 나왔을 경우에는 큰 화분으로 분갈이한다.
  ㉤ 배양토를 점검하고, 배수나 보수가 적절히 안 될 경우에는 분갈이한다.
  ㉥ 화분의 재질에 따른 통기성이나 배수성 등을 살핀다.
  ㉦ 표토의 흙 높이를 보고 흙이 튀지 않도록 화산토나 이끼 등을 덮는다.

② 분화상품 포장 후 주의사항
  ㉠ 분화상품이 포장된 상태에서는 포장지로 인해 통기성이 나빠지고, 환경에 따라 고온증상이 나타날 수 있다.
  ㉡ 근원부에 과습이나 위조증상이 나타날 수 있으므로 포장지나 리본을 제거해 주고, 적합한 환경에서 관리해 주어야 상품의 수명과 품질을 유지시킬 수 있다.

③ 배송 중 주의사항
  ㉠ 분화상품은 크기와 무게 때문에 배송을 하는 경우가 많다.
  ㉡ 배송 전에 주문서를 살펴보고 상품이 주문서의 내용과 일치하는지, 글씨리본이 정확하게 출력됐는지 등을 확인한다.
  ㉢ 배송시간, 고객이 원하는 장소, 받는 사람 등을 확인한다.
  ㉣ 상품의 특성에 맞는 적절한 배송방법을 결정하고, 배송 시 상품의 훼손이 없도록 포장이 잘되었는지 확인한다.
  ㉤ 상품 배송 후에는 인수자에게 상품관리법을 설명해 주고, 상품인수증에 확인서명을 받는다.
  ㉥ 마지막으로 상품이 안전하게 배달되었음을 주문자에게 알려 주면 좋다.

10년간 자주 출제된 문제

4-1. 분화상품 포장 전 주의사항에 해당하지 않는 것은?
① 포장 전에 누런 잎이나 시들은 꽃 등은 제거하고, 지저분한 잎을 닦는다.
② 뿌리의 생육이 좋은지 화분을 뒤집어서 확인한다.
③ 뿌리가 많이 자라 나왔을 경우에는 큰 화분으로 분갈이한다.
④ 화분의 재질에 따른 보비력을 살핀다.

4-2. 분화상품의 배송 시 주의사항에 해당하지 않는 것은?
① 배송 전 주문서를 살펴본다.
② 글씨리본이 정확하게 출력됐는지 확인한다.
③ 분화상품은 포장할 필요가 없다.
④ 인수자에게 상품관리법을 설명해 주고, 상품인수증에 확인서명을 받는다.

해설

4-1
④ 화분의 재질에 따른 통기성이나 배수성 등을 살핀다.

4-2
③ 배송 시 상품의 훼손이 없도록 포장한다.

정답 4-1 ④ 4-2 ③

핵심이론 05 분화상품별 관리방법

분화상품은 식물재료에 따라서 관리방법이 다르므로 잘 알고 관리하는 것이 중요하다.

① 초화류 : 일반적으로 겉흙이 마르면 관수하고, 꽃이 핀 식물은 꽃에 물이 닿지 않도록 주의하며, 광선은 광요구도(양지식물·음지식물)에 따라 다르게 관리한다.

② 관엽식물 : 잎을 관상하는 식물로, 식물의 종류나 크기에 따라 다르지만 일반적으로 겉흙이 마르면 관수하고, 광선은 창을 통해 들어오는 반직사광선이 좋으며, 공중습도는 60~70%가 적당하다.

③ 동양란
  ㉠ 토양이 말랐을 때 배수구멍으로 물이 흐르도록 충분히 관수하고, 토양은 배수력과 통기성이 좋아야 뿌리가 썩지 않는다.
  ㉡ 광선은 반직사광선이 좋고, 통풍이 잘되는 장소에 배치하며, 관리의 최적온도는 15~20℃이다.

④ 서양란
  ㉠ 토양은 통기성과 배수력이 좋은 바크 등이 좋고, 광선은 반직사광선이 적당하며, 빛이 약하면 생육이 나빠진다.
  ㉡ 공중습도는 70~80%를 유지해야 하며, 통풍이 잘되는 장소에 둔다.

⑤ 선인장과 다육식물 : 잎과 줄기에 저수조직이 발달한 식물로, 화분 속에 흙이 충분히 마른 후에 관수하고, 양지식물이므로 환기를 자주 하여 병해충이 발생하지 않도록 관리한다.

⑥ 허브류 : 줄기와 잎이 식용·약용에 쓰이거나 향기와 향미가 이용되기도 하는 식물로, 보수성이 좋은 토양을 선택하고, 통풍이 잘되는 환경이 좋으며, 겉흙이 마르면 아침에 충분히 물을 주고, 남향이나 서향의 경우 너무 강한 햇빛은 조절해 주어야 한다.

10년간 자주 출제된 문제

5-1. 다음 중 관수방법이 틀린 것은?
① 초화류 – 꽃이 핀 식물은 꽃에 물이 닿지 않도록 주의한다.
② 관엽식물 – 식물의 종류나 크기에 따라 다르지만 주로 겉흙이 마르면 준다.
③ 허브류 – 겉흙이 마르면 아침에 충분히 물을 준다.
④ 다육식물 – 겉흙이 마르면 관수한다.

해설

5-1
잎과 줄기에 저수조직이 발달한 식물이므로 화분 속의 흙이 충분히 마른 후에 관수한다.

정답 5-1 ④

3. 가공화상품 관리

핵심이론 01 가공화의 종류

가공화는 크게 절화를 포함한 다양한 식물재료를 가공한 드라이플라워, 프레스플라워, 프리저브드플라워와 같은 자연가공화와, 다양한 재료를 이용해 자연소재의 형태를 모방하여 제작한 인조화로 구분된다.

① 인조화(Artificial Flower)
   ㉠ 보통 조화로 알려져 있으며 처음에는 종이, 헝겊, 실, 금속 등으로 만들었으나 공예기술의 발달로 도기, 유리, 피혁, 목재 및 자연의 과실, 종자, 수피류도 사용한다.
   ㉡ 현재는 주로 플라스틱을 사용하고 있으며 재봉, 압축, 접착, 염색 등의 기법을 이용하여 제작한다.
   ㉢ 생화로 판매되는 대부분의 꽃은 인조화로 제작이 가능하다.
   ㉣ 크기도 다양하고, 디자인의 활용이 광범위하며, 장기간 장식할 수 있는 장점이 있고, 실내외 어떠한 환경조건에서도 설치 가능하다.

② 건조화(Dry Flower, 드라이플라워)
   ㉠ 자연에서 자라는 모든 식물이 대상이므로 크기와 형태가 다양하다.
   ㉡ 조화에 비해 형태가 자연적이고, 소박하며, 독창적이다.
   ㉢ 생화에 비해 장식수명이 제한적이지 않아 언제 어디서나 사용이 가능하고, 관리가 편리하며, 장기간 장식이 가능하다.
   ㉣ 생화를 사용하는 것보다 경제적이며, 계절의 영향을 크게 받지 않아 작품 창작이 자유로워 장식품으로 응용할 수 있는 범위가 넓다.

③ 압화(Pressed Flower, 프레스플라워, 꽃누르미, 누름꽃)
   ㉠ 평면적 건조화로, 식물에 압력을 가하여 눌러 말린 형태이다.
   ㉡ 흔히 들판이나 산에서 발견되는 야생화의 꽃과 잎, 줄기 등을 채집하여 물리적 방법이나 약품 처리 등의 인공적인 기술로 누르고 건조한 후, 회화적인 느낌을 강조하여 구성한 것을 말한다.
   ㉢ 압화는 자연소재를 평면적으로 말린 것이기 때문에 조형성이 적지만, 꽃뿐만 아니라 식물의 잎과 줄기, 야채, 버섯, 과일, 해초 등 다양한 재료로 만들 수 있으며 자연풍경, 회화, 인물 등을 표현할 수 있다.

10년간 자주 출제된 문제

1-1. 가공화의 종류에 해당하지 않는 것은?
① 테라리움
② 드라이플라워
③ 압화
④ 프리저브드플라워

1-2. 건조화에 해당하는 것은?
① 프레스플라워
② 프리저브드플라워
③ 드라이플라워
④ 인조화

|해설|
1-1
가공화의 종류
• 인조화
• 자연가공화 : 건조화(드라이플라워), 압화(프레스플라워), 보존화(프리저브드플라워)

정답 1-1 ① 1-2 ③

ⓔ 누구나 손쉽게 제작할 수 있으며 주의력, 집중력, 인내력 등을 기를 수 있다는 장점도 있다.
④ 보존화(Preserved Flower, 프리저브드플라워)
　　㉠ 생화의 수분과 색상을 제거한 후 다시 색을 입혀 생화처럼 건조한 것으로, 생화를 장기간 보존할 수 있도록 특수보존액을 사용하여 탈수, 탈색, 착색, 보존 및 건조 단계를 거쳐 제작한다.
　　㉡ 신개념 드라이플라워로, 자연건조된 건조화에 비해 생화에 가까운 탄성과 유연성을 지니고 있으며, 다양한 색상으로도 염색이 가능해 전문적으로 디자인하기에 용이하다.

10년간 자주 출제된 문제

1-3. 자연건조된 건조화에 비해 생화에 가까운 탄성과 유연성을 지니고 있는 가공화는?

① 건조화
② 프리저브드플라워
③ 압 화
④ 드라이플라워

정답 1-3 ②

10년간 자주 출제된 문제

2-1. 건조화에 적합한 식물로, 꽃송이가 작은 소재에 해당하는 것은?
① 아스트란티아
② 헬리크리섬
③ 브루니아
④ 스타티스

2-2. 압화에 적합한 식물재료는?
① 코스모스
② 헬리크리섬
③ 유칼립투스
④ 미니솔방울

2-3. 건조화에 대한 설명으로 틀린 것은?
① 건조에 적합한 장소는 공기의 유입과 순환이 자유로운 곳이 좋다.
② 자연건조법은 건조방법 중에서 가장 특별한 기술과 재료를 요구하는 방법이다.
③ 건조소재는 중량이 가볍고, 반영구적으로 사용할 수 있는 장점을 가지고 있다.
④ 식물의 장식을 위한 건조에는 관상가치가 높은 꽃과 잎, 줄기, 열매에 이르는 모든 부위가 가능하다.

2-4. 건조화를 사용하여 화훼장식을 하였을 때의 장점은?
① 신선함으로 생동감을 느낀다.
② 반영구적으로 보관할 수 있다.
③ 물 처리가 쉽다.
④ 곡선 형태의 장식이 어렵다.

정답 2-1 ④ 2-2 ① 2-3 ② 2-4 ②

핵심이론 02 가공화소재의 종류와 특성

① 건조화용 소재
　㉠ 꽃송이가 작은 꽃 : 스타티스, 안개꽃, 시네신스, 왁스플라워 등
　㉡ 수분이 적고, 꽃송이가 열매처럼 덩어리진 꽃 : 빌리버튼, 천일홍, 에키놉스, 브루니아 등
　㉢ 꽃잎이 얇고, 건조한 느낌의 꽃 : 로단테, 헬리크리섬, 수국, 아스트란티아 등

② 압화용 소재
　㉠ 색이 선명하고, 크기가 적당한 꽃 : 수선화, 프리지아, 할미꽃, 금잔화 등
　㉡ 구조가 간단하고, 꽃잎수가 적은 꽃 : 팬지, 코스모스, 시클라멘, 양귀비 등
　㉢ 두께가 적당하고, 수분이 적은 꽃 : 클레마티스, 작약, 안개꽃, 데이지 등
　㉣ 평면적인 형태의 그린꽃 : 네프롤레피스, 클로버 등

③ 보존화용 소재
　㉠ 꽃잎이 비교적 두껍고 단단하며, 여러 겹으로 이루어진 꽃 : 장미, 다알리아, 카네이션, 국화, 거베라 등
　㉡ 꽃의 크기가 작은 꽃 : 안개꽃, 천일홍, 시네신스, 투베로사, 이모르텔 등
　㉢ 적당히 두껍고 단단한 잎소재 : 유칼립투스, 아이비, 실버레이스, 로즈마리 등
　㉣ 작은 열매류 : 스타아니스, 미니솔방울, 엠버너츠, 연밥 등

④ 가공화소재의 특성
　㉠ 자유롭고, 창의적으로 조형이 가능하다.
　㉡ 전시 방법, 장소, 위치에 덜 구애받는다.
　㉢ 건조소재는 중량이 가볍고, 반영구적으로 사용할 수 있다.
　㉣ 건조소재는 자연소재로 연중 구입이 가능하고, 염색이나 박피 등의 가공을 쉽게 할 수 있으며, 장식할 때 물이 필요 없는 소재이다.
　㉤ 건조화 제작에는 열매, 줄기, 뿌리, 가지, 잎, 덩굴 등 다양한 부위가 사용된다.
　㉥ 생화에 비해 취급하기가 편리하고, 소재의 보관과 운반 시 시간적 제한성이 없다.
　㉦ 지속시간이 짧은 생화의 단점을 보완할 수 있다.

◎ 소재가 풍부하고, 건조나 가공 및 이용 자체에서 즐거움을 얻을 수 있다.
㉱ 원예생산적 측면에서 생산방식과 품목의 다양화 및 재고용 절화의 이용 측면에 의의가 있다.

⑤ 가공화소재의 조건
㉠ 유연성이 있어야 한다.
㉡ 지속성이 있어야 한다.
㉢ 원하는 색을 유지해야 한다.
㉣ 건조·가공 후 변색·변형이 없어야 한다.
㉤ 건조소재는 모양과 색 등의 관상가치, 지속성, 경제성, 기호성 등을 갖추어야 한다.

⑥ 가공화소재의 이용
㉠ 열매와 꼬투리는 꽃과 다른 느낌으로 아름다워서 많이 이용된다.
㉡ 이삭을 이용할 때는 완전히 성숙하지 않은 단계에서 채취하는 것이 좋다.
㉢ 나뭇가지와 덩굴은 특별한 처리를 하지 않아도 이용할 수 있다.
㉣ 최근에는 독특한 모양과 향을 가지고 있는 허브류가 건조소재로 많이 사용된다.
㉤ 국내에서 가장 많이 이용된 건조소재는 다래덩굴이다.
㉥ 건조화는 꽃에만 국한되지 않고 꽃, 잎, 줄기, 뿌리, 나무껍질, 버섯, 이끼 등이 이용되고 있다.
㉦ 수분이 적고, 꽃잎과 줄기가 딱딱하여 건조 후 변형이 잘되지 않는 절화를 채집한다.

※ 건조화를 만들기 전에 글리세린을 처리하는 주된 이유는 건조소재의 부서짐을 방지하고, 유연성을 증가시켜 오래 보관할 수 있도록 하기 위해서이다.

더 알아보기

건조화용 소재
- 건조화가 가능한 꽃 : 밀짚꽃, 스타티스, 장미(꽃), 아킬레아(꽃), 로단세, 홍화(꽃), 카스피아, 안개꽃, 천일홍, 라그러스(이삭), 연밥(열매) 등
- 건조소재 중 영구적으로 이용 가능한 꽃 : 밀짚꽃, 천일홍, 스타티스, 샤스타데이지 등
- 나뭇가지와 덩굴 건조소재 : 등나무, 칡, 다래, 머루 등
- 잎소재 중 비교적 얇고, 수분함량이 적은 종류 : 엽란, 종려, 조릿대, 포플러 등
- 건조소재로 이용되는 열매 : 꽈리, 석류, 청미래덩굴, 솔방울, 밀 등
- 건조화 제작 시 이용되는 흡습제 : 글리세린, 염화마그네슘, 염화칼슘 등

10년간 자주 출제된 문제

2-5. 자연건조 시 꽃의 색과 형태의 변화가 적어 영구적으로 이용 가능한 꽃은?
① 장미꽃
② 글라디올러스
③ 카네이션
④ 밀짚꽃

2-6. 건조용 소재별 주요 이용 부위로 틀린 것은?
① 장미 – 꽃
② 아킬레아 – 잎
③ 라그러스 – 이삭
④ 연밥 – 열매

2-7. 다음 중 화훼장식에서 건조용 소재의 설명으로 틀린 것은?
① 국내에서 가장 많이 이용된 건조소재는 다래덩굴이다.
② 건조화는 꽃에만 국한되지 않고 잎, 줄기, 뿌리, 나무껍질, 버섯, 이끼 등이 이용되고 있다.
③ 수분이 적고 꽃잎과 줄기가 딱딱하여 건조 후 변형이 잘되지 않는 절화를 채집한다.
④ 홍화, 밀, 양귀비는 열매를 이용한다.

해설

2-5
밀짚꽃은 섬유질과 규산질이 많고, 수분이 적어 자연건조 후 변형이 잘되지 않는다.

2-6
② 아킬레아 – 꽃

2-7
④ 홍화와 양귀비는 주로 꽃을 이용한다.

정답 2-5 ④ 2-6 ② 2-7 ④

10년간 자주 출제된 문제

3-1. 다음 색상환에서 유사색상 배색을 나타낸 것은?

①    ②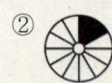
③   ④

3-2. 지루한 느낌이 들 수 있으나 톤의 변화를 주어 배색하면 부드럽고 우아한 느낌을 주는 색의 조화는?
① 보색조화
② 유사색조화
③ 다색조화
④ 삼색대비조화

[해설]

3-1
① 동일 색상 배색
③ 보색 색상 배색

정답 3-1 ② 3-2 ②

핵심이론 03 가공화소재 디자인요소 및 원리

① 색상 배색
  ㉠ 동일 색상 배색 : 동일한 색상에서 배색으로 명도와 채도의 톤 차이만 주어 배색하는 방법으로 차분하고 간결한 이미지의 배색이다.
  ㉡ 유사 색상 배색 : 색상환에서 인접한 색상과 배색하는 것으로 조화로운 이미지의 배색이다.
  ㉢ 보색 색상 배색 : 색상환에서 반대되는 색상 간의 배색으로 색상 차이가 크기 때문에 톤 차이는 적게 주는 것이 좋다. 화려하고 강한 이미지의 배색이다.

② 효과 배색
  ㉠ 톤온톤/톤인톤(Tone on Tone/Tone in Tone) : 동일 색상 또는 유사 색상의 배색에서 톤의 차이, 즉 명도와 채도의 차이를 강조한 배색을 톤온톤, 톤의 차이를 작게 한 배색을 톤인톤이라 한다.
  ㉡ 도미넌트 배색(Dominant) : 색의 속성 중 공통된 요소를 이용해 통일감 있는 이미지를 연출하는 배색이다. 색상에 의한 도미넌트 컬러 배색과 명도와 채도에 의한 도미넌트 톤 배색으로 구분된다.
  ㉢ 그라데이션(Gradation) : 색상, 명도, 채도, 톤이 점차 규칙적으로 변화되어 연속성을 갖는 배색이다.
  ㉣ 반복 배색(Repetition) : 2가지 이상의 색에 일정한 질서를 주어 반복적으로 배열하는 배색이다.
  ㉤ 토널 배색(Tonal) : 중명도 중채도의 탁한 톤(Dull Tone)을 이용한 배색으로 차분하고 안정된 이미지의 배색에서 주로 사용한다.
  ㉥ 비콜로르/트리콜로르(Bicolore/Tricolore) : 두 가지 색상의 배색을 뜻하는 비콜로르 배색과 세 가지 색상의 배색을 뜻하는 트리콜로르 배색은 강한 이미지의 배색에서 주로 사용한다.
  ㉦ 카마이외 배색(Camaïeu) : 동일한 컬러에서 약간의 명도, 채도 차이만 있어 거의 한 가지 컬러를 이용한 것과 같은 미묘한 차이의 배색이다.
  ㉧ 멀티컬러 배색(Multi-color Combination) : 다색 배색을 의미하며 다수의 색을 사용할 경우 조화로운 배색이 어려워 도미넌트 배색과 같이 전체적으로 통일감 있는 이미지로 배색하는 것이 추천된다.

핵심이론 04 가공화소재 장식과 보관

① 건조소재 장식
  ㉠ 포푸리
    - 건조된 방향성 식물의 꽃과 잎, 열매 등에 정유(Essential Oil)를 첨가하여 숙성시키는 것으로, 좋은 향기와 함께 실내장식용으로 좋은 건조소재 장식이다.
    - 프랑스어로 발효시킨 항아리라는 뜻으로, 병속에 향기를 가꾼다는 의미이다.
    - 방향성 식물 부위를 건조시켜 용기에 담거나, 주머니에 넣어 공간에 배치하거나, 몸에 지니기도 한다.
    - 자연향을 오래 간직하기 위해서 말린 꽃에 향기 나는 식물, 향료 등을 혼합하여 이것을 용기 속에 넣어 이용하는 장식화훼의 형태이다.
    - 용기, 주머니 등 다양한 형태로 장식되며, 방향요법에 사용된다.
    - 이집트시대에 시체의 부패를 방지하기 위해 사용되었다.
    - 포푸리는 향이 나는 건조소재로, 향으로 질병과 스트레스를 치료한다.
  ㉡ 압화 : 압화는 누름건조시킨 평면건조화이다. 즉, 흡수지에 눌러서 말린 꽃을 평면에 여러 가지 모양으로 접착시켜 장식한 것이다.
  ㉢ 망사잎 : 엽맥의 섬유질이 강한 종류의 나뭇잎을 묽은 수산화나트륨 용액으로 처리한 후 말린 것으로, 장식에 많이 이용된다.

② 건조소재 보관방법
  ㉠ 습기가 적고, 온도가 낮은 곳에 보관한다.
  ㉡ 햇빛을 적게 받고, 건조하며, 어두운 곳에 보관한다.
  ㉢ 통풍이 잘되는 곳에 보관한다.
  ㉣ 매몰건조에 의해 건조된 소재는 압력에 의한 손상에 유의해야 한다.
  ㉤ 가능하면 피막 처리하여 보관한다.
  ㉥ 장마철에는 일시적으로 비닐에 싸 두거나 상자 속에 넣어 보관한다.
  ㉦ 유리용기 속에 넣어 장식하거나 아크릴로 만든 상자 속에 넣어 장식하면 방습할 수 있다.
  ㉧ 쉽게 부패되는 소재는 방부제 처리를 해 준다.
  ㉨ 활짝 피기 전의 꽃을 건조하는 것이 효과적이다.

10년간 자주 출제된 문제

4-1. 건조화에 대한 설명으로 옳은 것은?
① 꽃이 빨리 마를수록 밝고 섬세한 색을 잃기 쉽다.
② 압화는 평면건조화이다.
③ 실리카겔은 일회용 건조제이다.
④ 글리세린은 대표적인 고체건조제이다.

4-2. 건조소재로서 포푸리(Potpourri)에 대한 설명으로 가장 거리가 먼 것은?
① 병속에 향기를 가꾼다는 의미이다.
② 꽃, 잎, 열매 등에서 자연적으로 향기가 나는 식물을 지칭한다.
③ 용기, 주머니 등 다양한 형태로 장식되며, 방향요법에 사용된다.
④ 이집트시대에 시체의 부패를 방지하기 위해 사용되었다.

해설
4-1
압화는 누름건조시킨 평면건조화이다.
4-2
②는 방향식물에 대한 설명이다.

정답 4-1 ② 4-2 ②

10년간 자주 출제된 문제

5-1. 화훼류의 자연건조법에 대한 설명으로 옳지 않은 것은?
① 꽃대가 약한 식물은 꽃을 별도로 철사에 끼워서 말린다.
② 안개꽃은 물병에 꽂아 둔채 말려도 가능하다.
③ 통풍이 잘되지 않고 햇빛이 잘 드는 곳이 좋다.
④ 재료를 다발 지어 높은 곳에 거꾸로 매달아 놓는다.

5-2. 장미를 신속하게 말리고 자연스러운 색상을 보다 잘 보존시켜주기 위해 사용하는 건조법은?
① 자연건조
② 실리카겔건조
③ 열풍건조
④ 탄화건조

|해설|

5-1
자연건조를 하기에 적당한 장소는 통풍이 잘되고 직사광선이 없는 곳이다.

5-2
실리카겔은 꽃을 말리는 데 사용하는 상업적 혼합물로 꽃을 신속하게 말리고 꽃의 자연스러운 색상을 보다 잘 보존시켜주기 때문에 꽃을 보존·가공하는 데 가장 효과적인 건조제이다.

정답 5-1 ③ 5-2 ②

핵심이론 05 가공화소재 가공법

① 드라이플라워(Dry Flower) 가공

㉠ 자연건조법 : 가장 간단한 방법으로 재료의 특성에 따라 다양한 방식으로 건조한다.
- 매달아 건조하기 : 소재를 거꾸로 매달아 직사광선을 피해 서늘한 곳에서 건조한다. 이때 소재 사이의 간격을 확보하여 통기성을 확보해야 한다. 무거운 꽃 부분이 아래를 향해 건조되면서 줄기가 휘는 것을 방지할 수 있다. 건조 시간은 소재의 종류와 온습도, 공기 순환 여부에 따라 다르나 보통 10~20일 이상 소요된다.
- 화병에 꽂아 둔 채 건조 : 줄기가 튼튼한 식물의 건조에 이용된다. 예 억새, 부들
- 물속에서 세워 건조(드라잉워터법) : 수분 건조 스트레스가 심한 소재는 건조 시 꽃잎이 말려들 수 있어 자연 건조가 어려우므로, 수분을 좋아하는 소재가 원활하게 물올림하도록 줄기를 사선으로 잘라 도관을 확보한 뒤 물에 넣고 서서히 자연스럽게 건조한다. 예 수국
- 바닥에 평평하게 놓고 건조 : 신문지 등을 이용하여 바닥에 식물을 놓고 건조하면서 가끔 뒤집어 주며 형태를 유지시켜 준다. 예 잎, 나뭇가지, 이끼, 열매 등
- 철망을 이용하여 건조 : 꽃이 큰 경우 키친망이나 격자 모양의 철망을 이용하여 철망에 꽃 부분을 걸쳐 건조한다.

㉡ 열풍건조법 : 소재를 건조하는 가장 빠른 방법으로 전자레인지나 다목적 건조기를 사용해 열풍으로 건조하는 방법이다. 수 시간 이내 건조가 완성되며 색감이나 형태의 변형이 적은 좋은 품질의 드라이플라워를 만들 때 추천된다. 건조 온도와 시간은 형태와 색상에 영향을 주는 요소로 건조 시 고려하여야 한다.

㉢ 매몰건조법 : 소재 전체를 실리카겔과 같은 흡습제에 매몰시켜 수분을 급속도로 건조하는 방법으로 주로 수분이 많은 식물 소재에 이용되며, 꽃이 크게 줄어들지 않고 색상도 가장 잘 유지되는 건조방식이다. 일반적으로 4~5일 정도면 건조가 완성되나 수분이 많은 소재는 7일 이상 소요된다. 건조 후 식물체에 실리카겔을 제거하는 과정 중 건조화 형태의 손상이 발생할 수 있기 때문에 건조 시 식물체에 적합한 크기의 실리카겔을 선택하는 것이 중요하다.

② 액제건조법 : 흡습성과 비휘발성을 가진 유기 액제를 이용하여 식물체 내의 수분을 액제가 대신하여 건조하는 방법으로, 액제에 의해 광택과 유연성이 증가하는 특성이 있으나 적절한 처리 시간에 유의한다. 건조가 완성되려면 수주가 걸리지만 형태가 잘 유지되는 장점이 있다.

　　⑩ 동결건조법 : 식물체를 얼려서 동결 건조기를 이용해 수분을 제거하여 건조하는 방법으로 식물체가 원형 그대로 보존되지만 기기가 고가이므로 쉽게 이용하기는 어렵다. 주로 한약재 및 식품 건조에 이용한다.

② 프레스플라워(Pressed Flower) 가공
　　㉠ 프레스보드 : 식물 소재에 압력을 가하여 누름 건조하는 방법으로, 프레스하고자 하는 소재의 양쪽으로 꽃 화지 – 건조 매트 – 프레스보드를 놓고 잘 조여준 후 서늘한 곳에서 건조한다. 두꺼운 소재의 경우 완충할 수 있는 스펀지를 추가하는 것이 추천된다.

　　㉡ 다리미 : 내유지 사이에 식물 소재를 배치한 뒤 다리미로 열과 압력을 가해 누름 건조하는 가공법이다. 짧은 시간에 소재의 누름 모양을 잡을 수 있어 가공이 간편하나 완전 건조를 위해서는 수분간 열을 식힌 뒤 추가로 무게를 가해 서서히 건조하는 것이 필요하다.

　　㉢ 마이크로웨이브 : 전자레인지 전용 프레스보드를 이용하여 식물 소재를 누름 건조하는 방법으로 건조 시간이 가장 빠르다는 장점이 있다. 일반적인 프레스보드법과 같이 조립하고 전자레인지에서 가열하여 수분을 건조한다.

　　㉣ 프레스기 : 아연판 받침에 식물 소재를 놓고 블랭킷(Blanket)을 덮은 뒤 롤러를 통과시키며 압력을 가하는 기계를 이용한 압화 가공법이다. 수직, 수평의 압력이 균일하고 저압력에서 고압력까지 손쉽게 수동 조절할 수 있어 소재에 적합한 압력을 고르게 가하기에 가장 좋은 방법이다.

③ 프리저브드플라워(Preserved Flower) 가공 : 생화를 탈수, 탈색, 보존, 건조 과정을 거쳐 생화와 같은 유연성을 지니되 다양한 색상으로 염색 가공시켜 2~3년 이상 생화와 유사한 정도로 형태와 색상이 보존된 가공법이다. 생화의 수분과 색상을 제거하고 식물 조직 내에 보존제로 치환하는 가공법으로 각 용액의 양과 꽃의 침지 시간, 염료의 농도 등을 고려하여 제작해야 하므로 가공화 제작 시 상당한 지식과 노하우가 요구된다.

10년간 자주 출제된 문제

5-3. 수분함량이 많은 꽃의 이상적인 건조방법은?
① 글리세린 건조법
② 동결건조법
③ 자연건조법
④ 실리카겔 건조법

5-4. 프레스플라워(Pressed Flower) 가공 중 건조 시간이 가장 빠른 가공 방법은?
① 프레스보드
② 다리미
③ 마이크로웨이브
④ 프레스기

5-5. 프리저브드플라워(Preserved Flower) 가공에 대한 설명으로 틀린 것은?
① 생화의 수분과 색상을 제거한다.
② 식물 조직 내에 보존제로 치환한다.
③ 염료의 농도 등을 고려한다.
④ 생화와 같은 유연성은 없다.

해설

5-3
동결건조법은 수분함량이 많은 줄기와 꽃에 효과적으로 이용 가능한 건조방법으로 소재의 수축과 쭈그러짐이 거의 없으며, 자연적인 형태와 색상이 유지되어 수명이 연장되는 장점이 있다.

5-4
마이크로웨이브
전자레인지 전용 프레스보드를 이용하여 식물 소재를 누름 건조하는 방법으로, 건조 시간이 가장 빠르다는 장점이 있다.

5-5
④ 생화와 같은 유연성을 지닌다.

정답 5-3 ② 5-4 ③ 5-5 ④

10년간 자주 출제된 문제

6-1. 트위스팅(Twisting)법을 사용하여 꽃의 줄기를 보강하기에 가장 적합한 소재로만 나열된 것은?

① 수선화, 칼라
② 숙근안개초, 미스티블루
③ 장미, 카네이션
④ 아이비, 심비디움

핵심이론 06 가공화소재 화훼장식의 표현기법 및 와이어링 기법 등

① 와이어링은 철사를 사용하는 다양한 방법으로, 가공화재료를 준비하거나 가공화상품 제작 시 사용된다.

② 약한 줄기나 화관을 지지하고, 재료를 파손 없이 사용하거나 인공적으로 줄기를 만드는 등 재료를 용이하게 다루기 위해 주로 사용하며, 묶거나 접착하는 등 재료를 고정하거나 재배치할 때도 자주 사용한다.

※ 가공화상품 제작에 사용되는 와이어링기법은 절화상품 제작 시 사용하는 기법과 유사하다.

③ 주로 트위스팅기법(Twisting Method), 훅기법(Hook Method), 피어싱기법(Piercing Method), 크로스기법(Cross Method), 인서션기법(Insertion Wiring Method), 헤어핀기법(Hairpin Method) 등이 많이 이용되며, 그 외에도 다양한 기법의 응용이 가능하다.

④ 특히, 대부분의 보존화용 소재는 와이어를 이용해 스템(손잡이)을 만들어 주는 기초작업이 필요하다.

⑤ 소재의 크기와 무게에 따라 #20~#26까지 적합한 두께의 플로리스트와이어를 선택하여 사용하며, 경우에 따라 지철사를 사용하기도 한다.

⑥ 게이지(Gauge) : 플로리스트와이어의 굵기, 즉 철사의 지름을 게이지 번호로 분류하는데 일반적으로 18, 20, 22, 24, 26번 와이어를 가장 많이 사용하고, 번호의 숫자가 커질수록 지름이 작다.

⑦ 테이핑 : 와이어링 마무리 시 플로랄테이프와 같이 접착성 있는 테이프를 감아서 줄기와 와이어를 고정하고 보호한다.

해설

6-1

트위스팅(Twisting)법은 필러 플라워 등 작은 꽃, 작은 가지 등을 한번에 모을 때 꽃잎의 기부나 절지, 절엽 등을 철사로 감아주는 기법이다. 숙근안개초, 미스티블루, 소국, 스타티스, 물망초, 안개꽃, 아스파라거스 등에 많이 사용한다.

정답 6-1 ②

핵심이론 07 가공화상품 재료

① 건조화에 적합한 식물재료
  ㉠ 자연건조법이나 인공건조법 등을 이용해 꽃이나 열매 등의 식물기관에서 수분이 제거되면 건조가 일어난다.
  ㉡ 대부분의 식물재료는 드라이플라워로 이용할 수 있지만, 건조가 완료된 후 색과 형태의 변형이 적고 부피만 줄어드는 꽃이 건조화의 재료로 추천된다.
  ㉢ 노란색, 주황색, 분홍색, 보라색 등의 꽃이 색 변화가 적어 흰색이나 빨간색 꽃보다 가공이 더욱 쉽다.

② 압화에 적합한 식물재료
  ㉠ 압화는 식물재료의 꽃, 잎, 줄기, 뿌리 등 활용 가능한 재료의 범위가 매우 광범위하다.
  ㉡ 화훼 이외에 채소, 과일, 허브 등 다양한 식물을 소재로 이용할 수 있다.
  ㉢ 꽃잎의 각도가 너무 큰 꽃, 두껍고 수분함량이 많은 꽃, 꽃잎이 나팔 모양인 꽃, 주름이 많은 꽃잎을 가진 꽃 등은 압화로 가공하기 적합하지 않다.

③ 보존화에 적합한 식물재료
  ㉠ 건조화나 압화에 비해 비교적 꽃잎이 두껍고 여러 겹으로 이루어진 형태의 꽃이 보존화의 재료로 적당하며, 꽃의 크기가 작을수록 가공하기가 유리하다.
  ㉡ 색상이 진한 색보다는 옅은 색이 탈색이 잘되어 가공하기가 용이하다.
  ㉢ 무엇보다 식물재료가 신선하고, 적당히 개화한 상태가 중요하다.

더 알아보기

가공화상품 재료 선택 시 유의사항
- 가공되어 유통되는 재료를 구매하거나, 식물재료를 구매해 직접 가공하기도 한다.
- 가공화재료를 구매할 때는 실행예산서의 재료구매목록에 따라 재료구매계획서를 작성하고, 시장을 조사한 후 구매를 결정한다.
- 가공화재료를 적절하게 구매하기 위해서는 가공화의 재료, 유통, 시세에 대한 지식을 바탕으로 재료의 상태 판별능력이 필요하다.
- 가공화를 직접 가공해 사용하는 경우, 가공화별로 적합한 품종의 상태가 좋은 자연소재를 사용해야 좋은 가공화를 만들 수 있으므로 재료 선택 시 유의해야 한다.

10년간 자주 출제된 문제

7-1. 건조가공한 장식물과 거리가 먼 것은?
① 포푸리
② 갈란드
③ 드라이플라워
④ 프레스플라워

7-2. 다음 중 압화로 만들기 쉬운 화훼장식품은?
① 꽃꽂이
② 갈란드
③ 평면장식
④ 리스

해설

7-2
꽃잎의 각도가 너무 큰 꽃, 두껍고 수분함량이 많은 꽃, 꽃잎이 나팔 모양인 꽃, 주름이 많은 꽃잎을 가진 꽃 등은 압화로 가공하기 적합하지 않다.

정답 7-1 ② 7-2 ③

핵심이론 08 가공화상품 관리

① 가공화는 상품의 시한성이 길어 오래 보존할 수 있다는 장점이 있는 반면, 다른 화훼재료와 마찬가지로 위생이 청결하지 못하거나 환경이 적합하지 못한 곳에 보관할 시에는 재료의 품질이 변질되거나 형태의 파손, 탈색 등의 우려가 있어 다음과 같은 사항에 주의해야 한다.
  ㉠ 보관장소의 청결 유지
  ㉡ 직사광선 차폐 및 수분 접촉 방지
  ㉢ 보관장소의 적절한 온습도 유지
  ㉣ 가공화별 적절한 보관 포장재 및 용기 사용
  ㉤ 재료별 식별이 가능하도록 표시하고, 반·출입 시 정리·정돈

② 인조화의 보관 : 인조화는 다른 가공화재료에 비해 보관·관리가 용이한 편이지만, 직사광선에 의해 탈색될 수 있으므로 직사광선이 닿지 않는 곳에 보관하고, 습기나 오염원으로부터 보호하기 위해 잘 밀봉하는 것이 좋다.

③ 건조화의 보관
  ㉠ 드라이플라워는 반드시 비닐에 밀봉하여 그늘지고 건조한 곳에 보관해야 한다.
  ㉡ 부서지기 쉬운 특성으로 인해 보관이 용이하지 않으므로 세워서 보관하거나, 종류별로 분류하여 보관해야 한다.
  ㉢ 드라이플라워의 부서짐과 탈락현상, 즉 건조 후 딱딱해지고 쉽게 부서지거나 끊어지는 현상은 저장과 운반의 어려움과 건화장식품 제작의 불편을 초래한다.
  ㉣ 따라서 액체상태의 비휘발성 내용물을 증가시키거나, 일정량의 수분을 유지시키는 연화법을 실시하기도 한다.

④ 압화의 보관
  ㉠ 프레스플라워는 눌린 상태로 실리카겔과 같은 건조제를 넣어 종이에 싸거나 비닐로 밀봉하여 보관하고, 사용 후에는 기관별로 분류하여 보관한다.
  ㉡ 일반적으로 꽃보관봉투를 이용하고, 장기간 보관하기 위해서는 진공팩을 이용하는 것이 좋다.

⑤ 보존화의 보관
  ㉠ 프리저브드플라워는 개별로 박스에 넣어 보관하는 것이 좋다.
  ㉡ 통풍이 잘되는 서늘한 곳에 보관한다.
  ㉢ 프리저브드플라워는 자연건조화보다 보관이 용이하지만, 습기와 광선에 주의해야 한다.

10년간 자주 출제된 문제

8-1. 가공화재료 분류 및 보관 시 주의사항에 해당하지 않는 것은?

① 보관장소의 청결 유지
② 직사광선 및 수분 공급
③ 보관장소의 적절한 온습도 유지
④ 가공화별 적절한 보관 포장재 및 용기 사용

8-2. 다음 중 드라이플라워의 보관 방식으로 옳은 것은?

① 눕혀서 보관한다.
② 반드시 비닐에 밀봉하여 보관한다.
③ 실리카겔과 같은 건조제를 넣어 보관한다.
④ 장기간 보관하기 위해서는 진공팩을 이용하는 것이 좋다.

해설

8-2
① 드라이플라워는 세워서 보관한다.
③·④ 프레스플라워의 보관 방식이다.

정답 8-1 ② 8-2 ②

제5절 화훼장식 상품 판매

1. 고객 응대

핵심이론 01 고객 관리 : 고객종류

① 기존고객
  ㉠ 기존고객도 개인고객과 기업고객으로 구분한다.
  ㉡ 기존고객의 경우, 사전에 고객의 주문이력을 파악하고 응대하면 고객의 취향이나 주로 주문하는 품목을 알 수 있어서 상담을 용이하게 진행할 수 있다.

② 신규고객
  ㉠ 신규고객은 충분한 상담을 통해 고객의 신상을 파악하고, 고객의 취향과 목적을 알아내는 것이 중요하다.
  ㉡ 신규고객을 고정고객화하기 위해서는 친절한 상담과 목적에 맞는 상품을 추천하여 고객의 만족을 이끌어 내야 한다.

③ 개인고객
  ㉠ 인터넷으로 상품을 구매하거나 매장을 방문하여 직접 상품을 구매하는 일반적인 고객을 말한다.
  ㉡ 개인고객의 경우에도 매달 정기적으로 주문을 하는 우수고객과 1년에 1~2회 정도 구매하는 일반고객으로 나눌 수 있다.
  ㉢ 고객의 입장에서는 1년에 1회를 수년에 걸쳐 구매해 왔다면 자신이 우수고객이라고 생각할 수 있으므로 항상 모든 고객을 우수고객으로 대하는 자세가 필요하다.
  ㉣ 경우에 따라 개인고객이 상품을 주문하였다가 만족하여 재구매하면서 기업고객으로 발전하는 경우도 종종 발생한다.
  ㉤ 따라서 작은 상품을 구매하는 고객에게도 성실히 응대하는 자세가 필요하다.

④ 기업고객
  ㉠ 기업고객의 경우 구매담당자가 정해져 있으며, 주로 구매담당자를 통해 주문을 하게 된다.
  ㉡ 이러한 경우 구매담당자와 상담자는 매우 친밀한 관계가 되며, 간단한 요구사항만으로도 기존의 구매이력을 통해 구매할 상품이 무엇인지 파악해야 한다.
  ㉢ 상담자가 다수인 경우, 기업고객 리스트를 작성하여 구매담당자의 성향이나 주로 구매하는 품목 등을 직원교육을 통해 공유하는 것이 중요하다.

10년간 자주 출제된 문제

1-1. 충분한 상담을 통해 신상을 파악하고, 취향과 목적을 알아내야 하는 고객은?
① 기존고객
② 신규고객
③ 개인고객
④ 기업고객

1-2. 신규고객 상담 시 틀린 것은?
① 충분한 상담을 통해 고객의 신상을 파악한다.
② 고객의 취향과 목적을 파악한다.
③ 친절한 상담과 목적에 맞는 상품을 추천한다.
④ 고객의 취향이나 주로 주문하는 품목을 알 수 있어서 상담이 용이하다.

정답 1-1 ② 1-2 ④

핵심이론 02 고객 상담(1) : 구매목적, 구매주체

> 고객의 요구사항이 무엇인지 정확히 파악하기 위해서는 고객 및 사용자, 이해관계자의 요구사항 수집이 필수적이다.

① 구매목적
  ㉠ 고객과는 대면, 전화, 인터넷을 통해 상담할 수 있다.
  ㉡ 상담직원은 고객이 원하는 용도에 맞는 상품 디자인을 추천할 수 있어야 한다.
  ㉢ 기존고객의 경우 구매이력이나 그동안의 고객과의 상담을 통해 어느 정도 기초지식이 축적되어 있지만, 신규고객의 경우 정보가 전무하기 때문에 숙련된 상담자일지라도 상담에 어려움이 있을 수 있다.
  ㉣ 따라서 고객 상담 시 다음과 같은 기본적인 고객의 요구사항에 대한 분류체계를 이해하고 있다면 훨씬 상담이 용이해진다.
  • 결혼, 장례, 돌잔치 등의 행사용도
  • 승진, 전보발령, 취임, 퇴임 등의 업무용도
  • 생일, 프러포즈, 졸업, 입학 등의 개인용도
  • 발렌타인데이, 어버이날, 스승의 날, 추석, 설날, 크리스마스 등의 시즌용도

② 구매주체
  ㉠ 주문자와 사용자가 동일한 경우 : 주문자가 필요로 하는 화훼장식 상품의 종류, 목적 등 요구사항에 대해 성실히 기록하고, 이를 상품 제작에 반영한다.
  ㉡ 주문자와 사용자가 동일하지 않은 경우
  • 화훼상품의 경우에는 주문자 본인이 화훼상품을 구매하여 집을 장식하거나 감상하는 경우도 있으나, 다른 사용자를 위해 축하용, 행사용, 선물용 등으로 구매하는 경우도 많다.
  • 이와 같이 실제 상품을 주문하는 사람과 사용하는 사람이 다른 경우, 주문자의 의도와는 달리 사용자가 불만족하는 일이 발생할 수 있으므로 상담과정에서 주의 깊게 고객 및 사용자의 요구를 수렴하여야 한다.

더 알아보기

기획목적에 따른 분류
일반적인 화훼장식 상품 판매를 위한 고객요구에 따른 기획, 전시를 목적으로 한 작품으로서의 기획, 화훼장식 신상품 개발 등 예술적 작품 개발을 위한 기획 등으로 구분한다.

10년간 자주 출제된 문제

2-1. 구매목적 중 업무용도에 해당하는 것은?
① 결 혼
② 설 날
③ 졸 업
④ 전보발령

2-2. 주문자와 사용자가 동일한 경우 주의해야 할 점이 아닌 것은?
① 화훼장식 상품의 종류
② 주문목적
③ 신상품 개발
④ 성실히 기록하고, 이를 상품 제작에 반영

2-3. 주문자와 사용자가 동일하지 않은 경우 주의해야 할 점이 아닌 것은?
① 충분히 듣고 재확인한다.
② 주문목적을 정확히 파악한다.
③ 스케치 또는 유사상품의 사진으로 주문내용과 같은지 확인한다.
④ 예술적 작품을 개발한다.

정답 2-1 ④ 2-2 ③ 2-3 ④

핵심이론 03 고객 상담(2) : 고객 응대요령

① 고객유형별 응대요령

㉠ 불평이 많은 고객 : 고객 중에서 불만을 많이 표현하고 작은 불만에도 예민하게 반응하는 고객이 있을 수 있는데, 이러한 고객은 우선 고객의 입장을 인정해 주고, 상품에 대해 차근차근 설명하여 이해시키고 설득하는 것이 좋다.

㉡ 말이 많은 고객 : 고객이 상품과 관계없는 말을 많이 할 때는 말을 바로 중단시키지 말고 어느 정도 청취를 하다가, 적절한 때 상대방 기분이 상하지 않게 원래 목적인 주문을 받기 위해 설명하는 상황으로 분위기를 이끈다.

㉢ 과묵한 고객 : 무뚝뚝해서 대화가 잘 이루어지지 않고, 속마음을 헤아리기 어려운 고객들은 조금 불만스러운 것이 있어도 잘 내색하지 않는다. 하지만 말이 없다고 해서 흡족한 것으로 착각해서는 안 되며, 성급한 대화나 무리한 질문보다는 고객의 동작과 표정으로부터 무엇에 관심이 있는가를 관찰한 후 조용히 접근하면서, 관심 있어 하거나 관심을 가질 만한 화훼장식 상품의 특징을 성의 있게 설명하는 것이 좋다.

㉣ 소심한 고객 : 사소한 것을 걱정하는 경우가 많고, 이것저것 생각하며 타인의 평가를 크게 신경 쓰는 고객은 상담을 할 때 수동적이거나 소극적인 경향이 있으므로, 처음부터 친절히 대해 주고 천천히 대화하며 고객의 요구사항을 파악하고 추천상품에 대해 설명한다.

㉤ 자기주장이 강한 고객 : 자신을 과시하려는 말과 행동이 확연히 드러나고, 구매가 성사되면 자신을 과시하려는 듯이 자기의 친구나 친지 등 주위의 신규고객을 적극적으로 소개하는 경향이 있으므로, 자기주장과 자기과시를 인정해 주고 동감하면서 응대할 필요가 있다.

㉥ 성질이 급한 고객 : 행동이 빠르고 돌발적 충동이나 사소한 이유로 마음이 자주 변할 수 있으므로, 화훼장식 상품에 대한 구체적인 설명보다는 주요 특징을 중심으로 한 간결한 상품 설명이 필요하며, 짧은 시간 내에 상담하고 집중적으로 응대한다.

㉦ 느긋한 성격의 고객 : 성급하지 않고, 인내심이 강하며, 꼼꼼한 고객은 풍부한 화훼정보와 지식으로 상담에 응해 고객이 관심 있는 상품에 대한 확신을 심어 주는 것이 중요하다.

10년간 자주 출제된 문제

3-1. 사소한 것을 걱정하고, 이것저것 생각하며 타인의 평가를 크게 신경 쓰는 고객의 분류는?

① 소심한 고객
② 자기주장이 강한 고객
③ 성질이 급한 고객
④ 느긋한 성격의 고객

정답 3-1 ①

10년간 자주 출제된 문제

3-2. 고객 상담 시 상담자가 갖추어야 할 능력으로 옳지 않은 것은?

① 상품에 관한 지식보다는 매너가 중요하다.
② 고객의 요구사항과 목적을 파악해야 한다.
③ 탄력적인 상품 기획 및 협상 능력이 필요하다.
④ 상품에 관한 전반적인 리스트를 파악해야 한다.

② 고객의 요구와 목적 파악
  ㉠ 고객과는 대면, 전화, 인터넷을 통해 상담할 수 있다.
  ㉡ 상담을 통해 주문이 완료되면 주문서에 기재된 고객의 요구사항과 목적을 파악한다.
  ㉢ 고객의 지불능력에 따른 탄력적인 상품 기획 및 협상 능력이 필요하다.
  ㉣ 상담자는 고객과 상담할 때 매너와 함께 상품에 관한 지식을 갖추고 있어야 한다.
  ㉤ 고객 상담 시 고객요구도를 만족시키기 위해서는 상품에 관한 전반적인 리스트를 파악하고 있어야 한다.
  ㉥ 상담 중에 품목을 바꿀 수도 있으므로, 끝까지 신뢰성 있는 태도로 최적의 만족도를 가지고 주문할 수 있도록 하기 위한 상담자의 교육이 필요하다.
    • 고객의견 청취
    • 구매동기 파악
  ㉦ 고객이 방문 또는 전화로 상담할 때는 상담일지를 비치하고, 먼저 고객의 연락처와 주소, 이름 등을 기록한 뒤 상담에 임하는 것이 바람직하다.

해설

3-2
① 상담자는 고객과 상담할 때 매너와 함께 상품에 관한 지식을 갖추고 있어야 한다.

정답 3-2 ①

핵심이론 04 구매의사 결정과정

① 구매욕구
  ㉠ 구매욕구는 다양한 구매목적에 따라 상품을 구매하고자 하는 요구에서 생겨난다.
  ㉡ 욕구의 강도나 지속 정도는 사람에 따라 다르며, 최종적인 구매로 이어지기까지는 강한 동기부여가 필요하다.

② 정보탐색
  ㉠ 소비자가 구매에 필요한 정보를 수집하는 단계이다.
  ㉡ 고급의류, 전자제품 등 재무적·사회적 위험이 많은 상품일수록 정보를 탐색하기 위한 노력을 많이 한다.
  ㉢ 화훼상품은 고부가가치 상품인 동시에 기호상품으로, 구매자의 취향이나 성향에 따라 다양한 요구가 발생되어 상품과 관련된 정보를 능동적으로 탐색한다.

③ 대안평가
  ㉠ 고객 본인이 생각한 상품이나 상담자가 추천한 상품에 대해 나름의 평가기준 및 방식을 고려하여 각각의 상품을 비교·평가한다.
  ㉡ 상품의 주요 속성, 개인의 동기, 개성, 가치관 등에 영향을 받는다.

④ 구매행동
  ㉠ 소비자의 구매행동은 구매하고자 하는 상품에 대한 소비자의 관심도와 중요도에 따라 달라진다.
  ㉡ 소비자가 과거의 구매경험에 만족하였을 경우 관성적 구매패턴이 발생하여 반복적 구매가 이뤄질 수 있다.
  ㉢ 반대로 처음 구매하거나 복잡한 의사결정구조를 지녔다면 구매행동이 이뤄질 때까지 긴 시간이 요구될 수 있다.

⑤ 구매 후 평가
  ㉠ 상품 구매 후 호의적인 반응이 나타난 경우 재구매 의도가 높아지지만, 기대보다 성과가 낮은 경우 재구매하지 않는 반응을 보이므로 고객이 구매한 상품에 대해 부정적인 생각을 갖지 않도록 노력해야 한다.
  ㉡ 하지만 소비자는 자신이 선택한 상품에 대해 합리화하려는 경향이 있기 때문에 구매 후 지속적으로 고객만족도를 모니터링하는 것이 중요하다.

10년간 자주 출제된 문제

4-1. 구매의사 결정과정과 관계가 없는 것은?
① 구매욕구
② 대안평가
③ 상 담
④ 구매 후 평가

[해설]
4-1
구매의사 결정과정 : 구매욕구 → 정보탐색 → 대안평가 → 구매행동 → 구매 후 평가

정답 4-1 ③

10년간 자주 출제된 문제

1-1. 다음 중 상담일지 작성에 대한 설명으로 틀린 것은?

① 상담일시와 상담유형 및 상담결과에 대해 기재한다.
② 상담목적, 상품 종류, 금액 등 세부사항을 기재한다.
③ 고객의 외모나 출신지 등을 파악·기재하려 하는 것은 실례이다.
④ 상품 제작·배송 시 고려해야 하는 사항 등을 상세하게 기재한다.

해설

1-1
③ 상담 후 고객의 외모, 성격, 경력, 출신지 등 고객의 신상에 대해 가능한 한 자세히 파악하는 것이 고객과의 다음 상담을 원활하게 만들 수 있다.

정답 1-1 ③

2. 매장 판매

핵심이론 01 상품주문서(1) : 상담일지

① 상담일지는 상담내용을 기록하는 서식으로, 고객과의 상담과 협의 과정에서 도출된 고객요구도를 기초로 작성한다.
② 상담자가 상담하는 과정에서 직접 작성하거나, 상담이 종료된 후 상담내용을 정리하여 작성할 수 있다.
③ 상담일지의 작성
  ㉠ 고객의 신상을 파악한다.
  ㉡ 상담일시와 상담유형을 기재한다.
  ㉢ 상담목적, 상품 종류, 금액 등의 세부사항을 상담내용에 기재한다.
  ㉣ 상담결과에 대해 기재한다.
  ㉤ 상담결과를 바탕으로 상품 제작·배송 시 고려해야 하는 사항이나 주의사항 등을 상세하게 특이사항 및 관련 지시사항에 기재한다.
  ㉥ 상담 후 외모, 성격, 경력, 출신지 등 고객의 신상에 대해 가능한 한 자세히 파악하는 것이 고객과의 다음 상담을 원활하게 만들 수 있다.
  ㉦ 구매의사를 결정한다.
④ 구매의사 결정은 소비자가 재화나 서비스의 구매 여부와 언제, 무엇을, 어디서, 어떻게, 누구로부터 구매할 것인가 등을 결정하는 과정이다.
⑤ 고객은 구매동기에 따라서 상담직원과 상담을 진행하며, 여러 가지 추천받은 구매상품에 대한 정보탐색의 과정을 거쳐 구매의사를 결정하게 된다.
  ※ 구매의사 결정과정 : 구매욕구 → 정보탐색 → 대안평가 → 구매행동 → 구매 후 평가
⑥ 상담일지와 주문서에 따라 상품 설치장소를 선정한다.
⑦ 상품 설치장소를 선정할 때는 상품의 종류, 크기, 무게 등에 따라 배송방법과 배송인력을 파악해야 한다.
⑧ 상품의 종류와 고객의 요구에 따라 상품 설치장소를 사전에 답사하여 미리 파악하면 상품 제작에 반영할 수 있으며, 상품이 놓일 위치(장소)에 대한 공간적·시각적 자료를 컴퓨터에 저장하여 상품 제작 시 환경자료로 활용할 수 있도록 하는 데이터베이스(DB) 구축이 필요하다.
⑨ 특히, 경조사에 사용되는 축하화환이나 경조화환의 경우 배치하는 위치나 장소를 혼주나 상주와 상의하고 진행해야 고객의 불만을 사전에 예방할 수 있다.

핵심이론 02 상품주문서(2) : 견적서

① 견적서는 화훼장식 상품 제작비용(제작비용 및 배송까지의 모든 제반비용)을 제안하는 문서이다.
② 고객과의 상담일지와 주문서를 바탕으로 고객이 원하는 상품에 대한 가격을 제시하기 위해 품목별로 규격과 수량, 단가 및 총금액을 상세히 기재한다.
③ 견적서는 상담일지를 참고하여 디자이너나 행정업무를 담당하는 직원이 작성한다.
④ 견적서의 작성
  ㉠ 발행번호 : 발행번호의 형식이 따로 정해져 있는 것이 아니므로 관리가 편리하도록 번호를 기재한다.
  ㉡ 발행일
    • 견적서의 발행일자를 기재한다. 단, 유효기간이 명시되지 않았을 때는 일반적으로 발행일자를 기준으로 한 달을 유효하다고 보면 된다.
    • 유효기간이 필요한 이유는 업종, 원자재비, 유가 등의 변동으로 인해 견적금액이 전체적으로 변경될 수 있기 때문이다.
  ㉢ 공급자 : 발주자에게 화훼상품을 공급하는 업체를 말하며 사업자등록번호, 상호명, 대표자, 소재지, 업태, 업종 등을 기재한다.
  ㉣ 총합계금액 : 판매원가에 부가가치세 10%를 더한 금액을 숫자와 함께 기입하는 것이 일반적이지만, 화훼상품은 부가가치세 면세품목이며 대부분의 화원이 부가가치세 면세사업자이기 때문에 부가가치세를 제외하고 기입한 후 '부가가치세 제외'라고 표기한다.
  ㉤ 항목별 상품명, 규격, 수량, 단가, 세액, 비고 : 판매상품에 대한 상품명, 규격, 수량, 판매단가를 기재한다.
  ㉥ 공급가액 : 부가가치세를 제외한 실제 판매원가를 기재한다.
  ㉦ 추가사항 : 일반적으로는 위의 항목만으로 구성되지만 경우에 따라서 견적서의 유효기간, 결제방법, 결제기간(선불, 후불, 완료 후 며칠) 등을 기재하여 계약 시 조율한 항목을 미리 알려 줄 수 있다.

10년간 자주 출제된 문제

2-1. 화훼장식 상품 제작비용, 즉 배송까지의 모든 제반 비용을 제안하는 문서는?
① 송 장
② 주문서
③ 상담서
④ 견적서

2-2. 견적서 작성에 대한 설명으로 옳은 것은?
① 발행번호의 형식이 따로 정해져 있다.
② 판매원가에 부가가치세 15%를 더한 금액을 숫자와 함께 기입한다.
③ 화훼상품은 부가가치세 면세품목이므로 부가가치세 제외라고 표기한다.
④ 유효기간이 명시되지 않았을 때는 발행 일자 기준 3개월을 유효하다고 본다.

해설

2-2
① 발행번호의 형식이 따로 정해져 있는 것은 아니므로 관리가 편리하도록 번호를 기재한다.
② 판매원가에 부가가치세 10%를 더한 금액을 숫자와 함께 기입하는 것이 일반적이다.
④ 유효기간이 명시되지 않았을 때는 일반적으로 발행일지를 기준으로 한 달을 유효하다고 보면 된다.

정답 2-1 ④ 2-2 ③

핵심이론 03 상품주문서(3) : 주문서

① 주문서는 고객이 구입하고자 하는 상품의 규격, 품목, 배송지, 경조사어 등을 기재한 양식이다.
② 고객 상담을 통해 정해진 상품에 대해 자세한 세부사항을 기재한다.
③ 주문서는 상담 후 고객이 직접 작성하며, 고객이 원하는 경우 행정업무를 담당하는 직원의 도움을 받아 작성한다.
  ※ 이때 고객의 요구와 상담일지를 참고하여 주문서 작성에 도움을 줄 수 있다.
④ 주문서의 작성
  ㉠ 주문내용 작성
    • 상담결과에 따라 상품 디자인을 결정하고, 제작에 필요한 세부사항들을 파악하여 실제 제작이 가능하도록 주문서를 작성한다.
    • 상품주문서에 기재되는 주요 내용 : 상품명, 주문자, 주문자 연락처, 수신인, 수신인 연락처, 배송일자, 설치장소, 전달 메시지 등
  ㉡ 세부사항 작성 : 상품에 필요한 원재료(꽃, 식물 등)와 부재료(꽃바구니, 리본, 화병 등)에 대한 형태, 색상, 크기, 구매방법 등
  ㉢ 기타 사항 작성
    • 주요 내용에서 기재되지 않았던 고객의 요구사항 등의 추가 내용
    • 상품과 함께 배송할 케이크나 선물, 배송 시 유의사항 등

10년간 자주 출제된 문제

3-1. 다음 중 주문서의 작성 내용에 대한 설명으로 틀린 것은?

① 제작에 필요한 세부사항들을 파악하여 작성한다.
② 상품명, 주문자, 수신인, 배송일자 등을 작성한다.
③ 고객의 외모나 출신지 등을 파악하여 기재한다.
④ 상품에 필요한 원재료와 부재료에 대한 정보를 기재한다.

|해설|

3-1
③ 고객의 신상에 대한 정보는 상담일지에 작성하는 내용으로 주문서에는 작성하지 않는다.

정답 3-1 ③

핵심이론 04 상품정보 전달

① 절화상품
  ㉠ 꽃바구니 : 바구니에 플로랄폼을 고정한 후 각종 꽃과 식물잎(나뭇가지, 열매, 관엽식물 등)을 플로랄폼에 꽂아 장식하는 상품이다.
  ㉡ 꽃다발 : 꽃과 잎(나뭇가지, 열매, 관엽식물 등)을 활용하여 만든 다발로, 자연스럽게 꽃과 식물로만 뭉쳐서 만들 수 있고, 꽃다발을 제작한 후 포장지와 리본을 활용하여 장식할 수도 있다.
② 분화상품
  ㉠ 관엽식물 : 잎의 모양이나 색상, 무늬를 감상하기 위한 식물로, 작은 소품에서 대형 식물까지 화분 형태로 판매하는 상품이다.
  ㉡ 동·서양란 : 동양란은 예로부터 한국, 중국, 일본 등에서 자생하는 난초로서 잎의 크기, 모양, 무늬, 색상 등을 보고 즐기는 난초과 식물이고, 서양란은 난초과 식물 중에서 열대와 아열대에서 자라는 종류를 총칭하며 호접란, 심비디움, 덴드로비움, 반다, 카틀레아 등이 이에 속한다.
③ 가공화상품 : 인조화, 건조화, 압화, 보존화 등 꽃을 가공하여 제작한 상품을 말한다.

10년간 자주 출제된 문제

1-1. 전자상거래의 효과와 거리가 가장 먼 것은?
① 판매장소가 필요 없다.
② 언제나 반품 및 환불이 가능하다.
③ 지역적인 제약이 거의 없다.
④ 영업시간의 제약이 없다.

1-2. 화훼류 유통에 있어서 새로운 유통방법과 거리가 먼 것은?
① 꽃 상품권 판매
② 방문대면식 판매
③ 통신판매
④ 무점포판매

정답 1-1 ② 1-2 ②

3. 매장 외 판매

핵심이론 01 전자상거래(1) : 인터넷과 통신판매

① 통신판매의 의의
　㉠ 직접 배달할 수 없는 장소에 상품을 전달하고자 할 경우에는 체인점(가맹점)에 가입되어 있는 배송장소와 가까운 매장이나 꽃배달 전문 배송업체에 의뢰한다.
　㉡ 인터넷쇼핑몰로 주문하는 경우에도 직접 배송할 수 없을 때는 주문을 접수한 곳에서 또 다른 가맹업체를 통해 원하는 장소로 상품을 배달한다.
　※ 상품을 주고받을 때의 시간과 거리의 장애를 극복할 수 있는 좋은 판매방식으로 배송한다.

② 통신판매업체와 오프라인매장과의 관계
　㉠ 통신판매만 목적으로 하는 업체는 대부분 전문적으로 주문만 받는 형태를 취하고 있다.
　㉡ 통신판매업체는 오프라인매장을 거의 두지 않고 적극적인 홍보를 통해 주문 증대에 노력하므로, 오프라인매장 중 통신판매업체에 체인점으로 가입되어 있는 매장의 경우 비교적 홍보에 투자하는 비용과 노력을 절감할 수 있는 장점이 있다.
　※ 통신판매업체는 홍보비나 마케팅비의 부담이 크다는 단점이 있다.
　㉢ 통신판매업체는 소비자들에게 시간절약, 쇼핑편의, 희귀상품 구입기회 등을 제공하여 소비자의 요구에 부응하고 있으며, 매장 운영에 안정성을 보장하는 등 많은 장점을 가지고 있다.
　㉣ 통신상으로 주문을 받는 업체와 직접 배달하는 업체 간의 불신, 상품의 질 저하, 불친절 등에 의해 매장 이미지가 저하될 수 있는 위험성이 있다.

핵심이론 02 전자상거래(2) : 인터넷쇼핑몰의 운영

① 디지털상품의 확보 및 전시
  ㉠ 전자상거래의 활성화를 위해서는 현재 진열되어 있는 상품, 즉 오프라인 위주의 상품이 아닌 디지털화된 다양한 콘텐츠를 확보해야 한다.
  ㉡ 오프라인상품을 쇼핑몰에 게시할 때는 동영상을 비롯한 다양한 시각적 효과를 이용하는 것이 바람직하다.
  ㉢ 특히, 인터넷상에 상품을 전시할 때는 상품 위주보다 정보 위주로 전시하는 것이 좋다.
  ㉣ 상품에 대한 정보, 평가, 사용방법 등을 같이 제시하면 구매율을 높일 수 있다.

② 특화된 상품 취급
  ㉠ 인터넷쇼핑몰이 성공하기 위해서는 특화된 어느 하나의 상품에 치중하는 것이 좋다.
  ㉡ 특정 분야에서는 자신의 쇼핑몰이 최고라는 인식을 심어 주는 것이 중요하다.
  ㉢ 쇼핑몰의 성격이 분명해야만 구축되어 있는 쇼핑몰의 브랜드파워를 이용해 사업을 확대할 수 있다.

③ 고객 위주의 주문 및 주문 후 처리
  ㉠ 구매하고자 하는 상품을 구매하는 과정에서 최대한 고객 위주로 홈페이지의 기능을 보완하고, 상품 대금도 다양한 방법으로 지불할 수 있도록 한다.
  ㉡ 상품의 변경, 취소 등도 최대한 고객편의 위주로 진행되어야 한다.
  ㉢ 고객이 주문한 상품의 배송 상태를 고객이 확인할 수 있도록 택배회사와 연계된 화물추적시스템을 구축한다.
  ㉣ 배송 후에는 인수시간과 인수자 정보를 주문자에게 제공한다.

10년간 자주 출제된 문제

2-1. 인터넷쇼핑몰 운영에 대한 설명으로 틀린 것은?

① 디지털화된 다양한 콘텐츠를 확보해야 한다.
② 정보 위주보다 상품 위주로 전시하는 것이 좋다.
③ 특화된 어느 하나의 상품에 치중하는 것이 좋다.
④ 상품 대금을 다양한 방법으로 지불할 수 있게 해야 한다.

2-2. 인터넷 쇼핑몰의 운영원칙에 대한 설명으로 틀린 것은?

① 디지털화된 상품의 확보 및 전시가 가능하여야 한다.
② 다양한 상품을 취급하고, 특화된 상품에 치중하는 것은 바람직하지 않다.
③ 고객편의 위주의 다양한 주문 및 지불방법을 확보하여야 한다.
④ 상품에 대해 상세하고 정확한 정보를 제공하여야 한다.

[해설]

2-1
② 인터넷상에 상품을 전시할 때는 상품 위주보다 정보 위주로 전시하는 것이 좋다.

정답 2-1 ② 2-2 ②

10년간 자주 출제된 문제

3-1. 전자상거래 시 팩시밀리로 주문서를 받은 후 가장 먼저 해야 할 일은?

① 거래처를 확인한다.
② 주문서를 작성한다.
③ 배달일자에 따라 주문을 분류한다.
④ 주문을 요청한 곳에 확인전화를 한다.

|해설|

3-1
④ 주문서를 받으면 가장 먼저 주문사항을 확인해야 한다.

정답 3-1 ④

핵심이론 03 전자상거래(3) : 전자상거래 주문서 작성 (화원 간의 수·발주)

> 전화주문은 고객이 직접 화원에 주문하면 되지만, 통신판매는 주로 인터넷쇼핑몰을 통해 주문하는 것으로 고객 → 통신판매업체 → 상품 납품을 위탁받은 화원 → 배송 → 주문받은 화원(인수증, 배송사진) → 통신판매체인점 → 주문고객(인수자, 배송사진) 순으로 진행된다.

① 주문사항을 확인한다.
  ㉠ 팩시밀리로 주문서를 받으면 즉시 주문을 요청한 화원이나 꽃배달업체에 확인전화를 한다.
  ㉡ 이때 주문서에 기재된 정보, 즉 상품 배달일자, 리본글씨나 카드 내용을 다시 확인하고, 특이사항에 기재된 내용이 있으면 구체적으로 확인한다.
  ㉢ 더불어 제공한 휴대폰번호로도 주문이 올 수 있어 동시에 확인 가능하다.
② 거래처를 확인한다.
  처음 직거래하는 화원일 경우에는 구체적인 화원 정보, 대금 결제방식, 입금일자에 대해 확인한다.
③ 주문서를 작성한다.
  주문받은 사람과 상품을 만드는 사람, 배달하는 사람이 다를 경우에는 주문받은 사람의 성명을 기록해 두고, 상품의 제작자나 배달자가 구체적인 정보를 요구할 때 제공하도록 한다.
④ 배달일자에 따라 주문을 분류한다.
  ㉠ 주문 당일 배달과 당일 이후 배달을 분류하여 각각 다른 파일에 보관하면 착오를 줄일 수 있다.
  ㉡ 당일 이후 배달주문은 월계표에 주문처와 품목을 적어 둔다.
⑤ 배송 후에는 배송사진이나 인수증을 요청한다.
⑥ 배송 후 주문고객에게 인수자 정보와 배송사진을 보내고, 차후 재거래를 위해 감사함을 전한다.

핵심이론 04 전자상거래(4) : 통신배달협력업체 배송 수·발주 주문서 작성

> 체인점을 통해 상품을 발주하거나 수주를 받기도 하는데, 상호 간에 믿고 맡길 수 있는 업체가 있어야 안심하고 거래를 할 수 있다. 고객과의 약속은 신용이 우선되어야 하며, 상품의 질이나 신속한 배달도 모든 책임은 주문을 받은 업체에서 책임을 져야 한다. 숍&숍의 형태가 어려운 매장은 협력업체를 선정해 두는 것이 좋다.

① 주문서에 따라 직접 배송이 불가할 경우, 연계된 협력업체에 수·발주를 하기 위해 화원마다 한 개 이상의 통신배달협력업체(체인점)에 가입한다.

② 주문을 요청하고자 하는 화원은 인트라넷을 통해 주문서를 작성하여 본사로 직접 주문하거나 체인점에 주문한다.
  ※ 본사에서 주문서를 받는 화원은 발주를 준 화원에 주문받는 즉시 연락을 취하여 주문 내용을 확인하고 실행한다.

③ 배송 후에는 인수증과 배송시간, 배송사진을 인트라넷에 올려 주문한 화원이 확인할 수 있도록 한다.

④ 통신배달협력업체에 가입되어 있지 않은 화원은 직접 배달지역과 가까운 화원이나 통신배달체인점 본사에 배달을 의뢰하는데, 이때 주문접수증에 의해 주문받은 내용을 주문서와 인수증에 기재하고, 팩스로 해당 화원이나 통신배달체인점 본사에 보낸다.

⑤ 통신배달협력업체 수·발주 주문서 작성
  ㉠ 주문처를 확인하고 고객관리, 결제안내, 배달 시 문제 발생 등에 대비하기 위해 주문자의 이름과 전화번호를 확인하여 기록한다.
  ㉡ 상품의 종류와 가격을 확인한다.
  ㉢ 배달지역과 배달일시를 확인한다.
    ※ 상품의 정확한 배달은 화원의 신용에 큰 영향을 끼치므로 배달시간을 명확히 기록하여 늦지 않도록 한다.
  ㉣ 리본이나 메시지 내용을 정확하게 확인한다.
    ※ 리본의 경우에는 보내는 사람의 이름과 내용을 정확히 확인한다.
  ㉤ 특이사항을 확인한다.
  ㉥ 배송 후에는 인수증과 배송사진을 보낸다.
  ㉦ 거래 완료 후 통신판매대금을 전자계산서(국세청 홈택스)로 작성하여 발행한다.
    • 국세청 홈택스(https://www.hometax.go.kr) 접속 후 로그인한다(공동인증서 필수).
    • 전자세금계산서 발행을 클릭한다.

10년간 자주 출제된 문제

4-1. 통신배달협력업체의 수·발주 주문서 작성에 관한 사항으로 틀린 것은?
① 특이사항을 확인한다.
② 메시지 내용을 확인할 필요는 없다.
③ 배송 후 인수증과 배송 사진을 보낸다.
④ 거래 완료 후에 전자 세금계산서를 발행한다.

[해설]
4-1
② 리본이나 메시지 내용을 정확하게 확인해야 하며, 리본의 경우에는 특히 보내는 사람의 이름과 내용을 정확히 확인해야 한다.

정답 4-1 ②

10년간 자주 출제된 문제

5-1. 불특정다수를 향해 다량의 메시지를 전달할 수 있으며 동시 확산성·신속성·간편성이 장점인 홍보매체는?

① 신 문
② 라디오
③ 이메일
④ 텔레비전

해설

5-1

① 신문 : 홍보하고자 하는 메시지를 절대다수의 대중에게 전달해주는 표준적·전통적 매체
③ 이메일 : 적은 비용으로 신속한 홍보가 가능하고, 기존고객이나 특정 잠재고객까지 상대할 수 있는 장점이 있는 전자매체
④ 텔레비전 : 실감나고 설득력 있는 홍보메시지를 전달하는 데 최적화된 전자매체

정답 5-1 ②

핵심이론 05 상품 홍보(1) : 홍보의 종류

> 홍보란 정보를 일반대중에게 널리 알리는 것을 말하며, 상품 홍보는 매출 증대를 목적으로 기업의 상품을 대중들에게 알려 상품에 대한 인식이나 이해를 높이는 활동을 말한다. 홍보를 위해서는 소비자의 구매패턴과 목표시장에 따라 적합한 홍보매체를 선정해야 하는데, 이를 위해서는 기존고객의 리스트와 방문고객에 대한 조사, SNS 조사 등을 토대로 고객의 소비행태를 파악하는 것이 중요하다. 매체 구분에 따른 홍보에는 인쇄매체와 전파매체 및 인터넷, 옥외광고매체 등이 있다.

① 홍보대상에 따른 분류
  ㉠ 대내적 홍보 : 조직체의 구성원이나 그 가족, 고객, 지역사회 등을 대상으로 하는 홍보를 말한다.
  ㉡ 대외적 홍보 : 대내적 홍보의 대상을 제외한 일반대중들, 언론, 정부, 각종 사회단체 등을 대상으로 하는 홍보를 말한다.

② 홍보매체에 따른 분류
  ㉠ 인쇄매체 : 인쇄매체는 크게 신문(일간지)과 잡지(주간지·월간지)로 구분한다.
   • 신 문
    - 신문은 홍보하고자 하는 메시지를 절대다수의 대중에게 전달해 주는 표준적이고, 전통적인 매체이다.
    - 공신력이 높고 종류가 많으며, 특히 독자층이 광범위한 보편적 매체로, 비용이 상대적으로 저렴하다.
   • 잡 지
    - 잡지는 원고를 수집하여 주간지, 월간지, 계간지 등 일정한 간격을 두고 정기적으로 간행되는 정기간행물이다.
    - 잡지는 일반적인 생활 및 취미 관련 잡지부터 컴퓨터, 자동차, 법, 건강 등 각종 전문지까지 주제가 매우 다양하여 각 잡지마다 독자가 세분화되어 있고, 독자의 관여도나 열독도가 높다.
  ㉡ 전자매체 및 인터넷
   • 라디오
    - 불특정다수를 향해 다량의 메시지를 전달하는 특징이 있다.
    - 동시 확산성·신속성·간편성이 장점이며, 전파를 타고 전달되므로 장소의 제약이 없고, 비용이 저렴하다.

- 텔레비전(TV)
  - 실감나고 설득력 있는 홍보메시지를 전달하는 데 최적화된 매체이다.
  - 특히, 최근 HD나 UHD 등의 고화질이 보편화되면서 홍보를 위한 시청각 정보를 보다 효과적으로 전달할 수 있게 되었다.
- 인터넷 홈페이지
  - 자사의 인터넷 홈페이지를 통해 홍보메시지를 전달한다.
  - 지속적이고 즉각적인 홍보가 가능하며, 적은 비용으로 운용이 가능하다.
  - 팝업창, 배너, 플래시 등 다양한 형태로 활용이 가능하다.
- 이메일
  - 이메일은 최근 가장 많이 활용하는 홍보수단이다.
  - 적은 비용으로 신속한 홍보가 가능하고, 기존고객이나 특정 잠재고객까지 상대할 수 있는 장점이 있다.
- 모바일
  - 핸드폰이나 태블릿 PC의 어플리케이션, 모바일홈페이지를 통해 홍보메시지를 전달한다.
  - 인터넷 홈페이지와 유사한 장점이 있으며, 스마트폰이 대중화되면서 가장 각광받는 형태의 홍보매체이다.

ⓒ 옥외광고매체
- 야외광고
  - 가장 전통적인 광고형태로, 건축물의 외부에 부착하는 간판, 게시판 등과 건축물 옥상, 공항이나 고속도로 등 도로 주변에 전시하는 옥외광고판 등이 있다.
  - 다양한 메시지의 전달이 가능하지만 수용자에 대한 측정이 어려우며, 단순한 형태로 광고하는 것이 효과적이다.
- 교통광고
  - 버스, 지하철, 택시 등 대중교통 수단과 교통시설을 이용하는 광고물이다.
  - 비교적 저렴한 비용으로 장기간 노출이 가능하며 지역을 선별할 수 있는 장점이 있지만, 광고물의 훼손 우려와 광고상품의 인식 저하가 문제시될 수 있다.

10년간 자주 출제된 문제

5-2. 홍보매체 중 하나인 인터넷 홈페이지에 대한 설명으로 틀린 것은?

① 적은 비용으로 운용이 가능하다.
② 지속적이고 즉각적인 홍보가 가능하다.
③ 최근 가장 많이 활용하는 홍보수단이다.
④ 팝업창, 배너, 플래시 형태로의 활용이 가능하다.

|해설|
5-2
③ 최근 가장 많이 활용하는 홍보수단은 이메일이다.

정답 5-2 ③

10년간 자주 출제된 문제

6-1. 고객 선호도 조사 중 대인질문방법에 해당하지 않는 것은?
① 우편조사
② 전화조사
③ 대인면접조사
④ SNS 이용 조사

6-2. 소비자들의 구매패턴에 따라 형성되며, 다양한 소비자를 동질성에 따라 몇 개의 집단으로 구분하는 것이 바람직한 시장 유형은?
① 선호시장
② 동질시장
③ 핵심시장
④ 목표시장

핵심이론 06 : 상품 홍보(2) : 상품 인식 및 목표시장

① 상품 개념 및 인식
  ㉠ 화훼장식 상품의 유형은 사용목적, 행사유형 등에 따라 달라진다.
  ㉡ 화훼장식 상품과 구매하는 사람들의 인식 사이에는 관계가 성립된다는 연구결과가 있다.

② 고객 선호도 조사
  ㉠ 오프라인 조사방법
    • 직접관찰방법(Direct Observation Method) : 조사자가 직접적인 관찰을 통해 자료를 수집하는 방법을 말한다.
    • 대인질문방법 : 설문조사를 실시하고 설문내용에 대해 대인면접, 전화, 우편물을 이용하여 의견을 수렴하는 방법을 말한다.
      – 대인면접조사(Personal Interview Survey)
      – 전화조사(Tele Survey)
      – 우편조사(Mail Survey)
  ㉡ 온라인 조사방법 : 온라인 조사방법은 오프라인 조사방법에 비해 전 세계로 연결되어 있는 인터넷을 이용하여 조사시간이나 장소의 제한에서 벗어나 신속하게 많은 응답자를 확보할 수 있다는 장점 때문에 널리 이용되고 있다.
    • 홈페이지를 이용한 조사
    • 이메일을 이용한 조사
    • SNS를 이용한 조사
    • 빅데이터 자료 분석을 이용한 조사

③ 목표시장 : 목표시장이란 소비자들의 구매패턴에 따라 형성되는 시장 유형을 말하며, 다양한 소비자를 동질성에 따라 몇 개의 집단으로 구분하는 것이 바람직하다.

해설

6-1
④ SNS 이용 조사는 온라인 조사방법에 해당한다.

6-2
목표시장에 대한 설명이다.

정답 6-1 ④ 6-2 ④

핵심이론 07 상품 홍보(3) : 홍보예산지침

일반적으로 경기가 좋지 않으면 감량경영을 하고 홍보비를 축소하는데, 이는 홍보비를 비용으로 보기 때문이다. 그러나 홍보는 상품의 수요를 증대시키고 수요의 변화를 가져올 수 있으므로 적절한 홍보예산을 책정하고 집행하는 것은 기업의 브랜드이미지 상승과 매출 증대에 기여할 수 있다.

① 총매출 대비 비율법
  ㉠ 총매출 대비 비율법은 전체 매출총액의 1%, 3% 정도의 비율을 적용하여 홍보비를 산출하는 방법이다.
  ㉡ 가장 일반적인 사용방법으로, 다음 연도의 상품판매량이 예측되면 총매출 대비 비율을 적용하여 예산을 결정한다.
  ㉢ 사용이 편리한 장점이 있으나, 상품의 마진율을 고려하지 않은 채 매출액만을 고려한다는 단점이 있다.
② 전년 대비 증액법 : 홍보예산을 책정하는 데 있어 전년도에 1,000만원을 홍보예산으로 사용하였다면 올해는 전년 대비 10%를 증액하여 1,100만원을 사용하는 방법으로, 전년도에 대비하여 일정량을 증액하는 것을 말한다.
③ 총이윤 대비 비율법
  ㉠ 총매출 대비 비율법과 비슷한 방법으로, 발생한 총이윤에 대비하여 비율을 정하고 적용한다.
  ㉡ 예를 들어 총이윤이 1억이고, 홍보예산비율이 10%인 경우 1,000만원이 홍보비로 책정된다.
  ㉢ 사용이 편리하지만 매년 홍보예산비율을 수정해야 하는 단점이 있다.
④ 판매단위 할당법 : 다음 연도의 총판매량이 예측되면 단위당 고정홍보비를 적용하는 것으로, 사용이 편리하고 판매가 성공적일 경우 더 많은 홍보비가 지출되지만, 매년 홍보예산비율을 수정하여야 하고, 잦은 예산 산정의 가능성이 존재한다.
⑤ 판매점 지출법
  ㉠ 체인점이나 가맹점 또는 매장이 여러 개 있을 경우, 각 매장당 일정 금액을 책정하여 홍보비를 지출하는 방식이다.
  ㉡ 총홍보비 및 지역별 예산 측정이 가능하지만 환경 변화에 적극 대응하기 힘들다.

10년간 자주 출제된 문제

7-1. 홍보예산지침 중 총매출 대비 비율법에 대한 설명으로 틀린 것은?

① 가장 일반적이고 사용이 편리한 방법이다.
② 매출총액의 1%, 3% 정도의 비율을 적용한다.
③ 상품의 마진율을 고려하여 홍보비를 산출한다.
④ 다음 연도의 상품판매량이 예측되면 적용한다.

7-2. 판매단위 할당법에 대한 설명으로 옳은 것은?

① 매장당 일정 금액을 책정하여 홍보비를 지출한다.
② 전년도에 대비하여 일정량을 증액하는 것을 말한다.
③ 발생한 총이윤에 대비하여 비율을 정하고 적용한다.
④ 다음 연도의 총판매량이 예측되면 단위당 고정홍보비를 적용한다.

해설

7-1
③ 총매출 대비 비율법은 상품의 마진율을 고려하지 않은 채 매출액만을 고려한다는 단점이 있다.

7-2
① 판매점 지출법
② 전년 대비 증액법
③ 총이윤 대비 비율법

정답 7-1 ③ 7-2 ④

⑥ 경쟁사 비교법
  ㉠ 경쟁업체의 홍보예산을 기준으로 자사의 홍보예산을 계획하는 방법이다.
  ㉡ 사용이 편리하지만, 경쟁업체의 홍보활동에 주의를 기울여야 하고 기업의 목표, 환경 변화에 적극 대처하기 힘들다.
⑦ 목표과업법
  ㉠ 마케팅과 홍보의 목표를 달성하고자 하는 방법으로, 전체적인 홍보계획을 수립하여 진행한다.
  ㉡ 과업 달성을 위해 얼마만큼의 홍보예산이 필요한지 판단하기 쉽지 않다는 단점이 있다.
⑧ 지불능력 기준법
  ㉠ 업체에서 지불 가능한 범위 내에서 홍보비를 책정하여 지출하는 것이다.
  ㉡ 소규모 업체의 경우 홍보에 지출할 수 있는 비용이 한정적이므로, 소규모 업체의 홍보비 책정에 적합하다.

핵심이론 08 상품 홍보(4) : 광고와 마케팅

① 광 고
　㉠ 광고의 목적은 제공하는 상품이나 서비스에 대해 잠재고객의 반응을 촉진하는 것이다.
　㉡ 정보를 제공하고, 소비자의 욕구충족의 길을 열어 주며, 특정 기업의 상품과 서비스를 선택해야 하는 이유를 제시한다.
　㉢ 광고는 사회적·경제적으로 영향력을 행사하여 많은 이점을 주고 있기 때문에 그 중요성이 증가하고 있다.
　㉣ 광고는 신문, 잡지, 포스터, 라디오, TV 등 여러 매체를 통해 그 기능을 발휘할 수 있다.

② 마케팅(Marketing)
　㉠ 마케팅은 제품·서비스·아이디어를 창출하고, 이들의 가격을 결정하며, 정보를 제공하고, 이를 유통하여 개인 및 조직체의 목표를 만족시키는 교환을 성립시키는 일련의 과정이다.
　㉡ 대중매체를 통한 광고는 소비자에 대한 가장 일반적인 마케팅 활동이다.
　㉢ 광고를 통한 마케팅활동은 상품에 대한 고객의 수를 증가시켜 줄 뿐만 아니라 소비자로 하여금 지명구매를 유도하기도 한다.
　㉣ 소비자마케팅의 성과는 진정한 수요 확대로 연결된다.

10년간 자주 출제된 문제

8-1. 다음 중 마케팅에 대한 설명으로 틀린 것은?

① 마케팅의 목적은 잠재고객의 반응을 촉진하는 것이다.
② 소비자마케팅의 성과는 진정한 수요 확대로 연결된다.
③ 대중매체를 통한 광고는 가장 일반적인 마케팅 활동이다.
④ 광고를 통한 마케팅 활동은 상품에 대한 고객 수를 증가시킨다.

해설

8-1
① 제공하는 상품이나 서비스에 대해 잠재고객의 반응을 촉진하는 것은 광고의 목적이다.

정답 8-1 ①

10년간 자주 출제된 문제

9-1. 판매점의 점두 및 점내에서 소비자에게 전달하는 각종 형태의 광고와 진열을 의미하는 용어는?

① DM
② POP광고
③ 프리미엄
④ 견본 제공

핵심이론 09 상품 홍보(5) : 마케팅활동

① **POP광고**
  ㉠ POP(Point of Purchase)란 소비자적 관점에 입각한 구매시점·위치에서의 커뮤니케이션으로, 구매위치 촉진을 말한다.
  ㉡ POP광고는 구매시점광고라고도 하며, 판매점의 점두 및 점내에서 소비자에게 전달하는 각종 형태의 광고와 진열을 의미한다.

② **DM(Direct Mail Advertising, 직접우송광고)**
  ㉠ 선정된 소비자 개개인에게 우편을 통해 메시지를 전달하기 위해 사용되는 커뮤니케이션 수단이다.
  ㉡ 특정 목표를 달성하기 위해 다른 수단과 병행하여 사용할 수 있다.

③ **견본 제공(Sampling)**
  ㉠ 견본은 잠재고객에게 상품을 직접 사용해 볼 기회를 제공하는 것으로, 무료제공과 대여의 2가지 방식이 있다.
  ㉡ 소비자가 직접 상품을 사용하고 편익을 확인하게 되면 상품개념의 전달과 지각적 장애의 해소가 보다 용이해지며, 직접적인 경험을 통해 소비자는 상품과 친숙해지고 확신을 얻는다.

④ **이벤트(Event)** : 판매 촉진을 위한 마케팅 가운데 특별행사를 말하며, 기업이벤트는 소비자 판촉수단의 일종으로, 소비자를 위해 판매점이 개최하는 각종 행사를 총칭한다.

⑤ **프리미엄(Premium)**
  ㉠ 판매하려는 상품에 매력적인 경품이나 서비스를 붙이고, 광고를 통해 그 취지를 소비자에게 알려 구매의욕을 자극함으로써 실제 구매행동과 결부시키는 것이다.
  ㉡ 전시회, 각종행사 참가 등 무료 또는 비교적 저렴한 가격으로 제공되는 상품 또는 서비스이다.

⑥ **소비자 콘테스트** : 상품의 이름이나 슬로건 모집 등과 같이 참여를 통해 상품을 널리 일반대중에게 알리는 방법으로, 상품과 상표의 지명도 상승효과가 있다.

⑦ **소비자 교육**
  ㉠ 소비자에게 상품의 정확한 사용방법이나 상품정보, 생활정보 등을 제공하는 활동을 말한다.
  ㉡ 신상품이어서 제품의 효용이 잘 이해되지 않거나, 인쇄물 등의 간접적인 방법으로는 설명이 불충분할 때 효과적이다.

[해설]

9-1
① DM : 선정된 소비자 개개인에게 우편을 통해 메시지를 전달하기 위해 사용되는 커뮤니케이션 수단이다.
③ 프리미엄 : 상품에 매력적인 경품이나 서비스를 붙이고, 광고를 통해 그 취지를 소비자에게 알려 구매의욕을 자극함으로써 실제 구매 행동과 결부시키는 방식이다.
④ 견본 제공 : 잠재고객에게 상품을 직접 사용해 볼 기회를 제공하는 방식이다.

정답 9-1 ②

⑧ 전 단
  ㉠ DM이 광범위한 지역의 특정 개인을 대상으로 하는 데 반하여, 전단은 주로 일정 지역의 광범위한 개인을 대상으로 하는 판촉수단이다.
  ㉡ 전단광고는 즉효성이 있으며, 지역을 한정할 수 있고, 의외로 많이 읽혀지고 있다는 특징이 있다.

더 알아보기

홍보대상에 따른 홍보물 활용
- 소비자대상 홍보물 활용 : 견본, 쿠폰, 현금환불조건, 소액할인, 프리미엄, 경품, 무료시용, 단골손님용 경품, 보증, 끼워팔기, 구매시점 전시 및 시연 등
- 중간상 홍보물 활용 : 가격인하, 무료제품, 광고 및 전시공제 등
- 기업 및 판매원 홍보물 활용 : 전시회 및 회합, 판매원을 위한 경연회, 특별광고 등
※ 홍보물 활용은 제조업자, 중간상, 소매상, 거래조합 및 비영리조직 등을 포함한 모든 기관에서 이용된다.

10년간 자주 출제된 문제

9-2. 전단에 대한 설명으로 틀린 것은?
① 즉효성이 있다.
② 많이 읽히고 있다.
③ 지역을 한정할 수 있다.
④ 특정 개인을 대상으로 한다.

[해설]

9-2
④ DM에 대한 설명이다. 전단은 주로 일정 지역의 광범위한 개인을 대상으로 하는 판촉수단이다.

정답 9-2 ④

핵심이론 10 : 상품 홍보(6) : 화훼작품 전시

① 전시 디자인
- ㉠ 전시의 어원은 박람회(Exhibition)인데, 영국에서의 'Exhibition'은 '전시'라는 뜻이 강하고, 프랑스에서는 '설명'한다는 뜻이 강하다.
- ㉡ 이 두 가지 말은 모두 회화에 관한 전람회에서 비롯되었는데, 미국에서는 'Fair'라는 용어가 쓰이기 시작하였고, 동양에서는 '펼쳐 보이게 한다'는 글자 그대로 밖을 향해 작용하려는 의지와 설명하려는 의지가 적용된다.
- ㉢ 1,900년대 후반에 들어 다양한 문화의 발전과 브랜드의 변화로 인해 이제 전시 디자인은 점점 더 중요시되고 있다.

② 화훼작품 전시
- ㉠ 화훼장식 작품은 바닥이나 진열대 위에 전시하는 방법이 주로 사용된다.
- ㉡ 최근에는 전통적 디자인에서 벗어나 다양한 형태의 화훼 디자인이 등장하고 있는데, 예를 들어 플라워콜라주, 벽면장식품 등과 같은 2차원적 평면작품은 벽면에 전시한다.
- ㉢ 3차원적 작품의 경우 크기나 형태에 따라 바닥전시, 천장전시, 입체전시 등의 방법으로 전시할 수 있다.

③ 화훼작품 전시방법
- ㉠ 벽면전시
  - 2차원적 전시물이 주대상이 되며, 입체물이라도 주요한 경우 벽면전시로 할 수 있다.
  - 전시판을 사용하여 벽면에 부착하는 전시기법으로, 관람자의 시선을 고려하여 배치한다.
  - 벽면에 실물을 걸어 전시할 경우 스포트라이트를 사용해서 작품을 강조하고, 단순히 배경으로 사용할 경우 전시물의 부각을 위해 가능한 한 중성화시킨다.
  - 그림이나 사진, 그래픽, 설명판 등이 벽면에 부착될 경우에는 전시물과 시각적 혼란이 일어나지 않도록 색, 질감, 규격 등에 입체감을 주도록 전시한다.

10년간 자주 출제된 문제

10-1. 화훼작품 전시방법 중 벽면전시에 대한 설명으로 틀린 것은?
① 2차원적 전시물이 주대상이다.
② 입체물은 벽면전시를 할 수 없다.
③ 전시판을 사용하여 벽면에 부착하는 전시기법이다.
④ 벽면에 실물을 걸어 전시할 경우 스포트라이트를 사용한다.

[해설]
10-1
② 입체물이라도 주요한 경우 벽면전시로 할 수 있다.

정답 10-1 ②

ⓒ 바닥전시
- 전시공간의 바닥면을 이용하는 방법으로, 입체적인 전시가 가능하며 시각적으로 집중을 유도할 수 있는 장점이 있다.
- 벽면전시와 혼합하여 사용할 경우, 관람동선에 혼란을 유발하고 관람시선에도 영향을 주게 되므로 세심한 주의가 필요하다.
- 3차원적 전시물인 조각, 공예, 패션, 디자인과 기타 공간전시물 등을 전시할 때도 주의가 산만해지지 않도록 적절하게 전시해야 한다.

ⓒ 행잉전시 : 전시공간의 천장에 작품을 달아매는 방법으로, 2~3차원의 전시물과 공간전시물을 이용하여 천장면과 벽면, 바닥면 모두가 전시배경이 된다.

ⓔ 입체전시 : 전시공간에서의 전시물의 독립된 전시기법으로, 3차원의 전시물과 기타 공간전시물이 전시모체에 의해 조합되는 것을 의미하며 아일랜드, 하모니카, 파노라마, 디오라마 등의 전시기법으로 연출된다.
- 아일랜드 전시 : 입체전시물을 전시할 때 벽면이나 천장을 이용하지 않고, 섬처럼 독립된 공간에 위치시키는 전시기법
- 하모니카 전시 : 하모니카의 흡입구처럼 동일한 공간을 연속적으로 배치하고, 각 공간 속에 전시물을 설치하는 전시기법
- 파노라마(Panorama) 전시 : 실제 경관을 보는 것과 같은 느낌이 들도록 입체감과 현장감을 느끼게 하는 전시기법으로, 보여주고자 하는 주제를 시간적·공간적으로 집약시켜 입체감과 현장감을 극대화한다.
※ 파노라마 전시의 경우 대부분이 반원형 공간으로 되어 있고, 전시공간의 중앙에는 전시의 중심이 되는 오브제를 설치한다.
- 디오라마(Diorama) 전시 : 파노라마 전시기법과 유사하지만, 주위 환경이나 배경을 그림으로 하고 전시물을 축소모형으로 제작하여 실제 상황처럼 연출하는 전시기법

10년간 자주 출제된 문제

10-2. 보여 주고자 하는 주제를 시간적·공간적으로 집약시켜 실제 경관을 보는 것과 같은 느낌이 들도록 입체감과 현장감을 극대화하는 전시기법은?
① 아일랜드 전시
② 하모니카 전시
③ 파노라마 전시
④ 디오라마 전시

해설

10-2
① 아일랜드 전시 : 입체전시물을 섬처럼 독립된 공간에 위치시키는 전시기법
② 하모니카 전시 : 연속적으로 배치한 동일한 각각의 공간 속에 전시물을 설치하는 전시기법
④ 디오라마 전시 : 전시물을 축소모형으로 제작하여 실제 상황처럼 연출하는 전시기법

정답 10-2 ③

10년간 자주 출제된 문제

11-1. 장식품의 전시에서 이용되는 조명 중 광원의 빛을 대부분 천장이나 벽에 부딪혀 확산된 반사광으로 비추는 방식으로 효율이 떨어지지만 그늘짐이나 눈부심이 없는 것은?

① 전반확산조명
② 간접조명
③ 반간접조명
④ 직접조명

정답 11-1 ②

핵심이론 11 상품 홍보(7) : 화훼장식 전시시설과 조명

① 전시시설
  ㉠ 전시시설은 전시물을 진열하기 위한 시설이다.
  ㉡ 전시에 기본이 되는 시설은 전시 내용 및 기법에 따라 일률적으로 진열하기보다는, 소도구들을 적재적소에 이용하여 변화 있는 전시기법으로 좀 더 깊은 이해와 흥미를 느끼게 해야 한다.
  ㉢ 인간공학적인 측면을 고려하여 신체구조에 알맞은 시스템으로 관람자와 관리자가 보다 편하고, 실용적이며, 안정된 분위기를 느끼도록 하는 것이 무엇보다도 중요하다.

② 전시조명
  ㉠ 전시공간은 관람자를 위해 쾌적한 환경조건과 편안하게 볼 수 있는 감상조건을 만족시켜야 하는데, 이를 위해서는 전시조명의 역할이 중요하다.
  ㉡ 전시조명은 관람객에게 작품의 형상을 정확하게 나타내고, 작가의 의도 및 예술성을 충분히 표현할 수 있어야 하며, 전시물 감상에 적당한 분위기를 연출하여야 한다.
  ㉢ 화훼작품에 대한 전시조명의 경우, 강한 스포트라이트를 비추면 꽃과 식물이 시들 수 있으므로 빛의 강도와 화훼작품의 특성을 고려하여야 한다.
  ㉣ 전시조명선정 시 고려사항
    • 조 도
    • 색온도
    • 연색성
    • 광의 확산성과 방향성
    • 휘도분포
    • 눈부심
    • 광 원
    • 조명기구

제6절 화훼장식 배송·유통 관리

1. 배송 준비

핵심이론 01 상품납품서

① 납품서는 상품주문자 정보와 배송지 정보를 기록한 문서로, 고객이 직접 작성한 주문서를 바탕으로 작성한다.
② 주문서는 매장 방문이나 인터넷 등을 통해 고객이 직접 작성하며, 고객이 직접 작성하기 어려운 경우(전화, 문자메시지 등) 매장직원이 대리작성할 수 있다.
  ※ 직원이 대리작성한 경우 반드시 고객에게 주문내용이 맞는지 확인해야 한다.
③ 고객의 주문서 작성과 납품서 작성을 위해 납품서에 필요한 내용을 바탕으로 주문서 양식을 만들어 매장에 비치하고, 인터넷을 통해 직접 입력할 수 있도록 한다.
④ 납품서는 상품인수자에게 확인받을 상품인수확인서(인수증)를 포함한다.

핵심이론 02 배송취급

① 배송시간에 따른 배송방법 : 매장에서 운용 가능한 배송수단과 배송 전문업체를 파악하고, 각 업체별 운영시스템과 배송요금체계를 파악하고 있어야 한다.
  ㉠ 납품시간이 정해진 화훼상품 배송
    • 매장이 위치한 관내의 경우 직접 배송 또는 화훼상품 전문 배송차량을 구비한 배송업체에 의뢰한다.
    • 부피가 작은 상품의 경우 도보나 화물승합차를 이용할 수 있지만 부피가 큰 화환, 관엽식물 등은 1톤 천막덮개차를 이용해야 한다.
    • 원거리 배송(관내가 아닌 타 지역으로의 배송)의 경우 가입된 체인본부 인트라넷을 이용한다.
  ㉡ 납품시간이 정해지지 않은 화훼상품 배송
    • 부피가 있거나 배송 도중 훼손될 우려가 있는 상품은 화훼상품 전문 배송차량을 이용해야 한다.
    • 상대적으로 부피가 작고, 훼손의 우려가 적은 상품은 비용의 절감을 위해 일반택배를 이용할 수 있다.
    • 화훼상품 전문 배송차량에 비해 일반택배의 경우 배송비가 저렴한 편이다.

10년간 자주 출제된 문제

1-1. 납품서 작성과 관련하여 옳지 않은 것은?
① 고객이 직접 작성한 '주문서'를 바탕으로 작성한다.
② '상품인수확인서'는 포함되지 않는다.
③ 고객이 직접 작성하기 어려운 경우 매장직원이 대리작성할 수 있다.
④ 납품서에 필요한 내용을 바탕으로 주문서 양식을 만들어 매장에 비치한다.

2-1. 납품시간이 정해진 화훼상품 배송 시 주의사항으로 틀린 것은?
① 매장이 위치한 관내의 경우 직접 배송한다.
② 화훼상품 전문 배송차량을 구비한 배송업체에 의뢰한다.
③ 원거리 배송일 경우 체인본부 인트라넷을 이용한다.
④ 납품시간이 정해지면 하루 전에 도착하도록 한다.

정답 1-1 ② / 2-1 ④

> **10년간 자주 출제된 문제**
>
> **2-2. 배송차량의 조건에 해당하지 않는 것은?**
> ① 화훼상품 배송 전문회사의 차량을 이용한다.
> ② 일반 용달차량을 이용한다.
> ③ 천막덮개차량을 이용하여 배송한다.
> ④ 승합차 등 바람막이가 되어 있는 차량을 이용하여 배송한다.
>
> **2-3. 전달메시지 확인사항으로 틀린 것은?**
> ① 보내는 사람의 명의를 확인한다.
> ② 전달하고자 하는 메시지가 틀림없는지 확인한다.
> ③ 상품인수증에는 상품명, 수량, 배송장소만 포함되면 된다.
> ④ 고객의 주문내용과 실제 행사상황이 일치하는지를 확인한다.

② 배송업체별 배송방법
  ㉠ 화훼상품 배송 전문회사 운영체계 및 요금
    • 대형 화훼단지 주변으로 화훼상품 배송 전문업체들이 형성되어 있으며, 업체당 30~40여대의 차량을 보유하고, 거리와 노선에 따라 요금을 부과하고 있다.
    • '양재꽃시장'과 '과천화훼집하장'을 출발지로 보면 대략 서초·강남권은 배송료 1만 원, 종로 등 서울 시내 중심부는 1만 2,000원, 강북·강서·수원·인천·일산 등은 1만 5,000원 정도이다.
  ㉡ 일반택배 배송시스템 : 지정된 시간이 따로 정해져 있지 않거나 파손의 위험이 작은 소형 화훼상품의 경우 일반택배를 이용할 수 있는데, 상대적으로 저렴한 배송요금이 장점이지만 시일이 오래(1~3일 정도) 걸리고, 상품의 신선도가 떨어질 수 있다.

③ 배송수단
  ㉠ 배송은 직접 배송하는 방법과 화물택배를 이용하는 방법이 있으며, 화물택배의 경우 화훼상품 전문 배송차량인 1톤 천막덮개차(일반적으로 호로차라 불림)와 화물승합차, 오토바이 퀵, 도보(부피가 크지 않은 화훼상품을 한 개씩 들고 대중교통 수단을 이용해 배송하는 방법), 일반택배, 우체국택배 등을 이용한다.
  ㉡ 최근에는 드론산업의 발달로 화훼장식 상품 배송에도 드론의 활용이 높아질 것으로 예상된다.

④ 전달메시지 확인
  ㉠ 납품서와 비교하여 보내는 사람의 명의(회사, 직책, 이름 등)와 전달하고자 하는 메시지가 틀림없는지 확인한다.
  ㉡ 매장직원이 작성한 납품서를 근거로 배송 시행의 지침이 될 상품인수증을 작성한다.
  ㉢ 상품인수증에는 상품명, 수량, 배송장소, 상품 인도일시, 인수자 서명란 등이 포함되어야 한다.
  ㉣ 행사장이나 상품 인도시간을 정확히 지켜야 하는 경우, 고객의 주문내용과 실제 행사상황이 일치하는지를 확인해야 한다.

정답 2-2 ② 2-3 ③

핵심이론 03 소비자보호법

① 소비자의 기본적 권리(소비자기본법 제4조) : 소비자는 다음의 기본적 권리를 가진다.
  ㉠ 물품 또는 용역(물품 등)으로 인한 생명·신체 또는 재산에 대한 위해로부터 보호받을 권리
  ㉡ 물품 등을 선택함에 있어서 필요한 지식 및 정보를 제공받을 권리
  ㉢ 물품 등을 사용함에 있어서 거래상대방·구입장소·가격 및 거래조건 등을 자유로이 선택할 권리
  ㉣ 소비생활에 영향을 주는 국가 및 지방자치단체의 정책과 사업자의 사업활동 등에 대하여 의견을 반영시킬 권리
  ㉤ 물품 등의 사용으로 인하여 입은 피해에 대하여 신속·공정한 절차에 따라 적절한 보상을 받을 권리
  ㉥ 합리적인 소비생활을 위하여 필요한 교육을 받을 권리
  ㉦ 소비자 스스로의 권익을 증진하기 위하여 단체를 조직하고 이를 통해 활동할 수 있는 권리
  ㉧ 안전하고 쾌적한 소비생활 환경에서 소비할 권리

② 사업자가 보존하는 거래기록의 대상 등(전자상거래 등에서의 소비자보호에 관한 법률 시행령 제6조)
  ㉠ 사업자가 보존하여야 할 거래기록의 대상·범위 및 기간은 다음과 같다. 다만, 통신판매중개자는 자신의 정보처리시스템을 통해 처리한 기록의 범위에서 다음의 거래기록을 보존하여야 한다.
    • 표시·광고에 관한 기록 : 6개월
    • 계약 또는 청약철회 등에 관한 기록 : 5년
    • 대금결제 및 재화 등의 공급에 관한 기록 : 5년
    • 소비자의 불만 또는 분쟁처리에 관한 기록 : 3년
  ㉡ 사업자가 소비자에게 제공하여야 할 거래기록의 열람·보존의 방법은 다음과 같다.
    • 거래가 이루어진 해당 사이버몰에서 거래당사자인 소비자가 거래기록을 열람·확인할 수 있도록 하고, 전자문서의 형태로 정보처리시스템 등에 저장할 수 있도록 할 것

10년간 자주 출제된 문제

3-1. 소비자의 기본적 권리에 해당하지 않는 것은?
① 물품 등의 사용으로 인하여 입은 피해에 대하여 무조건적 보상을 받을 권리
② 물품 등을 선택함에 있어서 필요한 지식 및 정보를 제공받을 권리
③ 합리적인 소비생활을 위하여 필요한 교육을 받을 권리
④ 안전하고 쾌적한 소비생활 환경에서 소비할 권리

3-2. 소비자 분쟁해결기준에서 정한 거래기록의 보존기간으로 옳은 것은?
① 표시·광고에 관한 기록 : 10개월
② 계약 또는 청약철회 등에 관한 기록 : 3년
③ 대금결제 및 재화 등의 공급에 관한 기록 : 7년
④ 소비자의 불만 또는 분쟁처리에 관한 기록 : 3년

[해설]
3-2
① 표시·광고에 관한 기록 : 6개월
② 계약 또는 청약철회 등에 관한 기록 : 5년
③ 대금결제 및 재화 등의 공급에 관한 기록 : 5년

정답 3-1 ① 3-2 ④

- 거래당사자인 소비자와의 거래기록을 그 소비자의 희망에 따라 방문, 전화, 팩스 또는 전자우편 등의 방법으로 열람하거나 복사할 수 있도록 할 것. 다만, 거래기록 중에 저작권법의 규정에 따른 저작물(저작권법에 따라 복사할 수 있는 저작물은 제외)이 있는 경우에는 그에 대한 복사는 거부할 수 있다.
- 사업자가 개인정보의 이용에 관한 동의를 철회한 소비자의 거래기록 및 개인정보를 보존하는 경우에는 개인정보의 이용에 관한 동의를 철회하지 아니한 소비자의 거래기록 및 개인정보와 별도로 보존할 것

2. 배송 시행

핵심이론 01 배송계획

① 배송구상
  ㉠ 주문서에 따라 납품서를 작성한 다음, 납품하려는 상품을 어떻게 전달할 것인지에 대한 배송구상을 한다.
  ㉡ 주문서와 납품서에 근거하여 지정된 시간, 장소, 고객 요구사항 등을 점검하고, 누락된 게 없는지 확인한다.
  ㉢ 고객이 원하는 상품 전달시간과 배송장소 및 배송차량 운용상태를 파악하여 소요되는 시간을 계산하고, 운송차량의 출발시간을 결정한다.

② 배송방법 결정
  ㉠ 상품의 종류, 크기에 따라 배송수단과 방법을 결정한다.
  ㉡ 상품의 특성, 납품일시, 배송지의 교통상황 등을 종합하여 판단하고, 적합한 방법을 선택·결정한다.

③ 배송상품 검수 : 제작된 상품을 점검하고, 문제 발견 시 이를 수정·보완하기 위해선 화훼상품에 대한 기본적인 이해가 필요하다.
  ㉠ 분화상품
    • 분화상품에는 관엽화분, 동·서양란, 테라리움, 분재, 디시가든 등이 있다.
    • 화분(용기)에 식물을 심고 연출한 만큼 식재된 식물이 건강하게 성장할 수 있도록 제작하는 것이 핵심이다.
    • 배수 및 용토의 적합성, 식물 식재방법의 적절성, 장식물과 첨경물의 조화 등에 대한 이해가 필요하다.
  ㉡ 절화상품
    • 절화상품에는 화환, 꽃다발, 꽃바구니, 센터피스, 코사지 등이 있다.
    • 뿌리로부터 떨어진 상태라도 생명이 있는 식물로서 일정 기간 생명력을 유지하도록 제작하고 관리하는 것이 핵심이다.
    • 절화의 생리 및 수명 연장을 위한 처리방법, 균형과 조화를 이루어 미적 가치를 최대한 높일 수 있는 화훼장식 디자인이론 등에 대한 이해가 필요하다.

10년간 자주 출제된 문제

1-1. 배송상품 중 분화상품에 대한 설명으로 옳은 것은?
① 장식물과 첨경물의 조화 등에 대한 이해가 필요하다.
② 탈색, 마모 등을 방지하기 위한 관리지식이 필요하다.
③ 화환, 꽃다발, 꽃바구니, 센터피스, 코사지 등이 있다.
④ 일정 기간 생명력을 유지하도록 관리하는 것이 핵심이다.

1-2. 반드시 세워서 저장 및 수송해야 하는 것은?
① 숙근안개초
② 개나리
③ 글라디올러스
④ 국 화

|해설|

1-1
② 가공화상품에 대한 설명이다.
③·④ 절화상품에 대한 설명이다.

1-2
글라디올러스는 길고 가느다란 꽃줄기에 꽃대 없는 작은 꽃들이 촘촘히 달린 모양의 수상화서이기 때문에 반드시 세워서 저장·수송해야 한다.

정답 1-1 ① 1-2 ③

10년간 자주 출제된 문제

1-3. 배송 시행을 위한 상품 포장방법으로 옳은 것은?

① 신문지는 포장지로 사용 가능하지만 보온재 역할은 할 수 없다.
② 기온이 영하로 내려갔을 때는 통풍과 환기에 주의하여 포장한다.
③ 기온이 영하로 내려갔을 때는 셀로판지로 화훼상품 전체를 감싼다.
④ 기온이 영하로 내려갔을 때는 박스 내부에 스티로폼으로 벽을 세운다.

해설

1-3
① 신문지는 보온재 역할을 할 수 있다.
② 혹서기에는 고온에 화훼상품이 처지거나 시들지 않도록 통풍과 환기에 주의하여 포장한다.
③ 우천 시에는 셀로판지나 비닐로 화훼상품 전체를 감싸 준다.

정답 1-3 ④

ⓒ 가공화상품
- 가공화상품에는 인조화, 건조화, 압화(꽃누르미), 보존화(Preserved Flower) 등이 있다.
- 가공화상품의 특성상 작업 중 잎이 찢기거나 부서지지 않도록 하는 것이 중요하다.
- 탈색, 마모 등을 방지하기 위한 관리지식과 가공화상품 제작, 디자인이론 등에 대한 이해가 필요하다.

④ 상품 포장방법
  ㉠ 일반적인 포장방법

박스 포장	• 화훼상품 운송 전문차량을 이용하지 않거나 다량의 화훼상품을 배송할 경우, 상품을 박스에 담아 포장한다. • 외부의 충격으로부터 화훼상품을 보호하는 장점이 있다. • 박스 안에서 상품이 흔들려 손상되지 않도록 주의가 필요하다.
셀로판지 포장	• 화훼상품의 아름다운 형태가 고스란히 드러나는 포장방법이다. • 상품의 특징을 살려 포장할 수 있는 장점이 있다. • 외부 충격 시 상품 손상이 쉬워 화훼상품 전문 배송차량을 이용해야 한다.

  ㉡ 기후 변화에 따른 포장방법 : 우천 시, 혹한기, 혹서기 등 기후 변화에 따라 상품의 신선도를 유지할 수 있는 최적의 포장방법을 선택할 수 있어야 한다.

우천 시	빗물이 화훼상품에 스며들지 않도록 셀로판지나 비닐로 상품 전체를 감싼다.
혹한기	• 기온이 영하로 내려가는 겨울철에는 보온재(신문지 등)로 한 겹 정도 싼 후 바람이 스며들지 않도록 비닐을 덧씌운다. • 소형 상품을 박스포장할 때는 박스 내부에 스티로폼으로 벽을 세워 완벽히 보온되도록 한다.
혹서기	고온에 화훼상품이 처지거나 시들지 않도록 통풍과 환기에 주의하여 포장한다.

⑤ 상품 고정
  ㉠ 제작된 상품이 운송 도중 흐트러지지 않도록 튼튼하게 고정한다.
  ㉡ 키가 큰 관엽식물 등은 화물적재칸 내에 튼튼하게 고정하고, 중·소형 화훼상품이나 벽에 붙여 고정이 어려운 상품은 안정감 있는 박스에 담아 움직이지 않도록 고정한다.

핵심이론 02 배송현황

① 배송현황이란 상품이 전달될 배송장소에 대한 지리와 이동경로에 대한 구체적인 지식을 말한다.

② 상품이 전달되어야 하는 장소의 위치와 인근 도로의 교통상황, 매장에서의 거리 등을 알 수 있어야 상품을 제때 전달할 수 있으며, 특히 행사 등 특정한 시간대에 필요한 화훼상품의 경우 시간을 맞추지 못하면 쓸모없는 물건이 되어 고객의 강력한 항의를 받을 수 있다.

③ **관내 지리와 교통연결망** : 화훼상품을 주로 배송하게 되는 관내 지리와 도로, 대중교통 수단의 연결망을 파악하여 숙지하고 있어야 한다.

④ **건물의 위치와 접근방법** : 주소와 건물명으로 배송장소와 인근 지리를 알 수 있어야 하고, 배송장소 바로 앞까지 차가 진입할 수 있는 도로망의 연계와 주차 가능 여부를 파악할 수 있어야 한다.

※ 시간에 맞춰 배송장소 바로 앞까지 도착한다 해도 차가 진입하지도 못하고 주차할 곳도 없어 시간을 놓칠 수 있기 때문에 주차 가능 여부의 확인은 중요하다.

10년간 자주 출제된 문제

3-1. 배송계획서 작성 시 구체적으로 명시되어야 하는 사항이 아닌 것은?
① 전달 방법
② 전달 시기 및 장소
③ 고객의 특별한 요구
④ 고객의 외모 및 취향

핵심이론 03 소요시간 산출

① 운송시간대별 소요시간 산출
  ㉠ 운송시간대에 따라 변화하는 소요시간을 산출하기 위해 시간대별 교통량과 흐름을 파악할 수 있어야 한다.
  ㉡ 교통상황을 잘 파악하고, 시간을 여유 있게 잡아 상품을 출발시킨다.
  ㉢ 배송 전문업체를 이용할 경우 여러 건의 상품을 처리하게 되므로 중간경유지와 도착 예정시간을 미리 파악하고, 배송기사의 연락처를 꼭 받아 놓도록 한다.

② 소요시간의 분류
  ㉠ 평일 낮시간의 교통량과 소요시간 : 교통흐름에 특별한 장애가 없을 때 목적지까지의 거리와 연결도로를 파악한 후 정속주행 시 소요시간
  ㉡ 주말, 출퇴근시간 등 혼잡통행 발생 시 소요시간 : 교통량이 급격히 증가할 때 우회도로를 찾아내고, 우회도로를 통한 목적지까지의 예상 소요시간
  ㉢ 공사, 시위 등 특정한 상황에서의 소요시간 : 장시간 정체, 도로 폐쇄 등의 특수상황에 대처할 수 있는 우회도로에 대한 사전지식 필요

③ 배송계획서 작성 : 배송계획서는 상품을 약속된 시간에 온전하게 고객에게 전달하기 위한 방법을 구체적으로 설계하기 위해 작성하는데 무엇을, 언제, 어느 곳에, 어떤 방법으로 전달할 것인지, 고객의 특별한 요구는 무엇이 있는지가 구체적으로 명시되어야 한다.

해설

3-1
④ 고객의 외모 및 취향은 고객의 상품 주문 시 작성하는 상담일지에 기록해야 할 내용이다.

정답 3-1 ④

핵심이론 04 배송 관리

① **배송 관리 및 배치** : 배송된 상품의 신선도를 유지하기 위한 적정온도 및 상품 배치장소의 환경을 파악하여 적절한 장소에 상품을 진열하기 위해선 식물생태와 주변 환경영향에 대한 이해가 필요하다.

② **배송 중 상품의 신선도 유지** : 밀폐된 포장·차량의 이동 시 상품의 신선도를 유지할 수 있는 적정온도(18~25℃)를 유지하고 환기를 한다.

　㉠ 승용차·승합차 배송
　　• 사람이 타는 공간에 화훼상품을 운반하는 경우 주행 중 실내온도는 화훼상품의 신선도에 영향을 미치고, 장시간 유지되면 화훼상품에 심각한 손상을 입힌다.
　　• 햇빛 아래 장시간 주차하면 차량의 실내온도가 급격히 상승하므로 그늘에 주차하고, 창문을 열어 환기가 되도록 해야 한다.

　㉡ 천막덮개차 배송 : 천막덮개차의 화물칸은 외부기온의 영향에 민감하다. 특히, 온풍히터가 설치되지 않은 화물칸은 운행 전 화물칸의 온도를 높인 후 상품을 실어야 하고, 여름철에는 뒷문을 개방해 더운 열기가 빠져 나갈 수 있도록 해야 한다.

③ **상품 진열 및 배치** : 화훼상품이 신선도와 건강성을 유지할 수 있고, 관리가 용이한 곳을 상품별 특성에 맞게 선택하여 진열하며, 특히 강한 햇살이나 히터, 에어컨 바람이 직접 닿지 않도록 해야 한다.

　㉠ 보낸 사람이 강조되는 상품 배치 : 결혼식, 행사장 등으로 배송된 상품은 보낸 사람의 이름과 상품이 모든 이의 눈에 띄기를 원하므로, 놓일 공간을 잘 파악하여 상품이 잘 보일 수 있는 위치를 선정하여 배치한다.

　㉡ 공간조건과 어울리는 상품 배치 : 상품이 놓이는 공간의 조건, 사람의 동선 등을 고려하여 상품의 상태가 최상으로 유지될 수 있는 장소를 선정하여 배치하고, 특정 위치에 상품의 배치·진열을 요구하는 경우 고객의 요청을 적극 수용한다.

10년간 자주 출제된 문제

4-1. 상품의 배송 관리에 대한 설명으로 틀린 것은?

① 차량 이동 시 18~25℃의 온도를 유지해야 한다.
② 장시간 주차 시 창문을 열어 환기해야 한다.
③ 에어컨 바람이 직접 닿지 않도록 해야 한다.
④ 천막덮개차 배송 시 외부기온에 신경쓰지 않아도 된다.

[해설]

4-1
④ 천막덮개차의 화물칸은 외부기온의 영향에 민감하다. 온풍히터가 설치되지 않은 화물칸은 운행 전 화물칸의 온도를 높인 후 상품을 실어야 하며, 여름철에는 뒷문을 개방해 더운 열기가 나갈 수 있도록 해야 한다.

정답 4-1 ④

3. 배송 후 관리

핵심이론 01 상품 인수 관리

① 상품 전달
  ㉠ 상품을 약속된 장소와 시간에 정확히 전달하여 고객의 요청에 따라 배치한다.
  ㉡ 상품을 배치할 때는 포장을 풀고, 상품 상태를 확인하여 운송 도중 흐트러진 곳이 있다면 바로잡아 배치한다.
  ㉢ 배치가 완료되면 포장지 등 쓰레기를 깨끗이 치운다.

② 인수자 확인
  ㉠ 전달된 상품이 주문내용과 일치하는지 인수자로부터 확인받고, 전달된 시간을 기록한 후 상품인수자의 서명을 받는다.
  ㉡ 상품인수자가 본인이 아닌 경우에는 반드시 관계를 확인한 후에 서명을 받는다.

> **더 알아보기**
>
> **인수고객 확인**
> 상품을 전달받은 고객의 반응을 살피면 다음의 사항을 확인할 수 있다.
> - 약속된 시간에 상품을 전달했는지 여부
> - 포장을 풀었을 때의 상품 상태
> - 배송기사의 복장과 태도

③ 배송 완료보고
  ㉠ 배송이 끝나면 즉시 주문자 또는 사업장에 배송 완료상황을 보고하고, 고객의 서명을 받은 인수증을 제출한다.
  ㉡ 인수고객 확인 및 배송 완료에 대해 회신한다.
  ㉢ 배송 완료 후 고객이 확인하여 기록하고, 주문자에게 그 내용을 회신한다.

④ 상품인수증 회신
  ㉠ 주문자와 상품인수자가 다를 경우, 주문한 상품이 잘 전달되었다는 배송 완료결과와 내용을 회신해야 한다.
  ㉡ 상품인수증에는 상품명, 수량, 상품 인수일자 및 상품 전달시간, 상품인수자(주문서에 적힌 상품수령인과 상품인수자가 다를 경우 관계 명시), 상품사진(주문한 상품과 전달된 상품이 동일함을 확인) 등의 내용이 포함되어야 한다.

10년간 자주 출제된 문제

1-1. 상품 인수 관리에 대한 설명으로 틀린 것은?
① 상품을 약속된 장소와 시간에 정확히 전달한다.
② 상품인수자가 본인이 아닌 경우 반드시 관계 확인 후 서명을 받는다.
③ 상품인수증에는 상품명, 수량, 배송장소만 포함되면 된다.
④ 배송이 끝나면 즉시 주문자 또는 사업장에 배송 완료상황을 보고한다.

|해설|

1-1
③ 상품인수증에는 상품명, 수량, 배송장소, 상품 인도일시, 인수자 서명란 등이 포함되어야 한다.

정답 1-1 ③

핵심이론 02 고객만족도 : 만족도 조사방법 및 항목

> 상품과 서비스에 대한 고객의 만족도는 고객 관리와 마케팅의 중요한 기준이 되는 사항으로, 홍보와 마케팅을 통해 형성된 고객의 기대치와 실제 상품을 구입한 후 느낀 만족도를 조사하여 상품 개발 및 영업에 기초적인 자료로 활용하기 위한 업무이며, 만족도를 분석하여 고객만족도 조사보고서를 작성한다.

① 정기적·주기적 조사
  ㉠ 정기적으로 또는 필요시 회사가 제공하는 상품과 서비스에 대한 고객의 만족도를 조사할 수 있다.
  ㉡ 조사방법에는 1 : 1 상담을 통한 직접조사와 설문지를 통한 간접조사 등이 있으며, 만족도 조사에는 다음의 내용들을 포함한다.
   • 회사가 제공하는 화훼상품 종류의 구성과 가격의 적절성
   • 구입한 화훼상품의 품질
   • 화훼상품에 대한 정보 제공
   • 화훼상품 관리 등 고객의 질문에 대한 적절한 답변
   • 회사의 상품 홍보 및 마케팅의 적절성
② 유·무선 조사 : 상품을 전달한 후 상품을 구입한 고객에게 직접 유·무선으로 만족도를 조사하는 방법이다.
③ 대면(Face to Face) 조사
  ㉠ 상품 구입 전 기대치와 구입 후 실제 만족도를 포함해 구체적인 고객만족도를 파악하기 위한 방법이다.
  ㉡ 사안별 직접조사에는 다음의 내용들을 포함한다.
   • 상품 구입 전의 기대치
   • 상품 구입 후의 만족도(기대치에 못 미치는 부분이 있다면 구체적으로 파악)
   • 회사와 직원의 서비스 및 태도
   • 고객의 요구사항과 약속의 이행

10년간 자주 출제된 문제

2-1. 고객만족도 조사에 포함될 내용으로 옳지 않은 것은?
① 구입한 화훼상품의 원가
② 회사가 제공하는 화훼상품 종류의 구성
③ 회사가 제공하는 화훼상품 가격의 적절성
④ 회사의 상품 홍보 및 마케팅의 적절성

해설

2-1
① 구입한 화훼상품의 품질 및 만족도 등이 포함되는 것이 적절하다.

정답 2-1 ①

10년간 자주 출제된 문제

3-1. 배송된 상품에 대한 고객 불만사항 발생 시 대처방법으로 옳지 않은 것은?

① 상품에 대한 고객의 불만사항을 구체적으로 파악하여 접수한다.
② 전달된 상품에 대해 개인적 취향과 선호도에 따라 나타나는 불만은 무대응해야 한다.
③ 고객 불만사항을 정확히 파악하여 신속한 조치를 취해야 한다.
④ 배송 완료 후 일정 기일이 지나 고객의 관리 소홀로 나타난 불만사항은 고객의 책임임을 분명히 밝힌다.

|해설|

3-1
② 전달된 상품에 대해 개인적 취향과 선호도에 따라 나타나는 불만은 주문서의 내용과 비교하여 설명할 수 있어야 한다.

정답 3-1 ②

핵심이론 03 불만고객 응대

> 배송된 상품에 대한 고객 불만사항 발생 시 즉시 대처하도록 하며, 소비자기본법과 소비자분쟁해결기준(공정거래위원회 고시)에 따라 처리한다.

① **고객 불만사항 접수** : 상품에 대한 고객의 불만사항을 구체적으로 파악하여 접수한다. 단, 전달된 상품에 대해 개인적 취향과 선호도에 따라 나타나는 불만은 주문서의 내용과 비교하여 설명할 수 있어야 한다.

② **고객 불만사항 파악 및 조치** : 고객 불만사항을 정확히 파악하여 신속한 조치를 취해야 한다.

  ㉠ 주문한 상품과 다른 상품의 배송 : 출고 시 검수·확인했던 내용을 점검해 보고, 틀림이 없었다면 배송 도중 다른 상품과 뒤바뀌었을 가능성이 높으므로, 신속히 배송기사에게 확인하여 점검하고 조치를 취할 수 있도록 한다.

  ㉡ 상품의 파손 : 상품의 파손이나 변형 등 상품의 골격이 훼손되어 행사 또는 특정한 시간에 사용될 상품으로서 사용용도에 맞출 수 없다면 즉각 환불조치하고, 교환이 가능한 시간적 여유가 있다면 교환조치한다.

  ㉢ 상품의 구성요소 오류 : 메시지나 리본문구의 오기, 상품 구성요소 중 빠트린 게 있다면 즉각 수정·보완조치한다.

  ㉣ 고객의 관리소홀 : 배송 완료 후 일정 기일이 지나 고객의 관리소홀로 나타난 상품의 신선도 저하 및 변형 등으로 인한 불만사항은, 고객(관리자)의 책임임을 분명히 밝힌 후 관리방법상의 오류를 설명한다.

③ **고객 불만사항 해결** : 고객 불만사항에 대한 조치가 완료되면 조치내용과 결과를 주문자에게 전달한다.

  ㉠ 조치 완료확인 : 고객 불만사항에 대한 조치가 완료되면 상품인수자로부터 확인을 받도록 한다.

  ㉡ 사진 촬영 : 조치 전과 조치 후의 사진을 각각 촬영한다.

  ㉢ 조치내용 회신 : 문제 발생내용과 조치결과를 상품주문자에게 촬영한 사진과 함께 전달한다.

4. 화훼장식 재료 유통시스템 관리

핵심이론 01 상품 품질 유지(1) : 관리매뉴얼

① 상품 관리방법에 대한 상담 시 화훼상품 종류에 맞는 적절한 관리방법을 고객에게 제시하기 위해서는 화훼상품의 특성에 따른 관리매뉴얼을 만들어 비치하는 것이 좋다.

② 관리매뉴얼의 내용
　㉠ 절화상품 유지방법
　㉡ 분화상품 관리방법
　㉢ 가공화상품 관리방법
　㉣ 생육 적정온도
　㉤ 물주기
　㉥ 병충해 예방 및 방제
　㉦ 영양제 및 거름주기

10년간 자주 출제된 문제

1-1. 아그리마이신 등의 살균제를 물에 희석(1 : 1,000)해 살포하는 방법으로 방제해야 하는 병은?

① 녹 병
② 탄저병
③ 갈색잎마름병
④ 잎무름병

|해설|

1-1
④ 잎무름병과 같은 세균에 의한 병에는 살균제를 이용한 방제법이 필요하다.

정답 1-1 ④

핵심이론 02 상품 품질 유지(2) : 식물의 병충해 방제

① 해충에 의한 병
　㉠ 꽃이 피지 않고 떨어지거나 잎이 마르면 해충의 습격을 받았을 가능성이 높다.
　㉡ 꽃잎을 까 보거나 잎의 뒷면을 살펴 해충을 확인하고, 해충에 효과가 있는 적절한 방제를 해야 한다.
② 균에 의한 병 : 균에 의한 피해의 대부분은 곰팡이균에 의한 병으로 80~90% 정도이고, 세균에 의한 병이 10~20% 정도이다.
　㉠ 곰팡이균에 의한 병과 방제법
　　• 곰팡이균에 의한 병은 식물의 잎에 나타나는 증상에 따라 대개의 병명이 붙어 있다.
　　• 잎에 녹색의 가루가 앉으면 녹병, 총탄에 맞은 듯 검게 패인 흔적이 나면 탄저병, 잎 끝이 갈색으로 마르면 갈색잎마름병 등이다.
　　• 방제법은 다이센엠, 만코제브 등의 수화제를 물에 희석(1 : 1,000)해 살포한다.
　㉡ 세균에 의한 병과 방제법
　　• 세균에 감염되면 조직이 물러지고, 식초 냄새와 같은 신냄새가 난다.
　　• 고온다습한 여름에 특히 많이 나타나는 잎무름병이 대표적인 세균성 병이다.
　　• 방제법은 살균제인 아그라마이신 등을 물에 희석(1 : 1,000)해 살포한다.

핵심이론 03 상품 품질 유지(3) : 상품 관리방법

① 상품 관리매뉴얼 작성 : 화훼상품의 특성에 따른 관리매뉴얼을 작성하여 비치하고, 상품 관리방법에 대한 상담 시 화훼상품 종류에 맞는 적절한 관리방법을 고객에게 제시한다.

② 고객 상담
  ㉠ 일반적인 관리방법뿐만 아니라 고객이 궁금해하는 내용을 파악하고, 그에 맞는 관리방법을 설명해야 하는데, 특히 화훼상품의 특성상 상품이 있는 곳의 환경이 중요하다.
  ㉡ 질문을 통해 고객의 관리습관과 주변환경을 파악해야 보다 효과적인 상품 관리방법을 제시할 수 있다.
  ㉢ 처음 고객이 제출한 기본적인 정보 외에 지속적인 거래와 상담을 통해 확보된 고객의 화훼상품 구매패턴과 선호도, 식물의 관리습관 등을 분석하여 고객관리카드에 추가적인 내용을 입력한다.

> **더 알아보기**
>
> **화훼상품 선호도 및 관리공간의 특성**
> 고객과의 상담에 기초해 다음의 내용을 파악할 수 있어야 한다.
> - 고객이 주로 구매하는 화훼상품의 종류와 가격
> - 고객이 기르고 있는 화훼상품의 종류와 수량
> - 고객이 화훼상품을 주로 보내는 곳(장소, 사람 등)의 정보
> - 고객이 구매한 화훼상품이 관리되는 공간에 대한 파악
> - 고객의 화훼상품에 대한 이해와 관리습관

③ 관리방법에 대한 질문과 응답 예

> 고객의 주된 질문에 대한 응답매뉴얼을 만들어 비치하고, 즉시 답변할 수 있도록 한다.

  ㉠ 물은 며칠 간격으로 주는 것이 좋은가?
    - 물이 적으면 식물이 마르고, 반대로 물을 너무 자주 주면 뿌리가 썩는다.
    - 일반적으로 주 1회를 기준으로, 분흙의 마른 상태를 보아 조절한다.
  ㉡ 햇빛은 어느 정도가 좋은가?
    - 햇빛이 적으면 식물이 웃자라고, 햇빛이 강하면 잎이 탄다.
    - 일반적으로 햇살이 잘 들고, 통풍이 잘되는 창가에 놓아두는 것이 식물의 성장에 좋다.

10년간 자주 출제된 문제

3-1. 식물이 말라 죽을 때의 관리 방법에 대한 고객의 상담에 옳은 대처는?

① 고객의 물주기 습관을 알아낸 후 올바른 방법을 설명한다.
② 유기질 비료나 알비료를 화분에 얹어 주도록 권장한다.
③ 살충제를 물에 희석해 살포할 것을 권장한다.
④ 살비제를 물에 희석해 살포할 것을 권장한다.

|해설|

3-1
① 식물이 말라 죽는 것은 물주기의 문제일 가능성이 높으므로 고객의 물주기 습관을 알아낸 후 올바른 방법을 설명한다.

정답 3-1 ①

ⓒ 영양제(거름) 주는 시기는?
    여름과 겨울을 나기 전 체력을 강화하기 위해 깻묵 등의 유기질 비료나, 물에 서서히 녹아드는 알비료를 화분에 얹어 주도록 권장한다.
② 분갈이는 언제 하는 것이 좋은가?
    분이 비좁다 싶으면 한 치수 큰 분으로 옮겨 심도록 하고, 식물의 생육활동이 왕성한 봄철에 하도록 권장한다.
⑩ 식물이 말라 죽는다.
    물주기의 문제일 가능성이 높으므로 고객의 물주기 습관을 알아낸 후 올바른 방법을 설명한다.
ⓑ 꽃이 피지 않고, 말라 버린다.
    진딧물 또는 깍지벌레가 생겼을 가능성이 높으므로 살충제(코니도 등)를 물에 희석해 살포할 것을 권장한다.
ⓢ 잎에 하얗게 거미줄 같은 것이 생긴다.
    응애가 생겼을 가능성이 높으므로 살비제(살비왕, 밀버멕틴 등)를 물에 희석해 살포할 것을 권장한다.
ⓞ 식물의 잎이 마른다.
    곰팡이균에 의한 잎마름병일 가능성이 높으므로 수화제(다이센엠, 만코제브 등)를 물에 희석해 살포할 것을 권장한다.
ⓩ 잎이 무르고 악취가 난다.
    세균에 의한 잎무름병일 가능성이 높으므로 살균제(아그라마이신 등)를 물에 희석해 살포할 것을 권장한다.

핵심이론 04 고객 관리

고객 상담과정을 통해 고객이 필요로(Need) 하고, 원하는 것(Want)이 무엇인지 파악하고 상담일지, 고객만족도 조사보고서 등을 토대로 고객의 요구를 분석한다. 고객요구도는 나이와 성별, 취향과 주거환경에 따라 다양한 형태로 표현되는데 녹색의 푸름, 꽃의 아름다움과 향기, 자연의 싱그러움과 쾌적한 환경 등을 화훼상품을 통해 누리고 싶은 고객의 요구를 파악한다.

① 환경 분석 : 고객관리카드 및 상담일지를 분석해 고객의 취향, 선호하는 화훼상품의 종류와 관리습관, 주거공간 및 업무환경을 분석한다.
② 요구 파악
  ㉠ 고객이 원하는 것과 고객의 요구에 맞는 화훼상품이 무엇인지를 정확히 파악하여 분류한다.
  ㉡ 잎과 수형이 아름다워 관상가치가 높은 식물, 녹색의 싱그러움을 만끽할 수 있는 그린식물, 공기정화기능이 뛰어난 식물, 관리가 편리한 식물 등 분석된 고객의 요구에 적합한 식물을 분류한다.
③ 상품 구성 및 개발
  ㉠ 파악된 고객의 요구를 토대로 고객이 원하는 상품목록을 구성하고, 상품 개발에 필요한 원자재와 부자재를 수집하여 견본제품을 제작한다.
  ㉡ 예를 들면, 쾌적한 공기를 필요로 하는 고객이 원하는 상품은 공기정화기능이 뛰어난 식물이지만, 단순히 기능뿐만 아니라 관리가 쉽고 편하기를 원하므로, 이를 반영하여 상품을 추천함으로써 재구매동기를 부여한다.

  ※ 화훼상품 관리방법에 대한 상담 등을 통해 고객에게 신뢰를 주고, 화훼상품 관리에 대한 부담을 덜 수 있도록 도와주어 화훼상품과 친밀해질 수 있도록 한다. 또한 고객의 생활환경과 취향을 파악하고, 고객에게 필요한 화훼상품 정보를 제공하여 새로운 화훼상품을 구매할 동기를 만든다.

10년간 자주 출제된 문제

4-1. 다음 설명에 해당하는 고객 관리 단계는?

> 고객관리카드 및 상담일지를 분석해 고객의 취향, 선호하는 화훼상품의 종류와 관리습관, 주거공간 및 업무환경을 분석한다.

① 환경 분석
② 요구 파악
③ 상품 구성
④ 상품 개발

해설

4-1
① 고객관리카드 및 상담일지를 분석하는 것은 '환경 분석' 단계로, 고객 관리의 토대가 된다.

정답 4-1 ①

핵심이론 05 신상품 등 화훼상품 정보 제공

고객의 요구가 반영된 화훼상품에 대한 정보를 제공하여 고객의 선택을 돕는다.

① **상품 파악 및 정보 수집** : 고객요구도를 충족시킬 수 있는 화훼상품의 종류와 주요 기능을 파악하여 상품의 사진 및 정보를 수집한다.

② **신상품 및 최신 트렌드 정보 수집** : 시대의 흐름과 사회적 분위기에 따라 변화하는 화훼상품의 최신 트렌드를 파악하고, 그에 맞춰 개발된 신상품 정보를 수집한다.

③ **포트폴리오 제작** : 파악하여 수집한 정보를 기초로 상품사진과 특징, 주요 기능, 관리방법 등을 정리하여 고객에게 추천할 상품 포트폴리오를 만든다.

④ **상품정보 제공 및 재구매동기 부여** : 고객이 필요로 하고 원하는 내용이 충족될 수 있는 상품 정보를 담아 제작한 포트폴리오를 제공하고, 각 상품의 특성 및 상품 재구매 시 고객에게 제공할 수 있는 서비스를 설명한다.

⑤ **재구매실적 파악** : 고객 상담과 포트폴리오 제공 등을 통해 나타난 고객의 반응과 실질적인 상품 재구매로 이어진 결과를 확인한다.
　㉠ 고객반응 정리 : 고객에게 제시한 포트폴리오 등 화훼상품 정보와 전달방식에 대해 고객이 보여 주는 관심과 호감도를 파악하여 고객관리카드에 기록한다.
　㉡ 재구매실적 파악 : 고객에게 화훼상품 재구매동기를 부여하기 위한 활동을 통해 실질적으로 상품 구매행위가 일어난 결과를 파악하여 자료화하는데, 이때 제공한 상품 정보와 고객이 구매한 상품이 일치하는지 확인한다.

10년간 자주 출제된 문제

5-1. 다음 내용과 관계있는 것은?

> 고객요구도를 충족시킬 수 있는 화훼상품의 종류와 주요 기능을 파악하여 상품의 사진 및 정보를 수집한다.

① 포트폴리오 제작
② 상품 파악 및 정보 수집
③ 상품정보 제공 및 재구매동기 부여
④ 신상품 및 최신 트렌드 정보 수집

해설

5-1
② 고객의 요구가 반영된 화훼상품을 파악하여 수집한 정보를 제공함으로써 고객의 선택을 돕도록 한다.

정답 5-1 ②

핵심이론 06 화훼상품 재구매 동기부여

① **최신 트렌드 및 화훼상품 이해** : 소비자의 취향과 유행의 흐름을 이해하고, 그에 맞게 육종·개발된 화훼상품에 대한 지식과 정보를 파악한다.
  ㉠ 화훼류 신품종
    - 해마다 10여종 이상의 신품종이 육종·개발되어 유통되고 있다.
    - 시장에 유통되는 화훼상품의 종류와 각 상품들이 갖는 특징을 알고 있어야 한다.
    - 기능성과 관리의 편리성으로 최근 소비자의 관심을 끄는 공중걸이식물과 다육식물의 종류와 특성, 유통현황과 구입처를 파악한다.
  ㉡ 화기(용기)의 최신 트렌드
    - 화훼류에 비해 화기는 특히 유행에 민감하다.
    - 전통적인 사기분 외에 유리화기, 마블분, FRP분, 시멘트분, 토분 등 매년 여러 가지의 새로운 디자인의 화기가 나온다.
  ㉢ 제작기법의 변화
    - 화훼상품 제작과 연출도 소비자의 취향과 기호에 따라 유행의 흐름을 탄다.
    - 여러 종류의 화훼류를 합식하기도 하며, 부재료를 사용하여 새로운 분위기를 연출하기도 한다.

② **홍보 및 마케팅 이론 숙지** : 마케팅이란 조직과 이해관계 당사자들에게 이익이 되는 방법으로 고객에게 가치를 창조하고, 알리고 전달하며 또한 고객관계를 관리하기 위한 조직의 기능과 일련의 과정들을 말한다.
  ㉠ 가치 창조
    - 소비자의 취향과 최신 트렌드에 맞는 상품의 가치를 창조하고 부여하기 위해 고객 중심의 철학에 근거하여 정치·경제·사회·문화적 환경을 이해하고, 고객이 추구하는 가치와 상품의 가치를 연결할 수 있어야 한다.
    - 예를 들면, 생태와 환경이 사회적 가치로 떠오르면서 이를 중요하게 생각하는 고객에게 환경친화적 화훼상품을 추천하는 것이다.

10년간 자주 출제된 문제

6-1. 화훼상품 재구매 동기부여를 위한 노력으로 옳지 않은 것은?

① 최신 트렌드에 맞게 육종·개발된 화훼류에 대한 지식과 정보를 공유한다.
② 화기(용기)는 유행에 민감하므로 매년 여러 디자인의 화기를 파악한다.
③ 제작기법의 경우에는 전통적인 방법을 숙지하고 유지한다.
④ 최근 소비자의 관심을 끄는 식물의 종류 및 유통현황과 구입처를 파악한다.

|해설|

6-1
③ 화훼상품 제작과 연출도 소비자의 취향과 기호에 따라 유행의 흐름을 탄다. 여러 종류의 화훼류를 합식하기도 하며, 부재료를 사용하여 새로운 분위기를 연출하기도 한다.

정답 6-1 ③

ⓛ 시장 공략
- 소비자의 경제적 능력과 구매 유형 및 패턴, 구매 결정요인 등을 분석해 상품의 가격 결정, 홍보의 수단과 방법 등 시장을 공략할 전략을 세운다.
- 소비자의 경제적 능력에 맞게 선택 가능한 가격대의 상품을 만들고, 상품을 홍보할 적합한 수단과 방법을 파악해야 한다.

ⓒ 고객 관리 : 단발성 상품 구매에 그치지 않고 지속적·반복적 구매가 가능하도록 고객을 관리하고, 정보를 제공할 수 있어야 한다.

제7절 화훼장식 식물 관리

1. 화훼식물 재료 분류

(1) 화훼식물 재료 분류

핵심이론 01 1년생 초화류

① 특 징
  ㉠ 매년 씨를 뿌리며, 싹이 터서 꽃이 피고 열매를 맺은 뒤 1년 이내에 생을 마치는 식물로, 한해살이식물(Annuals)이라고도 한다.
  ㉡ 1년초는 화초의 종류에 따라 다르며, 화단이나 용기에 심어 이용한다.
  ㉢ 봄・가을에 씨뿌리기하므로 춘파 1년초와 추파 1년초로 나뉜다.

② 춘파 1년초
  ㉠ 봄에 파종하여 가을이나 그 이전에 꽃을 피우고 열매를 맺는다.
  ㉡ 종류 : 맨드라미, 채송화, 과꽃, 색비름, 샐비어, 메리골드, 다알리아, 백일초, 코스모스, 해바라기, 일일초, 금어초, 봉선화, 나팔꽃, 미모사, 아게라텀 등

> **더 알아보기**
>
> 나팔꽃의 특성
> • 한해살이 화초이다.
> • 봄에 파종하는 화초이다.
> • 보통 종자번식을 한다.
> • 대체로 단일조건에서 개화가 촉진된다.

③ 추파 1년초
  ㉠ 가을에 파종하여 이듬해 봄에 꽃을 피운다.
  ㉡ 종류 : 데이지, 팬지, 프리뮬러, 시네라리아, 칼세올라리아, 스타티스, 페튜니아, 금잔화, 양귀비, 튤립 등

10년간 자주 출제된 문제

1-1. 다음 중 주로 매년 종자 파종에 의해서 번식하는 것으로 가장 적합한 것은?
① 관엽식물 ② 구근류
③ 1년초화류 ④ 숙근초화류

1-2. 가을에 씨를 뿌려 봄화단에 이용하는 한해살이 화초가 아닌 것은?
① 팬지 ② 메리골드
③ 데이지 ④ 프리뮬러

1-3. 다음 중 봄화단용으로 사용되는 초화류로 알맞지 않은 것은?
① 금잔화 ② 데이지
③ 튤립 ④ 루드베키아

1-4. 추파 1년초이면서 호냉성인 것은?
① 시네라리아 ② 메리골드
③ 미모사 ④ 백일초

1-5. 다음 중 저온에 가장 강한 초화류는?
① 해바라기 ② 프리뮬러
③ 샐비어 ④ 나팔꽃

|해설|

1-1
1년초화류는 한해살이식물이라고도 한다.

1-3
루드베키아는 여름화단용 초화류로, 숙근초에 속한다.

1-5
프리뮬러는 추파 1년초로, 내한성이 강하다.

정답 1-1 ③ 1-2 ② 1-3 ④ 1-4 ① 1-5 ②

10년간 자주 출제된 문제

2-1. 다음 중 2년생 초화류에 해당하는 것은?
① 과꽃
② 천일홍
③ 아게라텀
④ 디기탈리스

핵심이론 02 2년생 초화류

① 특 징
  ㉠ 종자를 파종한 후 싹이 터서 한해 겨울을 넘긴 이듬해에 꽃을 피우고 열매를 맺는 식물로, 두해살이식물(Biennials)이라고도 한다.
  ㉡ 원산지가 온대 지방이고 1년초처럼 주관상부위가 꽃이며, 산성 토양에 비교적 강하다.
  ㉢ 장일조건에서 개화가 촉진되며, 주로 종자번식과 타가수정을 한다.
  ㉣ 1년초와 숙근초의 중간 성격이다.
② 종류 : 패랭이꽃, 디기탈리스, 석죽, 스토크, 루나리아, 당아욱, 캄파눌라 등

정답 2-1 ④

핵심이론 03 숙근초(다년초)

① 개 념
  ㉠ 종자를 파종한 후 발아되어 뿌리나 줄기가 여러 해 동안 살아남아 매년 꽃을 피우는 식물이다.
  ㉡ 식물체의 일부인 뿌리나 지하경이 남아서 월동하고, 2년 이상 생장과 개화를 반복하는 목본류 이외의 식물이다.
  ㉢ 국내 자생식물은 숙근류가 상대적으로 많다.
  ㉣ 노지숙근초와 온실숙근초가 있다.

② 노지숙근초
  ㉠ 온대 및 아한대(亞寒帶) 지역의 자생식물이 개량되어 화훼가 된 것이다.
  ㉡ 화아분화(花芽分化) 및 개화에 온도와 일장이 중요한 요인으로 작용하며, 봄부터 여름에 개화하는 것은 일반적으로 단일조건에서 화아분화가 잘되고, 장일조건에서 개화가 잘되는 단·장일성 식물(SD-LD Plant)이다.
  ※ 가을에 개화하는 국화는 봄부터 줄기가 신장하고, 가을에 단일조건에서 화아분화하여 개화하는 단일성 식물이다.
  ㉢ 종류 : 구절초, 아퀼레기아, 벌개미취, 작약, 샤스타데이지, 국화, 꽃창포, 루드베키아, 매발톱꽃, 꽃잔디, 숙근플록스, 옥잠화, 비비추, 원추리 등

③ 온실숙근초
  ㉠ 열대 및 아열대 지방의 원산식물로, 내한성이 약하여 우리나라에서는 온실에서 재배한다.
  ㉡ 카네이션, 거베라, 숙근안개초 같은 것은 절화작물(切花作物)로 유명하지만, 관엽식물로 취급되는 것이 많다.
  ㉢ 난과 식물과 선인장류 등도 포함되지만, 그 자체로 종류가 많고 화훼로서의 중요성이 크기 때문에 별도로 취급하며, 그 이외의 것들만 다룬다.
  ㉣ 종류 : 군자란, 칼랑코에, 피소스테기아, 마가렛, 제라늄, 극락조화, 안스리움, 아스파라거스, 거베라, 카네이션 등

10년간 자주 출제된 문제

3-1. 숙근초에 대한 설명으로 옳은 것은?
① 꽃이 핀 다음 씨가 맺힌 후 말라 죽는 식물이다.
② 종자를 파종한 후 발아되어 뿌리나 줄기가 여러 해 동안 살아남아 매년 꽃을 피우는 식물이다.
③ 식물의 일부인 줄기 또는 뿌리의 일부분이나 배축이 비대해져 알뿌리 모양으로 변형된 식물이다.
④ 주로 씨앗으로 번식되며, 내한성이 약한 편이다.

3-2. 우리나라에서 원예학적 분류상 다년생이 아닌 것은?
① 카네이션
② 알스트로메리아
③ 금어초
④ 거베라

3-3. 숙근류가 아닌 것은?
① 카네이션   ② 거베라
③ 능소화   ④ 벌개미취

3-4. 내한성 숙근초에 속하지 않는 식물은?
① 군자란   ② 작 약
③ 원추리   ④ 접시꽃

| 해설 |

3-2
금어초는 춘파 1년초(한해살이식물)이다.

3-3
능소화는 덩굴식물류이다.

3-4
내한성 정도에 따른 분류
- 절화용 : 카네이션, 국화, 거베라, 스타티스, 숙근안개초, 용담, 극락조화 등
- 분화용 : 군자란, 베고니아, 세인트폴리아, 제라늄, 마가렛 등
- 화단용 : 꽃잔디, 작약, 원추리, 숙근플록스, 도라지, 아스틸베, 맥문동 등

정답 3-1 ② 3-2 ③ 3-3 ③ 3-4 ①

핵심이론 04 구근류(1) : 심는 시기에 따른 분류

① 춘식구근(春植球根)
  ㉠ 추위가 완전히 지나고 서리가 내릴 염려가 없는 봄철에 심어 가을에 꽃이 피고, 서리가 내리기 전에 수확하였다가 또다시 봄에 심는 구근식물이다.
  ㉡ 종류 : 글라디올러스, 칸나, 다알리아, 글로리오사(Gloriosa), 아마릴리스(Amaryllis), 진저, 수련 등

품 종	심는 시기	꽃 피는 시기
글라디올러스	4~6월	7~11월
다알리아	4~5월	6~10월
아마릴리스	3~4월	5~6월
칸 나	3~4월	7~11월
칼 라	4월	6~7월

② 추식구근(秋植球根)
  ㉠ 9월과 10월 사이의 가을철에 심어 겨울에 싹이 돋고 봄에 꽃이 피며, 여름에 잎과 줄기는 시들고 땅속의 뿌리는 휴면에 들어간다.
  ㉡ 겨울 동안 저온 처리를 받은 후에 휴면이 타파되어 꽃을 피우는 구근류이다.
  ㉢ 종류 : 나리(백합), 무스카리, 라넌큘러스, 백합, 수선화, 아네모네, 아이리스, 알리움, 크로커스, 튤립, 프리지아, 히아신스, 스노드롭, 콜키쿰(Colchicum), 시클라멘 등

품 종	심는 시기	꽃 피는 시기
나 리	10~12월	5~8월
무스카리	10~12월	4~5월
라넌큘러스	10~12월	3~4월
수선화	10~12월	2~5월
아네모네	10~12월	4~5월
아이리스	10~12월	4~5월
알리움	10~12월	5~6월
크로커스	10~12월	3~4월
튤 립	10~12월	3~5월
프리지아	10월	2~4월
히아신스	10~11월	3~4월

10년간 자주 출제된 문제

4-1. 봄에 심는 알뿌리 화초로만 나열된 것은?
① 칸나, 다알리아, 글라디올러스
② 칸나, 튤립, 수선화
③ 글록시니아, 백합, 크로커스
④ 칼라, 수선화, 글라디올러스

4-2. 식재시기의 구분에 따라 추식구근류인 것은?
① 칸 나
② 크로커스
③ 다알리아
④ 글라디올러스

4-3. 일반적으로 우리나라의 노지화단에서 튤립의 꽃을 볼 수 있는 시기는?
① 1~2월
② 4~5월
③ 7~8월
④ 10~11월

4-4. 다음 중 구근초화류에 속하는 화훼로만 연결된 것은?
① 수선 - 나리 - 루드베키아
② 꽃창포 - 튤립 - 프리지아
③ 칸나 - 글라디올러스 - 석죽
④ 라넌큘러스 - 아네모네 - 시클라멘

|해설|

4-3
튤립의 구근은 유피인경(有皮鱗莖)으로, 가을에 정식하여 일정 기간 저온을 받아야만 이듬해 4~5월에 개화한다. 꽃잎의 모양은 넓고 원형인 것, 털깃 모양인 것, 뾰족한 것 등 여러 가지가 있다.

4-4
④ 라넌큘러스[괴근(덩이뿌리)], 아네모네·시클라멘[괴경(덩이줄기)]

정답 4-1 ① 4-2 ② 4-3 ② 4-4 ④

핵심이론 05 구근류(2) : 인경, 구경

구근의 형태별 분류 : 인경, 구경, 근경, 괴근, 괴경

① 인경(비늘줄기)
  ㉠ 줄기의 일부분이 변형된 잎의 일부가 양분의 저장기관으로 발달된 것으로, 거의 대부분이 백합과에 속한다.

  > **더 알아보기**
  > **백합과**
  > 옥잠화, 원추리, 맥문동, 둥굴레, 박새, 여로, 산달래, 부추, 무릇, 참나리, 유카, 비자루, 은방울꽃, 엽란, 애기나리, 두루미꽃, 청가시, 드라세나 골든킹, 아스파라거스 플루모서스 등

  ㉡ 비대한 육질의 인편이 단축된 줄기(Disk) 위에 겹쳐서 붙어 있고, 생장점은 구근 속 디스크의 중앙에 있다.
  ㉢ 인경(Bulbs)류는 매년 구의 내부에서 새로운 인편이 형성된다.
  ㉣ 유피인경
   • 통판상의 인편이 디스크에 생장점을 중심으로 여러 겹 붙어 구상을 이루고, 구의 외부는 막상의 껍질로 싸여 있는 것
   • 종류 : 튤립, 아마릴리스, 히아신스, 스노드롭, 사프란, 로도히폭시스, 상사화, 수선화, 실라, 히메노칼리스, 알리움, 오니소갈럼, 투베로사, 무스카리 등
  ㉤ 무피인경
   • 두꺼워진 인편이 디스크에 생장점을 싸고 나선상으로 겹쳐 붙어 있는 것
   • 종류 : 나리(백합), 프리틸라리아 등
  ※ 섬말나리는 세계에서 울릉도에서 자생하는 백합과 특산식물로, 현재는 멸종위기식물이다.

② 구경(알줄기)
  ㉠ 줄기가 비대해져 알뿌리 모양으로 된 것이다.
  ㉡ 주로 붓꽃과에 속한다.
  ㉢ 일반적으로 알뿌리는 꽃이 필 무렵에 바싹 말라 버리고, 새로운 알뿌리를 그 위에 만드는 성질이 있다. 즉, 모구가 소실되고 신구가 형성된다.
  ㉣ 종류
   • 춘식구경류 : 글라디올러스, 아시단데라 등
   • 추식구경류 : 구근 아이리스, 바비아나, 스파락시스, 왓소니아, 익시아, 콜키쿰, 크로커스, 트리토니아, 프리지아 등

10년간 자주 출제된 문제

5-1. 다음 구근식물 중에서 비늘줄기인 것은?
① 아네모네 ② 나 리
③ 글라디올러스 ④ 칸 나

5-2. 추식구근으로 무피인경에 속하는 식물은?
① 수 선 ② 아마릴리스
③ 무스카리 ④ 나리(백합)

5-3. 다음 중 분류학상 백합과에 속하지 않는 식물은?
① 작 약 ② 은방울꽃
③ 엽 란 ④ 참나리

5-4. 구경(Corm)에 대한 설명으로 틀린 것은?
① 줄기가 비대해져 알뿌리 모양으로 된 것이다.
② 모구가 소실되고 신구가 형성된다.
③ 매년 내부에 인편이 형성된다.
④ 줄기의 몇 마디가 단축·비대하여 구상을 이루고, 잎의 변형인 외피가 덮여 있다.

해설

5-1
인경(비늘줄기)식물에는 나리, 수선화, 아마릴리스, 히아신스, 튤립, 백합 등이 있다.

5-3
작약은 쌍떡잎식물 작약과 작약속의 여러해살이풀이다.

5-4
인경(Bulbs)류는 매년 구의 내부에서 새로운 인편이 형성된다.

정답 5-1 ② 5-2 ④ 5-3 ① 5-4 ③

10년간 자주 출제된 문제

6-1. 아이리스(Iris)는 구근의 유형 중 어느 것에 속하는가?
① 덩이뿌리(괴근)
② 뿌리줄기(근경)
③ 알줄기(구경)
④ 비늘줄기(인경)

6-2. 다알리아에 대한 설명으로 옳은 것은?
① 추식구근이다.
② 내한성이 강한 편이다.
③ 구근류의 분류상 괴근에 속한다.
④ 줄기가 비대해져 알뿌리 모양으로 된 것이다.

6-3. 덩이줄기(傀莖)에 속하는 화훼는?
① 히아신스 ② 크로커스
③ 아네모네 ④ 프리지아

핵심이론 06 구근류(3) : 근경, 괴근, 괴경

① 근경(뿌리줄기)
  ㉠ 땅속에 있는 줄기가 비대해져 양분의 저장기관으로 발달된 것이다.
  ㉡ 땅속을 얕게 수평으로 뻗어 나가는 것이 특징이며, 지하경이라고도 한다.
  ㉢ 비교적 다육질로 되어 있지만, 은방울꽃이나 국화와 같은 숙근초는 크게 비후하지 않은 근경을 가지고 있다.
  ㉣ 근경에는 끝부분이나 일정한 간격의 각 마디에 눈이 있어 새싹이 자랄 수 있고, 이 부분에서 뿌리도 발생한다.
  ㉤ 종류 : 수련, 진저, 칸나, 붓꽃, 아이리스 등

② 괴근(덩이뿌리)
  ㉠ 뿌리가 비대해져 양분의 저장기관으로 발달된 것이다.
  ㉡ 눈은 뿌리가 붙은 줄기 부분과 구근의 머리 부분에 있는데, 이 부위를 크라운(Crown)이라고 한다.
  ㉢ 종류 : 다알리아, 라넌큘러스, 작약, 도라지 등

③ 괴경(덩이줄기)
  ㉠ 땅속에 있는 줄기가 비대하여 양분의 저장기관으로 발달된 것이다.
  ㉡ 대부분 부정형으로 구근에는 껍질이 없고, 눈은 한 군데에 있는 것과 여러 군데에 있는 것이 있다.
  ㉢ 괴경은 쌍자엽식물에 그 예가 많으며, 우리나라에서는 보통 온실에서 재배한다.
  ㉣ 종 류
    • 춘식구근 : 구근베고니아, 글록시니아, 칼라, 칼라디움 등
    • 추식구근 : 시클라멘, 아네모네 등

해설

6-2
괴근(덩이뿌리)
• 뿌리가 비대해져 양분의 저장기관으로 발달된 것
• 다알리아, 라넌큘러스, 작약, 도라지 등

정답 6-1 ② 6-2 ③ 6-3 ③

핵심이론 07 화목류(1) : 생태적 분류(온실화목 · 노지화목)

① 개 념
- ㉠ 주로 꽃을 감상하고, 그 밖에 잎이나 과실을 감상할 수 있는 목본식물을 말하며, 다른 식물에 비해 관상가치가 크다.
- ㉡ 내한성에 따라 온실화목과 노지화목으로 분류한다(생태적 분류).
- ㉢ 크기에 따라 교목, 관목, 덩굴성으로 분류한다(형태적 분류).

② 온실화목
- ㉠ 대부분 아열대 · 열대 지역이 원산으로, 추운 겨울에 적응하지 못하기 때문에 온실이나 실내에서 키워야 한다.
- ㉡ 화목류의 개화는 보통 온도와 일장에 의해 주로 지배된다.
- ㉢ 온대성 화목류의 화아(꽃눈)는 보통 개화 전년에 형성된다.
- ㉣ 휴면기간이 비교적 길고, 대체로 단일이 되면 생장이 중지된다.
- ㉤ 종류 : 동백, 쟈스민, 꽃기린, 병솔나무, 부겐빌레아 등

③ 노지화목
- ㉠ 온대 지역이 원산으로, 겨울을 날 수 있는 내한성이 있고, 우리나라에서 관상수로 많이 이용되고 있다.
- ㉡ 종류 : 왕벚나무, 진달래, 개나리, 철쭉, 목련, 라일락, 조팝나무 등

10년간 자주 출제된 문제

7-1. 다음 중 화목류의 설명으로 옳지 않은 것은?
① 주로 꽃을 감상하고, 그 밖에 잎이나 과실을 감상할 수 있는 목본식물을 말한다.
② 온대성 화목류의 화아(꽃눈)는 보통 개화 전년에 형성된다.
③ 화목류의 개화는 보통 일장에 의해 주로 지배되고, 온도와는 별로 관계가 없다.
④ 온대성 화목류는 휴면기간이 비교적 길고, 대체로 단일이 되면 생장이 중지된다.

정답 7-1 ③

핵심이론 08 화목류(2) : 형태적 분류(교목·관목·덩굴식물)

① 교목류
  ㉠ 한 줄기로 높게 자라면서 위에서 가지를 뻗어 꽃을 피우는 화목이다.
  ㉡ 8m 이상 자라며 도시환경 미화, 고속도로, 공원, 정원 등에 적합하다.
  ㉢ 종류 : 이팝나무, 쪽동백나무, 노각나무, 목련, 자귀나무, 왕벚나무, 겹벚나무, 팥배나무, 아그배나무, 꽃사과나무, 산사나무, 배롱나무, 매실나무, 산딸나무 등

② 관목류
  ㉠ 목본성 다년생 식물로, 꽃 또는 열매가 색채와 형태적인 미감, 경우에 따라서 꽃향기를 제공하며, 성목(成木)의 경우 키가 5m 내외이다.
  ㉡ 종류 : 개나리, 진달래, 장미, 무궁화, 산철쭉, 조팝나무, 미선나무, 명자나무, 쥐똥나무, 회양목 등

③ 만경류(덩굴식물류)
  ㉠ 줄기나 덩굴손 따위가 다른 물체에 붙어서 올라가는 식물이다.
  ㉡ 다른 식물이나 건물 또는 지지대를 이용하여 햇빛을 많이 받을 수 있는 곳까지 올라간다.
  ㉢ 접촉에 민감한 덩굴손이 있어서 지지대를 감고 올라갈 수 있으며, 곁가지, 가시, 뿌리, 털 등을 이용하여 감아 오르는 식물도 있다.
  ㉣ 종류 : 덩굴장미, 등나무, 능소화, 클레마티스류, 인동덩굴, 사위질빵, 쟈스민 등

10년간 자주 출제된 문제

8-1. 미선나무의 분류학상 해당되는 과(科)는?
① 천남성과
② 물푸레나무과
③ 장미과
④ 차나무과

8-2. 화훼의 원예학적 분류가 바르게 짝지어진 것은?
① 1·2년생 초화 - 거베라, 카네이션, 원추리
② 다년생 숙근초화 - 석죽, 라넌큘러스, 당아욱
③ 화목류 - 쟈스민, 익소라, 부겐빌레아
④ 관엽식물 - 헤마리아, 카틀레야, 온시디움

8-3. 덩굴성이 아닌 식물은?
① 클레마티스
② 후박나무
③ 인동덩굴
④ 능소화

|해설|

8-1
미선나무(*Abeliophyllum distichum* Nakai)는 물푸레나무과에 속하는 낙엽활엽관목으로, 화훼류 중 세계적으로 1속 1종밖에 없는 우리나라 특산식물이다.

8-2
① 숙근초, ② 2년생 초화, ④ 난과 식물

8-3
후박나무는 상록활엽교목이다.

정답 8-1 ② 8-2 ③ 8-3 ②

핵심이론 09 화목류(3) : 관상 부위에 따른 분류

① 꽃을 관상하는 식물
  ㉠ 교목류 : 왕벚나무, 목련, 이팝나무, 쪽동백나무, 노각나무, 자귀나무, 아그배나무, 산사나무 등
  ㉡ 관목류 : 개나리, 진달래, 산철쭉, 조팝나무, 미선나무, 무궁화, 명자나무, 장미 등
  ㉢ 상록성 : 가시나무, 후박나무, 식나무, 초령목, 동백나무, 대나무 등
  ㉣ 낙엽성 : 박태기나무, 장미, 백목련, 자목련, 산수유, 배롱나무 등

② 잎을 관상하는 식물
  ㉠ 키 큰 나무 : 느티나무, 향나무, 삼나무, 은행나무, 단풍나무, 소나무, 구상나무, 팽나무 등
  ㉡ 키 작은 나무 : 주목, 사철나무, 회양목, 쥐똥나무, 돈나무, 꽝꽝나무 등

> **더 알아보기**
>
> 아름다운 단풍을 관상하는 나무
> - 붉은색 : 화살나무, 붉나무, 단풍나무류, 참빗살나무 등
> - 황색 및 갈색계 : 은행나무, 벽오동, 석류나무, 버드나무류, 느티나무, 계수나무, 낙우송 등

③ 열매를 관상하는 식물
  ㉠ 키 큰 나무 : 모과나무, 먼나무, 멀구슬나무, 꽃아그배나무 등
  ㉡ 키 작은 나무 : 남천, 죽절초, 백량금, 파라칸타 등

계절	빨간색	노란색
여름	오미자, 해당화, 자두 등	살구, 매화, 복숭아나무 등
가을	마가목, 동백나무, 산수유, 대추, 보리수, 석류나무, 감나무, 남천, 화살나무, 찔레나무 등	탱자나무, 치자나무, 모과나무, 명자나무 등
겨울	감탕나무, 식나무 등	–

10년간 자주 출제된 문제

9-1. 12~3월에 꽃이 피는 상록성 활엽수인 소재는?
① 노각나무
② 생강나무
③ 동백나무
④ 사스레피나무

9-2. 다음 중 화단용 및 정원용 식물로 가장 적합한 목본화훼로 짝지어진 것은?
① 동백 – 스타티스
② 아이비 – 아네모네
③ 철쭉 – 수국
④ 시네나리아 – 용담

9-3. 다음 화목류 중 주로 잎을 관상하는 종류들로 바르게 묶인 것은?
① 단풍나무, 은행나무, 향나무
② 단풍나무, 좀작살나무, 은행나무
③ 은행나무, 구상나무, 산딸나무
④ 주목, 수수꽃다리, 모과나무

|해설|

9-1
① 노각나무 : 6~7월에 개화하는 낙엽활엽교목
② 생강나무 : 3월에 개화하는 낙엽활엽관목
④ 사스레피나무 : 4월에 개화하는 상록활엽관목

9-2
스타티스는 숙근초, 아네모네는 구근류, 시네나리아는 추파 1년초, 용담은 자생숙근초이다.

9-3
② 좀작살나무(열매)
③ 산딸나무(꽃, 열매)
④ 수수꽃다리(꽃), 모과나무(열매, 수피)

정답 9-1 ③ 9-2 ③ 9-3 ①

10년간 자주 출제된 문제

10-1. 건조 등 환경적응력이 강한 식물로, 독특한 모양으로 인해 실내 분식물장식에서 관엽식물 다음으로 많이 이용되는 식물은?
① 고산식물 ② 구근류
③ 화목류 ④ 다육식물

10-2. 다육식물로만 나열된 것은?
① 꽃잔디, 원추리, 국화
② 크로톤, 드라세나, 옥잠화
③ 바위솔, 알로에, 용설란
④ 관음죽, 종려, 벤자민

10-3. 습기가 많은 토양조건에서 잘 자라는 식물이 아닌 것은?
① 바위솔 ② 알로카시아
③ 낙우송 ④ 토란

해설

10-2
다육식물에는 알로에, 선인장, 돌나물과 바위솔, 수선화과 용설란류, 국화과 칠보수 등이 있다.

10-3
바위솔과 같은 다육식물은 과습하면 썩기 쉽다.

정답 10-1 ④ 10-2 ③ 10-3 ①

핵심이론 10 다육식물

① 개 념
  ㉠ 대부분이 작고 두터우며, 단단한 잎을 가지고 있어 수분의 저장과 추위에 견디는 힘도 아울러 같이 가지고 있다.
  ㉡ 열대의 사막지대에 분포하는 종류가 많고, 열대뿐만 아니라 고산과 해안 등지의 강우량이 적은 지대에도 분포한다.
  ㉢ 건조 등 환경적응력이 강한 식물로, 독특한 모양으로 인해 실내 분식물장식에 관엽식물 다음으로 많이 이용된다.

② 특 징
  ㉠ 잎이나 줄기가 다육질화되어 있다.
  ㉡ 수분을 저장하기 위해 몸이 비대해진다.
  ㉢ 거칠고, 가시나 털이 있기도 하다.
  ㉣ 사막이나 태양광선이 강한 곳, 건조 지방에서 잘 자란다.
  ㉤ 주로 분화용으로 많이 이용하며 분주, 삽목 등의 영양번식을 주로 한다.
  ㉥ 다습하면 썩기 쉽다.

③ 종류 : 스타펠리아, 야트로파, 스테파노티스, 산세비에리아, 알로에, 유카, 세듐, 베섬브리앤더멈, 용설란, 칠보수, 채송화, 은행목, 트라데스칸디아, 바위솔, 칼랑코에, 돌나물, 크라슐라, 꽃기린 등
  ※ 꽃기린은 쥐손이풀목 대극과 대극속에 속한다.

④ 선인장
  ㉠ 특 징
    • 사막이나 건조 지방에서 잘 자라는 식물로, 잎이 가시로 변한 식물이다.
    • 바늘잎과 둥글고 굵은 줄기로 되어 있어 수분의 증발을 막고 저장하기에 적합하며, 줄기에 냉각장치의 역할을 하는 주름이 있어 한낮의 더위를 피할 수 있는 구조를 가지고 있다.
    • 선인장과 식물은 대부분이 북미 서남부, 멕시코, 남아프리카 서부에 분포되어 있으며, 분류학적으로 선인장과(*Cactaceae*)는 파이레스키아(*Peireskioideae*), 오푼티아(*Opuntioideae*), 세레우스(*Cereoideae*)의 3아과(亞科)로 구분된다.

ⓒ 종류 : 나뭇잎선인장(목기린), 부채선인장(금무선, 은세계, 백묘, 금조모), 기둥선인장(귀면각, 금사자, 백단, 삼각주), 구형선인장(금호, 신천지, 금황환, 지구환, 월계관, 백룡환, 하내호, 비모란), 털선인장(옹환, 백상, 노각, 환각, 백용옥), 공작선인장(월하미인), 게발선인장, 가재발선인장

※ 게발선인장과 가재발선인장은 남미 브라질이 원산지이다.

10년간 자주 출제된 문제

10-4. 선인장 품종 중 접목용 대목(臺木)으로 이용되지 않는 것은?

① 삼각주　　② 용신목
③ 비모란　　④ 와 룡

해설

10-4
선인장 접목 시 대목으로 이용되는 종류에는 소데가우라, 와룡, 용신목, 보검, 단모환, 삼각주 등이 있다.

정답 10-4 ③

10년간 자주 출제된 문제

11-1. 실내공간장식에서 관목(Shrubs)으로 이용되는 식물은?
① 아글라오네마
② 필로덴드론 옥시카르디움
③ 알로카시아 오도라
④ 스킨답서스

11-2. 다음 중 관엽식물이 아닌 것은?
① 벤자민고무나무(*Ficus benjamina* L.)
② 박쥐란(*Platycerium bifurcatum* C. Chr.)
③ 알스트로에메리아(*Alstroemeria* cv.)
④ 엽란(*Aspidistra elatior* Blume)

11-3. 다음 관엽식물 중 한국 자생식물은?
① 광나무   ② 행운목
③ 아나나스   ④ 소 철

11-4. 덩굴성인 관엽식물은?
① 몬스테라(*Monstera deliciosa*)
② 드라세나 산데리아나(*Dracaena sanderiana*)
③ 아마릴리스(*Hippeastrum hybridum*)
④ 알로카시아 아마조니카(*Alocasia amazonica*)

[해설]

11-1
알로카시아 오도라, 마크로리자, 로부스타는 줄기가 목질화되는 식물로, 관목(Shrubs)으로 취급한다.

11-2
알스트로에메리아는 구근류이다.

11-3
광나무는 한국이 원산지이고 일본, 대만 등에 분포되어 있으며, 바닷가나 낮은 산기슭에서 서식한다.

정답 11-1 ③ 11-2 ③ 11-3 ① 11-4 ①

핵심이론 11 관엽식물

① 특 징
  ㉠ 꽃보다는 잎의 모양, 색, 무늬 등의 아름다움을 관상하는 식물이다.
  ㉡ 잎이 넓거나 독특한 무늬가 있어 주로 잎을 보고 감상하는 식물이다.
  ㉢ 대부분 열대 및 아열대 지역이 원산지이며, 상록성이다.
  ㉣ 추위에 약하여 실내장식용으로 많이 쓰인다.
  ㉤ 그늘에서 잘 자라고, 연중 푸른 잎을 감상할 수 있다.
  ㉥ 수분을 많이 필요로 하고, 건조에 약하기 때문에 고온다습한 환경이 필요하다.
  ㉦ 주로 포기나누기나 꺾꽂이로 번식시킨다.
  ㉧ 생장이 빠르지만, 변온에 약하다.
  ㉨ 관엽식물은 주로 분식물로 다루어지고, 화단장식이나 꽃꽂이에 절엽으로도 이용된다.

② 종 류
  ㉠ 생태적 분류
   • 온실관엽식물 : 피토니아, 베고니아, 칼라디움, 드라세나류, 크로톤, 피닉스야자, 켄챠야자 등
   • 노지관엽식물 : 남천, 식나무, 가시나무류, 홍가시나무, 목서, 호랑가시나무, 후피향나무, 사철나무, 주목, 개비자나무 등
  ㉡ 형태적 분류
   • 교목 : 피닉스야자, 야레카야자, 비로야자, 고무나무, 떡갈잎고무나무, 당종려, 유카, 셰플레라 악티노필라 등
   • 관목 : 알로카시아 오도라, 마크로리자, 로부스타, 팔손이, 관음죽, 크로톤, 드라세나류 등
   • 덩굴성 : 몬스테라, 스킨답서스, 헤데라, 필로덴드론, 마삭줄, 푸밀라고무나무 등
   • 초본성 : 칼라디움, 마란타, 디펜바키아, 아나나스, 틸란드시아, 렉스베고니아, 싱고니움, 스파티필름 등
   • 고사리류 : 보스톤고사리, 아디안툼, 프테리스, 박쥐란 등

더 알아보기

네프로네피스(*Nephrolepis exaltata*)
• 실내공간 내 유해 휘발성 물질, 특히 폼알데하이드의 제거효과가 매우 큰 식물로, 보스톤고사리라고도 불린다.
• 고란초과의 양치식물이며, 열대·아열대·아메리카가 자생지이고, 화분을 덮을 정도로 녹색 잎이 무성한 가정용 관엽식물이다.

핵심이론 12 난과 식물(1)

① 특 징
- ⊙ 난(蘭, Orchids)은 단자엽식물 중에서 난과에 속하는 다년생 초본식물을 총칭한다.
- ⓒ 전 세계에 분포하는 자생종의 수는 500~800속, 24,000종에 달한다.
- ⓒ 난류의 자생지는 열대를 중심으로 온대, 고산(高山) 기후까지 널리 분포되어 있는데, 아시아의 열대에 가장 많다.
- ② 난과 식물은 근모(根毛)가 없는 것으로 알려져 있고, 근균(根菌, Mycorrhiza)과 공생하며, 그 성상과 형태가 다양하다.

② 용어 정의
- ⊙ 위구경 : 난에서 줄기가 다육화된 양분저장기관으로, 표면은 초엽(草葉)으로 감싸져 있다.
- ⓒ 꽃술대(예주) : 난꽃의 중심부에 있는 기둥상의 구조물로, 선단부에는 둥근 모양의 약모가 있다.
- ⓒ 순판 : 난꽃의 아래쪽 꽃잎이 혀 모양으로 된 것으로 설판, 술꽃잎이라고도 한다.

③ 주요 난과 식물 : 카틀레야, 덴파레, 온시디움, 심비디움, 팔레놉시스, 반다, 시프리페디움, 덴드로비움 등

10년간 자주 출제된 문제

12-1. 난에서 줄기가 다육화된 양분저장기관을 뜻하는 것은?
① 괴 근 ② 인 경
③ 구 근 ④ 위구경

12-2. 다음 중 난과 식물이 아닌 것은?
① 카틀레야 ② 칼라데아
③ 덴파레 ④ 온시디움

|해설|

12-1
위구경의 내부는 해면조직으로, 양분과 수분을 저장할 수 있고, 표면은 초엽(草葉)으로 감싸져 있다.

12-2
② 칼라데아는 마란타과의 관엽식물이다.

정답 12-1 ④ 12-2 ②

10년간 자주 출제된 문제

13-1. 동양란으로 분류되는 것은?
① 춘란 ② 심비디움
③ 카틀레야 ④ 팔레놉시스

13-2. 서양란이 아닌 것은?
① 보세란 ② 심비디움
③ 온시디움 ④ 팔레놉시스

14-1. 다음 난과 식물 중 원산지가 열대 지방이며, 나무줄기나 바위에 착생하여 자라는 것은?
① 한란 ② 온시디움
③ 보춘화 ④ 풍란

14-2. 흙에 심지 않고, 나무나 돌 등에 붙여 재배하는 난의 종류는?
① 반다 ② 심비디움
③ 춘란 ④ 한란

14-3. 난과 식물 중 지생란에 속하는 것은?
① 카틀레야 ② 은대난초
③ 풍란 ④ 석곡

[해설]

13-2
보세란(報歲蘭)은 동양란의 한 종류로, 2월경에 자주색 꽃이 피며, 잎이 동양란 중 가장 넓다.

14-1
온시디움은 열대 지방에서 자라는 착생란이고, 한란과 보춘화(춘란)는 땅에 뿌리를 내리고 생육하는 지생란이다.

14-2
②·③·④는 땅에 뿌리를 내리고 생육하는 지생란이다.

[정답] 13-1 ① 13-2 ① / 14-1 ② 14-2 ① 14-3 ②

핵심이론 13 난과 식물(2) : 원산지에 따른 분류

① 동양란
  ㉠ 주로 동양의 온대·아열대가 원산이다.
  ㉡ 대표적인 것은 대부분 심비디움(Cymbidium)속으로 지생란이다.
  ㉢ 동양란의 심비디움속 중에서 춘란의 일경일화성(一莖一花性)에 대하여 일경다화성(一莖多花性)인 것을 관용상 혜(蕙) 또는 혜란이라고 부른다.
  ㉣ 잎의 형태에 따라 잎의 폭이 좁은 것은 세엽종, 넓은 것은 광엽종으로 구분하고, 개화시기에 따라 춘란, 하란, 추란, 한란으로 구분한다.
  ㉤ 종류 : 춘란, 한란, 건란, 석곡(장생란), 보세란, 풍란 등

② 서양란
  ㉠ 동양란에 비해 꽃이 화려하고 아름답지만, 잎을 관상하는 종류가 적다.
  ㉡ 서양란은 전 세계의 열대·아열대 지방에 분포되어 있으며, 지생종도 있지만 착생종이 많다.
  ㉢ 종류 : 카틀레야, 덴드로비움, 심비디움, 팔레놉시스, 온시디움, 밀토니아, 소브라리아, 반다, 에피덴드룸 등
  ※ 호접란은 현화식물문, 외떡잎식물강, 난초목, 난초과, 팔레놉시스속에 속한다.

핵심이론 14 난과 식물(3) : 생태학적 분류

① 지생란
  ㉠ 보통의 식물과 같이 토양에서 생육하는 것으로, 대부분 온대에 자생하며, 경엽이 아름다운 것이 많고, 일반적으로 잎몸이 얇다.
  ㉡ 종류 : 심비디움, 파피오페딜룸, 지고페탈럼, 보춘화(춘란), 한란, 은대난초, 건란 등

② 착생란
  ㉠ 나무껍질이나 바위에 붙어 생육하며, 특별한 구조를 한 기근(氣根)이 발달된 것으로, 열대·아열대에 자생하는 것이 많다.
  ㉡ 착생란은 뿌리가 드러나고, 바람이 잘 통해야 잘 자란다.
  ㉢ 종류 : 카틀레야, 레리아, 덴드로비움, 온시디움, 팔레놉시스, 티시스, 셀로지네, 에리데스, 린코스틸리스, 반다, 풍란, 석곡 등
  ※ 온시디움 : 원산지는 열대 지방이며, 나무줄기나 바위에 착생하여 자란다.

핵심이론 15 난과 식물(4) : 형태학적 분류

① 단경성란
  ㉠ 줄기가 하나만 있는 종류로 반다, 팔레놉시스, 안그레컴, 에리데스, 풍란 등의 착생종에서 볼 수 있다.
  ㉡ 근경과 의구경을 형성하지 않으며, 한 줄기의 끝부분에서 계속 잎이 나오는 생장을 되풀이한다.

② 복경성란
  ㉠ 여러 줄기가 자라는 것으로, 새싹(Sprout)이 성숙하면 그 밑부분에서 계속 새로운 새싹이 나와 생장을 되풀이한다.
  ㉡ 꽃은 새싹이 성숙한 다음 그 끝 또는 곁에 붙고, 대부분의 착생종은 근경과 의구경, 지생종은 근경이나 구경 또는 괴경을 형성한다.
  ㉢ 카틀레야, 덴드로비움, 심비디움, 온시디움, 밀토니아 등

10년간 자주 출제된 문제

15-1. 난과 식물 중 단경성란에 속하지 않는 것은?
① 카틀레야
② 반 다
③ 풍 란
④ 팔레놉시스

핵심이론 16 수생식물, 고산식물

① 수생식물(Water Plant)
  ㉠ 수생식물은 항상 물이 있는 연못 같은 곳에서 생육하며, 잎자루와 뿌리에 통기조직이 발달되어 있고, 한대 지방에서는 뿌리 부분이 월동한다.
  ㉡ 종류 : 물옥잠화, 연꽃, 수련, 어리연꽃, 노랑어리연꽃, 마름 등

② 고산식물(Alpine Plant)
  ㉠ 고산식물은 한대 또는 고산 지방에서 자생하는 식물로, 그 수는 많지 않지만 암석정원에 이용되는 경우가 있다.
  ㉡ 고산식물은 생육이 강건하고, 화색이 진하며, 키가 작고, 바위 등에 잘 붙어산다.
  ㉢ 종류 : 에델바이스, 망아지풀, 송다리, 새우난초, 암매, 시로미, 설앵초, 누운향나무, 누운주목, 금강초롱, 연영초 등

16-1. 고산성 식물의 설명으로 가장 거리가 먼 것은?
① 생육이 강건하다.
② 화색이 진하다.
③ 키가 작고, 바위 등에 잘 붙어산다.
④ 꽃향유는 전형적인 고산성 식물이다.

| 해설 |

16-1
꽃향유의 서식지는 양지 혹은 습기가 많은 반그늘의 풀숲이다.

정답 15-1 ① / 16-1 ④

10년간 자주 출제된 문제

17-1. 라벤더, 로즈마리, 레몬밤 등의 식물에 관한 설명으로 옳은 것은?
① 꽃이 아름다운 꽃나무 종류이다.
② 잎을 주로 감상하는 초본성 화훼이다.
③ 향기가 좋은 방향성 식물이다.
④ 벌레잡이를 하는 식충식물이다.

18-1. 다음 식충식물 중 포충낭을 가지고 있는 것은?
① 네펜데스
② 끈끈이주걱
③ 벌레잡이제비꽃
④ 파리지옥

정답 17-1 ③ / 18-1 ①

핵심이론 17 방향식물, 반입식물

① 방향식물(Aromatic Plant)
  ㉠ 방향식물은 잎이나 꽃의 관상가치는 적지만, 잎에서 특이한 방향이 방출되기 때문에 실내의 잡취를 없앨 수 있어 경우에 따라 향료로 이용되기도 한다.
  ㉡ 종류 : 구문초, 라벤더, 란타나, 레몬밤, 로즈마리, 로즈제라늄, 메리골드, 바질, 세이지, 스피아민트, 오데코롱민트, 율마, 제라늄, 캔들플랜트, 타임, 파인애플민트, 페니로열, 페퍼민트 등과 우리나라 울릉도에서 자생하는 섬백리향(Thymus) 등

② 반입식물(Variegated Plant)
  ㉠ 반입식물은 잎에 무늬가 있어 색깔이 두 가지 이상인 아름다운 잎을 관상할 수 있는 식물이다.
  ㉡ 종류 : 색비름, 꽃양배추, 베고니아, 동백, 백량금, 죽절초, 자금우, 아펠란드라, 페페로미아, 만년청, 엽란, 석창포(Acorus), 식나무 및 동양란의 풍란, 한란, 석곡 등

핵심이론 18 식충식물(Insectivorous Plant)

① 식충식물은 벌레를 잡아 영양을 섭취하는 식물로, 이색을 띤 융모가 관상가치가 있어 절화용으로 이용되기도 한다.
② 곤충을 잡는 방법
  ㉠ 주머니 형태의 포충낭을 가진 것 : 사라세니아, 네펜데스, 세팔로투스, 통발 등
  ㉡ 개폐기구인 포충엽을 갖는 것 : 비너스 파리잡이풀(파리지옥), 벌레먹이말 등
  ㉢ 선모(끈끈이점액 분비)를 가진 것 : 끈끈이주걱, 끈끈이귀개, 벌레잡이제비꽃 등

핵심이론 19 장일·단일식물, 양지·음지식물

① 장일식물(長日植物)
  ㉠ 하루 일조시간이 12시간 이상이 되면 화아분화가 시작되면서 개화가 촉진되는 식물이다.
  ㉡ 가을에 파종하면 다음해 봄에 개화한다.
  ㉢ 종류 : 양귀비, 상추, 장미, 개나리, 참나리, 카네이션, 안개초, 스위트피, 유채, 금어초, 아킬레아, 섬초롱꽃 등
② 단일식물 : 낮의 길이가 짧아지고, 밤의 길이가 길어질 때 개화하는 식물로 국화, 코스모스, 포인세티아, 칼랑코에 등이 단일식물에 속한다.
③ 양지식물
  ㉠ 햇볕이 들어오는 곳에서 잘 자라는 식물로, 잎이 조금 두텁고 좁으며, 꽃이 많이 피는 편이고, 주로 꽃을 관상하는 온대성 식물이다.
  ㉡ 양지식물을 빛이 부족한 음지에서 재배하면 가늘고 약하게 자라며, 단위면적당 잎의 수가 적어진다.
  ㉢ 종류 : 국화, 백일홍, 코스모스, 루드베키아, 채송화, 선인장, 맨드라미, 소나무 등
④ 음지식물
  ㉠ 5,000~10,000lx에서 잘 자라는 식물이다.
  ㉡ 잎이 비교적 넓고, 잎의 수가 적으며, 주로 잎을 감상하기 위해 식재하는 식물이다.
  ㉢ 열대 원산의 관엽식물이 대부분을 차지한다.
  ㉣ 종류 : 디펜바키아, 네프로네피스, 스킨답서스, 문주란 등
    ※ 표토를 차폐하기 위한 피복용 식물 : 스파티필룸, 이끼류, 꽃잔디 등

10년간 자주 출제된 문제

19-1. 다음 중 낮 시간이 밤 시간의 길이보다 짧을 때 꽃이 피는 단일성 식물이 아닌 것은?
① 포인세티아
② 페튜니아
③ 코스모스
④ 칼랑코에

19-2. 표토를 차폐하기 위한 피복용 식물로 가장 거리가 먼 것은?
① 스파티필룸
② 이끼류
③ 꽃잔디
④ 문주란

해설

19-1
페튜니아는 상대적 장일식물로, 저온·단일에서는 줄기에서 가지가 많이 나오고, 마디 사이가 짧은 로제트 상태가 되며, 개화가 늦어진다.

19-2
문주란은 바닷가 모래언덕에서 흔히 자란다.

정답 19-1 ② 19-2 ④

10년간 자주 출제된 문제

1-1. 증산의 대부분은 잎의 어느 부위에서 이루어지는가?
① 해면조직
② 책상조직
③ 기 공
④ 상표피

1-2. 잎의 구조에 대한 설명으로 틀린 것은?
① 잎은 잎새, 잎자루, 턱잎 세부분으로 구성되어 있다.
② 쌍떡잎식물의 잎맥은 나란히맥이다.
③ 잎새는 잎의 중심부분이다.
④ 턱잎은 잎자루의 기부에 있는 일종의 부속기관이다.

해설

1-1
증산작용은 잎의 기공에서 이루어지며, 기공을 통해 식물체 내의 물을 수증기 형태로 내보낸다.

1-2
② 쌍떡잎식물의 잎맥은 그물맥이고, 외떡잎식물의 잎맥은 나란히맥이다.

정답 **1-1** ③ **1-2** ②

(2) 화훼식물 재료 기관·형태

핵심이론 01 잎(1) : 잎의 기능과 구조

① 잎의 기능
  ㉠ 잎(葉, Leaf)은 엽록소를 포함한 세포조직과 기공세포를 갖고 있어 광합성작용과 증산작용, 호흡작용을 하는 중요한 기관이다.
  ㉡ 증산작용은 잎의 기공에서 이루어진다.

광합성작용	엽록체에서 이산화탄소, 물 및 햇빛을 이용하여 양분을 합성한다.
증산작용	기공을 통해 식물체 내의 물을 수증기 형태로 내보낸다.
호흡작용	기공을 통해 산소를 받아들이고, 이산화탄소를 내보낸다.

② 잎의 구조
  ㉠ 잎은 잎새, 잎자루, 턱잎의 세 부분으로 구성되어 있다.
  ㉡ 잎새는 잎의 중심 부분이다.
  ㉢ 턱잎은 잎자루의 기부에 있는 일종의 부속기관이다.
  ㉣ 잎의 관다발과 이것을 둘러싼 부분을 잎맥이라고 하는데, 잎맥은 잎 속의 물질이 이동하는 부분이다.
  ㉤ 잎맥은 보통 주맥, 곁맥, 가는맥으로 구분한다.
  ㉥ 쌍떡잎식물의 잎맥은 그물맥이고, 외떡잎식물의 잎맥은 나란히맥이다.

핵심이론 02 잎(2) : 단엽

① 단엽 : 하나의 엽신으로 된 잎
② 단엽의 종류
  ㉠ 원형 : 한련화, 수련, 깽깽이풀, 산꿩의다리 등
  ㉡ 타원형 : 안개나무, 먼나무, 매발톱나무, 개서어나무 등
  ㉢ 장타원형 : 팬지, 물참, 대극, 풀솜대 등
  ㉣ 광타원형 : 청미래덩굴, 오미자 등
  ㉤ 난형 : 옥잠화, 크로톤, 푸조나무, 삼지구엽초, 생강나무 등
  ㉥ 도란형 : 녹나무, 산사나무, 신갈나무, 새덕이 등
  ㉦ 심장형 : 콜레우스, 박태기나무, 두루미꽃 등
  ㉧ 신장형 : 계수나무, 털머위, 곰취 등
  ㉨ 침형 : 소나무, 잣나무 등
  ㉩ 선형 : 맥문동, 아르메리아, 석창포, 주목 등
  ㉪ 피침형 : 유카, 맨드라미, 색비름, 버드나무, 여뀌 등
  ㉫ 도피침형 : 소귀나무, 초령목, 가시나무, 파초일엽 등
  ㉬ 창형(극형) : 고마리 등
  ㉭ 장상형 : 팔손이나무 등

[단엽의 종류]

10년간 자주 출제된 문제

2-1. 잎의 구조가 단엽인 식물은?
① 칠엽수 ② 장 미
③ 팔손이 ④ 남 천

2-2. 잎의 형태가 원형인 식물은?
① 소나무 ② 팬 지
③ 콜레우스 ④ 한련화

해설

2-2
① 침형, ② 장타원형, ③ 심장형
※ 잎이 원형(Orbicular)인 식물은 한련화, 수련, 깽깽이풀, 산꿩의다리 등이다.

정답 2-1 ③ 2-2 ④

10년간 자주 출제된 문제

3-1. 잎의 구조와 형태에 대한 설명으로 틀린 것은?
① 잎은 광합성작용을 하는 주된 기관이다.
② 잎맥은 보통 주맥, 곁맥, 가는맥으로 구분한다.
③ 여러 개의 잎몸(엽신)이 깃털 모양으로 배열된 잎을 장상복엽이라고 한다.
④ 잎의 관다발과 이것을 둘러싼 부분을 잎맥이라고 하는데, 잎맥은 잎 속의 물질이 이동하는 부분이다.

3-2. 화훼류의 형태에 대한 설명으로 틀린 것은?
① 잔디와 같은 벼과 식물은 줄기(대)를 싸고 있는 엽초(잎집)와 엽신(잎몸)으로 구성되어 있다.
② 셰프렐라 아보리콜라는 장상복엽(掌狀複葉)으로 구성되어 있다.
③ 콩과 식물인 등나무는 우상복엽(羽狀複葉)으로 되어 있다.
④ 팔손이는 여덟(8)개의 우상엽(羽狀葉)으로 되어 있다.

해설

3-1
- 우상복엽 : 여러 개의 엽신이 깃털 모양으로 배열된 잎
- 장상복엽 : 손바닥 모양으로 배열된 잎

3-2
팔손이는 장상엽(손바닥 모양)이다.

정답 3-1 ③ 3-2 ④

핵심이론 03 잎(3) : 복엽

① **복엽** : 둘 이상의 엽신으로 된 잎으로, 복엽의 작은 잎을 소엽(Leaflet)이라 하고, 소엽들을 지지해 주는 주맥은 엽병의 연장선으로, 총엽병(Rachis)이라 한다.

② **복엽의 종류**
   ㉠ 우상복엽 : 잎자루(葉柄)의 양쪽에 작은 잎이 새의 깃 모양을 이룬 것
   - 기수우상복엽 : 축의 선단에 작은 잎이 기수(홀수)로 붙는 것
     예 등나무, 싸리, 초피나무, 스위트피, 능소화, 자운영, 산오이풀, 쉬땅나무 등
   - 우수우상복엽 : 축의 선단에 작은 잎이 없는 것
     예 땅콩, 회화나무, 자귀나무, 멕시코소철, 갈퀴나무, 차풀 등
   ㉡ 장상복엽 : 잎자루의 끝에 작은 잎이 손바닥 모양(방사상)으로 붙은 것
     예 토끼풀, 으름덩굴, 셰프렐라 아보리콜라, 루피너스, 팔손이, 칠엽수 등
   ㉢ 3출복엽 : 잎자루의 끝에 세 장의 작은 잎이 붙어 있는 것
     예 꿩의다리, 클레마티스, 복자기나무, 고추나무, 참싸리나무, 담쟁이덩굴, 괭이밥 등

핵심이론 04 잎(4) : 잎차례(엽서)

① 엽서 : 잎이 줄기나 가지에 붙어 있는 자리에 따라 호생(互生), 대생(對生), 윤생(輪生), 근생(根生), 속생(束生) 등으로 분류한다.
② 엽서의 종류
　㉠ 호생(어긋나기) : 잎이 마디 양쪽으로 번갈아가며 어긋나게 한 마디에 한 개씩 달린 것
　　예 장미, 국화, 금어초, 과꽃, 맨드라미, 수국, 스토크, 나리, 느티나무, 미루 나무, 벚나무, 호장근, 삼지구엽초, 개감수, 모과나무, 개정향풀, 둥굴레, 버드나무, 봉숭아, 사스레피나무, 송악 등
　㉡ 대생(마주나기) : 한 마디에 잎이 두 개씩 마주보며 달린 것
　　예 카네이션, 용담초, 개나리, 숙근안개초, 들깨, 패랭이꽃, 베로니카, 백일홍, 석죽, 베르가못, 광나무, 단풍나무, 사철나무, 이질풀, 회양목, 아까시나무, 소철, 마가목, 주목 등
　㉢ 윤생(돌려나기) : 한 마디에 잎이 세 개 이상 반복적으로 돌려 가며 달린 것
　　예 섬말나리, 꼭두서니, 넓은잔대, 연령초, 삿갓나물, 쇠뜨기, 쇠뜨기말, 검정말, 갈퀴덩굴, 아스플레니움, 칼라데아 등
　㉣ 근생 : 마치 뿌리에서 돋아난 것처럼 보이는 것
　　예 구실바위취, 제비꽃, 민들레, 소나무, 은행나무, 낙엽송, 앵초, 맥문동 등
　㉤ 속생 : 마디 사이가 극히 짧아서 마치 초채처럼 잎이 나는 것
　　예 소나무, 은행나무, 낙엽송, 잣나무 등

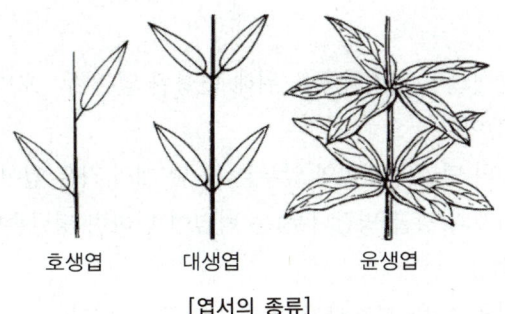

[엽서의 종류]

10년간 자주 출제된 문제

4-1. 줄기면에 부착하는 잎의 배열양식인 엽서가 바르게 연결된 것은?

① 카네이션 - 호생
② 회양목 - 대생
③ 제비꽃 - 윤생
④ 둥굴레 - 근생

해설

4-1
① 카네이션 : 대생
③ 제비꽃 : 근생
④ 둥굴레 : 호생

정답 4-1 ②

| 10년간 자주 출제된 문제 |

5-1. 잎 표면의 특색과 특징을 가지고 식물 분류 시 형태에 따른 연결이 바르지 않은 것은?
① 엽선(葉先) – 예두(銳頭)
② 엽저(葉底) – 의저(歪底)
③ 엽연(葉緣) – 원형(圓形)
④ 엽형(葉形) – 타원형(楕圓形)

핵심이론 05 잎(5) : 엽연(잎의 가장자리) 등

① 엽연(葉緣)
 ㉠ 엽신의 가장자리를 말하고, 톱니 모양의 엽연을 거치(鋸齒)라고 한다.
 ㉡ 종류 : 침거치, 세모거치, 중렬, 둔거치, 오므라듬거치, 치상거치, 전열, 전연, 민들레형 거치, 천열, 장상렬, 우열, 반전형, 예거치, 파상 등
② 엽선(잎끝의 모양) : 점천두, 예두, 소철두, 예철두, 미철두, 둔두, 요두, 미형, 소요두, 유두형, 원두, 평두, 침형, 급첨두(急尖頭) 등
③ 엽저(잎 밑부분의 모양)
 ㉠ 엽병에서 가장 가까운 곳을 엽저라고 한다.
 ㉡ 유저, 설저, 둔저, 의저(왜저), 예저, 순저, 원저, 평저, 이저, 심장저, 관천저 등
④ 엽형(잎의 모양) : 침형, 선형, 피침형, 심장형, 신장형, 원형, 타원형, 장타원형, 광타원형, 난형, 도란형, 삼각형, 극형, 전형, 민들레형, 주걱형 등이 있다.
⑤ 엽 맥
 ㉠ 엽신 내에서 유관속이 차지하는 자리를 엽맥이라 하고, 엽신 가운데를 종으로 뻗은 가장 큰 유관속이 주맥(Main Vein)을 이루며, 좌우로 갈라지는 가는 측맥(Side Vein)이 있다.
 ㉡ 단맥, 망상맥, 평행맥, 횡맥, 우상맥, 장상맥, 차상맥 등

6-1. 변형된 잎이 아닌 것은?
① 선인장의 가시
② 생이가래의 잎
③ 네펜데스의 포충낭
④ 금잔화의 잎

핵심이론 06 잎(6) : 잎의 변이

① 덩굴손
 ㉠ 덩굴식물의 지지작용을 위해 변형된 잎(완두, 호박, 오이, 스위트피)이다.
 ㉡ 완두의 덩굴은 겹잎의 앞부분 중 몇 개의 작은 잎이 변한 것이다.
 ㉢ 청미래의 덩굴(명감나무)은 턱잎이 변하여 덩굴손이 된 것이다.
② 가시(엽침)
 ㉠ 자신의 몸을 보호하기 위해 변형된 잎이다.
 ㉡ 가시에는 엽육조직 또는 유관속조직이 없다.
 ㉢ 선인장, 장미, 아까시나무, 매자나무 등
 ※ 탱자나무에서 볼 수 있는 가시는 줄기가 변형된 것

|해설|

6-1
금잔화(*Calendula officinalis*)는 국화과에 속하며, 주황색 꽃이 7~8월에 핀다. 잎은 어긋나기하고, 부드러우며, 가장자리에 톱니가 있다.

정답 5-1 ③ / 6-1 ④

③ 포 엽
  ㉠ 꽃의 아래 또는 화병에 형성되는 잎으로, 발달하는 꽃을 보호하는 역할을 한다.
  ㉡ 잎이 소형화한 것으로, 광합성능력이 거의 없거나 완전히 없으며, 일반적으로 어린 화아(Flower Bud)를 감싸서 보호하는 역할을 한다.
  ㉢ 천남성과 식물이나 층층나무속의 산딸기나무, 포인세티아, 플라밍고 안스리움, 부게인빌레아 글라브라 등

④ 저장엽
  ㉠ 양파와 백합 등의 잎은 영양물질을 저장하기 위해서 육질성으로 변형된 것이다.
  ㉡ 사막 지역의 용설란과 아프리카 사막의 알로에는 두껍고 즙이 많은 잎을 가지고 있다.
  ㉢ 양파와 백합, 튤립 같은 식물은 즙이 많은 양분을 저장하는 잎으로 싸인 짧고 원추형의 지하경인 인경(Bulb)을 형성한다.

⑤ 눈비늘
  ㉠ 가장 흔한 잎의 변형 중의 하나가 눈비늘(아린, Bud scale)이다.
  ㉡ 줄기의 정단부 분열조직을 보호하기 위해 변형된 잎이다.
  ㉢ 눈비늘은 식물이 생장하기 좋지 않은 계절(겨울)이 시작되기 전에 형성된다.
  ㉣ 보호작용을 하기 위해서 보통의 잎보다 더 단단하고, 왁스성분도 더 많다.
  ㉤ 히코리나무의 아린(芽鱗)이 대표적이다.

⑥ 다육질엽
  ㉠ 다육잎은 사막이나 건조에 견딜 수 있도록 잎이 두꺼워져 다량의 수분을 저장하고 있는 잎이다.
  ㉡ 돌나물과, 쇠비름과 식물, 채송화, 용설란, 아가베식물 등

⑦ 포충엽(벌레잡이잎)
  ㉠ 벌레잡이잎은 잎에 날아온 벌레를 잡아 소화시켜 양분을 섭취하는 잎이다.
  ㉡ 포충엽을 가진 식물은 온대와 열대 지역의 습지에서 생육하며, 부족한 영양염은 먹이를 포획하고 소화시킴으로써 얻는다.
  ㉢ 통발, 끈끈이주걱, 끈끈이귀개, 벌레먹이말, 파리지옥, 벌레잡이제비꽃, 털잡이제비꽃 등

> **10년간 자주 출제된 문제**

6-2. 잎이 소형화한 것으로, 광합성능력이 거의 없거나 완전히 없으며, 일반적으로 어린 화아(Flower Bud)를 감싸서 보호하는 역할을 하는 것은?

① 화관(Corolla)
② 꽃받침(Calyx)
③ 꽃자루(Peduncle)
④ 포엽(Bract Leaf)

6-3. 다음 중 포엽(Bract, 苞葉)이 꽃처럼 보이는 식물이 아닌 것은?

① 포인세티아(*Euphorbia pulcherrima* Willd. ex Klotzsch)
② 플라밍고 안스리움(*Anthurium scherzerianum* Schott.)
③ 부게인빌레아 글라브라(*Bougainvillea glabra* Choisy)
④ 범부채[*Belamcanda chinensis* (L.) DC.]

|해설|

6-2
범부채의 잎은 어긋나와 좌우로 납작하고, 2줄의 부챗살 모양으로 퍼져 자라며, 녹색 바탕에 약간의 분백색이 돈다. 길이 30~50cm, 너비 2~4cm로 끝이 뾰족하고, 밑부분이 서로 감싸고 있다.

정답 6-2 ④ 6-3 ④

핵심이론 07 줄 기

① 줄기의 구조
　㉠ 표피 : 줄기의 가장 바깥쪽에 있는 한 겹의 세포층
　㉡ 피층 : 표피 안쪽에 있는 여러 겹의 세포로 된 세포층
　㉢ 관다발
　　• 물관 : 뿌리에서 흡수한 물과 무기양분의 이동통로
　　• 체관 : 잎에서 만든 유기양분의 이동통로
　　• 형성층 : 물관과 체관 사이에 존재하고, 세포분열로 줄기를 굵게 하며, 쌍떡잎식물에만 존재한다.
　㉣ 속 : 줄기의 가장 중심부로, 죽은 세포로 이루어져 있다.
② 줄기의 종류
　㉠ 곧은줄기 : 땅으로부터 위를 향해 곧게 뻗어 있다.
　　예 봉선화, 옥수수 등
　㉡ 감는줄기 : 가늘고 길어서 지지대를 감아 지탱한다.
　　예 나팔꽃, 호박 등
　㉢ 기는줄기 : 줄기가 땅 위를 기며 옆으로 뻗는다.
　　예 딸기, 고구마 등
　㉣ 땅속줄기 : 줄기가 땅속을 기며 옆으로 뻗는다.
　　예 대나무, 잔디, 연, 감자 등
③ 줄기의 기능
　㉠ 지지기능 : 식물을 지탱(지지)하게 해 준다.
　㉡ 호흡기능 : 표피를 통해 호흡한다.
　㉢ 운반기능 : 물관과 체관 등은 양·수분의 이동통로이다.
　㉣ 저장기능 : 양분과 수분을 저장한다.

10년간 자주 출제된 문제

7-1. 다음 중 일반적인 식물체 줄기의 기능으로 가장 거리가 먼 것은?
① 식물체를 지지하는 기능
② 향기의 기능
③ 물질의 통로기능
④ 양분의 저장기능

7-2. 식물의 영양기관 중에서 줄기의 기능에 관한 설명으로 옳지 않은 것은?
① 줄기는 양분과 수분을 저장한다.
② 체관은 주로 수분의 이동기관이다.
③ 식물을 지탱(지지)하게 해 준다.
④ 식물의 잎, 꽃, 눈 등을 착생한다.

해설

7-1
줄기의 기능 : 지지기능, 호흡기능, 운반기능, 저장기능

7-2
체관은 식물체의 잎에서 광합성으로 만들어진 포도당과 같은 유기양분이 줄기나 뿌리로 이동하는 통로이다.

정답 7-1 ② 7-2 ②

핵심이론 08 뿌 리

① 뿌리의 기능
  ㉠ 흡수작용 : 삼투현상에 의해 흙 속의 물과 무기양분을 흡수한다.
    ※ 삼투현상 : 반투과성 막을 사이에 두고 두 용액의 농도가 다를 때, 농도가 낮은 쪽에서 높은 쪽으로 용매가 이동하는 현상
  ㉡ 지지작용 : 땅속 깊이 길게 뻗어 식물체를 지탱한다.
  ㉢ 호흡작용 : 산소를 흡수하고, 이산화탄소를 배출한다.
  ㉣ 저장작용 : 광합성 결과 만들어진 양분을 저장한다.

② 뿌리의 변태
  ㉠ 저장뿌리 : 뿌리 전체가 비대해져 양분을 저장한다.
    예 고구마, 다알리아, 무, 당근 등
  ㉡ 부착뿌리 : 다른 물체에 붙어 자란다.
    예 담쟁이덩굴, 송악 등
  ㉢ 기생뿌리 : 다른 식물체에 기생하여 물과 양분을 흡수한다.
    예 새삼, 실새삼, 겨우살이 등
  ㉣ 공기뿌리 : 뿌리의 일부가 땅 위로 자라서 공기 중의 물과 산소를 흡수한다.
    예 옥수수, 풍란, 석곡, 맹그로브 등

③ 뿌리의 종류
  ㉠ 뿌리의 생김새는 쌍떡잎식물과 외떡잎식물을 구별하는 기준이 될 수 있다.
  ㉡ 뿌리는 형태에 따라 곧은뿌리, 수염뿌리, 덩이뿌리로 구분된다.
    • 곧은뿌리 : 굵기가 굵은 원뿌리에 가는 곁뿌리가 가지를 뻗듯이 붙어 있다.
      예 쌍떡잎식물인 민들레, 봉선화, 시금치 등과 겉씨식물인 소나무, 은행나무 등
    • 수염뿌리 : 굵기가 비슷한 뿌리가 마치 수염처럼 한 곳에 모여 난다.
      예 잔디, 보리, 옥수수 같은 외떡잎식물과 양치식물의 뿌리형태
    • 덩이뿌리 : 뿌리가 굵게 자라 덩이 모양을 이룬다.
      예 뿌리에 양분을 저장하는 당근, 고구마, 무, 다알리아 등

10년간 자주 출제된 문제

8-1. 뿌리의 형태와 기능에 관한 설명으로 틀린 것은?
① 뿌리는 수염뿌리와 덩이뿌리로 나눌 수 있다.
② 뿌리에서 흡수된 양·수분은 목부를 통해 줄기와 잎으로 운반된다.
③ 체관은 양분을 잎에서 뿌리로 수송한다.
④ 괴경은 뿌리가 비대하여 양분의 저장기관으로 변태한 것이다.

8-2. 식물 뿌리의 역할이 아닌 것은?
① 광합성을 한다.
② 양분을 흡수하여 각 기관으로 전달한다.
③ 식물체를 유지·지탱한다.
④ 수분을 흡수하여 지상부로 보낸다.

해설

8-1
④ 괴경은 땅속줄기가 비대하여 양분의 저장기관으로 발달한 것이다.

8-2
①은 잎의 역할이다.

정답 8-1 ④ 8-2 ①

핵심이론 09 꽃(1) : 꽃의 구조와 분류

① 꽃의 구조

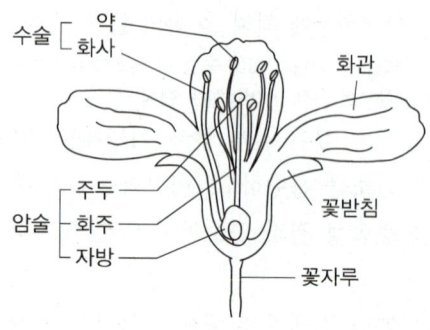

[꽃의 구조]

㉠ 꽃은 씨방을 형성하는 암술과 꽃가루를 형성하는 수술 그리고 이들을 둘러싸는 꽃잎과 꽃받침으로 구성되어 있다.

㉡ 암술은 암술머리(주두), 암술대(화주)과 씨방(자방)으로 구성된다.
  • 암술은 잎이 변하여 된 심피로 구성되며, 이는 배주를 생산하는 대포자엽이다.
  • 암술을 자성기관이라 하고, 한 개의 심피로만 이루어진 암술은 단자예라 한다.
  • 자방 : 피자식물의 암술에서 배주(胚珠)를 가지고 있는 자루 모양의 기관이다.

㉢ 수술은 꽃밥(약)과 수술대(화사)로 구성된다.
  • 수술을 웅성기관이라 하고, 수술 낱개를 웅예라 한다.
  • 암술과 수술은 생식에 직접 관여하지만, 꽃잎과 꽃받침은 생식에 직접 관여하지 않는다.
  • 꽃덮개(화피) : 꽃잎(화관)과 꽃받침(악)을 통틀어 이르는 말이다.

② 꽃의 분류

㉠ 꽃의 구조에 따라 갖춘꽃과 안갖춘꽃으로 분류한다.
  • 갖춘꽃(완전화) : 암술, 수술, 꽃잎과 꽃받침 등 꽃의 요소를 모두 갖춘 꽃
  • 안갖춘꽃(불완전화) : 갖춘꽃의 4요소 중 한 가지 이상이 없는 꽃

㉡ 암술과 수술에 따라 양성화와 단성화로 분류한다.
  • 양성화 : 한 꽃 안에 암술과 수술이 함께 있는 것
  • 단성화 : 암술만 가진 꽃과 수술만 가진 꽃이 따로 존재하는 것

10년간 자주 출제된 문제

9-1. 다음 중 식물의 웅성(雄性)기관으로 옳은 것은?
① 주 두 ② 자 방
③ 화 사 ④ 화 주

9-2. 하나의 꽃에 암술과 수술이 모두 있는 꽃은?
① 단성화 ② 양성화
③ 완전화 ④ 불완전화

|해설|

9-1
식물의 웅성(雄性)기관
• 꽃밥(약, Anther) : 꽃가루를 생성한다.
• 수술대(화사, Filament) : 꽃밥을 지지하는 기관이다.

정답 9-1 ③ 9-2 ②

ⓒ 단성화에는 암꽃과 수꽃이 한 나무에 피는 자웅동주(암수 한 그루)와 각기 다른 나무에 피는 자웅이주(암수 딴 그루)가 있다.
- 자웅동주 : 암꽃과 수꽃이 한 그루에 피는 식물
  예 소나무, 오이, 호박, 수세미 등
- 자웅이주 : 암그루에는 암꽃, 수그루에는 수꽃만 피는 식물
  예 은행나무, 소철, 호랑가시나무, 식나무, 뽕나무, 초피나무, 낙상홍 등

ⓔ 꽃잎의 형태에 따라 갈래꽃과 통꽃으로 분류한다.
- 갈래꽃 : 꽃잎이 각기 떨어져 있는 꽃
  예 벚꽃, 참나무, 장미, 매실나무, 양귀비 등
- 통꽃 : 꽃잎이 붙어 있는 꽃
  예 용담초, 나팔꽃, 캄파눌라, 호박꽃 등

ⓜ 수분방법에 따라 충매화와 풍매화 등으로 분류한다.
- 충매화 : 꽃잎의 형태가 화려하고 복잡하게 되어 있어 곤충을 유혹하여 수분하는 꽃
- 풍매화는 바람, 수매화는 물, 조매화는 새를 이용하여 수분한다.

③ 꽃의 기능
ⓖ 종자를 번식(형성)한다.
ⓛ 수분 : 수술의 꽃밥에서 만들어진 꽃가루가 암술머리로 옮겨지는 현상
ⓒ 수정 : 꽃가루(정핵)가 암술을 타고 내려와 밑씨(알세포)와 결합하는 현상
ⓔ 수정 후 씨방(자방)은 열매가 되고, 밑씨(배주)는 종자가 된다.

10년간 자주 출제된 문제

9-3. 다음 중 암수가 딴그루인 자웅이주 식물은?

① 왕벚나무
② 호랑가시나무
③ 장 미
④ 국 화

9-4. 꽃을 구성하는 여러 기관 중 성숙하여 종자로 발달하는 기관은?

① 암술머리   ② 화 탁
③ 자 방   ④ 배 주

[해설]

9-3
호랑가시나무는 암그루에 암꽃, 수그루에 수꽃만 피는 자웅이주 식물이다.

9-4
④ 배주 : 종자식물의 암술자방 속에서 수정 후에 종자가 되는 부분
② 화탁 : 속씨식물 꽃의 모든 기관이 달리는 꽃자루 맨 끝의 볼록한 부분
③ 자방 : 속씨식물의 배주를 내장하는 자루 모양의 기관

정답 9-3 ② 9-4 ④

10년간 자주 출제된 문제

10-1. 국화꽃의 형태인 설상화(舌狀花)와 관상화(管狀花)에 대한 설명으로 옳은 것은?
① 설상화는 1개의 꽃잎이 갈라져서 여러 개의 꽃잎으로 된 것을 말한다.
② 설상화는 다른 말로 통상화라고 한다.
③ 관상화는 꽃부리의 형태가 가늘고 긴 관상 형태인 것을 말한다.
④ 관상화는 다른 말로 혀꽃이라고 한다.

10-2. 다음 중 주축의 정부에 화탁(花托)이 있고, 그 위에 설상화와 관상화가 착생하는 식물은?
① 알리움
② 국 화
③ 프리뮬러
④ 루피너스

해설

10-1
관상화는 화관(花冠)의 형태가 가늘고 긴 관상(管狀) 또는 통상(筒狀)으로 된 꽃으로, 통상화라고도 한다.

정답 10-1 ③ 10-2 ②

핵심이론 10 꽃(2) : 두상화, 관상화, 설상화

① 두상화(頭狀花)
  ㉠ 꽃의 끝에 많은 여러 꽃이 한데 엉켜 붙어서 한 송이의 꽃처럼 머리 모양을 이룬 꽃이다.
  ㉡ 국화, 민들레, 백일홍 등

② 관상화(통상화, 筒狀花)
  ㉠ 화판화관(花瓣花管)의 일종으로 꽃부리가 굵은 것, 가는 것, 긴 것, 짧은 것 등이 있다.
  ㉡ 끝부분이 같은 모양과 크기의 잎조각(열편)으로 갈라진 것, 입술 모양(순형)인 것 등 과(科)나 속(屬)에 따라 특징 있는 형태를 나타낸다.
  ㉢ 국화나 해바라기의 두상화 중심에 관상화가 있고, 둘레에는 설상화가 있으며, 두상화 전체가 관상화(수레국화)로 되어 있는 것도 있다.
  ㉣ 관상화는 양성화이다.

> **더 알아보기**
>
> **국화의 특징**
> 여러 꽃들이 한데 엉켜 붙어서 한 송이의 꽃처럼 보이는 두상화이고, 꽃의 바깥쪽으로는 설상화(혓바닥처럼 생긴 모양)가 돌아가며 늘어서 있으며, 가운데에는 끝만 겨우 째진 관상화(통처럼 빽빽이 들어선 모양)가 차 있다.

③ 설상화(혀꽃, 舌狀花)
  ㉠ 국화과의 두상꽃차례에 달리는 꽃이다.
  ㉡ 윗부분은 화관의 일부가 신장하여 혀 모양이 되고, 밑부분이 통처럼 되어 있다.
  ㉢ 국화·민들레 등은 많은 설상화로 되어 있다.
  ㉣ 설상화는 암술만 가지고 있는 단성화이다.

핵심이론 11 꽃(3) : 꽃의 변이

① 꽃의 기관 분화
   ㉠ 꽃받침, 꽃부리, 수술, 암술의 순서로 분화한다.
   ㉡ 전엽 7일 후에 꽃받침이 이루어지고, 다시 7일 후면 꽃부리가 생긴다.
   ㉢ 대체로 전엽 후 14~21일에 수술이 생기고, 그 후 7일 정도 늦게 암술이 발달하기 시작하여 6~8주 정도면 꽃의 모든 화기가 이루어져 개화한다.

② 주요 기형화와 구성상의 설명
   ㉠ 팬지는 보통의 꽃으로, 바깥쪽부터 꽃받침, 꽃잎, 수술, 암술의 순으로 배치된다.
   ㉡ 백합은 꽃받침편이 꽃잎화하여 꽃잎과 공존하면서 꽃을 형성한다.
   ㉢ 안스리움의 꽃잎은 소형화 또는 정상이지만 포엽이 꽃잎화하여 눈에 띈다.
   ㉣ 튤립은 꽃잎과 꽃받침의 구분이 불분명하기 때문에 꽃받침이 없는 것으로 보고, 안갖춘꽃으로 분류한다.
   ㉤ 겹꽃(나리, 극락조화, 수국, 아이리스, 국화, 장미, 동백 등)은 홑꽃의 수술, 암술, 꽃받침이 꽃잎화된 것이다.
   ㉥ 수국 : 꽃받침이 화판과 같이 발달하여 화색을 갖는 꽃이다.

10년간 자주 출제된 문제

11-1. 꽃의 기관 중 가장 먼저 분화하는 것은?
① 꽃받침　　② 꽃 잎
③ 수 술　　　④ 암 술

11-2. 다음 중 기형화의 주요 식물과 구성상의 설명이 옳지 않은 것은?
① 팬지는 보통의 꽃으로, 바깥쪽부터 꽃받침, 꽃잎, 수술, 암술의 순으로 배치된다.
② 백합은 꽃받침편이 꽃잎화하여 꽃잎과 공존하면서 꽃을 형성한다.
③ 안스리움의 꽃잎은 소형화 또는 정상이지만 포엽이 꽃잎화하여 눈에 띈다.
④ 튤립은 꽃잎이 소형화하고, 꽃받침이 꽃잎화하여 눈에 띈다.

11-3. 국화, 장미, 동백과 같은 겹꽃에 관한 설명으로 틀린 것은?
① 수술이 변해서 꽃잎처럼 되었다.
② 꽃받침이 변해서 꽃잎처럼 되었다.
③ 작은 꽃(소화)들이 뭉쳐서 피기 때문에 겹꽃처럼 보인다.
④ 작은 줄기나 잎이 모여서 꽃잎처럼 되었다.

|해설|
11-3
안스리움은 포엽이 꽃잎화된 꽃이다.

정답 11-1 ①　11-2 ④　11-3 ④

10년간 자주 출제된 문제

12-1. 다음 중 유한화서에 속하는 것은?
① 베고니아
② 글라디올러스
③ 금어초
④ 거베라

핵심이론 12 꽃(4) : 유한화서(有限花序)

유한화서는 꽃이 꽃대의 위에서 밑으로, 혹은 중앙에서 가장자리로 피는 꽃차례 (주로 목본류)이다.

① 단정(單頂)화서
  ㉠ 화경 끝(꽃자루)에 꽃이 한 송이만 피는 것
  ㉡ 목련, 모란, 튤립, 얼레지, 까치무릇, 양귀비, 아네모네, 장미, 작약, 할미꽃 등
② 취산(聚繖)화서
  ㉠ 꽃대에서 작은 꽃자루가 자라나며, 꽃은 작은 꽃자루에서 피는 것
  ㉡ 베고니아, 작살나무, 덜꿩나무, 백당나무, 층층나무 등
③ 기산화서
  ㉠ 꼭대기에 하나의 꽃이 피고, 그 아래 양쪽에 2개의 꽃이 차례로 계속 피는 것
  ㉡ 별꽃, 쇠별꽃, 패랭이꽃, 누리장나무, 닭의장풀 등
④ 권산화서
  ㉠ 꽃자루가 한쪽으로 1개씩 뻗어 나와 꽃줄기가 꼬부라지게 되는 것
  ㉡ 물망초, 숙근안개초, 미나리아재비, 작살나무, 사철나무, 기린초 등
⑤ 배상(杯狀)화서
  ㉠ 꽃대와 포엽이 변하여 잔(盞) 모양을 이루고, 꽃턱 안에 암꽃과 수꽃이 함께 피는 것
  ㉡ 포인세티아, 대극 등

[해설]

12-1
② 수상화서, ③ 총상화서, ④ 두상화서
베고니아는 유한화서 중 취산화서에 해당한다.

정답 12-1 ①

핵심이론 13 꽃(5) : 무한화서(無限花序)

무한화서는 꽃이 꽃대의 밑에서 위로, 혹은 가장자리에서 중앙으로 피는 꽃차례로(주로 초본류), 꽃대가 자라는 동안에는 꽃이 무한히 핀다.

① 총상(總狀)화서
  ㉠ 수직으로 길게 자란 꽃대 양옆으로 작은 꽃자루가 계속 나고, 꽃들은 거의 똑같은 길이의 소화경(小花梗) 위에 핀다.
  ㉡ 금낭화, 금어초, 접시꽃, 스토크, 베로니카, 아까시나무, 무스카리, 꽃양배추, 나리, 심비디움, 히아신스, 옥잠화, 팔레놉시스, 섬까치수영, 낭아초, 때죽나무 등

② 원추(圓錐)화서
  ㉠ 각 가지에 여러 개의 꽃이 피고, 화서 전체가 원추형이다. 즉, 총상꽃차례 여럿이 모여 하나의 꽃차례를 이룬 것이다.
  ㉡ 라일락, 명아주, 찔레꽃, 남천, 쥐똥나무, 억새, 붉나무, 쥐똥나무, 아왜나무, 수수꽃다리 등

③ 수상(穗狀)화서(이삭꽃차례)
  ㉠ 꽃대 끝에 달려서 꽃들이 이삭처럼 핀다. 총상화서와 비슷하나 소화경이 없는 점이 다르다.
  ㉡ 리아트리스, 질경이, 익시아, 맥문동, 글라디올러스, 프리지아, 자작나무, 버드나무, 서어나무 등

④ 산방(繖房)화서
  ㉠ 꽃대에서 작은 꽃자루가 나고, 꽃자루 끝에 꽃이 핀다.
  ㉡ 밑에 있는 꽃자루가 가장 길며, 위로 올라갈수록 꽃자루가 작아져 꽃들이 같은 높이에 배열된다.
  ㉢ 유채, 수국, 조팝나무, 산사나무, 벚나무, 카네이션, 개망초 등

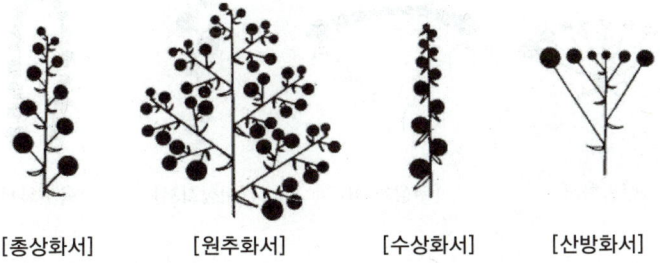

[총상화서]   [원추화서]   [수상화서]   [산방화서]

10년간 자주 출제된 문제

13-1. 꽃에 대한 설명으로 틀린 것은?
① 튤립은 꽃받침과 꽃잎의 구분이 불분명하다.
② 홑꽃과 겹꽃은 한 겹 또는 두 겹 이상의 꽃잎배열로 구분한다.
③ 난초과 식물은 현화식물 중 가장 진화한 식물이다.
④ 무한화서는 선단 또는 중심부의 꽃이 먼저 핀다.

[해설]

13-1
④ 무한화서는 아래쪽 혹은 바깥쪽의 꽃이 먼저 핀다.

정답 13-1 ④

10년간 자주 출제된 문제

13-2. 두상화서(頭狀花序)로 꽃이 피는 화훼류는?
① 장 미
② 카네이션
③ 국 화
④ 칼 라

⑤ 산형(傘形)화서(우산꼴꽃차례)
  ㉠ 꽃대 끝에서 작은 꽃자루들이 우산꼴을 이루고, 자라면서 그 끝에 꽃이 핀다.
  ㉡ 화서의 자루는 작고 둥그런 부분에서 끝나며, 그로부터 많은 수의 꽃이 핀다.
  ㉢ 앵초, 청미래덩굴, 석산, 상사화, 알리움, 네리네, 문주란, 송악, 참식나무, 생강나무, 조팝나무, 자귀나무 등

⑥ 두상(頭狀)화서
  ㉠ 꽃자루 끝에 작은 꽃들이 모여 머리 모양을 이루어 한 송이의 꽃처럼 보이게 핀다.
  ㉡ 설상화, 통상화가 함께 있으며, 간혹 한 가지만 착생하여 있는 것도 있다.
  ㉢ 민들레, 센토레아, 엉겅퀴, 국화, 코스모스, 해바라기, 거베라, 맨드라미, 메리골드, 마가렛 등

⑦ 미상(尾狀)화서(유이화서)
  ㉠ 줄기에 꽃자루 없이 꽃이 피어 꽃대가 밑으로 처져 고리 모양을 보이며, 꽃은 양쪽에 핀다.
  ㉡ 밤나무, 버드나무, 호두나무, 너도밤나무 등

⑧ 육수(肉穗)화서
  ㉠ 꽃대 둘레에 꽃자루가 없는 잔꽃이 핀다.
  ㉡ 화서의 주축은 곧은 원기둥 모양의 육질성이며, 그 위에 작은 꽃들이 밀집되어 핀다.
  ㉢ 안스리움, 스파티필룸, 몬스테라, 칼라, 필로덴드론 등

※ 소수(小穗)화서(작은이삭꽃차례) : 화본과 식물처럼 작은 이삭 같은 꽃들이 모여 하나의 꽃을 이룬다.

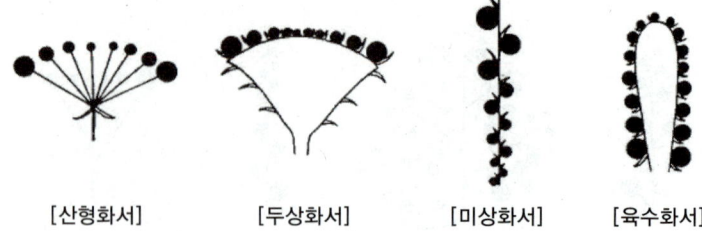

[산형화서]　　[두상화서]　　[미상화서]　　[육수화서]

〈해설〉

13-2
① 단정화서, ② 산방화서, ④ 육수화서
두상화서 : 작은 꽃들이 꽃대 끝에 모여 머리 모양을 이루어 한 송이의 꽃처럼 보이는 것으로 국화, 민들레, 엉겅퀴 등이 있다.

정답 13-2 ③

핵심이론 14 꽃(6) : 화색

화색은 꽃잎에 함유되어 있는 색소에 의해 결정되는데, 색소의 종류는 크게 카로티노이드계와 플라보노이드계, 베타레인, 엽록소 등으로 나눌 수 있다.

① 카로티노이드계 색소
  ㉠ 황색, 적색, 주황색의 화색(황·오렌지)을 나타내는 색소들로, 꽃잎에만 있는 것이 아니라 잎, 뿌리, 과실 등에 널리 분포되어 있다.
  ㉡ 동물계에도 함유되어 있는 카로티노이드에는 카로틴과 크로토필이 있다.
  ㉢ 카로티노이드는 일반적으로 물과 알코올에 잘 녹지 않는 불용성이고, 벤젠과 에테르에는 잘 녹는다.
  ㉣ 종 류
    • 카로틴류 : 카로틴, 라이코펜이 있고 황·오렌지색을 발색하며, 베타카로틴이 가장 많다.
    • 크로토필 : 엽록체에도 존재하는 색소로, 황적색을 발색하며 비오락산딘, 플라보산딘이 있다.

② 플라보노이드계 색소
  ㉠ 적·주황색, 홍색, 청색, 자주색 등의 색을 나타낸다.
  ㉡ 안토시아닌류는 배당체의 형태로 존재하고, 산성 용액에서는 적색, 알칼리성 용액에서는 청색을 나타낸다.
  ㉢ 장미의 화색(적색 계통)과 가장 관계가 깊은 것은 안토시아닌이고, 자외선은 화청소(안토시아닌)의 형성을 촉진시키는 작용을 한다.
  ㉣ 플라본류는 꽃잎만이 아니라 잎, 줄기, 뿌리 등 식물 전체에 함유되어 있고, 플라본류 중에서 황색을 나타내는 것은 메틸화된 플라보놀류로 알려져 있다.

더 알아보기

• 수용성 : 플라보노이드류(Flavonoids), 화청소(Anthocyanin), 타닌(Tannin)
• 지용성 : 카로틴(Carotene)

10년간 자주 출제된 문제

14-1. 다음 중 꽃받침이 화판과 같이 발달하여 화색을 갖는 식물은?
① 수 국
② 포인세티아
③ 부겐벨리아
④ 프리뮬러

14-2. 식물체 내의 수용성 색소의 중요성분이 아닌 것은?
① 플라보노이드류(Flavonoids)
② 화청소(Anthocyanin)
③ 타닌(Tannin)
④ 카로틴(Carotene)

14-3. 온도에 의한 장미의 화색(적색 계통)과 가장 관계가 깊은 것은?
① 카로티노이드
② 안토시아닌
③ 플라본류
④ 찰 콘

14-4. 다음 중 식물의 신장을 억제하고, 화청소(안토시아닌)의 형성을 촉진시키는 작용을 하는 것은?
① 가시광선
② 자외선
③ 적외선
④ 방사선

해설

14-2
카로티노이드계 색소인 카로틴은 지용성 색소이다.

정답 14-1 ① 14-2 ④ 14-3 ② 14-4 ②

10년간 자주 출제된 문제

14-5. 다음 중 꽃색이 흰색 계열이 아닌 것은?

① 오리엔탈백합 몽블랑(*Lillium* 'Mont Blanc')
② 은방울꽃(*Convallaria keiskei* Miq.)원종
③ 극락조화(*Strelitzia reginae* Ait.)원종
④ 안개초(집소필라)(*Gypsophilla elegans* Bieb.)원종

③ 베타레인
  ㉠ 질소성 화합물로, 식물성 색소 중에서 수용성이면서 적색 또는 황색을 나타낸다.
  ㉡ 베타시아닌과 베타크산틴을 통합해서 베타레인류로 분류한다.
    • 베타시아닌 : 사탕무의 뿌리와 선인장의 꽃에 함유되어 있고, 배당체로 존재한다.
    • 베타크산틴 : 질소를 함유하는 색소로, 황색을 나타낸다.
  ㉢ 참비름, 분꽃, 선인장류에 함유되어 있다.

④ 엽록소
  ㉠ 잎의 조직에 존재하면서 광합성작용을 하는 색소이지만, 화판 중에 존재하는 것도 있다.
  ㉡ 엽록체에 함유되어 있는 카로티노이드 색소와 공존하는 것이 많다.
  ㉢ 엽록소에는 알파와 베타가 있다.
  ㉣ 글라디올러스, 페튜니아, 백일홍, 거베라 등의 꽃이 담록색을 나타내는 데 역할을 하며, 크산토필이 함유되어 있다.

[꽃의 색]

흰색 계열	오리엔탈백합 몽블랑, 은방울꽃, 안개초(집소필라), 연꽃, 구절초, 작약, 안개꽃, 수선화, 루핀, 접시꽃, 털냉초, 가우라, 샤스타데이지 등
노란색 계열	달맞이꽃, 감국, 산국, 황화초, 유채, 수선화, 금계국, 천자국, 삼잎국화, 벌노랑이, 황화코스모스, 금영화, 아마란스 등
붉은색 계열	극락조화, 자운영, 연꽃, 끈끈이대나물, 부처꽃, 코스모스, 꽃양귀비, 아마란스, 페르시안클로버, 크림슨클로버 등
초록색 계열	트리티케일, 이탈리안 라이그래스 등
보라색 계열	하고초, 라벤더, 수레국화, 헤어리베치, 천일홍, 파셀리아, 알팔파, 긴병꽃풀, 살갈퀴 등

[해설]

14-5
극락조화의 꽃은 주황색 또는 황색 계통의 매우 특이한 형태를 가지고 있다.

정답 14-5 ③

핵심이론 15 열 매

① 열매의 구조
  ㉠ 외과피 : 사과, 감, 귤, 레몬 등의 껍질
  ㉡ 중과피 : 배, 사과 등의 과육 부분
  ㉢ 내과피 : 단단한 핵으로 되어 있는 과실로 복숭아, 살구, 앵두 등
  ※ 장과와 비슷하지만, 내과피가 얇고 부드러운 것은 이과(인과)이다.

② 주요 열매의 종류
  ㉠ 진과(眞果) : 심피(心皮)가 발달하여 과피(果皮)가 된 것(자방벽이 발달한 열매)이다.
  ㉡ 견과(堅果) : 과피는 목질이며, 보통 한 개의 종자가 들어 있다.
    예 상수리, 밤, 호두, 개암 등
  ㉢ 협과(莢果) : 콩과 식물의 열매로, 익으면 2개의 봉합선에 따라 벌어진다.
    예 스위트피, 루피너스, 붉은꽃강낭콩, 등나무, 박태기나무, 알비지아, 자귀나무, 아까시나무 등
  ㉣ 삭과(Capsule) : 다심피(多心皮)로 되어 있고, 익으면 2개 이상의 봉합선에 따라 터져 씨앗이 튀어나온다.
    예 철쭉, 무궁화, 수수꽃다리 등

③ 열매의 관상가치가 높은 것 : 피라칸타, 백량금, 남천, 모과, 죽철초, 마가목, 화살나무, 사철나무, 좀작살나무(자주색), 낙상홍, 호랑가시나무, 산호수 등

10년간 자주 출제된 문제

15-1. 꽃꽂이 소재로 주로 열매를 관상대상으로 이용하는 것은?
① 좀작살나무 ② 수 국
③ 꽝꽝나무   ④ 개나리

15-2. 협과(Legume)를 가지고 있는 식물만으로 이루어진 것은?
① 등나무, 스위트피, 박태기나무
② 백합, 아스파라거스, 드라세나
③ 코레오프시스, 다알리아, 아게라툼
④ 심비디움, 반다, 팔레놉시스

해설

15-1
- 열매의 관상가치가 높은 것 : 마가목, 화살나무, 사철나무, 좀작살나무 등
- 꽃의 관상가치가 높은 것 : 수국, 목련속, 벚나무속, 진달래속, 산수유, 개나리 등
- 잎의 관상가치가 높은 것 : 벽오동, 은행나무, 꽝꽝나무, 왕송, 나무류 등

정답 15-1 ① 15-2 ①

(3) 화훼식물 재료 용도

핵심이론 01 생활공간용

① 식물소재의 선택 시 주의사항
  ㉠ 식물의 신선도를 살펴야 한다.
  ㉡ 전체적인 색의 배합을 고려해야 한다.
  ㉢ 절화의 수명이 비슷한 것을 선택해야 유지하기 편리하다.
  ㉣ 전체 디자인과 장식할 공간, 소재의 질감, 화기와의 조화 등을 고려해야 한다.

② 생활공간용 화훼장식
  ㉠ 생활공간용 화훼장식은 이용되는 장소에 따라 특색을 가진다.
  ㉡ 주거용 공간에는 크고 작은 다양한 종류의 분식물이 많이 이용된다.
  ㉢ 사무용 공간에는 업무 중간에 휴식을 취할 수 있도록 녹색의 실내정원을 조성하기도 한다.
  ㉣ 상업용 공간은 단순히 실용적인 디자인보다, 아름답고 화려하며 창의적인 디자인이 선호되는 공간이다.

10년간 자주 출제된 문제

1-1. 소재를 선택할 때 고려해야 할 사항으로 가장 거리가 먼 것은?

① 디자인 형태
② 장식할 공간
③ 작가가 선호하는 색상
④ 화기와의 조화

[해설]

1-1
식물소재를 선택할 때는 전체 디자인과 장식할 공간, 소재의 질감, 화기와의 조화 등을 고려해야 한다.

정답 **1-1** ③

핵심이론 02 행사용(1) : 연회용, 회의용, 식사용

① 연회용 테이블장식(Table Decoration)
  ㉠ 연회장 테이블 위에는 절화나 소형 분식물을 이용한 장식물을 배치한다.
  ㉡ 연회장 출입구에는 화환이나 대형 관엽식물을 배치한다.
  ㉢ 연회장 테이블 위에는 상대방의 눈을 가리지 않는 높이의 장식물을 배치한다.
  ㉣ 칵테일파티일 때는 꽃을 높게 장식해도 된다.
  ㉤ 테이블 가장자리에 갈란드를 이용하기도 한다.
  ㉥ 테이블 꽃장식은 음식 놓을 공간을 고려해 장식한다.
  ㉦ 사계절 테이블장식에 많이 쓰이는 소재는 장미, 국화, 카네이션 등이다.

② 회의용 테이블장식
  ㉠ 향이 강하고, 색이 짙은 식물은 선택하지 않는다.
  ㉡ 상대편과의 시야를 방해하지 않도록 낮게 디자인한다.
  ㉢ 장식물 부피가 테이블의 폭보다 지나치게 크지 않게 디자인한다.
  ㉣ 회의의 목적에 맞게 디자인한다.

③ 식사용 테이블장식
  ㉠ 좌식 테이블 위에는 가능한 시야를 가리지 않도록 낮게 디자인한다.
  ㉡ 장식물의 부피가 테이블의 폭보다 지나치게 크지 않아야 한다.
  ㉢ 사용하는 식물, 화기 등이 다른 용도의 테이블장식보다 특히 청결해야 하며, 화분(꽃가루)이 떨어지는 꽃은 사용하지 않는다.
  ㉣ 화형의 높이는 시선을 방해하지 않고, 여러 방향(사방화)에서 감상할 수 있도록 한다.
  ㉤ 일반적으로 중앙 테이블장식에서의 꽃 높이는 앉은 눈높이 아래로 한다.
  ㉥ 향이 강하고, 색이 짙은 식물은 피한다.
  ㉦ 식욕을 떨어뜨리는 장식용 재료를 사용해서는 안 된다.
  ㉧ 장소의 특성 및 이용자의 요구사항에 따라 디자인이 달라질 수 있다.
  ㉨ 아침식사 테이블은 상쾌한 햇살에 어울리는 흰색이나 파란색 또는 악센트로 색상이 조금 있는 것을 살짝 곁들인다.

10년간 자주 출제된 문제

2-1. 다음 중 사계절 행사용 테이블을 장식하는 데 사용하기 가장 어려운 소재는?
① 팬 지   ② 장 미
③ 국 화   ④ 카네이션

2-2. 연회장의 꽃장식에 대한 설명 중 맞지 않는 것은?
① 칵테일파티일 때는 꽃을 높게 장식해도 된다.
② 테이블 가장자리에 갈란드를 이용하기도 한다.
③ 테이블 꽃장식은 음식 놓을 공간을 고려해 장식한다.
④ 테이블 꽃장식을 상대방의 시야에 상관없이 화려하게 장식한다.

2-3. 실내식사용 테이블장식에 관한 설명으로 가장 거리가 먼 것은?
① 일반적으로 중앙 테이블장식에서의 꽃 높이는 앉은 눈높이 아래로 한다.
② 식욕을 떨어뜨리는 장식용 재료를 사용해서는 안 된다.
③ 장소의 특성 및 이용자의 요구사항에 따라 디자인이 달라질 수 있다.
④ 플로랄폼을 덮기 위해 자연이끼(생이끼)를 이용해서 마무리한다.

해설

2-1
테이블장식에 많이 쓰이는 소재는 장미, 국화, 카네이션 등이다.

2-3
식사용 테이블장식에는 나무뿌리, 이끼, 흙과 같이 시각적으로 지저분해 보이는 것은 되도록 사용을 자제하거나 깨끗하게 다듬어 사용한다.

정답 2-1 ① 2-2 ④ 2-3 ④

10년간 자주 출제된 문제

2-4. 테이블장식에서 고려할 사항으로 틀린 것은?
① 진한 향과 색의 꽃을 꽂는다.
② 사방에서 감상할 수 있도록 꽂는다.
③ 장식물이 시야를 가리지 않도록 꽂는다.
④ 꽃이나 잎이 잘 떨어지는 소재는 피한다.

2-5. 편안하고 안정된 느낌을 주므로 테이블장식에 많이 사용되는 방향은?
① 수직방향   ② 수평방향
③ 사선방향   ④ 하수방향

ⓩ 점심식사 테이블은 짙고 옅은 색의 배합으로 고상하게 장식하거나, 특별한 손님이나 관심이 가는 손님 앞에는 특별한 색을 하나 더하여 정성을 곁들인다.
㉠ 가든(Garden) 테이블은 뜰에 피는 작은 꽃들을 모아 꽂아 친숙한 느낌을 주고, 꽃이나 잎을 조금 높게 꽂아 바람에 살랑거리게 하여 시원함을 준다.

④ 테이블장식물 제작 시 유의사항
㉠ 장소, 동기, 환경을 고려하여 제작한다.
㉡ 테이블의 모양과 크기, 좌식, 서식 등을 확인한다.
㉢ 장식물의 높이는 시선보다 낮게 한다.
㉣ 행사장의 분위기와 통일성 있는 구성이 되도록 한다.
㉤ 음식문화에 따른 소재를 선택한다.
㉥ 꽃이나 잎이 잘 떨어지는 소재나, 진한 향과 색의 꽃은 피한다.
㉦ 장식물이 시야를 가리지 않고, 사방에서 감상할 수 있도록 꽂는다.
㉧ 콘셉트에 맞추어 꽃소재를 선택하고 화형을 정한다.

⑤ 꽃을 사용한 센터피스(Centerpiece) 제작 시 주의사항
㉠ 장소, 목적, 공간, 음식 등의 조건에 따라 다르게 구성되어야 한다.
㉡ 지나치게 향기가 진한 꽃은 사용을 자제한다.
㉢ 시야를 방해하지 않도록 제작한다.
㉣ 가까이에서 보게 되기 때문에 세밀하게 처리한다.
㉤ 테이블의 센터피스는 테이블의 정중앙이나 양 옆에 위치할 수 있다.

더 알아보기

수평형(화형)
- 편안하고 안정된 느낌을 주므로 간단한 가족모임, 좌담회 등에 많이 활용된다.
- 방사선 배열의 사방화 꽃꽂이 작품으로, 테이블센터피스(Table Centerpiece) 장식에 많이 활용된다.

[해설]

2-4
① 향이 강하고, 색이 짙은 식물은 피하도록 한다.

2-5
수평형은 보통 화기의 가장자리나 테이블 표면과 수평을 이루기 때문에 안정된 느낌을 준다.

정답 2-4 ① 2-5 ②

핵심이론 03 행사용(2) : 축하용, 장례식용

① 축하용
  ㉠ 화훼류 사용 중 가장 높은 비중을 차지한다.
  ㉡ 장식물은 꽃다발, 꽃바구니, 용기 디자인 등이 사용된다.
  ㉢ 한국의 결혼식장에서 많이 사용하는 꽃장식 : 주례단상장식, 화관, 화동의 꽃바구니 등

② 장례식용
  ㉠ 한국의 장례식에서 사용되는 꽃의 색상은 대부분 흰색과 노란색이 주를 이룬다.
  ㉡ 외국에서의 장례식용 화환은 리스나 십자가, 별, 하트 등의 형태가 선호된다.
  ㉢ 외국에서는 묘지 앞에 꽃을 심거나 장식하는 일이 많다.
  ㉣ 서양의 풍습에서는 관 속에 화훼장식을 한다.
  ㉤ 입식화환의 사용은 가족이 항상 곁에 있다는 의미이다.
  ㉥ 리스는 일반적으로 원형의 형태로, 시작과 끝이 없다는 의미를 지니며 영원성, 불멸, 영원한 인생 등의 의미를 지닌다.
  ㉦ 십자가장식은 종교적인 의미가 강하므로 기독교나 천주교식 장례행사에서 주로 볼 수 있다.
  ㉧ 장례용 꽃다발은 서양에서는 화려한 색상의 꽃들을 사용하고, 동양에서는 화려한 색상의 꽃들을 피해 국화 등 흰색의 꽃을 이용하여 제작하는 것이 보통이다.
  ㉨ 우리나라 전통의 장례문화에서는 관을 노출시키지 않고 병풍으로 가리기 때문에, 특별한 경우를 제외하고는 대부분 관을 장식하지 않는다.
  ㉪ 캐스킷스프레이(Casket Spray)란 관뚜껑장식에 놓이는 화훼장식품을 말한다.
  ㉭ 이젤스프레이(Easel Spray)는 관 옆쪽이나 장례식장 입구에 놓이는 스탠드형 장식이다.
  ㉮ 세트피스는 미국에서 사용되는 화훼장식으로, 고인이 살아생전 중요하게 생각하던 물건이나 소속된 단체를 상징하는 엠블럼 등을 재현한 것이다.

10년간 자주 출제된 문제

3-1. 한국의 결혼식장에서 많이 사용되고 있는 꽃장식이 아닌 것은?
① 주례단상장식
② 화 관
③ 화동의 꽃바구니
④ 십자가장식

3-2. 다음 중 장례용 화훼장식에 속하지 않는 것은?
① 캐스킷스프레이
② 이젤스프레이
③ 이젤엠블럼
④ 케이크테이블

[해설]
3-1
평면적인 십자가, 별, 하트 모양은 장례용으로 많이 쓰인다.

3-2
케이크테이블은 축하용 또는 행사용 화훼장식에 쓰인다.

정답 3-1 ④ 3-2 ④

10년간 자주 출제된 문제

3-3. 종교의식을 위한 화훼장식에서 우선적으로 고려되어야 할 것은?

① 대상 종교의 특성과 의식, 전례에 관한 이해
② 대상 종교의식의 집전건물의 규모
③ 대상 종교의식의 집전공간의 색채
④ 대상 종교의식의 집전공관 마감재료의 특성

정답 3-3 ①

③ 기 타

㉠ 종교의식을 위한 화훼장식에서 우선적으로 고려되어야 할 것은 대상 종교의 특성과 의식, 전례에 관한 이해이다.
㉡ 병문안용으로 꽃을 고를 때의 주의사항
  • 환자의 기분이 되어 꽃을 선택한다.
  • 수명이 길고, 계절감을 느낄 수 있는 꽃이 좋다.
  • 꽃가루가 떨어지거나 향기가 강한 꽃은 피한다.
  • 꽃 색깔과 송이수 같은 사항도 주의하여 선택한다.

핵심이론 04 디스플레이용

① 용어 정의
　㉠ 디스플레이 : 전시, 진열 등과 같이 펼쳐 보이는 소통의 수단으로, 작품이나 물체를 전시공간에 잘 구성하고 배치하여 돋보이게 하는 기술이다.
　㉡ 간접조명 : 광원의 빛을 대부분 천장이나 벽에 부딪혀 확산된 반사광으로 비추는 방식으로, 효율이 떨어지지만 그늘짐이나 눈부심이 없다.
　㉢ 연색성 : 광원에 따라 물체의 색이 달라지는 광원의 특성

② 상업적인 디스플레이용 화훼장식의 특징
　㉠ 고객으로 하여금 상품을 구입하도록 하는 동기를 만들어 준다.
　㉡ 디스플레이의 주된 목적은 흥미 유발, 욕구 자극, 고객 관심, 상품 구입이다.
　㉢ 단순한 공간장식보다는 상업공간의 이미지 전달과 홍보를 위한 시선집중을 유도한다.
　㉣ 계절별 주제를 잡아 이에 어울리는 화훼식물을 도입하는 경우가 많다.

③ 화훼장식물을 이용한 공간장식
　㉠ 장소와 목적에 적절한 조명, 색채, 음향을 활용할 수 있다.
　㉡ 공간의 기능을 고려하여 효과적으로 장식한다.
　㉢ 행사규모와 계획·설계를 통해 장식공간을 적절히 표현해야 한다.
　㉣ 화훼장식물의 크기는 공간의 크기와 조화를 이루어야 한다.
　㉤ 화훼장식물에서 용기의 크기는 형태를 결정하는 요소가 될 수 있다.
　㉥ 질감과 색은 규모에 있어서 중요한 요소이다.
　㉦ 적절한 규모의 디자인은 일관성 있고, 편안함을 준다.

④ 공간장식 시 고려사항
　㉠ 대상공간의 특징 및 규모 파악(가장 먼저 고려해야 할 것)
　㉡ 공간의 전체적인 구도
　㉢ 장식할 공간의 전체적인 분위기
　㉣ 공간 내부의 주색상
　㉤ 장식공간의 내부환경
　※ 크리스마스 디스플레이에서 주로 이용되는 소재 : 포인세티아, 전나무, 백합 등

10년간 자주 출제된 문제

4-1. 화훼장식물을 이용한 공간장식에 대한 설명으로 적합하지 않은 것은?
① 장소와 목적에 적절한 조명, 색채, 음향을 활용할 수 있다.
② 공간의 기능을 고려하여 효과적으로 장식한다.
③ 행사규모와 계획·설계를 통해 장식공간을 적절히 표현해야 한다.
④ 상업적인 공간장식은 건물구조나 고객의견보다는 메시지 전달효과를 높이는 데 주력해야 한다.

4-2. 공간장식 계획에서 가장 먼저 고려해야 하는 것은?
① 도면 및 서류 작성
② 작품의 형태 결정
③ 이미지 구축 및 디자인
④ 대상공간의 특징 및 규모 파악

4-3. 광원에 따라 물체의 색이 달라지는 광원의 특성을 무엇이라고 하는가?
① 연색성　　② 광 도
③ 전광속　　④ 조 도

|해설|
4-3
② 광도 : 어느 특정 방향으로 비춰지는 빛의 세기
③ 전광속 : 광원이 모든 방향으로 방출하는 광속
④ 조도 : 광원으로부터 빛을 받고 있는 물체의 밝기 정도

정답 4-1 ④　4-2 ④　4-3 ①

(4) 화훼(장식)의 정의·기능·역사 및 범위

핵심이론 01 화훼(장식)의 정의 및 기능

① 화훼의 정의
  ㉠ 관상을 목적으로 장식하거나 기르는 식물을 총칭하여 화훼라고 한다.
    • 꽃, 줄기, 잎, 열매 등 관상가치가 있는 초본류, 목본류 등을 의미한다.
    • 초화류, 화목류, 관엽류, 난류는 화훼에 속한다.
    • 절화, 분화, 종묘, 구근, 지피식물, 관엽식물 등을 포함한다.
    • 채소, 과수, 곡물, 허브 등도 화훼장식 재료로 사용된다.
  ㉡ 화훼의 '화(花)'는 관상용 초본과 목본을 의미하고, '훼(卉, 풀)'는 꽃의 배경을 이루는 푸른 바탕, 즉 초본식물의 초화를 의미한다.
  ※ 삼림의 용재용 나무는 화훼의 범위에 포함되지 않는다.
  ㉢ 화훼의 분류는 식물학적 분류 및 원예학적 분류 등으로 구분된다.
  ㉣ 이용목적에 따라 절화식물, 분식물, 정원식물 등으로 나눌 수 있다.
  ㉤ 화훼식물을 이용하여 우리의 생활환경을 보다 아름답고 쾌적하게 조성할 수 있다.
  ㉥ 절화, 분화, 건조화 등 이용의 폭이 넓다.
  ㉦ 감상이나 가꾸는 것 외에 원예치료의 효과도 거둘 수 있다.

② 화훼장식의 기능
  ㉠ 장식적 기능 : 화훼장식물이나 화훼장식공간은 아름다운 생활환경에 대한 관심을 유도한다.
  ㉡ 건축적 기능 : 실내외 미적 효과를 높이면서 공간구성에 큰 역할을 하고, 시야의 차단, 공간 분할 등의 효과를 낸다.
  ㉢ 심리적 기능 : 스트레스를 줄이고, 일의 효율과 창의력을 높여준다.
  ㉣ 환경적 기능 : 공기 중의 오염물질을 흡수하여 공기를 정화시키며, 습도 조절, 전자파 차단, 방음효과 등이 있다.
  ㉤ 교육적 기능 : 지속적으로 유지되는 분식물을 통해 관리에 대한 지식을 습득하게 된다.
  ㉥ 치료적 기능 : 정서적 안정과 같은 정신적인 치료효과를 준다.
  ㉦ 경제적 기능 : 화훼장식물이 장식된 공간은 아름답고 편안한 이미지를 주며 볼거리를 제공하여 많은 사람들을 불러 모으는 효과가 있다.

10년간 자주 출제된 문제

1-1. 다음 중 화훼에 대한 설명으로 가장 거리가 먼 것은?
① 채소나 과일은 화훼재료로 부적합하다.
② 화훼식물을 이용하여 우리의 생활환경을 보다 아름답고 쾌적하게 조성할 수 있다.
③ 감상이나 가꾸는 것 외에 원예치료의 효과도 거둘 수 있다.
④ 생활환경을 아름답게 하기 위한 절화류, 분화류, 관엽식물 및 건조화 등 이용이 폭 넓다.

1-2. 화훼식물의 정의로 가장 적합한 것은?
① 아름다운 꽃을 의미한다.
② 꽃과 화목류를 의미한다.
③ 꽃과 풀 그리고 나무를 의미한다.
④ 아름다운 꽃과 열매 등 미적인 관상을 목적으로 기르는 식물을 의미한다.

1-3. 다음 중 화훼에 대한 설명으로 적절하지 못한 것은?
① 관상가치가 있는 식물을 말한다.
② 초화류, 화목류, 관엽류, 난류는 화훼에 속한다.
③ 절화, 분화는 화훼에 속한다.
④ 상추, 배추, 시금치는 화훼에 속한다.

|해설|

1-1
채소나 과일은 주로 식용으로 사용되지만, 화훼장식 재료로도 사용되고 있다.

1-2
화훼원예를 관상식물 재배(Ornamental Plant Culture)라고도 하는데, 화훼작물의 주요 재배 목적이 식물의 아름다움을 관상하기 위해서이기 때문이다.

1-3
④ 상추, 배추, 시금치는 채소류에 속한다.

정답 1-1 ① 1-2 ④ 1-3 ④

핵심이론 02 화훼장식의 역사

① 서양 화훼장식의 역사
  ㉠ 고대 이집트 : 꽃을 축제나 장례식의 봉헌물로 사용하였으며, 질서 있고 간결한 디자인으로 리스나 갈란드가 있었다.
  ㉡ 고대 그리스 : 축제 때 산화를 하기도 하였으며, 리스, 갈란드, 화관 등이 유행하였다.
  ㉢ 르네상스 : 종교적 상징을 표현하는 화훼장식이 성행하였고, 줄기가 보이지 않을 정도로 꽃을 가득 채운 원추형, 원형 등 대칭형의 꽃꽂이 형태가 일반적이었다.
  ㉣ 바로크 : 화려한 꽃장식으로 선명한 색을 많이 사용하였다.
  ㉤ 로코코 : 엘레강스한 디자인으로 부드러운 파스텔톤을 주로 사용하였다.
  ㉥ 빅토리아 : 일상적으로 꽃과 식물이 애호되고, 화훼장식이 체계화되기 시작하였으며 채소와 과일을 곁들인 디자인으로 아트플라워도 사용하였다.
  ㉦ 아르누보 : '새로운 미술'이라는 의미로 자연을 모티브로 한 양식이다.
    ※ 프랑스에서는 아르누보(Art-Nouveau), 영국에서는 모던스타일(Modern Style), 독일에서는 유겐트 양식(Jugendstil)이라고 부른다.

② 한국 화훼장식의 역사
  ㉠ 삼국시대
    • 식물이 조형미를 갖추고 감상의 대상이 된 최초의 시기로 불교와 함께 불전헌공화가 전래되었다.
    • 고구려 쌍영총 천정 벽화, 안악2호분 동벽의 비천상, 강서대묘 현실북벽의 비천상(꽃을 흩뿌리는 산화도), 무용총의 벽화 등
    • 통일신라시대 수막새 기와, 석굴암의 십일면관음보살 입상 등
  ㉡ 고려시대
    • 꽃 문화가 생활 속에 정착하고 발전하였다.
    • 청자의 발달로 화기가 많이 제작되어 병꽃꽂이를 처음으로 시도하였다.
    • 수덕사 대웅전의 수화도, 해인사 대적광전의 벽화, 수월관음도, 동국이상국집 등
  ㉢ 조선시대
    • 유교사상으로 꽃은 소박하고 간결하게 표현하고, 높이 세우는 형이 많아졌다.
    • 초기의 그림에는 병에 꽃가지를 꽂아 책상 위에 올려두는 일지화가 많이 나타난다.
    • 산림경제의 양화편, 성소부부고의 병화인, 오주연문장전산고의 당화병화변증설, 서유구의 임원십육지 등

10년간 자주 출제된 문제

2-1. 일상적으로 꽃과 식물이 애호되고 전문도서와 화훼장식기술학교가 설립되는 등 서양의 화훼장식이 체계화되기 시작한 시대는?
① 르네상스시대
② 바로크시대
③ 로코코시대
④ 빅토리아시대

2-2. 우리나라 화훼장식을 나타내는 역사물 중 고려시대의 작품이 아닌 것은?
① 수덕사 대웅전의 수화도
② 해인사 대적광전의 벽화
③ 강서대표 현실북벽의 비천상의 꽃을 흩뿌리는 산화도
④ 수월관음도

[해설]
2-2
③ 강서대묘 현실북벽(천정)의 비천상 : 삼국시대 중 고구려의 고분벽화

정답 2-1 ④ 2-2 ③

핵심이론 03 화훼원예

① 화훼원예(Floriculture)의 개념
  ㉠ 관상용으로 심어지는 화초(Herbaceous Ornamental)와 화목(Woody Ornamental)을 집약적·기술적으로 재배하는 것을 말한다.
  ㉡ 영어로 Floriculture인데, 꽃을 의미하는 Flori와 재배를 의미하는 Culture의 합성어이다.
  ㉢ 이용 형태 및 목적에 따라 생산화훼, 취미화훼, 후생(표본·전시)화훼로 구분한다.
  ㉣ 절화, 분화, 화단묘 등의 화훼를 생산, 유통, 이용, 가공, 판매하는 것이다.

② 화훼원예의 특징
  ㉠ 노동·자본집약적 경향이 강하다.
  ㉡ 주년생산과 고품질화를 추구한다.
  ㉢ 환경미화용 재료를 생산한다.
  ㉣ 토지생산성이 높다.
  ㉤ 종류와 품종이 다양하다.
  ㉥ 고도의 생산기술을 요구한다.
  ㉦ 문화·생활수준의 향상과 더불어 발전한다.
  ㉧ 경영상 시설을 이용한 연중 집약재배를 실시한다.

③ 화훼원예학의 특징
  ㉠ 집약적·기술적 재배가 요구되는 화초와 화목을 대상으로 연구한다.
  ㉡ 화훼식물의 분류 특징과 재배관리를 연구한다.
  ㉢ 화훼식물의 번식과 품종 개량, 병충해 방제를 연구한다.
  ㉣ 관상용 식물의 육성 또는 재배에 관한 기술과 이론을 연구하는 학문이다.

10년간 자주 출제된 문제

3-1. 화훼원예의 주요 특징으로 가장 거리가 먼 것은?
① 종류와 품종수가 극히 적은 편이다.
② 고도의 생산기술을 요구한다.
③ 문화·생활수준의 향상과 더불어 발전한다.
④ 경영상 시설을 이용한 연중 집약재배를 실시한다.

3-2. 화훼원예학에 대한 설명으로 거리가 먼 것은?
① 집약적·기술적 재배가 요구되는 화초와 화목을 대상으로 연구한다.
② 화훼식물의 분류 특징과 재배관리를 연구한다.
③ 화훼식물의 번식과 품종 개량, 병충해 방제를 연구한다.
④ 화훼식물의 이용과 장식에 관한 것만 연구한다.

해설

3-2
④ 화훼원예학은 화훼식물의 이용과 장식뿐만 아니라 재배에 관한 기술 및 이론 등을 연구하는 학문이다.

정답 3-1 ① 3-2 ④

(5) 화훼의 이용 형태

핵심이론 01 생산화훼

생산화훼는 영리를 목적으로 절화, 절엽, 절지, 분화, 종묘, 화단묘, 구근을 생산하고 공급하는 것이다.

① 절 화
  ㉠ 식물체의 지상부 전체 또는 그 일부가 잘려 뿌리가 없는 상태이다.
  ㉡ 형태와 색상, 크기가 다양하고 아름다워 꽃꽂이, 꽃다발, 부케, 코사지 등 주로 실내장식을 목적으로 사용된다.
  ㉢ 글라디올러스, 장미, 국화, 카네이션, 나리, 튤립, 거베라, 아이리스, 스토크, 금어초, 칼라 등이 이용된다.

② 절 엽
  ㉠ 절엽은 꽃장식에 있어서 배경식물로 이용하기 위해 잎을 자른 것이다.
  ㉡ 잎의 모양, 색깔, 무늬 등이 감상의 대상이다.
  ㉢ 스마일락스, 동백, 몬스테라, 스프링게리, 네프로네피스, 크로톤, 스킨답서스, 엽란, 둥굴레, 필로덴드론, 아레카야자, 호엽란, 유칼립투스, 네피로 등이 이용된다.

③ 절 지
  ㉠ 작품의 외곽이나 골격, 선을 표현하는 주소재 또는 공간을 메우는 부소재로 쓰인다.
  ㉡ 개나리, 버드나무와 같이 눈이 달려 있는 상태의 가지를 자르거나, 탱자나무와 같이 잎이 없는 상태의 가지 등을 잘라서 화훼장식 재료로 이용한다.
  ㉢ 조팝나무, 개나리, 버드나무, 화살나무, 삼지닥나무, 청미래덩굴, 명자나무, 남천, 피라칸타 등이 이용된다.

④ 분 화
  ㉠ 분화는 식물체를 용기에 심어서 판매하는 형태로 식물을 기르는 것이다.
  ㉡ 뿌리가 있는 식물체를 말하며, 실내장식이 주목적이고 초화류, 구근류, 관엽식물로 나뉜다.
  ㉢ 포인세티아, 아잘레아, 칼랑코에, 팬지, 페튜니아 등으로, 꽃이 개화한 상태에서 이용하는 경우가 많다.

10년간 자주 출제된 문제

1-1. 화훼의 이용형태 중에서 생산화훼에 관한 설명으로 틀린 것은?
① 생산화훼는 영리를 목적으로 절화, 절엽, 절지, 분화, 종묘, 화단묘, 구근을 생산하고 공급하는 것이다.
② 절엽은 꽃장식에 있어서 배경식물로 이용하기 위해 잎을 자른 것이다.
③ 한국에서는 분화, 종묘, 구근 등의 생산비율이 높지만, 유럽과 미국에서는 절화의 생산비율이 높은 편이다.
④ 분화는 식물체를 용기에 심어서 판매하는 형태로 식물을 기르는 것이다.

1-2. 생산화훼의 용도별 분류와 그에 사용되는 식물의 연결로 옳지 않은 것은?
① 절화 - 스마일락스, 글라디올러스
② 절엽 - 동백, 몬스테라
③ 절지 - 조팝나무, 개나리
④ 분화 - 포인세티아, 아잘레아

|해설|
1-1
③ 외국에서는 분화, 종묘, 구근 등의 생산비율이 높지만, 한국에서는 절화의 생산비율이 높은 편이다.

1-2
스마일락스는 절엽식물로 사용된다.

정답 1-1 ③ 1-2 ①

10년간 자주 출제된 문제

2-1. 화훼원예의 형태에 관한 설명으로 틀린 것은?

① 화훼는 이용목적 및 기능에 따라 생산화훼, 취미화훼, 후생화훼로 나눌 수 있다.
② 생산화훼의 절엽은 절화나 절지를 주소재로 만든 디자인에서 변화와 마무리 혹은 배경 표현을 위해 사용된다.
③ 생산화훼는 절화, 절엽, 절지, 분화, 종묘, 구근, 지피식물 등을 생산 및 공급하는 것이다.
④ 취미화훼는 개인의 취미와 상품의 판매가 목적이다.

2-2. 화훼의 이용형태에 관한 설명으로 연결이 틀린 것은?

① 생산화훼 – 영리를 목적으로 한다.
② 생산화훼 – 절화, 절엽, 절지, 분화, 종묘, 화단묘가 해당된다.
③ 취미화훼 – 판매를 목적으로 하지 않는다.
④ 후생화훼 – 가정원예, 실내원예, 베란다원예, 생활원예가 해당된다.

|해설|

2-1
취미화훼와 후생화훼는 상품의 판매를 목적으로 하지 않는다.

2-2
화훼의 이용 형태
- 생산화훼 : 절화, 절엽, 절지, 분화, 종묘, 구근, 화단묘
- 취미화훼 : 가정원예, 실내원예, 베란다원예, 생활원예 등의 개인적 관상목적
- 후생화훼 : 교육 및 환경 조성, 원예치료·향기치료 등의 미화를 통한 서비스

정답 2-1 ④ 2-2 ④

---

⑤ 종 묘
  ㉠ 종자와 묘목을 말한다.
  ㉡ 절화와 분화 생산에 필요한 생산자용 종묘와 화단 등에 이용하는 소비자용 종묘가 있다.
  ㉢ 한국은 생산시스템이 미비하여 대부분의 종묘를 수입에 의존하고 있다.

⑥ 화단묘
  ㉠ 노지나 온실에 종자를 파종하고, 어느 정도 자라면 화단에 이식하여 감상하며 키운다.
  ㉡ 팬지, 데이지, 금잔화, 메리골드, 샐비어, 맨드라미 등 대부분 일년초이지만, 국화와 같은 숙근초도 있다.

핵심이론 02 취미화훼, 후생화훼

① 취미화훼(Amateur Floriculture)
  ㉠ 취미화훼는 판매를 목적으로 하지 않는다.
  ㉡ 일반가정이나 사무실 등에서 개인의 관상과 취미를 목적으로 식물을 키우는 것이다.
  ㉢ 정서함양 및 여가선용의 가치가 크다.
  ㉣ 가정화훼, 실내화훼, 생활화훼 등으로도 불린다.
  ㉤ 1·2년초 초화류, 튤립, 수선화, 히아신스 등의 구근류, 관엽식물, 서양란, 동양란 등이 대상이다.

② 후생화훼(Conservatory, 표본화훼·전시화훼)
  ㉠ 후생화훼는 미화를 통한 서비스이다.
  ㉡ 판매를 목적으로 하지 않는다.
  ㉢ 식물원, 공원, 광장, 가로 주변 등에 교육 및 환경 조성의 목적으로 국내외 화훼작물의 표본을 재배하는 것이다.
  ㉣ 원예치료와 향기치료 등에도 사용되며, 인간의 심신 안정과 회복에 많은 도움을 주고 있다.

(6) 식물명

핵심이론 01 학명(식물학적 분류)

① 학명은 세계가 공통적으로 사용하도록 제정한 국제적 이름이다.
② 기본단위는 종으로, 속과 과의 계급이 중요하게 취급되고 있다.
③ 학명은 린네가 확립한 속명과 종명으로, 2명법(2개의 단어)으로 표기한다.
   ※ 종 이상의 분류군 이름은 한 단어로 된 일명법(一名法)을 쓴다.
④ 학명 = 속명 + 종명 + 명명자의 순서로 표기한다.
⑤ 학명은 라틴어나 라틴어화된 단어를 사용한다.
⑥ 속명, 종명, 변종명은 이탤릭체로 쓴다.
⑦ 속명의 첫 글자는 이탤릭체 대문자로 표시하며, 종명은 소문자로 쓰고 이탤릭체, 볼드체, 밑줄 등으로 표시한다.
⑧ 변종은 이탤릭체를 사용하고, var. 나 v. 로 표시한다.
⑨ 잡종의 표기는 양친종의 종속명 사이에 '×'를 넣어 쓴다.
⑩ 속간잡종의 표기는 양친 속 사이에 '×'를 넣어 쓰고, 새 종명이나 속명이 마련되었으면 그 앞에 '×'를 써서 종간 또는 속간잡종임을 나타낸다.

예 *Elymus* × *Hordeum* = *Elyhordeum*

더 알아보기

식물분류군
- 식물학적 분류란 유연관계가 있는 공통적인 특색을 가진 종들을 같은 속으로 포함시킨다.
- 생명체의 분류체계는 '종, 속, 과, 목, 강, 문, 계'로 이뤄져 있다.
- 식물계의 가장 일반적인 분류는 양치식물과 평행하여 종자식물을 두고, 종자식물 밑에 겉씨식물과 속씨식물을 둔다.

10년간 자주 출제된 문제

1-1. 아마릴리스의 학명 표기가 바르게 된 것은?
① *Hippeastrum* hybridum Hort
② Hippeastrum *hybridum* Hort
③ *Hippeastrum hybridum* Hort
④ *Hippeastrum hybridum* Hort

1-2. 재배식물의 분류와 명명법에 대한 설명으로 틀린 것은?
① 재배식물의 학명은 속-종-품종의 순으로 구성된다.
② 속(Genus)은 유사성을 가진 종(Species)의 모임이다.
③ 식물의 학명은 속명과 종명의 이명법을 쓴다.
④ 식물의 품종명은 이탤릭체로 쓴다.

1-3. 다음 중 분류의 가장 하위단위는?
① 종　　　　② 속
③ 과　　　　④ 목

1-4. 학명의 표기법 중 var.의 표기에 대한 설명으로 옳은 것은?
① Variety의 약자로, 재래종을 표시한 것이다.
② 변종이란 뜻이다.
③ 재래품종이란 뜻이다.
④ 새로운 명명자를 뜻한다.

해설

1-1
속명의 첫 글자는 이탤릭체 대문자로 표시하며, 종명은 소문자로 쓰고 이탤릭체, 볼드체, 밑줄 등으로 표기한다.

1-2
재배품종명은 밑줄을 치거나 이탤릭체를 쓰지 않는다.

1-3
생명체의 분류체계는 '종, 속, 과, 목, 강, 문, 계'로 이뤄져 있다.

1-4
var.은 Variety의 약자로, 변종이란 뜻이다.

정답 1-1 ④　1-2 ④　1-3 ①　1-4 ②

10년간 자주 출제된 문제

2-1. 학명의 표기방법 중 명명자의 표기에 관한 설명으로 틀린 것은?
① 명명자와 기재자가 다를 경우 영어의 From에 해당하는 al을 붙인다.
② 명명자의 표기는 약자로 표기할 수 있다.
③ 명명자가 2~3명일 경우 접속사 et를 사용하여 Sied. et Zucc.와 같이 표기한다.
④ Tagg ex Nakai et Koidz는 Nakai와 Koidz가 기재하여 Tagg의 명명을 유효화한 경우이다.

2-2. 다음 수선화과 문주란의 학명표기법 중 'asiaticum'가 나타내는 것은?

Crinum asiaticum L. var. *japonicum* Baker

① 종 명
② 속 명
③ 명명자
④ 변종명

해설

2-1
명명자의 이름 인용
- 맨 처음 분류군의 이름, 특히 속(屬) 이하의 분류군 표기 시 명명자의 이름을 인용
- 종소명을 지은 실제 명명자(A)와 그의 학명을 유효 출판한 사람(B)이 따로 있을 경우 'A ex B'로 표기
- A가 종소명을 짓고 기재문을 작성하다가 B가 실제로 완성하여 출판한 경우 'A in B'로 표기
- 종소명이 나중에 다른 분류계급으로 수정되거나 옮겨지는 경우에는 종소명 명명자의 이름을 괄호 속에 넣어 인용하고, 새 명명자의 이름 명기

2-2
학명 = 속명(첫 글자 대문자) + 종명(첫 글자 소문자)

정답 2-1 ① 2-2 ①

핵심이론 02 학명의 표기방법 중 명명자의 표기

① 맨 처음 분류군의 이름, 특히 속(屬) 이하의 분류군을 적을 때는 명명자의 이름(Authority)을 인용한다.
  예 노랑개불알꽃 : *Cypripedium calceolus* L.
② 많이 나오는 명명자의 이름은 관례에 따라 약자로 쓰기도 한다.
  예 Linnaeus = L., De Candolle = DC., Willdenow = Willd.
③ 명명자가 2~3명일 경우 접속사 et를 사용하여 Sied. et Zucc.와 같이 표기한다.
  예 큰원추리 : *Hemerocallis middendorfii* Trautv. et Meyer
  예 Tagg ex Nakai et Koidz는 Nakai와 Koidz가 기재하여 Tagg의 명명을 유효화한 경우이다.
④ 종소명을 지은 실제적 명명자(A)와 그의 학명을 유효 출판한 사람(B)이 따로 있을 경우에는 명명자의 이름을 'A ex B'로 쓴다.
  예 *Gossypium tomentosum* Nutt. ex Seem
⑤ A가 종소명을 짓고 기재문을 작성하다가 B가 실제로 완성하여 출판한 경우에는 'A in B'로 쓴다.
  예 *Viburnum ternatum* Rehder in Sargent
⑥ 종소명이 나중에 다른 분류계급으로 수정되거나 옮겨지는 경우에는 종소명 명명자의 이름을 괄호 속에 넣어 인용하고, 새 명명자의 이름을 명기한다.
  예 뽀리뱅이 : *Youngia japonica* (L.) DC.
⑦ 명명자 다음에 붙어 있는 "f."는 filius(=son)의 약자로, 명명자의 아들이란 뜻이다.
  예 물달개비 : *Monochoria vaginalis* (Burm.f.) Presl
    검정말 : *Hydrilla verticillata* (L.f.) Casp.

핵심이론 03 주요 식물명과 학명

① 거베라 : *Gerbera jamesonii* Bolus ex Hook.f.
② 개나리 : *Forsythia koreana* (Rehder) Nakai
③ 과꽃 : *Callistephus chinensis* L. Nees
④ 국화 : *Dendranthema grandiflorum* (Ram.) Kitamura
⑤ 금잔화 : *Calendula arvensis* L.
⑥ 데코라고무나무 : *Ficus elastica* Roxb. cv. Decora
⑦ 무궁화 : *Hibiscus syriacus* L.
⑧ 박태기나무 : *Cercis chinensis*
⑨ 목련 : *Magnolia kobus*
⑩ 백목련 : *Magnolia denudata*
⑪ 백합(나팔나리) : *Lilium longiflorum* Thunb.

※ 시중에 유통되고 있는 나리는 나팔나리, 아시아틱나리, 오리엔탈나리의 3계통이 있다.

더 알아보기

기타 식물명과 학명
- 봉선화 : *Impatiens balsamina* L.
- 스타티스 : *Limonium sinuatum* (L.) Mill.
- 스토크 : *Matthiola incana*
- 아마릴리스 : *Hippeastrum hybridum* Hort.
- 안개꽃 : *Gypsophila elegans* Bieb.
- 인동덩굴 : *Lonicera japoinica* Thunb.
- 일일초 : *Vinca rosea* L.
- 작약 : *Paeonia lactiflora*
- 장미 : *Rosa hybrida* Hort.
- 접시꽃 : *Althaea rosea* (L.) Cav.
- 채송화 : *Portulaca grandiflora* Hook.
- 카네이션 : *Dianthus caryophyllus* L.
- 튤립 : *Tulipa gesneriana* L.
- 팬지 : *Viola tricolor* L.
- 포인세티아 : *Euphorbia pulcherrima* Wild.

우리나라 주요 절화의 속명
- 거베라 : *Gerbera*
- 국화 : *Dendranthema*
- 금어초 : *Antirrhinum*
- 단풍나무 : *Acer*
- 수련 : *Nymphaea*
- 장미 : *Rosa*
- 진달래 : *Rhododendron*

10년간 자주 출제된 문제

3-1. 학명이 일치하지 않는 것은?
① *Forsythia koreana* – 개나리
② *Althaea rosea* – 접시꽃
③ *Dendranthema grandiflorum* – 국화
④ *Pelargonium horforum* – 거베라

3-2. 우리나라 주요 절화의 속명으로 틀린 것은?
① 장미 : *Rosa*
② 국화 : *Dendranthema*
③ 거베라 : *Gerbera*
④ 금어초 : *Zantedeschia*

3-3. 다음 중 아스파라거스(*Asparagus*)속이 아닌 식물의 '종(種)'명은?
① 미리오클라두스(*Myriocladus*)
② 스프링게리(*Sprengeri*)
③ 메이리(*Meyerii*)
④ 코모숨(*Comosum*)

|해설|

3-1
④ 거베라 : *Gerbera jamesonii*이다.

3-2
④ 금어초 : *Antirrhinum*

3-3
④ 코모숨은 클로로피덤(*Chlorophytum*)속 코모숨(*Comosum*)종이다.

정답 3-1 ④ 3-2 ④ 3-3 ④

핵심이론 04 일반명(보통명)

① 보통명의 장점
  ㉠ 자기 나라 언어로 식물명이 의미 있게 붙여져 있기 때문에 부르기가 편리하다.
  ㉡ 이해하고 기억하기가 쉬워 보통의 사용목적에 충분하다.
② 보통명의 단점
  ㉠ 학명에 비해 부적합한 것이 많다.
  ㉡ 보통명은 전 세계 사람이 통용어로 사용할 수 없다.
  ㉢ 학술용어로 사용하기에는 비과학적이다.
  ㉣ 같은 식물을 다른 이름으로 부르거나, 다른 식물을 같은 이름으로 부르는 사례가 있어 혼돈을 가져온다.
③ 주요 식물의 일반명
  ㉠ *Dieffenbachia amoena* Hort. et Bull. : 디펜바키아
  ㉡ *Ficus benjamina* L. : 벤자민고무나무
  ㉢ *Syngonium podophyllum* : 싱고니움
  ㉣ *Hoya carnosa* (L.f.) R.Br. : 호야
④ 식물과 해당 보통명의 유래
  ㉠ 생강나무 : 후각
  ㉡ 종꽃 : 시각
  ㉢ 꿀풀 : 미각
  ㉣ 향나무 : 후각

10년간 자주 출제된 문제

4-1. 다음 중 식물을 보통명으로 사용할 때 단점으로 보기 어려운 것은?

① 학명에 비해 부적합한 것이 많다.
② 보통명은 전 세계 사람이 통용어로 사용할 수 없다.
③ 학술용어로 사용 시 과학적이다.
④ 같은 식물을 다른 이름으로 부르거나, 다른 식물을 같은 이름으로 부르는 사례가 있어 혼돈을 가져온다.

4-2. 클로로피텀(*Chlorophytum*)의 경우 외국에서는 러너 형태를 보고 거미식물(Spider Plant)이라고 부르고, 우리나라에서는 접란으로 불리고 있다. 이러한 것을 보통명이라고 하는데, 다음 중 보통명에 대한 설명으로 틀린 것은?

① 보통명은 전 세계 사람이 통용어로 사용할 수 없다.
② 식물학자들은 보통명을 자주 사용한다.
③ 학술용어로 사용하기에는 비과학적이다.
④ 학명에 비해 부적합한 것이 많다.

4-3. 실내에서 분식물로 널리 사용되는 *Ficus benjamina* L.의 일반명은?

① 호야
② 싱고니움
③ 벤자민고무나무
④ 디펜바키아

[해설]

4-2
② 식물학자들은 보통명을 자주 사용하지 않는다.

정답 4-1 ③ 4-2 ② 4-3 ③

2. 화훼식물 생장 관리

핵심이론 01 식물 생육환경(1) : 빛, 온도

식물이 잘 자라고 건강하게 관리가 이루어지려면 적합한 환경이 조성되어야 한다. 생육환경이 불량할 경우 식물은 다양한 장해와 품질 저하 및 심할 경우에는 고사할 수 있다. 식물의 생육에 영향을 주는 주된 환경조건은 빛, 온도, 수분, 토양 및 공기 등이다.

① 빛
  ㉠ 식물은 광합성작용을 통해 영양분을 얻고 생육하는데, 광합성작용에는 빛이 필수적으로 필요하다.
  ㉡ 식물은 양지식물이든 음지식물이든 필수적으로 빛을 필요로 한다.
  ㉢ 식물 생육에 영향을 미치는 빛의 종류에는 일장(낮의 길이), 광도(빛의 세기), 광질(빛의 파장에 따른 종류) 등이 있다.

② 온도
  ㉠ 온도는 광합성작용, 호흡작용과 증산작용, 휴면과 타파, 생장과 개화, 개화시기 조절, 양분과 수분의 흡수 등 식물 생육 전반에 걸쳐 중요한 작용을 한다.
  ㉡ 화훼식물의 생육적온은 식물의 종류에 따라 다르므로 식물의 원산지환경에 따라 온도를 조절해 주어야 한다.
  ㉢ 생육 초기에는 다소 높은 온도가 좋고, 생식생장으로 전환되는 시기에는 다소 낮은 온도가 발달을 촉진하는 등 생장시기별로 요구하는 온도 차이가 나기 때문에 세심한 온도 관리가 필요하다.
  ㉣ 식물 생육과 관계된 온도
   • 최고온도(Maximum Temperature) : 식물의 생육이 가능한 가장 높은 온도로, 온도가 높아질수록 호흡과 생육속도가 빨라지고, 증산량이 증가한다.
   • 최적온도(Optimum Temperature) : 생육에 가장 적합한 온도로, 생육품질이 좋아진다.
   • 최저온도(Minimum Temperature) : 식물의 생육이 가능한 가장 낮은 온도로, 생육과 생식생장으로의 전환이 지연되고, 생육이 불량해진다.
   • 한계온도(Critical Temperature) : 한계온도와 가까워질수록 여러 가지 장해가 발생하며, 품질이 저하되고, 한계온도를 넘으면 식물체는 고사한다.

10년간 자주 출제된 문제

1-1. 식물의 생육에 영향을 미치는 빛의 종류가 아닌 것은?
① 광 원
② 일 장
③ 광 도
④ 광 질

1-2. 여러 가지 장해가 발생하며 품질이 저하되는 온도는?
① 최고온도
② 최저온도
③ 한계온도
④ 최적온도

해설

1-2
한계온도와 가까워질수록 여러 가지 장해가 발생하며, 품질이 저하되고, 한계온도를 넘으면 식물체는 고사한다.

정답 1-1 ① 1-2 ③

핵심이론 02 식물 생육환경(2) : 수분, 토양, 공기

① 수 분
- ㉠ 수분은 식물체 내의 80~90% 정도를 차지할 정도로 중요한 요소로, 체온의 유지와 팽압에 의한 형태 유지, 광합성의 촉진, 양분의 이동과 저장을 돕고, 효소를 활성화시켜 대사작용에 관여하는 등 생육에 꼭 필요한 요소이다.
- ㉡ 화훼식물의 생육과 관련된 수분에는 식물이 뿌리로 흡수 가능한 토양수분과 식물을 둘러싼 공기 중의 습도인 상대습도가 있다.
- ㉢ 화훼식물은 그 품종과 수분요구량에 따라 각기 다른 수분 관리가 이루어져야 하며, 수분 조건을 기준으로 물속이나 물 위에서 자라는 수생식물, 물가에 자라거나 습기를 좋아하는 습생식물, 대부분의 화훼식물이 속한 중생식물, 선인장과 같이 사막 등 건조한 곳을 좋아하는 건생식물 등으로 구분할 수 있다.

② 토 양
- ㉠ 토양은 식물체를 지지해 주고, 수분과 영양분을 공급해 주는 중요한 생육환경이다.
- ㉡ 토양 내 세균, 균근, 원생동물 등의 미생물은 식물의 생육에 다양하게 영향을 미치며, 생육에 도움을 주기도 하고 해를 입히기도 한다.
- ㉢ 좋은 토양이란 식물이 이용할 수 있는 유효한 수분과 양분이 풍부하고, 병충해가 없으며, 배수성과 통기성이 좋고, 화훼식물이 요구하는 적절한 산도와 생육에 도움을 줄 수 있는 유익한 미생물이 풍부한 토양이다.
- ㉣ 토양 속에는 뿌리가 원활히 뻗을 수 있는 공간이 있어야 하고, 입단구조와 같이 토양의 구성이 복합적으로 이루어져 뿌리 생육이 원활하게 이루어질 수 있는 등 토양의 물리적 성질이 양호해야 한다.

더 알아보기

토양수분의 종류와 유효수분
- 중력수(Gravitational Water) : 중력에 의해 아래로 흘러내려 작물이 이용할 수 없는 수분
- 결합수(Combined Water) : 토양 내 입자와 결합한 형태로 존재하여 뿌리가 흡수할 수 없는 수분
- 모세관수(Capillary Water) : 토양공극 내에서 중력에 저항하여 유지되는 수분
- ※ 식물의 뿌리가 쉽게 흡수할 수 있는 수분의 형태는 모세관수로, 이를 유효수분이라고 부른다.

10년간 자주 출제된 문제

2-1. 토양 내 수분의 종류 중 유효수분은?
① 중력수
② 결합수
③ 자유수
④ 모세관수

해설

2-1
식물의 뿌리가 쉽게 흡수할 수 있는 수분의 형태는 모세관수로, 이를 유효수분이라고 부른다.

정답 2-1 ④

③ 공 기

　㉠ 공기는 산소와, 질소, 이산화탄소 등으로 이루어져 있으며, 산소와 이산화탄소는 식물의 호흡작용에 필요하고, 질소는 식물 생육에 도움을 준다.

　㉡ 공기 중의 이산화탄소는 광합성작용의 중요한 재료로, 식물 생육에 직접적인 영향을 미치는데, 식물 생육과 발달을 촉진하고 품질을 높이기 위해서 이산화탄소 농도를 높여 광합성을 촉진할 수 있다.

　㉢ 대기오염 원인물질
- 오존(O_3), 아황산가스(SO_2), 불화수소(HF), 염화수소(HCl), 미세분진 등은 식물의 기공을 막고, 대사작용을 방해하며, 조직을 파괴하는 등 식물체에 직간접적으로 해를 입힌다.
- 이러한 오염물질의 피해는 식물체의 생육 저하, 잎의 변색과 탈색, 반점 및 잎과 꽃의 탈락, 심하면 식물체의 고사로 이어지는 등 다양한 형태로 나타난다.

10년간 자주 출제된 문제

2-2. 공기 중 식물의 호흡작용에 필요한 요소에 속하는 것은?

① 산소와 이산화탄소
② 질 소
③ 오 존
④ 아황산가스

2-3. 대기오염에 의한 식물의 피해현상이 아닌 것은?

① 반점현상
② 조기낙엽
③ 형태변화
④ 꽃눈형성

해설

2-3
대기오염의 식물에 대한 피해
- 잎을 일찍 노후시키거나 낙엽으로 만든다.
- 줄기와 잎의 구조를 가늘고 길게 또는 기형으로 만든다.
- 과실나무의 꽃에 가시적인 피해가 나타나면서 생산량이 줄어들 수도 있다.

정답 2-2 ① 2-3 ④

CHAPTER 02 화훼장식 제작 및 관리 ■ 243

10년간 자주 출제된 문제

3-1. 1843년 식물의 생육은 다른 양분이 아무리 충분해도 가장 소량으로 존재하는 양분에 의해서 지배된다는 Liebig의 학설은?

① 최소량의 법칙
② 순계설
③ 부식설
④ 무기영양설

해설

3-1
Liebig
1840년에 무기물이 식물의 생장에 이용될 수 있다는 무기영양설을 제창했으며, 1843년에 식물의 생육은 다른 양분이 아무리 충분해도 가장 소량으로 존재하는 양분에 의해서 지배된다는 최소량의 법칙을 제창하였다.

정답 3-1 ①

핵심이론 03 식물 생리(1) : 내성범위, 최소량법칙

① 내성범위
  ㉠ 모든 생물은 무생물적 환경요인에 따라 일정한 범위에서의 생육이 활발한데, 이를 내성범위(Range of Tolerance)라고 하며, 이 범위를 벗어나면 생물은 쇠약해지면서 점점 소멸되어 간다.
  ㉡ 내성범위는 생물이 살아갈 수 있는 환경요인의 최소치에서 최대치 사이를 의미하며, 환경요인에 대한 특정 생물의 생존가능범위라고 할 수 있다.
  ㉢ 모든 생물은 살아가기 위한 적정환경요인을 갖고 있으며, 각 환경요인별로 적합한 범위, 즉 내성범위 내에 있어야 건강하게 생장할 수 있다.
  ㉣ 내성범위가 넓은 종은 넓은 지역에 분포 가능하고, 환경조건이 부적합한 경우 자신을 환경에 적응시키거나, 능동적으로 환경을 변화시킬 수 있다.
  ㉤ 내성범위가 좁은 종은 분포범위를 통해 현재의 환경조건이나 환경조건의 변화를 판단할 수 있다.
  ㉥ 분화용 식물을 선정할 때나 분화를 관리할 때는 해당 식물의 생리적 특징과 더불어 각 환경요인별 내성범위를 고려하는 것이 중요하다.

② 제한요인과 최소량법칙
  ㉠ 제한요인(Limiting Factor)
    • 생물의 생육 및 분포는 온도, 물, 빛, 바람, 토양 및 바위 등의 환경요인들에 의해 결정된다.
    • 이러한 환경요인 가운데 다른 요인에 비해 너무 많거나 적어 생물의 생활을 제한하는 요인을 제한요인이라고 한다.
  ㉡ 최소량의 법칙(Law of Minimum) : 식물의 성장은 공급이 부족한 양분 중 최소량의 양분에 의해 제한된다는 원리로, 독일의 리비히가 주장하였다고 하여 '리비히의 최소량법칙'이라고도 한다.

핵심이론 04 식물 생리(2) : 광합성, 호흡

① 광합성(Photosynthesis)
  ㉠ 식물은 지구에서 거의 유일하게 빛에너지를 화학에너지로 바꿀 수 있으며, 광합성은 식물이 살아가는 데 반드시 필요한 양분을 합성하기 위해 필요한 대사과정(代謝過程)이다.
  ㉡ 광합성은 식물이 빛을 이용하여 이산화탄소와 물을 합성하고, 식물 생육에 필요한 영양물질을 생성하는 과정을 말한다.
  ㉢ 뿌리에서 흡수되는 수분과 잎의 기공을 통해 흡수되는 이산화탄소가 엽록소 내에서 빛에너지에 의해 양분으로 합성되는 과정이다.
  ㉣ 광합성을 통해 식물은 생육에 필요한 에너지를 만들고, 이 과정에서 산소를 배출한다.
  ㉤ 광합성을 하는 생산자는 대부분 녹색식물이며 조류(藻類), 자색(紫色) 박테리아 등도 이에 속한다.
  ㉥ 독립영양생물로서의 생산자는 태양에너지를 직접 이용하여 광합성작용에 의해 고정유기물(포도당)로 전환된다.
  ㉦ 광합성이 진행되기 위해서는 빛이 필요하지만, 이를 다시 세분하면 빛을 필요로 하는 명반응과 빛과 무관한 암반응으로 나눌 수 있다.
    • 명반응(Light Reaction)
      - 명반응은 에너지를 전환하는 과정으로, 빛이 반드시 필요하며 광반응, 광 의존적 반응, 광인산화반응 등으로 불린다.
      - 빛을 이용해 물을 광분해하고, NADPH와 산소를 생성하며, 광인산화반응을 통해 ATP를 생성한다.
      - NADPH, ATP는 암반응에 필요한 중간물질로, 암반응에서 수소공급원의 역할을 한다.
    • 암반응(Dark Reaction)
      - 암반응은 캘빈회로(Calvin Cycle)로 대표되는데, 포도당을 합성하는 과정으로, 엽록체 내부기질인 스트로마에서 반응이 일어나며, 빛과는 독립적으로 일어나는 반응이므로 광 비의존적 반응이라고 부른다.
      - 기공을 통해 흡수한 이산화탄소와 광인산화반응에서 만들어진 NADPH·ATP를 이용하여 포도당을 합성한다.

10년간 자주 출제된 문제

4-1. 식물의 광합성에 대한 설명으로 틀린 것은?

① 식물이 빛을 이용하여 이산화탄소와 물을 합성하고, 식물 생육에 필요한 영양물질을 생성하는 과정이다.
② 뿌리에서 흡수되는 수분과 잎의 기공을 통해 흡수되는 이산화탄소가 엽록체 내에서 빛에너지에 의해 양분으로 합성되는 과정이다.
③ 광합성을 하는 생산자는 녹색식물뿐이다.
④ 독립영양생물로서의 생산자는 태양에너지를 직접 이용하여 광합성작용에 의해 고정유기물(포도당)로 전환한다.

정답 4-1 ③

> **10년간 자주 출제된 문제**

4-2. 식물이 호흡작용(Respiration)을 통해 배출하는 물질은?

① 산 소
② 이산화탄소
③ 수 소
④ 탄 소

4-3. 광포화점의 설명으로 옳은 것은?

① 광선의 세기가 증가하여도 더 이상 광합성 속도가 증가하지 않는 점
② 광합성량과 호흡량이 일치하여 순광합성량이 0이 되는 점
③ 사막이나 수분이 부족한 곳 또는 밤낮의 온도차가 큰 지역에서의 광합성량 조정점
④ 캘빈회로를 통해 고정함으로써 수분의 손실이 최소한으로 억제되는 점

정답 4-2 ② 4-3 ①

> **더 알아보기**

광포화점(Light Saturation Point)
- 일반적으로 광합성은 빛의 강도와 비례하여 증가하지만 일정 한계에 이르면 증가폭이 감소하며, 마침내 더 이상 증가하지 않게 된다.
- 이처럼 광선의 세기가 증가해도 더 이상 광합성속도가 증가하지 않는 점을 광포화점이라고 한다.
- 보통 양지식물은 광포화점이 높고, 음지식물은 광포화점이 낮다.

보상점(Compensation Point)
- 식물의 광합성량은 광도에 의해 변하는데, 광도가 점차 증가함에 따라 광합성량도 증가한다.
- 이때 CO_2흡수량과 호흡에 의한 CO_2방출량이 같아지는 점, 즉 광합성량과 호흡량이 일치하여 순광합성량이 0이 되는 점을 광보상점이라고 한다.

② 호흡(Respiration)

㉠ 호흡작용은 탄수화물, 지질, 단백질 등의 유기분자가 분해되어 에너지를 생성하는 과정으로, 광합성과는 반대로 산소를 소비하고 이산화탄소를 배출한다.

㉡ 호흡작용은 살아 있는 식물 세포조직의 주요 활동과정으로, 영양물질과 수분을 분해해서 에너지로 삼는다.

㉢ 호흡작용은 주위 환경에서 저장된 물질과 산소를 이용해 이산화탄소를 배출하는 복잡한 과정으로, 생명을 유지하는 데 필수적이다.

핵심이론 05 식물 생리(3) : 양수·음수

① 내음성(耐陰性, Shade Tolerance)
  ㉠ 내음성은 식물이 적은 광량하에서도 동화작용을 할 수 있는 성질로, 음지에서 식물이 생존할 수 있는 능력을 말한다.
  ㉡ 내음성에 따라 양수와 음수로 구분하며, 그늘에서 잘 자라지 못하는 수종을 양수, 잘 자라는 수종을 음수라고 한다.
② 양수(陽樹, Intolerant Tree, Sun Grown) : 양수는 광포화점이 높아 광도가 높은 환경에서는 햇빛을 효율적으로 활용하여 생육이 좋지만, 적은 광량하에서는 충분한 생육이 곤란하다.
③ 음수(陰樹, Tolerant Tree, Shade Grown)
  ㉠ 음수는 광포화점이 낮아 적은 광량에서도 충분한 생육이 가능하고, 빛을 받는 시간이 짧은 경우에도 기공반응이 빨라 광합성을 효율적으로 한다.
  ㉡ 낮은 광도에서도 광합성을 효율적으로 하고, 보상점이 낮고 호흡량도 적기 때문에 그늘에서도 잘 자라며, 오히려 강한 햇빛에 계속 노출되면 생육이 좋지 않고 생기를 잃게 된다.

10년간 자주 출제된 문제

5-1. 양수에 대한 설명으로 옳은 것은?
① 광포화점이 없는 식물
② 광포화점이 중간인 식물
③ 광포화점이 낮은 식물
④ 광포화점이 높은 식물

정답 5-1 ④

10년간 자주 출제된 문제

6-1. 미국 항공우주국(NASA)이 밀폐된 우주선 안에서 식물의 공기정화능력을 평가하기 위해 실험한 사항이 아닌 것은?

① 휘발성 화학물질 제거능력
② 습도 조절능력
③ 해충 예방능력
④ 재배 특성

6-2. 미국 항공우주국(NASA)에서 선정한 식물 중 실내의 담배연기, 휘발성 유기화합물 등을 흡수하며, 실내환경에 대한 적응력이 높고, 실내가 건조하면 공기 중으로 수분을 내뿜는 습도 조절능력이 뛰어난 식물은?

① 아레카야자　② 관음죽
③ 홍콩야자　④ 스파티필름

정답 6-1 ④　6-2 ①

핵심이론 06 식물 생리(4) : 식물의 기능

① 공기정화

㉠ 실내에서 잘 자라고, 환경에 잘 적응하며, 공기 중에 있는 각종 오염물질들을 정화하는 데 효과가 큰 식물을 공기정화식물(Eco-friendly Houseplants)이라고 부른다.

㉡ 대부분의 분화용 식물들은 공기정화기능이 있지만, 특히 관엽식물과 CAM식물의 공기정화기능이 주목받고 있다.

㉢ 식물은 이산화탄소를 흡수할 때 공기 중의 오염물질도 함께 흡수하여 정화하는데, 특히 휘발성 화학물질의 제거능력이 뛰어나다.

㉣ 미국 항공우주국(NASA)이 밀폐된 우주선 안에 식물을 갖다 놓았을 때 심리적으로 안정되고, 실내공기 중 휘발성 유기화합물이 제거됨을 실험을 통해 밝혔다.

㉤ 미국 항공우주국에서는 휘발성 화학물질 제거능력, 습도 조절능력, 재배용이성, 해충 예방능력 등 네 개 부문을 종합적으로 평가하여 공기정화 능력이 우수한 분화용 관엽식물을 다음과 같이 선정하였다.

- 아레카야자 : 실내의 담배연기, 휘발성 유기화합물 등을 흡수하며, 실내환경에 대한 적응력이 높고, 실내가 건조하면 공기 중으로 수분을 내뿜는 습도 조절능력이 뛰어나다.
- 관음죽 : 암모니아가스(화장실・사무실)와 폼알데하이드(실내) 제거능력이 뛰어나고, 병해충에 강하며, 빛이 부족한 곳에서도 잘 견디고, 자라는 속도가 느려 관리가 용이하다.
- 홍콩야자 : 잎이 많아 수분배출량이 우수하여 실내 가습효과가 있고, 암모니아 및 벽지와 장판의 유해가스 제거능력이 우수하다.
- 스파티필름 : 알코올, 아세톤, 벤젠, 폼알데하이드 등의 휘발성 유기화합물 제거와 습도 조절능력이 뛰어나며, 천남성과 식물로 햇볕이 잘 들지 않는 실내에서도 잘 자란다.
- 산세비에리아 : 음이온 발생이 월등한 식물로, 담배냄새를 흡수하는 기능이 있으며, 밤에 산소를 만들어 방출하고 이산화탄소를 흡수한다.

> **더 알아보기**
>
> **기타 공기정화식물**
> 세이브리지야자, 행운목, 인도고무나무, 아이비, 피닉스야자, 피쿠스알리, 보스톤고사리, 스파티필룸, 스킨답서스, 네프로네피스 오블리테라타(킴벌리퀸), 드라세나류, 필로덴드론 에루베센스, 싱고니움, 디펜바키아 콤팩타, 테이블야자, 벤자민고무나무, 필로덴드론 셀럼, 필로덴드론 옥시카르디움, 디펜바키아 카밀라, 필로덴드론 도메스티쿰, 아라우카리아, 크로톤, 알로에 등

② 기타 기능

　㉠ 음이온 방출 : 식물의 증산작용에 의해 수분이 공기 중으로 나오는 과정에서 물 분자가 작게 쪼개지면서 음이온이 방출된다.

　㉡ 습도 조절능력 : 실내가 건조하면 식물의 수분배출량이 증가하고, 습하면 감소하는 자기조절능력으로 실내습도 자동조절장치의 역할을 한다.

　㉢ 건강 관리능력 : 식물은 신체의 밸런스를 맞춰 주고 알레르기, 천식, 두통 등에 효과적이며, 신진대사를 촉진시킨다.

10년간 자주 출제된 문제

6-3. 식물이 인간에 미치는 영향과 관계없는 것은?

① 음이온 방출
② 신진대사 촉진
③ 습도조절능력
④ 암모니아가스 방출

6-4. 실내에 살아 있는 식물을 장식했을 때 실내환경에 미치는 영향으로 틀린 것은?

① 광합성 활동으로 산소를 발생시켜 공기를 정화한다.
② 잎의 증산작용으로 실내습도를 높인다.
③ 휘발성 유기물질을 흡수해 공기를 정화한다.
④ 양이온을 발생시켜 사람의 신진대사를 촉진한다.

[해설]
6-4
④ 음이온을 발생시켜 사람의 신진대사를 촉진한다.

정답 6-3 ④　6-4 ④

10년간 자주 출제된 문제

7-1. 분화의 관수시기 측정방법으로 가장 적당한 것은?
① 화분받침대의 물이 말랐는지 확인
② 표토의 흙을 직접 만져서 판단
③ 육안으로 식물을 관찰
④ 화분의 중량 측정

7-2. 관수방법 중 화분 아래를 물에 담가 물이 아래로부터 스며들게 하여 관수하는 방법은?
① 직접관수
② 저면관수
③ 점적관수
④ 스프링클러

|해설|

7-2
저면관수
- 화분의 배수공을 통해 모세관현상을 이용해서 수분을 흡수시키는 방법이다.
- 비용이 저렴하고 화분의 크기에 상관없이 이용할 수 있다.

정답 7-1 ② 7-2 ②

핵심이론 07 식물 유지 관리(1) : 수분 관리

① 관수시기와 관수량 측정 : 화훼식물이 심겨 있는 토양 내의 수분이 너무 건조하거나 과습하지 않도록 적절한 시기를 가늠하여 적정량의 수분을 관수하는 것은, 화훼식물 관리의 기본이자 가장 중요한 관리 중 하나이다.

㉠ 관수시기 측정
- 보통 육안으로 화분을 관찰하거나, 표토의 흙을 직접 만져서 판단하는 방법을 널리 사용한다.
- 텐시오미터, 토양 수분측정기 등의 기계를 사용하면 토양 내 수분량의 정확한 수치를 얻을 수 있다.

㉡ 관수량 측정
- 화훼식물의 종류, 생육환경, 생육단계, 토양의 성질, 계절 등에 따라 다르다.
- 관수량 결정 시 고려할 사항에는 식물의 종류에 따라 요구하는 수분량, 식물의 발달단계, 생육환경, 토양의 물리적인 성질 등이 있다.

② 관수방법

㉠ 직접관수 : 사람이 호스나 물뿌리개 등을 사용하여 직접 관수하는 방법

㉡ 분수관수 : 플라스틱 튜브 등에 작은 구멍을 일정하게 뚫어 물에 가해진 압력으로 관수하는 방법

㉢ 스프링클러 : 파이프에 연결된 회전 살수노즐을 통해 넓은 지역을 고르게 관수하는 방법

㉣ 점적관수 : 작은 구멍이 뚫린 파이프를 통해 조금씩 떨어지는 물방울로 관수하는 방법으로, 넓은 면적에 유리하고, 토양의 유실과 물의 낭비가 적다.

㉤ 저면관수 : 화분 아래를 물에 담가 물이 아래로부터 스며들게 하여 관수하는 방법

핵심이론 08 식물 유지 관리(2) : 시비 관리

> 식물의 생육이 원활하기 위해서는 수분 관리와 더불어 식물 생육을 도와주는 영양 관리가 필수적이다. 분화의 특성상 인공토의 사용이 많고, 어느 정도 시간이 흐르면 토양 내의 유효한 영양성분이 없어지기 때문에 인위적인 비료의 공급이 중요하다.

① 식물의 필수원소
  ㉠ 질소(N)
   • 잎과 줄기의 비료이다.
   • 광합성과 영양생장을 활발하게 한다.
   • 질소성분 부족 시 잎이 노랗게 변하며 떨어진다.
   • 질소성분 과다 시 잎만 무성히 웃자라며, 꽃이 늦게 핀다.
  ㉡ 인(P)
   • 꽃과 열매의 비료이다.
   • 생육단계 중 꽃이 피고 열매를 맺는 시기에 특히 많이 필요하다.
   • 꽃의 품질이 중요한 화훼식물과 결실 작물에서 매우 중요하다.
  ㉢ 칼륨(K)
   • 식물의 발달과 성숙의 비료이다.
   • 화훼식물의 줄기부터 뿌리까지 발달을 촉진한다.
   • 식물체를 튼튼하게 하여 각종 병충해와 환경스트레스를 견디게 한다.

② 비료의 종류
  ㉠ 무기질 비료
   • 화학비료로, 적용속도가 빠르고 편리하며, 과다사용 시 토양의 염류 축적과 환경오염 등의 문제가 있으므로 적정량을 사용해야 한다.
   • 비료의 주성분에 따라 질소질 비료, 인산질 비료, 칼륨질 비료, 복합비료, 황산암모늄, 염화칼륨, 요소, 과인산석회 등이 있다.
  ㉡ 유기질 비료
   • 천연에서 나온 비료로, 동물성과 식물성이 있으며, 적용속도는 늦지만 효과가 오래 지속된다.
   • 환경에 친화적이지만 나쁜 냄새가 나서 실내에서의 사용에 주의해야 하며 퇴비, 두엄, 어박, 계분 등이 있다.

10년간 자주 출제된 문제

8-1. 식물의 필수원소 중 질소의 역할은?
① 꽃과 열매의 비료이다.
② 식물의 발달과 성숙의 비료이다.
③ 잎과 줄기의 비료이다.
④ 세포벽의 비료이다.

8-2. 잎 비료로 왕성한 생육을 유도하고 부족하면 잎이 연한색으로 변하며 오래된 잎에서 결핍증상이 빨리 나타나는 것은?
① 인산(P) ② 질소(N)
③ 칼륨(K) ④ 망간(Mn)

8-3. 비료의 3요소가 아닌 것은?
① 질 소 ② 인 산
③ 칼 륨 ④ 칼 슘

8-4. 퇴비가 속하는 비료의 종류는?
① 무기질 비료
② 유기질 비료
③ 복합비료
④ 요소비료

【해설】
8-3
비료의 3요소 : 질소, 인산, 칼륨

정답 8-1 ③ 8-2 ② 8-3 ④ 8-4 ②

10년간 자주 출제된 문제

8-5. 식물의 뿌리 흡수기능이 약해져서 초세를 빨리 회복하기 위해 액체비료를 식물 지상부에 살포하려고 한다. 다음 중 시비방법으로 적당한 것은?

① 엽면시비
② 전면시비
③ 부분시비
④ 이산화탄소시비

③ 비료의 형태

㉠ 액체비료 : 액상 형태의 원예용 비료로, 붕산수 등이 있다.
㉡ 고체비료 : 아주 작은 공 모양의 분말 형태 등으로, 서서히 녹거나 토양에 직접 뿌려 사용한다.
㉢ 기체비료 : 이산화탄소, 에틸렌 등 가스의 형태로 사용한다.

[해설]

8-5
엽면시비 : 뿌리의 기능이 약해졌을 때, 미량 원소 결핍 현상이 나타났을 때에 액체 비료를 식물의 잎에 직접 시비하는 방법

정답 8-5 ①

핵심이론 09 환경조절(1) : 발아, 개화, 휴면

① 발 아
  ㉠ 온대성 화훼류 종자의 장기간 저장온도 : 1~9℃
  ㉡ 발아적온 : 프리뮬러(15℃ 전후), 나팔꽃(15~20℃), 맨드라미·샐비어(20~25℃)
  ㉢ 화아분화 및 개화에 영향을 미치는 온도 : 춘화처리온도, 휴면온도, 꽃눈분화 한계온도
  ㉣ DIF는 주간온도에서 야간온도를 뺀 주야간온도 차이를 말한다.
    예 주간온도가 16℃, 야간온도가 23℃일 때의 DIF값은 -7℃이다.

② 개 화
  ㉠ 화훼류의 개화 조절방법 : 춘화처리, 생장조절제 처리, 전조 또는 차광
  ㉡ 춘화처리(Vernalization)
    • 가을뿌림 한해살이 화초의 경우 종자단계에서 저온에 감응하여 개화하는데, 이것을 종자춘화라고 한다.
    • 식물체의 상태에 따라 저온에 대한 감응이 다르다.
    • 춘화처리의 유효 온도범위는 -5~15℃ 사이이다.
    ※ 저온처리 후 고온을 겪게 되면 춘화현상이 소멸되는데, 이러한 현상을 탈춘화 또는 이춘화라고 한다.

③ 광중단 : 식물의 일장반응에 있어 야간 동안에 광을 쬐어주면 긴 밤의 효과가 없어지는데, 이때 야간 동안 광 처리를 해주는 것을 말한다.

④ 휴 면
  ㉠ 식물이 휴면을 하는 이유는 스스로 불량환경을 극복하기 위해서이다.
  ㉡ 휴면의 종류
    • 조건휴면 : 눈(芽)이 완전히 휴면에 들어가지 않은 상태에서 순지르기를 하거나, 잎이 떨어질 경우 싹이 트게 되는 휴면
    • 자발적 휴면 : 온도, 수분 등 외부환경이 적합해도 휴면이 완료되지 않아 싹이 트지 않고 생장을 정지하는 휴면
    • 타발적 휴면 : 식물이 고온, 건조 등으로 인해 발아에 부적당한 조건에 놓이게 되어 배아의 활동이 제한되는 등 외적 요인으로 인한 휴면

10년간 자주 출제된 문제

9-1. 화아분화 및 개화에 영향을 미치는 온도와 가장 거리가 먼 것은?
① 춘화처리온도
② 휴면온도
③ 꽃눈분화 한계온도
④ 운송온도

9-2. 다음 중 화훼류의 개화 조절방법에 속하지 않는 것은?
① 춘화처리(Vernalization)
② 생장조절제 처리
③ 전조 또는 차광
④ 멀칭(Mulching)

9-3. 가을 국화를 7~8월에 개화시키고자 할 때 처리해야 하는 방법은?
① 차광(遮光) 처리
② 장일(長日) 처리
③ 전조(電槽) 처리
④ 고온(高溫) 처리

해설

9-1
운송온도는 절화의 품질과 선도 유지에 영향을 미친다.

9-2
멀칭은 짚이나 건초, 비닐 등으로 작물이 자라고 있는 지표면을 덮어 주는 일이다.

9-3
가을 국화를 인위적으로 차광 처리(암막 처리)하면 단일처리 효과로 여름에 개화시킬 수 있다.

정답 9-1 ④ 9-2 ④ 9-3 ①

핵심이론 10 환경조절(2) : 온도, 수분

① 온 도
- ㉠ 온도는 절화품질에 가장 직접적인 영향을 미친다.
- ㉡ 보관장소의 대기온도가 높으면 호흡작용이나 증산작용이 활발해져 품질 저하의 직접적인 원인이 된다.
- ㉢ 절화를 저온에 보관하면 호흡작용과 증산작용이 억제되어 수명을 연장할 수 있다.
- ㉣ 온대성 절화의 장기간 저장온도는 0~4℃이고, 열대·아열대성 절화는 10℃ 이하에서도 냉해를 입을 수 있다.

② 습 도
- ㉠ 보통 80~95% 정도로 유지해 주는 것이 좋다.
- ㉡ 지나친 건조 상태는 절화의 끝마름현상이나 탈수현상을 유발한다.

③ 식물 생육과 수분
- ㉠ 식물체 내에서 물질을 운반하는 역할을 한다.
- ㉡ 식물의 종류, 생육단계 및 부위에 따라 다르다.
- ㉢ 수분은 증산작용을 통해 식물체온의 상승을 막는다.
- ㉣ 과습 상태는 뿌리의 호흡기능을 방해한다.
- ㉤ 선인장과 다육식물은 건조 상태에서도 잘 자란다.

> **더 알아보기**
>
> **증산작용의 효과**
> - 물이 수증기로 빠져나갈 때 기화열을 갖고 나가기 때문에 식물체온이 상승하는 것을 방지한다.
> - 식물체 내의 수분을 내보내 식물체 내 수분량을 조절한다.
> - 수분을 증발시켜 양분을 체내에 농축시킨다.
> - 뿌리에서 흡수한 물과 무기양분을 상승시키는 원동력을 발생시킨다.

④ 화훼식물의 수분 부족·과다현상
- ㉠ 수분 부족현상 : 기공이 폐쇄되고, 증산작용과 광합성작용이 억제되어 영양이 결핍되며, 결국 시들어 고사한다.
- ㉡ 수분 과다현상 : 뿌리의 호흡이 억제되어 뿌리털이 감소되고, 양·수분의 흡수가 감소되어 생육이 둔화되며, 결국에는 죽게 된다.

10년간 자주 출제된 문제

10-1. 식물체 내 수분의 역할 중 식물체온 조절에 대한 설명으로 가장 적합한 것은?
① 공기습도가 포화되며, 식물체온이 안정된다.
② 증산작용을 통해 식물체온의 상승을 막는다.
③ 세포 내 팽압을 유지하여 식물체온을 유지시킨다.
④ 각종 효소의 활성을 증대시켜 식물체온이 상승하도록 한다.

10-2. 식물 생육과 수분에 대한 설명으로 옳은 것은?
① 식물의 종류, 생육단계 및 부위에 따라 수분량이 일정하다.
② 과습 상태는 뿌리의 호흡기능을 높인다.
③ 선인장과 다육식물은 습한 상태를 좋아한다.
④ 식물체 내에서 물질을 운반하는 역할을 한다.

해설

10-1
② 물이 수증기로 빠져나갈 때 기화열을 갖고 나가기 때문에 식물체온이 상승하는 것을 방지한다.

정답 10-1 ② 10-2 ④

핵심이론 11 환경조절(3) : 광

① 식물 생육과 광의 연관성
  ㉠ 일반적으로 개화하는 식물 혹은 열매를 맺는 식물 및 무늬가 있는 식물들은 보통 관엽식물보다 많은 광을 필요로 한다.
  ㉡ 탄소동화작용으로 잎에서 영양분을 만들기 위해서는 겨울에도 광선이 꼭 필요하다.
  ㉢ 광은 호흡작용에도 영향을 미친다.
  ㉣ 광은 식물의 광합성 작용뿐만 아니라 조직이나 기관의 분화, 종자의 발달 등 식물의 형태 형성에도 관여한다.

② 식물 생육에 영향을 미치는 환경요인
  ㉠ 식물의 생육적온은 식물마다 다르다.
  ㉡ 식물 생육에 주로 관여하는 광은 가시광선이다.
  ㉢ 수분은 광합성을 통해 탄수화물의 합성원료가 된다.
  ㉣ 식물의 생육시기에 따른 수분요구도는 각기 다르다.

③ 식물의 광합성
  ㉠ 기공을 통해 흡수한 이산화탄소와 뿌리로부터 흡수한 물이 잎의 엽록체에서 광에너지에 의해 탄수화물로 합성되는 과정이다.
  ㉡ 총광합성량(총동화량) = 호흡량 + 순광합성량(순동화량)
  ㉢ 광보상점 : 광합성을 위한 이산화탄소의 흡수량과 호흡에 의한 방출량이 같을 때의 광도
  ㉣ 광합성에는 450nm를 중심으로 한 400~500nm의 청색 부분이 가장 효과적이다.
  ㉤ 보광 시 작물의 반응이 가장 민감한 생육시기 : 본엽이 출연하기 시작하는 생육 초기

더 알아보기
실내에 살아 있는 식물을 장식했을 때 실내환경에 미치는 영향
- 광합성작용으로 산소를 발생시켜 공기를 정화한다.
- 휘발성 유기물질을 흡수해 공기를 정화한다.
- 잎의 증산작용으로 실내습도를 높인다.
- 음이온을 발생시켜 사람의 신진대사를 촉진한다.

10년간 자주 출제된 문제

11-1. 다음 중 식물 생육에 가장 큰 영향을 미치는 광선은?
① 자외선 ② 가시광선
③ 적외선 ④ 근적외선

11-2. 식물의 광합성은 기공을 통해 흡수한 (a)와 뿌리로부터 흡수한 (b)을 재료로, 잎의 엽록체에서 광에너지에 의해 탄수화물이 합성되는 과정이다. (a)와 (b)에 알맞은 것은?
① (a) : 산소, (b) : 질소
② (a) : 이산화탄소, (b) : 물
③ (a) : 수소, (b) : 붕소
④ (a) : 아황산가스, (b) : 칼륨

11-3. 식물의 가지수를 증가시키는 데 기여하는 광의 파장범위는?
① 400~450nm ② 500~550nm
③ 600~650nm ④ 700~750nm

|해설|

11-1
식물은 광합성으로 생장하는데, 광합성에 유효한 광의 파장범위는 가시광선이다.

11-2
광합성은 작물의 가장 중요한 생리작용으로, 녹색식물은 광에 의해 엽록소를 형성하며, 광에너지의 존재하에서 탄산가스와 물을 합성해 유기물을 형성하고, 산소를 방출한다.

11-3
식물은 660nm의 적색 파장과 450nm의 청색 파장에서 가장 잘 자란다고 알려져 있다.

정답 11-1 ② 11-2 ② 11-3 ①

10년간 자주 출제된 문제

2-1. 화훼식물의 병충해 예방에 관한 내용이 아닌 것은?

① 발병 후 방제보다 발병 전 예방이 더 중요하다.
② 식물병과 해충에 의한 피해는 상품의 관상가치와 상품성의 저하로 연결된다.
③ 새로운 병과 해충의 유입이 빈번해졌기 때문에 식물 검역의 역할이 매우 중요하다.
④ 화훼식물은 재배되는 종류가 다양하여 병충해에 의한 피해가 미비하다.

3. 화훼식물 병충해 관리

핵심이론 01 병충해

① **병충해의 종류**
  ㉠ 바이러스 : 식물바이러스는 핵산과 단백질로 구성된 일종의 핵단백질로, 광학현미경으로만 관찰할 수 있으며 포플러 모자이크병, 느릅나무 얼룩반점병 등을 발병시킨다.
  ㉡ 파이토플라스마(마이코플라스마) : 바이러스와 세균의 중간단계로, 대추나무·오동나무 빗자루병, 뽕나무 오갈병 등의 병원체로 알려져 있다.
  ㉢ 균 : 세균과 진균(곰팡이)으로 구분되며, 전염성이 강하고 뿌리혹병(세균), 그을음병·흰가루병(진균) 등을 발병시킨다.
  ㉣ 해충 : 흡즙성, 식엽성, 천공성, 충영형성 등으로 구분된다.

② **병충해의 예방**
  ㉠ 화훼식물은 재배되는 종류가 다양하고, 병충해에 취약한 종류가 많아 발생하는 식물병의 종류도 많고 그 피해도 크다.
  ㉡ 화훼식물은 특성상 건강하고 깨끗한 외형이 매우 중요하기 때문에 각종 식물병과 해충에 의한 피해는 상품의 관상가치와 상품성의 저하로 연결된다.
  ㉢ 일단 병충해가 발생하면 큰 피해가 날 수 있고, 치료가 어렵기 때문에 발병 후 방제보다 발병 전 예방이 더 중요하다.
  ㉣ 최근에는 다양하고 새로운 식물을 요구하는 소비자의 기호에 맞춰 국가 간 수출입이 매우 활발하고, 그로 인한 새로운 병과 해충의 유입이 빈번해졌기 때문에 식물 검역의 역할이 매우 중요하다.

③ **병충해 발생조건** : 병충해가 발생하려면 우선 병을 발생시키는 병원체가 있어야 하고, 해당하는 병원체에 취약한 식물체가 있어야 하며, 병의 발생을 촉진시키는 적합한 환경이 있어야 한다.

정답 2-1 ④

핵심이론 02 병해(1) : 식물바이러스병

① 바이러스의 특징
  ㉠ 바이러스는 핵산과 단백질로 이루어진 현미경으로 관찰해야 볼 수 있는 아주 미세한 생물체이다.
  ㉡ 종류가 매우 다양하고, 실제로도 많은 식물에서 한 가지 이상의 바이러스병이 발생하고 있다.
  ㉢ 식물이 바이러스병에 감염되면 치료가 거의 불가능하므로 치료보다는 예방에 무게를 두어야 한다.
② 감염경로 : 주로 접촉에 의해 식물체의 상처 부위로 감염되고 증식되는데, 주로 감염된 종자 사용, 소독하지 않은 토양, 매개곤충, 직접적인 접촉 및 번식기관 등이다.
③ 주요한 병의 증상 : 잎의 모자이크 모양과 줄무늬, 동그란 원 모양의 반점, 잎과 꽃의 기형적인 형태와 시들음, 식물체가 정상적인 생장 형태를 보이지 못하고 작아지거나 기형적으로 변하는 등 다양하게 나타난다.
④ 예방 : 병이 없는 종자 사용, 바이러스병에 저항성을 가진 품종의 육종과 식재, 전염가능성의 차단, 병의 징후 발생 시 신속한 진단과 원인물질 제거가 매우 중요하다.

더 알아보기

식물바이러스병의 주요 감염경로와 특징
- 토 양
  - 뿌리의 상처 부위로 바이러스 감염
  - 기주로 이용될 식물이 없어도 토양 내에서 수년간 생존 가능
- 종 자
  - 바이러스에 감염된 종자에 의한 감염
  - 바이러스의 국가 간 이동 경로
- 영양번식
  - 접목이나 분주 등 영양번식을 통한 감염
  - 영양번식이 많은 다양한 화훼식물의 바이러스 전파경로
- 곤 충
  - 식물체에 생육하는 다양한 곤충 및 절지동물에 의한 전염
  - 진딧물, 응애, 총채벌레, 온실가루이, 토양선충 등
- 접 촉
  - 근처에 있는 감염된 식물체로부터 전염
  - 주로 작업과정 중 사람이나 작업도구로부터 감염

10년간 자주 출제된 문제

2-1. 식물바이러스병은 주로 접촉에 의해 식물체의 상처 부위로 감염되고 증식되는데 그 경로에 해당되지 않는 것은?
① 감염된 종자 사용
② 소독하지 않은 토양
③ 매개곤충
④ 공 기

2-2. 식물바이러스병의 주요 감염경로와 특징으로 틀린 것은?
① 토양 - 기주로 이용될 식물이 없으면 생존 불가
② 종자 - 바이러스의 국가 간 이동 경로
③ 곤충 - 진딧물, 응애, 총채벌레, 온실가루이, 토양선충 등
④ 접촉 - 주로 작업과정 중 사람이나 작업도구로부터 감염

해설

2-2
① 기주로 이용될 식물이 없어도 토양 내에서 수년간 생존이 가능하다.

정답 2-1 ④ 2-2 ①

핵심이론 03 병해(2) : 식물곰팡이병, 식물세균병

① **식물곰팡이병**
  ㉠ 곰팡이(진균)에 의한 식물병이 가장 빈번하다.
  ㉡ 식물에 병을 일으키는 곰팡이균은 포자나 균사로, 식물의 기공이나 식물 표피로의 직접적인 침투 또는 물리적인 상처를 통해 감염된다.
  ㉢ 일정 기간이나 식물의 전 생애 동안 기생하면서 다양한 병을 발병시킨다.
  ㉣ 식물곰팡이균은 종류에 따라 저온과 고온, 건조와 다습 등 선호하는 환경이 다르지만, 대부분 10~30℃의 따뜻하고 다습한 환경에서 잘 자라며, 식물에 따라 병의 발생과 피해의 정도가 다르게 나타난다.
  ㉤ 병의 증상으로는 식물 조직의 파괴나 시들음, 생육 저하, 식물체 부패 등이 있다.

② **식물세균병**
  ㉠ 세균은 곰팡이에 비해 그 수가 매우 적어 원예식물에 일으키는 병이 열 가지 남짓하지만, 병균의 증식속도와 병의 발현이 매우 빠르고, 생육이 알맞은 환경에서는 식물에 매우 광범위하고 심각한 피해를 주기 때문에 조심해야 한다.
  ㉡ 세균은 주로 물을 따라 이동하며 발생하고, 식물의 표피를 직접적으로 침투하지는 못해 주로 식물의 상처 부위와 열려 있는 기공을 통해 감염된다.
  ㉢ 대부분이 고온다습한 조건에서 활발하게 생식하고, 산성에는 약하나 중성이나 약알칼리성을 좋아한다.
  ㉣ 병의 증상으로는 식물체의 시들음, 잎의 반점, 마름, 궤양, 부패 등이 있다.

10년간 자주 출제된 문제

3-1. 식물세균병에 대한 설명으로 틀린 것은?
① 병균의 증식속도와 병의 발현이 빠르다.
② 식물의 표피를 직접 침투하여 감염된다.
③ 고온다습한 조건에서 활발하게 생식한다.
④ 잎의 반점, 마름, 궤양, 부패 등의 증상이 있다.

해설

3-1
② 세균은 주로 물을 따라 이동하며 발생하고, 식물의 표피를 직접적으로 침투하지는 못해 주로 식물의 상처 부위와 열려 있는 기공을 통해 감염된다.

정답 3-1 ②

핵심이론 04 병해(3) : 주요 식물병의 특징

① 바이러스병 : 잎에 모자이크 모양과 줄무늬, 반점, 식물체의 기형, 시들음이 나타나며, 대부분의 화훼에서 발병한다.
② 역병 : 잎의 갈변과 흰곰팡이를 볼 수 있으며 금어초, 카네이션, 선인장, 백합 등에서 발병한다.
③ 묘입고병 : 어린묘에 쓰러짐의 피해를 입히며 금어초, 금잔화, 스토크, 페튜니아 등에서 발병한다.
④ 흰가루병 : 잎에 흰색 가루와 쪼그라짐이 나타나며 작약, 장미, 봉선화, 숙근플록스, 배롱나무 등에서 자주 발병한다.
⑤ 흑반병 : 잎에 검은 반점을 남기며, 장미 등에서 발병한다.
⑥ 그을음병 : 잎에 검은색 그을음이 나타나며 동백나무, 야자나무, 귤나무 등 상록활엽수 등에서 발병한다.
⑦ 녹병 : 잎에 황갈색 반점이 나타나며 잔디, 카네이션 등에서 발병한다.
⑧ 적성병(붉은별무늬병) : 잎에서 붉은 별무늬의 곰팡이를 볼 수 있으며 명자나무, 꽃아그배나무, 배나무 등에서 발병한다.
⑨ 회색곰팡이병 : 꽃과 잎에서 회색의 곰팡이를 볼 수 있으며 백합, 국화, 장미 등에서 발병한다.
⑩ 연부병 : 식물체가 물러지는 피해를 주며 백합, 수선화, 난류, 아이리스, 시클라멘 등에서 발병한다.
⑪ 풋마름병 : 잎이 푸른 상태로 시들며, 다알리아 등에서 발병한다.
⑫ 목썩음병 : 황갈색의 반점과 점액질을 볼 수 있으며 프리지아, 글라디올러스, 크로커스, 구근아이리스 등에서 발병한다.

10년간 자주 출제된 문제

4-1. 식물체가 물러지는 피해를 주며 백합, 수선화, 난류 등에서 주로 발병하는 식물병은?
① 흰가루병
② 녹 병
③ 연부병
④ 목썩음병

|해설|
4-1
③ 연부병에 대한 설명이다.

정답 4-1 ③

핵심이론 05 충 해

① 진딧물
- ㉠ 노린재목의 곤충으로, 종류가 다양하며, 번식력이 매우 뛰어나 한번 발생하면 그 개체수가 빠르게 증가한다.
- ㉡ 큰 무리를 이루어 서식하고 새잎과 어린줄기, 꽃봉오리 등의 즙액을 빨아먹으며, 식물체의 외관과 품질에 해를 입히고, 상처 부위를 남겨 다른 병해의 원인을 제공한다.
- ㉢ 주요 가해식물로는 장미, 국화, 원추리, 백합, 카네이션 등이 있다.

② 응 애
- ㉠ 붉은색의 매우 미세한 거미류로, 고온건조한 환경조건에서 번식과 생육이 왕성하다.
- ㉡ 봄과 늦여름 즈음에 화훼식물에 대규모로 발생하여 큰 피해를 입히며, 응애가 발생하면 잎이 하얗게 탈색되고 볼품없어진다.
- ㉢ 대부분의 절화와 관엽류 등의 화훼식물에 피해를 준다.

③ 온실가루이
- ㉠ 온실 속에서 주로 발생하며, 흰색의 작은 나방의 한 종류이다.
- ㉡ 비닐하우스나 온실 등에서 재배하는 다양한 화훼작물에 서식하며, 어린 개체가 잎과 줄기 등의 즙액을 빨아먹어 식물체를 약하게 만들고, 다른 병에 쉽게 걸리게 한다.
- ㉢ 거베라, 포인세티아, 철쭉, 국화 등 온실 속에서 재배되는 다양한 화훼식물에 많이 발생한다.

④ 깍지벌레
- ㉠ 깍지벌레는 통풍이 안 되고, 해가 잘 들지 않는 곳을 좋아하며, 번식력이 매우 좋아 한해에도 약 2~3번 정도 발생한다.
- ㉡ 어두운 환경에서 자라는 화훼식물 잎의 뒷면이나 줄기 등에 붙어 식물의 즙액을 빨아먹고, 그 분비물로 그을음병의 원인을 제공한다.
- ㉢ 장미, 난, 선인장, 종려죽, 야자류, 동백나무, 사철나무, 대부분의 관엽식물 등에서 많이 발생한다.

⑤ 민달팽이
- ㉠ 민달팽이는 어둡고 습한 곳에 서식하며, 특히 장마철에 매우 많이 발생한다.
- ㉡ 식물의 연한 부위를 갉아 먹으며, 식물체의 외관에 많은 상처를 내 품질을 떨어트리고, 각종 식물병에 취약하게 만든다.

10년간 자주 출제된 문제

5-1. 다음과 같은 충해를 입히는 것은?

- 잎이 하얗게 탈색되고 볼품없어진다.
- 대부분의 화훼식물에 피해를 준다.

① 응 애
② 진딧물
③ 온실가루이
④ 깍지벌레

|해설|

5-1
① 응애는 미세한 거미류로, 고온건조한 환경조건에서 번식과 생육이 왕성하며 봄과 늦여름 즈음에 화훼식물에 대규모로 발생하여 큰 피해를 입힌다.

정답 5-1 ①

ⓒ 낮에는 화분 밑이나 해가 비치지 않는 어두운 곳에 숨어 있다가 주로 밤에 나와 활동한다.
ⓔ 온실과 노지를 가리지 않고 대부분의 화훼식물에 피해를 입힌다.

⑥ **총채벌레 유충**

ⓐ 총채벌레가 토양 위에 낳은 알에서 부화한 유충이 새싹이나 꽃봉오리 안쪽에 기생하며 식물체의 즙액을 빨아먹어 해를 가한다.

ⓑ 대부분의 화훼식물에 피해를 주며, 고온의 환경을 좋아한다.

ⓒ 보통 수명이 15일 정도로 매우 짧아 빈번히 발생하고, 한 번 발생하면 그 개체수가 기하급수적으로 늘어난다.

ⓔ 총채벌레의 유충이 발생한 부위는 줄무늬가 생기고, 탈색되어 시들며, 다른 식물병의 침입에 매우 취약해지기 때문에 그 피해가 크다.

핵심이론 06 병해의 방제

① **식물병 발생의 예찰**
  ㉠ 식물병은 일단 발생하면 대규모로 발생하고, 치료가 무척 어렵기 때문에 미리 발생시기와 발병양상 등을 예측하여 병 발생을 대비하고, 발병을 막는 것이 매우 중요하다.
  ㉡ 세심한 예찰을 통해 발견된 감염식물과의 조기 분리나 감염 부위의 즉시 제거를 통해 병의 확산을 막을 수 있다.

② **식물병의 진단**
  ㉠ 식물병이 발생한 부위와 그 주변 환경을 세심히 조사한다.
  ㉡ 병의 발생양상, 식물이 생육하고 있는 환경과 주변의 감염 여부를 살핀다.
  ㉢ 필요하다면 병원균을 분리해 현미경으로 관찰하는 등 여러 가지 조사방법을 사용하여 병원균의 특징을 살핀 후 정확한 병의 원인을 찾아 진단한다.

③ **화학적 방제**
  ㉠ 농약을 사용하면 간편하고 빠르게 식물병 방제가 가능하지만, 빈번하게 사용할 시 식물과 토양 그리고 환경에 매우 나쁜 부작용을 남길 수 있으므로 신중히 사용하여야 한다.
  ㉡ 농약은 식물병에 따라 종류를 달리해야 하고, 액체나 분말 등을 직접살포나 훈증법 등의 적절한 방법으로 사용해야 한다.

④ **재배적 방제**
  ㉠ 식물의 번식을 위해 종자 파종 시 무병종자를 사용하고, 영양번식인 포기나누기, 삽목, 접목 시 병원체에 노출되지 않도록 무병주를 사용한다.
  ㉡ 소독된 토양을 사용해 토양 내에 있을 수 있는 바이러스나 세균에 의한 감염을 예방한다.
  ㉢ 다양한 식물병을 옮기는 응애, 진딧물, 총채벌레와 같은 해충의 방제도 함께 이루어져야 한다.

⑤ **환경 관리를 통한 방제**
  ㉠ 식물병 발생이 어려운 환경을 조성하고, 작업도구에 의한 감염을 막기 위해 자주 소독해 준다.
  ㉡ 관수 시 흐르는 물에 의한 감염을 막기 위해 물이 사방으로 튀지 않도록 유의해야 한다.

10년간 자주 출제된 문제

6-1. 병해의 방제 방법으로 틀린 것은?
① 세심한 예찰을 통해 감염식물과 조기 분리한다.
② 농약을 수시로 사용하여 간편하고 빠르게 방제한다.
③ 번식을 위한 종자 파종 시 무병종자를 사용한다.
④ 소독된 토양을 사용해 토양 내 바이러스나 세균에 의한 감염을 예방한다.

[해설]

6-1
② 농약을 빈번하게 사용할 시 토양 등에 부작용이 생길 수 있으므로 신중히 사용하여야 한다.

정답 6-1 ②

핵심이론 07 해충의 방제

① 화학적 방제
  ㉠ 해충의 방제를 위한 여러 가지 종류의 살충제가 있으므로 상황에 맞게 적절히 사용하면 효과적이고 편리하며 정확하게 박멸할 수 있다.
  ㉡ 환경오염, 사람을 포함한 다른 생물에게의 영향, 생태계의 파괴, 약제에 대한 내성 등 여러 가지 부작용을 동반하기 때문에 살충제의 사용에 신중을 기해야 한다.

② 생물적 방제
  ㉠ 자연에 존재하는 천적을 이용하거나 미생물과 호르몬을 이용하여 방제하는 방법이다.
  ㉡ 특히 응애, 진딧물, 온실가루이 등의 해충은 천적을 이용한 방제의 실효성이 매우 높아 많이 사용된다.

③ 물리적 방제 : 해충의 물리적인 방제에는 가장 간단하게 직접 죽이는 방법부터 끈끈이, 고주파, 트랩, 빛을 이용하여 유인한 뒤 전류로 포살하는 방법 등 여러 가지 방법이 있으며, 해충의 종류에 따라 적절히 사용하여 방제할 수 있다.

④ 환경 관리를 통한 방제
  ㉠ 식물병의 확산을 조장하는 기주식물에 대해 알아야 하고, 화훼작물 식재 시 주의해야 한다.
  ㉡ 해충의 발생, 생육, 번식이 어려운 환경을 조성하여 해충의 피해를 줄인다.
  ㉢ 해충에 강한 품종을 선택하고, 월동 및 번식의 장소가 되는 곳을 제거해 충해 발생을 억제한다.

10년간 자주 출제된 문제

7-1. 자연에 존재하는 천적을 이용하거나 미생물과 호르몬 등을 이용하는 해충 방제 방법은?
① 화학적 방제
② 생물적 방제
③ 물리적 방제
④ 환경 관리를 통한 방제

해설

7-1
② 응애, 진딧물 등의 해충은 천적을 이용한 생물적 방제의 효과가 높다.

정답 7-1 ②

10년간 자주 출제된 문제

8-1. 해충 방제를 위한 살충제가 아닌 것은?
① 마라티온 유제
② 제충국
③ 스미티온
④ 시토키닌

해설

8-1
④ 시토키닌은 생장을 촉진하는 식물호르몬이다.

정답 8-1 ④

핵심이론 08 기 타

① 식물병 진단 : 병의 징후가 나타나는 식물을 세밀하고 꼼꼼하게 관찰하고, 병의 특징을 찾아내어 정확한 식물병을 구별한다.
  ㉠ 육안으로 관찰하되, 육안으로 관찰하기 어려울 시 돋보기나 현미경 등을 사용한다.
  ㉡ 전자현미경 등으로 정확한 병원균의 특징을 찾아내고, 필요시 식물체의 병원균을 분리해 다른 식물체에 접종하여 병을 확인한다.

② 식물병 방제
  ㉠ 병원체에 감염된 식물과의 접촉을 차단하고, 병의 발생이 어려운 환경을 조성하여 감염을 예방한다.
  ㉡ 무병주나 무병종자 및 식물병에 대한 저항성이 있는 품종을 사용한다.
  ㉢ 감염된 식물을 조기에 발견하여 건강한 식물과 분리한다.
  ㉣ 병원체에 적합한 살균제를 사용하고, 병이 발생한 부위를 제거한다.

③ 해충 방제
  ㉠ 해충의 발생시기와 발생량의 예찰을 통한 방제계획을 수립한다.
  ㉡ 해충이 발생하고 생육하기 어려운 환경을 조성한다.
  ㉢ 해충의 매개체가 될 장소나 기주식물 등을 제거한다.
  ㉣ 적절한 살충제를 사용한다.
  ㉤ 천적이나 미생물 등을 사용한다.
  ㉥ 유인하여 살포한다.
  ㉦ 철저한 검역을 통해 외국에서의 해충 유입을 방지한다.

④ 살충제 사용
  ㉠ 진딧물 : 마라티온 유제, 제충국, 스미티온, 메타시스톡스 등을 살포한다.
  ㉡ 응애 : 응애 전용 살비제를 사용하되, 내성이 쉽게 생기므로 여러 가지 종류를 번갈아 가며 살포한다.
  ㉢ 온실가루이 : 성충의 박멸은 쉬우나 알이 부화하여 다시 번지기 때문에, 확실한 효과를 위해서는 마라티온 유제 등의 살충제를 주 1회 3~4주 연속으로 살포한다.

ⓔ 깍지벌레 : 초기에 개체수가 적을 시에는 젖은 휴지로 닦아 내거나 이쑤시개 등으로 긁어내 없애고, 개체수가 많아지면 제충국 유제 등을 살포하여 구제한다.
ⓜ 민달팽이 : 살충제로는 구제가 어렵고, 밤 사이 유인하여 포살하는 물리적 방제를 통해 구제한다.
ⓗ 총채벌레 : 유충의 구제는 매우 어려워 예방이 더욱 중요하며, 스미티온 등을 살포하여 구제한다.

※ 진딧물과 깍지벌레의 경우 이들의 매개충인 개미를 함께 박멸하는 것이 매우 중요하다.

교육이란 사람이 학교에서 배운 것을 잊어버린 후에 남은 것을 말한다.

– 알버트 아인슈타인 –

PART 02

과년도+최근 기출복원문제

2015~2016년   과년도 기출문제
2017~2024년   과년도 기출복원문제
2025년   최근 기출복원문제

2015년 제1회 과년도 기출문제

01 다음 중 식물의 표찰표기법에서 표찰의 표기 내용에 해당되지 않는 것은?

① 학 명
② 보통명
③ 번식법
④ 원산지

02 플로랄폼(Floral Foam)에 대한 설명으로 틀린 것은?

① 꽃꽂이 이용에 적합하도록 만들어진 다공성 제품이다.
② 물을 많이 흡수하는 특성이 있다.
③ 오아시스라는 상품명을 지닌다.
④ 다양한 형태의 꽃꽂이를 만들기는 어렵다.

해설
360° 어느 방향에서도 꽃을 꽂을 수 있으며 꽃꽂이를 위해 특별히 제작된 다공성 물질로 세계적으로 가장 많이 이용되고 있다.

03 화훼원예의 특징이 아닌 것은?

① 노동과 자본집약적 경향이 강하다.
② 주년생산과 고품질화를 추구한다.
③ 환경미화용 재료를 생산한다.
④ 토지생산성이 낮다.

해설
노동과 자본집약적이고 토지생산성이 높다.

04 꽃가루가 암술머리에 묻는 현상을 무엇이라고 하는가?

① 이형예현상
② 웅예선숙
③ 수 분
④ 수 정

해설
① 이형예현상 : 꽃에 따라 암술대가 길거나 짧아 꽃의 형태가 다양하게 나타나는 현상
② 웅예선숙 : 양성화의 수술이 암술보다 먼저 성숙하는 현상
④ 수정 : 꽃가루가 암술을 타고 내려와 밑씨와 결합하는 현상

05 동양식 꽃꽂이에서 많이 사용하는 것으로 꽃을 꽂을 수 있도록 철제에 바늘이 박혀 있는 꽃장식 도구는?

① 플로랄폼
② 침 봉
③ 콤포트
④ 오브제

해설
① 플로랄폼 : 꽃을 꽂기 위한 흡수성 스펀지
③ 콤포트 : 다리(굽)나 받침대가 달린 형태의 화훼장식 용기
④ 오브제 : 생활에 쓰이는 여러 물건을 의도에 맞게 작품에 이용한 것

06 카네이션 학명을 올바르게 표기한 것은?

① *Dianthus* caryophyllus L.
② Dianthus caryophyllus L.
③ *Dianthus caryophyllus* L.
④ Dianthus *caryophyllus* L.

정답 1 ③ 2 ④ 3 ④ 4 ③ 5 ② 6 ③

07 전기공사 시 고정용으로 사용되며 철사로 고정할 때보다 손쉽고 다양한 색상을 디자인에 응용할 수 있어 최근 각광 받는 화훼장식의 고정재료는?

① 픽
② 플로랄 테이프
③ 케이블 타이
④ 접착 테이프

08 잎이 소형화한 것으로 광합성능력이 거의 없거나 완전히 없으며, 일반적으로 어린 화아(Flower Bud)를 감싸서 보호하는 역할을 하는 것은?

① 화관(Corolla)
② 꽃받침(Calyx)
③ 꽃자루(Peduncle)
④ 포엽(Bract Leaf)

09 잎의 구조와 형태에 대한 설명으로 틀린 것은?

① 잎은 광합성작용을 하는 주된 기관이다.
② 잎맥은 보통 주맥, 곁맥, 가는 맥으로 구분한다.
③ 여러 개의 잎몸(엽신)이 깃털모양으로 배열된 잎을 장상복엽이라 한다.
④ 잎의 관다발과 이것을 둘러싼 부분을 잎맥이라고 하는데 잎맥은 잎 속의 물질이 이동하는 부분이다.

해설
잎모양
• 우상복엽 : 여러 개의 엽신이 깃털모양으로 배열된 잎
• 장상복엽 : 손바닥 모양으로 배열된 잎

10 화훼의 특성에 대한 설명으로 가장 옳은 것은?

① 문화수준이 낮을수록 수요가 증가하게 된다.
② 미적인 효과는 높지만 치료적 효과는 볼 수 없다.
③ 다른 농작물에 비하여 국제성이 낮다.
④ 미적인 요인과 향기, 정서 등의 가치기준을 중요시한다.

해설
① 선진국일수록 일인당 꽃소비액이 높다.
② 원예치료, 향기치료 등에 사용되며 심신 안정과 회복에 많은 도움을 준다.
③ 국제성이 상당히 높다.

11 덩이줄기(괴경)를 가지는 식물이 아닌 것은?

① 아네모네   ② 칼 라
③ 칼라듐   ④ 백 합

해설
인경(비늘줄기)식물로는 나리, 수선화, 아마릴리스, 히아신스, 튤립, 백합 등이 있다.

12 라인플라워(Line Flower)로만 짝지어진 것은?

① 나리, 수선
② 튤립, 극락조화
③ 글라디올러스, 용담
④ 카네이션, 장미

해설
선형 꽃(Line Flower) : 글라디올러스, 리아트리스, 스토크, 아이리스, 금어초, 델피니움, 용담 등

정답 7 ③ 8 ④ 9 ③ 10 ④ 11 ④ 12 ③

13 식물 뿌리의 역할이 아닌 것은?

① 광합성을 한다.
② 양분을 흡수하여 각 기관으로 전달한다.
③ 식물체를 유지·지탱한다.
④ 수분을 흡수하여 지상부로 보낸다.

해설
①은 잎 또는 줄기의 역할이다.

14 생화와 비교할 때 인조화의 특징이 아닌 것은?

① 장식 시 물이 필요 없고 수명이 장기간 유지된다.
② 보관과 운반, 관리가 편리하여 다양하게 이용된다.
③ 색상과 꽃의 크기, 모양을 자유자재로 이용 가능하다.
④ 색채가 아름답고 신선감과 생동감이 있다.

15 아이리스(Iris)는 구근의 유형 중 어느 것에 속하는가?

① 덩이뿌리(괴근)
② 뿌리줄기(근경)
③ 알줄기(구경)
④ 비늘줄기(인경)

해설
② 뿌리줄기(근경) : 땅 속 줄기가 비대해져 양분의 저장기관으로 발달된 것. 수련, 칸나, 아이리스 등
① 덩이뿌리(괴근) : 뿌리가 비대해져 양분의 저장기관으로 발달된 것. 다알리아, 라넌큘러스 등
③ 알줄기(구경) : 줄기가 비대해져 알뿌리 모양으로 된 것 글라디올러스, 프리지아 등
④ 비늘줄기(인경) : 줄기 일부가 변형된 잎의 일부가 양분의 저장기관으로 발달된 것. 나리, 수선화, 아마릴리스, 히아신스, 튤립, 백합 등

16 대자연의 식물 형태에서 비롯된 동양 꽃꽂이의 화형에 포함되지 않는 것은?

① 반구형   ② 하수형
③ 직립형   ④ 경사형

해설
동양식 꽃꽂이의 형태는 작품의 높이, 넓이, 깊이는 3개의 주지에 의해 결정되며, 1주지의 꽃는 각도에 따라 직립형, 경사형, 하수형, 수평형으로 구분한다.

17 분화류 관수방법으로 가장 부적합한 것은?

① 흙의 표면이 약간 말라보일 때 관수한다.
② 화분 바닥으로 충분히 물이 흘러나오도록 관수한다.
③ 겨울철 관수 시 수돗물을 틀어서 즉시 관수한다.
④ 관수시기는 봄, 가을에는 오전 9~10시에 한번 관수한다.

해설
수돗물의 경우 24시간 침전을 시킨 후 사용한다.

13 ① 14 ④ 15 ② 16 ① 17 ③

18 조형형태의 배치법에 있어서 교차(Cross)에 관한 설명으로 틀린 것은?

① 교차선 배열은 여러 개의 초점으로부터 나온 줄기의 선이 제각기 여러 각도의 방향으로 뻗어서 서로 교차하는 상태로 줄기가 배열된 것이다.
② 꽃이나 식물을 꽂는 지점이 겹치지 않게 그룹으로 꽂아준다.
③ 교차는 병행의 변형으로 다루어지고 있으나 최근에는 이와 관련한 변형이나 복합형이 많아서 병행선에서 분리하여 다루어진다.
④ 1980년대 자연관찰의 시점의 변화로부터 시작된 배열이다.

> **해설**
> 교차배열은 꽃이나 식물이 서로 겹쳐지며 교차하도록 꽂아준다.

19 화훼장식의 표현기법 중 시퀀싱(Sequencing)에 대한 설명으로 틀린 것은?

① 꽃의 크기와 색깔로 차례를 짓는 기법이다.
② 꽃은 베이스에 가까울수록 작은 꽃을 꽂는다.
③ 꽃은 봉오리에서 시작해 만개한 형태로 배열한다.
④ 소재의 색상, 크기 등으로 점진적 변화를 창조한다.

> **해설**
> 시퀀싱(Sequencing) : 소재들을 작은 것에서 큰 것에 이르기까지, 또는 밝은 색에서 어두운 색, 봉오리진 꽃에서 활짝 핀 꽃, 부드러운 질감에서 거친 질감까지의 구성 중에서 소재들의 패턴을 차례대로 변화시키는 디자인기법이다.

20 절화를 재절단 할 때 물속 자르기를 하는 주된 이유는?

① 대기 중보다 자르기가 쉬워서
② 도관에 기포(공기방울)가 생기는 것을 방지하기 위해
③ 도관이 뭉개지는 것을 방지하기 위해
④ 자르는 면을 깨끗하게 하기 위하여

> **해설**
> 물속 자르기(수중절단법)
> • 수분 차단현상을 방지하기 위해 물속에서 칼로 줄기 끝을 자른다.
> • 1~2일마다 절단면을 물속에서 2~3cm 정도 재절단하며, 물도 갈아준다.
> • 물속 자르기는 도관에 공기방울이 생기는 것을 방지하기 위한 방법이다.
> • 물속 자르기를 하는 식물은 장미, 카네이션, 아이리스, 알스트로메리아, 글라디올러스, 나리 등이 있다.

21 배양토와 그 특징의 연결로 틀린 것은?

① 부엽 : 보수성, 보비력이 좋으며 재배 도중의 구조변화가 거의 일어나지 않는다.
② 피트모스 : 보수성, 보비력, 염기치환능력이 좋다.
③ 버미큘라이트 : 규산화합물이며, 모래의 1/15 무게이다.
④ 펄라이트 : 중성 또는 약알칼리성으로 삽목용토에 적합하다.

> **해설**
> ① 부엽 : 통기성이 좋으며, 토양을 떼알구조로 만들어주어 작물의 뿌리가 잘 활동하도록 도와준다.

정답 18 ② 19 ② 20 ② 21 ①

22 절화의 수확 후 실시하는 전처리에 대한 설명으로 틀린 것은?

① 물올림처리 후 줄기를 단단하게 하기 위해 절화 보관장소의 온도를 30℃ 수준으로 올린다.
② 펄싱처리는 절화의 수확 후 꽃에 당분과 다른 화학물질을 공급하는 것을 말한다.
③ 펄싱처리는 장기간 선적되기 전 꽃에 에너지를 주기 위한 것으로 모든 꽃이 펄싱용액에 똑같은 효과를 보이지는 않는다.
④ 봉오리 열림제는 봉오리의 미성숙단계에서 사용되는 처리로 살균제와 당을 함유한다.

[해설] 저장에 있어서 출하 전 단기저장은 저온저장을 통해 호흡증가 및 에틸렌의 생성을 억제해야 한다. 또한 온도의 급격한 변화 및 고저의 폭이 크지 않도록 하여야 한다.

23 식물의 분지를 증가시키는 데 기여하는 광의 파장 범위는?

① 400~450nm
② 500~550nm
③ 600~650nm
④ 700~750nm

[해설] 식물은 660nm 파장대의 적색과 450nm 파장대의 청색에서 가장 잘 자란다고 알려져 있다.

24 감상하는 사람의 시선을 특정한 곳으로 끌기 위하여 초점지역에 틀(테두리)을 만들어 소재를 꽂는 기법은?

① 섀도잉(Shadowing)
② 밴딩(Banding)
③ 클러스터링(Clustering)
④ 프레이밍(Framing)

25 절화를 잘 보존하기 위한 환경과 관련된 설명 중 틀린 것은?

① 공중습도는 80~85% 수준이 좋다.
② 수질은 pH 8.0 정도의 약알칼리성 용액에서 보존하는 것이 좋다.
③ 열대나 아열대산 절화의 경우 7~15℃의 온도가 적당하다.
④ 잎이 있는 절화는 광합성을 할 수 있도록 광도를 조절해준다.

[해설] ② 보존용액의 pH는 3~4가 적당하며, 산성일 때 수분흡수촉진과 미생물 증식억제효과가 있다.

26 코사지나 부케를 만들 때 식물 종류별 철사감기방법으로 틀린 것은?

① 거베라 – 트위스팅법(Twisting Method)
② 칼라 – 인서션법(Insertion Method)
③ 장미 – 피어스법(Pierce Method)
④ 아이비 – 헤어핀법(Hair-Pin Method)

[해설] ① 거베라 : 인서션법(Insertion Method)

27 절화와 절엽 등을 길게 엮은 장식물로 고대 이집트와 로마시대부터 행사에서 경축의 용도로 벽이나 천장에 드리우거나 기둥의 둘레를 감는 목적으로 사용된 장식물은?

① 리 스
② 갈란드
③ 부 케
④ 형상물

해설
① 리스 : 절화를 이용해 고리 모양으로 만든 장식물
③ 부케 : 꽃을 가득 모아 줄기가 모이는 부분을 끈으로 묶어 다발로 만든 형태
④ 형상물 : 절화를 이용해 십자가, 별, 곰 등의 형상물을 반평면적·입체적으로 만든 형태

28 꽃받침이나 씨방 또는 줄기에 철사를 직각으로 꽂고, 꽃이 크고 더 무거운 경우에는 철사를 +자 모양이 되게 두 개의 철사로 한번 더 처리하여 한층 안정감을 주는 기법은?

① 시큐어링(Securing)법
② 트위스팅(Twisting)법
③ 헤어핀(Hair-Pin)법
④ 피어스(Pierce)법

해설
① 시큐어링법 : 줄기가 약하거나 줄기로 곡선을 나타낼 때 사용하는 방법으로 줄기 바깥쪽에 와이어를 감아 보강하는 기법
② 트위스팅법 : 작은 꽃이나 가지 등을 한 번에 모을 때 꽃잎의 기부나 절지, 절엽 등을 철사로 감는 기법
③ 헤어핀법 : 철사를 U자 형태로 구부려 소재의 중심부를 관통시키는 와이어링 기법

29 일반적인 꽃다발 제작방법에 대한 설명으로 틀린 것은?

① 일반적으로 꽃다발은 꽃을 가득 모아 줄기가 모이는 부분을 끈 등으로 묶는 다발형태를 말한다.
② 꽃다발의 형태는 정면에서 보았을 때 대부분 원형이나 폭포형으로 나타내며, 그 외 초승달형, S형, 삼각형 등의 다양한 형태가 이용된다.
③ 핸드타이드형 꽃다발은 옛날부터 많이 이용되어 왔던 꽃다발의 형태이며 오늘날에도 그 이용도가 높다.
④ 장미 줄기를 철사로 대체할 때는 일반적으로 훅법을 이용한다.

해설
④ 장미 줄기를 철사로 대체할 때는 일반적으로 피어스법을 이용한다.

30 신부 부케에 대한 설명으로 거리가 먼 것은?

① 신부의 체격(키, 몸집)을 고려하여 제작한다.
② 신부의 아름다움과 드레스의 아름다움이 최대한 돋보이게 디자인되어야 한다.
③ 주로 원형, 삼각형, 캐스케이드 등 형태적인 것에 중점을 둔 미국식 부케가 많이 사용되나 최근에는 식물생태적 형태인 독일식 부케도 이용된다.
④ 꽃이나 잎을 많이 사용하여 무게감을 주어 안정되게 제작한다.

해설
④ 오래 들어도 피로하지 않도록 적당한 무게로 마무리한다.

31 실내공간에서 이용되는 분화장식물의 관리에 대한 설명으로 틀린 것은?

① 사람들이 많이 이용하는 관엽식물은 열대와 아열대 원산이므로 겨울의 저온에 주의해야 한다.
② 튤립이나 히아신스는 온도가 높고 햇빛을 많이 받아야 줄기가 구부러지지 않는다.
③ 국화, 시클라멘과 같은 식물도 비교적 저온에서 잘 견디는 편이지만 햇빛을 충분히 받지 않으면 꽃이 빨리 시든다.
④ 습도관리에 있어서도 저장실이나 전시실의 습도가 30% 이하이면 가습장치를 설치해주는 것이 좋다.

[해설]
튤립, 히아신스는 온도가 높은 것보다는 서늘한 환경이 좋고 뜨거운 햇빛에 노출되면 잎이 타버리는 경향이 있다.

32 꽃다발 완성 후 마무리 방법에 대한 설명으로 가장 옳지 않은 것은?

① 꽃다발이 완성된 후에는 줄기 끝을 사선으로 잘라준다.
② 묶이는 부분 아래에 있는 모든 잎은 제거해 준다.
③ 묶을 때는 단단하게 마무리 한다.
④ 물 공급을 중단한다.

[해설]
꽃다발은 빨리 시들지 않도록 물을 계속 공급해주는 것이 좋다.

33 테라싱(Terracing)에 대한 설명으로 가장 거리가 먼 것은?

① 동일한 소재를 계단식으로 꽂는 기법이다.
② 작품의 베이스에 시각적인 세부묘사를 하는데 목적이 있다.
③ 베지테이티브 디자인에서 밑부분을 마무리하기 좋으며 작품에 통일감을 준다.
④ 정원이나 풍경양식의 구성에만 적용할 수 있어서 활용도가 낮은 편이다.

[해설]
테라싱(Terracing, 계단식으로 꽂기) : 베이싱기법의 하나로 동일한 소재들을 크기에 따라 앞, 뒤 수평으로 일정한 간격으로 배치하여 계단식 단계처럼 연속적인 층을 만들어 구성의 밑부분에 입체감과 함께 질감을 더해 주는 기법이다.

34 구성형식에 따른 꽃꽂이에서 형-선적 구성(Formal-Linear Composition)에 대한 설명으로 가장 적합한 것은?

① 재질감을 강조한 구성이다.
② 쌓기를 강조한 구성이다.
③ 소재의 형태와 선이 돋보이는 비대칭 구성이다.
④ 구성식물이 자연식생에 관계없이 인위적 구성이다.

[해설]
형-선적 구성은 각 식물의 소재가 가지고 있는 형태와 동적인 특성이 잘 나타나도록 형과 선을 명확히 표현한다.

31 ② 32 ④ 33 ④ 34 ③

35 조형형태 중에서 장식적 구성에 대한 설명으로 가장 옳은 것은?

① 자연을 사실적으로 표현한다.
② 소재의 생태적 특성을 살린다.
③ 이끼나 돌 등으로 땅이나 흙을 표현한다.
④ 자연의 생태적 특성과 관계없이 작가의 의도에 의해 인위적으로 구성한다.

[해설]
장식적 구성은 디자이너의 의도로 소재를 자유롭고 인위적으로 구성하는 형태이다.

36 절화에 에틸렌가스 발생을 억제하는 방법으로 거리가 먼 것은?

① 감압제거법에 의한 에틸렌 발생원 제거
② 자외선에 의한 오존의 산화
③ 적외선에 의한 오존의 산화
④ 활성탄에 의해 흡착하는 방법

37 식사초대를 위한 유럽스타일의 테이블장식에 관한 설명으로 가장 거리가 먼 것은?

① 아침식사(Breakfast) 테이블은 상쾌한 햇살에 어울리는 흰색이나 파란색 또는 악센트로 색상이 조금 있는 것을 살짝 곁들인다.
② 런치(Lunch) 테이블은 짙고 옅은 색의 배합으로 고상하게 장식하거나 특별한 손님이나 관심이 가는 손님 앞에는 특별한 색을 하나 더하여 정성을 곁들인다.
③ 가든(Garden) 테이블은 뜰에 피는 작은 꽃을 모아 꽂아 친숙한 느낌을 주고, 꽃이나 잎을 조금 높게 꽂아 바람에 살랑거리게 하여 시원함을 준다.
④ 디너(Dinner) 테이블은 주가 되는 소재의 꽃을 여러 종류로 정하여 대범하게 꽂아 나가며 꽃향기가 강한 것을 사용한다.

[해설]
식사용 테이블장식에는 향이 강하고 짙은 식물은 피한다.

38 한국의 절화장식의 목적으로 가장 거리가 먼 것은?

① 생활공간의 장식
② 화려하면서 세련되고 우아함을 표현하기 위한 장식
③ 신에게 공양하는 제의식의 매개물
④ 궁중의례를 위한 장식

39 서양꽃꽂이에서 직선구성에 해당하지 않는 것은?

① 부채꼴형
② 역T자형
③ 대각선형
④ 수직형

[정답] 35 ④ 36 ③ 37 ④ 38 ② 39 ①

40 평행배열로 된 꽃꽂이 형태에 대한 설명으로 옳은 것은?

① 원형, 평행형, 폭포형, 수평형 등이 있다.
② 교차선배열에서 발전된 형으로 유연한 선의 흐름이다.
③ 모든 줄기의 선이 한 개의 초점에서 사방으로 전개되는 배열이다.
④ 여러 개의 초점으로부터 나온 줄기가 모두 같은 방향으로 나란히 뻗어 있는 배열이다.

해설
줄기배열에 의한 꽃꽂이 형태
- 방사선배열 : 모든 줄기의 선이 한 개의 초점에서 사방으로 전개되는 배열
- 병행선(평행)배열 : 여러 개의 초점으로부터 나온 줄기가 모두 같은 방향으로 나란히 뻗어 있는 배열
- 교차선배열 : 여러 개의 초점으로부터 나온 줄기의 선이 제각기 여러 각도의 방향으로 뻗어 서로 교차하는 상태로 배열
- 감는선배열 : 교차선배열에서 발전된 형으로 서로 구부러지고 휘감기는 유연한 선의 흐름으로 구조적 구성의 골조구조에 많이 쓰이는 배열
- 줄기배열이 없는 구성 : 일정한 규칙 없이 배열되거나 줄기를 짧게 잘라 꽃송이나 꽃잎만을 사용하여 구성

41 절화의 품질평가를 할 때 품질이 좋은 절화라고 볼 수 없는 것은?

① 줄기가 곧고 길 것
② 개화가 덜 된 봉오리 상태일 것
③ 외형이 바르고 신선할 것
④ 화색이 좋고 물리적 손상이 없을 것

해설
절화의 품질평가에서 개화 정도는 절화의 종류에 따라 매우 다르다.

42 동양식 꽃꽂이의 특징이 아닌 것은?

① 기본형태는 4개의 주지를 골격으로 구성한다.
② 선과 여백의 미를 강조한다.
③ 구도는 긴장감이 있는 비대칭 조화를 이룬다.
④ 소재는 목본류가 많이 이용된다.

해설
동양식 꽃꽂이의 형태는 작품의 높이, 넓이, 깊이 3개의 주지에 의해 결정된다.

43 주황색의 나리(Lily)를 주소재로 하여 꽃다발을 제작하고 꽃을 보다 강하고 뚜렷하게 보이고자 할 때 포장지의 색상으로 가장 적당한 것은?

① 빨 강
② 노 랑
③ 파 랑
④ 자 주

해설
보색관계 : 주황(YR) - 파랑(B)

44 다음 설명에 해당하는 디자인 요소는 무엇인가?

- 모든 재료들이 가지는 고유한 구조적 특성이다.
- 재료의 조직, 밀도감, 질량감, 빛의 반사도 등에 따른 시각적인 느낌이다.
- 같은 재료일지라도 크기에 따라 다르게 나타날 수 있다.

① 형 태
② 선
③ 질 감
④ 색

45 화훼장식을 "자연과 조형 위에 성립되는 시공간 예술"이라 할 때, 화훼장식이 가지는 일반적인 4가지 속성으로 가장 거리가 먼 것은?

① 자연성　　② 종교성
③ 공간성　　④ 시간성

해설
화훼장식의 4가지 속성 : 공간성, 조형성, 시간성, 자연성

46 흡수성이 강하여 건조과정 중에 변형을 최소화시키고 빠른 탈수를 유도하는 가장 효과적인 건조제는?

① 글리세린　　② 실리카겔
③ 붕 사　　④ 모 래

해설
실리카겔을 이용한 매몰건조 : 꽃의 색깔이 자연건조시킨 것에 비해 훨씬 자연스럽고 모양도 거의 망가지지 않는다.

47 다음 중 강조점에 대한 설명으로 틀린 것은?

① 강조점과 초점은 상호 밀접한 관계가 있다.
② 강조점은 한 가지 특성에 관심을 모으고 나머지는 모두 부수적으로 만드는 것을 말한다.
③ 강조점을 만들기 위해서는 여러 요소의 결합보다는 색상을 강조한다.
④ 강조점을 잘 사용하면 꽃꽂이 내부에 질서를 잡을 수 있다.

해설
강조점(Focal Point)은 화려한 꽃이나 강렬한 색깔의 잘 핀 꽃 또는 활력 있는 소재를 초점에 사용하는 시각상의 초점과 그 주위를 특이한 소재로 장식하여 강조하는 기구상의 초점이 있다.

48 디자인에서 선 요소 중 수평선이 주는 감정적 특성으로 옳은 것은?

① 움직임과 흥분의 느낌
② 강한 힘, 장엄한 느낌
③ 평화롭고, 휴식과 안정의 느낌
④ 부드럽고 편안하며 흥미로운 느낌

해설
① 사선 : 움직임과 흥분의 느낌
② 수직선 : 강한 힘, 위엄의 느낌
④ 곡선 : 부드럽고 편안하며 흥미로운 느낌

49 화훼의 건조방법으로 가장 거리가 먼 것은?

① 자연건조법
② 냉동건조법
③ 밀봉건조법
④ 누름건조법

해설
건조방법에는 자연건조, 냉동건조, 누름건조, 매몰건조, 열풍건조 등이 있다.

정답　45 ②　46 ②　47 ③　48 ③　49 ③

50 다음 색의 혼합 결과 명청색(Tint Color)은?

① 흰색 + 순색
② 회색 + 순색
③ 검정 + 순색
④ 청색 + 순색

해설
명청색(Tint Color) : 순색에 흰색만을 넣어서 만들어진 색. 섞으면 섞을수록 밝아진다.

51 같은 명도에서 시각에 의한 명도의 비율로 조화면적비가 적당한 것은?

① 노랑 : 보라 = 1 : 3
② 주황 : 녹색 = 5 : 4
③ 빨강 : 녹색 = 1 : 3
④ 노랑 : 주황 = 5 : 3

해설
시각에 의한 명도의 비율이 1 : 3이므로 노란색과 보라색이 함께 사용될 때 보라색이 더 어둡게 느껴진다. 이렇게 시각에 의한 명도의 비율이 조화를 이루면 더욱 조화로운 색감을 만들어낼 수 있다.

52 조형에서 비대칭 그룹의 설명으로 잘못된 것은?

① 균형의 중심은 기하학상의 중심축과 주그룹 사이에 있다.
② 주그룹의 중심축은 기하학상 중심축과 일치하도록 한다.
③ 크기, 형, 무게, 거리 등이 서로 다른 요소와 소재가 자연스런 느낌으로 배치되어 있다.
④ 주그룹, 대항그룹, 보조그룹으로 중심 양쪽의 시각적인 균형을 잡는다.

해설
중심은 기하학상의 중심에는 있지 않고 기하학상의 중심축과 주그룹의 중심축 사이에 있다.

53 화훼장식 디자인을 할 때 가장 먼저 실행하는 것은?

① 장식공간의 용도와 목적 파악
② 도면과 서류작성
③ 소재의 종류와 배치
④ 장식물의 크기, 형태, 색상 구상

해설
장식공간의 용도와 목적을 파악해 디자인의 방향성을 정하고, 그에 맞는 소재, 크기, 형태, 색상 등을 선택한다.

54 형태(Form)의 특징이 아닌 것은?

① 형태는 3차원적인 입체공간을 말한다.
② 자연적 형태는 사실적이며 동적이다.
③ 기하학적 형태는 안정, 간결, 명료감을 준다.
④ 비기하학적 형태는 아름답고 매력적이며 우아하고 여성적인 느낌을 준다.

해설
자연적 형태는 비조형적, 사실적, 지적, 정적인 속성이 있다.

55 건조소재의 조건으로 틀린 것은?

① 건조 후에도 소재의 지속성은 있어야 한다.
② 건조 후에도 원하는 색을 유지해야 한다.
③ 건조나 가공 후의 변형이 있을수록 좋다.
④ 건조 후에도 유연성이 있어야 한다.

해설
건조소재의 조건 : 유연성, 지속성, 관상가치, 경제성, 기호성이 있어야 하고, 원하는 색을 유지하며 건조·가공 후 변색 및 변형이 없어야 한다.

정답 50 ① 51 ① 52 ② 53 ① 54 ② 55 ③

56 영국의 예술가 윌리엄 호가스(William Hogarth)에 의해 창시 되었다고 보는 화형은?

① 초승달형　② 부채형
③ S커브형　④ 원추형

해설
S형(호가스형) : 자연스러운 가지의 선을 이용하여 가늘고 날씬한 S자 모양의 움직임을 표현. 영국의 윌리엄 호가스에 의해 미적가치가 인정되어 호가스 라인이라고도 한다.

57 한국꽃꽂이의 기원설과 관계가 먼 것은?

① 자연신앙
② 수목숭배사상
③ 불전헌공화
④ 개인의 취미

해설
자연숭배사상, 신수사상(神樹思想)이 배경이 되면서 식물을 영적(靈的)인 것으로 간주하여 신이 내리는 도체(導體)로 삼아온 데서부터 시작되었다. 우리나라의 꽃문화예술은 몇 천년의 역사가 그 뿌리가 되어 왔으며 그 뒤 불교의 전래에 따른 공화형식(供花形式)을 받아들이면서 좌우대칭적이며 인위적인 성격이 가미되게 되었다.

58 꽃꽂이의 형태적인 구성과 소재는 고식적인 삼존형식이 주류를 이루었으나 후기에 이르러 반월형 삼존형식으로 변화한 시대는?

① 삼국시대
② 신라시대
③ 고구려시대
④ 고려시대

해설
고려 초기에는 삼존형식이, 고려 후기에는 반월형 삼존형식이 유행하였다.

59 화훼류의 자연건조법 설명으로 옳지 않은 것은?

① 꽃대가 약한 식물은 꽃을 별도로 철사에 끼워서 말린다.
② 안개꽃은 물병에 꽂아 둔채 말려도 가능하다.
③ 통풍이 잘되지 않고 햇빛이 잘 드는 곳이 좋다.
④ 재료를 다발 지어 높은 곳에 거꾸로 매달아 놓는다.

해설
자연건조를 하기에 적당한 장소는 통풍이 잘되고 직사광선이 없는 곳이다.

60 화훼장식의 기능으로 가장 거리가 먼 것은?

① 장식적 기능
② 건축적 기능
③ 언어적 기능
④ 교육적 기능

해설
화훼장식은 장식적·건축적·심리적·환경적·교육적·치료적·경제적 기능이 있다.

2015년 제4회 과년도 기출문제

01 화훼류의 형태에 대한 설명으로 틀린 것은?
① 잔디와 같은 벼과 식물은 줄기(대)를 싸고 있는 엽초(잎집)와 엽신(잎몸)으로 구성되어 있다.
② 셰프렐라 아보리콜라는 장상복엽(掌狀複葉)으로 구성되어 있다.
③ 콩과식물인 등나무는 우상복엽(羽狀複葉)으로 되어 있다.
④ 팔손이는 여덟(8)개의 우상엽(羽狀葉)으로 되어 있다.

해설
팔손이는 장상엽(손바닥 모양)이다.

02 시중의 화원에서 흔히 보스톤이라고 부르는 식물은 어떤 식물의 변종이다. 정확한 식물종의 명칭은?
① 칼 라
② 글라디올러스
③ 안스리움
④ 네프로네피스

해설
네프로네피스(*Nephrolepis*)
• 과명 : 고사리과(Polypodiaceae, Pteridaceae)
• 속명 : *Nephrolepis*
• 영명 : Boston Fern
• 원산지 : 열대지방
• '보스톤고사리'라고 잘 알려져 있다.

03 화훼장식에 철사를 사용하는 목적으로 틀린 것은?
① 약한 줄기를 보강하기 위해서이다.
② 원하는 지점에 꽃과 잎을 고정하기 위해서이다.
③ 코사지나 꽃꽂이에 액세서리를 덧붙이기 위해서이다.
④ 부케를 만들 때 줄기의 부피를 크게 하기 위해서이다.

해설
철사를 사용하는 목적은 줄기의 연장과 형태 조형의 편리성 때문이다. 부케제작 시 줄기의 부피를 크게 하는 것은 무게감을 더 높이는 것이다.

04 다음 중 일년초화는?
① 맨드라미
② 속 새
③ 범부채
④ 옥잠화

해설
춘파 1년초 : 봄에 파종하여 가을이나 그 이전에 꽃을 피우며, 맨드라미, 채송화, 과꽃, 색비름, 샐비어, 메리골드, 다알리아, 백일초 등이 있다.

05 다음 중 백합과 식물이 아닌 것은?
① 드라세나 골든킹
② 아스파라거스 플루모서스
③ 옥잠화
④ 프리지아

해설
프리지아는 붓꽃과이다.

1 ④ 2 ④ 3 ④ 4 ① 5 ④

06 다음 중 화훼에 대한 설명으로 가장 옳은 것은?

① 관상가치가 있는 꽃나무와 화초를 뜻하는 말이다.
② 꽃나무와 화초를 관상가치가 있도록 꾸미는 것이다.
③ 원예의 한 분야로 꽃나무와 화초를 이용하는 것이다.
④ 원예의 한 분야로 꽃나무와 화초를 생산하는 것이다.

[해설]
화훼란 사전적 의미로 꽃이 피는 풀, 또는 관상용, 미화용 등으로 재배하는 식물을 말한다. 즉 과수, 채소 기타 식용작물과 달리 재배 목적과 이용방법이 전혀 다르고 관상가치가 있는 초본과 목본을 모두 포함한 식물을 말한다.

07 화훼장식에 사용되는 도구 중 고정테이프는 언제 사용되는가?

① 꽃의 머리를 고정시키기 위해 사용한다.
② 플로랄폼을 용기에 고정시키기 위해 사용한다.
③ 부토니아를 와이어링 처리할 때 사용한다.
④ 코사지를 몸에 부착시킬 때 사용한다.

08 플로랄폼의 특징에 대한 설명으로 틀린 것은?

① 플로랄폼은 꽃꽂이 할 때 꽃을 고정하기 편리하다.
② 플로랄폼은 폐기 시 쓰레기 문제를 일으킨다.
③ 플로랄폼은 크기와 모양이 다양하다.
④ 플로랄폼은 경도가 다양하지 못해 단단하고 무거운 꽃을 꽂기에는 부적합하다.

[해설]
플로랄폼은 경도가 다르거나 다양한 모양으로 생산된다.

09 화훼의 이용형태와 화훼종류가 바르게 짝지어지지 않은 것은?

① 절화용 – 국화, 스타티스
② 분식용 – 포인세티아, 칼랑코에
③ 화단용 – 팬지, 메리골드
④ 절지·절엽용 – 파초일엽, 시네라리아

[해설]
시네라리아는 분화용으로 꽃에 향기는 없지만 수십 개의 꽃이 한꺼번에 피어 약 한 달 정도 가며, 파초일엽은 잎이 하나로 사방으로 비스듬히 퍼져 1m 내외로 자란다.

10 구근아이리스의 학명은 *Iris* × *hollandica*이다. 가운데 ×표시는 무엇을 뜻하는가?

① 종간교배종이라는 뜻이다.
② *Iris*와 *hollandica*를 교배하였다는 것을 표시한 것이다.
③ 속간 교배에 의하여 생긴 종이란 뜻이다.
④ holland종과 indica종과의 교배종임을 뜻한다.

11 화훼장식을 할 때 사용하는 이용도구 중 절화를 지지하는데 사용되는 재료가 아닌 것은?

① 회전판　　② 플로랄폼
③ 침 봉　　　④ 철 망

[해설]
회전판은 꽃을 꾸미는 과정에서 꽃병이나 그릇을 회전시켜 작업하기 편리하게 도와주는 도구이다.

[정답] 6 ① 7 ② 8 ④ 9 ④ 10 ① 11 ①

12 몬스테라, 스프링게리, 드라세나, 둥굴레, 엽란 등을 꽃꽂이 소재로 사용할 때의 용도별 분류군은?

① 절화식물　　② 절지식물
③ 절엽식물　　④ 건조화 소재

해설
절엽식물은 절화나 절지를 주소재로 만든 디자인에서 변화와 마무리, 혹은 배경표현을 위해 이용된다.

13 다음 식충식물 중 포충낭을 가지고 있는 것은?

① 네펜데스　　② 끈끈이주걱
③ 벌레잡이 제비꽃　　④ 파리지옥

해설
②·③ 끈끈이주걱, 벌레잡이 제비꽃 : 끈끈한 점액
④ 파리지옥 : 포충엽

14 다음 화훼류 중 덩굴성 식물(만경식물)로 짝지어진 것은?

① 클레마티스 – 능소화
② 등나무 – 만병초
③ 부겐빌레아 – 자금우
④ 마삭줄 – 알로카시아

해설
덩굴성(만경류) 식물 : 클레마티스, 능소화, 등나무, 마삭줄 등

15 다음 중 기생 또는 착생식물로만 묶어진 것은?

① 틸란드시아, 석곡, 반다, 나도풍란
② 고무나무, 쉐프렐라, 디펜바키아, 남천
③ 인동덩굴, 아이비, 필로덴드론 옥시카르듐, 마삭줄
④ 수호초, 선인장류, 유카, 테이블야자

해설
기생 또는 착생식물은 다른 식물에 의존하여 생존하고 자체적으로 뿌리를 갖지 않는 것으로 틸란드시아, 석곡, 반다, 나도풍란 등이 있다.

16 페더링(Feathering)기법에 대한 설명으로 틀린 것은?

① 코사지나 터지머지(Tuzzy-Muzzy) 등과 같은 섬세한 디자인을 할 때 사용된다.
② 카네이션, 국화 등의 꽃잎을 여러 장 겹쳐서 감아주는 기법이다.
③ 하나하나의 꽃잎을 조합하여 큰 꽃을 만드는 기법이다.
④ 꽃잎을 분해하여 새의 깃털처럼 처리한다고 하여 붙여진 이름이다.

해설
③은 개더링기법이라고 하면서 멜리아기법이라고 하기도 한다.

17 다음 중 절화줄기 기부를 끓는 물에 수초간 넣었다 빼내는 열탕처리가 수명연장에 가장 효과가 있는 화훼류는?

① 튤립　　② 포인세티아
③ 안개초　　④ 카네이션

해설
열탕법 : 과꽃, 국화, 백일홍, 숙근안개초, 대나무, 맨드라미, 접시꽃 등

정답 12 ③ 13 ① 14 ① 15 ① 16 ③ 17 ③

18 식물의 노화를 촉진하는 원인이 아닌 것은?

① 양분 부족
② 수분 부족
③ 시토키닌(Cytokinin) 생성
④ 에틸렌(Ethylene) 생성

해설
시토키닌(Cytokinin)은 식물의 발달·생장호르몬이다.

19 신부 부케에 대한 설명으로 틀린 것은?

① 부케의 손잡이는 몸 선과 나란히 포컬 포인트(Focal Point)를 다소 위로 향하게 하면 아름답다.
② 부케는 양손으로 힘 있게 잡고 꽃의 표정은 아래를 보도록 한다.
③ 자연줄기로 만든 부케나 소품으로 만든 부케는 편안한 모습으로 자연스럽게 드는 것이 매력적이다.
④ 프레젠테이션(Presentation) 부케는 한 손으로는 꽃을 안은 듯 들고 나머지 손은 꽃다발 줄기를 잡은 듯 가볍게 든다.

해설
양손으로 부케를 들 때는 왼손으로 부케의 손잡이를 잡고, 오른손으로 왼손을 가볍게 겹쳐 부케의 중심이 배꼽보다 약간 아래에 위치할 수 있도록 잡는다. 꽃은 위로 향하게 하여 주위 사람들의 눈에 부케가 아름답게 보이도록 한다.

20 식물이 자연에서 자라는 모습과는 관계없이 디자이너의 의도대로 자유롭게 재구성하여 장식성을 높인 구성 형식은?

① 선형적 구성   ② 식생적 구성
③ 장식적 구성   ④ 그래픽적 구성

해설
① 선형적 구성 : 각 식물의 소재가 가지고 있는 형태와 동적인 특성이 잘 나타나도록 형과 선을 명확히 표현하는 구성
② 식생적 구성 : 식물의 생리, 생태적인 면을 고려하여 식물이 자연 상태에서 살아있는 것과 같은 형태로 조형
④ 그래픽적 구성 : 식물소재 본래의 품위, 움직임, 질감 등을 추상적으로 변형시켜서 구성

21 다음 중 수확 후 절화수명에 관여하는 수확 전 재배기간 동안의 요인으로 거리가 가장 먼 것은?

① 광 량   ② 사용한 농기구
③ 시비량   ④ 온 도

해설
재배기간 중에 절화의 수명에 관여하는 요인으로 중요한 것으로는 광, 온도, 시비, 관수, 습도 등이 있다.

22 진주암을 1,000℃ 이상으로 가열하여 입자 내 공극을 팽창시킨 것으로 염기치환용량은 상당히 낮은 원예용토는?

① 하이드로볼   ② 버미큘라이트
③ 암 면   ④ 펄라이트

해설
① 하이드로볼 : 황토와 톱밥을 섞어서 둥글게 뭉쳐 고온처리한 것이다.
② 버미큘라이트 : 화강암 속의 흑운모를 1,100℃ 정도의 고온에서 수증기를 가하여 팽창시킨 것이다.
③ 암면 : 약 1,500℃에서 응용된 암석을 섬유상으로 가공한 것이다.

정답 18 ③ 19 ② 20 ③ 21 ② 22 ④

23 플라워디자인 작품이나 상품을 제작할 때 고려해야 할 사항이 아닌 것은?

① 장식하는 장소와 환경을 고려한다.
② 생생한 아름다움이 느껴지도록 마무리한다.
③ 장식원예 보조용구를 사용하지 않는 것이 좋다.
④ 예비소재를 준비해 둔다.

24 꽃다발 등을 만들 때 칠사 대신에 묶는 용도로 이용하거나 장식용으로 쓰이는 자연소재로 적합한 것은?

① 다래덩굴
② 라피아
③ 플로랄 테이프
④ 방수 테이프

해설
라피아는 야자과 식물의 잎으로 만든 다양한 색상의 끈이다.

25 다음 중 절화 수명연장을 위한 방법이 아닌 것은?

① 자르는 면을 비스듬히 하여 재절단한다.
② 물에 잠기는 줄기의 아랫부분 잎을 제거한다.
③ 대사에 필요한 자당을 넣어준다.
④ 쇠로 된 용기에 담아 보관한다.

해설
쇠로 된 용기에 담아 보관하면 산화를 방지할 수 있지만 절화 수명연장을 위한 방법은 아니고 보관 용기로서의 역할이다.

26 평면적인 화면에 입체적인 생화나 건조소재 등의 소재를 반평면적으로 배치하여 표현하는 장식물은?

① 갈란드
② 콜라주
③ 리스
④ 형상물

27 테라싱(Terracing)기법에 대한 설명으로 옳은 것은?

① 동일한 소재들을 어느 정도의 공간을 두며 계단처럼 층층이 쌓는다.
② 줄기가 짧은 재료들을 한데 모아 쿠션 또는 언덕의 효과를 내는 것이다.
③ 소재를 서로 간의 공간 없이 겹겹이 차곡차곡 쌓는다.
④ 소재를 마사지하여 유연하게 만드는 기법이다.

해설
테라싱은 베이싱기법의 하나로 동일한 소재들을 크기에 따라 앞·뒤 수평으로 일정한 간격으로 배치하여 계단식 단계처럼 연속적인 층을 만들어 구성의 밑부분에 입체감과 함께 질감을 더해 주는 기법이다.

28 다음에서 설명하는 동양식 절화장식은?

- 화기를 2개 이상 반복적으로 배치하여 하나의 작품이 되도록 구성한다.
- 하나하나 독립된 특성과 완성미를 나타낸다.
- 같이 연결되어 있을 때 더욱 효과적인 조화의 미를 표현할 수 있다.

① 분리형
② 경사형
③ 전개형
④ 복합형

해설
① 분리형 : 한 개의 화기에 두 개 이상의 침봉을 놓고 하나의 작품을 제작하거나 화기를 2개 이상 사용해 분리하여 꽂는 화형
② 경사형 : 1주지의 각도가 40~60°로 기울어진 화형

23 ③ 24 ② 25 ④ 26 ② 27 ① 28 ④ 정답

29 형과 선을 강조하는 하이스타일 디자인으로 아르데코라 불리는 비대칭형 장식은?

① 보케(Boeket)
② 스트라우스(Strauss)
③ 부케(Bouquet)
④ 포멀 리니어(Formal Linear)

해설
꽃다발은 꽃을 가득 모아 줄기가 모이는 부분을 끈으로 묶어 다발로 만든 형태이며, 영어로 부케(Bouquet), 독일어로 스트라우스(Strauss), 네델란드어로 보케(Boeket)라고 불린다.

30 베이싱(Basing)에 대한 설명으로 옳은 것은?

① 작품의 기초가 되는 밑부분에 사용하는 기법을 말한다.
② 유사한 꽃 크기, 색 등으로 이루어지는 기법이다.
③ 재료의 특성이 강한 것은 사용하지 않는다.
④ 소재들 사이에는 공간이 있어서는 안된다.

해설
베이싱(Basing, 밑받침을 입체감 있게 메우기)
플라워 디자인에서 클러스터링, 레이어링, 파베, 필로잉, 테라싱 등의 여러 가지 다른 기법으로 디자인의 베이스에 고정시킨 플로랄 품을 가릴 수 있다.

31 구조적(Structure) 디자인의 설명이 아닌 것은?

① 대칭과 비대칭의 질서를 유지하면서 형과 선을 명확하게 표현한다.
② 소재표면의 조직이나 재질감(Texture)이 드러난다.
③ 하나하나 조밀하게 구성하여 여러 겹으로 포개놓은 형태이다.
④ 잎 소재를 여러 겹 겹쳐 쌓아서 만든 작품들이 대부분 포함된다.

해설
구조적(Structure) 구성 : 각각의 소재가 가지고 있는 형태, 크기, 색, 재질감뿐만 아니라 소재의 배열이 나타내는 표면의 조직이나 구성, 재질감, 즉 구조의 효과를 전면에 부각시키는 화훼장식 구성

32 절화의 온도가 30℃에서 10℃로 낮아지면 무엇이 1/3~1/6로 느려져 신선도를 유지하는가?

① 호흡속도
② 에틸렌 발생속도
③ 에틸렌 억제량
④ 이산화탄소 발생속도

해설
온도가 낮아질수록 호흡속도가 느려지면서 신선도를 유지하는데 필요한 에너지 소비가 줄어들게 된다.

정답 29 ④ 30 ① 31 ① 32 ①

33 교차선의 아름다움을 강조한 디자인에 대한 설명으로 가장 옳은 것은?

① 여러 개의 초점에서 나온 줄기의 선이 각기 여러 방향으로 뻗는다.
② 줄기가 모두 같은 방향으로 나란히 뻗어있다.
③ 줄기를 짧게 잘라 꽃송이나 꽃잎만을 사용한다.
④ 일초점을 갖는다.

해설
교차선 배열은 여러 개의 초점으로부터 나온 줄기의 선이 제각기 여러 각도의 방향으로 뻗어서 서로 교차하는 상태로 줄기가 배열된 것이다.

34 방향성 식물의 꽃, 잎, 줄기, 열매 등의 방향성 부위를 건조시켜 용기에 담거나 주머니에 넣어 공간에 배치하거나 몸에 지니기도 하는 장식물은?

① 드라이 플라워
② 포푸리
③ 허브
④ 아로마테라피

해설
① 드라이 플라워 : 절화를 포함한 다양한 식물재료를 건조·가공한 것
③ 허브 : 독특한 향과 효능을 가진 잎, 줄기, 열매 등을 식용이나 약용으로 생활에 이용하는 식물
④ 아로마테라피 : 향기를 뜻하는 아로마(Aroma)와 치료요법을 뜻하는 테라피(Therapy)의 합성어로 향기치료, 향기요법

35 같은 재료는 모아주면서 다른 재료는 서로 공간을 두어 겹치지 않게 구획정리를 해주는 표현기법은?

① 조닝(Zoning)
② 그루핑(Grouping)
③ 섀도잉(Shadowing)
④ 프레이밍(Framing)

해설
② 그루핑 : 색상, 질감, 형태 등이 비슷한 소재를 모아 꽂아 재료의 형태, 색채, 양감, 질감 등을 강조하는 기법
③ 섀도잉 : 소재의 바로 뒤와 아래에 똑같은 소재를 하나씩 더 가깝게 꽂아 입체적으로 보이게 하는 기법
④ 프레이밍 : 특정 부분에 시선을 두도록 꽃이나 가지를 이용하여 안에 있는 소재를 감싸 주는 기법

36 다음 중 일반적으로 신부 부케 제작 시 요구되는 사항으로 가장 옳은 것은?

① 신부 부케는 들고 다니기 편리하게 반드시 부케 홀더를 사용한다.
② 색상은 신부의 체형, 키, 피부색, 웨딩드레스 등에 맞도록 제작한다.
③ 형태는 되도록 크고 늘어지게 한다.
④ 색상은 대단히 화려하고 눈에 띄는 큰 꽃으로 한다.

37 다음 중 국화의 수명을 연장하는데 가장 많이 사용되는 물리적 처리방법은?

① 열탕처리
② 탄화처리
③ 호르몬처리
④ 펌프주입

해설
열탕처리(열탕법) : 줄기 끝을 끓는 물에 잠시 담갔다가 냉수에 넣어 식혀 수명을 연장시키는 방법

38 절화의 노화원인 중 관련이 가장 먼 것은?

① C/N율 저하
② 수분균형 불량
③ 에틸렌에 노출
④ 호흡에 의한 양분소모

해설
C/N율은 탄소와 질소의 비율을 나타내는데, C/N율이 저하되면 미생물이 분해하는 데 필요한 질소가 부족하므로 분해가 늦어진다.

39 코사지에 대한 설명으로 틀린 것은?

① 코사지는 신체장식의 하나이다.
② 가슴부위에 다는 것만 코사지라고 한다.
③ 다는 사람의 이미지와 맞는 소재, 크기를 선택한다.
④ 주소재가 코사지를 달고 있는 사람을 향하도록 한다.

해설
코사지 : 각종 연회와 모임에 가장 널리 사용되고, 여성용으로 가슴이나 어깨, 팔목 등을 장식하며 의복의 특성에 따라 다양한 양식으로 디자인되는 결혼식 꽃장식이다.

40 다음과 같은 고려사항이 요구되는 유러피언 스타일(European Style)의 디자인은?

- 세 개의 서로 다른 크기의 그룹(주, 역, 부)으로 구성되는 비대칭적 질서가 일반적이다.
- 자연에서 보듯 생장점(출발점)이 종종 화기 안의 한 점에 있는 듯이 보인다.
- 꽃의 가치효과와 운동성, 색상, 용기선택 등을 고려해야 한다.

① 식생형(Vegetative)
② 장식형(Decorative)
③ 형-선형적 구성(Formal-Linear)
④ 병행형(Parallel)

해설
② 장식형 : 식물의 생태적 특성보다는 디자이너의 의도대로 소재를 자유롭고 인위적으로 구성
③ 형-선형적 구성 : 소재의 형과 선이 두드러지게 대비되며, 여백을 이용하여 소재의 아름다움을 강조
④ 병행형 : 두 개 이상의 선들을 수평, 수직, 사선으로 배열하는 방법

41 시큐어링 메소드(Securing Method)의 설명으로 옳은 것은?

① 사용한 철사가 약하거나 짧을 때 더욱 단단하게 보강하기 위하여 사용하는 방법이다.
② 꽃의 약한 줄기를 보강해 주거나 줄기를 구부릴 때 그 줄기를 보강하기 위하여 사용하는 방법이다.
③ 줄기가 약하거나 속이 비어 있는 상태의 꽃을 똑바로 세우거나 반대로 줄기를 곡선으로 만들기 위하여 사용하는 방법이다.
④ 씨방이나 꽃받침부분의 줄기에 직각이 되게 찔러 넣고 두 가닥이 되게 구부리는 방법이다.

해설
시큐어링법 : 철사를 반 접어서 맨 끝의 꽃머리에 철사 한 쪽을 줄기에 두고 다른 한 쪽은 철사로 감는 방법으로 줄기가 약하거나 곡선을 내기 위해 구부려야 할 때 사용한다.

정답 38 ① 39 ② 40 ① 41 ②

42 다음 중 황금비 1 : 1.618과 가장 거리가 먼 것은?

① 3 : 5
② 5 : 8
③ 8 : 13
④ 13 : 26

해설
황금비 1 : 1.618과 가장 근접한 피보나치 수열은 1 : 1, 1 : 2, 2 : 3, 3 : 5, 5 : 8, 8 : 13, 13 : 21, 21 : 34이다.

43 다음 중 보색대비의 조화로 이루어진 것은?

① 빨강 – 녹색
② 주황 – 보라
③ 노랑 – 파랑
④ 보라 – 연두

해설
보색대비
빨강 – 청록, 주황 – 파랑, 노랑 – 남색, 연두 – 보라

44 다음 중 화훼장식의 디자인적 요소가 아닌 것은?

① 균 형
② 형 태
③ 질 감
④ 공 간

해설
화훼장식의 디자인적 요소로는 점, 선, 면, 형태, 방향, 명암, 질감, 크기, 색채, 공간 등이 있다.

45 고구려 5~6세기의 쌍영총벽화에 나타난 화훼장식의 형태가 아닌 것은?

① 좌우대칭형이다.
② 직선과 곡선의 구성이다.
③ 직립한 소재가 중심을 이룬다.
④ 작약을 중심에 꽂아 두었다.

46 식물재료의 시각적 느낌 중 무거운 느낌이 드는 것끼리 모아진 것은?

① 크다 – 매끄럽다 – 밝다
② 크다 – 거칠다 – 어둡다
③ 작다 – 부드럽다 – 밝다
④ 작다 – 뾰족하다 – 차갑다

해설
크고 거칠거나 어두운 것은 무겁게 느껴지며, 작고 부드럽거나 밝은 것은 가볍게 느껴진다.

47 NCS(Natural Color System) 색체계에 대한 설명 중 틀린 것은?

① NCS 기본색상은 노랑, 빨강, 파랑, 녹색 4가지이다.
② 스웨덴에서 개발된 것으로 색을 논리적으로 해석한 것이다.
③ 흰색량 + 검은색량 + 순색량의 합은 100이다.
④ 2gc, 14ic, 8ea 등의 기호로 색을 표시한다.

해설
NCS의 표색기호

S   40   20   –   Y90R
↓   ↓   ↓   ↓
Second Edition   검정의 양   순색의 양   색상
              ↓→ Nuance ←↓

※ 무채색의 색상은 S1500-N과 같이 표기하는데, S0500-N은 흰색이며 S9000-N은 검은색이다.

정답 42 ④   43 ④   44 ①   45 ④   46 ②   47 ④

48 다음 중 구심적 공간의 특징으로 옳은 것은?

① 양성적이고, 수렴성이 있는 공간이다.
② 분산적이며, 힘이 없는 공간이다.
③ 소극적이며, 자연발생적 공간이다.
④ 무계획하고, 우연히 발생하는 공간이다.

49 건조소재의 보존방법으로 틀린 것은?

① 습기가 적은 곳에 보관한다.
② 온도가 낮은 곳에 보관한다.
③ 햇빛이 잘 드는 곳에 보관한다.
④ 통풍이 잘 되는 곳에 보관한다.

[해설]
건조소재의 보존방법
공기 중에 오래 두면 빛이나 습기, 산화로 인해 퇴색되므로 습기가 적고, 온도가 낮고, 햇빛을 적게 받는 곳에서 보관하거나 장마철에는 일시적으로 비닐에 싸두거나 상자 속에 넣어 보관하는 것이 좋다.

50 빨강, 주황, 노랑, 초록, 파랑, 남색, 보라 등과 같이 빛의 파장에 의해 나타나는 색채를 무엇이라 하는가?

① 명도　　　　② 채도
③ 색상　　　　④ 색상환

[해설]
색의 3요소
• 명도(Value) : 색의 밝고 어두운 정도이며, V로 표시한다.
• 채도(Chroma) : 색의 맑고 탁한 정도로, C로 표시한다.
• 색상(Hue) : 다른 색과 구별되는 색의 고유명칭이나 특성을 말하며, H로 표시한다.

51 색광의 3요소에 해당하지 않는 것은?

① 빨강　　　　② 노랑
③ 녹색　　　　④ 파랑

[해설]
• 색광의 3요소 : 빨강, 파랑, 녹색
• 색채의 3요소 : 빨강, 파랑, 노랑

52 색의 흐림이나 선명함을 나타내는 값으로 색의 순수한 정도를 무엇이라고 하는가?

① 색상　　　　② 채도
③ 명도　　　　④ 명암

[해설]
① 색상 : 색의 종류
③ 명도 : 색의 밝기
④ 명암 : 밝고 어두운 부분의 대조

53 다음은 화훼장식 디자인 원리 중 균형에 관한 설명이다. 이에 해당되는 것은?

중심축을 기준으로 양쪽에 같은 형태나 질감 그리고 동일한 컬러를 가진 물체를 마치 거울에 비추어진 것과 같이 배열하여 시각적으로 편안하고, 안정적인 무게감을 준다. 그러므로 주로 공식적이고 위험을 강조하는 관공서 건물이나 종교 관련 건축물에 주로 응용되어 진다.

① 대칭균형
② 비대칭균형
③ 색의 균형
④ 통일감

54 절화장식에 관한 설명으로 옳은 것은?

① 절화장식은 꽃꽂이로 많이 알려져 있으며 오늘날의 절화장식은 전통을 고수하는 방식으로 이루어지고 있다.
② 꽃다발, 갈란드, 리스, 형상물, 콜라주, 압화장식, 포푸리 등이 있다.
③ 대부분의 절화장식물의 줄기는 방사선으로 배열되며 줄기를 짧게 잘라 꽃으로만 배열하기도 한다.
④ 절화장식은 주로 실내에서 이용하며 주소재가 목본식물이며 장식기간이 일시적이다.

해설
① 절화장식은 꽃꽂이로 많이 알려져 있으며 오늘날의 절화장식은 꽃꽂이를 비롯하여 다양한 방식으로 이루어지고 있다.
③ 대부분의 절화장식물의 줄기는 방사선, 병행선, 교차선, 그리고 감는선의 모양으로 배열되며, 줄기를 짧게 잘라 꽃으로만 배열하기도 한다.
④ 절화장식은 주로 실내공간에서 다양한 용도로 이루어지며 주소재가 목본식물이 아니고, 장식 기간이 일시적이다. 특히 뛰어난 식물건조와 가공기술은 생화와 거의 비슷한 형태와 색상을 가진 건조화 생산을 가능하게 만들었다.

55 더치플레미시 디자인(Dutch Flemish Design)에 대한 설명으로 틀린 것은?

① 컴팩트한 디자인이다.
② 많은 종류의 꽃과 많은 색상들을 사용하였다.
③ 식물소재 이외의 사용은 가능한 금지하였다.
④ 다양한 질감, 풍부한 색상이 디자인의 완성도를 높였다.

해설
더치플레미시 디자인(Dutch Flemish Design) : 플레미시(Flemish) 형은 다양한 꽃과 잎, 과일, 채소 등을 밀집하여 장식한 형태이다.

56 먼셀의 색체계에 대한 색의 설명으로 옳지 않은 것은?

① 먼셀 색상환은 빨강, 노랑, 파랑 3색을 기본으로 한다.
② 무채색은 0에서 10 즉, 11단계로 구분하며, 색상은 없다.
③ 색은 무채색에 가까워질수록 채도가 낮아진다.
④ 적색(Red) 원색의 채도는 가장 낮은 단계를 1도로 하고 가장 높은 단계를 14도로 한다.

해설
① 먼셀 색상환은 빨강, 노랑, 초록, 파랑, 보라를 수정하여 주황, 연두, 청록, 남보라, 자주를 첨가해 10가지 색을 기본으로 한다.

57 건조화를 만드는 과정에서 글리세린을 처리하는 이유로 가장 적당한 것은?

① 건조 후 재료의 부스러짐을 예방하기 위해서
② 질감을 다르게 하기 위해서
③ 건조 시 색이 변하는 것을 방지하기 위해서
④ 건조 후 향을 별도로 첨가하지 않기 위해서

해설
글리세린은 수분을 유지하는 성질이 있어서 건조 후에도 재료가 부스러지지 않고 보존 상태를 유지할 수 있다.

58 고려시대 꽃 문화에 대한 설명으로 틀린 것은?

① 불교가 융성함에 따라 꽃 문화가 크게 발전하였다.
② 초기에는 고구려의 영향을 받아 삼존형식이 주류를 이루었다.
③ 고려시대까지는 꽃꽂이가 수반이나 화기에만 꽂아졌다.
④ 꽃병으로 청자가 사용되었다.

> **해설**
> 고려시대 화훼장식의 특징
> - 꽃 문화가 생활 속에 정착하고 발전하였으며, 불전에 바치는 공양으로 꽃이 많이 사용되었다.
> - 꽃꽂이의 형태적인 구성과 소재는 고려 초기에는 삼존형식이, 고려 후기에는 반월형 삼존형식이 유행하였다.
> - 불교문화의 융성으로 사원에서는 장엄하고 다양한 의식이 자주 거행되었다.
> - 궁중에서의 화려한 장식문화가 발전함으로써 꽃꽂이의 표현영역이 크게 확대되었다.
> - 고려 후기에는 소나무를 비롯한 매화나무와 대나무가 주종이 되었다.
> - 고려시대는 꽃꽂이가 수반이나 화기, 화분 등에 꽂아졌다.
> - 꽃병으로 청자가 사용되었다.

59 색채를 표현할 때 일반적으로 조화가 잘되고 배색이 가장 아름다울 때의 비율은?

① 주색 50%, 보조색 30%, 강조색 20%
② 주색 70%, 보조색 25%, 강조색 5%
③ 주색 60%, 보조색 20%, 강조색 20%
④ 주색 60%, 보조색 35%, 강조색 5%

> **해설**
> 주색은 전체적인 색감을 결정하고, 보조색은 주색을 부각시키고 조화를 이루며, 강조색은 포인트를 주는 역할을 한다.

60 리듬(Rhythm)감을 주는 방법이 아닌 것은?

① 꽃과 꽃의 간격
② 선의 높고 낮음
③ 동일한 소재의 동일한 색상과 명암
④ 소재의 질감 변화

> **해설**
> 리듬(Rhythm, 율동)
> - 같은 요소들에 의한 시각적인 움직임이 연속적으로 되풀이 되는 것
> - 선의 운동으로 표현할 수 있고, 엷은 색에서 진한 색으로, 점에서 시작하여 면이나 뭉치로 구성하는 방법으로 표현
> - 크고 작은 꽃의 순위, 꽃과의 간격, 꽃과 선의 높낮이, 색채의 명암이나 소재의 질감 등으로 표현
> - 색채의 강약과 명암 등의 변화를 통해 작품의 깊이와 율동감 형성

정답 58 ③ 59 ② 60 ③

2016년 제1회 과년도 기출문제

01 플라스틱 핀 홀더에 대한 설명으로 가장 옳은 것은?

① 스케일이 큰 디자인에 사용한다.
② 용기 바닥에 접착 점토를 사용하여 고정한다.
③ 철사를 감은 후에 그 위에 감아준다.
④ 용기 속에 말아 넣어 줄기를 고정한다.

해설
플라스틱 핀 홀더는 플로럴 폼을 단단하게 고정시킬 수 없는 유리 화기 같은 곳에 플로럴 폼을 고정할 때 사용하는 것으로 바닥에 접착제를 붙여 고정한다.

02 난꽃의 특징에서 나타나는 용어가 아닌 것은?

① 꽃술대(예주)   ② 순 판
③ 약 모   ④ 통상화

해설
①·③ 예주는 난꽃의 중심부에 있는 기둥상의 구조물로서 선단부에는 둥근 모양의 약모가 있다.
② 순판은 난꽃의 아래쪽 꽃잎이 혀 모양으로 된 꽃잎으로 설판, 술꽃잎이라고도 한다.

03 장례의식에서 화훼장식에 대한 설명으로 틀린 것은?

① 외국에서는 묘지 앞에 꽃을 심거나 장식하는 일이 많다.
② 서양의 풍습에선 관 속에 화훼장식을 하지 않았다.
③ 한국의 장례식에 사용되는 꽃의 색상은 대부분 흰색과 노란색이 주를 이룬다.
④ 외국에서의 장례식용 화환은 리스나 십자가, 별, 하트 등의 형태가 선호된다.

해설
② 서양의 풍습에선 관 속에 화훼장식을 하였다.

04 용도에 맞는 철사 사용에 대한 설명으로 틀린 것은?

① 철사처리는 단정한 기법으로 제작되어야 한다.
② 연약한 꽃과 잎에 사용되는 철사는 30~32번이 적당하다.
③ 가벼운 소재에 사용할수록 표준치수의 수치가 큰 것을 사용한다.
④ 재료를 받쳐 지탱할 수 있을 만큼 되도록 굵은 철사를 사용한다.

해설
꽃에 비해 굵은 철사를 사용하면 꽃이 상하기 쉽다.

정답 1 ② 2 ④ 3 ② 4 ④

05 결혼식용 화훼장식으로 가장 적합하지 않은 것은?

① 부토니아
② 코사지
③ 콜라주
④ 부 케

해설
콜라주 : 평면적인 화면에 입체적인 생화나 건조소재 등의 소재를 반평면적으로 배치하여 표현하는 장식물

06 절화장식 작업 시 칼의 장점이 아닌 것은?

① 절단면이 깨끗하게 잘린다.
② 절단작업이 빠르다.
③ 나뭇가지를 주로 이용한다.
④ 휴대가 간편하다.

해설
칼이나 가위로 자르기에는 굵고 강한 나뭇가지들을 자를 때에는 전정가위를 이용한다.

07 변형된 잎이 아닌 것은?

① 선인장의 가시
② 생이가래의 잎
③ 네펜데스의 포충낭
④ 금잔화의 잎

해설
금잔화(Calendula officinalis)는 국화과에 속하며 주황색 꽃이 7~8월에 피고 잎은 어긋나기하고 부드러우며 가장자리에 톱니가 있다.

08 화훼재료의 엽서(잎차례) 연결이 틀린 것은?

① 윤생엽 – 아스플레늄, 칼라데아, 사스레피
② 호생엽 – 둥굴레, 송악, 느티나무
③ 대생엽 – 소철, 마가목, 주목
④ 근생엽 – 앵초, 맥문동, 민들레

해설
윤생엽은 잎이 원으로 돌려가며 자라나는 잎의 형태이다.
• 윤생엽 : 아스플레늄, 칼라데아
• 호생엽 : 사스레피나무

09 화훼의 이용형태에 관한 설명으로 연결이 틀린 것은?

① 생산화훼 – 영리를 목적으로 한다.
② 생산화훼 – 절화, 절엽, 절지, 분화, 종묘, 화단묘가 해당된다.
③ 취미원예 – 판매를 목적으로 하지 않는다.
④ 후생화훼 – 가정원예, 실내원예, 베란다원예, 생활원예가 해당된다.

해설
화훼의 이용형태
• 생산화훼 : 절화, 절엽, 절지, 분화, 종묘, 구근, 화단묘
• 취미화훼 : 개인적 관상목적 – 가정원예, 실내원예, 베란다원예, 생활원예
• 후생화훼 : 미화를 통한 서비스 – 원예치료, 향기치료

[정답] 5 ③ 6 ③ 7 ④ 8 ① 9 ④

10 부케를 제작할 때 와이어와 줄기가 분리되는 것을 방지하거나, 와이어를 감추기 위해 사용하는 자재는?

① 플로랄 테이프
② 생화용 접착제
③ 오아시스 테이프
④ 케이블 타이

11 다음 중 초화류의 분류 중 구근류가 아닌 것은?

① 나 리
② 칼랑코에
③ 크로커스
④ 아네모네

해설
② 칼랑코에는 다육식물로 다년초이다.

12 우리나라에서 노지숙근 초화류로 분류되지 않는 것은?

① 국 화
② 제라늄
③ 꽃창포
④ 옥잠화

해설
② 제라늄은 온실숙근초이다.

13 습기가 많은 토양조건에서 잘 자라는 식물이 아닌 것은?

① 바위솔
② 알로카시아
③ 낙우송
④ 토 란

해설
바위솔은 다육식물이다.

14 다음 중 일장에 따른 구분에서 단일성 식물 화훼인 것은?

① 국 화   ② 글라디올러스
③ 시네라리아   ④ 금어초

해설
단일성 식물 : 국화, 코스모스 등

15 화훼에 대한 설명으로 가장 옳은 것은?

① 화훼는 관상식물로 초본식물만을 의미한다.
② 화훼의 '훼'는 꽃의 배경을 이루는 푸른 바탕을 뜻한다.
③ 실용적으로 절화와 분화를 화훼로 규정한다.
④ 한국의 일인당 꽃소비액은 일본에 비해 10% 수준이다.

해설
화훼의 '화(花)'는 관상용 초본과 목본을 가리키며, '훼(卉)'는 초본식물의 초화를 말한다.

16 다음 중 절화의 물올림을 좋게 하기 위한 방법 중 틀린 것은?

① 수중절단한다.
② 초본류의 경우 줄기 기부를 짓이기는 것이 좋다.
③ 잎을 적당히 제거하여 적절한 엽면적을 유지토록 한다.
④ 살균제가 함유된 용액에 담근다.

> **해설**
> 절화의 물올림을 좋게 하기 위한 방법으로는 수중절단, 열탕 처리, 탄화 처리, 줄기 두드림, 줄기 꺾음, 펌프 주입, 약품 처리 등의 방법이 있으며, 줄기 두드림은 줄기 끝부분을 망치 등으로 두들겨 짓이기는 방법이다.

17 절화를 물에 꽂을 때 줄기의 절단면은 어떤 상태인 것이 수분흡수가 많고 좋은가?

① 망치로 찧어 줄기 끝을 뭉갠 것
② 수평면으로 자른 것
③ 사선으로 자른 것
④ 어떤 상태든 상관없다.

> **해설**
> 줄기 끝은 사선으로 잘라 절단면적의 부위를 넓혀 수분 공급을 원활하게 한다.

18 절화의 수분 흡수 촉진방법으로 틀리게 연결된 것은?

① 국화 – 열탕처리
② 칼라 – 탄화처리
③ 라일락 – 열탕처리
④ 장미 – 펌프주입

> **해설**
> 장미 : 탄화처리, 다알리아 : 펌프주입

19 다음 중 디자인기법에 대한 설명이 알맞게 짝지어 진 것은?

① 스태킹 – 같은 크기의 소재들을 공간 없이 순서대로 차곡차곡 위로 쌓아가는 기법
② 바인딩 – 디자인의 아랫부분을 차지하는 지지체를 가리기 위한 기법
③ 프레이밍 – 소재의 색상과 종류를 구역화해 주는 기법
④ 레이어링 – 3개 이상의 소재줄기를 함께 묶어 주는 기법

> **해설**
> • 바인딩 : 3개 이상의 소재줄기를 함께 묶어 주는 기법
> • 베이싱 : 디자인의 아랫부분을 차지하는 지지체를 가리기 위한 기법
> • 조닝 : 소재의 색상과 종류를 구역화해 주는 기법
> • 프레이밍 : 시각적으로 보는 사람의 시선을 특정한 곳으로 이끌기 위하여 중심점 부위에 틀을 만들어 소재를 강조하는 방법
> • 레이어링 : 면을 가진 소재를 차례대로 겹쳐 부피, 큰면을 만들어 주는 기법

20 다음 중 방사상 구성으로 이루어진 형태가 아닌 것은?

① 반구형
② 역T형
③ 병렬형
④ 수평형

> **해설**
> **방사상과 병렬형 구성**
> • 방사상 : 1초점, 1생장점
> • 병렬(평행)선 : 복수초점, 복수생장점

정답 16 ② 17 ③ 18 ④ 19 ① 20 ③

21 장식적으로 잘라낸 정원수로부터 유래한 것으로 장대 위에 구형으로 디자인한 장식은?

① 레이
② 페스턴
③ 팬던트
④ 토피어리

해설
① 레이(Lei) : 낚시줄 같은 끈으로 꽃을 꿰어 행사 때나 송영식(送迎式)때 목에 걸어주는 것으로 리스와 유사한 형태
② 페스턴(Feston) : 꽃줄, 꽃, 잎, 리본 등을 길게 이어서 양끝을 질러 놓은 장식
③ 팬던트(Pendant) : 목걸이, 귀걸이 등과 같이 아래로 늘어뜨린 장신구

22 절화의 특성에 대한 설명으로 틀린 것은?

① 다양한 색과 모양, 향기를 가지는 꽃에 관상가치를 둔다.
② 분화류보다 감상기간이 길다.
③ 뿌리없이 줄기로 양분과 수분을 흡수한다.
④ 수확 후 관리와 신선도 유지가 중요하다.

해설
② 분화류보다 감상기간이 짧다.

23 절화 생리에 대한 설명 중 옳지 않은 것은?

① 일반적으로 저온에 두면 오랫동안 신선도를 유지할 수 있다.
② 일반적으로 여름에 수확한 절화가 겨울에 수확한 것에 비해 수명이 길다.
③ 안스리움, 반다 등은 8℃ 이하의 저온에 두면 저온장해를 받는다.
④ 온도가 높고 습도가 낮은 상태에서 절화를 보관하면 쉽게 시들어 관상할 수 있는 기간이 매우 짧아진다.

해설
고온에서는 꽃이 시드는 속도가 촉진되기 때문에 겨울에 수확한 절화가 여름에 수확한 것에 비해 수명이 길다.

24 프랑스어로 발효시킨 항아리라는 뜻으로 말린꽃, 향기가 있는 식물, 잎, 과일껍질, 향료 등을 향기가 있는 기름을 첨가한 후 숙성시켜 사용하는 것은?

① 테라리움
② 비바리움
③ 포만다
④ 포푸리

해설
① 테라리움 : 투명한 그릇에 식물을 심어 작은 정원을 꾸미는 것
② 비바리움 : 유리용기 속에 식물과 작은 동물들(도마뱀, 이구아나 등)이 함께 살아가는 자연의 형태를 연출한 것
③ 포만다 : 공 모양의 천연방향제

25 다음 디자인의 기법 중 베이싱(Basing)기법과 배치형태가 유사한 것이 아닌 것은?

① 테라싱(Terracing)
② 파베(Pave)
③ 필로잉(Pillowing)
④ 섀도잉(Shadowing)

해설
섀도잉 : 작품에 입체적인 깊이를 주기 위한 기법
※ 베이싱(Basing, 밑받침을 입체감 있게 메우기) : 플라워 디자인에서 클러스터링, 레이어링, 파베, 필로잉, 테라싱 등의 여러 가지 다른 기법으로 디자인의 베이스에 고정시킨 플로랄폼을 가리킬 수 있다.

26 어버이날을 상징하는 꽃으로 가장 적당한 것은?

① 국 화   ② 카네이션
③ 백 합   ④ 장 미

해설
카네이션 꽃말은 모정, 사랑, 애정, 감사, 존경이다.
※ 카네이션 색깔에 따른 꽃말
 • 적색 : 모정, 건강염원
 • 핑크 : 감사
 • 백색 : 존경, 추모, 순애
 • 황색 : 경멸, 거절

27 절화수명 연장제의 설명으로 옳은 것은?

① 구성성분은 당분, 살균제, 에틸렌발생제, 산도조절제, 습윤제 등이다.
② 소매상이나 화훼장식가에 의해 처리되는 것을 후처리제라고 한다.
③ 식물생장조절물질은 절화수명 연장제로 사용되지 않는다.
④ 수확 직후 재배자에 의해 처리되는 것을 후처리제라고 한다.

해설
②·④ 소매상이나 화훼장식가에 의해 처리되는 약제를 후처리제라고 한다.
① 절화수명 연장제 구성성분은 당분, 살균제, 에틸렌억제제, 산도조절제, 습윤제 등이다.
③ 식물생장조절물질은 절화수명 연장제로 사용된다.

28 다음 중 절화의 수명이 짧아지는 원인이 아닌 것은?

① 수분 부족
② 박테리아 번식
③ 체내 양분 소모
④ 호흡량 감소

해설
④ 호흡량 증가

정답 25 ④ 26 ② 27 ② 28 ④

29 절화보존제로서 당의 특성이 아닌 것은?

① 기공의 기능을 높여주어서 수분 수지를 개선해 준다.
② 화색을 선명하게 유지시켜 준다.
③ 꽃잎의 세포 팽압을 떨어뜨린다.
④ 엽록소의 분해를 억제시킨다.

해설
절화보존제로서 당(Sucrose)의 특성
• 수확 후 일어나는 대사작용에 이용된다.
• 첨가농도는 화훼류에 따라 다르다.
• 가정용 설탕으로 대체가 가능하다.
• 절화에 광합성 산물을 인위적으로 첨가하는 효과가 있다.
• 기공의 기능을 높여주어서 수분 수지를 개선해 준다.
• 화색을 선명하게 유지시켜 준다.
• 엽록소의 분해를 억제시킨다.
• 노화를 지연시킨다.

30 다음 중 회의 테이블장식에 대한 설명으로 가장 옳지 않은 것은?

① 향이 강하고 짙은 식물을 선택하여 호기심을 유발한다.
② 상대편과의 시야를 방해하지 않도록 낮게 디자인한다.
③ 장식물 부피가 테이블 폭보다 지나치게 크지 않게 디자인한다.
④ 회의의 목적에 맞는 디자인을 한다.

해설
테이블장식에는 향이 강하고 짙은 식물은 피하도록 한다.

31 서양의 전통 절화장식에 대한 특징으로 옳은 것은?

① 표현기법이 기하학적이고 꽃이 주재료이다.
② 선과 여백의 아름다움을 중요시한다.
③ 자연과의 조화를 추구하였다.
④ 3주지가 명확한 형태로 표현된다.

32 절화를 이용하여 고리모양으로 만들어낸 장식물로 화관용, 테이블용, 벽걸이용 등으로 이용되는 것은?

① 갈란드   ② 리 스
③ 콜라주   ④ 형상물

33 다음 중 에틸렌에 민감한 식물이 아닌 것은?

① 백 합   ② 프리지아
③ 안스리움   ④ 카네이션

해설
• 에틸렌에 민감한 꽃 : 카네이션, 델피니움, 알스트로메리아, 금어초, 스위트피, 난류, 나리, 수선, 프리지아, 백합, 숙근안개초 등
• 에틸렌에 둔감한 꽃 : 안스리움, 거베라, 튤립, 국화 등

정답 29 ③ 30 ① 31 ① 32 ② 33 ③

34 철사(Wire)처리법으로 낚시바늘모양으로 구부려서 사용하는 법은?

① 헤어핀법(Hair-Pin Method)
② 훅법(Hook Method)
③ 트위스트법(Twist Method)
④ 인서션법(Insertion Method)

35 꽃바구니 제작 시 꽃의 형태 중 폼 플라워(Form Flower)로 이용되는 것은?

① 리아트리스   ② 금어초
③ 스토크   ④ 백 합

> [해설]
> • 선형 꽃(Line Flower) : 글라디올러스, 리아트리스, 스토크, 아이리스, 금어초, 델피니움, 용담 등
> • 형태 꽃(Form Flower) : 극락조화, 안스리움, 백합, 카틀레야, 튤립, 칼라 등

36 일반적으로 선(線)을 나타내는 디자인에 많이 사용하는 소재가 아닌 것은?

① 델피니움   ② 수 국
③ 부 들   ④ 칼 라

> [해설]
> 수국은 덩어리 꽃(Mass Flower)으로 작품의 중심에 꽂는데 많이 이용한다.

37 식물의 생육에 영향을 미치는 환경요인의 설명으로 틀린 것은?

① 식물의 생육적온은 식물마다 다르다.
② 식물생육에 주로 관여하는 광은 자외선이다.
③ 수분은 광합성을 통한 탄수화물의 합성원료가 된다.
④ 식물의 생육시기에 따라 수분 요구도가 다르다.

> [해설]
> 식물생육에 주로 관여하는 광은 가시광선이며, 자외선은 식물에게 유해한 광선이다.

38 식물생육과 수분에 대한 설명으로 옳은 것은?

① 식물의 종류, 생육단계 및 부위에 따라 일정하다.
② 과습상태는 뿌리의 호흡기능을 높이는 방법이다.
③ 선인장과 다육식물은 습한상태를 좋아한다.
④ 식물체내에서 물질을 운반하는 역할을 한다.

> [해설]
> ① 식물의 종류, 생육단계 및 부위에 따라 다르다.
> ② 과습상태는 뿌리의 호흡기능을 방해한다.
> ③ 선인장과 다육식물은 건조상태를 좋아한다.

[정답] 34 ② 35 ④ 36 ② 37 ② 38 ④

39 구입 후 절화의 품질을 유지하는 방법에 대한 설명으로 틀린 것은?

① 구입 후 상하거나 시든 잎은 신속히 제거한다.
② 구입 후 열대(아열대) 원산의 절화는 꽃냉장고에 보관하는 것이 좋다.
③ 물올림은 줄기의 기부가 3~5cm 정도 잠기도록 한다.
④ 구입 후 2~24시간 정도의 물올림을 하는 것이 좋다.

해설
대부분의 꽃들은 꽃냉장고에 보관하는 것이 좋지만 열대 원산의 절화는 꽃냉장고에 넣어두면 상태가 나빠진다.

40 카틀레야와 같은 열대 원산의 절화를 저장하기에 가장 적당한 온도는?

① -2~0℃ ② 0~3℃
③ 3~8℃ ④ 8~15℃

해설
카틀레야는 고온성 난이므로 14℃ 이상의 온도를 유지해야 한다.

41 식물에 좋은 토양조건이 아닌 것은?

① 보수력과 보비력이 좋아야 한다.
② 배수성과 통기성이 좋아야 한다.
③ 염류가 많아야 한다.
④ 병충해가 없는 무병토이어야 한다.

해설
토양에 염류가 많으면 뿌리의 기능이 떨어진다.

42 다음 명도에 관한 일반적인 설명으로 가장 옳은 것은?

① 검은색을 많이 사용하면 명도는 높아진다.
② 검정을 0, 흰색을 9로 하여 10단계로 명도를 구분한다.
③ 채도의 높고 낮음에 따라 명암의 효과가 나타난다.
④ 명도는 빛의 반사율을 척도화하여 나타낸 것이다.

해설
① 검은색을 많이 사용하면 명도는 낮아진다.
② 흰색을 10, 검정색을 0로 하여 11단계로 명도를 구분한다.
③ 명암의 효과는 명도(색상의 밝고 어두움)에 따라 나타난다.

43 규모에 대한 설명으로 틀린 것은?

① 질감과 색은 규모에 있어서 중요한 요소이다.
② 화훼장식물에서 용기의 크기는 형태를 결정하는 요소가 될 수 있다.
③ 화훼장식물의 크기는 공간의 크기와는 상관없이 조화를 이루어야 한다.
④ 적절한 규모의 디자인은 일관성이 있고 편안함을 준다.

해설
화훼장식물의 크기는 공간의 크기와 연관성이 있다.

44 우리나라 화훼장식의 역사를 살펴볼 때 식물이 조형미를 갖추고 감상의 대상이 된 최초의 시기는?

① 삼국시대
② 고려시대
③ 조선시대
④ 1960년대 이후

해설
삼국시대
- 불교의 전래와 함께 불전헌공화가 전래되었다.
- 식물이 조형미를 갖추고 감상의 대상이 된 최초의 시기이다.

45 드라이 플라워(Dry Flower) 건조방법으로 맞는 것은?

① 열풍건조법 – 양분 손실이 많아지기 전에 열풍건조기를 이용하면 꽃의 아름다운 색을 유지할 수 있다.
② 동결건조법 – 꽃을 동결시킨 후 수분을 승화시켜 건조하는 방법으로 자연건조보다 수축과 쭈그러짐이 많다.
③ 자연건조법 – 환기가 잘되고 습기가 없는 서늘한 양지에서 꽃다발을 거꾸로 걸어서 말린다.
④ 글리세린건조법 – 글리세린을 40℃의 물과 1 : 2~1 : 3의 비율로 혼합하고 트윈 20(Tween 20)과 같은 습윤제를 10% 정도 첨가해 이용한다.

해설
② 동결건조법 : 꽃을 동결시킨 후 수분을 승화시켜 건조하는 방법으로 건조시키는 도중에 꽃의 크기 변화가 가장 적은 건조법
③ 자연건조법 : 환기가 잘되고 습기가 없는 서늘한 음지에서 꽃다발을 거꾸로 걸어서 말린다.
④ 글리세린건조법 : 글리세린을 40℃의 물과 1 : 2~1 : 3의 비율로 혼합하고 트윈 20과 트윈 80과 같은 습윤제 0.5~1%를 첨가해 이용한다.

46 디자인 원리 중 통일에 대한 설명으로 가장 옳은 것은?

① 통합이 되거나 완전해진 하나의 상태로 전체의 구성이 개개의 부분에 비해 훨씬 두드러진 것을 의미한다.
② 화훼장식 구성 내의 시각적인 평형감과 평정의 느낌이다.
③ 화훼장식의 재료들이 대비를 이룰 때 이루어진다.
④ 디자인 안에서 전체와 부분, 부분과 다른 부분과의 관계를 의미한다.

해설
② 균형, ③ 강조, ④ 비율

47 매몰건조 시 주의해야 할 사항으로 적절하지 않은 것은?

① 꽃이 지나치게 개화하기 전에 건조시킬 꽃을 채화해야 한다.
② 건조 전에 꽃에 물방울을 완전히 제거한다.
③ 겹꽃의 경우는 꽃잎 사이의 물기는 적당히 있어야 한다.
④ 건조될 꽃이 고른 압력을 받도록 매몰시켜야 한다.

해설
꽃잎 사이의 물기가 완전히 제거되도록 한다.

48 다음 색의 기본원리에 관한 설명 중 옳은 것은?

① 색의 강도, 혹은 선명한 정도를 색상이라 한다.
② 표면색은 빛을 흡수하여 물체 표면에 나타난 색을 말한다.
③ 흰색은 명도가 가장 밝은 색이다.
④ 삼원색은 빨강, 노랑, 녹색이다.

> **해설**
> ① 색의 강도, 혹은 선명한 정도를 채도라 한다.
> ② 표면색은 빛을 반사하여 물체 표면에 나타난 색을 말한다.
> ④ 색의 삼원색은 빨강, 파랑, 노랑이고, 빛의 삼원색은 빨강, 파랑, 녹색이다.

49 다음에서 설명하는 부케는?

> 1814~1848년 오스트리아와 독일에서 처음 등장한 형태이며, 전통주의와 풍요로움의 시기의 상징으로 꽃을 촘촘하게 중심을 향해 꽂아가는 반구형으로 아주 치밀한 양식의 꽃다발이다.

① 콜로니얼 부케(Colonial Bouquet)
② 터지머지 부케(Tussy-Muzzy Bouquet)
③ 비더마이어 부케(Biedermeier Bouquet)
④ 스노우볼 부케(Snowball Bouquet)

> **해설**
> ① 콜로니얼 부케(Colonial Bouquet) : 미국식민지시대에 라운드형으로 장식한 부케
> ② 터지머지 부케(Tussy-Muzzy Bouquet) : 빅토리아스타일 부케로 여러 가지 종류의 작은 꽃들을 층으로 원을 그리듯이 디자인한 부케
> ④ 스노우볼 부케(Snowball Bouquet) : 구형으로 만든 부케

50 초점에 집중적인 시선을 디자인의 다른 모든 부분으로 옮겨가게 하는 특성이 있으며, 반복적으로 표현될 수 있는 디자인 요소는?

① 강 조　　② 조 화
③ 리 듬　　④ 통 일

51 건조소재의 보존방법으로 가장 적절한 것은?

① 다습한 곳에서 보관한다.
② 직사광선이 비춰지는 곳에서 보관한다.
③ 병충해 침입을 방지하기 위해서 나프탈렌과 같은 물질을 첨가해 보관한다.
④ 매몰건조에 의해 건조된 소재는 저장 중 습기를 제거할 필요가 없다.

> **해설**
> 건조소재의 보존방법
> 공기 중에 오래 두면 빛이나 습기, 산화로 인해 퇴색되므로 습기가 적고, 온도가 낮고, 햇빛을 적게 받는 곳에서 보관하거나 장마철에는 일시적으로 비닐에 싸두거나 상자 속에 넣어 보관하는 것이 좋다.

52 다음 중 먼셀 표색계에 대하여 바르게 설명한 것은?

① 색상 : H, 명도 : V, 채도 : C로 표기한다.
② 표기순서는 CV/H이다.
③ 먼셀 표색계의 채도는 10단계이다.
④ 먼셀 색상환의 최초 색상기준은 3원색이다.

> **해설**
> ② 표기순서는 HV/C이다.
> ③ 먼셀 표색계의 채도는 무채색을 "0"으로 규정하고 가장 높은 색을 14단계로 구분한다.
> ④ 먼셀 색상환의 최초 색상기준은 5원색(빨강, 노랑, 초록, 파랑, 보라)이다.

53 다음 색상 중 가장 따뜻한 느낌을 주는 색은?

① 하늘색　　② 주황색
③ 연두색　　④ 보라색

> **해설**
> • 한색 : 초록, 파랑, 보라 등 차가운 느낌을 주는 단파장의 색
> • 난색 : 빨강, 주황, 노랑 등 따뜻한 느낌을 주는 장파장의 색

54 영국 조지아시대(AD 1714~1760)에 꽃의 향기가 전염병을 예방해 주는 것으로 인식되어 손에 들고 다녔던 것은?

① 포푸리　　② 코사지
③ 노즈게이　　④ 갈란드

> **해설**
> **영국 조지아시대**
> • 노즈게이(= 터지머지) 꽃다발 유행
> • 여성의 신체장식까지 유행
> • 형식적이고 대칭적인 디자인 선호
> • 역사상 어느 시기보다 다양한 꽃과 건조화 사용

55 화훼장식의 환경조절기능에 속하지 않는 것은?

① 오염된 공기를 정화
② 적당한 습도를 유지
③ 실내공간 분할
④ 음이온을 발생

> **해설**
> 화훼장식의 환경적 기능 : 공기정화, 습도유지, 온도조절, 음이온 다량발생, 휘발성 물질 방출효과 등

56 다음의 설명이 나타내는 화훼장식의 기능은?

> • 실내·외 미적효과를 높이면서 공간구성에 큰 역할을 한다.
> • 시야의 차단, 공간 분할 등의 효과를 낸다.

① 치료적 기능
② 건축적 기능
③ 환경적 기능
④ 교육적 기능

정답　53 ②　54 ③　55 ③　56 ②

57 식물 염색에 사용하는 방법이 아닌 것은?

① 대량 염색할 때는 염료가 첨가된 물에 식물을 넣고 삶은 후 건조시킨다.
② 염색은 표백 후 하는 것이 좋고, 염료 혼합 시 증류수를 사용하는 것이 좋다.
③ 염료가 섞여 있는 물에 식물을 꽂아 도관을 통해 물을 흡수시킨다.
④ 스프레이 염료는 분무해서 염색시키는 것으로 건조화에서만 가능하다.

해설
④ 스프레이 염료는 생화 염색에도 사용한다.

58 둘 이상의 화훼 장식적 요소가 합쳐져 통일된 감각적 효과를 발휘하는 디자인 원리는?

① 비 례 ② 조 화
③ 초 점 ④ 구 성

59 균형(Balance)에 관한 설명으로 가장 옳은 것은?

① 대칭 균형만이 완전한 균형을 이룬다.
② 균형은 형태나 색채상으로 평형상태인 것을 말한다.
③ 비대칭 균형은 엄숙하고 장중한 느낌을 준다.
④ 비대칭 균형은 동적인 화훼장식을 표현할 수 없다.

해설
① 균형에는 대칭 균형과 비대칭 균형이 있다.
③ 대칭 균형은 엄숙하고 장중한 느낌을 주고, 비대칭 균형은 자유로운 질서를 나타낸다.
④ 대칭 균형은 정적인 화훼장식을, 비대칭 균형은 동적인 화훼장식을 표현한다.

60 농업서적과 관련된 저자 또는 역자의 연결 시 틀린 것은?

① 산림경제 – 정다산
② 성소부부고 – 허균
③ 양화소록 – 강희안
④ 임원십육지 – 서유구

해설
① 산림경제 : 홍만선

2016년 제4회 과년도 기출문제

01 장일성 식물로 가장 적합한 것은?

① 카네이션　② 칼랑코에
③ 맨드라미　④ 포인세티아

해설
장일식물 : 하루 일조시간이 12시간 이상이 되면 화아분화가 시작되면서 개화가 촉진되는 식물이다. 양귀비, 상추, 장미, 개나리, 카네이션, 안개초, 유채, 금어초, 아킬레아, 섬초롱꽃 등

02 다음 중 난과 식물이 아닌 것은?

① 카틀레야　② 칼라데아
③ 덴파레　④ 온시디움

해설
칼라데아는 마란타과의 관엽식물이다.

03 추식구근으로 무피인경에 속하는 식물은?

① 수 선
② 아마릴리스
③ 무스카리
④ 나리(백합)

해설
인 경
- 유피인경(구(球)의 외부가 막질(膜質)로 감싸여 있는 인경) : 튤립, 아마릴리스, 히아신스, 스노드롭, 사프란, 로도히폭시스, 상사화, 수선화, 실라, 히메노칼리스, 알륨, 오니소갈럼, 튜베로스, 무스카리
- 무피인경(두터운 인편들이 디스크에 있는 생장점을 중심으로 나선형으로 겹쳐서 부착되어 있고 막질이 없는 것) : 백합류, 프리틸라리아

04 다음 중 다육식물인 꽃기린이 속하는 과(科)명은?

① 석류풀과　② 대극과
③ 박주가리과　④ 돌나물과

해설
꽃기린 분류 : 쥐손이풀목, 대극과, 대극속

05 다음 중 식물을 학명과 보통명으로 나눌 때 보통명에 대한 설명으로 틀린 것은?

① 보통명은 전세계 사람이 통용어로 사용할 수 없다.
② 식물학자들은 식물분야 학회에서 보통명을 자주 사용한다.
③ 학술용어로 사용되기에는 비과학적이다.
④ 학명에 비해 부적합한 것이 많다.

해설
- 보통명은 같은 식물을 다른 이름으로 부르거나 서로 다른 식물을 같은 이름으로 부르는 사례가 있어 혼돈을 가져오는 경우도 있다.
- 보통명은 어떤 민족이나 국민이 일부 지방에서 제한적으로 쓰여지는 이름으로 불규칙적으로 명명되어 학술적인 용어로 쓰여지지 않는다.

06 다음 중 형태적으로 줄기가 방사상으로 자라는 표준형 식물이 아닌 것은?

① 마란타
② 페페로미아
③ 렉스베고니아
④ 산세비에리아

해설
산세비에리아 : 선형 잎(Line Foliage)

정답 1① 2② 3④ 4② 5② 6④

07 국화과 식물이 아닌 것은?

① 과 꽃
② 백일홍
③ 메리골드
④ 라넌큘러스

해설
라넌큘러스는 미나리아재비과이다.

08 꽃받침이 꽃잎화된 것이 아닌 것은?

① 안스리움
② 나 리
③ 극락조화
④ 수 국

해설
겹꽃은 홑꽃의 수술, 암술, 꽃받침이 꽃잎화된 것으로 나리, 극락조화, 수국, 아이리스, 국화, 장미, 동백 등이 있다.

09 우리나라에서 화환의 뒷배경용으로 자주 사용되는 사스레피나무에 관한 설명으로 틀린 것은?

① 상록성 식물이다.
② 제주도와 남부지방에 자생한다.
③ 꽃이 피는 관목식물이다.
④ 중북부지방에 자생하는 교목성 식물이다.

해설
사스레피나무(*Eurya japonica*)는 한국 남부 해변의 산기슭에 나는 상록관목으로 높이는 1~3m이다.

10 다음 중 화훼에 대한 설명으로 적절하지 못한 것은?

① 관상가치가 있는 식물을 말한다.
② 초화류, 화목류, 관엽류, 난류는 화훼에 속한다.
③ 절화, 분화는 화훼에 속한다.
④ 상추, 배추, 시금치는 화훼에 속한다.

해설
• 상추, 배추, 시금치는 채소류에 속한다.
• 화훼식물은 초본식물과 목본식물로서, 아름다운 꽃과 열매 등 미적인 관상을 목적으로 기르는 식물이다.

11 다음은 어떤 재료에 대한 설명인가?

• 흡수성과 비흡수성이 있다.
• 많은 양의 꽃을 꽂을 수가 있다.
• 꽃에 수분공급을 해주는 역할을 한다.

① 플로랄폼
② 침 봉
③ 플라스틱 망
④ 워터튜브

해설
플로랄폼의 특징
• 꽃을 꽂기 위한 흡수성 스펀지로, 물을 많이 흡수하는 특성이 있다.
• 꽃꽂이 이용에 적합하도록 만들어진 다공성 제품이다.
• 물을 흡수할 수 있는 것(흡수성)과 흡수하지 못하는 것(비흡수성)이 있다.
• 꽃꽂이할 때 꽃을 고정하기에 편리하고, 많은 양의 꽃을 꽂을 수 있다.
• 식물에게 수분을 공급해 주는 역할과 고정시켜 주는 역할을 한다.

12 다음 중 다육식물에 대한 설명으로 가장 거리가 먼 것은?

① 건조지방에서 잘 자란다.
② 사막이나 태양광선이 강한 곳에서 잘 자란다.
③ 식물체가 연약하므로 잦은 관수를 통해 유지해야 한다.
④ 주로 분화용으로 많이 이용하며 분주, 삽목 등의 영양번식을 주로 한다.

해설
다육식물은 잎과 줄기에 저수조직이 발달한 식물로 다습하면 썩기 쉽다.

13 다음 중 꽃꽂이에 이용되는 철사에 관한 설명으로 거리가 먼 것은?

① 굵기는 주로 홀수 번호로 표시된다.
② 번호 숫자가 클수록 가늘다.
③ 철사는 꽃의 줄기를 대신하는 용도로 이용되기도 한다.
④ 번호가 없지만 장식용이나 고정용으로 이용되는 카파 와이어, 늘림 와이어 등도 사용된다.

해설
철사의 굵기는 짝수 번호로 표시된다.

14 포엽(苞葉)이 꽃처럼 보이는 식물이 아닌 것은?

① 포인세티아 ② 안스리움
③ 범부채   ④ 부겐빌레아

해설
범부채 잎은 어긋나와 좌우로 납작하며 2줄로 부채살 모양으로 퍼져서 자라고 녹색 바탕에 약간 분백색이 돌며 길이 30~50cm, 너비 2~4cm로서 끝이 뾰족하고 밑부분이 서로 감싸고 있다.

15 다음 중 플로랄폼에 대한 설명으로 틀린 것은?

① 물기를 빠르게 흡수시킬 때는 손으로 눌러 가라 앉도록 한다.
② 물을 흡수했다가 말린 것을 재사용하는 것은 바람직하지 않다.
③ 플로랄폼은 경도가 다른 제품들이 있다.
④ 플로랄폼은 다양한 모양으로 생산되어 나온다.

해설
플로랄폼을 물에 띄운 후 손이나 다른 것으로 누르지 말아야 하며, 기포가 멈추고 가라앉을 때까지 충분히 기다린다.

16 동양식 꽃꽂이에서 1주지가 수평선에서 30~50° 가량 늘어뜨려서 꽂는 형은 무엇인가?

① 직립형   ② 경사형
③ 하수형   ④ 분리형

해설
③ 아래로 늘어지는 형태
① 위로 곧게 뻗는 형태
② 비스듬히 뻗는 형태
④ 한 개의 화기에 두 개 이상의 침봉을 놓고 하나의 작품을 제작하거나 화기를 2개 이상 사용해 분리하여 꽂는 화형

17 분식물의 제작과정에 대한 설명으로 틀린 것은?

① 화분 밑의 배수구는 망사나 돌로 막는다.
② 잔돌이나 굵은 모래를 용기 높이의 1/5 정도까지 깐다.
③ 배수층 위에 혼합된 토양을 깔고 식물을 심어나간다.
④ 풍성한 느낌이 나도록 분토를 화분 높이보다 높게 올리도록 한다.

해설
④ 분의 크기에 따라 일정하지 않지만 대개의 경우 물주기를 좋게 하기 위해서 배양토를 분의 끝에서 2~3cm 정도 아래까지만 채운다.

18 식물의 식생적인 모습을 보여주기보다는 디자이너의 의도로 소재를 자유롭게 인위적으로 구성하여 장식성이 높은 자유로운 형태를 구축하는 화훼장식의 구성 형식은?

① 장식적 구성   ② 식생적 구성
③ 구조적 구성   ④ 형-선적 구성

해설
② 식생적 구성 : 장식적인 형태와는 달리 자연적인 성장 형태에 어긋나지 않게 식물의 생장 형태 혹은 앞으로 생장하게 될 형태를 사실적으로 표현하는 조형 형태이다.
③ 구조적 구성 : 식물의 각 소재가 가지고 있는 형태, 크기, 색, 재질감(Texture)뿐만 아니라 소재의 배열이 나타내는 표면의 조직이나 구성, 재질감, 즉 구조의 효과를 전면에 부각시키는 구성이다.
④ 형-선적 구성 : 최소한의 소재를 사용하여 소재의 형과 선 그리고 각도를 강조한 방사선 줄기 배열의 꽃꽂이 형태이다.

19 하나로 묶어서 결합시키는 기법이 아닌 것은?

① 바인딩(Binding)
② 번들링(Bundling)
③ 그루핑(Grouping)
④ 밴딩(Banding)

해설
③ 그루핑(Grouping) : 같은 종류의 재료를 모아 꽂음으로써 재료의 형태나 색채, 양감, 질감 등을 강조하는 기법이다.
① 바인딩(Binding) : 두 개 이상의 소재 줄기를 묶어서 줄기끼리 기계적으로 고정하는 기법이다.
② 번들링(Bundling) : 짚·수수 다발·붕을 잇는 짚·두막 등과 같이 서로 유사한 소재들을 한 단위로 함께 묶거나 래핑(Wrapping)하여 디자인에 위치시키는 기법이다.
④ 밴딩(Banding) : 묶는 기법 중에서 기능적인 것보다 장식적인 목적으로 특정한 소재를 강조하거나 관심을 집중시키기 위해 사용되는 기법이다.

20 절화를 구입할 때 주의사항으로 틀린 것은?

① 각 묶음은 정확한 수량의 줄기를 가지고 있어야 한다.
② 꽃이나 잎줄기에 상처와 병충해가 없어야 한다.
③ 개화 정도는 화훼종류와 용도에 상관없이 단단한 봉오리가 좋다.
④ 꽃은 화색이 선명하고, 잎은 농약의 잔재가 없어야 한다.

해설
절화를 선택할 때 고려사항
• 개화 정도가 적당하고 성숙도가 알맞아야 한다.
• 꽃, 줄기, 잎의 균형이 있으며 신선해야 한다.
• 향기 있는 절화의 경우 향기의 질이 좋아야 한다.
• 꽃이나 잎, 줄기에 상처가 없고 목이 부러진 꽃이 없어야 한다.
• 줄기길이가 용도에 적합해야 한다.
• 각 묶음은 정확한 본수의 꽃이어야 한다.

17 ④ 18 ① 19 ③ 20 ③

21 형-선적 구성에 대한 설명으로 옳은 것은?

① 좌우 비대칭의 구성으로 식물의 생태적 특성을 고려한다.
② 자연주의를 바탕으로 사실적이고 자유로운 질서가 있다.
③ 식물의 생태적 특성보다는 주어진 형태 안에서 장식효과를 높이는 데 주안점을 둔다.
④ 선과 면의 강한 대비를 통해 긴장감 고조를 유도한다.

해설
형-선적 구성 : 소재의 형, 선, 각도를 강조하고, 형과 선이 두드러지게 대비되며 여백을 이용하여 소재의 아름다움을 강조한 형식이다.
①·② 식생적 구성, ③ 장식적 구성

22 비료의 3요소가 아닌 것은?

① 질 소
② 인 산
③ 칼 륨
④ 칼 슘

해설
비료의 3요소
• 질소(N) : 잎과 줄기의 비료
• 인(P) : 꽃과 열매의 비료
• 칼륨(K) : 식물의 발달과 성숙의 비료

23 작품 속에서 자연을 사실적으로 표현하는 것으로 식물 개개의 생태적 모습이나 특성을 고려한 구성법은?

① 식생적 구성
② 장식적 구성
③ 구조적 구성
④ 선형적 구성

해설
① 식생적 구성 : 식물이 자연상태에서 살아 있는 모습과 같은 형태로 조형하는 구성이다.
② 장식적 구성 : 절화장식에서 가장 먼저 만들어진 구성형식으로, 소재의 독자적인 매력보다는 전체적으로 풍성한 부피감과 역동적인 효과를 나타낸다.
③ 구조적 구성 : 각 소재가 가지고 있는 형태, 크기, 색, 재질감(Texture)뿐 아니라 소재의 배열이 나타내는 표면의 조직이나 구성, 재질감, 즉 구조의 효과를 전면에 부각시키는 구성이다.
④ 선형적 구성 : 소재의 형·선·각도를 강조하고, 형과 선이 두드러지게 대비되며, 여백을 이용하여 소재의 아름다움을 강조한다.

24 절화의 수명을 연장하기 위한 방법으로 옳은 것은?

① 열대성 절화는 0~4℃의 온도에서 저온저장한다.
② 절화의 관상가치를 위해 꽃 냉장고에 과일과 함께 보관한다.
③ 보존용액은 pH 5 정도의 약산성 용액을 사용한다.
④ 절화 수명연장을 위한 최적의 공중습도는 50% 미만이다.

해설
① 열대식물은 8~15℃에서 저장한다.
② 과일이나 채소와 같이 보관하지 않는다.
④ 가장 적당한 공중습도는 80~85%이다.

정답 21 ④ 22 ④ 23 ① 24 ③

25 자연향을 오래 간직하기 위해서 말린꽃에 향기나는 식물, 향료 등을 혼합하여 이것을 용기 속에 넣어 이용하는 장식화훼의 형태는?

① 포푸리 ② 리스
③ 부토니아 ④ 오브제

해설
② 리스 : 화환이라고도 하며, 절화를 이용하여 고리 모양으로 만들어낸 장식물
③ 부토니아(Boutonniere) : 신부 꽃다발의 꽃 한 송이를 이용하여 신랑의 예복 상의 깃의 단추 구멍에 꽂는 꽃
④ 오브제(Objective) : 식물을 다른 소재와 조합하여 그 형이나 색채, 질감의 대비나 조화 등을 비사실적 기법에 의해 순수한 구성미를 가진 형태로 표현하는 것

26 다음 중 4℃ 저온의 냉장고에 두면 꽃잎이 퇴색되고 봉오리가 개화되지 않는 저온장해를 받는 화훼류는?

① 거베라 ② 국화
③ 심비디움 ④ 카네이션

해설
저온성 난 : 7℃ 이상의 온도를 유지해야 하는 난으로 종류에는 심비디움, 덴드로븀, 파피오페딜륨, 온시디움 등이 있다.

27 테라리움의 관리요령으로 틀린 것은?

① 충분한 광합성을 위하여 직사광선을 받는 곳에 둔다.
② 과다한 관수를 피해야 한다.
③ 토양을 적당히 건조한 상태로 유지시켜 식물의 생장을 억제시킨다.
④ 뚜껑을 가끔 열어주어 공기순환과 함께 수분을 증발시킨다.

해설
직사광선을 피하고 걸러진 밝은 빛을 받는 곳에 둔다. 특히 여름철에 직사광선을 받으면 잎이 타서 화상을 입게 된다.

28 다음 중 건조소재에 대한 설명으로 틀린 것은?

① 생화에 비해 취급하기가 편리하며 소재의 보관과 운반 시에 시간적 제한성이 없다.
② 관리와 환경에 따라 반영구적으로 보관, 감상할 수 있다.
③ 건조화는 열매, 줄기, 뿌리, 가지, 잎, 덩굴 등 다양한 부위가 사용된다.
④ 출하시기에 제한을 받아 일정 기간에만 건조가 가능하다.

해설
④ 건조소재는 지속시간이 짧은 생화의 단점을 보완할 수 있고, 자연소재로 연중 구입이 가능하다. 염색이나 박피 등의 가공을 쉽게 할 수 있으며, 장식할 때 물이 필요 없는 소재이다.

29 배양토에 대한 설명으로 틀린 것은?

① 통기성, 보수력, 보비력이 양호하다.
② 식물생육에 필요한 영양분이 함유되도록 한다.
③ 토양이 무거워야 식물의 뿌리를 잘 눌러 고정할 수 있다.
④ 사용할 식물에 맞게 적정 비율로 경량토를 혼합해서 사용한다.

해설
배양토는 비료분이 풍부하고 다공성(多孔性)이며, 보수력이 있고 병해충이 없어야 한다.

정답 25 ① 26 ③ 27 ① 28 ④ 29 ③

30 매듭을 지어 소재와 소재를 연결시켜 고정하는 기법으로 프레임 제작에 가장 많이 쓰이는 것은?

① Clamping기법
② Propping기법
③ Knotting기법
④ Lime고정기법

해설

프레임 제작기법
- 클램핑(Clamping, 쪼이기기법) : 어떤 소재를 빽빽하게 밀집시키고, 그 틈 사이에 다른 소재를 고정시키는 기법
- 프로핑(Propping, 지지기법) : 소재를 고정시키거나 지탱시키기 위한 수단, 안스리움 줄기끼리 서로 지탱하는 기법
- 노팅(Knotting, 매듭기법) : 케이블 타이, 라피아, 컬러 와이어, 쿠퍼 와이어 등을 이용해서 매듭을 지어 소재와 소재를 연결시켜 고정하는 기법으로 프레임 제작에 제일 많이 쓰임

31 식물을 다른 소재와 조합하여 비사실적 기법에 의해 새로운 형태를 탄생시키는 구성을 가리키는 것은?

① 식생적 구성   ② 오브제적 구성
③ 장식적 구성   ④ 구조적 구성

해설

오브제적 구성
- 식물을 다른 소재와 조합하여 비사실적 기법에 의해 새로운 형태를 탄생시키는 구성이다.
- 디스플레이용이나 전시작품용으로 많이 이용한다.
- 서로 다른 물체들의 조화와 대비가 중요하다.
- 식물을 다른 소재와 조합하여 그 형이나 색채, 질감의 대비나 조화 등을 비사실적 기법에 의해 순수한 구성미를 가진 형태로 표현하는 것이다

32 한국전통 꽃꽂이 화형 구성에서 적합하지 않은 것은?

① 1주지는 제일 긴 가지로 작품의 화형을 결정한다.
② 2주지는 중간 길이로 작품의 넓이, 부피를 구성한다.
③ 3주지는 전체적인 조화를 찾아 흐름을 마무리 해주는 역할을 한다.
④ 종지는 주지를 보완해 주는 역할을 하며 주지보다 더 길게 꽂는다.

해설

종지는 각각의 주지보다 짧고, 다르게 꽂는다.

33 꽃다발을 제작할 때의 주의사항으로 가장 거리가 먼 것은?

① 묶음점 아래 부분의 줄기는 깨끗이 다듬어 준다.
② 묶음점을 굵은 철사로 여러 번 묶는다.
③ 일반적으로 줄기는 나선형으로 돌려가며 구성한다.
④ 묶음점을 부드러운 노끈으로 묶는다.

해설

묶음점은 되도록 가늘게 필요한 만큼의 폭으로 묶는다.

34 식물이 건조, 저온 등으로 인하여 발아에 부적당한 조건에 놓이게 되어 배의 활동이 제한되는 경우와 같이 외적요인으로 일어나는 식물휴면은?

① 자발적 휴면   ② 타발적 휴면
③ 자동적 휴면   ④ 정기적 휴면

해설

휴면의 종류
- 조건휴면 : 눈(芽)이 완전히 휴면에 들어가지 않은 상태에서 순지르기 하거나 잎이 떨어질 경우 싹이 트게 되는 휴면
- 자발휴면 : 온도, 수분 등 외부환경이 적합해도 휴면이 완료되지 않아 싹이 트지 않고 생장을 정지하고 있는 휴면
- 타발휴면 : 휴면이 완료된 상태에서도 저온 등 외부환경이 부적합하여 싹이 트지 않는 휴면

정답 30 ③ 31 ② 32 ④ 33 ② 34 ②

35 대기오염에 의한 식물의 피해현상이 아닌 것은?

① 반점현상 ② 조기낙엽
③ 형태변화 ④ 꽃눈형성

해설
대기오염의 식물에 대한 피해
- 잎을 일찍 노후시키거나 낙엽으로 만든다.
- 줄기와 잎의 구조를 가늘고 길게 또는 기형으로 만든다.
- 과실나무의 꽃에 가시적인 피해가 나타나면서 생산량이 줄어들 수도 있다.

36 식물의 대사, 호흡에 이용되는 당의 역할에 대한 설명으로 가장 거리가 먼 것은?

① 노화를 지연시킨다.
② 기공을 폐쇄하여 수분손실을 적게 한다.
③ 삼투압을 높여서 영양분을 공급한다.
④ 에틸렌을 합성한다.

해설
꽃의 삼투압을 높여 흡수력 증대, 기공을 폐쇄하여 증산 및 수분손실 억제, 호흡기질을 이용하여 체내 영양분 손실지연(노화지연), 미숙봉오리의 발달 및 개화 촉진, 안토시아닌계 화색의 발현을 돕는다.

37 화훼장식의 표현기법 중 조닝(Zoning)에 해당되는 설명으로 가장 적합한 것은?

① 특정 소재를 다른 소재와 분리시킴으로써 제작 시 구획을 나누어 연출하는 기법이다.
② 소재를 한겹한겹 쌓거나 말뚝박기하듯 쌓는 기법이다.
③ 줄기가 짧은 소재를 한데 모아 언덕의 효과를 내는 기법이다.
④ 입체감과 깊이감을 주기 위해 유사한 소재를 앞뒤에 꽂는 기법이다.

해설
조닝(Zoning, 구역 나누어 꽂기)
- 플라워 디자인의 단순한 구성을 보다 넓은 지역에 적용하는 용어로 꽃들을 색과 종류에 따라 넓은 특정 지역에 구역화하는 기법
- 같은 재료는 모으고, 다른 재료는 서로 공간을 두어 겹치지 않도록 구획을 정리해 주는 표현기법이다
- 조닝은 대칭형 방사선 줄기배열의 장식적 구성양식에서 깊이감이나 입체감을 강조하는 기법에는 적합하지 않다.
② 스태킹(Stacking)
③ 필로잉(Pillowing)
④ 섀도잉(Shadowing)

38 벽걸이 분(Wall Hanging Basket)의 장점이 아닌 것은?

① 공간활용도가 효율적이다.
② 공중걸이 분보다 고정이 용이하다.
③ 장식품의 시선을 확대할 수 있다.
④ 사방에서 관상할 수 있다.

해설
벽걸이 분은 한쪽 면을 벽에 붙여 걸어 앞쪽에서만 감상할 수 있다. 사방에서 감상할 수 있는 분은 공중걸이 분이다.

39 자생지가 온대산인 식물의 화분갈이 시기로 가장 적절한 때는?

① 낙엽이 지는 가을철
② 생장이 완료되어 휴면이 시작되기 전
③ 겨울철 휴면기간
④ 휴면이 끝나고 생장 직전

해설
휴면에서 깨어나 생장을 개시하기 직전이 가장 효과적이다.

40 교차선 배열에 대한 설명으로 틀린 것은?

① 교차선 배열은 자연의 식물 모습에서도 볼 수 있는 배열이다.
② 선이 엇갈리며 여러 각도로 표현된다.
③ 여러 개의 생장점이 있으며 구조적 구성에는 활용되지 않는다.
④ 꽃을 꽂는 한 지점에 여러 개의 소재가 겹치지 않아야 한다.

해설
여러 개의 생장점이 있으며 구조적 구성에서 많이 나타난다.

41 핸드타이드 부케의 제작방법으로 옳은 것은?

① 바인딩 포인트 하단 부분의 소재줄기에 잎이나 가시가 없도록 깨끗이 정돈한다.
② 바인딩 포인트는 소재가 추가되면서 점점 내려가게 제작한다.
③ 나선형으로 제작 시 바인딩 포인트의 줄기가 여러 방향으로 가게 하여 두껍게 제작한다.
④ 각 소재별로 물올림을 다르게 하여 건조한 상태에서 제작한다.

해설
② 바인딩 포인트는 단단히 묶는다.
③ 나선형으로 제작 시 바인딩 포인트의 줄기가 한 방향으로 가게 하여 되도록 가늘게 제작한다.

42 다음 중 실내식물이 환경에 미치는 영향에 대한 설명으로 옳지 않은 것은?

① 실내에서의 공중습도를 증가시킨다.
② 실내에서의 급격한 온도변화를 방지할 수 있다.
③ 녹지효과로 시각적 안정성을 도모할 수 있다.
④ 광합성으로 산소를 흡수하고 이산화탄소를 방출하므로 공기를 정화시킨다.

해설
실내에 살아 있는 식물을 장식했을 때 실내환경에 미치는 영향
• 광합성작용으로 산소를 발생시켜 공기를 정화한다.
• 휘발성 유기물질을 흡수해 공기를 정화한다.
• 잎의 증산작용으로 실내습도를 높인다.
• 음이온을 발생시켜 사람의 신진대사를 촉진한다.

43 다음에서 설명하는 것은?

• 팔 또는 손목을 장식하는 코사지이다.
• 제작한 꽃을 부착하여 손목에 고정시킬 수 있는 팔찌와 같은 도구를 사용하면 훨씬 편리하다.

① 백사이드 코사지
② 앵클릿 코사지
③ 부토니아 코사지
④ 리스트 코사지

해설
① 백사이드 코사지(Backside Corsage) : 등 부위를 장식하는데 쓰이는 코사지. V자형, U자형 등
② 앵클릿 코사지(Anklet Corsage) : 발목이나 발목 뒤를 장식하는데 사용하는 코사지
③ 부토니아(Boutonniere) : 남자의 양복 옷깃의 단추구멍에 꽂는 작은 꽃다발

정답 39 ④ 40 ③ 41 ① 42 ④ 43 ④

44 다음 중 어떤 두 색이 인접해 있을 때 두 색의 경계가 되는 부분에서 경계로부터 멀리 떨어져 있는 부분보다 색상, 명도, 채도대비가 더 강하게 일어나는 현상은?

① 보색대비 ② 연변대비
③ 명도대비 ④ 색상대비

해설
① 보색대비 : 보색관계인 두 색을 나란히 놓았을 때 서로의 영향으로 각 색의 채도가 높아 보이는 대비현상
③ 명도대비 : 명도가 다른 색상이 인접할 때 밝은 색은 더 밝게, 어두운 색은 더 어둡게 느껴지는 효과
④ 색상대비 : 두 가지 이상의 색을 동시에 볼 때 각 색상의 차이가 크게 느껴지는 현상

45 대칭형이 나타내는 느낌 중 잘못된 것은?

① 편안하고 안정된 느낌
② 공식적이고 위엄적인 느낌
③ 인위적인 느낌
④ 자연스럽고 생동적인 느낌

해설
시각적인 균형은 대칭과 비대칭으로 나뉜다.
- 대칭은 중앙의 수직축을 기준으로 양쪽에 같은 요소가 동일하게 배열되는 것을 말하고 대칭은 쉽게 균형을 이루며 편안하고 안정된 느낌을 만들어 주며 또한 공식적이고 위엄있는 듯이 보인다. 그러나 대칭은 자연스럽지 못해 때로는 딱딱하고 인위적인 것 같이 보인다.
- 비대칭은 중심축을 기준으로 양면에 다른 요소가 배치되지만 동등한 시각적 무게감을 주어 같은 시선을 유도하고 비대칭은 보다 자연스럽고 비정형적이며 시각적 움직임으로 인한 생동감을 만들어 낸다.

46 다음 중 먼셀 색체계에서 보색관계로 짝지어진 것은?

① 빨강(R) - 노랑(Y)
② 주황(YR) - 파랑(B)
③ 노랑(Y) - 연두(GY)
④ 보라(P) - 빨강(R)

해설
① 빨강(R) - 청록(GB), ③ 노랑(Y) - 남색(PB), ④ 보라(P) - 연두(GY)

47 다음 중 식물의 향기에 관한 설명으로 틀린 것은?

① 향기의 강도는 보편적으로 흰색 꽃이 강하다.
② 향기는 화훼장식에 필요한 요소가 아니다.
③ 히아신스 향기는 봄을 연상시킨다.
④ 쟈스민의 향기는 분위기를 차분하게 해준다.

해설
향기는 화훼장식에 필요한 요소이다.

48 질감에 대한 설명으로 옳지 않은 것은?

① 시각적 질감과 촉각적 질감이 있다.
② 거친 질감은 먼거리감, 매끈한 질감은 근거리감을 준다.
③ 질감으로 원근감을 표현할 수 있다.
④ 식물소재로 질감을 표현할 수 있다.

해설
질감이 부드러운 것에서 거친 식물로 변화를 줄 때 거리감을 가까워 보이게도 한다. 반대의 경우는 거리감을 멀어 보이게 한다.

49 먼셀 표색계의 '채도'에 대한 설명으로 틀린 것은?

① 채도는 'C'로 표시한다.
② 색의 선명도를 나타내는 것으로 포화도라고도 한다.
③ 채도가 높으면 색이 탁해진다.
④ 채도는 1에서 14단계로 나뉘며 색입체의 중심축에서 바깥쪽으로 멀어질수록 채도번호는 점점 높아진다.

해설
채도가 높으면 색이 선명해지고, 채도가 낮으면 탁해진다.

50 한국화훼장식의 역사 중에서 삼국시대에 대한 설명으로 옳은 것은?

① 한국 꽃꽂이가 예술로 본격적으로 발전된 시대이다.
② 불교의 전래와 함께 불전헌공화가 전래되었다.
③ 청자의 곡선미와 순수한 아름다움에 어울리는 병꽃꽂이를 처음으로 시도했던 시대이다.
④ 유교사상으로 꽃은 소박하고 간결한 표현 및 높이 세우는 형이 많아졌다.

해설
② 고구려가 중국으로부터 고구려에 불교 문화가 전파되면서 헌공화 형식의 꽃꽂이 문화가 시작되었다.
①·③ 고려시대, ④ 조선시대

51 장식품의 전시에서 이용되는 조명 중 광원의 빛을 대부분 천장이나 벽에 부딪혀 확산된 반사광으로 비추는 방식으로 효율이 떨어지지만 그늘짐이나 눈부심이 없는 것은?

① 전반확산조명   ② 간접조명
③ 반간접조명   ④ 직접조명

해설
① 전반확산조명 : 빛이 모든 방향으로 투사되어 실내 전체가 고르게 조도를 갖게 되는 조명
③ 반간접조명 : 작업면에 빛의 10~40%가 직접 투사되고 나머지는 대부분은 반사되는 조명
④ 직접조명 : 작업면에 90% 이상의 빛이 직접 비추는 조명

52 다음 중 화훼장식에서 건조방법으로 쓰이지 않는 것은?

① 감압건조   ② 큐어링건조
③ 매몰건조   ④ 글리세린 흡수건조

해설
• 건조방법의 종류에는 자연건조법, 열풍건조법, 동결건조법, 감압건조법, 중압건조법, 매몰건조, 글리세린건조 등이 있다.
• 큐어링건조는 양파 등의 채소류를 수확 후 온풍이나 송풍 처리를 하는 건조방법이다.

53 영국 조지 왕조 시대에 꽃향기가 공기 중의 전염성균과 페스트를 제거해 준다고 믿어, 꽃향기를 항상 몸에 지니고 다니기 위해 가지고 다닌 부케는?

① 포푸리   ② 핸드타이드 부케
③ 번치 부케   ④ 노즈게이 부케

해설
① 포푸리 : 건조된 방향성 식물의 꽃과 잎, 열매 등에 정유를 첨가하여 넣어 매달아 놓는 주머니나 유리병 소품
② 핸드타이드 부케 : 일명 꽃다발이라고도 하며, 손으로 꽃을 잡고 끈으로 묶는 것
③ 번치 부케 : 화훼생산자들이 꽃을 시장에 출하하기 위해 단순히 꽃머리를 일렬로 정리하듯 만든 것

54 호흡으로 인한 양분 손실이 많아지기 전에 빠르게 건조하기 위해 가열하여 건조하는 방법으로 건조시간도 적게 걸리는 건조방법은?

① 누름건조 ② 동결건조
③ 열풍건조 ④ 자연건조

해설
③ 열풍건조 : 열풍건조기를 이용하여 많은 건조화를 생산하며, 꽃을 빠르게 건조시키면서 변색이 적고 형태 유지가 가능하다.
① 누름건조 : 꽃이나 잎을 흡습지 사이에 넣고, 눌러서 평면적으로 건조시키는 방법이다.
② 동결건조 : 자연적인 형태와 색상도 그대로 유지되어 수명이 연장되는 장점이 있지만, 공기 중 습기를 쉽게 흡수하여 변색되어 모양이 흐트러지므로 코팅제를 뿌리거나 유리용기 속에 밀폐시켜 장식해야 한다.
④ 자연건조 : 자연의 공기를 이용하여 식물체의 수분을 제거하는 방법으로 가장 편리하다.

55 화훼장식 디자인 요소 중 색채의 대비에 대한 설명으로 틀린 것은?

① 무채색은 유채색보다 후퇴되어 보인다.
② 색의 팽창과 수축은 모두 채도의 지배를 받는다.
③ 젖어있을 때의 물체는 명도가 낮고 무겁게 느껴진다.
④ 차가운 색 계통의 하늘색은 가볍게 느껴진다.

해설
색의 팽창과 수축은 모두 명도의 지배를 받는다.

56 다음 중 화훼장식의 기능에 대한 내용으로 거리가 먼 것은?

① 스트레스를 줄이고, 일의 효율과 창의력을 높여준다.
② 실내공간의 공기를 정화시켜 준다.
③ 정서적 안정과 같은 정신적인 치료효과를 준다.
④ 시각적인 혼란으로 상업공간에서 구매 의욕을 저하시키는 효과를 준다.

해설
화훼장식물로 장식된 공간은 아름답고 편안한 이미지를 주며 볼거리를 제공하며 많은 사람들을 불러 모으는 효과가 있다.

57 〈보기〉의 플라워디자인 제작과정이 바르게 나열된 것은?

보기
ㄱ. 작품의 결정 ㄴ. 주제의 결정
ㄷ. 구상과 스케치 ㄹ. 물리적인 파악
ㅁ. 작품 제작 ㅂ. 재료 구입

① ㄴ - ㄹ - ㄱ - ㄷ - ㅂ - ㅁ
② ㄷ - ㅁ - ㄱ - ㄴ - ㅂ - ㄹ
③ ㅂ - ㅁ - ㄷ - ㄹ - ㄱ - ㄴ
④ ㄱ - ㄴ - ㄷ - ㄹ - ㅁ - ㅂ

해설
플라워디자인의 제작과정
주제의 결정 - 물리적인 파악 - 작품의 결정 - 구상과 스케치 - 재료 구입 - 작품 제작

58 다음은 무엇에 관한 설명인가?

> 이것은 사회, 경제, 문화의 변화와 밀접한 관련이 있는 것으로 예를 들어 한·일 월드컵 경기를 계기로는 붉은색, 환경문제가 대두되면서부터는 자연적인 그린이나 파스텔 색상을 추구하는 경향이 많아지는 것과 같이 그 시대를 반영하는 색을 민감하게 받아들여 활용하고자 할 때 이용된다.

① TINT
② 유행색
③ 색의 속성
④ 색의 지각

해설
① TINT : 명청색으로 순색에 흰색이 더해져 명도가 높은 컬러를 말한다.
③ 색의 속성 : 색상(Hue), 명도(Value), 채도(Chroma)이다.
④ 색의 지각 : 물체의 표면에 반사된 빛을 눈으로 받아들이는 과정이다.

59 다음 중 디자인 요소가 아닌 것은?

① 선
② 형태
③ 색채
④ 강조

해설
디자인 요소로는 점, 선, 면, 형태, 방향, 명암, 질감, 크기, 색채, 공간 등이 있다.

60 다음 재료 중 부식상태에 따라 매끄럽고 거친 느낌이 나며 차고 강한 느낌의 현대 문명을 암시하는 것은?

① 도자기
② 강 철
③ 테라코타
④ 구 리

정답 58 ② 59 ④ 60 ②

2017년 제1회 과년도 기출복원문제

※ 2017년부터는 CBT(컴퓨터 기반 시험)로 진행되어 수험자의 기억에 의해 문제를 복원하였습니다. 실제 시행문제와 일부 상이할 수 있음을 알려드립니다.

01 꽃의 형태에 따른 분류 중 폼 플라워(Form Flower)에 사용되지 않는 것은?

① 안개꽃
② 백합
③ 수선
④ 안스리움

해설
- 폼 플라워(Form Flower, 형태 꽃) : 꽃 모양이 특수하게 생긴 꽃들로서 꽃의 색이나 형태가 특이하여 시각의 유도를 크게 한다.
- 안개꽃은 필러 플라워(Filler Flower, 채우기 꽃)로 분류된다.

02 뿌리의 형태와 기능에 관한 설명으로 틀린 것은?

① 뿌리는 수염뿌리와 덩이뿌리로 나눌 수 있다.
② 뿌리에서 흡수된 양·수분은 목부를 통해 줄기와 잎으로 운반된다.
③ 체관은 양분을 잎에서 뿌리로 수송한다.
④ 괴경은 뿌리가 비대하여 양분의 저장기관으로 변태한 것이다.

해설
괴경은 땅속줄기가 비대하여 양분의 저장기관으로 발달한 것이다.

03 다음 중 학명의 연결이 틀린 것은?

① 금잔화 : *Calendula arvensis* L.
② 봉선화 : *Impatiens balsamina* L.
③ 팬지 : *Viola tricolor* L.
④ 과꽃 : *Vinca rosea* L.

해설
과꽃의 학명은 *Callistephus chinensis* L.이고, 일일초의 학명은 *Vinca rosea* L.이다.

04 다음 괄호 안의 용어로 바르게 짝지어진 것은?

> 사막이나 건조지방에서 잘 자라는 식물로 잎이 가시로 변한 식물은 (a)이고, 잎이나 줄기가 육질화된 식물은 (b)이라 한다.

① a : 다육식물, b : 선인장
② a : 선인장, b : 다육식물
③ a : 선인장, b : 수생식물
④ a : 고산식물, b : 다육식물

정답 1 ① 2 ④ 3 ④ 4 ②

05 화훼식물에 대한 설명으로 가장 적합한 것은?

① 미적인 관상을 목적으로 하는 초본과 목본식물
② 먹거리를 제공하는 채소류
③ 열매를 수확하는 과수류
④ 관상을 목적으로 하는 조화

해설
관상을 대상으로 하는 초화류를 포함한 관상초본류와 화목류, 관상수를 총괄하여 화훼라고 한다.

06 화훼장식에 사용되는 철사에 관한 설명으로 틀린 것은?

① 화훼장식 디자인에 사용하는 철사는 무게와 지름의 크기에 따라 다양한 규격을 가지고 있다.
② 화훼장식용 철사는 표준규격의 수치가 높을수록 철사의 굵기가 굵어진다.
③ 너무 굵은 철사를 사용하면 재료를 손상시키고 너무 가는 철사를 사용하면 지지역할을 제대로 못하게 된다.
④ 재료를 받쳐서 제자리에 지탱시킬 수 있는 범위 내에서 가장 가는 철사를 사용하는 것이 좋다.

해설
철사의 굵기는 짝수로 표시하며, 높은 숫자일수록 가늘다.

07 서양 디자인에서 전통 스타일을 제작할 때 플로랄폼을 화기에 고정하는 방법으로서 가장 적합한 것은?

① 밖으로 보이지 않게 화기보다 낮게 고정한다.
② 화기 가운데만 플로랄폼을 고정하고 주변으로 여유가 있도록 한다.
③ 화기 바깥으로 충분히 넘치도록 고정시킨다.
④ 화기보다 약간 높게 고정시킨다.

해설
일반적으로 화기보다 약간 높게 고정시키며, 꽃줄기의 배열이 사선이거나 수직이 많으면 화기보다 낮게 고정시킨다.

08 화훼장식 디자인에서는 외관적 특성이나 영향력 등에 따라 식물을 분류하는데, 꽃의 형태별 분류로 잘못 연결된 것은?

① Line Flower - 글라디올러스, 금어초, 델피니움
② Mass Flower - 장미, 수국, 국화
③ Form Flower - 극락조화, 리아트리스, 프리지아
④ Filler Flower - 스타티스, 카스피아, 안개꽃

해설
• 극락조화 : Form Flower
• 리아트리스 : Line Flower
• 프리지아 : Filler Flower

09 화훼재료의 엽서(잎차례) 연결이 틀린 것은?

① 윤생엽 - 아스플레늄, 칼라테아, 사스레피
② 호생엽 - 둥굴레, 송악, 느티나무
③ 대생엽 - 소철, 마가목, 주목
④ 근생엽 - 앵초, 맥문동, 민들레

해설
윤생엽 - 잎이 원으로 돌려가며 자라나는 잎의 형태이다.
• 윤생엽 : 아스플레늄, 칼라테아
• 호생엽 : 사스레피나무

10 꽃을 구성하는 여러 기관 중 성숙하여 종자로 발달하는 기관은?

① 암술머리 ② 화 탁
③ 자 방 ④ 배 주

해설
④ 배주 : 종자식물의 암술의 자방 속에서 수정 후에 종자가 되는 부분
① 암술머리 : 식물의 암술의 꼭대기 부분(주두)으로서 꽃가루를 받아들이는 부분
② 화탁 : 속씨식물 꽃의 모든 기관이 달리는 꽃자루 맨 끝의 불룩한 부분
③ 자방 : 속씨식물의 배주를 가지고 있는 자루모양의 기관

11 화훼의 생태학적 분류방식이 아닌 것은?

① 기후형에 따른 분류
② 광도에 따른 분류
③ 광주기에 따른 분류
④ 형태에 따른 분류

해설
화훼의 생태적 조건에 따른 분류
• 기후형 : 지중해성, 대륙서안, 대륙동안, 열대고지, 열대기후, 사막기후, 북지기후형
• 광주기 : 장일성, 단일일
• 광선 : 양지, 반음지, 음지
• 수분 : 건생, 중생, 습생, 수생식물

12 도구 및 부재료의 보관방법으로 적합하지 않은 것은?

① 리본 및 포장지는 광선에 의해 변색되기 쉬우므로 광과 습기가 들어가지 않는 장소에 보관한다.
② 스프레이는 화재 위험이 없는 곳에 보관한다.
③ 플로랄 테이프는 접착성 물질이 굳지 않도록 따뜻한 곳에 보관한다.
④ 플로랄폼은 상자에 넣은 채로 건조한 곳에 보관한다.

해설
③ 플로랄 테이프에는 접착제 성분이 있으므로 서늘한 곳에 보관해야 한다.

13 화훼장식에 대한 설명으로 틀린 것은?

① 채소나 과일은 화훼장식재료로 부적합하다.
② 화훼식물을 이용하여 우리 생활환경을 보다 아름답고 쾌적하게 조성할 수 있다.
③ 감상이나 가꾸는 것 외에 원예치료의 효과도 거둘 수 있다.
④ 생활환경을 아름답게 하기 위해 절화류, 분화류, 관엽식물 및 건조화 등의 이용이 폭넓다.

해설
① 채소, 과수, 곡물, 허브 등도 화훼장식재료로 사용된다.

14 다음 중 선인장에 속하지 않는 것은?

① 네펜데스 ② 금 호
③ 월하미인 ④ 비모란

해설
① 네펜데스는 벌레잡이통풀과의 식충식물이다.

15 동양식 꽃꽂이에서 자연묘사에 따른 형태의 설명으로 옳지 않은 것은?

① 부화형 : 수반에 물을 채우고 연꽃모양으로 꽃을 꽂는 형
② 방사형 : 중심축을 중심으로 사방으로 균일하게 꽂는 형
③ 분리형 : 한 개 혹은 두 개의 수반에 분리하여 꽂는 형
④ 복합형 : 두 개 이상의 수반을 복합적으로 배치하여 꽂는 형

해설
부화형(Floating Bowl)은 수반에 물을 채우고 수생식물을 띄우는 형태이다.

16 서양꽃꽂이의 화형을 기하학적 형태를 기초로 하여 직선적 구성과 곡선적 구성으로 구분할 때 다음 중 곡선적 구성에 해당하는 것은?

① L자형(L-Shape)
② 역T자형(Inverted-T)
③ 초승달형(Crescent)
④ 수직형(Vertical)

해설
서양꽃꽂이 화형 중 직선적 구성으로는 수직형·삼각형·L자형·역 T자형·대각선형 등이 있으며, 곡선적 구성으로는 수평형·초승달형·S자형·부채형·원형 등이 있다.

17 절화보존제의 구성성분 중 에너지원으로 공급되는 것은?

① 단백질   ② 자 당
③ 지 방   ④ 무기질

해설
자당(Sucrose)
절화의 주요 양분으로, 절화 후 일어나는 모든 생화학적·생리적 과정의 유지에 필수적인 에너지원이다.

18 디자인에서 어떤 부위를 강조하거나 아름답게 보이기 위하여 그 주위를 둘러싸 속을 바라보도록 구성하는 방법은?

① 섀도잉   ② 프레이밍
③ 시퀀싱   ④ 클러스터링

해설
프레이밍(Framing)
특정 부분에 시선을 두도록 꽃이나 가지를 이용하여 안에 있는 소재를 감싸주는 기법이다.
① 섀도잉 : 소재의 바로 뒤와 아래에 똑같은 소재를 하나씩 더 가깝게 꽂아 입체적으로 보이도록 하는 기법
③ 시퀀싱 : 선, 모양, 색, 질감 등의 요소에 점진적인 변화를 주어 디자인의 한 부분에서 다른 부분으로 시선을 유도하는 기법
④ 클러스터링 : 디자인의 색상, 질감, 형태 등이 대비를 이루도록 하면서, 소재들을 종류나 질감이 유사한 것끼리 모아 높든 낮든 하나가 된 느낌으로 표현하는 기법

19 작은 보석을 빽빽하게 배치하는 데서 유래하여 편평한 용기에 꽃, 잎, 줄기 등을 플로랄폼이 보이지 않도록 조밀하게 비치하여 색과 질감을 대비시켜 구성하는 방법은?

① 뉴컨벤션 디자인
② 파베 디자인
③ 폭포형 디자인
④ 비더마이어 디자인

해설
파베 기법
작은 돌들을 가능한 빽빽하게 모으는 것처럼 소재들을 구성하는 방법으로, 높낮이 차이가 없도록 구성한다.

정답 15 ① 16 ③ 17 ② 18 ② 19 ②

20 분식물장식에 대한 설명으로 틀린 것은?

① 테라리움 – 라틴어로 흙이라는 의미의 Terra와 용기라는 의미의 Arium의 합성어이다.
② 비바리움 – 유리용기 속에 도마뱀, 개구리 등의 동물과 식물이 공생하는 자연의 모습을 연출한다.
③ 아쿠아리움 – 물고기 등을 넣고 수생식물을 띄워 키운다.
④ 디시가든 – 깊이가 얕은 분에 목본식물의 생장을 인공적으로 억제시켜 축소, 묘사한 것이다.

해설
디시가든은 넓은 접시나 화분 등에 다양한 종류의 식물로 정원을 연출하는 것을 말한다. 목본식물의 생장을 인공적으로 억제시켜 축소, 묘사한 것은 분재이다.

21 웨딩 부케를 제작할 때 가장 중요하게 고려해야 할 사항은?

① 신부이므로 화려하게 제작하는 것이 원칙이다.
② 가볍고 들기 쉽게 만들어야 한다.
③ 멋스럽고 크게 만드는 것이 좋다.
④ 신부의 체형보다도 예식장 전체 분위기에 맞게 하는 것이 좋다.

해설
웨딩 부케 제작 시 고려사항
• 오래 들어도 피로하지 않도록 가볍고, 들기 쉽게 만들어야 한다.
• 신부의 나이, 피부색, 체형 등 외형을 고려한다.
• 신부의 취향이나 의견을 가장 우선한다.
• 드레스의 형태나 컬러를 고려한다.
• 신부가 특별히 선호하는 색이나 형태를 고려한다.
• 시각상의 중심이 되는 꽃은 큰 꽃으로 선택한다.
• 손잡이의 각도, 길이, 두께에 유의한다.
• 결혼식이 끝날 때까지 싱싱하고, 흐트러짐이 없도록 마무리한다.

22 절화의 신선도를 높이고 수명을 연장하기 위하여 처리하는 약제의 명칭으로 가장 거리가 먼 것은?

① 장기처리제
② 절화보존제
③ 수명연장제
④ 선도유지제

해설
절화보존제는 수명연장제, 선도유지제의 역할도 수행한다.

23 절화장식의 구성형식에 의한 분류에서 형–선적 구성(Formal-Linear Composition)에 대한 설명으로 옳은 것은?

① 디자이너의 의도로 소재를 자유롭고 인위적으로 구성하는 형태
② 식물의 생리·생태적인 면을 고려하여 식물이 자연상태에서 살아있는 것과 같은 형태로 조형
③ 각 식물의 소재가 가지고 있는 형태와 동적인 특성이 잘 나타나도록 형과 선을 명확히 표현
④ 식물을 다른 소재와 조합하여 그 형이나 색채, 질감의 대비나 조화 등을 비사실적 기법에 의한 순수한 구성미를 가진 형태로 표현

해설
① 장식적 구성, ② 식생적 구성, ④ 오브제적 구성

24 핸드타이드 부케를 만들 때 유의해야 할 점이 아닌 것은?

① 줄기는 한 방향으로 나선형이 되도록 구성한다.
② 묶음점은 느슨하게 묶어야 줄기가 잘 펼쳐지고 상하지 않는다.
③ 묶음점은 되도록 가늘게 필요한 만큼의 폭으로 묶는다.
④ 묶음점 아래 부분의 줄기는 깨끗이 다듬어 준다.

해설
묶음점은 단단하게 묶어야 한다.

25 소재를 차곡차곡 쌓아 놓듯이 표현하는 기법은?

① 시퀀싱(Sequencing)
② 스태킹(Stacking)
③ 클러스터링(Clustering)
④ 파베(Pave)

해설
스태킹(쌓기)
소재들을 물건을 쌓아 놓듯이 나란히, 그리고 서로의 위쪽에 차곡차곡 쌓는 식으로 디자인하는 기법이다.
① 시퀀싱(Sequencing) : 선, 모양, 색, 질감 등의 요소에 점진적인 변화를 주어 디자인의 한 부분에서 다른 부분으로 시선을 유도하는 기법
③ 클러스터링(Clustering) : 디자인의 색상, 질감, 형태 등이 대비를 이루도록 하면서, 소재들을 종류나 질감이 유사한 것끼리 모아 높든 낮든 하나가 된 느낌으로 표현하는 기법
④ 파베(Pave) : 편평한 용기에 꽃, 잎, 줄기 등을 플로랄폼이 보이지 않도록 조밀하게 배치하여 색과 질감을 대비시켜 구성하는 기법

26 절화보존제로서 당의 특성이 아닌 것은?

① 기공의 기능을 높여주어서 수분 수지를 개선해 준다.
② 화색을 선명하게 유지시켜 준다.
③ 꽃잎의 세포팽압을 떨어뜨린다.
④ 엽록소의 분해를 억제시킨다.

해설
절화보존제로서 당(Sucrose)의 특성
- 수확 후 일어나는 대사작용에 이용된다.
- 첨가농도는 화훼류에 따라 다르다.
- 가정용 설탕으로 대체가 가능하다.
- 절화에 광합성 산물을 인위적으로 첨가하는 효과가 있다.
- 기공의 기능을 높여주어서 수분 수지를 개선해 준다.
- 화색을 선명하게 유지시켜 준다.
- 엽록소의 분해를 억제시킨다.
- 노화를 지연시킨다.

27 우리나라 꽃꽂이의 기본적인 형태는 식물이 자연에서 자라는 형태를 기준으로 한다. 다음 중 기본형태에 대한 설명으로 옳지 않은 것은?

① 직립형 - 위로 곧게 뻗는 형
② 경사형 - 비스듬히 뻗는 형
③ 하수형 - 아래로 늘어지는 형
④ 평면형 - 사방으로 퍼지는 형

해설
④ 평면형 : 1, 2, 3 주지의 꼭짓점이 같은 수평선상에서 높낮이가 없이 180° 방향만 표현하므로 일방화라고도 한다.
전통 한국식 꽃꽂이의 특성
- 자연에서 식물이 자라는 모습을 화기에 재현한 자연적인 구성이다.
- 나뭇가지 선의 아름다움을 강조한다.
- 자연에서 식물이 자라는 형태는 직립형, 경사형, 하수형으로 나눌 수 있다.

28 실내의 분화장식물에 있어서 우선적으로 고려해야 하는 사항이 아닌 것은?

① 유행하는 식물의 선택
② 실내의 기능적인 면과 이용자의 기호도
③ 실내의 환경조건
④ 바닥재료, 벽지 등 실내 분위기

해설
분화장식물의 이용목적, 표현양식, 형태적 특성 등에 따라 선택한다.

29 리스(Wreath)의 설명으로 틀린 것은?

① 장례용으로만 쓰인다.
② 독일에서는 크란츠라고 한다.
③ 고대 그리스에서는 충성과 헌신의 상징이었다.
④ 생화는 물론 조화와 드라이플라워 등 사용할 수 있는 소재가 다양하다.

해설
리스는 오늘날에도 일반적으로 많이 이용되는 반평면적인 장식물로서 화관용, 테이블용, 벽걸이용으로 뿐만 아니라 스탠드에 걸어 장례용이나 축하용으로도 이용된다.

30 밴딩(Banding)의 제작기법에 대한 설명으로 틀린 것은?

① 작품의 특정 부분에 시선을 끌기 위해 울타리 역할의 소재를 배치하는 기술이다.
② 장식적인 목적으로 강조하기 위하여 묶는 기술이다.
③ 질감과 색감을 부여해서 주의를 끌기 위한 기술이다.
④ 주로 라피아(Raffia), 색상 철사, 리본, 잎을 이용한다.

해설
밴딩(Banding)은 묶는 기법 중에서 기능적인 것보다 장식적인 목적으로 특정한 소재를 강조하거나 관심을 집중시키기 위해 사용되는 기법이고, 특정 부분에 시선을 두도록 꽃이나 가지를 이용하여 안에 있는 소재를 감싸 주는 기법은 프레이밍(Framing)이다.

31 장미꽃의 관리요령으로 가장 적합한 것은?

① 줄기의 잎을 될 수 있는 한 많이 떼어낸다.
② 물속에 잠기는 잎과 노화된 잎은 떼어낸다.
③ 잎과 가시는 모두 물속에 그대로 둔다.
④ 보관용기 안에 빽빽하게 많이 넣을수록 좋다.

해설
줄기의 잎은 필요한 만큼만 제거하는 것이 좋으며, 물속에 잠기는 잎이나 가시는 모두 제거하고 보관용기에 꽃을 빽빽하게 넣는 것은 좋지 않다.

32 다음 중 아쿠아리움의 설명으로 가장 거리가 먼 것은?

① 유리용기 속의 연못이라 할 수 있다.
② 거북이나 물고기도 함께 키운다.
③ 워터 레터스 등의 부유 수생식물을 배치하기도 한다.
④ 수생식물은 고광성과 변온에 견딜 수 있는 힘이 있어야 한다.

해설
수생식물은 저광과 항온에 견딜 수 있는 열대 원산의 식물을 선택해야 한다.

33 시큐어링(Securing)기법을 바르게 설명한 것은?

① 사용한 철사가 약하거나 짧을 때 더욱 단단하게 보강하기 위해 사용하는 방법
② 꽃의 약한 줄기를 보강해 주거나 줄기를 구부릴 때 그 줄기를 보강하기 위해 사용하는 방법
③ 와이어 줄기를 한 개로 하는 방법으로 굵은 와이어의 끝을 갈고리 모양으로 구부려서 줄기에 따라 감아 내린 방법
④ 씨방이나 꽃받침 부분의 줄기에 철사를 직각이 되게 찔러 넣고 두 가닥이 되게 구부리는 방법

해설
시큐어링(Securing)기법
철사를 반 접어서 맨 끝의 꽃머리에 철사 한 쪽을 줄기에 두고 다른 한 쪽은 철사로 감는 방법으로, 줄기가 약하거나 곡선을 내기 위해 구부려야 할 때 사용한다.

34 식사초대를 위한 유럽스타일의 테이블장식에 관한 설명으로 가장 거리가 먼 것은?

① 아침식사 테이블은 상쾌한 햇살에 어울리는 흰색이나 파란색 또는 악센트로 색상이 조금 있는 것을 살짝 곁들인다.
② 점심테이블은 짙고 옅은 색의 배합으로 고상하게 장식하거나 특별한 손님이나 관심이 가는 손님 앞에는 특별한 색을 하나 더하여 정성을 곁들인다.
③ 가든(Garden) 테이블은 뜰에 피는 작은 꽃을 모아 꽂아 친숙한 느낌을 주고, 꽃이나 잎을 조금 높게 꽂아 바람에 살랑거리게 하여 시원함을 준다.
④ 테이블은 초청자가 선호하는 꽃으로 하되 꽃향기가 강하고, 형태가 큰 꽃과 짙은 색 한 종류로 대범하게 연출한다.

해설
식사용 테이블장식에는 향이 강하고 짙거나 형태가 큰 꽃과 같은 식물은 피하는 것이 좋다.

35 품질관리를 위한 수확 후 처리방법에 대한 설명으로 틀린 것은?

① 모든 절화는 끓는 물에 수초간 기부를 담그는 열탕처리가 수명연장에 가장 효과적이다.
② 절화는 온도가 높으면 호흡량이 많아지므로 가능한 저온에 보관한다.
③ 절화에 STS처리는 Ag 이온이 에틸렌작용을 억제하기 때문에 효과가 있다.
④ 미생물이 증식하여 절화의 도관을 막으면 수분흡수가 억제되므로 미생물의 증식을 억제시킨다.

해설
열탕처리의 효과가 미미한 절화도 있다.

36 베이싱(Basing) 제작기법에 대한 설명으로 가장 적합한 것은?

① 병렬식 구성에서 밑의 처리과정에 선과 공간을 제공해 주는 기본재료로 사용된다.
② 작품의 밑 부분을 섬세하게 표현하여 강한 시각적인 강조를 주는 기법이다.
③ 초점(Focal Area)으로 정해진 곳에 선을 이용한 수평 또는 수직공간을 구성해 주는 기법이다.
④ 덩어리를 강조하기 위하여 소재들 사이의 공간을 제거하고 빈틈없이 모아주는 기법이다.

해설
① 병렬 양식 디자인의 작품 밑 부분에 강한 시각적인 강조를 주기 때문에 병렬체계에 잘 어울린다.
③ 수평의 평면이나 복잡한 구조의 세부적인 묘사를 하고 땅 표면에 장식적인 기초를 만들어 주는 기법이다.
④ 베이스 층과 위쪽에 배치한 소재들 사이에는 공간이 있어야 한다.

정답 33 ② 34 ④ 35 ① 36 ②

37 공간장식을 하는 데 있어서 직접적으로 고려해야 할 사항으로 가장 거리가 먼 것은?

① 공간의 전체적인 구도
② 장식할 공간의 전체적인 분위기
③ 공간 내부의 주색상
④ 장식공간의 주변 외부환경

해설
가장 먼저 고려해야 하는 것은 대상공간의 특징 및 규모 파악이며, 공간의 전체적인 구도, 장식할 공간의 전체적인 분위기, 공간 내부의 주색상, 장식공간의 내부환경 등도 생각해야 한다.

38 토양의 수분항수와 관련하여 수분이 포화된 상태의 토양에서 증발을 방지하면서 중력수를 완전히 배제하고 남은 수분상태를 무엇이라고 하는가?

① 최대용수량   ② 포장용수량
③ 초기위조점   ④ 영구위조점

해설
① 최대용수량 : 토양입자들 사이의 모든 공극이 물로 채워진 상태의 수분 함량
③ 초기위조점 : 생육이 정지하고 식물이 시들기 시작하는 토양의 수분상태
④ 영구위조점 : 토양의 수분이 계속해서 감소하여 시든 식물이 회복되지 못하게 되는 때의 토양의 수분상태

39 구성형식에 의한 분류에서 장식적 구성의 특징이 아닌 것은?

① 디자이너의 의도로 소재를 자유롭게 인위적으로 구성할 수 있다.
② 소재의 독자적인 매력보다는 전체적으로 풍성한 부피감과 역동적인 효과를 나타낸다.
③ 전형적인 형태로는 대칭형의 방사선 줄기배열이 있다.
④ 식물의 생리, 생태적인 면을 고려하여 식물이 자연상태에 살아있는 형태로 조형된다.

해설
④는 식생적 구성의 특징이다.

40 다음 설명하는 관수방법으로 가장 적합한 것은?

- 화분의 배수공을 통해 모세관현상을 이용해서 수분을 흡수시키는 방법이다.
- 비용이 저렴하고 화분의 크기에 상관없이 이용할 수 있는 방법이다.

① 파이프 관수
② 저면관수
③ 스프링클러 관수
④ 점적관수

해설
① 파이프 관수 : 일렬로 화분을 늘어놓고 그 위에 파이프를 배치하여 부착된 노즐을 통해 관수하는 방법
③ 스프링클러 관수 : 파이프에 연결된 회전 살수노즐을 통해 넓은 지역을 고르게 관수하는 방법
④ 점적관수 : 작은 구멍이 뚫린 파이프를 통해 조금씩 떨어지는 물방울로 관수하는 방법

정답 37 ④ 38 ② 39 ④ 40 ②

41 웨딩 부케 제작 시 다양한 철사처리방법에 관한 설명으로 옳지 않은 것은?

① 꿰뚫는 방법(피어스법, Pierce Method) – 장미, 카네이션 등과 같이 꽃송이가 크고, 씨방이 발달된 꽃에 많이 사용된다.
② 줄기 속에 삽입하는 방법(인서션법, Insertion Method) – 거베라, 칼라 등과 같이 줄기가 약하거나 속이 비어 있는 꽃의 중심에 삽입하는 방법이다.
③ 안전하게 보강하는 방법(시큐어링법, Securing Method) – 줄기가 가늘거나 구부러진 줄기를 바로 펴고 싶을 때 줄기에 나선형으로 감아 내리는 방법이다.
④ U자형으로 꽂는 방법(헤어핀법, Hair-pin Method) – 철사를 꽃줄기에 평행으로 꽃 중심을 향하여 꽂아 올린 다음 1cm 가량 구부려 줄기의 끝까지 오도록 잡아당긴다.

해설
헤어핀법
U자형으로 꽂는 방법으로 철사 끝을 머리핀처럼 구부려 꽃잎이나 잎에 걸치거나 겹친 잎에도 꽂아 쓴다. 장미잎, 동백잎, 글라디올러스, 드라세나, 헤데라 등에 사용한다.

42 크기의 비율에 대한 원리로 틀린 것은?

① 과소비율(Under Proportion)은 1 : 0.9 이하이다.
② 정상비율(Normal Proportion)은 1 : 1~1 : 6이다.
③ 과대비율(Over Proportion)은 1 : 3 이상이다.
④ 황금비율(Golden Section)은 3 : 5 : 8 : 13…의 연속적인 분할이다.

해설
비 율
• 황금비율 : 8 : 5 : 3의 비율(안정적이고 조화로운 비율)
• 과소비율 : 화기의 1배 이하의 비율
• 과대비율 : 화기의 6배 이상의 비율(변화와 긴장감이 있음)

43 질감(Texture)에 관한 설명으로 틀린 것은?

① 조화와 생화의 질감은 다르다.
② 질감에서 느껴지는 감정은 모든 사람이 동일하다.
③ 일반적으로 거친 질감은 남성적이고 고운 질감은 여성적이다.
④ 질감은 물체의 표면이 촉각적으로나 시각적으로 느껴지는 감각이다.

해설
질감에서 느껴지는 감정은 감상하는 사람의 감성이나 과거의 경험에 따라 다르게 느껴진다.

44 디자인 요소가 아닌 것은?

① 균 형 ② 색 채
③ 형 태 ④ 질 감

해설
화훼장식 디자인
• 디자인 요소 : 점, 선, 면, 형태, 방향, 명암, 질감, 크기, 색채
• 디자인 원리 : 구성, 초점, 통일, 균형, 율동, 조화, 대칭, 강조, 비례, 대비, 반복과 교체

45 그리스·로마시대에 유행했던 화훼장식물이 아닌 것은?

① 리 스
② 갈란드
③ 비더마이어
④ 화 관

해설
비더마이어는 1815~1848년 독일과 오스트리아의 한 세대에 사용되었던 디자인 양식이다.

정답 41 ④ 42 ③ 43 ② 44 ① 45 ③

46 서양의 화훼장식 역사 중 종교적 상징성이 강한 한 송이 백합이나 긴 원추형의 좌우 대칭 디자인 및 삼각형, 원형 등의 형태를 주로 사용하던 시대는?

① 고대 로마
② 비잔틴시대
③ 중세시대
④ 르네상스시대

해설
르네상스시대
일반적인 꽃꽂이를 비롯하여 원추형, 대칭 삼각형, 원형으로 만든 꽃꽂이 형태를 일반적으로 이용하였다.

47 꽃의 건조방법에 대한 설명으로 틀린 것은?

① 열풍건조는 열풍건조기를 이용하여 많은 건조화를 생산하며, 꽃을 빠르게 건조시키면서 변색이 적고, 형태 유지가 가능하다.
② 동결건조는 형태와 색상이 그대로 유지되고 공기 중에서 수분흡수가 적어 밀폐되지 않은 공간장식에 많이 이용된다.
③ 실리카겔을 이용한 매몰건조는 형태와 색상변화가 적으나 공기 중 수분을 쉽게 흡수하므로 밀폐 공간이나 피막처리하여 장식해야 한다.
④ 누름건조를 이용한 건조화를 누름꽃이라 하고, 밀폐용 액자와 평면장식에 이용된다.

해설
동결건조는 자연적인 형태와 색상도 그대로 유지되어 수명이 연장되는 장점이 있지만, 공기 중 습기를 쉽게 흡수하여 변색되고 모양이 흐트러지므로 코팅제를 뿌리거나 유리용기 속에 밀폐시켜 장식해야 한다.

48 화훼장식의 정의에 대한 설명으로 틀린 것은?

① 화훼를 이용하여 공간의 기능이나 미적 효율성을 높여주는 장식물의 제작, 설치, 유지, 관리기술을 말한다.
② 화훼장식은 실내공간의 미적 표현으로 이루어지고 있으며, 실외공간은 제외된다.
③ 국내에는 화훼장식과 유사한 의미로 쓰이는 꽃꽂이, 꽃예술, 화예디자인 등의 용어가 있다.
④ 화훼장식은 화훼식물을 주소재로 인간의 창의력과 표현능력이 이용된다.

해설
화훼장식은 장식공간에 따라서 실내장식과 실외장식으로 나눈다.

49 화훼장식 디자인 원리에 대한 설명으로 틀린 것은?

① 전체를 구성하는 부분 사이의 조화를 창조하기 위한 방법이다.
② 디자인 원리는 절대적인 규칙과 법칙에 따라 이루어진다.
③ 디자인 원리는 기준으로서의 가치를 가진다.
④ 디자인 원리들은 독립적으로 나타나는 것이 아니고 상호보완적인 관계를 갖고, 형식적이나 감각적 요소의 영향에 의해 총체적으로 나타난다.

46 ④ 47 ② 48 ② 49 ②

50 다음 중 압화의 소재로 이용하기 가장 어려운 것은?

① 극락조화   ② 팬지
③ 숙근안개초   ④ 코스모스

해설
압화에 부적합한 꽃
- 꽃잎이 나팔모양인 꽃, 관상화
- 하나의 꽃잎으로 이루어지거나 꽃잎의 각도가 너무 큰 꽃
- 꽃잎이 너무 크고 주름이 많은 꽃
- 꽃잎이 두껍고 수분함량이 많은 꽃(너무 얇아도 어려움)
- 화관 밑부분이 직접 분열되어 꽃잎을 이루는 꽃
- 극락조화, 나팔꽃, 담쟁이풀, 제왕꽃, 석산화, 호접란, 바이올렛, 해당화 등

51 병문안용으로 꽃을 고를 때 적합하지 않은 것은?

① 환자의 기분이 되어 꽃을 선택한다.
② 수명이 길고 계절감을 느낄 수 있는 꽃이 좋다.
③ 꽃가루가 있는 꽃은 피한다.
④ 향기가 강한 꽃을 선택한다.

해설
병문안용으로 꽃을 고를 때 향기가 강한 꽃은 가급적 고르지 않도록 하며, 꽃 색깔이나 꽃송이의 수와 같은 사항도 주의하여야 한다.

52 화훼장식의 기능에 관한 설명 중 경제적 기능에 관한 설명으로 적합한 것은?

① 화훼장식물이나 화훼장식공간은 아름다운 생활 환경에 대한 관심을 유도한다.
② 도시환경 아이들에게 자연학습의 기회를 제공한다.
③ 지속적으로 유지되는 분식물을 통해 관리에 대한 지식을 습득하게 된다.
④ 화훼장식물이 장식된 공간은 아름답고 편안한 이미지를 주며 볼거리를 제공하며 많은 사람들을 불러 모으는 효과가 있다.

해설
①은 장식적 기능, ②와 ③은 교육적 기능에 관한 설명이다.

53 화훼장식을 통해 인간과 환경에 주어지는 효과에 대한 설명으로 틀린 것은?

① 정서안정과 스트레스 해소에 효과가 있다.
② 식물을 통해 학습적인 효과를 얻을 수 있다.
③ 공동체의 주기환경을 개선시켜 구성원의 정신적 건강과 작업능률을 증진시킨다.
④ 미학적인 효과는 높게 나타나지만 심리적·치료적인 효과는 기대하기 어렵다.

해설
화훼장식은 장식적, 건축적, 심리적, 환경적, 교육적, 치료적, 경제적 기능이 있다.

정답 50 ① 51 ④ 52 ④ 53 ④

54 화훼장식의 시각적 균형에 대한 설명으로 틀린 것은?

① 무게 중심을 기준으로 좌우의 무게가 시각적으로 동일해야 한다.
② 중심을 기준으로 좌우의 식물소재의 종류는 반드시 동일하지 않아도 무방하다.
③ 매우 안정적이고 차분한 분위기를 표현한다.
④ 좌우의 무게가 실제로 같아야 한다.

해설
화훼장식의 시각적 균형이란 상상에 의한 중앙의 수직축을 기준으로 양쪽 요소를 동일하게 배열하는 것으로 무게가 실제와 같은 것을 의미하지는 않는다.

55 식물염색에 사용하는 방법이 아닌 것은?

① 대량 염색할 때는 염료가 첨가된 물에 식물을 넣고 삶은 후 건조시킨다.
② 염색은 표백 후 하는 것이 좋고, 염료혼합 시 증류수를 사용하는 것이 좋다.
③ 염료가 섞여 있는 물에 식물을 꽂아 도관을 통해 물을 흡수시킨다.
④ 스프레이 염료는 분무해서 염색시키는 것으로 건조화에서만 가능하다.

해설
④ 생화를 염색하는 방법 중에 식용색소를 섞은 물을 생화에 흡수시키는 방법과 색소를 직접 꽃에 분무하는 방법이 있다.

56 압화재료의 채집 시 유의사항에 대한 설명으로 거리가 먼 것은?

① 여름 한낮에는 온도가 높아 수분의 증발속도가 빠르고 곧 위축되므로 한낮을 피한다.
② 손으로 거칠게 뽑아서 재료가 손상되지 않도록 꽃과 잎을 따로 담아 꽃이 눌리는 것을 방지한다.
③ 비닐주머니를 밀봉하기 전에 공기를 채워 재료가 눌리지 않게 한다.
④ 채집 후 담은 비닐주머니는 양지바른 곳에 둬서 충분히 광합성을 할 수 있도록 한다.

해설
④ 가급적 햇빛이 들지 않는 곳에 둔다.
※ 압화재료 채집 시 주의사항
 • 꽃과 꽃술 안에 있는 곤충을 제거할 것
 • 채집 시 꽃과 과산화수소가 직접 닿지 않게 할 것
 • 채집 후 즉시 건조가 어려울 경우 통풍이 잘 되는 곳에 보관할 것
 • 건조에 드라이기를 사용하지 말 것
 • 잎은 다리미로 다려도 좋으나 온도는 필히 저온으로 할 것

57 작품에 깊이를 주는 방법으로 옳은 것은?

① 같은 질감으로만 배치한다.
② 줄기를 모두 같은 각도로 꽂는다.
③ 큰 꽃은 아래에 꽂고 작은 꽃은 위에 꽂는다.
④ 꽃을 배열할 때 다른 꽃잎과 겹치지 않게 나란히 꽂는다.

해설
작품에 깊이를 주는 방법
• 줄기의 각도가 과장되어 보이기 위해 가장 뒤에 있는 줄기는 약간 더 뒤로 제치고, 맨 앞의 줄기는 밑으로 늘어뜨린다. 이때 각도는 자연스럽게 점진적으로 변화시킨다.
• 꽃을 배열할 때 부분적으로 다른 꽃을 가리거나 꽃의 길이를 약간 다르게 해서 나타낸다.
• 큰 꽃은 아래로, 작은 꽃은 위로, 큰 것에서 작은 것으로 점진적으로 변화하도록 배열한다.

58 건조소재에 관한 설명으로 틀린 것은?

① 열매와 꼬투리는 꽃과 다른 느낌으로 아름다워서 많이 이용된다.
② 이삭을 이용할 때 완전히 성숙한 단계에서 채취하는 것이 좋다.
③ 나뭇가지와 덩굴은 특별한 처리가 없어도 이용할 수 있다.
④ 최근에는 독특한 모양과 향을 가지고 있는 허브류가 건조소재로 많이 사용된다.

해설
② 이삭을 이용할 때는 완전히 성숙하지 않은 단계에서 채취하는 것이 좋다. 완전히 성숙되면 건조과정에서 종자가 분리되거나 형태가 훼손될 수 있다.

59 서양의 시대별 화훼장식의 특징으로 틀린 것은?

① 고대 이집트 : 질서 있고 간결한 디자인으로 리스나 갈란드가 있었다.
② 바로크 : 화려한 꽃장식으로 선명한 색을 많이 사용하였다.
③ 로코코 : 엘레강스한 디자인으로 파스텔보다 원색을 주로 사용하였다.
④ 빅토리안 : 채소와 과일을 곁들인 디자인으로 아트 플라워도 사용하였다.

해설
③ 로코코시대 : 우아하고 가벼운 느낌의 색채와 장식, 곡선 화훼장식용 전용화기 사용

60 화훼장식에 관련된 설명으로 가장 옳지 않은 것은?

① 주로 절화장식은 장식기간이 일시적이다.
② 절화장식은 생화와 건조화를 함께 사용할 수 없다.
③ 분식물은 기본적으로 용기, 토양 그리고 식물, 첨경물로 구성된다.
④ 실내정원은 분식물을 반복적으로 배치하거나, 고정된 플랜터에 꾸밀 수 있다.

해설
절화장식은 뿌리가 없는 절화를 주소재로 한 식물재료를 이용하여 일시적인 감상을 위한 장식품 또는 건조시켜 반영구적인 장식품을 만들어 감상할 수 있다.

2018년 제1회 과년도 기출복원문제

01 숙근초로 내한성이 있는 것은?

① 거베라
② 군자란
③ 아퀼레기아
④ 아프리칸 바이올렛

해설
내한성 숙근초
- 추위에 강하여 노지월동이 가능한 다년초
- 구절초, 아퀼레기아, 벌개미취, 작약, 샤스타데이지, 국화, 꽃창포, 루드베키아, 매발톱꽃, 꽃잔디, 숙근플록스, 옥잠화, 비비추, 원추리 등
※ 온실 숙근초
  - 내한성이 약하여 우리나라에서는 온실에서 재배
  - 군자란, 칼랑코에, 피소스테기아, 마가렛, 제라늄, 극락조화, 안스리움, 아스파라거스, 거베라, 카네이션 등

02 꽃꽂이 형태에서 줄기배열을 구분할 때 한 개의 초점에서 사방으로 전개되는 줄기배열은?

① 방사선 배열
② 교차선 배열
③ 수직선 배열
④ 평행선(병행선) 배열

해설
① 방사선 배열 : 모든 줄기의 선이 한 개의 초점에서 사방으로 전개되는 배열
② 교차선 배열 : 여러 개의 초점으로부터 나온 줄기의 선이 제각기 여러 각도의 방향으로 뻗어 서로 교차하는 상태로 배열
④ 평행선(병행선) 배열 : 여러 개의 초점으로부터 나온 줄기가 모두 같은 방향으로 나란히 뻗어 있는 배열

03 다음 중 잎의 착생양식이 대생(對生)하는 식물이 아닌 것은?

① 개나리
② 거베라
③ 숙근안개초
④ 용담

해설
② 거베라 잎은 호생(어긋나기) 한다.
엽서의 종류
- 호생(어긋나기) : 장미, 국화, 금어초, 과꽃, 맨드라미, 수국, 나리, 미루나무 등
- 대생(마주나기) : 카네이션, 용담초, 개나리, 숙근안개초, 들깨, 백일홍 등
- 윤생(돌려나기) : 쇠뜨기, 쇠뜨기말, 검정말, 칼라데아 등
- 근생(뿌리처럼 나기) : 민들레, 소나무, 은행나무, 낙엽송 등

04 절화보존용액의 효과로 거리가 먼 것은?

① 절화의 관상기간을 연장시킨다.
② 절화의 물올림을 원활하게 해준다.
③ 조기 채화된 봉오리의 개화를 돕는다.
④ 절화의 색상과 향기를 증진시킨다.

해설
절화보존용액은 절화의 물올림을 원활하게 하고, 원래의 화색을 보존, 절화 수명을 연장하며, 에너지원 제공, 노화 지연, 꽃의 개화를 도우며, 꽃의 장기 저온저장을 가능하게 하고, 저장 후의 품질 및 수명에도 효과적이다.

정답 1 ③ 2 ① 3 ② 4 ④

05 꽃에 대한 설명으로 틀린 것은?

① 튤립은 꽃받침과 꽃잎의 구분이 불분명하다.
② 홑꽃과 겹꽃은 한겹 또는 두겹 이상의 꽃잎 배열로 구분한다.
③ 난초과 식물은 현화식물 중 가장 진화한 식물이다.
④ 무한화서는 선단 또는 중심부의 꽃이 먼저 핀다.

해설
무한화서는 꽃이 꽃대의 밑에서 위로, 혹은 가장자리에서 중앙으로 피는 꽃차례로(주로 초본류), 꽃대가 자라는 동안에는 꽃이 무한히 핀다.

06 다음 그림의 형태로 작품을 구성할 경우 ㉠~㉠ 위치의 외곽선을 표현하기에 가장 적합한 소재는?

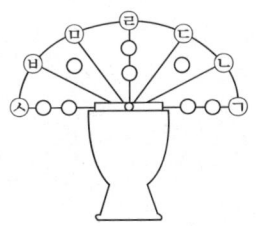

① 스프레이 카네이션
② 스프레이 장미
③ 리아트리스
④ 나 리

해설
선형 꽃(Line Flower)은 한 줄기에 여러 송이의 꽃이 선상(線狀)으로 피어 있는 꽃으로 디자인의 골격이 되며 직선·곡선의 구성과 작품의 테두리 표현에 사용되는 경우가 많으며, 글라디올러스, 리아트리스, 스토크, 아미리스, 금어초 등이 있다.

07 음지식물에 대한 설명으로 틀린 것은?

① 5,000~10,000lx에서 잘 자라는 식물이다.
② 주로 꽃을 감상하기 위해 식재하는 식물이다.
③ 열대원산의 관엽식물이 대부분을 차지한다.
④ 디펜바키아, 네프로네피스, 스킨답서스가 대표적이다.

해설
음지식물은 잎이 비교적 넓고 잎 수가 적고, 잎을 감상하는 관엽식물이다.

08 꽃의 기관 중 가장 먼저 분화되는 것은?

① 꽃받침   ② 꽃 잎
③ 수 술   ④ 암 술

해설
꽃받침, 꽃부리, 수술, 암술의 순서로 분화한다. 전엽 7일 후에 꽃받침이 이루어지고 다시 7일 후면 꽃부리가 생긴다. 대체로 전엽 후 14~21일에 수술이 생기고, 그 후 7일 정도 늦게 암술이 발달하기 시작하여 6~8주 정도면 꽃의 모든 화기가 이루어져 개화하게 된다.

09 두상화서(頭狀花序)로 꽃이 피는 화훼류는?

① 장 미   ② 카네이션
③ 국 화   ④ 칼 라

해설
두상화서(두상꽃차례)는 여러 꽃이 꽃대 끝에 모여 머리 모양을 이루어 한 송이의 꽃처럼 보이는 것으로 국화, 민들레, 엉겅퀴 등이 있다.
① 장미 : 단정화서, ② 카네이션 : 산방화서, ④ 칼라 : 육수화서

10 덩이줄기인 식물은?

① 시클라멘 ② 다알리아
③ 도라지   ④ 작 약

해설
②·③·④ 다알리아, 도라지, 작약은 덩이뿌리이다.

11 갖춘꽃이 구비해야 할 필수적 기관이 아닌 것은?

① 암술과 수술 ② 꽃받침
③ 꽃 잎   ④ 불염포

해설
- 갖춘꽃(완전화) : 암술, 수술, 꽃잎과 꽃받침 등 꽃의 요소를 모두 갖춘 꽃
- 안갖춘꽃(불완전화) : 갖춘꽃의 4요소 중 한 가지 이상이 없는 꽃

12 열매를 감상할 수 있는 내음성 식물은?

① 철 쭉
② 백량금
③ 모 란
④ 군자란설

해설
백량금은 붉은 열매가 많이 달려 관상용으로 매우 좋으며 실내조경이나 베란다 화분에 많이 쓰이는 품종이다.

13 다음 중 선인장에 속하지 않는 것은?

① 네펜데스   ② 금 호
③ 월하미인   ④ 비모란

해설
① 네펜데스는 벌레잡이통풀과의 식충식물이다.

14 다음 중 두 개 이상의 소재줄기를 묶어서 줄기끼리 기계적으로 고정하는 기법은?

① 밴 딩   ② 클러스터링
③ 랩 핑   ④ 바인딩

해설
바인딩은 세 줄기 또는 그 이상의 줄기들을 함께 합치거나 동여매는 기법으로 이렇게 형성된 묶은 줄기들은 노끈으로 지탱되고 제한된다. 어떤 기능적인 목적을 가지고 있는 것이 아니라, 오직 장식적인 목적으로만 사용되는 밴딩기법과는 다르다.

15 한국의 결혼식장에서 주로 이용되는 화훼장식으로 가장 거리가 먼 것은?

① 주례단상 장식
② 화 관
③ 화동의 꽃바구니
④ 십자가 장식

해설
십자가 장식은 종교적인 의미가 강하므로 기독교, 천주교식 장례 행사에서 볼 수 있다.

16 라인 플라워(Line Flower)로만 짝지어진 것은?

① 나리, 수선
② 튤립, 극락조화
③ 글라디올러스, 용담
④ 카네이션, 장미

해설
선형 꽃(Line Flower) : 글라디올러스, 리아트리스, 스토크, 아이리스, 금어초, 델피니움, 용담 등

17 동양식 꽃꽂이에서 1주지가 수평선에서 30~50° 가량 늘어뜨려서 꽂는 형은 무엇인가?

① 직립형   ② 경사형
③ 하수형   ④ 분리형

해설
③ 아래로 늘어지는 형태
① 위로 곧게 뻗는 형태
② 비스듬히 뻗는 형태
④ 한 개 혹은 두 개의 수반에 분리하여 꽂는 형

18 작은 보석을 빽빽하게 배치하는데서 유래하여, 편평한 용기에 꽃, 잎, 줄기 등을 플로랄폼이 보이지 않도록 조밀하게 배치하여 색과 질감을 대비시켜 구성하는 방법은?

① 뉴컨벤션 디자인
② 파베 디자인
③ 폭포형 디자인
④ 비더마이어 디자인

해설
파베 디자인 : 작은 돌들을 가능한 빽빽하게 모으는 것처럼 소재들을 구성하는 방법으로 높낮이 차이가 없도록 구성한다.
① 뉴컨벤션 디자인 : 수직·수평의 선을 중심으로 강조하고 앞뒤 좌우를 비슷한 구조로 나열한 형태
③ 폭포형 디자인 : 폭포의 물이 위에서 아래로 떨어지듯 밑을 향해 흐르는 형태
④ 비더마이어 디자인 : 꽃을 촘촘하게 중심을 향해 꽂아가는 원형 또는 반구형 형태

19 훅(Hook)기법을 사용하는 소재로 가장 적합한 것은?

① 국 화
② 스프레이 카네이션
③ 나 리
④ 장 미

해설
훅기법은 와이어의 끝을 낚시바늘모양으로 구부려서 사용하는 방법으로 주로 국화류의 식물에 사용하는 방법이다.

정답 15 ④ 16 ③ 17 ③ 18 ② 19 ①

20 100ppm의 IBA 용액 250mL를 조제하기 위해서 순도 100%인 IBA를 넣는 양으로 옳은 것은?(단, 비중은 1이다)

① 100mL　② 75mL
③ 50mL　④ 25mL

21 절화 수명단축의 원인으로 가장 거리가 먼 것은?

① 높은 온도
② 높은 습도
③ 에틸렌 발생
④ 박테리아 등의 미생물 번식

해설
절화 수명단축의 원인
• 높은 온도
• 낮은 습도
• 에틸렌 생성 및 작용
• 미생물 번식으로 인한 도관 폐쇄

22 화훼장식기법 중 절화나 절엽 등을 줄처럼 길게 이어서 만든 장식물은?

① 리스(Wreath)
② 갈란드(Garland)
③ 형상물(Figure)
④ 콜라주(Collage)

해설
② 갈란드(Garland) : 꽃을 여러 가지 소재와 함께 엮어서 길게 만든 것으로 기둥에 감아 주거나 식탁 주위에 길게 드리워 장식하는 것
① 리스(Wreath) : 절화를 이용하여 고리모양으로 만들어낸 장식물
③ 형상물 : 절화를 이용하여 십자가, 별, 하트, 곰, 토끼, 공 등의 형상물을 반평면적이거나 입체적으로 만들어 다양한 용도로 이용하는 형태
④ 콜라주 : 장식용 건조식물을 주소재로 하고 여기에 천, 작은 돌, 나무조각 등을 붙여 구성하는 표현기법

23 식물을 다른 소재와 조합하여 그 형이나 색채, 질감의 대비나 조화 등을 비사실적 기법에 의해 순수한 구성미를 가진 형태로 표현하는 것을 무엇이라 하는가?

① 형-선적 구성
② 구조적 구성
③ 식생적 구성
④ 오브제적 구성

해설
① 형-선적 구성 : 소재의 형, 선, 각도를 강조하고, 형과 선이 두드러지게 대비되며, 여백을 이용하여 소재의 아름다움을 강조한다.
② 구조적 구성 : 각각의 소재가 가지고 있는 형태, 크기, 색, 재질감뿐만 아니라 소재의 배열이 나타내는 표면의 조직이나 구성, 재질감, 즉 구조의 효과를 전면에 부각시키는 구성이다.
③ 식생적 구성 : 식물이 자연상태에서 살아있는 모습과 같은 형태로 조형하는 구성으로 작품 속에서 자연을 사실적으로 표현하는 것으로 식물 개개의 생태적 모습이나 특성을 고려한 구성법이다.

24 절화를 수확한 후 물올림작업에 사용하는 물의 pH로 가장 적당한 것은?

① pH 1~2　② pH 3~4
③ pH 6~7　④ pH 8~9

해설
물올림 시 물의 pH는 3~4로 산성화시켜 미생물 억제 및 수분흡수력을 증가시킨다.

25 압화 제작에 적합한 꽃은?

① 맨드라미 ② 팬 지
③ 극락조화 ④ 나팔꽃

> **해설**
> 압화에 부적합한 꽃
> • 꽃잎이 나팔모양인 꽃, 관상화
> • 하나의 꽃잎으로 이루어지거나 꽃잎의 각도가 너무 큰 꽃
> • 꽃잎이 너무 크고 주름이 많은 꽃
> • 꽃잎이 두껍고 수분함량이 많은 꽃(너무 얇아도 어려움)
> • 화관의 밑 부분이 직접 분열되어 꽃잎을 이루는 꽃
> • 극락조화, 나팔꽃, 담쟁이풀, 제완꽃, 석산화, 호접란, 바이올렛, 해당화, 맨드라미 등

26 19세기 중반 유럽에서 시작되었으며, '수천 송이의 꽃', '많은 꽃'이라는 의미이며, 여러 가지 질감, 색, 꽃을 한꺼번에 꽂아주는 기법으로 풍요로움과 여유로움이 느껴지고, 둥근형 모양이 일반적이지만, 삼각형이나 사각형과 같은 형도 있는 것을 무엇이라 하는가?

① 밀 드 플레(Mille de Fleurs) 디자인
② 폭포형(Water-fall) 디자인
③ 더치플레미시(Dutch-flemish) 디자인
④ 비더마이어(Biedermeier) 디자인

> **해설**
> ① 밀 드 플레(Mille de Fleurs) 디자인 : 비더마이어와 같은 시대에 나타난 양식으로 '많은 꽃', '수천 송이의 꽃들'이란 의미를 가지고 많은 색과 꽃들을 사용해 풍요로운 인상을 표현한다.
> ② 폭포형(Water-fall) 디자인 : 방사형 디자인 양식의 하나로 1800년대 후반 낭만적인 캐스케이딩 디자인을 부활시킨 화기 안에 꽂는 핸드타이드(Hand-tied) 부케이다.
> ③ 더치플레미시(Dutch-flemish) 디자인 : 더치플레미시형은 다양한 꽃과 잎, 과일, 채소, 새둥지, 조개껍질 등을 밀집하여 장식한 형태이다.
> ④ 비더마이어(Biedermeier) 디자인 : 꽃들을 빈 공간 없이 촘촘하게 배열하여 원추형이나 반구형으로 조형하는데, 같은 꽃이나 같은 색의 꽃을 모아 상면에서 볼 때 동심원 무늬를 이루도록 배열하거나 꼭대기에서 나선형으로 내려오도록 배열하는 방식이다.

27 다음 절화의 형태분류 중 필러 플라워(Filler Flower)에 속하지 않는 것은?

① 카스피아 ② 안개꽃
③ 공작초   ④ 안스리움

> **해설**
> 안스리움은 꽃의 크기가 크고 형태가 개성적이어서 폼 플라워(Form Flower, 형태 꽃)로 쓰인다.
> 필러 플라워(Filler Flower, 채우기 꽃)
> • '채우다'라는 의미의 필러 플라워는 매스 플라워 사이의 공간을 메우는 데 사용하거나 작품의 형태를 완성시키는 역할을 한다.
> • 다른 유형의 꽃들의 주변에 배치하여 주재료를 시각적으로 강조한다.
> • 숙근안개초, 미스티블루, 소국, 스타티스, 물망초, 안개꽃, 아스파라거스, 카스피아 등에 많이 사용한다.

28 최적의 건조화 소재가 되기 위한 특성인 것은?

① 유연성이 없어야 한다.
② 지속성이 없어야 한다.
③ 원하는 색을 유지해야 한다.
④ 건조나 가공 후 변형이 있다.

> **해설**
> 건조소재의 조건
> • 건조나 가공 후 변형이 없어야 한다.
> • 유연성·지속성이 있어야 한다.
> • 원하는 색을 유지해야 한다.

정답 25 ② 26 ① 27 ④ 28 ③

29 그루핑(Grouping)의 대상으로 가장 거리가 먼 것은?

① 같은 색
② 같은 높이
③ 같은 종류
④ 같은 질감

해설
그루핑은 비슷한 종류나 색상의 재료를 한곳에 모아 서로의 길이를 다르게 표현하여 꽂는 기법이다.

30 에틸렌이 절화에 미치는 영향으로 가장 적당한 것은?

① 생장을 돕는다.
② 잎을 진한 녹색으로 만들어 준다.
③ 줄기를 튼튼하게 한다.
④ 노화를 촉진한다.

해설
에틸렌은 무색무취의 기체로 절화의 성숙과 노화에 가장 큰 영향을 미치는 호르몬이다.

31 서양식 화훼장식의 특징이 아닌 것은?

① 미국식(웨스턴 스타일) 꽃꽂이와 유럽식(유러피언 스타일) 꽃꽂이로 크게 나눌 수 있다.
② 다양한 색과 양을 강조하고, 기하학적인 구성양식으로 풍성함을 표현한다.
③ 표현기법이 기하학적이고 꽃이 주재료이다.
④ 선과 여백의 미를 강조한다.

해설
선과 여백의 미를 강조하는 것은 동양식 화훼장식의 특징이다.

32 흙에 심지 않고 나무나 돌 등에 붙여 재배하는 난의 종류는?

① 반 다
② 심비디움
③ 춘 란
④ 한 란

해설
착생란은 뿌리는 드러나고 바람이 잘 통해야 잘 자라고 나무나 돌 등에 붙어 살며, 카틀레야, 레리아, 덴드로븀, 온시디움, 팔레놉시스, 티시스, 셀로지네, 에리데스, 린코털리스, 반다 등이 있다.

33 다음에서 설명하는 신부 부케의 종류 중 하나는 무엇인가?

- 줄기를 나선상으로 조합하여 둥근형으로 만드는 신부화로, 흘러내리는 형태가 나타나지 않는다.
- 1814~1848년 오스트리아와 독일에서 처음 등장한 형태이며, 전통주의와 풍요로움의 시기의 상징으로 꽃을 촘촘하게 중심을 향해 꽂아가는 반구형으로 아주 치밀한 양식의 꽃다발이다.
- 꽃다발을 만들 때 같은 종류나 같은 색끼리 대칭적이며, 둥근 공 모양 또는 원추 모양으로 원형이나 나선형의 모양으로 배열해 나간다.

① 캐스케이드형 부케
② 호가스라인 부케
③ 콜로니얼 부케
④ 비더마이어 부케

해설
① 캐스케이드형 부케 : 폭포의 흐름을 이미지화한 형태로 원형 부케에 갈란드를 연결하여 부케 라인이 밑을 향해 흐르는 스타일이다.
② 호가스라인 부케 : 자연스러운 가지의 선을 이용하여 가늘고 날씬한 S자 곡선형의 움직임을 표현한다.
③ 콜로니얼 부케 : 미국 식민지시대에 유행하였던 라운드 계통의 반구형 부케로 그 특징은 태양의 코로나에 해당하는 부분의 홀더 즉 주위를 돌리는 받침이라 부르는 레이스칼라가 있다.

34 선(Line)에 대한 설명으로 거리가 먼 것은?

① 곡선은 유동적인 연속성을 가지고 있다.
② 수평선은 안정되어 보이는 반면 권태로운 단점이 있다.
③ 사선은 강한 에너지의 운동성을 지닌다.
④ 수직선은 높이가 강조되며, 여성적이며, 유연한 느낌을 준다.

해설
수직선은 높이를 강조하고 힘과 강함을 표현한다. 여성적이고 유연한 느낌은 곡선으로 표현한다.

35 디펜바키아 마리안느와 같은 잎에 적합한 철사처리방식은?

① 크로싱(Crossing)
② 소잉(Sewing)
③ 피어싱(Piercing)
④ 인서션(Insertion)

해설
② 소잉(Sewing) : 꽃잎이나 초화류의 넓은 잎에 바느질하듯 철사를 꿰어주는 방법으로 디펜바키아 마리안느, 크로톤, 군자란, 백합, 글라디올러스 등에 사용한다.
① 크로싱(Crossing) : 꽃이 크고 무거워 피어싱법만으로 충분하지 않은 경우, 꽃받침에 가는 철사를 십자형으로 찔러 넣어 단단하게 지지하고, 줄기가 돌아가는 것을 막기 위한 기법이다.
③ 피어싱(Piercing) : 꽃받침이 발달하여 단단한 소재의 꽃받침에 와이어를 꽂아 아래로 내려 줄기의 지지대 역할을 도와주도록 하는 기법이다.
④ 인서션(Insertion) : 줄기를 강하게 하거나 휘어진 줄기를 곧게 할 때 꽃의 목이 구부러지지 않도록 하기 위해 와이어가 줄기의 중앙을 지나 삽입되어 완전히 눈에 보이지 않도록 하는 기법이다.

36 빨간색 카네이션과 몬스테라 잎으로 어버이날 테이블장식을 하려 할 때 어떤 종류의 꽃을 더하는 것이 가장 효과적인가?

① 형태(Form) 꽃
② 덩어리(Mass) 꽃
③ 선형(Line) 꽃
④ 채우기(Filler) 꽃

해설
④ 채우기 꽃 : 꽃꽂이의 빈 공간들을 채우는 역할
① 형태 꽃 : 꽃 모양이 특수하게 생긴 꽃들로서 중심 역할
② 덩어리 꽃 : 긴 꽃줄기 끝에 꽃이 하나씩 달려 있는 형태로 꽃꽂이 전체에서 중심이 되는 부분에 장식
③ 선형 꽃 : 디자인의 골격이 되어 선을 구성하거나 윤곽을 잡는 데 사용

37 볏단, 밀짚다발, 옥수수대 등을 이용하여 같은 재료 또는 비슷한 재료를 단단히 묶는 기법은?

① 조닝(Zoning)
② 시퀀싱(Sequencing)
③ 번들링(Bundling)
④ 테라싱(Terracing)

해설
③ 번들링(Bundling) : 밀짚, 옥수수의 다발, 지붕을 잇는 짚, 오두막 등과 같이 서로 유사한 소재들을 한 단위로 함께 묶는 기법이다.
① 조닝(Zoning) : 꽃들을 색과 종류에 따라 넓은 특정 지역에 구역화하는 기법이다.
② 시퀀싱(Sequencing) : 소재들의 패턴을 차례대로 변화시키는 디자인 기법이다.
④ 테라싱(Terracing) : 동일한 소재들을 크기에 따라 앞, 뒤, 수평으로 일정한 간격으로 배치하여 계단식 단계처럼 연속적인 층을 만들어 구성의 밑부분에 입체감과 함께 질감을 더해 주는 기법이다.

정답 34 ④ 35 ② 36 ④ 37 ③

38 광합성을 위한 이산화탄소(CO_2)의 흡수량과 호흡에 의한 방출량이 같게 되는 광도는?

① 광포화점 ② 광보상점
③ 한계일장 ④ 총동화량

해설
① 광포화점 : 식물의 광합성 속도가 더 이상 증가하지 않을 때의 빛의 세기를 말하며, 광합성 속도는 빛의 세기에 비례하지만 광포화점에 이르면 속도가 증가하지 않는다.
③ 한계일장 : 작물의 생육이 일장의 영향을 받을 때 생육에 영향을 줄 수 있는 일장의 한계
④ 총광합성량(총동화량) = 호흡량 + 순광합성량(순동화량)

39 형과 선을 강조하는 하이스타일 디자인으로 아르데코라 불리는 비대칭형 장식은?

① 보케(Boeket)
② 스트라우스(Strauss)
③ 부케(Bouquet)
④ 포멀 리니어(Formal Linear)

해설
④ 포멀 리니어(Formal Linear) : 형태와 선의 뚜렷한 각도를 가지고, 대칭과 비대칭의 질서를 유지하면서 선과 형태를 명확하게 표현하는 구성하는 장식이다.
①·②·③ 꽃다발은 꽃을 가득 모아 줄기가 모이는 부분을 끈으로 묶어 다발로 만든 형태이며, 영어로 부케(Bouquet), 독일어로 스트라우스(Strauss), 네덜란드어로 보케(Boeket)라고 불린다.

40 자연향을 오래 간직하기 위해서 말린꽃에 향기나는 식물, 향료 등을 혼합하여 이것을 용기 속에 넣어 이용하는 장식화훼의 형태는?

① 포푸리 ② 리 스
③ 부토니아 ④ 에폴렛

해설
② 리스 : 절화를 이용하여 고리모양으로 만들어낸 장식물로 화관용, 테이블용, 벽걸이용 등과 스탠드에 걸어 장례용이나 축하용으로도 이용된다.
③ 부토니아 : 신부 꽃다발의 꽃 한 송이를 이용하여 신랑의 예복 상의 깃의 단추구멍에 꽂는 꽃
④ 에폴렛 : 어깨 위에서 겨드랑이를 장식하는 것

41 어떤 두 색이 맞붙어 있을 때 그 경계 언저리에 대비가 더 강하게 일어나는 현상은?

① 연변대비 ② 면적대비
③ 보색대비 ④ 한난대비

해설
① 연변대비 : 단계적으로 균일하게 채색되어 있는 색의 경계부분에서 일어나는 대비현상
② 면적대비 : 같은 색이라도 면적의 넓이에 따라 색의 명도와 채도가 다르게 보이는 현상
③ 보색대비 : 보색 관계에 있는 두 가지색을 같이 놓았을 때, 서로의 영향으로 더 뚜렷하게 보이는 현상
④ 한난대비 : 색의 차갑고 따뜻함에 따라 색이 다르게 보이는 현상

42 바로크시대의 특징이 아닌 것은?
① 꽃꽂이는 직선보다 곡선이 많이 이용되었다.
② 윌리엄 호가스에 의해 S선의 형태가 만들어졌다.
③ 비대칭의 형태가 주를 이루었다.
④ 원추형 디자인이 등장하였다.

해설
바로크시대의 특징
- 꽃꽂이는 직선보다는 곡선을 중시하면서 S자형 꽃꽂이 형태가 유행하였다.
- 영국의 화가 윌리엄 호가스에 의한 호가디안 선 또는 S선이라 불리는 꽃꽂이의 형태가 만들어졌다.
- 복잡하게 흘러넘치는 것이 전형이며, 대부분 운율적인 비대칭균형을 보여준다.
- 화려한 꽃 장식으로 선명한 색을 많이 사용하였다.
- S선 형태와 더치 플레미시 스타일, 꽃 이외의 장식을 다량 이용하였으며, 중세유럽 때는 꽃을 식용·음료·약재로 사용하고 향기 있는 꽃을 선호하였다.

43 공기 중 습도와 기온의 조절, 공기정화능력을 하는 화훼장식의 기능으로 가장 적합한 것은?
① 치료효과 ② 정서함양
③ 환경조절 ④ 공간장식

해설
화훼장식의 환경적 기능 : 공기정화, 습도유지, 온도조절, 음이온 다량발생, 휘발성 물질 방출효과 등

44 우리나라 화훼장식을 나타내는 역사물 중 고려시대의 작품이 아닌 것은?
① 수덕사 대웅전의 수화도
② 해인사 대적광전의 벽화
③ 산화도
④ 수월관음도

해설
산화도는 고구려의 강서대묘 현실 북벽의 비천상에서 꽃을 흩뿌리는 모습을 그린 작품이다.

45 꽃잎을 흩뿌리듯이 보이는 그림이 그려진 곳은?
① 강서대묘 현실북벽의 비천상
② 무용총의 벽화
③ 안악2호분 동벽의 비천상
④ 석굴암 십일면관음보살 입상

해설
① 강서대묘 현실북벽의 비천상 : 꽃을 흩뿌리는 산화도
② 무용총 벽화 : 무용총의 접객도에 꽃쟁반 속에 핀 소담스러운 꽃봉우리
③ 안악2호분 동벽의 비천상 : 하늘을 날고 있는 비천이 들고 있는 화반에 속의 연꽃
④ 석굴암 십일면관음보살 입상 : 연꽃을 꽂은 목이 긴 화병을 들고 있는 십일면 관음보살상

정답 42 ④ 43 ③ 44 ③ 45 ①

46 색상과 그 효과로 바르게 나열된 것은?

① 빨강 – 주목성이 높고 시인성(Color Visibility)도 우월하다.
② 주황 – 주목성은 노란색에 비하여 낮으나 생리적 영향은 중성으로 안전색이다.
③ 파랑 – 생리적으로 중성이며 고귀, 우아, 평안, 신비 등을 연상할 수 있다.
④ 보라 – 생리적으로 혈압을 낮추고 냉담, 평정, 소극, 진실 등을 연상할 수 있다.

해설
① 빨강 : 주목성이 아주 높고 시인도가 우월하다.
② 주황 : 빨강보다는 약간 호소력이 떨어지지만 시인성과 주목성이 좋다.
③ 파랑 : 물, 차가움, 상쾌함, 신선함, 냉정한 느낌을 준다.
④ 보라 : 신앙심과 예술적인 영감을 준다.

47 열매를 감상할 수 있으며 행잉용으로 이용하기 가장 적합한 것은?

① 아나나스 ② 팔손이
③ 백리향 ④ 산호수

해설
산호수는 열매를 감상할 수 있으며, 걸이분(Hanging Basket)으로 이용하기 가장 적합하다.

48 공간장식을 하는 데 있어서 직접적으로 고려해야 할 사항으로 가장 거리가 먼 것은?

① 공간의 전체적인 구도
② 장식할 공간의 전체적인 분위기
③ 공간 내부의 주 색상
④ 장식공간의 주변 외부환경

해설
장식공간의 내부환경을 고려해야 한다.

49 실내의 한 벽면에 커다란 소파를 놓고 그 벽면에 그림 한 장을 걸었을 때 그 그림이 너무 크다거나, 작다거나 또는 아주 적당하다는 느낌을 주는 것은 디자인의 원리 중 주로 무엇에 의한 것인가?

① 조화(Harmony)
② 비례(Proportion)
③ 통일(Unity)
④ 리듬(Rhythm)

해설
② 비례 : 디자인할 때 상대적인 크기와의 관계를 의미하며 폭, 길이, 두께, 높이에 의한 치수와 관계가 있음
① 조화 : 서로 다른 요소들이 통합되어 상호관계를 이루는 것
③ 통일 : 통합되거나 완전해진 하나의 상태로, 전체의 구성이 개개의 부분에 비해 훨씬 두드러지는 것
④ 리듬 : 조형 상의 색, 형태, 질감, 선 등이 반복적으로 나타나는 것

50 식물이 이산화탄소를 흡수할 때 공기 중의 벤젠, 폼알데하이드 등의 오염물질을 흡수하여 공기를 정화하는 것은 화훼장식의 어떤 기능에 속하는가?

① 심리적 기능 ② 환경적 기능
③ 치료적 기능 ④ 교육적 기능

해설
화훼장식의 환경적 기능 : 공기정화, 습도유지, 온도조절, 음이온 다량발생, 휘발성 물질 방출효과 등

51 화훼장식 디자인의 원리 중 리듬에 대한 설명으로 옳지 않은 것은?

① 음악과 같이 연결성을 갖고 흘러가는 것을 말한다.
② 계절의 변화와 같이 규칙적으로 반복되어 일어난다.
③ 색상이나 명암 또는 텍스처에 변화를 줄 수도 있다.
④ 정적인 느낌의 안정감을 주는 디자인 원리이다.

해설
리듬은 활동적인 느낌을 주는 디자인 원리이다.

52 화훼식물의 재배와 관리에 대한 강희안의 저서는?

① 임원십육지
② 양화소록
③ 동국세시기
④ 오주연문장전산고

해설
① 임원십육지 : 서유구
③ 동국세시기 : 정조 때의 학자 홍석모가 한국의 열두 달 행사와 그 풍속을 설명한 책
④ 오주연문장전산고 : 이규경

53 디자인에서 선 요소 중 수평선이 주는 감정적 특성으로 옳은 것은?

① 움직임과 흥분의 느낌
② 강한 힘, 장엄한 느낌
③ 평화롭고, 휴식과 안정의 느낌
④ 부드럽고 편안하며 흥미로운 느낌

해설
① 사선 : 움직임과 흥분의 느낌
② 수직선 : 강한 힘, 위엄의 느낌
④ 곡선 : 부드럽고 편안하며 흥미로운 느낌

54 대기오염에 의한 식물의 피해현상이 아닌 것은?

① 반점현상   ② 조기낙엽
③ 형태변화   ④ 꽃눈형성

해설
대기오염에 대한 식물의 피해
• 잎을 일찍 노후시키거나 낙엽으로 만든다.
• 줄기와 잎의 구조를 가늘고 길게 또는 기형으로 만든다.
• 과실나무에 엽변색이나 반점 등의 가시적인 피해가 나타나면서 생산량이 줄어 들 수도 있다.

55 다음 중 실내식물이 환경에 미치는 영향에 대한 설명으로 옳지 않은 것은?

① 실내에서의 공중습도를 증가시킨다.
② 실내에서의 급격한 온도변화를 방지할 수 있다.
③ 녹지효과로 시각적 안정성을 도모할 수 있다.
④ 광합성으로 산소를 흡수하고 이산화탄소를 방출하므로 공기를 정화시킨다.

해설
광합성으로 이산화탄소를 흡수하고 산소를 방출하므로 공기를 정화시킨다.

정답 51 ④ 52 ② 53 ③ 54 ④ 55 ④

56 오스트발트 색상환의 색상배치에 기본이 된 이론은?

① 먼셀의 5원색설
② 헤링의 4원색설
③ 영-헬름홀츠의 3원색설
④ 뉴턴의 프리즘설

해설
헤링의 4원색인 노랑, 빨강, 파랑, 초록을 색상환의 색상배치에 기본으로 설정한다.

57 절화장식을 의뢰받은 경우 요구되는 도면에 관한 것이다. 1 : 4로 축도된 도면상에 작품의 길이가 20cm였을 경우, 실제 길이는?

① 50cm   ② 80cm
③ 500cm ④ 800cm

해설
1 : 4로 축소된 도면상에서 작품 길이가 20cm이고 실제길이를 x라 하면 1 : 4 = 20 : x이므로, $x = 4 \times 20 = 80$cm이다. 즉, 실제 작품의 길이는 80cm이다.

58 깊이감을 주는 방법으로 적합하지 않은 것은?

① 줄기선의 각도를 조절한다.
② 꽃을 부분적으로 겹치게 배열한다.
③ 색, 크기, 질감의 변화를 이용한다.
④ 선명하고 짙은 색은 뒷부분에 높게, 옅고 가벼운 색은 앞부분에 낮게 배치한다.

해설
명도가 낮은 색(짙은 색)은 낮게, 명도가 높은 색(밝은 색)은 높게 배치하면 깊이감을 느낄 수 있다.

59 식물재료의 시각적 느낌 중 무거운 느낌이 드는 것 끼리 모아진 것은?

① 크다 - 매끄럽다 - 밝다
② 크다 - 거칠다 - 어둡다
③ 작다 - 부드럽다 - 밝다
④ 작다 - 뾰족하다 - 차갑다

해설
크고 거칠거나 어두운 것은 무겁게 느껴지며, 작고 부드럽거나 밝은 것은 가볍게 느껴진다.

60 건조소재의 보존방법으로 가장 적절한 것은?

① 다습한 곳에서 보관한다.
② 직사광선이 비춰지는 곳에서 보관한다.
③ 병충해 침입을 방지하기 위해서 나프탈렌과 같은 물질을 첨가해 보관한다.
④ 매몰건조에 의해 건조된 소재는 저장 중 습기를 제거할 필요가 없다.

해설
건조소재의 보존방법
공기 중에 오래 두면 빛이나 습기, 산화로 인해 퇴색되므로 습기가 적고, 온도가 낮고, 햇빛을 적게 받는 곳에서 보관하거나 장마철에는 일시적으로 비닐에 싸두거나 상자 속에 넣어 보관하는 것이 좋으며, 매몰건조에 의해 건조된 소재는 압력에 의한 손상에 유의해야 한다.

56 ② 57 ② 58 ④ 59 ② 60 ③

2018년 제2회 과년도 기출복원문제

01 다음 중 꽃꽂이에 이용되는 철사에 관한 설명으로 거리가 먼 것은?

① 철사는 꽃의 줄기를 대신하는 용도로 이용되기도 한다.
② 번호 숫자가 클수록 가늘다.
③ 번호가 없지만 장식용이나 고정용으로 이용되는 카파 와이어, 늘림 와이어 등도 사용된다.
④ 굵기는 주로 홀수 번호로 표시된다.

해설
④ 철사의 굵기는 짝수 번호로 표시된다.

02 우리나라 주요 절화의 속명으로 틀린 것은?

① 금어초 - *Zantedeschia*
② 국화 - *Dendranthema*
③ 거베라 - *Gerbera*
④ 장미 - *Rosa*

해설
① 금어초 : *Antirrhinum*

03 구근의 형태 중 줄기가 아니라 뿌리가 변형된 것은?

① 괴 근
② 인 경
③ 괴 경
④ 근 경

해설
① 괴근(덩이뿌리) : 뿌리가 비대해져 양분의 저장기관으로 발달한 것으로 다알리아, 라넌큘러스, 작약, 도라지 등이 있다.
② 인경(비늘줄기) : 줄기의 일부가 변형된 잎의 일부가 양분의 저장기관으로 발달한 것으로 거의 대부분이 백합과에 속한다.
③ 괴경(덩이줄기) : 땅속줄기가 비대해져 양분의 저장기관으로 발달한 것으로 대부분 부정형이며 구근에 껍질이 없는 것이 특징이다.
④ 근경(뿌리줄기) : 땅속줄기가 비대해진 것으로 땅속을 얕게 수평으로 뻗어나가는 것이 특징이며, 지하경이라고 한다. 수련, 칸나 등이 있다.

04 분화장식의 설명으로 틀린 것은?

① 천남성과 식물이나 접란 등의 관엽식물의 뿌리를 토양 대신에 물속에 넣어 키우는 것을 수경재배(Water Culture)라 한다.
② 유리용기에 수생식물을 심고 한쪽으로 물고기를 넣어서 같이 키우는 것을 비바리움(Vivarium)이라 한다.
③ 접시처럼 넓고 깊이가 얕은 용기에 식물을 심어 작은 정원을 만드는 것을 디시가든(Dish Garden)이라고 한다.
④ 바구니나 플라스틱분 등의 용기에 덩굴식물을 심어 아래로 늘어뜨리는 것을 걸이분(Hanging Basket)이라고 한다.

해설
• 비바리움 : 유리용기 속에 도마뱀, 개구리 등의 동물과 식물이 공생하는 자연의 모습을 연출한다.
• 아쿠아리움 : 물고기 등을 넣고 수생식물을 띄워 키운다.

정답 1 ④ 2 ① 3 ① 4 ②

05 줄기를 절단할 때 사용하는 도구 중 끝이 깔끔하게 잘리는 도구는?

① 칼
② 가시 제거기
③ 톱
④ 가위

해설
칼은 절단면이 깨끗하게 잘리며, 작업이 빠르고, 휴대가 간편하다.

06 화훼장식물을 제작할 때 주로 많이 사용하는 꽃 테이프의 폭은?

① 0.25cm
② 1.25cm
③ 2.25cm
④ 3.25cm

07 화훼의 특성으로 틀린 것은?

① 집약적으로 재배한다.
② 국내에서 모든 수량을 자급한다.
③ 문화적으로 영향을 받는다.
④ 종과 품종이 많고, 다양하다.

해설
② 화훼는 국제성이 상당히 높은 작물이다.

08 다음 관엽식물 중 한국자생식물은?

① 광나무
② 행운목
③ 아나나스
④ 소철

해설
식물의 잎을 관상의 대상으로 하는 관엽식물 중 광나무는 한국이 원산지이고 일본, 대만 등에 분포하며, 바닷가나 낮은 산기슭에 서식한다. 반면 행운목은 아프리카, 아나나스는 브라질, 소철은 북아메리카 플로리다주, 멕시코 등이 원산지이다.

09 pH 5 이하의 산성토양에서 가장 잘 자라는 식물은?

① 독일붓꽃
② 백일초
③ 철쭉류
④ 거베라

해설
산성토양에서 잘 자라는 식물 : 블루베리, 철쭉류, 에리카, 보로니아, 베고니아, 아게라텀, 칼라, 아나나스, 은방울꽃, 아디안텀, 으아리, 치자나무 등

10 12~3월에 꽃이 피는 상록성 활엽수인 소재는?

① 노각나무
② 생강나무
③ 동백나무
④ 사스레피나무

해설
① 노각나무 : 6~7월에 백색으로 개화하는 낙엽활엽교목
② 생강나무 : 3월에 개화하는 낙엽활엽관목
④ 사스레피나무 : 4월에 개화하는 상록활엽관목

정답 5 ① 6 ② 7 ② 8 ① 9 ③ 10 ③

11 사스레피나무의 특징이 아닌 것은?

① 절지용으로 많이 사용된다.
② 상록성 식물이다.
③ 꽃이 피는 관목식물이다.
④ 북부지방에서 자생한다.

해설
④ 사스레피나무는 제주도와 남부지방에 자생한다.

12 화훼원예에 대한 설명으로 틀린 것은?

① 영어로 Floriculture인데 꽃을 의미하는 Flori와 재배를 나타내는 Culture의 합성어이다.
② 이용방향에 따라 과수, 채소로 나뉜다.
③ 형태 및 목적에 따라 생산화훼, 전시화훼, 취미화훼로 구분한다.
④ 절화, 분화, 화단묘 등의 화훼를 생산, 유통, 이용, 가공, 판매하는 것이다.

해설
② 원예식물의 종류는 이용상 가치를 기준으로 화훼, 과수, 채소로 나뉜다.

13 다음 괄호 안에 알맞은 말은?

> 사막이나 건조지방에서 잘 자라는 식물로 잎이 가시로 변한 식물은 (㉠)이고, 잎이나 줄기가 육질화된 식물은 (㉡)이라 한다.

① ㉠ : 다육식물, ㉡ : 선인장
② ㉠ : 선인장, ㉡ : 다육식물
③ ㉠ : 선인장, ㉡ : 수생식물
④ ㉠ : 고산식물, ㉡ : 다육식물

해설
• 선인장 : 사막이나 건조지방에서 잘 자라는 식물로, 잎이 가시로 변한 식물이다.
• 다육식물 : 잎이나 줄기가 다육질화되어 있고, 주로 분화용으로 많이 이용하며 분주, 삽목 등의 영양번식을 주로 한다.

14 종자를 파종한 당년에 꽃을 피우며 열매를 맺고 고사하는 생활사를 가진 식물이 아닌 것은?

① 데이지   ② 팬지
③ 맨드라미 ④ 루드베키아

해설
• 일년초 : 봄 또는 가을에 씨앗을 뿌리면 당년에 꽃을 피우고, 종자를 맺는 식물로 춘파일년초와 추파일년초가 있다. 일년초에는 데이지, 맨드라미, 팬지 등이 있다.
• 여러해살이 초화류 : 겨울철 식물의 지상부는 고사하지만, 지하부는 살아남아 여러 해 동안 살아가는 초본성 화훼류로 루드베키아는 노지 숙근초의 일종이다. 대체로 심은 지 3~4년이면 포기가 쇠약해지므로 한 번씩 포기를 나누어 심거나 밑거름을 넣고 다시 심는 것이 필요하다.

15 온대성 화훼류 종자를 장기간 저장할 경우 가장 적당한 저장온도는?

① 1~9℃   ② 10~19℃
③ 20~29℃ ④ 30~39℃

해설
온대성 화훼류 종자의 장기간 저장온도는 1~9℃이다.

정답 11 ④ 12 ② 13 ② 14 ④ 15 ①

16 화훼장식가에 대한 설명으로 옳지 않은 것은?

① 화훼를 재배하는 생산가도 화훼장식가이다.
② 화훼판매장에서 직원으로 일한다.
③ 화원의 경영자로 일하며, 교육을 병행할 수 없다.
④ 관련 장소에서 화훼공사를 담당한다.

해설
화훼장식가
- 호텔, 백화점, 무대 등의 다양한 화훼장식공사를 담당한다.
- 화원의 경영자나 직원으로 일하며, 교육을 병행하기도 한다.
- 화훼상품 제조업체 등에서 근무하거나 프리랜서로 활동할 수 있다.

17 다음 중 목련의 학명을 올바르게 표시한 것은?

① *Paeonia lactiflora*
② *Paeonia Lactiflora*
③ *Magnolia kobus*
④ *Magnolia Kobus*

해설
학명 = 속명 + 종명(속명의 첫글자는 대문자, 종명은 소문자로 쓴다)
※ 작약의 학명 : *Paeonia lactiflora*

18 절화를 재절단 할 때 물속 자르기를 하는 주된 이유는?

① 대기 중보다 자르기가 쉬워서
② 도관에 기포(공기방울)가 생기는 것을 방지하기 위해
③ 도관이 뭉개지는 것을 방지하기 위해
④ 자르는 면을 깨끗하게 하기 위하여

해설
물속 자르기(수중절단법)
- 수분 차단현상을 방지하기 위해 물속에서 칼로 줄기 끝을 자른다.
- 1~2일마다 절단면을 물속에서 2~3cm 정도 재절단하며, 물도 갈아준다.
- 물속 자르기는 도관에 공기방울이 생기는 것을 방지하기 위한 방법이다.
- 물속 자르기를 하는 식물은 장미, 카네이션, 아이리스, 알스트로메리아, 글라디올러스, 나리 등이 있다.

19 조선시대 분식물장식과 관련된 문헌이 아닌 것은?

① 동국이상국집(東國李相國集)
② 양화소록(養花小錄)
③ 산림경제(山林經濟)
④ 임원십육지(林園十六志)

해설
① 동국이상국집 : 고려시대 문신 이규보의 시문집이다.
② 양화소록 : 조선 전기 문신 강희안이 지은 우리나라 최초의 전문 원예서이다.
③ 산림경제 : 조선 후기 홍만선이 지은 농업 및 생활 백과사전이다.
④ 임원십육지 : 조선 후기의 실학자 서유구가 지은 실용 백과사전으로, 본리지(本利志, 농업 총론), 관휴지(灌畦志, 채소·약초 농사) 등의 16개 분야로 나뉘어 있다.

20 조선시대의 화훼장식도서와 관련된 사람이 일치하는 것은?

① 허균 - 양화소록
② 강희안 - 성소부부고
③ 홍만선 - 산림경제
④ 정약용 - 임원십육지

해설
① 강희안 : 양화소록
② 허균 : 성소부부고
④ 서유구 : 임원십육지

21 클러스터링(Clustering)에 대한 설명으로 가장 적당한 것은?

① 식물 부분들을 촘촘하게 평행으로 배열하고, 각 그룹들은 비대칭으로 구성하는 것
② 유사한 꽃, 유사한 색, 유사한 모양들을 결합하여 사용하는 방법
③ 수평적인 평면이나 복잡한 구조상의 세부적인 묘사를 하고, 땅 표면에 장식적인 기초를 만들어 주는 것
④ 덩어리를 강조하기 위하여 소재들 사이의 공간을 제거하고 빈틈없이 모아 덩어리 모양을 만드는 것

해설
클러스터링(Clustering)
디자인의 색상, 질감, 형태 등이 대비를 이루도록 하면서, 소재들을 종류나 질감이 유사한 것끼리 모아 높든 낮든 하나가 된 느낌으로 표현하는 기법으로, 하나의 소재 그 자체만으로는 구성요소로 인식하기에 너무 작은 소재들을 색, 질감, 형태 단위로 모아 빈틈없이 덩어리를 만들어 꽂는 기술이다.

22 훅(Hook)기법을 사용하는 소재로 가장 적합한 것은?

① 국 화
② 스프레이 카네이션
③ 나 리
④ 장 미

해설
훅기법은 와이어의 끝을 낚시바늘모양으로 구부려서 사용하는 방법으로 주로 국화류의 식물에 사용하는 방법이다.

23 웨딩 부케에 대한 설명으로 틀린 것은?

① 초승달형(Crescent) 부케는 선의 흐름을 최대한 돋보이게 하고 대칭적, 비대칭적 제작 구성이 가능하다.
② 일반적으로 모든 부케의 기본형태는 원형이다.
③ 트라이앵글형(Triangular) 부케는 두 개의 갈란드를 중심부에 연결하여 아름다운 곡선이 돋보이는 형태이다.
④ 캐스케이드형(Cascade) 부케는 상부의 원형 부케를 하부의 갈란드와 연결한 것이다.

해설
③ 트라이앵글 부케는 중앙 라운드형을 기준으로 3개의 갈란드를 구성하여 비대칭 역삼각형의 형태로 만든 것이다.

정답 20 ③ 21 ④ 22 ① 23 ③

24 결혼식의 꽃장식에 대한 설명으로 틀린 것은?

① 화훼장식이 시작되는 곳에 아치형의 장식이나 가랜드를 설치한다.
② 제단의 테이블이나 주례단상은 낮고 긴 꽃꽂이 형태로 장식하는 경우가 많다.
③ 꽃길은 하객석 의자 옆에 꽃다발을 달거나 꽃길을 따라 양측으로 꽃기둥을 반복해서 세워주는 경우가 많다.
④ 부토니아는 주례와 양가부모만 가슴에 꽂는 꽃이다.

해설
코사지는 주례와 양가부모, 사회자 가슴에 꽂는 꽃으로 신랑의 정장 또는 턱시도 좌측 상단에 꽂는 꽃을 말한다.

25 원예용 특수토양으로 거리가 먼 것은?

① 피트모스
② 펄라이트
③ 찰 흙
④ 버미큘라이트

해설
특수토양으로는 바크, 하이드로볼, 질석(버미큘라이트), 펄라이트, 수태, 피트모스, 마사토, 암면, 훈탄 등이 있다.

26 에틸렌(Ethylene)에 대한 설명으로 옳은 것은?

① 무색·무취의 액체상 호르몬이다.
② 국화보다 카네이션이 에틸렌에 민감하게 반응한다.
③ 식물의 노화억제호르몬이다.
④ 에틸렌에 대한 민감도는 고온에서 감소된다.

해설
① 무색·무취의 기체상 호르몬이다.
③ 식물의 노화촉진호르몬이다.
④ 에틸렌에 대한 민감도는 저온에서 감소된다.

27 압화에 대한 설명으로 맞지 않은 것은?

① 반영구적으로 보존이 가능하다.
② 건조시킬 때 40℃로 온도를 높여준다.
③ 입체감을 중요시 한다.
④ 꽃잎, 나뭇잎, 가지 등에 본래의 색을 유지한다.

해설
꽃, 잎, 줄기 등을 흡수지 사이에 넣고 눌러 평면적으로 건조시킨다.

28 화훼장식 중 에폴렛(Epaulet)은 무엇을 의미하는가?

① 팔목 또는 손목을 장식
② 발목이나 발목 뒤를 장식
③ 어깨 위에서 겨드랑이를 장식
④ 등 부위를 장식

해설
① 리스트 코사지
② 앵클릿 코사지
④ 백사이드 코사지

29 간단한 가족모임을 위해 꽃을 꽂으려 한다. 장식물을 식탁 위에 둔다면 다음 중 어느 형태로 계획하는 것이 가장 적합한가?

① 피닉스형   ② 피라미드형
③ 수평형   ④ 부채형

해설
③ 수평형 : 안정감과 편안함을 주며 테이블장식용
① 피닉스형 : 파티의 센터피스, 장식
② 피라미드형 : 크리스마트 트리 등의 공간 연출
④ 부채형 : 행사용 화환이나 제단·강단 장식용

30 물주기에 대한 설명으로 가장 적합한 것은?

① 건조해지지 않도록 조금씩 자주 물을 준다.
② 항상 토양을 촉촉하게 유지한다.
③ 겉흙이 약간 마른듯 할 때 물을 준다.
④ 겨울철에도 신선한 찬물을 준다.

해설
관수는 토양이 마른 후 한번에 흠뻑 주는 것이 좋으며 겨울철에는 따뜻한 낮시간에 미지근한 물을 주는 것이 좋다.

31 과꽃이나 소국 등으로 부케(Bouquet)를 제작할 때 와이어 끝을 1cm 가량 구부려서 제작하는 철사처리방법은?

① 후킹(Hooking)
② 소잉(Sewing)
③ 피어싱(Piercing)
④ 트위스팅(Twisting)

해설
② 소잉(Sewing) : 꽃잎이나 초화류의 넓은 잎에 바느질하듯 철사를 꿰어주는 방법
③ 피어싱(Piercing) : 씨방이나 꽃받침 부분의 줄기에 직각으로 철사를 꽂은 뒤 두 가닥이 되게 줄기와 같은 방향으로 구부리는 기법
④ 트위스팅(Twisting) : 필러 플라워 등 작은 꽃, 작은 가지 등을 한 번에 모을 때 꽃잎의 기부나 절지, 절엽 등을 철사로 감아주는 기법이다. 소국, 스타티스, 물망초, 안개꽃, 아스파라거스 등에 많이 사용한다.

32 동양식 꽃꽂이에서 2개 이상의 화기와 화형을 선택하여 꽂는 꽃꽂이형은?

① 부화형(浮花型)
② 분리형(分離型)
③ 복형(複型)
④ 배합형(配合型)

해설
① 부화형 : 수반에 물을 채우고 수생식물을 띄우는 형
② 분리형 : 한 개 혹은 두 개의 수반에 분리하여 꽂는 형
④ 배합형 : 여러 가지형을 배합하여 꽂는 형

정답 29 ③ 30 ③ 31 ① 32 ③

33 다음 중 절화 장미의 꽃목굽음이 잘 생기는 조건으로 가장 관계가 없는 것은?

① 꽃목의 경화가 덜 된 시기에 수확했을 때
② 늦게(개화된 것) 수확했을 때
③ 너무 조기(어린 봉오리)에 수확했을 때
④ 수분균형이 불량할 때

> **해설**
> 개화단계가 어느 정도 진행된 후에 절화하면 꽃목굽음 현상은 적지만 절화수명이 그만큼 짧아진다.

34 국화, 거베라와 같이 납작한 꽃에 사용하는 방법으로 철사를 갈고리 모양을 만들어 구부린 끝 부분이 꽃 속에 묻혀 보이지 않을 때까지 아래로 당겨 사용하는 방법은?

① 피어스(Pierce)법
② 훅(Hook)법
③ 인서트(Insert)법
④ 트위스팅(Twisting)법

> **해설**
> ① 피어스(Pierce)법 : 씨방이나 꽃받침 부분의 줄기에 직각으로 철사를 꽂은 뒤 두 가닥이 되게 줄기와 같은 방향으로 구부리는 방법으로, 카네이션, 장미, 다알리아 등 꽃받침 부분이 발달하여 단단한 꽃 종류에 사용한다.
> ③ 인서트(Insert)법 : 속이 비었거나 연한 꽃의 자연 줄기를 그대로 살리고 싶은 경우에 철사를 꽃줄기 밑에서 위로 찔러 넣는다. 수선화, 거베라, 칼라, 트리토마 등에 사용한다.
> ④ 트위스팅(Twisting)법 : 필러 플라워 등 작은 꽃, 작은 가지 등을 한 번에 모을 때 꽃잎의 기부나 절지, 절엽 등을 철사로 감아주는 기법이다. 소국, 스타티스, 물망초, 안개꽃, 아스파라거스 등에 많이 사용한다.

35 절화를 수확한 후 절화의 수명과 품질을 유지하기 위하여 실시하는 것으로 가장 적당한 것은?

① 예 냉
② 포 장
③ 에틸렌 처리
④ 수 송

> **해설**
> **예냉** : 수확 직후에 신속히 온도를 낮춰주어 절화의 호흡작용 등 생리대사를 억제한다. 절화의 신선도를 유지시키며 수명연장의 효과도 있다.

36 동양식 꽃꽂이를 위한 화기의 크기가 너비 40cm×높이 5cm일 때, 제1주지의 표준 길이로 가장 적절한 것은?

① 약 30~40cm
② 약 45~65cm
③ 약 70~90cm
④ 약 95~105cm

> **해설**
> 동양식 꽃꽂이에서 제1주지는 화기 크기(가로+세로)의 1.5~2배이므로, 화기의 크기가 40+5=45cm의 약 1.5배인 약 68~90cm가 된다.

37 장미와 같이 꽃받침이 단단한 절화를 장식할 때 사용하는 방법은?

① 피어스법
② 트위스트법
③ 루핑법
④ 훅법

> **해설**
> **피어스법** : 카네이션, 장미와 같이 꽃받기 부위가 발달하여 단단한 꽃 종류에 사용하는 방법으로, 꽃받침 기부에 철사를 관통시켜 구부리는 철사처리 방법이다.

정답 33 ② 34 ② 35 ① 36 ③ 37 ①

38 다음 중 일장반응에 따라 화훼식물의 분류에서 장일식물에 속하는 것은?

① 금어초   ② 코스모스
③ 포인세티아   ④ 맨드라미

해설
장일식물(長日植物) : 보리, 밀, 호밀, 귀리, 양배추, 상추, 참나리, 토마토, 카네이션, 금어초, 스위트피 등으로, 이들은 모두 가을에 파종하면 다음해 봄에 개화한다.

39 화훼장식에서 철사를 꽃의 줄기 속으로 집어넣어 눈에 보이지 않도록 하는 기법은?

① 시큐어링(Securing)
② 소잉(Sewing)법
③ 인서션(Insertion)법
④ 헤어핀(Hair-Pin)법

해설
① 시큐어링 : 줄기가 가늘거나 구부러진 줄기를 바로 펴고 싶을 때 줄기에 나선형으로 감아 내리는 방법
② 소잉 : 꽃잎이나 초화류의 넓은 잎에 바느질하듯 철사를 꿰어 주는 방법
④ 헤어핀 : 와이어를 머리핀 모양으로 구부려서 잎이나 꽃에 꽂아 보강하는 방법

40 벽면을 장식하기에 부적합한 형태는?

① 리스(Wreath)   ② 갈란드(Garland)
③ 사방화(四方花)   ④ 콜라주(Collage)

해설
③ 사방화는 사방에서 감상하기 위해 제작된 형태로 한쪽에서만 바라보는 벽면장식에는 적합하지 않다.
① 리스(Wreath) : 절화를 이용하여 고리 모양으로 만들어낸 장식물이다.
② 갈란드(Garland) : 꽃다발을 만들 때 식물소재를 철사 등에 엮어서 길게 늘어뜨리는 기법이다.
④ 콜라주(Collage) : 평면적인 화면에 입체적인 생화나 건조식물 등의 소재를 반평면적으로 배치하여 표현하는 장식물이다.

41 향기가 강한 백합 품종인 카사블랑카를 디자인한 공간에 꽃을 교체하려 한다. 카사블랑카와 비슷한 무게감과 색채, 우아하고 공식적인 느낌의 절화로 가장 적합한 것은?

① 크림색 안스리움
② 크림색 장미
③ 흰색 국화
④ 흰색 글라디올러스

해설
카사블랑카를 대신해 화려하고 독특한 형태를 가져 작품에 포인트를 주는 폼플라워로 연출할 수 있는 절화로 크림색 안스리움이 적합하다.

42 색채에 대한 설명으로 맞는 것은?

① 명도·채도가 높은 색은 앞으로 진출하는 것처럼 보인다.
② 명도·채도가 낮은 색은 앞으로 진출하는 것처럼 보인다.
③ 배경이 어두울 때는 밝은 색보다 어두운 색이 진출되어 보인다.
④ 파랑, 초록 등은 실제 위치보다 가깝게 있는 것처럼 보여 진출색이라 한다.

해설
② 명도·채도가 높은 색은 앞으로 진출하는 것처럼 보인다.
③ 배경이 어두울 때는 어두운 색보다 밝은 색이 진출되어 보인다.
④ 주황, 빨강, 노랑 등 난색은 실제 위치보다 가깝게 있는 것처럼 보여 진출색이라 한다.

43 화사하고 안정적이며, 흥분이 덜한 색조는?

① 파스텔 ② 진출색
③ 무채색 ④ 중성색

해설
파스텔 색조는 색채가 화사하고 안정적이며, 흥분을 가라앉히는 색이다.

44 바로크시대의 특징이 아닌 것은?

① 꽃꽂이는 직선보다 곡선이 많이 이용되었다.
② 윌리엄 호가스에 의해 S선의 형태가 만들어졌다.
③ 비대칭의 형태가 주를 이루었다.
④ 원추형 디자인이 등장하였다.

해설
바로크시대의 특징
• 꽃꽂이는 직선보다는 곡선을 중시하면서 S자형 꽃꽂이 형태가 유행하였다.
• 영국의 화가 윌리엄 호가스에 의한 호가디안 선 또는 S선이라 불리는 꽃꽂이의 형태가 만들어 졌다.
• 복잡하게 흘러넘치는 것이 전형이며, 대부분 운율적인 비대칭균형을 보여준다.
• 화려한 꽃 장식으로 선명한 색을 많이 사용하였다.
• S선 형태와 더치 플레미시 스타일, 꽃 이외의 장식을 다량 이용하였으며, 중세유럽 때는 꽃을 식용·음료·약재로 사용하고 향기 있는 꽃을 선호하였다.

45 색의 선명하고 맑은 정도를 나타내는 속성을 가지고 있으며, 색의 순도를 의미하는 용어는?

① 명 도 ② 채 도
③ 틴트(Tint) ④ 톤(Tone)

해설
• 명도 : 색의 밝은 정도
• 틴트(Tint) : 색상 + 흰색
• 톤(Tone) : 색상 + 회색
• 셰이드(Shade) : 색상 + 검은색

46 화훼장식의 디자인 원리 중 비례에 대한 설명으로 틀린 것은?

① 균형과 밀접한 관계를 가지고 있다.
② 절대적인 크기와의 관계를 의미하며 폭, 길이, 두께, 높이에 의한 치수와 관계가 있다.
③ 통일과 변화를 조성하는 원리이다.
④ 자연에서 식물의 꽃, 잎, 가지의 배열 등은 황금분할에 해당하는 것이 많다.

해설
디자인할 때 비례는 상대적인 크기와의 관계를 의미하며 폭, 길이, 두께, 높이에 의한 치수와 관계가 있다.

47 작품 전체의 통일감을 주면서 특정 부분을 강하게 표현하는 디자인 요소를 무엇이라 하는가?

① 강 조 ② 비 례
③ 조 화 ④ 대 비

해설
강조는 작품 전체에 통일감을 주면서 부분적이고 소극적으로 특정 부분을 강하게 표현하는 것이다.

48 하나의 디자인이 갖고 있는 여러 요소들 속에 어떤 조화나 일치감이 존재하고 있음을 의미하며, 유사한 선적인 요소, 형태, 색상 등의 반복 속에서 비롯되는 디자인 원리는?

① 강 조
② 통 일
③ 균 형
④ 비 례

해설
① 강조 : 주가 되는 것을 강하게 표현하는 것으로, 전달내용의 주체와 핵심을 확인하고 유도하여 개성과 특성을 나타낸다.
③ 균형 : 형태나 색채상으로 평형상태인 것을 말하며, 중량과 선, 크기, 방향, 질감, 색 등의 디자인 요소의 배치, 양, 성질 등이 작용하는 것이다.
④ 비례 : 전체구성에 대한 부분구성의 비율로 나타낸다.

49 그리스·로마시대에 유행했던 화훼장식물이 아닌 것은?

① 리 스
② 갈란드
③ 비더마이어
④ 화 관

해설
비더마이어는 1815~1848년 독일과 오스트리아의 한 세대에 사용되었던 디자인 양식이다.

50 다음에서 설명하고 있는 디자인 기법은?

> 색상이 밝고 작은 소재들은 바깥쪽에, 어둡고 무거운 소재들은 중앙을 향해 배치하여 시각적 균형과 점진적 변화를 창조하였다.

① 시퀀싱(Sequencing)
② 섀도잉(Shadowing)
③ 그루핑(Grouping)
④ 클러스터링(Clustering)

해설
② 섀도잉 : 한 가지의 소재를 앞쪽에 위치한 또 다른 소재의 뒤나 왼쪽 또는 오른쪽 바로 밑에 그림자처럼 가깝게 배치하여 입체적인 외관을 만들기 위하여 사용되는 명암기법이다.
③ 그루핑 : 유사한 소재들을 무리지어 꽂는 기법이다.
④ 클러스터링 : 하나의 소재 그 자체로는 구성요소로 인식하기에 너무 작은 소재들을 소재나 색 또는 질감이 같은 것들끼리 묶어 꽂는 기법이다.

51 근조용 헌화장식은 조형예술로서 화훼장식의 구체적인 효과 중 어디에 해당하는가?

① 심리적 효과
② 교육적 효과
③ 의사전달 효과
④ 의료적 효과

해설
메시지 전달 - 의사전달기능
사람들이 꽃을 구입하는 동기는 다양하지만, 선물용으로 꽃을 많이 소비하는 것으로 나타나고 있다. 이러한 꽃은 경축, 애도, 감사, 사랑 등의 감정을 빠르게 전달하는 수단으로서의 기능을 가지고 있다.

52 화훼장식 디자인 요소인 공간에 대한 설명으로 틀린 것은?

① 음성적 공간은 양성적 공간에 비하여 디자이너가 의도적으로 계획한 적극적 공간이다.
② 화훼장식 작품 안에서 공간은 양성적 공간과 음성적 공간으로 나눌 수 있다.
③ 화훼장식물을 중심으로 볼 때 공간은 물리적인 공간과 화훼장식물의 공간으로 나눌 수 있다.
④ 양성적 공간은 재료가 꽉 채워진 공간이다.

해설
공간의 유형
- 양성적 공간 : 작품에서 소재들이 사용된 부분
- 음성적 공간 : 하나의 작품 구성에서 사용된 소재들 사이에 전체적으로 비어있는 공간
- 연결 부분인 빈 공간(Voids) : 소재들을 다른 디자인 부분과 연결하는 선명하고 뚜렷한 선들

53 코르누코피아(Cornucopia)의 설명으로 틀린 것은?

① 풍요의 의미를 갖고 있다.
② 원뿔모양의 바구니(화기)이다.
③ 크리스마스 장식에 어울린다.
④ 그리스 로마신화에서 유래되었다.

해설
코르누코피아(Cornucopia) : 그리스 신화의 '풍요의 뿔'에서 유래된 과일과 꽃들이 넘치도록 담겨 있는 뒤틀리거나 나선형인 뿔의 장식이 모티프이다. 풍요와 번영의 상징으로 르네상스시대, 로마제국시대, 빅토리아시대에 유행하였다.

54 다음 중 화훼장식의 치료적 기능에 해당되는 말은?

① 아름다운 화훼장식물은 생활의 미적 감각을 증진시키는 효과가 있다.
② 화훼장식물 관리를 위한 신체적 움직임으로 육체적 건강을 유도하며 식물에 대한 애정 어린 보살핌으로 정서적 안정을 유도한다.
③ 식물의 잎 뒷면의 기공을 통한 이산화탄소의 흡수는 실내환경의 개선에 기여한다.
④ 건물 내부 아트리움의 실내장식은 건물에 대한 뚜렷한 이미지를 갖게 한다.

해설
① · ④는 공간장식 기능이고, ③은 환경적 기능이다.

55 식공간연출(Table Decoration)에 적합하지 않은 꽃은?

① 색이 진한 꽃
② 색이 연한 꽃
③ 계절감이 있는 꽃
④ 향기가 진한 꽃

해설
테이블장식에는 향이 강하고 짙은 식물은 피하도록 한다.

56 황금비율을 가장 바르게 나열한 것은?

① 8 : 4 : 1 ② 8 : 5 : 1
③ 8 : 5 : 3 ④ 8 : 6 : 3

해설
황금비율은 1 : 1.618의 비례로, 가장 기본적인 비율은 8 : 5 : 3이다.

57 다음 중 색의 3속성으로만 나열된 것은?

① 빨강, 파랑, 초록
② 빨강, 노랑, 초록
③ 색상, 명도, 채도
④ 색상, 명도, 순도

해설
색의 3속성 : 색상(Hue), 명도(Value), 채도(Chroma)

58 오늘날 일본의 꽃꽂이에서 "꽃에 생명을 준다"는 의미로 일반화된 명칭은?

① 리 카 ② 쇼 카
③ 이케바나 ④ 나게이레

해설
① 리카 : 서 있는 꽃
② 쇼카(또는 세이카) : 살아있는 꽃, 순수한 꽃
④ 나게이레 : 병 꽃꽂이

59 르네상스시대의 화훼장식에 대한 설명으로 맞지 않는 것은?

① 종교적인 상징을 표현하는 화훼장식이 성행하였다.
② 줄기가 보이지 않을 정도로 꽃을 가득 채운 꽃꽂이 형태가 일반적이었다.
③ 디자인에 과일과 채소들이 종종 꽃과 조화를 이루었다.
④ 꽃은 축제나 장례식의 봉헌물로 사용되었다.

해설
고대 이집트에서 꽃은 축제나 장례식의 봉헌물로 사용되었으며, 특히 연꽃 등은 이집트의 신과 여신을 상징하는 것으로 신성한 꽃으로 숭배되었다.

60 흡수성이 강하여 건조과정 중에 변형을 최소화시키고 빠른 탈수를 유도하는 가장 효과적인 건조제는?

① 글리세린 ② 실리카겔
③ 붕 사 ④ 모 래

해설
실리카겔을 이용한 매몰건조 : 자연건조시킨 것에 비해 꽃의 색깔이 훨씬 자연스럽고 모양도 거의 망가지지 않는다.

정답 56 ③ 57 ③ 58 ③ 59 ④ 60 ②

2019년 제1회 과년도 기출복원문제

01 가을에 파종하여 이듬해 꽃을 피우는 식물은?

① 샐비어 ② 맨드라미
③ 프리뮬러 ④ 해바라기

해설
①·②·④는 봄에 파종하여 가을이나 그 이전에 꽃을 피우는 춘파 1년초이다.
추파 1년초
가을에 파종하여 이듬해 봄에 꽃을 피우며, 종류에는 데이지, 팬지, 프리뮬러, 시네라리아, 칼세올라리아, 스타티스, 페튜니아, 금잔화, 양귀비, 튤립 등이 있다.

02 에틸렌의 설명으로 틀린 것은?

① 에틸렌은 무색무취의 기체로, 식물의 노화호르몬이다.
② 에틸렌은 공기 중 불완전연소의 부산물로서 발생하거나 성숙한 과일, 노화된 꽃에서 발생된다.
③ 에틸렌에 대한 민감도는 고온에서 감소되기 때문에 보관 시 고온 처리가 효과적이다.
④ 에틸렌은 꽃봉오리와 꽃의 개화를 막고 시들게 하며, 꽃잎의 탈리를 일으킨다.

해설
③ 에틸렌에 대한 민감도는 저온에서 감소된다.

03 냉장보관하지 않아야 하는 꽃은?

① 히아신스 ② 나팔수선
③ 튤립 ④ 안스리움

해설
온실숙근초 : 열대 및 아열대 지방의 원산식물로, 내한성이 약하여 우리나라에서는 온실에서 재배한다. 종류에는 군자란, 칼랑코에, 피소스테기아, 마가렛, 제라니움, 극락조화, 안스리움, 아스파라거스, 거베라, 카네이션 등이 있다.

04 테라싱(Terracing)기법에 대한 설명으로 옳은 것은?

① 동일한 소재들을 크기에 따라 앞뒤 수평이 되게 일정한 간격으로 계단처럼 배치한다.
② 특수한 요소를 강조하거나 주의를 끌 필요가 있을 때 사용하는 기법이다.
③ 동일한 단위로 알아볼 수 있도록 모아 시각적인 효과를 거두도록 하는 기법이다.
④ 보석박기, 작은 알돌들을 가능한 빽빽하게 모으는 것처럼 소재를 구성하는 것이다.

해설
테라싱은 베이싱기법의 하나로, 동일한 소재들을 크기에 따라 앞뒤 수평이 되게 일정한 간격으로 배치하여 계단처럼 연속적인 층을 만들어, 구성의 밑부분에 입체감과 함께 질감을 더해 주는 기법이다.
② 밴딩, ③ 클러스터링, ④ 파베

1 ③ 2 ③ 3 ④ 4 ① 정답

05 화훼장식의 디자인 요소 중 무엇에 관한 설명인가?

> 형태의 윤곽, 즉 모양과 구조, 넓이, 높이, 깊이를 분명하게 제공해 주며, 방향성을 지니고 있는 특성이 있다.

① 선(Line)
② 형태(Form)
③ 공간(Space)
④ 질감(Texture)

해설
① 선(Line) : 움직이는 점의 궤적으로 어떤 형상을 규정하거나 한정하고, 면적을 분할하기도 하며, 운동감·속도감·방향을 나타내는 심리적 효과를 줌
② 형태(Form) : 물체를 둘러싸고 있는 시지각의 영역이며, 어떠한 물체의 외형선
③ 공간(Space) : 작품에서 소재들이 사용된 부분
④ 질감(Texture) : 재료가 가진 구조적인 질과 느낌

06 화훼장식의 디자인 원리 중 비례에 대한 설명으로 틀린 것은?

① 자연에서 식물의 꽃, 잎, 가지의 배열 등은 황금분할에 해당하는 것이 많다.
② 황금분할은 유클리드에 의해 알려진 이상적인 비율이다.
③ 주그룹, 대항그룹, 보조그룹의 크기는 3 : 5 : 8의 비율이 적절하다.
④ 비례는 전체구성에 대한 부분구성의 비율로 나타낸다.

해설
주그룹(8) : 대항그룹(5) : 보조그룹(3)의 비율로 구성한다.

07 노란색(Yellow)의 특성과 이미지에 관한 설명으로 거리가 먼 것은?

① 노랑의 보색은 남색(PB)이다.
② 노랑은 빨강이나 주황과 같은 난색이며, 후퇴색이므로 크게 보인다.
③ 가시스펙트럼에서 570~580nm 사이의 색으로, 색상 중 가장 밝은 기본색이다.
④ '조심'의 뜻을 지니고 있어 주의 또는 방사능 표지 등에 사용된다.

해설
② 노랑은 진출색이므로 실제 위치보다 가깝게 있는 것처럼 보인다.

08 씨방이나 꽃받침 부분의 줄기에 직각으로 철사를 꽂은 뒤, 두 가닥이 되게 줄기와 같은 방향으로 구부려서 제작하는 철사 처리방법은?

① 후킹(Hooking)
② 소잉(Sewing)
③ 피어싱(Piercing)
④ 트위스팅(Twisting)

해설
① 후킹(Hooking) : 낚싯바늘 모양으로 구부린 철사를 꽃 중심에 꽂아 줄기 안으로 밀어 넣는 방법
② 소잉(Sewing) : 꽃이나 잎을 바느질하듯 꿰매는 방법
④ 트위스팅(Twisting) : 주로 철사를 찔러 넣을 수 없는 꽃이나, 가는 가지 또는 꽃잎을 모아서 묶을 때 사용하는 방법

정답 5 ① 6 ③ 7 ② 8 ③

09 반드시 세워서 저장 및 수송해야 하는 것은?
① 숙근안개초 ② 개나리
③ 글라디올러스 ④ 국화

해설
글라디올러스는 길고 가느다란 꽃줄기에 꽃대 없는 작은 꽃들이 촘촘히 달린 모양의 수상화서이기 때문에 반드시 세워서 저장·수송해야 한다.

10 변이, 반복, 확산 등으로 표현되는 디자인의 원리는?
① 대비 ② 통일
③ 리듬 ④ 비례

해설
리듬(Rhythm)은 유사한 요소가 반복·배열됨으로써 시각적 인상이 강화되는 미적 형식원리로 변이, 반복, 확산 등으로 표현되는 디자인의 원리이다.

11 생화인 절화 줄기의 고정방법이 아닌 것은?
① 격자(Grid) ② 침봉
③ 글루포트 ④ 철망

해설
글루포트는 조화 리스 제작 시 연출하는 도구이다.
절화 줄기의 고정방법 : 용기, 플로랄폼, 침봉, 철망, 격자, 끈·실·테이프, 접착제, 철사, 스프레이 등

12 균형의 종류 중 직선과 곡선, 딱딱함과 부드러움, 강하고 약함에 대한 균형은 어떤 균형에 속하는가?
① 무게의 균형 ② 재질의 균형
③ 크기의 균형 ④ 색채의 균형

해설
재질의 균형은 직선과 곡선, 딱딱함과 부드러움, 강함과 약함에 대한 균형을 말한다.

13 다음 중 화훼장식의 기능으로 거리가 먼 것은?
① 공간장식 ② 메시지 전달
③ 정서불안 ④ 환경조절

해설
심리적 기능 : 화훼장식을 통해 공동체의 주거환경을 개선시켜 구성원들의 사회정신적 건강과 작업능률을 증진시키고, 경제적·사회적 조건들을 고양시켜 그 지역의 부정적인 이미지를 변화시킨다.

14 다음 설명이 의미하는 것은?

> 빨간색을 오랜 시간 본 후 흰색을 보면 먼저 본 빨간색의 보색잔상의 영향으로 녹색 계열의 색상이 보인다.

① 색상대비 ② 보색대비
③ 명도대비 ④ 계시대비

해설
계시대비
어떤 색을 본 후에 시간적인 간격을 두고 다른 색을 차례로 볼 때 일어나는 색채대비로, 먼저 본 색의 영향으로 인해 나중에 본 색이 시간적인 간격에 따라 다르게 보이는 현상
① 색상대비 : 두 가지 이상의 색을 동시에 볼 때 각 색상의 차이가 크게 느껴지는 현상
② 보색대비 : 보색인 두 색이 나란히 있으면 각각의 채도가 더 높아 보이는 현상
③ 명도대비 : 명도가 다른 두 색을 병치했을 때 서로의 영향으로 밝은 색은 인접부가 밝게 보이고, 명도가 낮은 색은 더욱 어둡게 보이는 현상

9 ③ 10 ③ 11 ③ 12 ② 13 ③ 14 ④ **정답**

15 알뿌리 화초 중 덩이뿌리로 번식하는 것은?

① 칸나   ② 튤립
③ 수선화   ④ 다알리아

해설
괴근 : 뿌리가 비대해져 양분의 저장기관으로 발달한 구근으로 다알리아, 라넌큘러스, 작약, 도라지 등이 괴근으로 번식한다.

16 미선나무의 분류학상 해당되는 과(科)는?

① 천남성과
② 물푸레나무과
③ 장미과
④ 차나무과

해설
미선나무(*Abeliophyllum distichum* Nakai)
물푸레나무과에 속하는 낙엽활엽관목으로, 화훼류 중 세계적으로 1속 1종밖에 없는 우리나라 특산식물이다.

17 다음 중 관엽식물이 아닌 것은?

① 야자류
② 드라세나
③ 시네라리아
④ 필로덴드론

해설
③ 시네라리아는 꽃을 관상할 수 있는 초화류이다.
※ 관엽식물류 : 행운목, 디펜바키아, 팔손이, 야자류, 드라세나, 필로덴드론, 벤자민 고무나무, 박쥐란, 엽란 등

18 영국 조지아시대에 유행한 노즈게이(Nosegay)에 대한 설명으로 틀린 것은?

① 꽃향기는 전염병을 예방해 준다고 믿어 향기가 나는 것으로 만들었다.
② 후에 머리, 목, 허리, 가슴 등의 몸장식으로 이용되기 시작했다.
③ 작은 원형 디자인으로 코르누코피아(Cornucopia)라고 불리기도 하였다.
④ 터지머지(Tuzzy-Muzzy)라고 불리었다.

해설
코르누코피아(Cornucopia) : 그리스신화의 '풍요의 뿔'에서 유래된 과일과 꽃들이 넘치도록 담겨 있는 뒤틀리거나 나선형인 뿔의 장식 모티프이며, 풍요와 번영의 상징으로 르네상스시대, 로마제국시대, 빅토리아시대에 유행하였다.

19 다음 식물 중 학명이 틀린 것은?

① 장미 : *Rosa hybrida* Hort.
② 리아트리스 : *Hibiscus syriacus* L.
③ 튤립 : *Tulipa gesneriana* L.
④ 국화 : *Dendranthema grandiflorum* (Ram.) Kitamura

해설
② 리아트리스 : *Liatris spicata*.
※ *Hibiscus syriacus* L.는 무궁화의 학명이다.

20 다음 중 형태적으로 줄기가 방사상으로 자라는 표준형 식물이 아닌 것은?

① 마란타   ② 페페로미아
③ 렉스베고니아   ④ 산세비에리아

해설
산세비에리아는 선형 잎(Line Foliage)을 가지고 있다.

정답 15 ④ 16 ② 17 ③ 18 ③ 19 ② 20 ④

21 영국의 예술가 윌리엄 호가스(William Hogarth)에 의해 창시되었다고 보는 화형은?

① 초승달형 ② 부채형
③ S커브형 ④ 원추형

해설
호가스(Hogarth)라인 부케(S형)
- 자연스러운 가지의 선을 이용하여 가늘고 날씬한 S자 곡선형의 움직임을 표현한다.
- 영국의 윌리엄 호가스에 의해 미적 가치가 인정되어 호가스라인 이라고도 한다.

22 신부 부케(Bridal Bouquet)에 대한 설명 중 가장 거리가 먼 것은?

① 신부 꽃다발의 수명은 하루이므로 꽃의 증산작용이 활발해도 좋다.
② 철사로 만들어지는 꽃다발에는 난류와 다육질의 꽃이 선호된다.
③ 18세기 영국에서는 꽃다발을 방향성 식물로 만들어 악령과 질병을 막아 주는 것으로 이용하기도 하였다.
④ 원형, 폭포형, 삼각형, 초승달형, S자형, 링형 등 다양한 형태로 만들 수 있다.

해설
스프레이 액제 등을 이용해 꽃의 증산작용을 억제시켜 꽃이 빨리 시들지 않도록 해야 한다.

23 다음 중 절화보존제의 역할이 아닌 것은?

① 절화 수명을 연장한다.
② 본래의 화색을 보존한다.
③ 에틸렌 발생을 증가시켜 피해를 준다.
④ 꽃의 개화를 돕는다.

해설
③ 절화보존제는 에틸렌 발생을 억제시켜 준다.

24 다음 중 화훼장식의 육체적·정신적 치료효과로 거리가 먼 것은?

① 정서적으로 안정감을 준다.
② 녹색식물은 눈의 피로를 덜어 준다.
③ 향기식물은 우울증이나 스트레스를 줄여 준다.
④ 분식물의 배치는 사람들의 통행을 조절해 준다.

해설
④는 장식적 기능에 속한다.

25 다음은 무엇에 관한 설명인가?

- 참나무, 밤나무, 상수리나무와 같은 활엽수의 낙엽을 쌓아 충분히 썩힌 토양이다.
- 가볍고, 보수력과 배수력이 있으며, 통기성이 좋고, 양분을 오래 간직하여 원예식물 재배용으로 널리 이용된다.

① 바크 ② 수태
③ 부엽토 ④ 마사토

해설
① 바크 : 목재를 만드는 과정에서 생긴 부산물을 퇴비화시켜 만든 것이다.
② 수태 : 이끼를 건조시켜 만든 것이다.
④ 마사토 : 화강암의 풍화에 의한 부식토로, 배수성과 통기성이 좋다.

26 꽃장식용으로 자주 쓰이는 칼라(Calla)와 같은 과(科)에 속하는 식물로 가장 바르게 짝지어진 것은?

① 백합, 틈나리
② 토란, 알로카시아
③ 군자란, 아마릴리스
④ 구근베고니아, 렉스베고니아

해설
칼라, 토란, 알로카시아 등은 모두 천남성과(科)에 속한다.

27 색에 대한 설명으로 틀린 것은?

① 빨간색은 활력이 넘치는 색으로, 따뜻하고 강한 느낌을 준다.
② 흰색은 색상환의 제일 앞에 위치하며, 화훼 디자인에 있어서 일반적인 색이라고 할 수 있다.
③ 분홍색은 빨간색에 흰색을 혼합한 색으로, 낭만적이고 여성스런 느낌을 준다.
④ 색상환에서 빨강(R)과 청록(BG)은 보색관계에 있다.

해설
② 흰색, 검은색과 같은 무채색은 색을 가지지 않기 때문에 색상환에 존재하지 않는다.

28 화훼장식의 용도별 화훼장식물의 종류로 옳은 것은?

① 화단장식 – 꽃꽂이, 테라리움
② 분식물장식 – 디시가든, 꽃바구니
③ 분식물장식 – 갈란드, 비바리움
④ 절화장식 – 화환, 꽃다발

해설
절화장식의 종류에는 꽃꽂이, 꽃다발, 꽃바구니, 화환, 심볼, 압화, 포푸리, 갈란드 등이 있다.

29 형–선적(Formal Linear) 구성에 대한 설명으로 틀린 것은?

① 각 소재가 가지고 있는 형과 선을 뚜렷한 선과 각도로 대비시켜 표현하는 것을 말한다.
② 작품소재의 종류와 양을 최소화하여 최대의 효과를 얻을 수 있는 형태이다.
③ 매스(Mass)가 되는 꽃을 길게 사용하면 작품의 선을 더욱 강조하게 되어 형태를 더 뚜렷하게 나타낼 수 있다.
④ 수직선, 수평선, 사선, 곡선을 모두 이용하여 소재의 형태를 작품에 잘 활용한다.

해설
형–선적 구성 : 형 또는 매스를 최소로 표현하고, 여백을 이용하여 꽃·잎·줄기의 아름다움을 강조한다.

30 다음 중 압화의 소재로 많이 사용되는 것은?

① 극락조화   ② 팬 지
③ 나팔꽃   ④ 맨드라미

해설
압화소재로 적합한 꽃
- 색이 선명하고, 변화가 많은 꽃
- 구조가 간단하고, 꽃잎수가 적은 꽃
- 크기가 중간 정도이거나 작은 꽃
- 두께가 적당하고, 수분함량이 적은 꽃
- 황색, 오렌지색, 남색, 자색, 홍색 등의 꽃, 팬지, 숙근안개초, 코스모스 등

※ 압화에 부적합한 꽃
  - 꽃잎이 나팔 모양인 꽃이나 관상화
  - 하나의 꽃잎으로 이루어지거나, 꽃잎의 각도가 너무 큰 꽃
  - 꽃잎이 너무 크고, 주름이 많은 꽃
  - 꽃잎이 두껍고, 수분함량이 많은 꽃(너무 얇아도 곤란)
  - 화관의 밑부분이 직접 분열되어 꽃잎을 이루는 꽃
  - 극락조화, 나팔꽃, 담쟁이풀, 제완꽃, 석산화, 호접란, 바이올렛, 해당화, 맨드라미 등

정답 26 ② 27 ② 28 ④ 29 ③ 30 ②

31 서양꽃꽂이의 화형을 기하학적 형태를 기초로 하여 직선적 구성과 곡선적 구성으로 구분할 때 다음 중 곡선적 구성에 해당하는 것은?

① L자형(L-shape)
② 역T자형(Inverted-T)
③ 초승달형(Crescent)
④ 수직형(Vertical)

해설
서양식 꽃꽂이의 화형
- 직선적 구성 : 수직형, 삼각형, L자형, 역T자형, 대각선형 등
- 곡선적 구성 : 수평형, 초승달형, S자형, 부채형, 원형 등

32 주간온도가 16℃, 야간온도가 23℃일 때의 DIF값은?

① +39
② +7
③ -7
④ -39

해설
DIF는 주간온도에서 야간온도를 뺀 주야간온도 차이를 의미하므로, DIF = 16 - 23 = -7℃이다.

33 매스잎(Mass Foliage)에 해당하는 것은?

① 네프롤레피스
② 스킨답서스
③ 드라세나
④ 산세비에리아

해설
①·③·④는 라인잎에 해당한다.
※ 절화상품 재료의 형태상 분류
- 라인잎 : 잎새란, 부들, 칼라, 엽란, 소철, 창포잎, 네프롤레피스, 아스플레니움, 드라세나, 산세비에리아, 칼라데아 인시그니스 등
- 폼잎 : 필로덴드론, 종려, 칼라디움, 디펜바키아, 알로카시아 등
- 매스잎 : 크로톤, 고무나무, 스킨답서스, 셀렘 등
- 필러잎 : 고사리류, 아스파라거스, 아디안툼, 헤드라, 편백, 향나무, 쿠페아 등

34 크기, 색, 질감 등의 요소에 점진적인 변화를 주어 배열하는 기법으로, 꽃을 배치할 때 중심에서 바깥으로 벗어날수록 어두운 색에서 점진적으로 밝은 색으로 배치하는 기법은?

① 프레이밍
② 섀도잉
③ 시퀀싱
④ 조닝

해설
① 프레이밍 : 감상하는 사람의 시선을 특정한 곳으로 끌기 위해 초점지역에 틀(테두리)을 만들어 소재를 꽂는 기법이다.
② 섀도잉 : 소재의 바로 뒤와 아래에 똑같은 소재를 하나씩 더 가깝게 꽂아 입체적으로 보이도록 하는 기법이다.
④ 조닝 : 같은 재료는 모으고, 다른 재료는 서로 공간을 두어 겹치지 않도록 구획을 정리해 주는 표현기법이다.

35 실내정원을 구성할 때 사용되는 인공토양에 관한 설명으로 옳은 것은?

① 펄라이트(Perlite)는 화강암 속의 흑운모를 1,100℃ 정도의 고온에서 수증기를 가하여 팽창시킨 것이다.
② 버미큘라이트(Vermiculite)는 황토와 톱밥을 섞어서 둥글게 뭉쳐 고온 처리한 것이다.
③ 하이드로볼(Hydro Ball)은 진주암을 870℃ 정도의 고온으로 가열하여 팽창시켜 만든 백색의 가벼운 입자로, 무균 상태이다.
④ 피트모스(Peatmoss)는 습지의 수태가 퇴적하여 만들어진 것으로 유기질 용토이다.

해설
① 펄라이트(Perlite)는 진주암을 1,000℃ 정도의 고온으로 가열하여 팽창시켜 만든 백색의 가벼운 입자로, 무균 상태이다.
② 버미큘라이트(Vermiculite)는 화강암 속의 흑운모를 1,100℃ 정도의 고온에서 수증기를 가하여 팽창시킨 것이다.
③ 하이드로볼(Hydro Ball)은 황토와 톱밥을 섞어서 둥글게 뭉쳐 고온 처리한 것이다.

36 데코라고무나무의 학명표기법으로 옳은 것은?

① *Ficus elastica* Roxb. cv. Decora
② *Ficus elastica* Roxb. cv. 'Decora'
③ *Ficus elastica* Roxb. cv. Decora
④ *Ficus elastica* Roxb. cv. 'Decora'

37 온대성 화훼류 종자를 장기간 저장할 경우 가장 적당한 저장온도는?

① 1~9℃　　② 10~19℃
③ 20~29℃　　④ 30~39℃

해설
온대성 화훼류 종자의 장기간 저장 시 적정온도는 1~9℃이다.

38 작품 속에서 자연을 사실적으로 표현하는 것으로, 식물 개개의 생태적 모습이나 특성을 고려한 구성법은?

① 식생적 구성
② 장식적 구성
③ 구조적 구성
④ 선형적 구성

해설
① 식생적 구성 : 식물이 자연상태에서 살아 있는 모습과 같은 형태로 조형하는 구성으로, 소재의 가치효과와 운동성, 표면구조를 살펴서 그룹별로 배치한다.
② 장식적 구성 : 절화 장식에서 가장 먼저 만들어진 구성형식으로, 소재의 독자적인 매력보다는 전체적으로 풍성한 부피감과 역동적인 효과를 나타낸다.
③ 구조적 구성 : 각각의 소재가 가지고 있는 형태, 크기, 색, 재질감(Texture)뿐만 아니라 소재의 배열이 나타내는 표면의 조직이나 구성, 재질감, 즉 구조의 효과를 전면에 부각시키는 구성이다.
④ 선형적 구성 : 소재의 형·선·각도를 강조하고, 형과 선이 두드러지게 대비되며, 여백을 이용하여 소재의 아름다움을 강조한다.

39 정적인 선에 해당하며, 높이를 강조하여 강한 힘, 위엄의 느낌을 주는 선의 종류는?

① 사 선　　② 수직선
③ 곡 선　　④ 수평선

해설
① 움직임과 흥분의 느낌
③ 부드럽고 온화하며, 유동적인 느낌
④ 평화롭고 고요한 분위기, 휴식과 안정감

40 화훼장식 디자인 요소 중 음성적 공간(Negative Space)의 설명에 해당하는 것은?

① 꽃과 꽃 사이에 생긴 빈 공간이다.
② 재료가 꽉 채워진 공간이다.
③ 작품에서 소재들이 사용된 부분으로, 꽃이 절대적인 부분을 차지한다.
④ 의도적으로 계획한 적극적 공간이다.

해설
디자인 요소로서의 공간의 유형
• 양성적 공간(Positive Space) : 작품에서 소재들이 사용된 부분으로, 꽃은 양성적 공간의 절대적인 부분을 차지한다.
• 음성적 공간(Negative Space) : 디자이너가 의도하지 않은 꽃과 꽃 사이에 생긴 빈 공간을 의미한다.

정답 36 ① 37 ① 38 ① 39 ② 40 ①

41 기능적인 것보다 장식적인 목적으로 강조하거나 관심을 집중시키기 위해 사용되는 꽃꽂이기법은?

① 바인딩(Binding) ② 그루핑(Grouping)
③ 번들링(Bundling) ④ 밴딩(Banding)

해설
① 바인딩 : 두 개 이상의 소재 줄기를 묶어서 줄기끼리 기계적으로 고정하는 기법
② 그루핑 : 같은 종류의 재료를 모아 꽂음으로써 재료의 형태나 색채, 양감, 질감 등을 강조하는 기법
③ 번들링 : 볏단, 밀짚 다발, 옥수수대 등을 이용하여 같은 재료 또는 비슷한 재료를 단단히 묶는 기법

42 색의 3속성 중 하나로, 색의 선명도를 나타내며, 포화도라고도 하는 것은?

① 명 도 ② 색 상
③ 채 도 ④ 순 색

해설
① 명도 : 색의 밝고 어두운 감각을 척도화하여 나타낸 것
② 색상 : 다른 색과 구별되는 색의 고유명칭이나 특성
④ 순색 : 한 색상 중에서 가장 채도가 높은 색

43 화훼장식용 도구의 사용에 대한 설명으로 틀린 것은?

① 플로랄 테이프는 식물에 철사를 연결하여 줄기를 지지하였을 경우, 접착성으로 줄기와 철사의 접합을 돕는다.
② 라피아는 꽃다발을 단단하게 묶는 데 사용한다.
③ 워터픽은 플라스틱 제품으로서 그 속에 물을 넣어 식물을 꽂아 묶음작업에 많이 사용한다.
④ 전지가위는 리본, 직물, 종이의 절단에 사용한다.

해설
전지가위(전정가위)는 굵고 강한 나뭇가지들을 자르는 데 사용하는 가위이고, 수공가위는 지류나 리본 등 부소재를 자르기 위한 길고 날카로운 날을 가진 일반적인 가위이다.

44 채우기 꽃(Filler Flower)으로 다음 중 가장 많이 사용되는 것은?

① 리아트리스 ② 숙근안개초
③ 장 미 ④ 극락조화

해설
① 선형 꽃, ③ 덩어리 꽃, ④ 형태 꽃

45 화훼의 이용 형태에 관한 설명으로 연결이 틀린 것은?

① 생산화훼 – 영리를 목적으로 한다.
② 생산화훼 – 절화, 절엽, 절지, 분화, 종묘, 화단묘가 해당된다.
③ 취미화훼 – 미화를 통한 서비스이다.
④ 후생화훼 – 원예치료와 향기치료 등이 있다.

해설
화훼의 이용형태
- 생산화훼 : 절화, 절엽, 절지, 분화, 종묘, 구근, 화단묘
- 취미화훼 : 가정원예, 실내원예, 베란다원예, 생활원예 등의 개인적 관상목적
- 후생화훼 : 교육 및 환경 조성, 원예치료·향기치료 등의 미화를 통한 서비스

46 다음 중 초화류가 아닌 것은?

① 코스모스 ② 양귀비
③ 아네모네 ④ 스토크

해설
③ 아네모네는 구근류에 해당한다.

47 공간장식 계획에서 가장 먼저 고려해야 하는 것은?

① 도면 및 서류 작성
② 작품의 형태 결정
③ 이미지 구축 및 디자인
④ 대상공간의 특징 및 규모 파악

해설
화훼장식으로 공간을 장식할 경우 가장 먼저 고려해야 할 사항은 공간의 규모와 특성을 파악하는 일이다.

48 서양식 꽃꽂이에 대한 설명으로 틀린 것은?

① 일반적으로 미국식 꽃꽂이와 유럽식 꽃꽂이로 크게 나눌 수 있다.
② 대부분의 형태가 선과 여백을 중요시한다.
③ 디자인 요소와 원리를 표현한다.
④ 주요 골격은 직선구성, 매스구성, 곡선구성, 입체구성 등이다.

해설
- 동양식 꽃꽂이 : 선과 여백의 미를 강조하고, 정적인 표현양식으로 간결하고 세련된 분위기를 표현
- 서양식 꽃꽂이 : 다양한 색과 양을 강조하고, 기하학적인 구성양식으로 풍성함을 표현

49 질감(Texture)에 관한 설명으로 틀린 것은?

① 조화와 생화의 질감은 다르다.
② 질감은 물체의 표면이 촉각적으로나 시각적으로 느껴지는 감각이다.
③ 질감에서 느껴지는 감정은 모든 사람이 동일하다.
④ 일반적으로 거친 질감은 남성적이고, 고운 질감은 여성적이다.

해설
③ 질감에서 느껴지는 감정은 감상하는 사람의 감성이나 과거의 경험에 따라 다르게 느껴진다.

50 꽃꽂이 형태 중 줄기배열에 의한 분류가 아닌 것은?

① 교차선 배열 ② 감는선 배열
③ 수직선 배열 ④ 병행선 배열

해설
줄기배열에 의한 꽃꽂이 형태
- 방사선 배열 : 모든 줄기의 선이 한 개의 초점에서 사방으로 전개되는 배열
- 평(병)행선 배열 : 여러 개의 초점으로부터 나온 줄기가 모두 같은 방향으로 나란히 뻗어 있는 배열
- 교차선 배열 : 여러 개의 초점으로부터 나온 줄기의 선이 제각기 여러 각도의 방향으로 뻗어서 서로 교차하는 배열
- 감는선 배열 : 교차선 배열에서 발전된 형태로, 서로 구부러지고 휘감기며 유연한 곡선적인 선의 흐름이 특징인 배열
- 줄기배열이 없는 구성 : 일정한 규칙 없이 배열되어 있거나, 줄기를 짧게 잘라 꽃송이나 꽃잎만을 사용하여 구성

정답 46 ③ 47 ④ 48 ② 49 ③ 50 ③

51 디자인의 원리를 이용하여 화훼장식을 한 것으로 적합하지 않은 것은?

① 통일감을 주기 위해 작품을 반복적으로 배치하였다.
② 꽃꽂이를 할 때 강조점을 두기 위해 시각적인 무게가 무거운 어두운 색의 꽃은 중앙에 두고 주위를 엷은 색의 꽃으로 배치하였다.
③ 꽃이 가지고 있는 화려함을 살리기 위해 폼플라워를 되도록 많이 사용하였다.
④ 작품이 놓일 공간과 작품의 비율을 고려하여 디자인의 비가 효과적으로 선택되도록 한다.

해설
폼플라워는 꽃의 색이나 형태가 특이하여 시각의 유도를 크게 하지만, 많이 사용하면 작품의 특성이나 인상을 감소시킬 수 있다.

52 화훼장식 디자인에 이용되는 3가지 선의 분류에 해당하지 않는 것은?

① 실제적 선(Actual Line)
② 함축된 선(Implied Line)
③ 정적인 선(Static Line)
④ 심적인 선(Psychic Line)

해설
디자인에 이용되는 3가지 선은 실제적 선(Actual Line), 함축된 선(Implied Line), 심리적 선(Psychic Line)이다.

53 비더마이어(Biedermeier) 디자인에 대한 설명으로 틀린 것은?

① 1815~1848년 독일과 오스트리아의 한 세대에 사용되었던 디자인이다.
② 로맨틱하고 향기로운 꽃이 소재에 포함되어 낭만적인 느낌을 준다.
③ 피라미드 모양의 나선형은 프랑스 스타일이다.
④ 단단하고 촘촘하게 구성되어서 손으로 묶는 부케로 많이 사용한다.

해설
③ 피라미드 모양의 나선형은 스위스 스타일이다.

54 압화재료의 채집 시 유의사항에 대한 설명으로 거리가 먼 것은?

① 여름 한낮에는 온도가 높아 수분 증발속도가 빠르고 곧 위축되므로 한낮을 피한다.
② 손으로 거칠게 뽑아서 재료가 손상되지 않도록 꽃과 잎을 따로 담아 꽃이 눌리는 것을 방지한다.
③ 비닐주머니를 밀봉하기 전에 공기를 채워 재료가 눌리지 않게 한다.
④ 채집 후 담은 비닐주머니는 양지바른 곳에 둬서 충분히 광합성을 할 수 있도록 한다.

해설
④ 채집 후 담은 비닐주머니는 가급적 햇빛이 들지 않는 곳에 둔다.

55 다음 중 장일성 식물에 해당하는 것은?

① 포인세티아 ② 스위트피
③ 코스모스 ④ 칼랑코에

해설
장일식물(長日植物) : 참나리, 카네이션, 금어초, 스위트피 등으로, 이들은 모두 가을에 파종하면 다음해 봄에 개화한다.

56 다음 중 조선시대의 화훼장식과 관련된 문헌의 이름과 저자가 올바르게 나열되지 않은 것은?

① 산림경제 - 서유구
② 성소부부고 - 허균
③ 양화소록 - 강희안
④ 색경증집 - 박세당

해설
① 산림경제(홍만선), 임원십육지(서유구)

57 개더링(Gathering)기법으로 한 송이 장미꽃에 다른 장미의 꽃잎을 붙여 큰 송이의 장미꽃처럼 만드는 것은?

① 빅토리안 로즈(Victorian Rose)
② 더치스 튤립(Dutchess Tulip)
③ 유칼립투스 로즈(Eucalyptus Rose)
④ 릴리멜리아(Lilymellia)

해설
② 더치스 튤립 : 튤립 개더링기법이다.
③ 유칼립투스 로즈 : 유칼리잎으로 장미처럼 개더링한 것이다.
④ 릴리멜리아 : 백합 개더링기법이다.

58 흙에 심지 않고 나무나 돌 등에 붙여 재배하는 난의 종류는?

① 반 다
② 심비디움
③ 춘 란
④ 한 란

해설
착생란은 뿌리가 드러나고 바람이 잘 통해야 잘 자라고, 나무나 돌 등에 붙어살며 카틀레야, 레리아, 덴드로비움, 온시디움, 팔레놉시스, 티시스, 셀로지네, 에리데스, 린코스티리스, 반다 등이 있다.

59 미국의 색채학자 저드(D. B. Judd)의 색채조화론에서 주장한 색채조화의 원리로 옳지 않은 것은?

① 질서의 원리
② 친근성의 원리
③ 유사성의 원리
④ 모호성의 원리

해설
미국의 색채학자 저드(D. B. Judd)의 색채조화론에서 주장한 색채조화의 원리 : 질서의 원리, 친근성의 원리, 유사성의 원리, 명료성의 원리

60 갖춘꽃이 구비해야 할 필수적 기관이 아닌 것은?

① 암술과 수술
② 꽃받침
③ 꽃 잎
④ 불염포

해설
꽃의 구조에 따른 분류
• 갖춘꽃(완전화) : 암술, 수술, 꽃잎과 꽃받침 등 꽃의 요소를 모두 갖춘 꽃
• 안갖춘꽃(불완전화) : 갖춘꽃의 4요소 중 한 가지 이상이 없는 꽃

정답 56 ① 57 ① 58 ① 59 ④ 60 ④

2019년 제2회 과년도 기출복원문제

01 절화보존제의 주성분이 아닌 것은?

① 살균제
② 살충제
③ 당 류
④ 생장조절제

해설
절화보존제의 주성분은 탄수화물(자당), 살균제, 생장조절물질, 에틸렌억제제, 무기질 등이다.

02 질감(Texture)에 관한 설명으로 틀린 것은?

① 조화와 생화의 질감은 다르다.
② 질감에서 느껴지는 감정은 모든 사람이 동일하다.
③ 일반적으로 거친 질감은 남성적이고, 고운 질감은 여성적이다.
④ 질감은 물체의 표면이 촉각적으로나 시각적으로 느껴지는 감각이다.

해설
② 질감에서 느껴지는 감정은 감상하는 사람의 감성이나 과거의 경험에 따라 다르게 느껴진다.

03 다음에서 설명하는 화훼장식의 주요 기능은?

> 철근과 콘크리트로 이루어진 건물 내 딱딱한 공간에 배치된 절화장식물이나 분식물은 꽃과 잎의 아름다운 형태와 색, 향기, 신선함으로 아름다운 분위기를 만들어 낸다.

① 장식적 기능
② 심리적 기능
③ 환경적 기능
④ 교육적 기능

해설
장식적 기능 : 화훼장식물이나 화훼장식공간은 아름다운 생활환경에 대한 관심을 유도한다.

04 밀폐된 투명한 플라스틱이나 유리용기 속에 식물을 심어 재배·관상하는 화훼장식의 이용 형태는?

① 디시가든
② 토피어리
③ 수경재배
④ 테라리움

해설
① 디시가든(Dish Garden) : 접시와 같이 넓고 깊이가 얕은 용기에 식물을 심어 놓은 작은 정원
② 토피어리 : 관엽식물을 전정하거나, 철사나 나뭇가지 등으로 틀을 만들어 그 위에 덩굴식물을 키워서 동물이나 기타 여러 가지 모양을 만든 것
③ 수경재배 : 흙을 전혀 사용하지 않고, 물과 식물생장에 필요한 무기양분을 인위적으로 공급하여 식물을 기르는 것

정답 1 ② 2 ② 3 ① 4 ④

05 다음에서 설명하는 디자인 원리는?

하나의 디자인이 갖고 있는 여러 요소들 속에 어떤 조화나 일치감이 존재하고 있음을 의미하며, 유사한 선적인 요소, 형태, 색상 등의 반복 속에서 비롯되고 있다.

① 강 조
② 균 형
③ 통 일
④ 비 례

해설
통일(Unity)
- 통합되거나 완전해진 하나의 상태로, 전체의 구성이 개개의 부분에 비해 훨씬 두드러지는 것을 의미한다.
- 일관된 기술, 형태, 크기, 질감(동일 질감의 재료 선택), 색(유사색) 등을 이용하여 통일감을 나타낼 수 있다.

06 건조소재로서 갖추어야 할 요소로 가장 거리가 먼 것은?

① 기호성
② 희귀성
③ 경제성
④ 관상가치

해설
건조소재는 모양과 색 등의 관상가치, 지속성, 경제성, 기호성 등을 갖추어야 한다.

07 하나로 묶어서 결합시키는 기법이 아닌 것은?

① 바인딩(Binding)
② 래핑(Wrapping)
③ 그루핑(Grouping)
④ 밴딩(Banding)

해설
③ 그루핑(Grouping) : 유사한 소재들을 무리지어 꽂는 모으기 기법이다.

08 다음 중 상대적으로 깊이감(Depth)이 덜 요구되는 기법은?

① 섀도잉기법
② 그루핑기법
③ 파베기법
④ 테라싱기법

해설
③ 파베 : 보석알을 촘촘히 박아 놓은 듯하게 동일한 높이로 꽂는 기법으로, 상대적으로 깊이감(Depth)이 덜 요구된다.
① 섀도잉 : 소재의 바로 뒤와 아래에 똑같은 소재를 하나씩 더 가깝게 꽂아 입체적으로 보이도록 하는 기법이다.
② 그루핑 : 같은 종류의 재료를 모아 꽂음으로써 재료의 형태나 색채, 양감, 질감 등을 강조하는 기법이다.
④ 테라싱 : 동일한 소재들을 크기에 따라 앞뒤 수평이 되게 일정한 간격으로 계단처럼 배치하는 기법이다.

09 절화 줄기를 고정하는 데 사용하는 재료 중 디자인의 형태를 고려해 표현할 경우, 다양한 형태의 조형이 어려워 제약이 가장 많이 따르는 것은?

① 철 망
② 격 자
③ 침 봉
④ 플로랄폼

해설
침봉은 동양식 꽃꽂이에서 꽃, 가지 등을 고정하는 데 쓰이는 도구로, 판에 바늘이 촘촘하게 박혀 있는 형태이다.

10 다음 중 식물이 휴면(Dormancy)을 하는 이유로 가장 적합한 것은?

① 스스로 불량환경을 극복하기 위해
② 병충해를 방지하기 위해
③ 자손을 남기기 위해
④ 생산된 에너지를 저장하기 위해

해설
식물이 휴면을 하는 이유는 스스로 불량환경을 극복하기 위해서이다. 휴면에는 자발적 휴면과 타발적 휴면이 있다.

11 실내의 분화장식물에 있어서 우선적으로 고려해야 하는 사항이 아닌 것은?

① 유행하는 식물의 선택
② 실내의 기능적인 면과 이용자의 기호도
③ 실내의 환경조건
④ 바닥재료, 벽지 등 실내분위기

해설
실내의 분화장식물이 우선적으로 고려해야 할 사항은 ②·③·④ 외에도 이용목적, 표현양식, 형태적 특성 등에 따라 선택해야 한다.

12 숙근초에 해당되는 설명으로 맞는 것은?

① 종자로부터 발아하여 1년 이내에 모든 영양 및 생식생장, 즉 생활환을 마치는 초본성 식물이다.
② 식물체의 일부인 뿌리나 지하경이 남아서 월동하고, 2년 이상 생장과 개화를 반복하는 목본류 이외의 식물이다.
③ 개화에 춘화처리를 필요로 하고, 파종 후 개화·결실 등의 모든 생육을 마치는 데에만 1~2년 소요되는 식물이다.
④ 대부분 종자번식을 하는 식물이다.

해설
숙근초(다년초)는 종자를 파종한 후 발아되어 뿌리나 줄기가 여러 해 동안 살아남아 매년 꽃을 피우는 식물을 말한다. 국내 자생식물은 숙근류가 상대적으로 많으며, 노지숙근초와 온실숙근초가 있다.

13 글리세린 건조작업 시 글리세린과 물이 잘 혼합되도록 넣는 물질은?

① 트윈(Tween) 80
② 8-HQC
③ 황산은
④ 질산은

해설
글리세린과 40℃의 물을 1:2(1:3)로 혼합하여 트윈 80(트윈20) 같은 습윤제 0.5~1%를 첨가시켜 주면 물의 표면장력을 줄여서 흡수가 쉬워지며 독성도 적어진다.

14 일상적으로 꽃과 식물이 애호되고, 전문도서와 화훼장식기술학교가 설립되는 등 서양의 화훼장식이 체계화되기 시작한 시대는?

① 르네상스시대
② 바로크시대
③ 로코코시대
④ 빅토리아시대

해설
① 르네상스시대에는 종교적인 상징을 표현하는 화훼장식이 성행하였다.
② 바로크시대에는 복잡하게 흘러넘치는 것이 전형이었으며, 대부분 운율적인 비대칭균형을 보였다.
③ 로코코시대에는 화려하면서도 여성스러운 스타일이 주를 이루었으며, 아름다운 기품을 표현하기 위해 파랑이나 자줏빛의 색상을 많이 사용하였다.

15 화훼장식 기능 중 회사원들의 스트레스를 줄이고, 일의 효율성과 창의성을 높여주는 데 효과적인 역할을 하는 기능은?

① 장식적 기능
② 심리적 기능
③ 환경적 기능
④ 교육적 기능

해설
① 장식적 기능 : 화훼장식물이나 화훼장식공간은 아름다운 생활환경에 대한 관심을 유도한다.
③ 환경적 기능 : 식물의 잎 뒷면의 기공을 통한 이산화탄소의 흡수는 실내환경 개선에 기여한다.
④ 교육적 기능 : 지속적으로 유지되는 분식물을 통해 식물 관리에 대한 지식을 습득할 수 있다.

16 다음의 상황에서 분식물에 시비하는 방법으로 가장 적합한 것은?

- 뿌리의 기능이 약해졌을 때
- 기온이 낮을 때
- 이식하였을 때
- 미량원소 결핍현상이 나타났을 때

① 엽면시비
② 전면시비
③ 탄산시비
④ 표면시비

해설
① 엽면시비 : 식물 생육에 필요한 양분을 잎을 통해 인위적으로 흡수하게 하는 것으로, 식물의 양분흡수량이 뿌리보다 잎이 더 많거나, 기상조건이 좋지 않거나 이식 등으로 식물체 내에서 양분 이동이 어려울 때, 뿌리를 통한 양분 공급이 어려울 때에 사용하는 방법
② 전면시비 : 식물이 밀식되어 각각의 식물에 시비를 할 수 없을 경우 전면에 비료를 살포하는 방법
③ 탄산시비 : 시설물 내에 공기 환경을 조절하면서 인위적으로 탄산 가스를 공급하여 시비하는 방법
④ 표면시비 : 토양의 표면에 시비하는 방법

17 화훼장식 디자인 요소로서 향기에 대한 설명으로 옳은 것은?

① 쟈스민 향기는 부드러운 분위기를 연출한다.
② 프리지아 향기는 가을을 연상시킨다.
③ 장미 향기는 소화를 촉진시킨다.
④ 소나무 향은 자극적이며, 흥분을 유도한다.

해설
쟈스민의 향기는 분위기를 부드럽고, 차분하게 해 준다.

정답 14 ④　15 ②　16 ①　17 ①

18 다음 수선화과의 문주란의 학명표기법 중 *asiaticum*가 나타내는 것은?

> *Crinum asiaticum* L. var. *japonicum* Baker

① 종 명
② 속 명
③ 명명자
④ 변종명

해설
학명 = 속명(첫 글자 대문자) + 종명(첫 글자 소문자)

19 건조 등 환경적응력이 강한 식물로, 독특한 모양으로 인해 실내 분식물장식에서 관엽식물 다음으로 많이 이용되는 식물은?

① 고산식물
② 구근류
③ 화목류
④ 다육식물

해설
④ 다육식물 : 대부분이 작고 두터우며, 단단한 잎을 가지고 있어 수분의 저장과 추위에 견디는 힘도 같이 가지고 있다. 열대의 사막지대, 고산지대, 해안 등지의 강우량이 적은 지대에도 분포한다.
① 고산식물 : 고산 지방에서 자생하는 식물로 생육이 강건하고, 화색이 진하며, 키가 작고, 바위 등에 잘 붙어 산다.
② 구근류 : 줄기의 일부가 변형된 잎의 일부가 양분의 저장기관으로 발달된 종류로, 거의 대부분이 백합과에 속한다.
③ 화목류 : 주로 꽃을 감상하고, 그 밖에 잎이나 과실을 감상할 수 있는 목본식물을 말하며, 다른 식물에 비해 관상가치가 크다.

20 크리스마스 무렵에 빨간색의 꽃을 피우는 게발선인장의 원산지는?

① 아프리카
② 동남아시아
③ 브라질
④ 미 국

해설
게발선인장은 브라질이 원산지인 선인장과의 여러해살이풀로, 11~12월에 개화한다.

21 편안하고 안정된 느낌을 주기 때문에 테이블장식에 많이 사용되는 방향은?

① 수직방향
② 수평방향
③ 사선방향
④ 하수방향

해설
수평방향은 보통 화기의 가장자리나 테이블 표면과 수평을 이루기 때문에 안정된 느낌을 준다.

22 자연적인 성장 형태에 어긋나지 않게 사실적으로 표현하는 것으로, 식물의 생태적 분야를 고려하여 디자인하는 것은?

① 수평적 형태
② 선형적 형태
③ 장식적 형태
④ 식생적 형태

해설
식생적 형태 : 식물이 자연상태에서 살아 있는 모습과 같은 형태로 조형하는 것으로 작품 속에서 자연을 사실적으로 표현하여, 식물 개개의 생태적 모습이나 특성을 고려한다.

정답 18 ① 19 ④ 20 ③ 21 ② 22 ④

23 다음에서 설명하는 화훼장식의 효과는?

> 인간의 지각기능을 적절히 자극해 창조성을 높이거나 스트레스를 해소시켜 준다.

① 정서함양과 치료효과
② 교육효과
③ 환경조절효과
④ 공간장식효과

해설
화훼장식의 정서함양과 치료효과 : 화훼장식물 관리를 통해 식물을 보살핌으로서 정서적 안정감을 주고 식물이나 꽃을 통해 스트레스를 줄이고 업무 효율성을 높이는 등 정신적 치료효과도 나타낸다.

24 서로 보색관계인 것은?

① Yellow(노랑) – Blue(파랑)
② Red(빨강) – Blue Green(청록)
③ Yellow Red(주황) – Purple(보라)
④ White(흰색) – Black(검정)

해설
대표적인 보색관계는 빨강(R) – 청록(GB), 노랑(Y) – 남색(PB), 파랑(B) – 주황(YR), 녹색(G) – 자주(RP), 보라(P) – 연두(GY)로 나타난다.

25 다음 중 중성색이 아닌 것은?

① 다홍색   ② 연두색
③ 보라색   ④ 자주색

해설
색(Color)의 온도
• 따뜻한 색 : 빨강, 다홍, 주황, 노랑 등의 적색·노랑 계통 장파장색
• 차가운 색 : 청록, 바다색, 파랑, 감청 등의 청색 계통 단파장색
• 중성색 : 연두색, 보라색, 자주색 등

26 다음 중 추파일년초에 해당하지 않는 것은?

① 팬 지   ② 샐비어
③ 데이지   ④ 시네라리아

해설
② 샐비어는 춘파 1년초이다.

27 화훼장식에 대한 설명으로 틀린 것은?

① 생명이 있는 신선한 재료만을 가지고 미적 가치를 높이는 것이다.
② 꽃꽂이에서부터 오브제에 이르는 다원적인 개념의 형상과정이다.
③ 화훼장식의 주요 구성요소로서 꽃이 강조되는 이유는 장식의 주된 미적 가치를 꽃에 두어 왔던 전통에 유래한다.
④ 미적이고 정서적인 창조활동이다.

해설
화훼장식의 재료로 절화류, 분화류, 관엽식물 등 생명이 있는 재료뿐만 아니라 건조화 등 다양한 가공화도 이용된다.

28 난과 식물 중 복경성란에 속하지 않는 것은?

① 카틀레야
② 심비디움
③ 밀토니아
④ 팔레놉시스

해설
④ 팔레놉시스는 단경성란에 해당한다.

29 총상화서(總狀花序)로 꽃이 피는 화훼류는?

① 칼 라　　② 수 국
③ 나 리　　④ 국 화

해설
① 육수화서, ② 산방화서, ④ 두상화서

30 생산화훼의 용도별 분류와 그에 사용되는 식물의 연결로 옳지 않은 것은?

① 절화 : 스마일락스, 카네이션
② 절엽 : 동백, 몬스테라
③ 절지 : 조팝나무, 개나리
④ 분화 : 포인세티아, 팬지

해설
스마일락스는 절엽식물로 사용된다.

31 다음 화훼식물의 분류 중 옳지 않은 것은?

① 군자란은 난과 식물이다.
② 팔손이나무는 관엽식물이다.
③ 아이리스, 칸나는 구근류에 속한다.
④ 숙근류는 다년생으로 자라는 것을 말한다.

해설
① 군자란은 온실숙근초이다.

32 화훼재료의 잎차례(엽서)의 연결이 틀린 것은?

① 호생엽 - 둥굴레, 송악, 느티나무
② 대생엽 - 소철, 마가목, 주목
③ 윤생엽 - 아스플레니움, 칼라데아, 사스레피
④ 근생엽 - 앵초, 맥문동, 민들레

해설
③ 아스플레니움(윤생엽), 칼라데아(윤생엽), 사스레피(호생엽)

33 크리스마스 디스플레이에서 주로 이용되는 소재가 아닌 것은?

① 포인세티아　　② 전나무
③ 백 합　　④ 국 화

해설
크리스마스 디스플레이에서 주로 이용되는 소재 : 포인세티아, 전나무, 백합 등

34 분식물인 아프리칸 바이올렛에 대기온도보다 낮은 찬물을 급수하고, 직사광선을 쬐면 일어나는 현상은?

① 잎이 싱싱해진다.
② 잎에 흰 반점이 생긴다.
③ 꽃이 싱싱해진다.
④ 잎이 병에 걸린다.

해설
아프리칸 바이올렛
• 아프리카 열대 지방이 원산으로, 주로 온실에서 가꾼다.
• 여름에는 강한 광선을 피하고, 겨울에는 온도를 10℃ 이상 유지해야 하며, 찬물이 잎에 닿으면 흰색 반점이 생기므로 주의해야 한다.

35 물과 살충제를 희석해서 만든 1,000배액의 비율은?

① 물 1L, 살충제 1mL
② 물 1L, 살충제 10mL
③ 물 1L, 살충제 0.1mL
④ 물 1L, 살충제 0.01mL

해설
1,000mL = 1L이므로 물 : 살충제 = 1L : 1mL = 1,000mL : 1mL

36 걸이화분용 소재로 가장 적당한 것은?

① 안스리움   ② 몬스테라
③ 산호수   ④ 테이블야자

해설
걸이화분용 소재로는 러브체인, 산호수 등이 가장 적당하다.

37 건조용 소재별 주요 이용 부위로 틀린 것은?

① 장미 – 꽃
② 아킬레아 – 잎
③ 라그러스 – 이삭
④ 연밥 – 열매

해설
② 아킬레아 : 꽃

38 한국 꽃꽂이에서 제3주지를 나타내는 기호는?

① □   ② ○
③ △   ④ ⊥

해설
① 제2주지, ② 제1주지

39 그리스 로마시대에 유행했던 화훼장식물이 아닌 것은?

① 리 스   ② 갈란드
③ 화 관   ④ 노즈게이

해설
④ 노즈게이는 영국 조지 왕조 시대에 유행하였다.

40 화훼상점의 대지를 선정하는 데 필요한 일반적인 검토사항으로 옳지 않은 것은?

① 사람들의 눈에 잘 보이는 곳
② 대지의 2면 이상이 도로에 접한 곳
③ 대지가 불규칙한 형태이거나 구석진 장소
④ 교통이 편리한 곳

해설
③ 대지가 불규칙한 형태이거나 구석진 장소가 아닌 곳

정답 35 ① 36 ③ 37 ② 38 ③ 39 ④ 40 ③

41 꽃을 물들이는 방법으로, 염료를 떨어뜨려서 방향에 따라 섞으면서 계속 반복한 다음 헹궈 말리는 방법과, 카네이션이나 덴드로비움 줄기에 흡수염으로 집중적으로 줄기를 염색하는 방법을 무엇이라고 하는가?

① 더미(Dummy)
② 페틀레타(Petaleta)
③ 틴팅(Tinting)
④ 테일러드(Tailored)

해설
① 더미 : 모형, 모조품
② 페틀레타 : 장미 꽃잎 두 장을 장미의 잎으로 싸서 만든 작은 꽃처럼 만든 것
④ 테일러드 : 코사지의 한 종류로 글라디올러스 봉오리와 꽃받침을 사용해 만든 것

42 다음 중 고려시대의 화훼양식과 관계가 없는 것은?

① 수월관음도
② 수덕사 대웅전의 야화도
③ 불교문화
④ 산화도

해설
④ 산화도는 강서대묘 현실북벽의 비천상에 꽃을 뿌리는 모습의 삼국시대 고구려의 작품이다.

43 다음 색의 혼합 결과 명청색은?

① 흰색 + 순색   ② 회색 + 순색
③ 검정 + 순색   ④ 청색 + 순색

해설
② 탁색, ③ 암청색

44 다음 중 피트모스에 대한 설명으로 옳은 것은?

① 물이끼를 건조시킨 것으로, 물을 저장할 수 있다.
② 보수성이 높고, 공극이 크며, 암갈색으로 산성을 띤다.
③ 낙엽활엽수의 잎이 완전히 부숙된 것이다.
④ 고온으로 가열하여 만든 pH 7 정도의 중성이다.

해설
피트모스는 보수성이 좋고, 공극이 풍부하여 통기성이 우수하며, 유기질이 풍부한 용토로, 일반토양이나 인조용토와 섞어서 원예용으로 많이 이용된다.

45 철사 처리법 중 인서션(Insertion)법으로 처리하는 소재끼리 짝지어진 것은?

① 안개초, 백합
② 거베라, 장미
③ 나팔수선, 칼라
④ 카네이션, 라넌큘러스

해설
인서션법으로 처리하는 소재는 수선화, 거베라, 칼라, 나팔수선 등이다.

46 실내공간장식에서 관목(Shrubs)으로 이용되는 식물은?

① 아글라오네마
② 필로덴드론 옥시카르디움
③ 알로카시아 오도라
④ 스킨답서스

해설
알로카시아 오도라, 마크로리자, 로부스타는 줄기가 목질화되는 식물로, 관목(Shrubs)으로 취급한다.

47 향기가 강한 백합 품종인 카사블랑카를 디자인한 공간에 꽃을 교체하려고 한다. 카사블랑카와 비슷한 무게감과 색채, 우아하고 공식적인 느낌의 절화로 가장 적합한 것은?

① 크림색 안스리움
② 크림색 장미
③ 흰색 국화
④ 흰색 글라디올러스

해설
카사블랑카를 대신해 화려하고 독특한 형태를 가져 작품에 포인트를 주는 폼플라워로 연출할 수 있는 절화로 크림색 안스리움이 적합하다.

48 흘러내리는 형태가 나타나지 않는 부케는?

① 샤워(Shower) 부케
② 워터폴(Waterfall) 부케
③ 캐스케이드(Cascade) 부케
④ 비더마이어(Biedermeier) 부케

해설
비더마이어 부케(Biedermeier Bouquet)
1814~1848년 오스트리아와 독일에서 처음 등장한 형태이며, 전통주의와 풍요로움의 시기의 상징으로 꽃을 촘촘하게 중심을 향해 꽂아가는 반구형의 아주 치밀한 양식의 꽃다발이다.

49 일반적으로 우리나라의 노지화단에서 튤립의 꽃을 볼 수 있는 시기는?

① 1~2월 ② 4~5월
③ 7~8월 ④ 10~11월

해설
튤립의 구근은 유피인경(有皮鱗莖)으로, 가을에 정식하여 일정 기간 저온에 있어야만 이듬해 4~5월에 개화한다. 꽃잎의 모양은 넓고 원형인 것, 털깃 모양인 것, 뾰족한 것 등 여러 가지가 있다.

50 노란색(Yellow)의 특성과 이미지에 관한 설명으로 거리가 먼 것은?

① 노란색의 보색은 남색(PB)이다.
② 노란색은 빨간색이나 주황색과 같은 난색이며, 후퇴색이므로 크게 보인다.
③ 가시스펙트럼에서 570~580nm 사이의 색으로, 색상 중 가장 밝은 기본색이다.
④ '조심'의 뜻을 지니고 있어 주의 또는 방사능 표지 등에 사용된다.

해설
② 노랑은 진출색이므로 실제 위치보다 가깝게 있는 것처럼 보인다.

51 미국의 색채학자 저드(D. B. Judd)의 색채조화론에서 주장한 색채조화의 원리로 옳지 않은 것은?

① 질서의 원리
② 친근성의 원리
③ 유사성의 원리
④ 모호성의 원리

해설
미국의 색채학자 저드(D. B. Judd)의 색채조화론에서 주장한 색채조화의 원리 : 질서의 원리, 친근성의 원리, 유사성의 원리, 명료성의 원리

52 화훼의 생태학적 분류방식이 아닌 것은?

① 기후형에 따른 분류
② 광도에 따른 분류
③ 광주기에 따른 분류
④ 형태에 따른 분류

해설
화훼의 생태적 조건에 따른 분류
- 기후형 : 지중해, 대륙서안, 대륙동안, 열대고지, 열대, 사막, 북지기후형
- 광선 : 광도와 광주기
- 수분 : 건생, 중생, 습생, 수생식물

53 절화의 수명 단축에 관여하는 요인과 수명 연장방법에 대한 설명으로 틀린 것은?

① 공기 중의 에틸렌가스 농도가 높아지면 잎의 황화와 노화가 촉진된다.
② 공중습도가 90% 이상으로 지나치게 높은 상태에서 기온이 상승하면 꽃이 부패하기 쉽다.
③ 물의 흡수면적을 넓혀 주기 위해 절단면이 90°가 되도록 자른다.
④ 질산은($AgNO_3$)과 티오황산은(Silver Thiosulfate) 용액은 에틸렌가스 발생을 억제시킨다.

해설
③ 물의 흡수면적을 넓혀 주기 위해 절단면이 45°가 되도록 비스듬히 자른다.

54 화환의 역사적인 배경에 대한 설명으로 틀린 것은?

① 오늘날 외국의 장례식장식에 많이 이용되는 화환은 고리 형태에서 유래했다.
② 화환 제작 시 가장 먼저 사용한 기법은 꽂는 기법이 아닌 감는 기법이다.
③ 화환은 영원함을 상징한다.
④ 화환의 기본틀은 짚으로만 만들어졌었다.

해설
화환의 기본틀로는 짚뿐만 아니라 나무덩굴, 이끼 등이 사용되었다.

55 12개의 색상환에서 1색상씩 건너뛴 3색이 함께 조화되는 것을 가리키는 것은?

① 보색조화
② 유사색조화
③ 이색 3조화
④ 이색 6조화

해설
① 보색조화 : 색상환에서 서로 반대편에 위치하며 대립하는 색으로, 강한 느낌을 주는 색채조화이다.
② 유사색조화 : 하나의 색을 결정한 후 색상환에서 그 색의 양쪽에 위치한 두 색을 함께 배색하는 것이다.
③ 이색 3조화 : 색상환에서 120° 위치에 있는 각각의 색으로 조화를 이루는 것이다.

56 국화꽃의 형태인 설상화(舌狀花)와 관상화(管狀花)에 대한 설명으로 옳은 것은?

① 설상화는 1개의 꽃잎이 갈라져서 여러 개의 꽃잎으로 된 것을 말한다.
② 설상화는 다른 말로 통상화라고 한다.
③ 관상화는 꽃부리의 형태가 가늘고 긴 관상 형태인 것을 말한다.
④ 관상화는 다른 말로 혀꽃이라고 한다.

해설
관상화는 화관(花冠)의 형태가 가늘고 긴 관상(管狀) 또는 통상(筒狀)으로 된 꽃으로, 통상화라고도 한다.

정답 52 ④ 53 ③ 54 ④ 55 ④ 56 ③

57 다음 중 먼셀의 색표기법에서 "5Y8/10"의 의미로 적합한 것은?

① 명도는 5Y, 색상은 8, 채도는 10이라는 색을 나타낸다.
② 색상은 5Y, 명도는 8, 채도는 10이라는 색을 나타낸다.
③ 채도는 5Y, 명도는 8, 색상은 10이라는 색을 나타낸다.
④ 색상은 5Y, 채도는 8, 명도는 10이라는 색을 나타낸다.

해설
먼셀의 색표기법은 색상(Hue), 명도(Value), 채도(Chroma)를 'HV/C'로 표기한다.

58 선인장 품종 중 접목용 대목(臺木)으로 이용되지 않는 것은?

① 삼각주
② 용신목
③ 비모란
④ 와 룡

해설
선인장 접목 시 대목으로 이용되는 종류로는 소데가우라, 와룡, 용신목, 보검, 단모환, 삼각주 등이 있다.

59 서양식 꽃꽂이에 대한 설명으로 틀린 것은?

① 일반적으로 미국식 꽃꽂이와 유럽식 꽃꽂이로 크게 나눌 수 있다.
② 대부분의 형태가 선과 여백을 중요시한다.
③ 디자인의 요소와 원리를 표현한다.
④ 주요 골격은 직선구성, 매스구성, 곡선구성, 입체구성 등이다.

해설
• 동양식 꽃꽂이 : 선과 여백의 미를 강조하고, 정적인 표현양식으로 간결하고 세련된 분위기를 표현
• 서양식 꽃꽂이 : 다양한 색과 양을 강조하고, 기하학적인 구성양식으로 풍성함을 표현

60 일반적으로 리스에 적용되는 본체와 안쪽 지름의 황금비율은(A : B : C)?

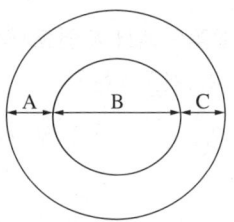

① 1 : 1 : 1
② 1 : 1.6 : 1
③ 1 : 2 : 1
④ 1 : 2.5 : 1

해설
리스의 이상적인 제작비율은 황금비율(1 : 1.618 : 1)이지만 색, 배경, 환경에 따라 시각적인 비율이 다르므로 반드시 물리적인 비율에 의존하지 않는다.

2020년 제1회 과년도 기출복원문제

01 가법혼색의 삼원색에 속하는 색이 아닌 것은?

① 노란색 ② 빨간색
③ 초록색 ④ 파란색

해설
색광의 3원색인 빨강, 초록, 파랑을 모두 혼합하면 흰색이 되는데, 이처럼 혼색을 할수록 혼합색이 점점 밝아지는 것을 가산혼합(가법혼색)이라고 한다. 반대로 혼색을 할수록 혼합색이 점점 어두워지는 것을 감산혼합(감법혼색)이라고 하는데, 색료(물감)의 3원색인 마젠타(Magenta), 노랑(Yellow), 사이안(Cyan)을 모두 혼합하면 검은색이 된다.

02 동양식 꽃꽂이에서 자연묘사에 따른 형태의 설명으로 옳지 않은 것은?

① 분리형 : 한 개 혹은 두 개의 수반에 분리하여 꽂는 형
② 복합형 : 두 개 이상의 수반을 복합적으로 배치하여 꽂는 형
③ 부화형 : 수반에 물을 채우고 연꽃 모양으로 꽃을 꽂는 형
④ 방사형 : 중심축을 중심으로 사방으로 균일하게 꽂는 형

해설
부화형(Floating Bowl)은 물에 띄우는 형태를 말한다.

03 관엽식물이 아닌 것은?

① 용설란 ② 박쥐란
③ 군자란 ④ 스킨답서스

해설
용설란은 다육식물이다.
※ 관엽식물 : 스킨답서스, 크로톤, 고무나무, 칼라디움, 몬스테라, 디펜바키아, 군자란, 산세비에리아, 관음죽, 소철, 포인세티아, 아레카야자, 피닉스야자, 종려죽, 보스톤고사리, 박쥐란, 프테리스, 아디안텀 등

04 비용이 저렴하고, 쉽게 깨지지 않아 경제적이며, 가장 쉽게 접할 수 있는 절화상품 용기의 재질은?

① 유리 ② 플라스틱
③ 세라믹 ④ 종이

해설
① 유리 : 유리는 물이나 화학적 내구성이 우수하며, 금형에 따라 자유로운 성형이 가능해 형태가 다양하다.
③ 세라믹 : 비금속 무기질 재료를 가공성형하여 고온 처리한 제품으로, 대표적으로 도자기가 포함된다.
④ 종이 : 다른 화기에 비해 내구성은 약하지만, 가격이 저렴하고 사용 후 처리가 쉬워 선물용으로 많이 사용된다.

1 ① 2 ③ 3 ① 4 ②

05 간단한 가족모임을 위해 꽃을 꽂으려 한다. 장식물을 식탁 위에 둔다면 다음 중 어느 형태로 계획하는 것이 가장 적합한가?

① 피닉스형　② 피라미드형
③ 수평형　　④ 부채형

해설
③ 수평형 : 낮고 넓게 퍼지는 형태로, 안정적이고 편안한 느낌을 주며 테이블장식에 많이 쓰인다.
② 피라미드형 : 밑면이 정사각형인 모양을 입체적으로 구성하여 전후좌우에서 감상할 수 있으며 크리스마스트리처럼 공간 연출에 다양하게 사용된다.
④ 부채형 : 절화를 부채 모양으로 풍성하게 꽂아 공간을 가득 채우는 형태이며 주로 한쪽 면에서 감상한다.

06 우리나라 화훼장식의 역사를 살펴볼 때 식물이 조형미를 갖추고 감상의 대상이 된 최초의 시기는?

① 삼국시대　② 통일신라시대
③ 고려시대　④ 조선시대

해설
삼국시대
- 불교의 전래와 함께 불전헌공화가 전래되었다.
- 식물이 조형미를 갖추고 감상의 대상이 된 최초의 시기이다.

07 자연건조 시 꽃의 색과 형태의 변화가 적어 건조화를 만들기 가장 적합한 꽃은?

① 팔레놉시스　② 카네이션
③ 장미꽃　　　④ 밀짚꽃

해설
밀짚꽃은 섬유질과 규산질이 많고, 수분이 적어 자연건조 후 변형이 잘되지 않는다.
※ 건조화가 가능한 꽃 : 밀짚꽃, 스타티스, 장미(꽃), 아킬레아(꽃), 로단세, 홍화(꽃), 카스피아, 안개꽃, 천일홍, 라그러스(이삭), 연밥(열매) 등

08 일상적으로 꽃과 식물이 애호되고, 전문도서와 화훼장식기술학교가 설립되는 등 서양의 화훼장식이 체계화되기 시작한 시대는?

① 바로크시대
② 빅토리아시대
③ 로코코시대
④ 르네상스시대

해설
① 바로크시대에는 복잡하게 흘러넘치는 것이 전형이었으며, 대부분 운율적인 비대칭균형을 보였다.
③ 로코코시대에는 화려하면서도 여성스러운 스타일이 주를 이루었으며, 아름다운 기품을 표현하기 위해 파랑이나 자줏빛의 색상을 많이 사용하였다.
④ 르네상스시대에는 종교적인 상징을 표현하는 화훼장식이 성행하였다.

09 여러해살이풀에 속하는 것은?

① 메리골드
② 천일홍
③ 제라늄
④ 페튜니아

해설
①·② 춘파 1년초, ④ 추파 1년초

10 절화의 물올림에 관한 설명 중 옳은 것은?

① 반드시 공기 중에서 재절단한다.
② 손상된 잎이나 물에 잠기는 잎은 제거한다.
③ 물의 흡수면적을 넓혀 주기 위해 줄기 기부를 수평으로 절단한다.
④ 종에 상관없이 한 용기에 모두 담아 물올림을 한다.

해설
① 물속에서 재절단하며, 재절단 시 가위보다 예리한 칼을 사용한다.
③ 물의 흡수면적을 넓혀 주기 위해 45°가 되도록 비스듬히 자른다.
④ 같은 종 또는 같은 품종 단위로 동일한 용기에 넣고 물올림을 한다.

11 자연건조된 건조화에 비해 생화에 가까운 탄성과 유연성을 지니고 있는 가공화는?

① 건조화   ② 보존화
③ 압 화   ④ 누름꽃

해설
보존화는 생화를 장기간 보존할 수 있도록 특수보존액을 사용하여 탈수, 탈색, 착색, 보존 및 건조 단계를 거쳐 제작한다.

12 누름꽃에 적합한 식물재료는?

① 수선화   ② 스타아니스
③ 유칼립투스 ④ 아이비

해설
압화용 소재
• 색이 선명하고, 크기가 적당한 꽃 : 수선화, 프리지아, 할미꽃, 금잔화 등
• 구조가 간단하고, 꽃잎수가 적은 꽃 : 팬지, 코스모스, 시클라멘, 양귀비 등
• 두께가 적당하고, 수분이 적은 꽃 : 클레마티스, 작약, 안개꽃, 데이지 등
• 평면적인 형태의 그린꽃 : 네프롤레피스, 클로버 등

13 다음 중 중성색은?

① 빨 강   ② 다 홍
③ 보 라   ④ 파 랑

해설
중성색 : 연두색, 보라색, 자주색 등

14 동양식 꽃꽂이에 대한 설명으로 잘못된 것은?

① 선과 여백의 미를 강조한다.
② 꽃이나 나무로 한 주지를 기본양식으로 한다.
③ 표현기법이 기하학적이다.
④ 소재는 목본류가 많이 이용된다.

해설
③은 서양식 꽃꽂이의 특징이다.

15 따뜻한 색감을 나타내기에 적합한 색은?

① 청록색　　② 노란색
③ 연두색　　④ 파란색

해설
색의 온도
- 따뜻한 색 : 빨강, 다홍, 주황, 노랑 등 적색·노랑 계통 장파장 색
- 차가운 색 : 청록, 바다색, 파랑, 감청 등 청색 계통 단파장 색

16 절화의 줄기를 사선으로 처리하는 가장 큰 이유는?

① 잘 꽂아지게 하기 위해
② 에틸렌 발생을 줄이기 위해
③ 세균의 번식을 줄이기 위해
④ 절단면의 면적을 늘려 수분 흡수면적을 넓히기 위해

해설
절화의 줄기를 자를 때에는 물의 흡수면적을 넓혀 주기 위하여 45° 각도로 비슷하게 잘라 주고, 물의 상승이 잘 이루어지도록 하기 위해 물속에 담근 상태에서 자르도록 한다.

17 배양토에 대한 설명으로 틀린 것은?

① 식물 생육에 필요한 영양분이 함유되도록 한다.
② 통기성, 보수력, 보비력이 양호하다.
③ 사용할 식물에 맞게 적정 비율로 경량토를 혼합해서 사용한다.
④ 토양이 무거워야 식물의 뿌리를 잘 눌러 고정할 수 있다.

해설
배양토는 비료분이 풍부하고, 다공성(多孔性 ; 물질 내부나 표면에 작은 구멍이 많이 있는 성질)이며, 보수력이 있고, 병해충이 없어야 한다.

18 당의 역할이 아닌 것은?

① 호흡기질을 이용하여 체내 영양분 손실을 지연한다.
② 카로티노이드계 화색의 발현을 돕는다.
③ 삼투압을 높여 영양분을 공급한다.
④ 기공을 폐쇄하여 증산 및 수분 손실을 억제한다.

해설
② 당은 플라보노이드계 색소인 안토사이아닌계 화색의 발현을 돕는다.

19 분화식물을 위한 배양토의 조건으로 옳지 않은 것은?

① 보수력과 보비력이 좋아야 한다.
② 산도가 높아야 한다.
③ 배수성과 통기성이 좋아야 한다.
④ 병충해가 없는 무병토양이어야 한다.

해설
배양토의 산도는 식물의 생육과 양분의 유효화에 큰 영향을 미치는데, 일반적으로 pH 5.5~6.0의 약산성이 좋다.

20 꽃대에서 작은 꽃자루가 나고, 꽃자루 끝에 꽃이 피는 화서는?

① 육수화서 ② 미상화서
③ 산방화서 ④ 총상화서

해설
① 육수화서 : 꽃대 둘레에 꽃자루가 없는 잔꽃이 핀다.
② 미상화서 : 줄기에 꽃자루 없이 꽃이 피어 꽃대가 밑으로 쳐져 고리 모양을 보이며, 꽃은 양쪽에 핀다.
④ 총상화서 : 수직으로 길게 자란 꽃대 양옆으로 작은 꽃자루가 계속 나고, 꽃들은 거의 똑같은 길이의 소화경(小花梗) 위에 핀다.

21 먼셀(Munsell)의 색입체의 기본모형이다. A, B, C 각 축이 의미하는 것은?

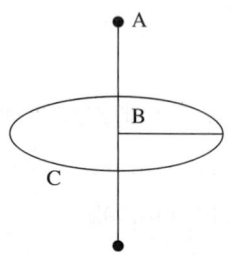

① A : 색상, B : 명도, C : 채도
② A : 명도, B : 색상, C : 채도
③ A : 채도, B : 명도, C : 색상
④ A : 명도, B : 채도, C : 색상

22 고객만족도를 조사하는 방법 중 오프라인 조사방법이 아닌 것은?

① 대인면접조사 ② 전화조사
③ 우편조사 ④ 이메일을 이용한 조사

해설
오프라인 조사방법
• 직접관찰방법(Direct Observation Method) : 조사자가 직접적인 관찰을 통해 자료를 수집하는 방법을 말한다.
• 대인질문방법 : 설문조사를 실시하고 설문내용에 대해 대면면접, 전화, 우편물을 이용하여 의견을 수렴하는 방법을 말한다.
 – 대인면접조사(Personal Interview Survey)
 – 전화조사(Tele Survey)
 – 우편조사(Mail Survey)

23 코사지의 종류 중 어깨에서 등까지 늘어뜨리는 장식은?

① 에폴렛 ② 숄 더
③ 헤어 오너먼트 ④ 부토니아

해설
① 에폴렛 : 어깨 위에서 겨드랑이를 장식하는 것
③ 헤어 오너먼트 : 머리에 장식하는 코사지
④ 부토니아 : 신부 꽃다발의 꽃 한 송이를 이용하여 신랑의 예복상의 깃의 단추구멍에 꽂는 꽃

24 추파 1년생 식물이 아닌 것은?

① 미모사 ② 데이지
③ 금잔화 ④ 양귀비

해설
1년생 초화류
• 춘파 1년초 : 맨드라미, 채송화, 과꽃, 색비름, 샐비어, 메리골드, 다알리아, 백일초, 코스모스, 해바라기, 일일초, 금어초, 봉선화, 나팔꽃, 미모사, 아게라텀 등
• 추파 1년초 : 데이지, 팬지, 프리뮬러, 시네라리아, 칼세올라리아, 스타티스, 페튜니아, 금잔화, 양귀비, 튤립 등

25 다음 중 화훼의 특성이 아닌 것은?

① 시설을 이용하여 연중 집약재배가 이루어지고 있다.
② 같은 종류의 생산품이라도 품질에 따라 그 가치가 크게 달라진다.
③ 시대와 국민성에 따라 취향이 다르기 때문에 새로운 품종이 육성되지 않는다.
④ 문화가 발달됨에 따라 화훼는 민감하게 반영된다.

해설
품종의 유행이 대단히 빨라 어느 품종이 유행하고 있는가 하면 곧바로 또 다른 신품종이 만들어진다.

26 에틸렌 발생요인이 아닌 것은?

① 오래되고 시든 절화가 있으면 발생한다.
② 통풍이 너무 잘되어도 발생한다.
③ 포장 시 취급하는 폴리에틸렌필름, 플라스틱 조화, 포장용 끈 등이 원인이 된다.
④ 좁은 공간 내 열원 가까이에 있으면 발생한다.

해설
② 에틸렌은 식물이 부패하고 과실이 숙성하면서 배출하는 고농도의 기체상 호르몬으로, 통풍이 잘되지 않을 때 발생한다.

27 식사를 위한 테이블장식에 어울리지 않는 꽃은?

① 아침식사(Breakfast) 테이블은 상쾌한 햇살에 어울리는 흰색이나 파란색 또는 악센트로 색상이 조금 있는 것을 살짝 곁들인다.
② 런치(Lunch) 테이블은 짙고 옅은 색의 배합으로 고상하게 장식하거나 특별한 손님이나 관심이 가는 손님 앞에는 특별한 색을 하나 더하여 정성을 곁들인다.
③ 디너(Dinner) 테이블은 주가 되는 소재의 꽃을 여러 종류로 정하여 대범하게 꽂아 나가며 꽃향기가 강한 것을 사용한다.
④ 가든(Garden) 테이블은 뜰에 피는 작은 꽃을 모아 꽂아 친숙한 느낌을 주고, 꽃이나 잎을 조금 높게 꽂아 바람에 살랑거리게 하여 시원함을 준다.

해설
③ 식사용 테이블장식에는 향이 강하고 짙은 식물은 피한다.

28 바로크시대에 유행한 S라인의 꽃꽂이 형태는?

① 라운드   ② 비더마이어
③ 호가스   ④ 캐스케이드

해설
호가스(Hogarth)라인 부케(S형)
• 자연스러운 가지의 선을 이용하여 가늘고 날씬한 S자 곡선형의 움직임을 표현한다.
• 영국의 윌리엄 호가스에 의해 미적 가치가 인정되어 호가스라인 이라고도 한다.

정답 25 ③ 26 ② 27 ③ 28 ③

29 색의 3속성 중 하나이고, 색의 선명도를 나타내는 것으로, 포화도라고도 하는 것은?

① 명 도 ② 색 상
③ 채 도 ④ 순 색

해설
채도는 색상의 포화도 또는 강도이며, 색의 순색량, 즉 순수한 정도를 의미한다.

30 식물의 뿌리 흡수기능이 약해져서 초세를 빨리 회복하기 위해 액체비료를 식물 지상부에 살포하려고 한다. 다음 중 시비방법으로 적당한 것은?

① 이산화탄소시비 ② 전면시비
③ 엽면시비 ④ 부분시비

해설
③ 엽면시비 : 토양조건이 나쁘거나 뿌리 기능이 약할 때 잎을 통해 양분을 흡수시키는 방법이다.
① 이산화탄소시비 : 시설 내에서 인위적으로 공기 환경을 조절하면서 광합성에서 필수적인 탄산 가스를 공급하여 작물의 생육을 촉진시키는 방법이다.
② 전면시비 : 수목을 식재하기 전 표토에 비료를 골고루 뿌려주는 방법이다.
④ 부분시비 : 작물을 심을 때 특정 위치에 집중적으로 공급해주는 방법으로 생육기간 중 질소 요구량이 많은 경우에 좋다.

31 동양식 꽃꽂이의 발전에 큰 영향을 미친 것은?

① 불교문화 ② 기독교문화
③ 샤머니즘 ④ 무속신앙

해설
불교의 전래로 인해 공화형식(供花形式)이 도입되어 좌우대칭적이며 인위적인 성격이 가미되었다.

32 베이싱(Basing)기법에 대한 설명으로 가장 거리가 먼 것은?

① 디자인의 아래쪽을 시각적인 흥미를 위해 장식하는 방법이다.
② 필로잉, 테라싱, 파베 같은 기술을 사용한다.
③ 플로랄폼을 가려 주는 기술이다.
④ 같거나 비슷한 재료를 함께 무리지어 꽂는 기법이다.

해설
④는 그루핑기법에 대한 설명이다.

33 작은 보석을 빽빽하게 배치하는 데서 유래하여 편평한 용기에 꽃, 잎, 줄기 등을 플로랄폼이 보이지 않도록 조밀하게 비치하여 색과 질감을 대비시켜 구성하는 방법은?

① 뉴컨벤션 디자인
② 비더마이어 디자인
③ 폭포형 디자인
④ 파베 디자인

해설
파베(Pave)
편평한 용기에 꽃, 잎, 줄기 등을 플로랄폼이 보이지 않도록 조밀하게 배치하여 색과 질감을 대비시켜 구성하는 기법이다.

34 리스(Wreath)의 설명으로 틀린 것은?

① 절화를 이용한 고리 모양의 장식물이다.
② 생화는 물론 조화와 드라이플라워 등을 사용할 수 있다.
③ 고대 그리스에서는 충성과 헌신의 상징이었다.
④ 장례용으로 주로 쓰인다.

해설
리스(Wreath, 화환)는 오늘날에도 일반적으로 많이 이용되는 반평면적인 장식물로 화관용, 테이블용, 벽걸이용뿐만 아니라 스탠드에 걸어 사용하는 장례용이나 축하용도 있다.

35 장례의식에서 화훼장식에 대한 설명으로 틀린 것은?

① 한국의 장례식에 사용되는 꽃의 색상은 대부분 흰색과 노란색이 주를 이룬다.
② 외국에서는 묘지 앞에 꽃을 심거나 장식하는 일이 많다.
③ 서양의 풍습에선 관 속에 화훼장식을 하지 않았었다.
④ 외국에서의 장례식용 화환은 리스나 십자가, 별, 하트 등의 형태가 선호된다.

해설
③ 서양의 풍습에선 관 속에 화훼장식을 하였다.

36 물망초에 적합한 와이어링 기법은?

① 시큐어링
② 트위스팅
③ 피어싱
④ 훅

해설
트위스팅법(Twisting Method)
- 주로 철사를 찔러 넣을 수 없는 꽃이나, 가는 가지 또는 꽃잎을 모아서 묶을 때 사용하는 기법이다.
- 소국, 스타티스, 물망초, 안개꽃, 아스파라거스 등과 같이 줄기가 가늘고 약한 꽃에 주로 사용한다.
- 필러플라워 등 작은 꽃이나 가지 등을 한 번에 모을 때 꽃잎의 기부나 절지, 절엽 등을 철사로 감아 마무리한다.

37 걸이분에 어울리는 식물은?

① 나도풍란　　② 러브체인
③ 로즈마리　　④ 히아신스

해설
걸이분은 좁은 실내나 베란다, 발코니 등의 공간을 효율적으로 이용하기 위한 장식형태로 싱고니움, 필론덴드론, 아이비, 러브체인 등과 같은 덩굴식물을 심어 아래로 늘어뜨리고 매달아 키우는 것이다.

정답 34 ④　35 ③　36 ②　37 ②

38 배양토의 종류 중 광물질 재료에 대한 설명으로 틀린 것은?

① 하이드로볼 – 1,800℃ 전후의 온도에서 현무암을 구운 다공질의 소재
② 펄라이트 – 진주암을 약 1,000℃ 정도에서 부풀게 한 것
③ 암면 – 약 1,500℃에서 용융된 암석을 섬유상으로 가공한 것
④ 버미큘라이트 – 질석을 약 1,000℃ 정도로 가열하여 입자 내의 공극을 팽창시킨 것

해설
① 하이드로볼 : 황토를 원료로 하여 1,000℃ 이상의 고열로 살균 처리한 인공배양토

39 보석알을 촘촘히 박아 놓은 듯하게 동일한 높이로 꽂는 기법은?

① 베이싱(Basing)
② 그루핑(Grouping)
③ 시퀀싱(Seqeuncing)
④ 파베(Pave)

해설
파 베
• 작은 보석들을 바탕금속이 보이지 않도록 빽빽하게 모아 배치하는 데에서 유래하였다.
• 편평한 용기에 꽃, 잎, 줄기 등을 플로랄폼이 보이지 않도록 조밀하게 배치하여 색과 질감을 대비시켜 구성하는 기법이다.
• 소재를 빽빽하게 꽂아 마치 보석을 디자인한 것과 같은 느낌을 갖게 하는 기법이다.
• 보석알을 촘촘히 박아 놓은 듯하게 동일한 높이로 꽂는 기법이다.

40 꽃받침이 발달하여 단단한 소재의 꽃받침에 와이어를 꽂아 아래로 내려 줄기의 지지대 역할을 도와주도록 하는 기법은?

① 헤어핀법
② 피어싱법
③ 소잉법
④ 크로스법

해설
① 헤어핀법 : 철사를 U자 형태로 구부려 소재의 중심부를 관통시키는 와이어링기법으로, 연약하거나 섬세한 소재에 적합하다.
③ 소잉법 : 꽃이나 잎을 바느질하듯 꿰매는 방법으로, 꽃잎의 면적이 넓은 여러 개의 꽃잎을 연결하여 하나의 꽃으로 만들 때 적합하다.
④ 크로스법 : 꽃이 크고 무거워 피어싱법만으로 충분하지 않은 경우, 꽃받침에 가는 철사를 십자형으로 찔러 넣어 단단하게 지지하고, 줄기가 돌아가는 것을 막기 위한 기법이다.

41 서양꽃꽂이의 화형을 기하학적 형태를 기초로 하여 직선적 구성과 곡선적 구성으로 구분할 때 다음 중 곡선적 구성에 해당하는 것은?

① 초승달형(Crescent)
② 역T자형(Inverted-T)
③ L자형(L-shape)
④ 수직형(Vertical)

해설
서양꽃꽂이 화형
• 직선적 구성 : 수직형, 삼각형, L자형, 역T자형, 대각선형 등
• 곡선적 구성 : 수평형, 초승달형, S자형, 부채형, 원형 등

38 ① 39 ④ 40 ② 41 ①

42 건조소재로서 갖추어야 할 요소로 가장 거리가 먼 것은?

① 희귀성
② 기호성
③ 관상가치
④ 경제성

해설
건조소재는 모양과 색 등의 관상가치, 지속성, 경제성, 기호성 등을 갖추어야 하며 자연소재로 연중 구입이 가능한 소재이다.

43 오스트발트 색체계에 대한 설명으로 옳은 것은?

① 총 28가지 색상으로 이루어진다.
② 노랑, 빨강, 파랑, 초록을 4원색으로 설정한다.
③ 4원색의 사이색으로 자주, 남보라, 청록, 연두의 네 가지 색을 합하여 8색을 기본으로 하고 있다.
④ 8가지 기본색을 각각 3단계씩 나누어 각 색상명 앞에 1, 2, 3 번호를 붙이고, 이 중 3번이 중심색상이 되도록 한다.

해설
오스트발트 색상환
• 노랑, 빨강, 파랑, 초록을 4원색으로 설정하고 그 사이색으로 주황, 보라, 청록, 연두의 네 가지 색을 합하여 8색을 기본색으로 하고 있다.
• 8가지 기본색을 각각 3단계씩으로 나누어 각 색상명 앞에 1, 2, 3의 번호를 붙이며, 이 중 2번이 중심색상이 되도록 하였다. 이렇게 24색상이 오스트발트의 색상환을 이룬다.

44 수직적인 디자인의 주소재로 가장 어울리는 것은?

① 개나리
② 탑사철
③ 스마일락스
④ 스킨답서스

해설
말채나무, 탑사철, 파초일엽 등은 대표적인 수직적 재료이면서 직선적인 느낌과 곡선적인 느낌을 동시에 가지고 있다.

45 화훼류의 개화 조절방법에 속하지 않는 것은?

① 생장조절제처리
② 전조 또는 차광
③ 멀칭(Mulching)
④ 춘화처리(Vernalization)

해설
멀칭은 짚이나 건초, 비닐 등으로 작물이 자라고 있는 지표면을 덮어 주는 일이다.

46 꽃꽂이 형태에서 줄기배열을 구분할 때 한 개의 초점에서 사방으로 전개되는 줄기배열은?

① 교차선 배열
② 방사선 배열
③ 병행선 배열
④ 감는선 배열

해설
① 교차선 배열 : 여러 개의 선이 여러 각도의 방향으로 서로 엇갈리는 배열을 말한다.
③ 병행선 배열 : 여러 개의 초점으로부터 나온 줄기가 모두 같은 방향으로 나란히 뻗어 있는 배열이다.
④ 감는선 배열 : 서로 구부러지고 휘감기며, 유연한 곡선적인 선의 흐름이 특징인 배열이다.

정답 42 ① 43 ② 44 ② 45 ③ 46 ②

47 구조적 구성에 대한 설명으로 가장 적합한 것은?

① 아크릴이나 나무로 만들어진 틀이나 골조 안에 생화 또는 보존화 등 다양한 소재를 붙여서 평면으로 구성한다.
② 비사실적이며, 순수한 구성미의 창작작품이다.
③ 소재의 표면구조를 강조하기 위해 천, 털실, 깃털 등의 인공소재를 식물소재와 조합하기도 한다.
④ 전통적이며, 우아하고, 여성적이다.

해설
구조적 구성 : 소재를 의도적으로 구성·배치하여 소재의 형태와 색깔 등 구조적 효과를 전면에 나타내는 구성으로, 장식적 구성이 발전되어 나타난 새로운 현대적 구성이다.

48 동양식 꽃꽂이에서 작품의 크기를 결정하는 주지(主枝)는?

① 1주지   ② 2주지
③ 3주지   ④ 종 지

해설
주지의 역할(기호·이름·역할) 및 크기
• 1주지[○, 천(天), 높이] : 화기 크기(가로+세로)의 1.5~2배
• 2주지[□, 지(地), 넓이] : 제1주지의 3/4, 제1주지의 굵기나 무게에 따라 1/3, 1/2
• 3주지[△, 인(人), 깊이] : 제2주지의 3/4, 제2주지의 굵기나 무게에 따라 1/3, 1/2

49 다음 중 분식물장식에 속하지 않는 것은?

① 테라리움   ② 디시가든
③ 걸이분   ④ 갈란드

해설
④ 갈란드는 절화장식에 속한다.

50 다음 중 섬유질과 규산질이 많고 수분이 적어 자연건조 후 변형이 잘되지 않는 식물은?

① 작 약
② 밀짚꽃
③ 카네이션
④ 아이리스

해설
건조소재 중 영구적으로 이용 가능한 식물 : 밀짚꽃, 천일홍, 스타티스, 샤스타데이지 등

51 테라싱(Terracing)기법의 특징으로 틀린 것은?

① 동일한 소재들을 크기 순서대로 반복적으로 효과를 부여하는 것으로 작품의 밑부분에서 주로 사용한다.
② 자연에 있는 식물들이 생장하는 모습을 재현하는 것으로서 식생적인 디자인을 표현할 수 있다.
③ 소재들 사이에 공간을 주며 계단처럼 서로 수평 또는 수직으로 배치한다.
④ 작품의 특정 지역을 부각시키고, 시선을 끌기 위한 평면적인 기법이다.

해설
테라싱(Terracing)
동일한 소재들을 크기에 따라 앞뒤, 수평으로 일정한 간격으로 배치하여 계단식 단계처럼 연속적인 층을 만들어 구성의 밑 부분에 입체감과 함께 질감을 더해 주는 기법이다.

52 다음 중 색의 3속성으로만 나열된 것은?

① 빨강, 파랑, 초록
② 색상, 명도, 채도
③ 빨강, 노랑, 초록
④ 색상, 명도, 순도

해설
색의 3속성 : 색상(Hue), 명도(Value), 채도(Chroma)

53 화훼장식을 구성할 때 디자인은 원리와 요소로 구분된다. 그중 디자인의 요소에 해당되는 것은?

① 초 점 ② 비 례
③ 색 채 ④ 구 성

해설
디자인의 원리와 요소
- 원리 : 구성, 초점, 통일, 균형, 율동, 조화, 대칭, 강조, 비례, 대비, 반복과 교체
- 요소 : 점, 선, 면, 형태, 방향, 명암, 질감, 크기, 색채

54 개나리의 학명이 바르게 표기된 것은?

① *Hibiscus syriacus*
② *Magnolia denudata*
③ *Cercis chinensis*
④ *Forsythia koreana*

해설
① 무궁화, ② 백목련, ③ 박태기나무

55 실내의 분화장식물에 있어서 우선적으로 고려해야 하는 사항이 아닌 것은?

① 실내 환경조건
② 기능성과 이용자의 기호
③ 바닥재료, 벽지 등 실내 분위기
④ 유행하는 식물의 선택

해설
분화장식물은 유행하는 식물의 선택보다는 실내 환경조건, 실내 분위기 및 기능성과 이용자의 기호에 알맞게 제작해야 한다.

56 다육식물이 아닌 것은?

① 유 카   ② 맥문동
③ 용설란   ④ 칼랑코에

해설
② 맥문동은 여러해살이풀로 관엽식물이다.

정답 52 ② 53 ③ 54 ④ 55 ④ 56 ②

57 절화장식에 사용되는 화기로 적절하지 않은 것은?

① 테라리움용기
② 사 발
③ 수 반
④ 플로랄폼

해설
절화장식에 이용되는 용기로는 병, 수반, 사발, 콤포트, 항아리, 플로랄폼 등이 있다.

58 화훼식물의 수분부족현상이 아닌 것은?

① 뿌리털이 감소한다.
② 영양결핍이 생긴다.
③ 기공이 닫힌다.
④ 잎이 시들고 심하면 말라 죽는다.

해설
수분이 부족하면 기공이 폐쇄되고, 증산과 광합성이 억제되어 영양이 결핍되며 시들어 고사한다. 반대로 수분이 지나치면 뿌리의 호흡이 억제되어 뿌리털이 감소하고, 양·수분의 흡수가 억제되어 결국 죽게 된다.

59 다음에서 설명하는 관수방법으로 가장 적합한 것은?

- 화분의 배수공을 통해 모세관현상을 이용해 수분을 흡수시키는 방법이다.
- 비용이 저렴하고 화분의 크기에 상관없이 이용할 수 있는 방법이다.

① 저면관수
② 스프링클러 관수
③ 점적관수
④ 파이프 관수

해설
② 스프링클러 관수 : 파이프에 연결된 회전 살수노즐을 통해 넓은 지역을 고르게 관수하는 방법
③ 점적관수 : 작은 구멍이 뚫린 파이프를 통해 조금씩 떨어지는 물방울로 관수하는 방법
④ 파이프 관수 : 일렬로 화분을 늘어놓고 그 위에 파이프를 배치하여 부착된 노즐을 통해 관수하는 방법

60 미선나무의 분류학상 해당되는 과(科)는?

① 장미과
② 천남성과
③ 차나무과
④ 물푸레나무과

해설
미선나무(*Abeliophyllum distichum* Nakai)는 물푸레나무과에 속하는 낙엽활엽관목이다.

2020년 제2회 과년도 기출복원문제

01 원예용 토양에 대한 설명으로 옳지 않은 것은?

① 통기성, 배수성, 흡수성이 좋아야 한다.
② 질석은 진주암을 고온에서 가열하여 만든 특수 토양이다.
③ 토양 3상인 기상, 액상, 고상은 각각 25%, 25%, 50%가 이상적인 비율이다.
④ 배양토는 식물이 요구하는 수분, 통풍, 비료의 양에 따라 혼합비율 및 원료가 달라진다.

해설
펄라이트는 진주암을 고온에서 가열하여 만든 특수 토양이고, 버미큘라이트(질석)는 질석을 고열 처리한 가벼운 용토이다.

02 분류상 칸나(Canna)가 속하는 과(科)명은?

① 분꽃과
② 홍초과
③ 백합과
④ 십자화과

해설
② 홍초과 : 칸나
① 분꽃과 : 분꽃
③ 백합과 : 옥잠화, 원추리, 맥문동, 둥굴레, 박새, 여로, 산달래, 부추, 무릇, 참나리, 유카, 비자루, 은방울꽃, 애기나리, 두루미꽃, 청가시 등
④ 십자화과 : 배추꽃, 갓, 유채, 무우꽃, 양배추, 겨자, 냉이, 부지깽이, 재쑥, 장대나물 등

03 웨딩 부케에 대한 설명으로 틀린 것은?

① 모든 부케의 기본 형태는 원형이다.
② 캐스케이드형(Cascade) 부케란 상부의 원형 부케와 하부의 흐름을 갈란드로 연결한 것이다.
③ 초승달형(Crescent) 부케는 선의 흐름을 최대한 돋보이게 하고 대칭적, 비대칭적 제작 구성이 가능하다.
④ 트라이앵글형(Triangular)의 부케는 두 개의 갈란드를 중심부에 연결하여 아름다운 곡선이 돋보이는 형태이다.

해설
④ 트라이앵글형 부케는 중앙 라운드형을 기준으로 3개의 갈란드를 구성하여 비대칭 역삼각형의 형태로 만든 부케이다.

04 토양수분 중 식물의 흡수 및 생육에 가장 관계가 깊은 것은?

① 흡착수
② 모관수
③ 지하수
④ 중력수

해설
모관수는 모세관현상에 의해 토양의 입자 사이를 채우고 있는 지하수의 하나로, 식물의 흡수와 생장에 이용된다.

정답 1 ② 2 ② 3 ④ 4 ②

05 토양산도가 강산성(pH 5.0 이하)에서 잘 자라기 힘든 화훼는?

① 아게라텀 ② 철 쭉
③ 제라늄   ④ 은방울꽃

해설
제라늄에게 알맞은 토양산도는 pH 7 이상의 알칼리성 토양이다.

06 화훼장식의 구성형식 중에서 그래픽적 구성의 설명으로 가장 알맞은 것은?

① 식물소재의 사회적 의미가 돋보이도록 표현하면서 구성한다.
② 식물 개개의 생태적 모습이나 특성을 고려하여 구성한다.
③ 식물소재 본래의 품위, 움직임, 질감 등을 추상적으로 변형시켜서 구성한다.
④ 대칭과 비대칭의 질서를 유지하면서 형과 선을 명확하게 표현하면서 구성한다.

해설
② 식생적 구성
④ 형-선적 구성

07 다음 중 질감이 가장 거친 꽃은?

① 방크시아
② 연 꽃
③ 치자꽃
④ 백 합

해설
① 굵은 베처럼 거친 질감
②·③·④ 도자기같은 질감

08 일상적으로 꽃과 식물이 애호되고, 전문도서와 화훼장식기술학교가 설립되는 등 서양의 화훼장식이 체계화되기 시작한 시대는?

① 르네상스시대
② 바로크시대
③ 로코코시대
④ 빅토리아시대

해설
① 르네상스시대에는 밝은 색의 다양한 꽃을 사용하고 고대 그리스나 로마시대처럼 연회나 축제에 갈란드, 화관, 산화를 사용하는 것이 다시 유행하였다.
② 바로크시대에는 복잡하게 흘러넘치는 것이 전형이었으며, 대부분 운율적인 비대칭균형을 보였다.
③ 로코코시대에는 화려하면서도 여성스러운 스타일이 주를 이루었으며, 아름다운 기품을 표현하기 위해 파랑이나 자줏빛의 색상을 많이 사용하였다.

09 다음 압화에 대한 설명으로 틀린 것은?

① 식물의 수분을 제거하고 눌러서 말린 인공적인 기술의 조형예술이다.
② 두께가 적당하고 수분이 적은 꽃이 압화의 재료로 적당하다.
③ 황색, 남색, 자색, 홍색의 꽃은 압화의 재료로 부적당하다.
④ 수분이 겉에 있는 식물은 휴지로 닦아 내고 드라이기로 말리지 않는다.

해설
압화소재로 적합한 꽃
• 색이 선명하고 변화가 많은 꽃
• 구조가 간단하고 꽃잎이 적은 꽃
• 크기가 중간 정도이거나 작은 꽃
• 두께가 적당하고 수분량이 적은 꽃
• 황색, 오렌지색, 남색, 자색, 홍색 등의 꽃

10 잎과 줄기보다는 꽃과 열매에 더 중요한 비료 성분은?

① N
② P
③ K
④ Ca

해설
① 잎과 줄기의 비료이다.
③ 식물의 발달과 성숙의 비료이다.

11 광(光)이 충분한 조건에서 광합성량을 증가시키려고 한다. 다음 중 필요한 공기요소로 적합한 것은?

① 산소
② 이산화탄소
③ 질소
④ 일산화탄소

해설
광합성이란 뿌리에서 흡수되는 수분과 잎의 기공을 통해 흡수되는 이산화탄소가 엽록소 내에서 빛에너지에 의해 양분으로 합성되는 과정이다.

12 서양 디자인에서 전통 스타일을 제작할 때 플로랄폼을 화기에 고정하는 방법으로서 가장 적합한 것은?

① 밖으로 보이지 않게 화기보다 낮게 고정한다.
② 화기 가운데만 플로랄폼을 고정하고 주변으로 여유가 있도록 한다.
③ 화기 바깥으로 충분히 넘치도록 고정시킨다.
④ 화기보다 약간 높게 고정시킨다.

해설
일반적으로 화기보다 약간 높게 고정시키며, 꽃줄기의 배열이 사선이거나 수직이 많으면 화기보다 낮게 고정시킨다.

13 일반적으로 리스에 적용되는 본체와 안쪽 지름의 황금비율은(A : B : C)?

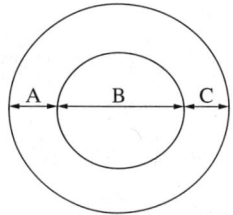

① 1 : 1 : 1
② 1 : 1.6 : 1
③ 1 : 2 : 1
④ 1 : 2.5 : 1

해설
리스의 이상적인 제작비율은 황금비율(1 : 1.618 : 1)이지만 색, 배경, 환경에 따라 시각적인 비율이 다르므로 반드시 물리적인 비율에 의존하지 않는다.

14 화훼장식에 영향을 미친 미술양식의 연대 순으로 옳게 나열한 것은?

① 바로크 → 비잔틴 → 로코코 → 로맨틱
② 비잔틴 → 르네상스 → 바로크 → 로코코
③ 고딕 → 비잔틴 → 로코코 → 르네상스
④ 비잔틴 → 르네상스 → 로코코 → 바로크

해설
화훼장식에 영향을 미친 미술양식의 연대순서
비잔틴 → 고딕 → 르네상스 → 바로크 → 로코코 → 신고전주의 → 로망주의 → 사실주의 → 인상주의 → 아르누보 → 추상주의 시대

정답 10 ② 11 ② 12 ④ 13 ② 14 ②

15 리본의 용도로 틀린 것은?

① 철사처리 및 테이프를 감은 부분을 마무리할 때 사용한다.
② 작품 제작 및 포장에 리본뿐만 아니라 리본 보우를 만들어 사용한다.
③ 철사에 리본을 감아 독특한 모양으로 만들어 장식적으로 사용한다.
④ 상품을 안전하게 보호하는 기능을 하는 데 주로 사용한다.

해설
리본은 꽃다발, 포장 등 여러 부분에 이용되어 강조의 기능을 하거나 시각적 균형감을 주는 역할을 하며, 리본의 색을 선정할 때는 전체 작품의 색을 고려해야 한다.

16 클러스터링(Clustering)에 대한 설명으로 가장 적당한 것은?

① 덩어리를 강조하기 위하여 소재들 사이의 공간을 제거하고 빈틈없이 모아 덩어리 모양을 만드는 것
② 유사한 꽃, 유사한 색, 유사한 모양들을 결합하여 사용하는 방법
③ 수평적인 평면이나 복잡한 구조상의 세부적인 묘사를 하고, 땅 표면에 장식적인 기초를 만들어 주는 것
④ 식물 부분들을 촘촘하게 평행으로 배열하고, 각 그룹들은 비대칭으로 구성하는 것

해설
② 그루핑(Grouping), ③ 베이싱(Basing)에 대한 설명이다.

17 절화의 물올림 방법으로 적절하지 않은 것은?

① 물속에서 재절단하며, 재절단 시 가위보다 예리한 칼을 사용한다.
② 같은 종 또는 같은 품종단위로 동일한 용기에 넣고 물올림시킨다.
③ 유액이 나오는 줄기는 재절단 후 끓는 물에 수 초간 담근다.
④ 수분흡수를 좋게 하기 위해서 줄기 기부를 수평으로 절단한다.

해설
물의 흡수면적을 넓혀주기 위해 45°가 되도록 비스듬히 자른다.

18 다음 그림은 작물의 기본적인 생활순환(Life Cycle)을 나타낸 것이다. 도표의 (A)에 들어갈 용어로 가장 적합한 것은?

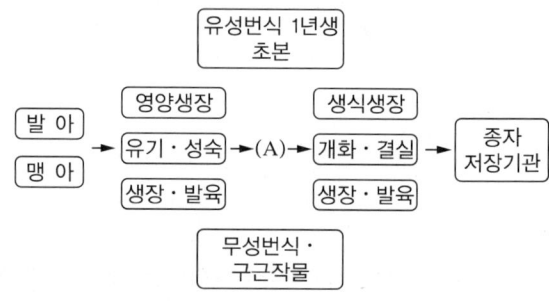

① 성숙상
② 수 정
③ 화아분화
④ 노 화

해설
③ 화아분화 : 식물이 생육하는 도중에 식물체의 영양 조건, 기간, 기온, 일조 시간 등의 필요조건이 다 차서 꽃눈을 형성하는 일
① 성숙상 : 작물이 다 자라 생식이 가능해지고, 탄수화물이나 단백질 따위의 물질을 축적하는 시기
② 수정 : 암수의 생식 세포가 하나로 합치는 것
④ 노화 : 구조와 기능이 점진적으로 퇴화되는 것

19 광합성을 위한 이산화탄소(CO_2)의 흡수량과 호흡에 의한 방출량이 같게 되는 광도는?

① 총동화량
② 광보상점
③ 한계일장
④ 광포화점

해설
① 총광합성량(총동화량) = 호흡량 + 순광합성량(순동화량)
③ 한계일장 : 작물의 생육이 일장의 영향을 받을 때 생육에 영향을 줄 수 있는 일장의 한계
④ 광포화점 : 식물의 광합성 속도가 더 이상 증가하지 않을 때의 빛의 세기를 말하며, 광합성 속도는 빛의 세기에 비례하지만 광포화점에 이르면 속도가 증가하지 않는다.

20 다음 중 일반적으로 신부 부케 제작 시 요구되는 사항으로 가장 옳은 것은?

① 신부 부케는 들고 다니기 편리하게 반드시 부케 홀더를 사용한다.
② 색상은 신부의 체형, 키, 피부색, 웨딩드레스 등에 맞도록 제작한다.
③ 형태는 되도록 크고 늘어지게 한다.
④ 색상은 대단히 화려하고 눈에 띄는 큰 꽃으로 한다.

21 동양식 꽃꽂이에서 작품의 크기를 결정하는 주지(主枝)는?

① 1주지　　② 2주지
③ 3주지　　④ 종 지

해설
작품의 높이, 넓이, 깊이는 3개의 주지에 의해 결정되며, 제1주지를 꽂는 각도에 따라 직립형, 경사형, 하수형, 수평형으로 구분된다.

22 다음 (　) 안에 들어갈 단어는?

> 절화에 사용되는 물은 (　)일 때, 수분 흡수력이 좋고 미생물 발생을 억제하며 살균력이 강하다.

① 알칼리성
② 약알칼리성
③ 중 성
④ 약산성

해설
절화 보존용액의 pH는 3~4가 적당하며, 또한 수분 흡수 촉진과 미생물 증식 억제에도 효과가 있다.

23 형-선적(Formal Linear) 구성에 대한 설명으로 틀린 것은?

① 각 소재가 가지고 있는 형과 선을 뚜렷한 선과 각도로 대비시켜 표현하는 것을 말한다.
② 작품소재의 종류와 양을 최소화하여 최대의 효과를 얻을 수 있는 형태이다.
③ 매스(Mass)가 되는 꽃을 길게 사용하면 작품의 선을 더욱 강조하게 되어 형태를 더 뚜렷하게 나타낼 수 있다.
④ 수직선, 수평선, 사선, 곡선을 모두 이용하여 소재의 형태를 작품에 잘 활용한다.

해설
형-선적 구성 : 형 또는 매스를 최소로 표현하고, 여백을 이용하여 꽃·잎·줄기의 아름다움을 강조한다.

정답　19 ②　20 ②　21 ①　22 ④　23 ③

24 장식용 건조식물을 주소재로 하고 여기에 천, 작은 돌, 나무조각 등을 붙여 구성하는 화훼장식의 표현 기법은?

① 콜라주
② 갈란드
③ 리스
④ 형상물

해설
② 식물소재를 철사 등에 엮어서 길게 늘어뜨리는 기법이다.
③ 절화를 이용하여 고리 모양으로 만들어 낸 장식물로 화관용, 테이블용, 벽걸이용 등과 스탠드에 걸어 사용하는 장례용이나 축하용도 있다.
④ 절화를 이용하여 십자가, 별, 하트, 곰, 토끼, 공 등의 형상물을 반평면적이거나 입체적으로 만들어 다양한 용도로 이용하는 형태로, 토피어리가 대표적이다.

25 외경 50cm, 내경 20cm, 링의 두께가 15cm인 리스를 축적 1 : 5로 평면도면에 작성할 때 각각의 비율은?

① 10 : 4 : 3
② 4 : 5 : 1
③ 1 : 2 : 1.5
④ 1 : 2 : 1

해설
각각 50 : 20 : 15인 외경, 내경, 링의 두께를 축적 1 : 5로 줄여서 표시하면 10 : 4 : 3이다.

26 짧은 꽃줄기를 연장시키는 데에 이용하며, 구부러지거나 부러질 수 있는 약한 소재를 플로랄폼 안에 꽂을 때 사용하는 깔때기 형태인 부재료는?

① 핀
② 픽
③ 와이어
④ 플로랄폼

해설
① 핀 : 소재를 고정시킬 때 주로 사용하며 용도에 따라 더블핀, 유핀, 코사지핀, 딕슨핀 등이 있다.
③ 와이어 : 소재나 화기를 지지하거나 고정, 장식하는 등에 사용하는 철사를 말하며 플라워 디자인에서 다양하게 사용되는 필수재료이다.
④ 플로랄폼 : 꽃을 꽂기 위한 흡수성 스펀지를 말한다.

27 다음 중 화훼의 정의로 가장 적합한 것은?

① 관상을 위한 관엽류만을 화훼라고 한다.
② 화단을 장식하는 초화류만을 화훼라고 한다.
③ 관상을 목적으로 장식하거나 기르는 식물을 총칭하여 화훼라고 한다.
④ 꽃과 가지를 적절히 배열하여 미적 가치를 재창조하는 것을 화훼라고 한다.

28 우리나라 꽃꽂이의 기본형태는 식물이 자연에서 자라는 형태를 기준으로 한다. 다음 중 기본형태에 대한 설명으로 옳지 않은 것은?

① 직립형 - 위로 곧게 뻗는 형
② 경사형 - 비스듬히 뻗는 형
③ 하수형 - 아래로 늘어지는 형
④ 평면형 - 사방으로 퍼지는 형

해설
④ 평면형 : 1, 2, 3 주지의 꼭짓점이 같은 수평선상에서 높낮이가 없게 180° 방향만 표현하므로 일방화라고도 한다.

29 절화를 이용한 장식물 중 다양한 행사에서 가슴에 다는 용도로 이용되는 것은?

① 꽃바구니
② 핸드타이드 부케
③ 화환
④ 코사지

해설
코사지(Corsage)는 결혼식은 물론 각종 연회와 모임에 남녀 모두 널리 사용하는 작은 꽃다발의 몸장식으로 여성용은 가슴이나 어깨, 팔목 등을 장식할 수 있으나 국내에서는 가슴에 꽂는 것이 일반적이며 남성용은 양복 주머니에 꽂는다.

정답 24 ① 25 ① 26 ② 27 ③ 28 ④ 29 ④

30 강조(Accent)에 대한 설명으로 틀린 것은?

① 주가 되는 것을 강하게 표현하는 것으로 전달내용의 주체와 핵심을 확인하고 유도하여 개성과 특성을 나타낸다.
② 대비되는 요소에 의하여 시선을 집중시킨다.
③ 단색에서는 복합색의 부분이 강조되고 명암의 대비는 약 2배 이상 차이가 날 경우 강조효과를 볼 수 있다.
④ 반복에 의해서는 강조효과를 볼 수 없기 때문에 특정부위를 강조하기 위해서는 반복기법을 사용하지 않는 것이 좋다.

31 화훼장식의 주재료인 생화는 지속시간이 짧은 단점을 가지고 있다. 이 단점을 보완할 수 있는 방법이 아닌 것은?

① 압 화   ② 갈란드
③ 건조화 ④ 보존화

해설
갈란드 : 꽃다발을 만들 때 식물소재를 철사 등에 엮어서 길게 늘어뜨리는 기법으로 길고 유연성이 있어 어깨에 걸치거나 기둥의 둘레를 감거나 난간, 문, 벽, 천장 등을 장식하는 데 이용된다.

32 소나무나 전나무 껍질을 잘게 부수어 만든 것으로, 서양란의 식재재료로 많이 이용되는 것은?

① 펄라이트(Perlite)
② 피트모스(Peatmoss)
③ 질석(Vermiculite)
④ 바크(Bark)

해설
바크(Bark)는 전나무 등의 나무껍질을 잘게 분쇄하여 만든 것으로, 서양란의 식재재료로 사용한다. 또한 나무 밑에 깔아 잡초 발생을 억제하거나 미관재료로 사용할 수도 있다.

33 조형형태의 배치법에 있어서 교차(Cross)에 관한 설명으로 틀린 것은?

① 교차선 배열은 여러 개의 초점으로부터 나온 줄기의 선이 제각기 여러 각도의 방향으로 뻗어서 서로 교차하는 상태로 줄기가 배열된 것이다.
② 꽃이나 식물을 꽂는 지점이 겹치지 않게 그룹으로 꽂아준다.
③ 교차는 병행의 변형으로 다루어지고 있으나 최근에는 이와 관련한 변형이나 복합형이 많아서 병행선에서 분리하여 다루어진다.
④ 1980년대 자연관찰의 시점의 변화로부터 시작된 배열이다.

해설
교차배열은 꽃이나 식물이 서로 겹쳐지며 교차하도록 꽂아준다.

34 절화수명 연장제의 설명으로 옳은 것은?

① 구성성분은 당분, 살균제, 에틸렌발생제, 산도조절제, 습윤제 등이다.
② 소매상이나 화훼장식가에 의해 처리되는 것을 후처리제라고 한다.
③ 식물생장조절물질은 절화수명 연장제로 사용되지 않는다.
④ 수확 직후 재배자에 의해 처리되는 것을 후처리제라고 한다.

해설
②·④ 소매상이나 화훼장식가에 의해 처리되는 약제를 후처리제라고 한다.
① 구성성분은 당분, 살균제, 에틸렌억제제, 산도조절제, 습윤제 등이다.
③ 식물생장조절물질은 절화수명 연장제로 사용된다.

35 원예용 특수토양으로 거리가 먼 것은?

① 피트모스
② 펄라이트
③ 찰 흙
④ 버미큘라이트

해설
특수토양으로는 바크, 하이드로볼, 질석(버미큘라이트), 펄라이트, 수태, 피트모스 등이 있다.

36 화훼장식의 표현기법 중 조닝(Zoning)에 해당되는 설명으로 가장 적합한 것은?

① 특정 소재를 다른 소재와 분리시킴으로써 제작 시 구획을 나누어 연출하는 기법이다.
② 소재를 한겹한겹 쌓거나 말뚝박기하듯 쌓는 기법이다.
③ 줄기가 짧은 소재를 한데 모아 언덕의 효과를 내는 기법이다.
④ 입체감과 깊이감을 주기 위해 유사한 소재를 앞뒤에 꽂는 기법이다.

해설
조닝(Zoning, 구역 나누어 꽂기) : 플라워 디자인의 단순한 구성을 보다 넓은 지역에 적용하는 용어로, 꽃들을 색과 종류에 따라 넓은 특정 지역에 구역화하는 기법
② 스태킹(Stacking)
③ 필로잉(Pillowing)
④ 섀도잉(Shadowing)

37 신부 부케의 제작 방법에 따른 분류로 가장 적합한 것은?

① 프레젠테이션 부케, 웨딩 부케
② 스테이지 부케, 프렌치 부케
③ 스프레이 부케, 핸드타이드 부케, 스파이럴부케, 패럴렐부케
④ 철사를 이용하는 와이어링 부케, 핸드타이드 부케, 플로랄폼을 이용하는 부케

38 상업적인 디스플레이용 화훼장식의 특징으로 거리가 먼 것은?

① 고객으로 하여금 상품을 구입하도록 동기를 만들어 준다.
② 예술가로서 또는 화훼장식 전문가로서의 홍보와 아이디어를 선보인다.
③ 단순한 공간장식보다는 상업공간의 이미지 전달과 홍보를 위한 시선 집중을 유도한다.
④ 계절별 주제를 잡아 이에 어울리는 화훼식물을 도입하는 경우가 많다.

해설
디스플레이의 주된 목적은 흥미유발, 욕구자극, 고객관심, 상품구입이다.

39 실내의 분화장식물에 있어서 우선적으로 고려해야 하는 사항이 아닌 것은?

① 유행하는 식물의 선택
② 실내의 기능적인 면과 이용자의 기호도
③ 실내의 환경조건
④ 바닥재료, 벽지 등 실내분위기

해설
분화장식물의 이용목적, 표현양식, 형태적 특성 등에 따라 선택한다.

35 ③ 36 ① 37 ④ 38 ② 39 ①

40 하나의 디자인이 갖고 있는 여러 요소들 속에 어떤 조화나 일치감이 존재하고 있음을 의미하며, 유사한 선적인 요소, 형태, 색상 등의 반복 속에서 비롯되는 디자인 원리는?

① 강 조　　② 통 일
③ 균 형　　④ 비 례

해설
① 강조 : 주가 되는 것을 강하게 표현하는 것
③ 균형 : 화훼장식물이 견고하고, 안정되어 보이도록 디자인의 모든 요소가 구성되는 것
④ 비례 : 균형과 밀접한 관계를 가지고 있으며 통일과 변화를 조성하는 원리

41 배양토와 그 특징의 연결로 틀린 것은?

① 부엽 : 보수성, 보비력이 좋으며 재배 도중의 구조 변화가 거의 일어나지 않는다.
② 피트모스 : 보수성, 보비력, 염기치환능력이 좋다.
③ 버미큘라이트 : 규산화합물이며, 모래의 1/15 무게이다.
④ 펄라이트 : 중성 또는 약알칼리성으로 삽목용토에 적합하다.

해설
① 부엽 : 통기성이 좋으며, 토양을 떼알구조로 만들어주어 작물의 뿌리가 잘 활동하도록 도와준다.

42 다음 중 영국 조지 왕조 시대 때 꽃 문화에 대한 설명으로 틀린 것은?

① 전염병을 예방해 준다는 향기 있는 꽃을 손에 들고 다니는 꽃다발(Nosegay)이 유행했다.
② 꽃장식이 머리, 목, 허리, 가슴 등의 몸 장식용으로도 이용되었다.
③ 길고 가는 병(Bud Vase)에 꽃을 꽂거나, 테이블 중앙의 정형적인 꽃꽂이 장식이 유행하기 시작했다.
④ 꽃꽂이는 정형적인 대칭구조를 벗어나 비대칭형의 형태가 일반적이었다.

해설
영국 조지 왕조 시대 꽃 문화
- 목욕이나 청결함이 일반화되지 못한 시대에 꽃향기가 불결함으로부터 보호해 준다고 믿었다.
- 꽃을 손에 들고 다닐 수 있는 작은 노즈게이는 패션 경향이 되었고 여인의 머리, 목둘레, 허리 등에 꽃을 사용하여 장식하였다.
- 원형의 플라워 디자인 형태가 유행하였고 정교한 세라믹 용기, 웨지우드, 유리 제품 등이 활용되었다.
- 영국의 지리적 위치로 생화 가격이 비싸 드라이 플라워가 최초로 만들어지고 유행하였다.

43 소재를 묶어 주는 기법과 관계없는 것은?

① 밴 딩　　② 그루핑
③ 번들링　　④ 바인딩

해설
그루핑(Grouping, 모으기) : 유사한 소재들을 무리지어 꽂는 것이다.

정답　40 ②　41 ①　42 ④　43 ②

44 사군자에 해당되지 않는 것은?

① 매 화　　② 난 초
③ 소나무　　④ 국 화

해설
사군자 : 매화, 난초, 국화, 대나무

45 시큐어링 메소드(Securing Method)의 설명으로 옳은 것은?

① 사용한 철사가 약하거나 짧을 때 더욱 단단하게 보강하기 위하여 사용하는 방법이다.
② 꽃의 약한 줄기를 보강해 주거나 줄기를 구부릴 때 그 줄기를 보강하기 위하여 사용하는 방법이다.
③ 줄기가 약하거나 속이 비어 있는 상태의 꽃을 똑바로 세우거나 반대로 줄기를 곡선으로 만들기 위하여 사용하는 방법이다.
④ 씨방이나 꽃받침부분의 줄기에 직각이 되게 찔러 넣고 두 가닥이 되게 구부리는 방법이다.

해설
시큐어링법 : 철사를 반 접어서 맨 끝의 꽃머리에 철사 한 쪽 줄기에 두고 다른 한 쪽은 철사로 감는 방법으로 줄기가 약하거나 곡선을 내기 위해 구부려야 할 때 사용한다.

46 매몰건조 시 주의해야 할 사항으로 적절하지 않은 것은?

① 꽃이 지나치게 개화하기 전에 건조시킬 꽃을 채화해야 한다.
② 건조 전에 꽃에 물방울을 완전히 제거한다.
③ 겹꽃의 경우는 꽃잎 사이의 물기는 적당히 있어야 한다.
④ 건조될 꽃이 고른 압력을 받도록 매몰시켜야 한다.

해설
③ 꽃잎 사이의 물기가 완전히 제거되도록 한다.

47 우리나라에서 화훼장식이 발생하게 된 원인으로 적합한 것은?

① 미의 창조
② 불교의식에서 불전헌공화
③ 생활공간의 장식목적
④ 자연숭배사상에 의해 제의식에서 헌공화

해설
자연숭배사상, 신수사상(神樹思想)이 배경이 되면서 식물을 영적(靈的)인 것으로 간주하여 신이 내리는 도체(導體)로 삼아온 데서부터 시작되었다.

48 글리세린 건조작업 시 글리세린과 물이 잘 혼합되도록 넣는 물질은?

① 트윈(Tween) 80　　② 질산은
③ 황산은　　④ 8-HQC

해설
글리세린을 40℃의 물과 1 : 2(1 : 3)로 혼합하고 트윈 20, 트윈 80과 같은 습윤제 0.5~1%를 첨가하면 물의 표면장력을 줄여서 흡수가 쉬워지며 독성도 적어진다.

정답　44 ③　45 ②　46 ③　47 ④　48 ①

49 다음 중 색의 혼합에 대한 설명으로 틀린 것은?

① 가산혼합의 삼원색은 빨강, 녹색, 파랑이다.
② 가산혼합에서 빨간빛과 파란빛을 혼합하면 마젠타가 된다.
③ 감산혼합에서 노랑과 파랑을 섞으면 사이안이 된다.
④ 감산혼합의 삼원색은 마젠타, 노랑, 사이안이다.

> 해설
> ③ 감산혼합에서 노랑과 파랑을 섞으면 녹색(Green)이 된다.

50 디자인의 원리를 이용하여 화훼장식을 한 것으로 적합하지 않은 것은?

① 통일감을 주기 위하여 작품을 반복적으로 배치하였다.
② 꽃꽂이를 할 때 강조점을 두기 위해 시각적인 무게가 무거운 어두운 색의 꽃은 중앙에 두고 주위를 엷은 색의 꽃으로 배치하였다.
③ 꽃이 가지고 있는 화려함을 살리기 위해 폼 플라워를 되도록 많이 사용하였다.
④ 작품이 놓일 공간과 작품의 비율을 고려하여 디자인의 비가 효과적으로 선택되도록 한다.

> 해설
> ③ 폼 플라워는 꽃의 색이나 형태가 특이하여 시각의 유도를 크게 하지만 많이 사용하면 작품의 특성이나 인상을 감소시킬 수 있다.

51 절화보존제에 첨가하는 자당(Sucrose)에 대한 설명으로 틀린 것은?

① 수확 후 일어나는 대사작용에 이용된다.
② 첨가농도는 화훼류에 관계없이 일정하다.
③ 가정용 설탕으로 대체가 가능하다.
④ 절화에 광합성 산물을 인위적으로 첨가하는 효과가 있다.

> 해설
> ② 첨가농도는 화훼 종류에 따라 다르며, 처리방법에 따라 농도가 다르다.

52 진주암을 1,000℃ 정도의 고온에서 가열한 무균 인조 토양으로 공극량이 많은 토양은?

① 피트모스 ② 질석
③ 펄라이트 ④ 훈탄

> 해설
> ③ 펄라이트 : 진주암(화산석)을 약 760~1,200℃의 고온에서 본래의 부피에 비해 4~12배까지 팽창시킨 것이다. 모래 역할을 하며 물빠짐과 통기성이 뛰어나고 수경재배, 삽목용토, 종자번식 등에 적합하다.
> ① 피트모스 : 늪지의 바닥에서 나오는 재료로 가볍고 통기성이 우수하며 유기질이 풍부하다. 질소성분과 보습력이 있어 부엽토 역할을 한다.
> ② 질석 : 적운모의 일종으로 가벼우면서도 흡수력이 뛰어나 배양토에 섞어 쓰면 좋다.
> ④ 훈탄 : 왕겨를 태워 만든 것으로 다른 토양과 섞어 사용한다.

53 다음 중 먼셀 색체계에서 보색관계로 짝지어진 것은?

① 빨강(R) - 노랑(Y)
② 주황(YR) - 파랑(B)
③ 노랑(Y) - 연두(GY)
④ 보라(P) - 빨강(R)

[해설]
① 빨강(R) - 청록(GB)
③ 노랑(Y) - 남색(PB)
④ 보라(P) - 연두(GY)

54 디자인에 대한 설명으로 옳은 것은?

① 빨간색 장미와 주황색 극락조화를 오렌지색 화기에 디자인하면 분열보색조화를 꾀할 수 있다.
② 디자인의 주류를 이루는 색에 대립되는 색을 사용하여 강렬한 느낌을 줄 수 있는데, 이때 대립되는 색의 분량이 주조색 만큼 되어야 그 효과를 볼 수 있다.
③ 식물을 이용한 질감의 변화는 빛과 그림자를 혼합하면서 디자인에 변화와 깊이를 부여한다.
④ 비슷한 질감의 소재를 적절히 혼합하여 조화를 얻을 수 있고, 다양한 질감, 상반되는 질감을 배열하여 통일감을 얻을 수 있다.

[해설]
① 빨간색 장미와 주황색 극락조화에 분열보색조화를 꾀하려면 파란색과 초록색 사이의 바다색 화기를 이용해야 한다.
② 악센트(Accent) 배색 시 기조색과 강조색의 면적비는 약 7:3, 8:2 정도가 적당하다.
④ 비슷한 질감의 소재를 적절히 혼합하여 통일감을 얻을 수 있고, 다양한 질감, 상반되는 질감을 배열하여 조화를 얻을 수 있다.

55 르네상스시대는 종교적인 상징을 표현하는 화훼장식이 성행하였다. 다음 중 르네상스시대의 대표적인 화훼장식의 형태가 아닌 것은?

① 피라미드형
② 원추형
③ 플레미시형
④ 대칭삼각형

[해설]
플레미시형(Flemish style)은 17세기 네덜란드 예술가들의 그림에서 볼 수 있는 양식이다. 많은 꽃들이 뭉치처럼 군집한 형태로 여러 종류의 꽃, 잎, 과일, 야채 등으로 구성할 수 있다.

56 수덕사 대웅전의 벽화 가운데 야생화도(野生花圖)에 그려진 좌우대칭 형태는 어느 시대의 불전헌공화인가?

① 삼국시대
② 고구려시대
③ 신라시대
④ 고려시대

[해설]
수덕사 대웅전에 그려진 불전헌공화는 고려시대의 작품이다.

57 오스트발트 색체계에 대한 설명으로 옳은 것은?

① 노랑(Yellow), 빨강(Red), 파랑(Ultramarine Blue), 초록(Sea Green)을 4원색으로 설정한다.
② 4원색의 사이색으로 자주(Reddish Purple), 남보라(Bluish Violet), 청록(Blue Green), 연두(Yellow Green)의 네가지 색을 합하여 8색을 기본으로 하고 있다.
③ 8가지 기본색을 각각 3단계씩 나누어 각 색상명 앞에 1, 2, 3 번호를 붙이고, 이 중 3번이 중심 색상이 되도록 한다.
④ 총 28가지 색상으로 이루어진다.

해설
오스트발트 색상환
• 노랑, 빨강, 파랑, 초록을 4원색으로 설정하고 그 사이색으로 주황, 보라, 청록, 연두의 네 가지 색을 합하여 8색을 기본색으로 하고 있다.
• 8가지 기본색을 각각 3단계씩으로 나누어 각 색상명 앞에 1, 2, 3의 번호를 붙이며, 이 중 2번이 중심색상이 되도록 하였다. 이렇게 24색상이 오스트발트의 색상환을 이룬다.

58 화훼장식에 있어서 디자인의 전체적인 틀과 골격을 형성하는 요소는?

① 방 향   ② 크 기
③ 선   ④ 면

해설
선은 감상하는 사람의 시선을 움직여 전체 구성을 통합하는 골격이 된다.

59 다음 명도에 관한 일반적인 설명으로 가장 옳은 것은?

① 검은색을 많이 사용하면 명도는 높아진다.
② 검정을 0, 흰색을 9로 하여 10단계로 명도를 구분한다.
③ 채도의 높고 낮음에 따라 명암의 효과가 나타난다.
④ 명도는 빛의 반사율을 척도화하여 나타낸 것이다.

해설
① 검은색을 많이 사용하면 명도는 낮아진다.
② 흰색을 10, 검은색을 0으로 하여 10단계로 명도를 구분한다.
③ 명암의 효과는 명도(색상의 밝고 어두움)에 따라 나타난다.

60 디자인의 색상, 질감, 형태 등이 대비를 이루도록 하면서, 소재들을 종류나 질감이 유사한 것끼리 모아 높든 낮든 하나가 된 느낌으로 표현하는 기법은?

① 클러스터링(Culustering)
② 그루핑(Grouping)
③ 조닝(Zoning)
④ 스태킹(Stacking)

해설
클러스터링
덩어리를 강조하기 위하여 소재들 사이의 공간을 제거하고 빈틈없이 모아 덩어리 모양을 만드는 것

2021년 제1회 과년도 기출복원문제

01 다음 중 수분요구도가 다른 것은?

① 채송화　　② 토란
③ 돌나물　　④ 바위솔

해설
- 건생식물 : 채송화, 돌나물, 바위솔, 선인장 등
- 습생식물 : 토란, 꽃창포, 억새 등

02 코사지 종류 중 어깨에서 등까지 늘어뜨리는 장식은?

① 갈란드　　② 부토니아
③ 레이　　　④ 숄더

해설
① 갈란드(Garland) : 꽃을 여러 가지 소재와 함께 엮어서 길게 만든 것으로 기둥에 감아 주거나 식탁 주위에 길게 드리워 장식하는 것
② 부토니아(Boutonniere) : 신부 꽃다발의 꽃 한 송이를 이용하여 신랑의 예복 상의 깃의 단추 구멍에 꽂는 꽃
③ 레이(Lei) : 낚시줄 같은 끈으로 꽃을 꿰어 행사 때나 송영식(送迎式)때 목에 걸어주는 것으로 리스와 유사한 형태

03 다음 중 은방울꽃의 와이어링 기법으로 가장 알맞은 것은?

① 루핑법
② 후킹법
③ 시큐어링법
④ 트위스트법

해설
시큐어링법(securing wiring method)
줄기가 약하거나 줄기로 곡선을 나타낼 때 사용하는 방법으로 줄기 바깥쪽에 와이어를 감아 보강하는 기법이다.

04 광(光)이 충분한 조건에서 광합성량을 증가시키려고 한다. 다음 중 필요한 공기요소로 적합한 것은?

① 산소
② 질소
③ 이산화탄소
④ 일산화탄소

해설
광합성이란 뿌리에서 흡수되는 수분과 잎의 기공을 통해 흡수되는 이산화탄소가 엽록소 내에서 빛에너지에 의해 양분으로 합성되는 과정이다.

05 낚싯줄 같은 끈으로 꽃을 꿰어 행사 때 목에 걸어주는 장식은?

① 코사지
② 레이
③ 리슬렛
④ 펜던트

해설
① 코사지(Corsage) : 결혼식과 같은 각종 연회와 모임에 남녀 모두 널리 사용하는 작은 꽃다발의 몸장식
③ 리슬렛(Wrislet) : 손등을 장식하는 코사지
④ 펜던트(Pendant) : 목걸이, 귀걸이 등과 같이 아래로 늘어뜨린 장신구

정답 1② 2④ 3③ 4③ 5②

06 그루핑의 대상으로 가장 거리가 먼 것은?

① 같은 색 ② 같은 종류
③ 같은 크기 ④ 같은 질감

해설
그루핑은 유사한 소재들을 무리지어 꽂음으로써 재료의 형태나 색채, 양감, 질감 등을 강조하는 기법이다.

07 통일신라시대의 석굴암 십일면관음보살 입상에 나타난 헌공화의 형태는?

① 삼각형 ② 직사각형
③ 정사각형 ④ 타원형

해설
7세기경 통일신라시대의 석굴암의 십일면관음보살 입상에 나타난 삼존으로 구성된 공화는 삼각구성의 원초적인 형태를 보여 주고 있다. 이 공화는 고구려 안악2호분의 비천상과 함께 자연묘사적인 표현양식의 훌륭한 꽃작품이다.

08 수덕사 대웅전에 그려진 야화도에 나타나지 않은 식물은?

① 작약 ② 부들
③ 계관화 ④ 치자

해설
수덕사 대웅전에 그려진 야화도에는 모란, 작약, 맨드라미(계관화), 치자, 들국화 등이 수반에 가득 담겨 있다.

09 작은 보석을 빽빽하게 배치하는 데서 유래하여 편평한 용기에 꽃, 잎, 줄기 등을 플로랄폼이 보이지 않도록 조밀하게 비치하여 색과 질감을 대비시켜 구성하는 방법은?

① 뉴컨벤션 디자인
② 비더마이어 디자인
③ 파베 디자인
④ 폭포형 디자인

해설
파베 기법
작은 돌들을 가능한 빽빽하게 모으는 것처럼 소재들을 구성하는 방법으로, 높낮이 차이가 없도록 구성한다.

10 테이블장식에 적합하지 않는 꽃은?

① 계절감이 있는 꽃
② 향기가 진한 꽃
③ 색이 연한 꽃
④ 색이 진한 꽃

해설
향기가 강한 꽃, 화분(꽃가루)이 떨어지는 꽃은 테이블 장식에 적합하지 않다.

11 화훼원예의 주요 특징으로 가장 거리가 먼 것은?

① 종류와 품종수가 극히 적은 편이다.
② 고도의 생산기술을 요구한다.
③ 문화 생활수준의 향상과 더불어 발전한다.
④ 경영상 시설을 이용한 연중 집약재배를 실시한다.

해설
① 종과 품종이 많고 다양하다.

12 분류학상 가장 하위단위는?

① 목   ② 과
③ 종   ④ 속

해설
생명체의 분류체계는 '종, 속, 과, 목, 강, 문, 계'로 이뤄져 있다.

13 배양토의 종류 중 광물질 재료에 대한 설명으로 틀린 것은?

① 버미큘라이트 – 질석을 약 1,000℃ 정도로 가열하여 입자 내의 공극을 팽창시킨 것
② 암면 – 약 1,500℃에서 용융된 암석을 섬유상으로 가공한 것
③ 펄라이트 – 진주암을 약 1,000℃ 정도에서 부풀게 한 것
④ 하이드로볼 – 1,800℃ 전후의 온도에서 현무암을 구운 다공질의 소재

해설
④ 하이드로볼(Hydro Ball) : 황토를 원료로 하여 1,000℃ 이상의 고열로 살균 처리한 인공배양토

14 코르누코피아(Cornucopia)의 설명으로 틀린 것은?

① 풍요의 의미를 갖고 있다.
② 대림절 장식에 어울린다.
③ 그리스 로마 신화에서 유래되었다.
④ 원뿔모양의 바구니(화기)이다.

해설
코르누코피아(Cornucopia) : 그리스 신화의 '풍요의 뿔'에서 유래된 과일과 꽃들이 넘치도록 담겨 있는 뒤틀리거나 나선형인 뿔의 장식이 모티프이다. 풍요와 번영의 상징으로 르네상스, 로마제국시대, 빅토리아시대에 유행하였다.

15 숙근초로 내한성이 있는 것은?

① 거베라
② 군자란
③ 아퀼레기아
④ 아프리칸 바이올렛

해설
내한성 숙근초
• 추위에 강하여 노지월동이 가능한 다년초
• 국화, 작약, 패랭이꽃, 금낭화, 용담, 원추리, 접시꽃, 아퀼레기아 등

16 한국화훼장식의 역사 중에서 삼국시대에 대한 설명으로 옳은 것은?

① 한국 꽃꽂이가 예술로 본격적으로 발전된 시대이다.
② 불교의 전래와 함께 불전헌공화가 전래되었다.
③ 청자의 곡선미와 순수한 아름다움에 어울리는 병꽃꽂이를 처음으로 시도했던 시대이다.
④ 유교사상으로 꽃은 소박하고 간결한 표현 및 높이 세우는 형이 많아졌다.

해설
신수사상에 기원을 두었던 화훼장식이 삼국시대로 들어와 불교가 전래되면서 불전공화의 형태로 등장하였다.

17 일반적으로 한국 꽃꽂이에서 제2주지를 나타내는 기호는?

① □   ② +
③ ▽   ④ ⊥

정답 12 ③ 13 ④ 14 ② 15 ③ 16 ② 17 ①

18 어떤 두 색이 맞붙어 있을 경우 그 경계의 언저리가 경계로부터 멀리 떨어져 있는 부분보다 3속성 대비가 강하게 일어나는 현상은?

① 동시대비 ② 계시대비
③ 연변대비 ④ 색상대비

해설
② 계시대비 : 어떤 색을 본 후에 시간적인 간격을 두고 다른 색을 차례로 볼 때, 먼저 본 색의 영향으로 나중에 본 색이 다르게 보이는 현상
④ 색상대비 : 두 가지 이상의 색을 동시에 볼 때 각 색상의 차이가 크게 느껴지는 현상

19 다음 중 클러스터링(Clustering)에 대한 설명으로 가장 적당한 것은?

① 덩어리를 강조하기 위하여 소재들 사이의 공간을 제거하고 빈틈없이 모아 덩어리 모양을 만드는 것
② 유사한 꽃, 유사한 색, 유사한 모양들을 결합하여 사용하는 방법
③ 수평적인 평면이나 복잡한 구조상의 세부적인 묘사를 하고, 땅 표면에 장식적인 기초를 만들어 주는 것
④ 식물 부분들을 촘촘하게 평행으로 배열하고, 각 그룹들은 비대칭으로 구성하는 것

20 밴딩 기법에 대한 설명으로 틀린 것은?

① 밴딩은 장식적인 목적보다 기능적인 목적으로 사용된다.
② 컬러 와이어, 리본, 라피아를 반복적으로 묶어 준다.
③ 강조하고 싶은 줄기나 가지를 더욱 돋보이게 하기 위해 사용한다.
④ 일부 지역이나 요소에 집중시키기 위해 사용된다.

해설
밴딩(Banding)
묶는 기법 중에서 기능적인 것보다 장식적인 목적으로 특정한 소재를 강조하거나 관심을 집중시키기 위해 사용되는 기법이다.

21 걸이화분용 소재로 가장 적당한 것은?

① 안스리움
② 구즈마니아
③ 러브체인
④ 테이블야자

해설
걸이화분용 소재로는 러브체인, 산호수 등이 가장 적당하다.

22 베이싱(Basing) 기법에 대한 설명으로 가장 거리가 먼 것은?

① 디자인의 아래쪽을 시각적인 흥미를 위해 장식하는 방법이다.
② 필로잉, 테라싱, 파베 같은 기술을 사용한다.
③ 플로랄폼을 가려주는 기술이다.
④ 접착제(Glue)또는 핀(Pin)을 이용하여 각각의 꽃잎이나 잎사귀로 화기 등 둥근 표면을 덮는 방법이다.

정답 18 ③ 19 ① 20 ① 21 ③ 22 ④

23 동양식 꽃꽂이에서 자연묘사에 따른 형태의 설명으로 옳지 않은 것은?

① 방사형 : 중심축을 중심으로 사방으로 균일하게 꽂는 형
② 부화형 : 수반에 물을 채우고 연꽃모양으로 꽃을 꽂는 형
③ 복합형 : 두 개 이상의 수반을 복합적으로 배치하여 꽂는 형
④ 분리형 : 한 개의 수반에 분리하여 꽂는 형

해설
부화형(Floating Bowl)은 물에 띄우는 형태를 말한다.

24 르네상스시대는 종교적인 상징을 표현하는 화훼장식이 성행하였다. 다음 중 르네상스시대의 대표적인 화훼장식의 형태가 아닌 것은?

① 대칭삼각형
② 원추형
③ 플레미시형
④ 피라미드형

해설
플레미시형은 17세기 네덜란드 예술가들의 그림에서 볼 수 있는 양식이다.

25 제작 후 확인하여야 할 항목 중 옳지 않은 것은?

① 에어컨 가까이에 두면 수명연장에 도움이 된다.
② 사용한 철사의 끝은 작품 안쪽으로 넣어 주어야 한다.
③ 플로랄폼은 모두 가려졌는지 확인한다.
④ 측면, 뒷면에 마감처리도 확인하여야 한다.

해설
냉방기(에어컨)의 바람에 식물이 직접적으로 노출되므로 수명연장에 도움이 되지 않는다.

26 식물의 뿌리 흡수기능이 약해져서 초세를 빨리 회복하기 위해 액체비료를 식물 지상부에 살포하려고 한다. 다음 중 시비방법으로 적당한 것은?

① 엽면시비
② 전면시비
③ 부분시비
④ 이산화탄소시비

27 화훼디자인의 요소 중 만져서 느낄 수 있는 촉각과 더불어 덩어리감을 느낄 수 있는 뭉치, 중량감, 부피감을 말하는 것은?

① 질 감
② 양 감
③ 공 간
④ 비 례

해설
① 질감 : 재료의 조직, 밀도감, 질량감, 빛의 반사도 등에 따른 시각적인 느낌
③ 공간 : 작품에서 소재들이 사용된 부분으로 물리적인 공간과 화훼장식물의 공간으로 나눌 수 있음
④ 비례 : 균형과 밀접한 관계를 가지고 있으며 통일과 변화를 조성하는 원리

28 식물에 좋은 토양조건이 아닌 것은?

① 보수력과 보비력이 좋아야 한다.
② 배수성과 통기성이 좋아야 한다.
③ 염류가 많아야 한다.
④ 병충해가 없는 무병토이어야 한다.

해설
토양에 염류가 많으면 뿌리의 기능이 떨어진다.

29 실내식물이 환경에 미치는 영향에 대한 설명으로 옳지 않은 것은?

① 실내에서의 공중습도를 증가시킨다.
② 실내에서의 급격한 온도변화를 방지할 수 있다.
③ 녹지효과로 시각적 안정성을 도모할 수 있다.
④ 광합성으로 산소를 흡수하고 이산화탄소를 방출하므로 공기를 정화시킨다.

해설
④ 광합성으로 이산화탄소를 흡수하고 산소를 방출하므로 공기를 정화시킨다.

30 영국 조지 왕조 시대에 꽃향기가 공기 중의 전염성 균과 페스트를 제거해 준다고 믿어, 꽃향기를 항상 몸에 지니고 다니기 위해 가지고 다닌 부케는?

① 핸드타이드 부케
② 노즈게이 부케
③ 포푸리
④ 번치 부케

해설
① 핸드타이드 부케 : 절화, 절지, 절엽의 자연줄기가 모이는 부분을 끈으로 묶어 주는 제작방법
③ 포푸리 : 건조된 방향성 식물의 꽃과 잎, 열매 등에 정유를 첨가하여 숙성시킨 것을 병이나 주머니에 담은 것
④ 번치 부케 : 화훼생산자들이 꽃을 시장에 출하하기 위해 단순히 꽃머리를 일렬로 정리해 묶은 것

31 〈보기〉의 플라워디자인 제작과정이 바르게 나열된 것은?

┌보기┐
ㄱ. 작품의 결정   ㄴ. 주제의 결정
ㄷ. 구상과 스케치   ㄹ. 물리적인 파악
ㅁ. 작품 제작   ㅂ. 재료 구입

① ㄴ - ㄹ - ㄱ - ㄷ - ㅂ - ㅁ
② ㄷ - ㅁ - ㄱ - ㄴ - ㅂ - ㄹ
③ ㅂ - ㅁ - ㄷ - ㄹ - ㄱ - ㄴ
④ ㄱ - ㄴ - ㄷ - ㄹ - ㅁ - ㅂ

해설
플라워디자인의 제작과정
주제의 결정 - 물리적인 파악 - 작품의 결정 - 구상과 스케치 - 재료 구입 - 작품 제작

32 크기, 색, 질감 등의 요소에 점진적인 변화를 주어 배열하는 기법으로, 꽃을 배치할 때 중심에서 바깥으로 벗어날수록 어두운 색에서 점진적으로 밝은 색으로 배치하는 기법은?

① 프레이밍
② 섀도잉
③ 시퀀싱
④ 조 닝

해설
① 프레이밍 : 감상하는 사람의 시선을 특정한 곳으로 끌기 위해 초점지역에 틀(테두리)을 만들어 소재를 꽂는 기법이다.
② 섀도잉 : 소재의 바로 뒤와 아래에 똑같은 소재를 하나씩 더 가깝게 꽂아 입체적으로 보이도록 하는 기법이다.
④ 조닝 : 같은 재료는 모으고, 다른 재료는 서로 공간을 두어 겹치지 않도록 구획을 정리해 주는 표현기법이다.

33 절화의 경우 유액이 많이 나오는 식물의 수명 연장을 위해 어떻게 처리하여야 하는가?

① 물통에 넣어 물을 흡수하게 한다.
② 절화보존제를 사용한다.
③ 물속 자르기를 한다.
④ 탄화 처리를 한다.

해설
탄화 처리
- 탄화 처리란 줄기 절단면의 1~2cm 정도를 불에 태운 다음 찬물에 넣는 것이다.
- 유액이 나오는 절화는 절단면을 불에 살짝 태워 자극을 준다.
- 줄기 절단면의 부패를 막고, 물의 흡수를 원활하게 하기 위해 사용된다.
- 탄화 처리를 적용하는 소재 : 수국, 장미, 포인세티아 등

34 볏단, 밀짚 다발, 옥수수대 등을 이용하여 같은 재료 또는 비슷한 재료를 단단히 묶는 기법은?

① 테라싱 ② 시퀀싱
③ 번들링 ④ 조 닝

35 다음 중 서양꽃꽂이의 분류 설명 중 모던 스타일의 특징이 아닌 것은?

① 자연법칙을 존중하고 자연적인 형태를 기준으로 한다.
② 소재끼리 서로 만나지 않고 평행을 이루거나 교차를 이룬다.
③ 전통디자인은 대칭 질서를 이루는 반면, 대부분 비대칭 질서를 유지한다.
④ 단순한 조화미를 표현하는 기하학적 장식디자인이다.

36 다음 중 먼셀 표색계에 대하여 바르게 설명한 것은?

① 색상 : H, 명도 : V, 채도 : C로 표기한다.
② 표기 순서는 CV/H이다.
③ 먼셀 표색계의 채도는 10단계이다.
④ 먼셀 색상환의 최초 색상기준은 3원색이다.

해설
② 표기 순서는 HV/C이다.
③ 먼셀 표색계의 채도는 무채색을 "0"으로 규정하고, 가장 높은 색을 14단계로 구분한다.
④ 먼셀 색상환의 최초 색상기준은 5원색(빨강, 노랑, 초록, 파랑, 보라)이다.

37 화훼장식디자인의 원리 중 리듬에 대한 설명으로 틀린 것은?

① 시선의 시각적인 움직임을 유도할 수 있다.
② 생명감, 존재성을 강하게 표현한다.
③ 직선보다 곡선적 형태가 부드럽고 자연스러운 느낌이 있다.
④ 색깔로 리듬감을 연출하기는 어렵다.

해설
옅은 색에서 진한 색으로 하거나, 선이나 점에서 시작하여 면이나 뭉치로 구성하는 방법으로 표현할 수 있다.

38 절화의 성숙과 노화에 가장 많은 영향을 미치는 것은?

① 에틸렌 ② 예 랭
③ 저 온 ④ 습 도

해설
에틸렌(Ethylene)
- 절화의 성숙과 노화에 가장 큰 영향을 미친다.
- 에틸렌에 대한 민감도는 저온에서 감소되기 때문에 피해 방지를 위해서는 냉장보관이 효과적이다.
- 공기 중 불완전연소의 부산물로서 발생하거나 성숙한 과일, 노화된 꽃에서 발생한다.

39 가법혼색(Additive Color Mixture)의 삼원색에 속하는 색이 아닌 것은?

① 파란색(Blue)
② 노란색(Yellow)
③ 빨간색(Red)
④ 녹색(Green)

해설
가법혼색의 3원색(색광의 3원색)은 Red(빨강), Green(녹색), Blue(파랑)이다.

40 다음 중 단일식물인 것은?

① 금어초
② 코스모스
③ 카네이션
④ 페튜니아

해설
• 단일식물 : 포인세티아, 코스모스, 국화, 맨드라미 등
• 장일식물 : 금어초, 카네이션, 메리골드, 페튜니아 등

41 화훼장식의 대칭균형(Symmetrical Balance)에 대한 설명으로 틀린 것은?

① 편안하고 안정된 느낌과 공식적이고 위엄이 있는 듯이 보인다.
② 상상에 의한 중앙의 수직축을 기준으로 양쪽요소를 동일하게 배열한다.
③ 단조롭거나 인위적인 것처럼 보이기도 한다.
④ 자연스럽고 비정형적이며 시각적 움직임으로 인한 생동감이 느껴진다.

해설
④ 비대칭균형에 대한 설명이다.

42 분식물장식에 대한 설명으로 옳은 것은?

① 디시가든(Dish Garden)이란 접시와 같이 넓고, 깊이가 얕은 용기에 키가 크고 생육속도가 빠른 열대식물을 심은 작은 정원을 말한다.
② 분식 토피어리(Topiary)는 용기에서 자라는 식물을 동물이나 기하학적인 형으로 전정하여 형태를 만들거나 틀을 부착시켜 넝쿨식물을 틀의 형태로 유인하여 키우는 분식물을 말한다.
③ 비바리움(Vivarium)은 유리용기에 식물을 심고 연못을 만들어 물고기를 넣어 함께 키우는 것을 말한다.
④ 식물을 심은 용기에 동물과 함께 생활하도록 만든 것은 아쿠아리움(Aquarium)이라 한다.

해설
① 디시가든(Dish Garden)이란 접시와 같이 넓고, 깊이가 얕은 용기에 키가 작고 생육속도가 느린 식물을 식재하여 감상하는 분식물장식을 말한다.
③ 비바리움(Vivarium)은 유리용기 속에 도마뱀, 개구리 등의 동물과 식물이 공생하는 자연의 모습을 연출한다.
④ 유리용기 속에 물고기 등을 넣고 수생식물을 띄워 키운 것을 아쿠아리움(Aquarium)이라 한다.
※ 테라리움 : 용기 내에 식물만을 심는 것을 말한다.

43 화훼장식에 대한 설명으로 틀린 것은?

① 채소나 과일은 화훼장식 재료로 부적합하다.
② 화훼식물을 이용하여 우리 생활환경을 보다 아름답고 쾌적하게 조성할 수 있다.
③ 감상이나 가꾸는 것 외에 원예치료의 효과도 거둘 수 있다.
④ 생활환경을 아름답게 하기 위해 절화류, 분화류, 관엽식물 및 건조화 등의 이용 폭이 넓다.

해설
채소, 과수, 곡물, 허브 등도 화훼장식재료로 사용된다.

44 정적인 선에 해당하며, 일반적으로 힘 있는 느낌과 위엄 그리고 엄격함을 표현하는데 효과적인 것은?

① 포물선
② 나선형
③ 사 선
④ 수직선

해설
선의 특성
• 수직선 : 힘과 강함을 표현, 형식적이고 엄숙한 분위기
• 수평선 : 평화롭고 고요한 분위기, 안정감
• 대각선 : 동적인 에너지, 강한 시선의 이동을 유도
• 곡선 : 부드럽고 편안한 느낌, 흥미로움
• 포물선 : 율동감, 속도감

45 다음에서 설명하는 화훼장식 디자인의 원리는?

• 통일과 변화를 조성하는 원리
• 많고 적음, 길고 짧음, 부분과 전체의 차이 비

① 리 듬
② 조 화
③ 강 조
④ 비 례

해설
① 리듬 : 형이나 색이 반복되어 느껴지는 아름다운 운동감
② 조화 : 둘 이상의 요소가 분리되거나 배척하지 않고 통일된 전체로서 효과를 발휘할 때 일어나는 미적 현상
③ 강조 : 지배적인 움직임, 질감·색상·형태·화기와 꽃의 강조

46 검은색과 노란색을 사용하는 교통표지판은 색채의 어떠한 특성을 이용한 것인가?

① 색채의 명시성
② 색채의 연상
③ 색채의 이미지
④ 색채의 심리

해설
명시도 : 두 색을 대비시켰을 때 멀리서도 잘 보이는 성질로 색상, 명도, 채도의 차이가 큰 색의 대비가 명시성이 높다.

47 화훼장식의 표현 기법 중 조닝(Zoning)에 해당되는 설명으로 가장 적합한 것은?

① 특정 소재를 다른 소재와 분리시킴으로서 제작 시 빈 공간이 존재하게 연출하는 기법이다.
② 소재를 한 겹 한 겹 쌓거나 말뚝박기하듯 쌓는 기법이다.
③ 줄기가 짧은 소재를 한데 모아 언덕의 효과를 내는 기법이다.
④ 일체감과 깊이감을 주기 위해 유사한 소재를 앞뒤에 꽂는 기법이다.

해설
② 스태킹, ③ 필로잉, ④ 섀도잉
※ 조닝(Zoning)은 도시나 지역사회를 구역화하는 것과 같은 원리를 사용하여 꽃들을 색과 종류에 따라 넓은 특정 지역에 존 (Zone) 단위로 배치하는 기법이다.

48 절화장식에 속하는 것은?

① 비바리움(Vivarium)
② 테라리움(Terrarium)
③ 콜라주(Collage)
④ 디시가든(Dish Garden)

해설
테라리움, 디시가든, 비바리움은 분화장식에 속한다.

49 테이블장식품의 제작 시 유의사항으로 옳지 않은 것은?

① 테이블의 모양과 크기를 확인한다.
② 콘셉트에 맞추어 꽃 소재를 선택하고 화형을 정한다.
③ 마주 앉은 사람의 시선을 가리지 않게 디자인한다.
④ 테이블의 정중앙에만 용기가 위치해야 한다.

해설
테이블의 메인 장식이 되는 꽃이나 초 등의 센터피스는 테이블 정중앙이나 양 옆으로 위치할 수 있다.

50 병문안용으로 꽃을 고를 때 적합하지 않은 것은?

① 환자의 기분이 되어 꽃을 선택한다.
② 향기가 강한 꽃을 선택한다.
③ 꽃가루가 있는 꽃은 피한다.
④ 수명이 길고 계절감을 느낄 수 있는 꽃이 좋다.

해설
병문안용으로 꽃을 고를 때 향기가 강한 꽃은 가급적 사용하지 않도록 하며 꽃 색깔, 꽃송이의 수와 같은 사항도 주의하여 선택해야 한다.

51 자연건조된 건조화에 비해 생화에 가까운 탄성과 유연성을 지니고 있는 가공화는?

① 건조화
② 보존화
③ 압화
④ 누름꽃

해설
보존화는 생화를 장기간 보존할 수 있도록 특수보존액을 사용하여 탈수, 탈색, 착색, 보존 및 건조 단계를 거쳐 제작한다.

52 갈란드(Galand)에 대한 설명으로 틀린 것은?

① 절화를 원형의 고리 모양으로 만들어낸 장식물이다.
② 고대 이집트와 로마시대부터 행사에서 경축의 용도로 사용하였다.
③ 어깨에 걸치거나, 기둥의 둘레를 감거나, 난간, 문 등을 장식할 수도 있다.
④ 절화와 절엽 등을 길게 엮은 장식물이다.

해설
절화를 원형의 고리 모양으로 만든 장식물은 화환(Wreaths)이다.

정답 48 ③ 49 ④ 50 ② 51 ② 52 ①

53 다음과 같은 고려사항이 요구되는 화훼장식의 조형 형태는?

- 세 개의 서로 다른 크기의 그룹(주, 역, 부)으로 구성되는 비대칭적 질서가 일반적이다.
- 자연에서 보듯 생장점(출발점)이 종종 화기 안에서 한 점 또는 그 이상 있는 듯이 보인다.
- 꽃의 가치효과와 운동성, 색상, 용기선택 등을 고려해야 한다.

① 병행적(Parallel) 구성
② 장식적(Decorative) 구성
③ 형-선적(Formal-linear) 구성
④ 식생적(Vegetative) 구성

해설
구성형식에 의한 분류
- 장식적 구성 : 디자이너의 의도로 소재를 자유롭고 인위적으로 구성
- 식생적 구성 : 식물의 생리·생태적인 면을 고려하여 구성
- 구조적 구성 : 장식적 구성이 발전되어 나타난 새로운 현대적 구성
- 형-선적 구성 : 형과 선을 명확히 표현하는 구성

54 다음 색상환에서 유사색상 배색을 나타낸 것은?

① 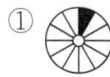 ②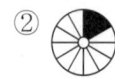
③  ④

해설
① 동일색상 배색
③ 보색 배색
④ 분열보색

55 절화의 물올림 방법으로 적절하지 않은 것은?

① 물속에서 재절단하며, 재절단 시 가위보다 예리한 칼을 사용한다.
② 같은 종 또는 같은 품종단위로 동일한 용기에 넣고 물올림시킨다.
③ 유액이 나오는 줄기는 재절단 후 끓는 물에 수초간 담근다.
④ 수분흡수를 좋게 하기 위해서 줄기 기부를 수평으로 절단한다.

해설
④ 줄기를 절단할 때 물의 흡수면적을 넓혀 주기 위해 45°가 되도록 비스듬히 자른다.

56 화훼장식 기능 중 회사원들의 스트레스를 줄이고, 일의 효율성과 창의성을 높여 주는 데 효과적인 역할을 하는 기능은?

① 장식적 기능
② 심리적 기능
③ 환경적 기능
④ 교육적 기능

해설
① 장식적 기능 : 화훼장식물이나 화훼장식공간은 아름다운 생활환경에 대한 관심을 유도한다.
③ 환경적 기능 : 식물의 잎 뒷면의 기공을 통한 이산화탄소의 흡수는 실내환경 개선에 기여한다.
④ 교육적 기능 : 지속적으로 유지되는 분식물을 통해 관리에 대한 지식을 습득할 수 있다.

57 통일감을 이루는 방법이 아닌 것은?

① 동일 질감의 재료 선택
② 유사색의 사용
③ 대조되는 선의 이용
④ 일관된 기술의 사용

해설
일관된 기술, 형태와 크기, 질감, 색 등의 이용에 따라 통일감을 나타낼 수 있다.

58 디자인의 원리를 이용하여 화훼장식을 한 것으로 적합하지 않은 것은?

① 통일감을 주기 위하여 작품을 반복적으로 배치하였다.
② 꽃이 가지고 있는 화려함을 살리기 위해 폼 플라워를 되도록 많이 사용하였다.
③ 꽃꽂이를 할 때 강조점을 두기 위해 시각적인 무게가 무거운 어두운 색의 꽃은 중앙에 두고 주위를 엷은 색의 꽃으로 배치하였다.
④ 작품이 놓일 공간과 작품의 비율을 고려하여 디자인의 비가 효과적으로 선택되도록 한다.

해설
폼 플라워는 꽃의 색이나 형태가 특이하여 시각의 유도를 크게 하지만 많이 사용하면 작품의 특성이나 인상을 감소시킬 수 있다.

59 건조소재의 조건으로 틀린 것은?

① 건조 후에도 소재의 지속성은 있어야 한다.
② 건조 후에도 원하는 색을 유지해야 한다.
③ 건조나 가공 후의 변형이 있을수록 좋다.
④ 건조 후에도 유연성이 있어야 한다.

해설
건조소재의 조건
• 건조나 가공 후 변형이 없어야 한다.
• 유연성·지속성이 있어야 한다.
• 원하는 색을 유지해야 한다.

60 CAM식물 종류로만 나열된 것은?

① 칼랑코에, 장미
② 무궁화, 선인장
③ 호야, 반다
④ 채송화, 스파티필름

해설
CAM식물
밤에 이산화탄소를 흡수하여 저장했다가 낮에 당을 만들어내는 식물로 산세비에리아, 선인장, 호접란, 드라세나, 칼랑코에, 여주, 호야, 반다, 용설란, 크루시아, 틸란드시아 등이 있다.

정답 57 ③ 58 ② 59 ③ 60 ③

2021년 제2회 과년도 기출복원문제

01 부케를 제작할 때 와이어와 줄기가 분리되는 것을 방지하거나, 와이어를 감추기 위해 사용하는 자재는?

① 플로랄 테이프
② 생화용 접착제
③ 오아시스 테이프
④ 케이블 타이

해설
와이어링 마무리 시 플로랄 테이프와 같이 접착성 있는 테이프를 감아서 줄기와 와이어를 고정하고 보호한다.

02 바로크시대의 특징이 아닌 것은?

① 꽃꽂이는 직선보다 곡선이 많이 이용되었다.
② 윌리엄 호가스에 의해 S선의 형태가 만들어졌다.
③ 비대칭의 형태가 주를 이루었다.
④ 원추형 디자인이 등장하였다.

해설
바로크시대의 특징
• 꽃꽂이는 직선보다는 곡선을 중시하면서 S자형 꽃꽂이 형태가 유행하였다.
• 영국의 화가 윌리엄 호가스에 의한 호가디안 선 또는 S선이라 불리는 꽃꽂이의 형태가 만들어졌다.
• 복잡하게 흘러넘치는 것이 전형이며, 대부분 운율적인 비대칭 균형을 보여준다.
• 화려한 꽃 장식으로 선명한 색을 많이 사용하였다.
• S선 형태와 더치 플레미시 스타일, 꽃 이외의 장식을 다량 이용하였으며, 중세유럽에서는 꽃을 식용·음료·약재로 사용하고 향기 있는 꽃을 선호하였다.

03 고전적 형태의 하나로 양끝이 서로 이어지려는 듯이 곡선과 공간의 균형이 아름다우며 동적인 느낌을 주는 디자인은?

① 나선형
② 초승달형
③ 수직형
④ 둥근형

해설
초승달형(크레센트형)은 가운데 부분은 다소 두툼하게 곡선을 이루며 양쪽 끝으로 가면서 가늘게 구성하여 동물의 뿔 모양으로 만들며, 높이보다는 가로로 퍼지도록 꽂아주는 형이다.

04 우리나라와 같은 동양권에서 방위를 표시할 때 음양오행설에 따른 오방색으로 표현할 수 있다. 그 연결이 옳은 것은?

① 적(赤)-북쪽
② 청(靑)-서쪽
③ 흑(黑)-남쪽
④ 황(黃)-중앙

해설
• 청(靑)-동쪽, 목(木)
• 백(白)-서쪽, 금(金)
• 적(赤)-남쪽, 화(火)
• 흑(黑)-북쪽, 수(水)
• 황(黃)-중앙, 토(土)

정답 1 ① 2 ④ 3 ② 4 ④

05 pH 5 이하의 산성토양에서 가장 잘 자라는 식물은?

① 철쭉류
② 독일붓꽃
③ 백일초
④ 거베라

해설
산성토양에서 잘 자라는 식물 : 블루베리, 철쭉류, 에리카, 보로니아, 베고니아, 아게라텀, 칼라, 아나나스, 은방울꽃, 아디안텀, 으아리, 치자나무 등

06 절화상품 외적 품질요소 중 화기 꽃의 크기 부분에 관한 것으로 맞는 것은?

① 화수가 달린 부분부터 절단면까지의 길이
② 화수의 45cm 아래 위치에서 수평으로 유지한다.
③ 가장 큰 부분의 꽃의 직경, 꽃의 하단부부터 상단부까지의 높이
④ 출하 시의 개화수와 화뢰수

07 다음 중 화훼장식의 디자인적 요소가 아닌 것은?

① 균형, 크기
② 방향, 명암
③ 질감, 색채
④ 공간, 형태

해설
화훼장식의 디자인적 요소로는 점, 선, 면, 형태, 방향, 명암, 질감, 크기, 색채, 공간 등이 있다. 균형은 디자인의 원리에 해당된다.

08 자연건조된 건조화에 비해 생화에 가까운 탄성과 유연성을 지니고 있는 가공화는?

① 건조화
② 보존화
③ 압 화
④ 누름꽃

해설
보존화는 생화를 장기간 보존할 수 있도록 특수보존액을 사용하여 탈수, 탈색, 착색, 보존 및 건조 단계를 거쳐 제작한다.

09 조선시대 분식물장식과 관련된 문헌이 아닌 것은?

① 산림경제(山林經濟)
② 동국이상국집(東國李相國集)
③ 양화소록(養花小錄)
④ 임원십육지(林園十六志)

해설
② 동국이상국집 : 고려시대 문신 이규보의 시문집이다.
① 산림경제 : 조선 후기 홍만선이 지은 농업 및 생활 백과사전이다.
③ 양화소록 : 조선 전기 문신 강희안이 지은 우리나라 최초의 전문 원예서이다.
④ 임원십육지 : 조선 후기의 실학자 서유구가 지은 실용 백과사전으로, 본리지(本利志, 농업 총론), 관휴지(灌畦志, 채소·약초 농사) 등의 16개 분야로 나뉘어 있다.

정답 5 ① 6 ③ 7 ① 8 ② 9 ②

10 대칭형이 나타내는 느낌 중 잘못된 것은?

① 편안하고 안정된 느낌
② 공식적이고 위엄적인 느낌
③ 인위적인 느낌
④ 자연스럽고 생동적인 느낌

해설
시각적인 균형은 대칭과 비대칭으로 나뉜다.
- 대칭은 중앙의 수직축을 기준으로 양쪽에 같은 요소가 동일하게 배열되는 것을 말한다. 쉽게 균형을 이루고 편안하고 안정된 느낌을 만들어 주며 공식적이고 위엄있는 듯이 보인다. 그러나 대칭은 자연스럽지 못해 때로는 딱딱하고 인위적인 것 같이 보인다.
- 비대칭은 중심축을 기준으로 양면에 다른 요소가 배치되지만 동등한 시각적 무게감을 주어 같은 시선을 유도한다. 보다 자연스럽고 비정형적이며 시각적 움직임으로 인한 생동감을 만들어 낸다.

11 절화 장미의 수확 후 품질 특성에 관한 설명으로 옳은 것은?

① 장미는 수분 보유력이 강해 수확 후 물올림 작업이 필요 없다.
② 물올림이 잘되지 않으면 꽃목굽음이 발생한다.
③ 저온에 민감하여 저온장해를 일으키므로 10℃ 이상에서 수송 및 유통을 한다.
④ 카네이션에 비해 수확 후 에틸렌 발생이 많은 편이다.

해설
장미는 급격한 수분감소에 의해 목굽음이 발생한다.

12 화훼장식에 있어서 디자인의 전체적인 틀과 골격을 형성하는 요소는?

① 방 향
② 크 기
③ 선
④ 면

해설
선은 감상하는 사람의 시선을 움직여 전체 구성을 통합하는 골격이 된다.

13 절화의 수분 흡수 촉진방법으로 틀리게 연결된 것은?

① 국화 – 열탕처리
② 칼라 – 탄화처리
③ 라일락 – 열탕처리
④ 장미 – 펌프주입

해설
④ 장미 : 탄화처리, 다알리아 : 펌프주입

14 색료의 3원색이 아닌 것은?

① Cyan
② Magenta
③ Green
④ Yellow

해설
3원색(CMY) : Cyan, Magenta, Yellow

15 다음의 자생화류 중에서 걸이화분(Hanging Basket)용으로 적합한 것은?

① 도라지 ② 죽절초
③ 산호수 ④ 범부채

해설
산호수는 열매를 감상할 수 있으며 걸이화분으로 이용하기 가장 적합하다.

16 화훼장식의 주재료인 생화는 지속시간이 짧은 단점을 가지고 있다. 이 단점을 보완할 수 있는 것은?

① 콜라주 ② 종이
③ 건조화 ④ 염색화

해설
건조화
말린 꽃 그 자체를 즐기거나 장식할 목적으로 꽃, 열매, 줄기, 뿌리 등 식물체 각 부위를 말리거나 표백, 착색 등의 가공처리를 한 후 말린 것으로, 생화는 아름답고 신선하나 유지되는 지속시간이 짧은 것이 단점인데 비해, 건조화는 지속성뿐만 아니라 생화와는 다른 독특한 형태와 색, 질감을 가지고 있어 자유롭고 창의적으로 조형할 수 있다.

17 화훼의 특성으로 가장 거리가 먼 것은?

① 대표적인 노동집약작물이다.
② 종과 품종이 많은 작물이다.
③ 높은 재배기술이 필요한 작물이다.
④ 국제성이 낮은 작물이다.

해설
화훼는 국제성이 높은 작물이다.

18 트위스팅(Twisting)법을 사용하여 꽃의 줄기를 보강하기에 가장 적합한 소재로만 나열된 것은?

① 수선화, 칼라
② 숙근안개초, 미스티블루
③ 장미, 카네이션
④ 아이비, 심비디움

해설
트위스팅(Twisting)법은 필러 플라워 등 작은 꽃, 작은 가지 등을 한 번에 모을 때 꽃잎의 기부나 절지, 절엽 등을 철사로 감아주는 기법이다. 숙근안개초, 미스티블루, 소국, 스타티스, 물망초, 안개꽃, 아스파라거스 등에 많이 사용한다.

19 꽃꽂이 형태에서 줄기배열을 구분할 때 여러 개의 초점으로부터 나온 줄기가 모두 같은 방향으로 나란히 뻗어 있는 줄기배열은?

① 방사선 배열
② 교차선 배열
③ 수직선 배열
④ 평행선(병행선) 배열

해설
① 방사선 배열 : 모든 줄기의 선이 한 개의 초점에서 사방으로 전개되는 배열
② 교차선 배열 : 여러 개의 초점으로부터 나온 줄기의 선이 제각기 여러 각도의 방향으로 뻗어 서로 교차하는 상태로 배열

20 신부 부케의 제작 방법에 따른 분류로 가장 적합한 것은?

① 프레젠테이션 부케, 웨딩 부케
② 스테이지 부케, 프렌치 부케
③ 스프레이 부케, 스파이럴 부케
④ 와이어링 부케, 핸드타이드 부케

해설
신부 부케의 제작 방법에 따른 분류
- 와이어링 부케 : 절화 줄기를 자르고 줄기 대신 철사를 꽂아 다발로 만들거나 엮어 만드는 방법
- 핸드타이드 부케 : 절화, 절지, 절엽의 자연줄기가 모이는 부분을 끈으로 묶어 주는 방법
- 부케 홀더 : 플로랄폼이 있는 홀더에 꽃꽂이 하듯이 꽃을 꽂아 꽃다발 형태로 만드는 방법

21 황금비율을 가장 바르게 나열한 것은?

① 8 : 4 : 1   ② 8 : 5 : 1
③ 8 : 5 : 3   ④ 8 : 6 : 3

해설
황금비율은 1 : 1.618의 비례로, 가장 기본적인 비율은 8 : 5 : 3이다.

22 일반적으로 선(線)을 나타내는 디자인에 많이 사용하는 소재가 아닌 것은?

① 델피니움   ② 수 국
③ 부 들   ④ 칼 라

해설
수국은 덩어리 꽃(Mass Flower)으로 작품의 중심에 꽂는데 많이 이용한다.

23 괴근(塊根, 덩이뿌리)에 해당하는 구근류(알뿌리)는?

① 수선화
② 글라디올러스
③ 칼 라
④ 다알리아

해설
① 수선화 : 인경
② 글라디올러스 : 구경
③ 칼라 : 괴경

24 다음의 상황에서 분식물에 시비하는 방법으로 가장 적합한 것은?

- 뿌리의 기능이 약해졌을 때
- 기온이 낮을 때
- 이식하였을 때
- 미량 원소 결핍 현상이 나타났을 때

① 엽면시비
② 전면시비
③ 탄산시비
④ 표면시비

해설
① 엽면시비 : 식물 생육에 필요한 양분을 잎을 통해 인위적으로 흡수하게 하는 것으로, 식물의 양분흡수량이 뿌리보다 잎이 더 많거나, 기상조건이 좋지 않거나 이식 등으로 식물체 내에서 양분 이동이 어려울 때, 뿌리를 통한 양분 공급이 어려울 때에 사용하는 방법
② 전면시비 : 식물이 밀식되어 각각의 식물에 시비를 할 수 없을 경우 전면에 비료를 살포하는 방법
③ 탄산시비 : 시설물 내에 공기 환경을 조절하면서 인위적으로 탄산 가스를 공급하여 시비하는 방법
④ 표면시비 : 토양의 표면에 시비하는 방법

25 다음 중 유리용기에 도마뱀, 개구리, 거북 등과 식물을 함께 생육시키는 식물장식으로 가장 적당한 것은?

① 토피어리
② 테라리움
③ 비바리움
④ 디시가든

해설
① 토피어리 : 관엽식물을 전정하거나 철사나 나뭇가지 등으로 틀을 만들어 그 위에 푸밀라 고무나무, 아이비와 같은 덩굴식물을 감아서 키워 동물이나 기타 여러 가지 모양을 만든 것
② 테라리움 : 밀폐된 유리용기 속에 토양층을 형성하여 식물이 자라도록 만든 것
④ 디시가든 : 작은 돌이나 인형 또는 그 밖의 장식물을 곁들여 소정원을 꾸밀 수 있고, 이것을 확장시켜 분경을 만든다.

26 화훼장식의 구성형식 중 식물이 자연상태에서 살아 있는 것과 같은 형태로 조형하는 것은?

① 구조적 구성
② 선형적 구성
③ 식생적 구성
④ 장식적 구성

해설
① 구조적 구성 : 소재를 의도적으로 구성·배치하여 소재의 형태와 색깔 등 구조적 효과를 전면에 나타내는 구성으로 장식적 구성이 발전되어 나타난 새로운 현대적 구성이다.
② 선형적 구성 : 각 식물의 소재가 가지고 있는 형태와 동적인 특성이 잘 나타나도록 형과 선을 명확히 표현하는 구성이다.
④ 장식적 구성 : 디자이너의 의도로 소재를 자유롭고 인위적으로 구성하는 형태로서 절화장식에서 가장 먼저 시작된 것이다. 이 구성의 전형적인 형태는 대칭형의 방사선 줄기배열로서 많이 사용되고 있다.

27 생화인 절화 줄기의 고정방법이 아닌 것은?

① 격자(Grid)
② 침 봉
③ 글루포트
④ 철 망

해설
절화 줄기의 고정방법 : 용기, 플로랄폼, 침봉, 철망, 격자, 끈·실·테이프, 접착제, 철사, 스프레이 등

28 변형된 잎이 아닌 것은?

① 선인장의 가시
② 생이가래의 잎
③ 네펜데스의 포충낭
④ 금잔화의 잎

해설
금잔화(*Calendula officinalis*)는 국화과에 속하며 주황색 꽃이 7~8월에 피며, 잎은 어긋나기하고 부드러우며 가장자리에 톱니가 있다.

29 화훼장식 작품 제작 시 사용되는 기법 중 그 성격이 다른 하나는?

① 밴딩(Banding)
② 바인딩(Binding)
③ 번들링(Bundling)
④ 시퀀싱(Sequencing)

해설
밴딩, 바인딩, 번들링은 모두 묶는 기법이고 시퀀싱은 꽂는 기법이다.

30 구근의 형태에 따른 분류에서 구경(Corn)류 로만 나열된 것은?

① 튤립, 칼라, 글라디올러스
② 나리, 원추리, 산마늘
③ 글라디올러스, 프리지아, 크로커스
④ 꽃생강, 칼라, 수선화

해설
구경 : 줄기가 비대해져 알뿌리 모양으로 된 것으로 글라디올러스, 프리지아, 크로커스, 아시단테라 등이 있다.

31 다음 설명은 화훼장식의 기능 중 어느 부분에 속하는가?

> 공기 중의 오염물질을 흡수하여 공기를 정화시키며, 수분을 방출하여 습도를 조절해 주고, 전자파 차단과 방음효과가 있다.

① 치료적 기능
② 심리적 기능
③ 환경적 기능
④ 건축적 기능

해설
화훼장식의 환경적 기능 : 공기정화, 습도유지, 온도조절, 음이온 다량 발생, 휘발성 물질 방출효과 등

32 하나의 디자인이 갖고 있는 여러 요소들 속에 어떤 조화나 일치감이 존재하고 있음을 의미하며, 유사한 선적인 요소, 형태, 색상 등의 반복 속에서 비롯되는 디자인 원리는?

① 강 조
② 통 일
③ 균 형
④ 비 례

해설
① 강조 : 다른 재료들과의 구성에서 일정한 한 부분에 시선을 집중시키는 원리
③ 균형 : 둘 이상의 힘이 서로 평균되는 것으로 대칭과 비대칭을 결정짓는 디자인 원리
④ 비례 : 적절하지 못하면 조화롭지 못하고, 균형이 이루어지지 않는 디자인 원리

33 다음 중 먼셀 색체계에서 보색관계로 짝지어진 것은?

① 빨강(R) – 노랑(Y)
② 주황(YR) – 파랑(B)
③ 노랑(Y) – 연두(GY)
④ 보라(P) – 빨강(R)

해설
① 빨강(R) – 청록(GB)
③ 노랑(Y) – 남색(PB)
④ 보라(P) – 연두(GY)

34 절화보존제의 주성분이 아닌 것은?

① 당 류
② 살충제
③ 에틸렌억제제
④ 생장조절제

해설
절화보존제의 주성분은 탄수화물(자당), 살균제, 생장조절물질, 에틸렌억제제, 무기질 등이다.

35 절화를 상점에서 사온 후 소비자가 우선적으로 하여야 할 것은?

① 절화를 찬물에 담금
② 절화를 따뜻한 물에 담금
③ 절화를 냉장고에 넣어 시원하게 함
④ 절화의 아랫부분을 물속자르기로 재절단함

해설
물속에서 자르면 줄기 내의 공기유입을 막아 물 흡수를 돕기 때문이다.

36 채도에서 파스텔 색조의 설명으로 옳은 것은?

① 화사하고 안정적이며 흥분이 덜하다.
② 무겁고 단단하며 완벽한 느낌을 준다.
③ 백색, 회색, 흑색 계통이다.
④ 탁한 색으로 무채색에 이를수록 명도가 낮아진다.

해설
파스텔 색조는 색채가 화사하고 안정적이며 흥분을 가라앉히는 감정효과가 있다.

37 절화의 줄기를 사선으로 자르는 가장 큰 이유는?

① 잘 꽂아지게 하기 위해
② 키가 커보이게 하기 위해
③ 절단면의 면적을 늘려 수분 흡수면적을 넓히기 위해
④ 세균의 번식을 줄이기 위해

해설
절화의 줄기를 자를 때에는 물의 흡수면적을 넓혀 주기 위하여 45° 각도로 비스듬히 잘라 주고, 물의 상승이 잘 이루어지도록 하기 위해 물속에 담근 상태에서 자르도록 한다.

38 화훼장식 디자인에서 유사색을 사용하여 연속적으로 되풀이되는 변화를 주어 시각적인 즐거움을 주는 것은 다음 디자인 원리 중 어느 것과 관계있는가?

① 리 듬
② 강 조
③ 균 형
④ 비 례

해설
리듬 : 같은 요소들에 의한 시각적인 움직임이 연속적으로 되풀이되는 것

39 같은 종류의 재료를 모아 꽂음으로써 재료의 형태나 색채, 양감, 질감 등을 강조하는 기법은?

① 테라싱(Terracing)
② 시퀀싱(Sequencing)
③ 밴딩(Banding)
④ 그루핑(Grouping)

해설
그루핑(Grouping)
• 유사한 소재들을 무리지어 꽂는 모으기 기법이다.
• 작품에 조직적이고 계획적인 느낌을 주기 위하여 소재들을 정돈하고, 모으고, 소재들끼리 분류하는 과정이다.
• 그루핑된 품목을 통해 각각의 다양한 색과 모양, 소재들의 질감 등을 감상하면서 다른 소재들과 적절하게 구별할 수 있다.
• 각각의 그룹들 사이에 여유 있는 공간을 가지면서 보는 사람으로 하여금 정확한 꽃의 양과 종류, 색을 구별할 수 있도록 하는 디자인이다.

40 다음에서 설명하는 디자인 형태는?

> 꽃들을 빈 공간 없이 촘촘하게 배열하여 원추형이나 반구형으로 조형하는데 같은 꽃이나 같은 색의 꽃을 모아 상면에서 볼 때 동심원 무늬를 이루도록 배열하거나 꼭대기에서 나선형으로 내려오도록 배열하는 방식

① 밀 드 플레(Mille de Fleurs) 디자인
② 폭포형(Water-fall) 디자인
③ 더치플레미시(Dutch-flemish) 디자인
④ 비더마이어(Biedermeier) 디자인

해설
① 밀 드 플레(Mille de Fleurs) 디자인 : 비더마이어와 같은 시대에 나타난 양식으로 '많은 꽃', '수천 송이의 꽃들'이란 의미를 가지고 많은 색과 꽃들을 사용해 풍요로운 인상을 표현한다.
② 폭포형(Water-fall) 디자인 : 방사형 디자인 양식의 하나로 1800년대 후반 낭만적인 캐스케이딩 디자인을 부활시킨 화기 안에 꽂는 핸드타이드(Hand-tied) 부케이다.
③ 더치플레미시(Dutch-flemish) 디자인 : 플레미시(Flemish)형은 다양한 꽃과 잎, 과일, 채소 등을 밀집하여 장식한 형태이다.

41 테라리움의 관리요령으로 틀린 것은?

① 충분한 광합성을 위하여 직사광선을 받는 곳에 둔다.
② 과다한 관수를 피해야 한다.
③ 토양을 적당히 건조한 상태로 유지시켜 식물의 생장을 억제시킨다.
④ 뚜껑을 가끔 열어주어 공기순환과 함께 수분을 증발시킨다.

해설
직사광선을 피하고 걸러진 밝은 빛을 받는 곳에 둔다. 특히 여름철에 직사광선을 받으면 잎이 타서 화상을 입게 된다.

42 비대칭균형에 대한 설명으로 틀린 것은?

① 양쪽에 구성되는 소재의 양이 똑같지 않아야만 한다.
② 자연스럽고 비정형적이며 시각적 움직임으로 인한 생동감을 만들어낸다.
③ 다양한 요소가 여러 가지 방법으로 배열되어 있어 오래 흥미를 끈다.
④ 중심축을 기준으로 양면에 다른 요소가 배치되지만 동등한 시각적 무게감을 주어야 한다.

해설
비대칭균형(Asymmetrical Balance)은 중심축을 기준으로 양쪽에 다른 요소가 배치되지만 동등한 시각적 무게를 주어 같은 시선을 유도하는 것으로 양쪽에 구성되는 소재의 양이 같아도 다르게 배치하면서 균형감 있게 만들 수 있다.

43 앉아서 좌담하는 테이블 장식용으로 주로 활용되는 화형은?

① 높은 삼각형   ② 수평형
③ 수직형   ④ 폭포형

해설
수평형(화형)
- 편안하고 안정된 느낌을 주므로 간단한 가족모임, 좌담회 등에 많이 활용된다.
- 방사선 배열의 사방화 꽃꽂이 작품으로, 테이블센터피스(Table Centerpiece) 장식에 많이 활용된다.

44 절화를 수확한 후 절화의 수명과 품질을 유지하기 위하여 실시하는 것으로 가장 적당한 것은?

① 포 장   ② 수 송
③ 예 냉   ④ 에틸렌 처리

해설
예냉 : 수확 직후에 신속히 온도를 낮춰 주어 절화의 호흡작용 등 생리대사를 억제한다. 절화의 신선도를 유지시키며 수명연장의 효과도 있다.

45 결혼식장에서 남성의 상의 칼라 단추구멍에 꽂는 몸장식용 꽃은?

① 갈란드 ② 에폴렛
③ 부토니아 ④ 코사지

해설
③ 부토니아(Boutonniere) : 신부 꽃다발의 꽃 한 송이를 이용하여 신랑의 예복 상의 깃의 단추구멍에 꽂는 꽃을 말한다.
① 갈란드(Garland) : 절화, 절엽 등을 길게 엮은 장식물로 기둥의 둘레를 감거나 난간, 문, 벽 등에 장식한다. 결혼식장, 연회장, 축제의 장식에 많이 쓰인다.
② 에폴렛(Epaulet) : 어깨를 장식하는 숄더 코사지를 말한다.
④ 코사지(Corsage) : 결혼식은 물론 각종 연회와 모임에 남녀 모두 널리 사용하는 몸장식으로 작은 꽃다발이다.

46 균형의 종류 중 직선과 곡선, 딱딱함과 부드러움, 강하고 약함에 대한 균형은 어떤 균형에 속하는가?

① 무게의 균형
② 재질의 균형
③ 크기의 균형
④ 색채의 균형

47 형태(Form)의 특징과 관계가 먼 것은?

① 형태는 3차원적인 입체 공간을 말한다.
② 자연적 형태는 사실적이며 동적이다.
③ 기하학적 형태는 안정, 간결, 명료감을 준다.
④ 비기하학적 형태는 아름답고 매력적이며 우아하고 여성적인 느낌을 준다.

해설
자연적 형태는 비조형적이고 사실적이며, 지적이고 정적인 속성이 있다.

48 다음 설명하는 관수방법으로 가장 적합한 것은?

- 화분의 배수공을 통해 모세관현상을 이용해서 수분을 흡수시키는 방법이다.
- 비용이 저렴하고 화분의 크기에 상관없이 이용할 수 있는 방법이다.

① 파이프 관수
② 저면관수
③ 스프링클러 관수
④ 점적관수

해설
① 파이프 관수 : 일렬로 화분을 늘어놓고 그 위에 파이프를 배치하여 부착된 노즐을 통해 관수하는 방법
③ 스프링클러 관수 : 파이프에 연결된 회전 살수노즐을 통해 넓은 지역을 고르게 관수하는 방법
④ 점적관수 : 작은 구멍이 뚫린 파이프를 통해 조금씩 떨어지는 물방울로 관수하는 방법

49 색의 대비에 관한 설명으로 옳은 것은?

① 채도대비는 원근 암시요소를 포함하고 있다.
② 보색인 두 색이 나란히 있으면 각각의 채도가 더 낮아져 보인다.
③ 명도대비는 명도차가 작을수록 강해진다.
④ 청색과 보라색은 노란색과 주황색보다 수축되어 보인다.

해설
① 한난대비는 원근 암시요소를 포함하고 있다.
② 보색인 두 색이 나란히 있으면 각각의 채도가 더 높아 보인다.
③ 명도대비는 주위 색과의 명도차가 클수록 강해진다.

정답 45 ③ 46 ② 47 ② 48 ② 49 ④

50 핸드-타이드 부케(Hand-tied Bouquet)에 대한 설명으로 틀린 것은?

① 다양한 꽃과 소재의 줄기가 모이는 점을 중심으로 나선형으로 가지런하게 배열하여 묶어 준다.
② 줄기를 잘라 세웠을 때 반듯하게 설 수 있도록 하여 증정 받은 후 바로 용기에 꽂을 수 있도록 한다.
③ 꽃의 줄기를 잘라 철사로 대체하여 줄기를 마음대로 구부릴 수 있게 한 뒤 배열하여 묶어 준다.
④ 핸드-타이드 부케 제작 시 줄기를 모으는 방법은 두 가지가 있다.

해설
와이어링 부케는 절화 줄기를 자르고 줄기 대신 철사를 꽂아 넣어 다발로 만들거나 엮어 만든다.

51 르네상스시대는 종교적인 상징을 표현하는 화훼장식이 성행하였다. 다음 중 르네상스시대의 대표적인 화훼장식의 형태가 아닌 것은?

① 피라미드형   ② 원추형
③ 플레미시형   ④ 대칭삼각형

해설
플레미시형은 17세기 네덜란드 예술가들의 그림에서 볼 수 있는 양식이다.

52 테이블장식을 할 때 고려할 점으로 틀린 것은?

① 식욕을 돋기 위해 향기가 진한 소재를 주로 사용한다.
② 장식물의 높이는 시선보다 낮게 한다.
③ 장소, 동기, 환경을 고려하여 제작한다.
④ 음식문화에 따른 소재를 선택한다.

해설
향기가 강한 꽃, 화분(꽃가루)이 떨어지는 꽃은 테이블 장식에 적합하지 않다.

53 다음 중 전후좌우 어느 방향에서도 감상할 수 있는 입체적인 디자인 형태는?

① 피라미드형
② L형
③ 역T자형
④ 직립 기본형

해설
플라워 디자인에서 올라운드란 어느 방향에서도 볼 수 있는 360° 범위로 구성한 작품을 말한다. 라운드형, 피라미드형, 버티컬형, 콘형, 돔형 등이 올라운드형의 기본스타일이다.

54 원색에 대한 설명으로 틀린 것은?

① 그 색을 다른 색으로 더 이상 분해할 수 없다.
② 어떠한 다른 색들의 혼합에 의하여 만들 수 없다.
③ 스펙트럼의 3원색을 전부 혼합하면 흑색이 된다.
④ 모든 색광의 근원이 되는 색이다.

해설
스펙트럼의 3원색을 전부 혼합하면 백색(무채색)이 된다.

55 다음은 화훼장식의 어떠한 기능을 이용하여 효과를 본 것인가?

> A기업의 사장이 사무실 공간에 관엽식물 화분을 배치한 이후 직원들의 업무 스트레스가 줄어 일의 효율성과 창의성이 높아졌다.

① 장식적 기능   ② 심리적 기능
③ 경제적 기능   ④ 교육적 기능

해설
화훼장식의 심리적 기능
식물이 있는 공간은 휴식공간으로 제공되고, 특히 사무공간에 이루어진 화훼장식은 사원들의 스트레스를 줄이고 일의 효율성과 창의성을 높여준다.

56 식물이 상처를 입거나 부패와 같은 스트레스를 받으면 증가하는 물질로 가장 적당한 것은?

① 엽록소　　② 에틸렌
③ 단백질　　④ 포도당

해설
에틸렌은 식물이 부패하고 과실이 숙성하면서 배출하는 고농도의 가스로, 노화를 촉진시킨다.

57 실내공간을 위한 식물 모아심기를 할 때 고려되어야 할 사항이 아닌 것은?

① 선택한 식물군의 생장속도
② 적절한 배양토의 선택
③ 선택한 식물군이 동일한 정도의 수분 요구도를 가지는가의 여부
④ 선택한 식물군이 동일한 색상으로 통일되어 있는지 여부

58 다음은 무엇에 관한 설명인가?

- 참나무, 밤나무, 상수리나무와 같은 활엽수의 낙엽을 쌓아 충분히 썩힌 토양이다.
- 가볍고, 보수력과 배수력이 있으며, 통기성이 좋고, 양분을 오래 간직하여 원예식물 재배용으로 널리 이용된다.

① 바크　　② 수태
③ 부엽토　　④ 마사토

해설
① 바크 : 목재를 만드는 과정에서 생긴 부산물을 퇴비화시켜 만든 것이다.
② 수태 : 이끼를 건조시켜 만든 것이다.
④ 마사토 : 화강암의 풍화에 의한 부식토로, 배수성과 통기성이 좋다.

59 물체의 형태를 더욱 강하게 표현하며 면적은 없지만 방향이 있으며, 방향에 따라 감정을 표현할 수 있는 요소는?

① 점　　② 선
③ 면　　④ 명암

해설
① 점 : 길이도 폭도 깊이도 없는 추상적인 개념이다.
③ 면 : 점이 연속되면 선이 되고 선이 이동될 때 방향에 따라 다양한 면이 나타난다.
④ 명암 : 밝고 어두운 정도를 말하는 것으로 시각적 깊이에 작용하는 디자인 요소이다.

60 화훼장식 디자인 요소인 공간에 대한 설명으로 틀린 것은?

① 화훼장식물을 중심으로 볼 때 공간은 물리적인 공간과 화훼장식물의 공간으로 나뉠 수 있다.
② 화훼장식 작품 안에서 공간은 양성적 공간과 음성적 공간으로 나뉠 수 있다.
③ 음성적 공간은 양성적 공간에 비하여 디자이너가 의도적으로 계획한 적극적 공간이다.
④ 양성적 공간은 재료가 꽉 채워진 공간이다.

해설
공간의 유형
- 양성적 공간 : 작품에서 소재들이 사용된 부분
- 음성적 공간 : 하나의 작품 구성에서 사용된 소재들 사이에 전체적으로 비어있는 공간
- 연결 부분인 빈 공간(Voids) : 소재들을 다른 디자인 부분과 연결하는 선명하고 뚜렷한 선들

정답　56 ②　57 ④　58 ③　59 ②　60 ③

2022년 제1회 과년도 기출복원문제

01 다음 중 유한화서에 속하는 것은?

① 베고니아
② 글라디올러스
③ 금어초
④ 거베라

해설
② 수상화서, ③ 총상화서, ④ 두상화서
유한화서 : 꽃이 꽃대의 위에서 밑으로, 혹은 중앙에서 가장자리로 피는 꽃차례(주로 목본류)를 말하며, 범부채, 베고니아, 율무, 미역취, 오이풀 등이 있다.

02 열매를 보는 장식용 소재로 가장 거리가 먼 것은?

① 피라칸타
② 낙상홍
③ 박태기나무
④ 호랑가시나무

해설
③ 박태기나무의 관상용 소재는 꽃이다.

03 화훼의 특성에 대한 설명으로 가장 옳은 것은?

① 문화수준이 낮을수록 수요가 증가하게 된다.
② 미적인 효과는 높지만 치료적 효과는 볼 수 없다.
③ 다른 농작물에 비하여 국제성이 낮다.
④ 미적인 요인과 향기, 정서 등의 가치기준을 중요시 한다.

04 선인장 품종 중 접목용 대목(臺木)으로 이용되지 않는 것은?

① 삼각주
② 용신목
③ 비모란
④ 와 룡

해설
선인장 접목 시 대목으로 이용되는 종류에는 소데가우라, 와룡, 용신목, 보검, 단모환, 삼각주 등이 있다.

05 다음 중 학명의 연결이 틀린 것은?

① 금잔화 - *Calendula arvensis* L.
② 봉선화 - *Impatiens balsamina* L.
③ 팬지 - *Viola tricolor* L.
④ 과꽃 - *Vinca rosea* L.

해설
과꽃의 학명은 *Callistephus chinensis* L.이고, 일일초의 학명은 *Vinca rosea* L.이다.

06 노지화단에서 재배할 수 있는 숙근성 초화류 식물로만 나열된 것은?

① 패랭이, 마가렛
② 샐비어, 시네라리아
③ 꽃창포, 원추리
④ 거베라, 디기탈리스

해설
노지숙근초의 종류 : 구절초, 벌개미취, 작약, 샤스타데이지, 국화, 꽃창포, 루드베키아, 매발톱꽃, 꽃잔디, 숙근플록스, 옥잠화, 비비추, 원추리 등

정답 1 ① 2 ③ 3 ④ 4 ④ 5 ④ 6 ③

07 다음 중 일장반응에 따른 화훼식물의 분류에서 장일식물에 속하는 것은?

① 금어초 ② 포인세티아
③ 맨드라미 ④ 코스모스

해설
장일식물(長日植物) : 참나리, 카네이션, 금어초, 스위트피 등으로, 가을에 파종하면 다음해 봄에 개화한다.

08 식공간 연출(Table Decoration)을 제작할 때 주의할 사항으로 거리가 먼 것은?

① 화분(꽃가루)이 떨어지는 꽃은 사용하지 않는다.
② 화형의 높이는 시선을 방해하지 않게 한다.
③ 향이 진한 꽃은 사용하지 않는다.
④ 한 방향에서만 감상할 수 있도록 한다.

해설
식사용 테이블 장식은 여러 방향(사방화)에서 감상할 수 있도록 한다.

09 다음 중 백합과 식물인 나리가 속하는 구근류의 형태는?

① 알줄기(球莖)
② 뿌리줄기(根莖)
③ 비늘줄기(鱗莖)
④ 덩이뿌리(塊莖)

해설
비늘줄기(鱗莖)
줄기의 일부가 변형된 잎의 일부가 양분의 저장기관으로 발달된 것을 말하며, 대부분이 백합과(백합, 파, 튤립, 수선화, 나리, 양파 등)에 속한다.

10 코사지 종류 중 어깨에서 등까지 늘어뜨리는 장식은?

① 갈란드 ② 부토니아
③ 레이 ④ 숄 더

해설
① 갈란드(Garland) : 꽃을 여러 가지 소재와 함께 엮어서 길게 만든 것으로 기둥에 감아 주거나 식탁 주위에 길게 드리워 장식하는 것
② 부토니아(Boutonniere) : 신부 꽃다발의 꽃 한 송이를 이용하여 신랑의 예복 상의 깃의 단추 구멍에 꽂는 꽃
③ 레이(Lei) : 낚시줄 같은 끈으로 꽃을 꿰어 행사 때나 송영식(送迎式)때 목에 걸어주는 것으로 리스와 유사한 형태

11 화훼장식의 환경조절기능에 속하지 않는 것은?

① 오염된 공기를 정화
② 적당한 습도를 유지
③ 실내공간 분할
④ 음이온을 발생

해설
화훼장식의 환경적 기능 : 공기정화, 습도유지, 온도조절, 음이온 다량 발생, 휘발성 물질 방출효과 등

12 절화를 잘 보존하기 위한 환경과 관련된 설명 중 틀린 것은?

① 공중습도는 80~85% 수준이 좋다.
② 수질은 pH 8.0 정도의 약알칼리성 용액에서 보존하는 것이 좋다.
③ 열대나 아열대산 절화의 경우 7~15℃의 온도가 적당하다.
④ 잎이 있는 절화는 광합성을 할 수 있도록 광도를 조절해준다.

해설
보존용액의 pH는 3~4가 적당하며, 산성일 때 수분흡수촉진과 미생물 증식억제효과가 있다.

정답 7 ① 8 ④ 9 ③ 10 ④ 11 ③ 12 ②

13 화훼장식기법 중 절화나 절엽 등을 줄처럼 길게 이어서 만든 장식물은?

① 리스(Wreath)
② 갈란드(Garland)
③ 형상물(Figure)
④ 콜라주(Collage)

해설
① 리스 : 절화를 이용하여 고리모양으로 만들어낸 장식물
③ 형상물 : 절화를 이용하여 십자가, 별, 하트, 곰, 토끼, 공 등의 형상물을 반평면적이거나 입체적으로 만들어 다양한 용도로 이용하는 형태
④ 콜라주 : 장식용 건조식물을 주소재로 하고 여기에 천, 작은 돌, 나무조각 등을 붙여 구성하는 표현기법

14 웨딩 부케 제작 시 고려할 사항으로 가장 거리가 먼 것은?

① 드레스의 형태나 컬러를 고려한다.
② 신부가 특별히 선호하는 색이나 형태를 고려한다
③ 신부의 나이, 피부색, 체형 등 외형을 고려한다.
④ 제작자의 취향이나 의견을 가장 우선한다.

15 방사선 배열로 된 꽃꽂이 형태에 대한 설명으로 옳은 것은?

① 원형, 평행형, 폭포형, 수평형 등이 있다.
② 교차선 배열에서 발전된 형으로, 유연한 선의 흐름이다.
③ 모든 줄기의 선이 한 개의 초점에서 부채살처럼 사방으로 전개되는 배열이다.
④ 일정한 규칙 없이 배열되거나 줄기를 짧게 잘라 꽃송이나 꽃잎만을 사용하여 구성한다.

해설
방사선 배열은 모든 줄기의 선이 한 개의 초점에서 사방으로 전개되는 배열로, 일방형과 사방형이 있다.

16 서양란에 속하는 것은?

① 한 란
② 팔레놉시스
③ 춘 란
④ 보세란

해설
• 서양란 : 동남아시아, 중남미 등 열대 및 아열대 지방에서 자생하고, 화려한 꽃의 모양과 색상이 주된 관상 대상이며, 팔레놉시스, 덴드로비움, 반다, 카틀레야, 심비디움, 오돈토글로섬 등이 있다.
• 동양란 : 한국, 중국, 일본 등 온대 지방에서 자생하고, 청초한 잎과 꽃의 향기가 주된 관상 대상이며, 한란, 춘란, 건란, 보세란, 풍란, 새우난초, 타래난초, 소심란 등이 있다.

17 식물을 '보통명'으로 사용 시 단점으로 보기 어려운 것은?

① 학명에 비해 부적합한 것이 많다.
② 전세계 사람이 통용어로 사용할 수 없다.
③ 다른 나라 언어로 되어 있어서 부르거나 기억하기 어렵다.
④ 같은 식물을 다른 이름으로 부르거나 다른 식물을 같은 이름으로 부르는 사례가 있어 혼도을 가져온다.

해설
보통명의 장점
• 자기 나라 언어로 식물명이 의미 있게 붙여져 있기 때문에 부르기가 편리하다.
• 이해하고 기억하기가 쉬워 보통의 사용목적에 충분하다.

18 화훼재료의 엽서(잎차례)의 연결이 틀린 것은?

① 윤생엽 – 아스플레늄, 칼라데아, 사스레피
② 호생엽 – 둥굴레, 송악, 느티나무
③ 대생엽 – 소철, 마가목, 주목
④ 근생엽 – 앵초, 맥문동, 민들레

> **해설**
> ① 아스플레늄, 칼라데아 : 윤생엽, 사스레피나무 : 호생엽

19 장미의 화색을 적색과 분홍색으로 발현시키는 주된 역할을 하는 색소는?

① 카로틴 ② 안토시아닌
③ 클로로필 ④ 크산토필

> **해설**
> ①·③·④ 카로티노이드계 색소는 카로틴, 라이코펜, 크산토필, 클로로필 등 황색, 적색, 주황색의 화색(황·오렌지)을 나타내는 색소들로, 꽃잎뿐만 아니라 잎, 뿌리, 과실 등에 분포되어 있다.

20 화훼장식의 고정재료로 주로 사용하는 것이 아닌 것은?

① 글 루 ② 핀 홀더
③ 리 본 ④ 침 봉

> **해설**
> ① 글루 : 글루건, 글루팬, 생화본드 등
> ② 핀 홀더 : 플로랄폼을 고정시키기 위한 도구
> ④ 침봉 : 굵은 침이 꽂혀있는 패드로 나뭇가지나 꽃의 줄기를 꽂아 고정하는 도구

21 과꽃이나 소국 등으로 부케(Bouquet)를 제작할 때 와이어 끝을 1cm 가량 구부려서 제작하는 철사처리방법은?

① 소잉(Sewing) ② 피어싱(Piercing)
③ 트위스팅(Twisting) ④ 후킹(Hooking)

> **해설**
> ① 소잉(Sewing) : 꽃잎이나 초화류의 넓은 잎에 바느질하듯 철사를 꿰어주는 방법
> ② 피어싱(Piercing) : 씨방이나 꽃받침 부분의 줄기에 직각으로 철사를 꽂은 뒤 두 가닥이 되게 줄기와 같은 방향으로 구부리는 기법
> ③ 트위스팅(Twisting) : 필러 플라워 등 작은 꽃, 작은 가지 등을 한 번에 모을 때 꽃잎의 기부나 절지, 절엽 등을 철사로 감아주는 기법이다. 소국, 스타티스, 물망초, 안개꽃, 아스파라거스 등에 많이 사용한다.

22 실내의 분화장식물에 있어서 우선적으로 고려해야 하는 사항이 아닌 것은?

① 유행하는 식물의 선택
② 실내의 기능적인 면과 이용자의 기호도
③ 실내의 환경조건
④ 바닥재료, 벽지 등 실내 분위기

> **해설**
> 분화장식물은 유행하는 식물의 선택보다는 실내환경조건과 실내 분위기와 이용자의 기호도에 맞추어 제작해야 한다.

23 건조된 방향성 식물의 꽃과 잎, 열매 등에 정유(Essential Oil)를 첨가시켜 숙성시키는 것으로 좋은 향기와 함께 실내장식용으로 좋은 건조소재 장식은?

① 리 스 ② 포푸리
③ 콜라주 ④ 갈란드

> **해설**
> 포푸리 : 자연 향을 오래 간직하기 위해서 말린 꽃에 향기가 나는 식물, 향료 등을 혼합하여 이것을 용기 속에 넣어 이용하는 장식화훼의 형태

정답 18 ① 19 ② 20 ③ 21 ④ 22 ① 23 ②

24 조형형태의 분류에서 형-선적 구성에 대한 설명으로 틀린 것은?

① 각 소재가 가지고 있는 형과 선을 뚜렷한 선과 각도로 대비시킨다.
② 소재 종류를 최소화한다.
③ 소재의 양을 최소화한다.
④ 작품의 윤곽이 명확치 않아서 선과 형을 강조하기 위한 공간이 넓을 필요는 없다.

해설
형-선적 구성 : 소재의 형, 선, 각도를 강조하고, 형과 선이 두드러지게 대비되며 여백을 이용하여 소재의 아름다움을 강조한 형식이다.

25 화분 밑의 배수공을 통해 물이 모세관현상으로 스며 올라가게 하는 관수방법은?

① 점적관수   ② 저면관수
③ 살수관수   ④ 지중관수

해설
① 점적관수 : 가는 관을 화분에 꽂아 직접 물을 주는 방법
③ 살수관수 : 물뿌리개로 관수하는 방법
④ 지중관수 : 땅 속에 관을 박아서 관수하는 방법

26 우리나라 꽃꽂이의 기본화형이 아닌 것은?

① 직립형   ② 경사형
③ 하수형   ④ 초생달형

해설
전통 한국식 꽃꽂이는 자연에서 식물이 자라는 모습을 화기에 재현한 자연적인 구성이 특징이며 직립형, 경사형, 하수형으로 나눌 수 있다. 초생달형은 곡선적 구성을 특징으로 하는 서양식 꽃꽂이 화형의 하나이다.

27 다음 중 숙근초화류에 대한 설명으로 가장 적당한 것은?

① 사막이나 건조지방에서 잘 자라며, 잎이 가시로 변한 식물을 말한다.
② 영양번식으로 번식되므로 품종의 특성이 장기간 유지될 수 없다.
③ 파종 후 여러 해 동안 식물체의 전부 또는 일부가 살아남아 개화·결실하는 종류를 말한다.
④ 봄에 씨를 뿌려 당년에 꽃을 피우고 고사하는 화훼를 말한다.

해설
겨울이 되면 지상부의 잎·줄기는 말라 죽지만, 지하부의 뿌리는 남아 이듬해 생육을 계속하는 초본성 화훼를 숙근초라고 한다.

28 영국 조지아시대(AD 1714~1760)에 꽃의 향기가 전염병을 예방해 주는 것으로 인식되어 손에 들고 다녔던 것은?

① 포푸리   ② 코사지
③ 갈란드   ④ 노즈게이

해설
영국 조지아시대
• 노즈게이(=터지머지) 꽃다발 유행
• 여성의 신체장식까지 유행
• 형식적이고 대칭적인 디자인 선호
• 역사상 어느 시기보다 다양한 꽃과 건조화 사용

29 로코코시대의 미학적인 특징에 대한 설명으로 옳은 것은?

① 화려하면서도 여성스러운 스타일이 주를 이루었으며, 아름다운 기품을 표현하기 위해 파랑, 자주빛의 색상을 많이 사용하였다.
② 조화(造花)가 가장 많이 유행했던 시대이다.
③ 모방에서 창조로 넘어가는 대표적인 시대이다.
④ 루이 14세의 검소한 궁중생활을 위해 단순한 꽃장식이 주로 행해졌던 시대이다.

30 식생적 구성(Vegetative)의 설명으로 옳지 않은 것은?

① 소재의 가치효과와 운동성, 표면구조를 살펴서 그룹별로 배치를 한다.
② 대칭형으로 구성하기도 하나 일반적으로는 비대칭형으로 구성한다.
③ 반드시 하나의 생장점을 갖도록 한다.
④ 식물의 생리, 생태적인 면을 고려하여 식물이 자연상태에서 살아 있는 것과 같은 형태로 조형하는 것이다.

해설
식생적 구성(Vegetative)은 자연에서 보듯 생장점(출발점)이 종종 화기 안에서 한 점 또는 그 이상 있는 듯이 보인다.

31 절화보존제(절화수명 연장제)의 구성성분이 아닌 것은?

① 당 분
② 살균제
③ 개화촉진제
④ 에틸렌 발생억제제

해설
절화보존제는 탄수화물(당), 에틸렌 억제제, 생장조절물질, 살균제, 무기질 등을 포함하고 있어야 한다.

32 절화 물 올리기의 일반적인 방법으로 옳지 않은 것은?

① 수분차단현상을 방지하기 위해 물속에서 칼로 줄기 끝을 자른다.
② 손상된 잎이나 물에 잠기는 잎을 제거한다.
③ 절화보존제를 첨가한 물에 절화를 담가둔다.
④ 한 용기에 다양한 소재를 빽빽하게 넣어 서로 기대게 하여 줄기가 휘어지지 않도록 한다.

해설
너무 많은 양을 한통에 담지 않는다.

33 증산의 대부분은 잎의 어느 부위에서 이루어지는가?

① 해면조직
② 책상조직
③ 기 공
④ 상표피

해설
증산(Transpiration)
식물체 내의 물이 잎의 뒷면에 존재하는 기공을 통해 밖으로 나오는 작용을 말한다.

정답 29 ① 30 ③ 31 ③ 32 ④ 33 ③

34 다음 중 가공화의 종류가 다른 하나는?

① 압 화 ② 누름꽃
③ 인조화 ④ 꽃누르미

해설
압화(Pressed Flower, 프레스플라워)
평면적 건조화로, 식물에 압력을 가하여 눌러 말린 형태이며, 꽃누르미 또는 누름꽃으로도 부른다.

35 다음 그림과 같은 디자인 원리는?

① 율동(Rhythm) ② 통일(Unity)
③ 균형(Balance) ④ 조화(Harmony)

해설
균형은 둘 이상의 힘이 서로 평균되는 것으로 대칭과 비대칭을 결정짓는 디자인의 원리이다.

36 화훼장식의 디자인 원리 중 비례에 대한 설명으로 틀린 것은?

① 자연에서 식물의 꽃, 잎, 가지의 배열 등은 황금분할에 해당하는 것이 많다.
② 황금분할은 유클리드에 의해 알려진 이상적인 비율이다.
③ 주그룹, 대항그룹, 보조그룹의 크기는 3 : 5 : 8의 비율이 적절하다.
④ 비례는 전체구성에 대한 부분구성의 비율로 나타낸다.

해설
주그룹(8) : 대항그룹(5) : 보조그룹(3)의 비율로 구성한다.

37 색채가 주는 감정적 효과로 옳지 않은 것은?

① 백색보다는 흑색이 무겁게 느껴진다.
② 명도가 높은 색은 가볍고 진출되어 보인다.
③ 색채의 강약은 색상에 의해 주로 생긴다.
④ 저명도색은 고명도색보다 후퇴되어 보인다.

해설
③ 색채의 강약은 채도에 의해 주로 생긴다.

38 광합성을 위한 이산화탄소(CO_2)의 흡수량과 호흡에 의한 방출량이 같게 되는 광도는?

① 광포화점 ② 광보상점
③ 한계일장 ④ 총동화량

해설
① 광포화점 : 식물의 광합성 속도가 더 이상 증가하지 않을 때의 빛의 세기를 말한다. 광합성 속도는 빛의 세기에 비례하지만 광포화점에 이르면 속도가 증가하지 않는다.
③ 한계일장 : 작물의 생육이 일장의 영향을 받을 때 생육에 영향을 줄 수 있는 일장의 한계
④ 총광합성량(총동화량) = 호흡량 + 순광합성량(순동화량)

39 황금비율을 가장 바르게 나열한 것은?

① 8 : 4 : 1
② 8 : 5 : 1
③ 8 : 5 : 3
④ 8 : 6 : 3

해설
황금비율은 1 : 1.618의 비례로, 가장 기본적인 비율은 3 : 5 : 8이다.

40 다음에서 설명하고 있는 디자인 기법은?

> 색상이 밝고 작은 소재들은 바깥쪽에, 어둡고 무거운 소재들은 중앙을 향해 배치하여 시각적 균형과 점진적 변화를 창조하였다.

① 그루핑(Grouping)
② 섀도잉(Shadowing)
③ 시퀀싱(Sequencing)
④ 클러스터링(Clustering)

해설
① 그루핑 : 유사한 소재들을 무리지어 꽂는 기법이다.
② 섀도잉 : 한 가지의 소재를 앞쪽에 위치한 또 다른 소재의 뒤나 왼쪽 또는 오른쪽 바로 밑에 그림자처럼 가깝게 배치하여 입체적인 외관을 만들기 위하여 사용되는 명암기법이다.
④ 클러스터링 : 하나의 소재 그 자체로는 구성요소로 인식하기에 너무 작은 소재들을 소재나 색 또는 질감이 같은 것들끼리 묶어 꽂는 기법이다.

41 절화를 수확한 후 절화의 수명과 품질을 유지하기 위하여 실시하는 것으로 가장 적당한 것은?

① 예 냉
② 포 장
③ 에틸렌 처리
④ 수 송

해설
예냉 : 수확 직후에 신속히 온도를 낮춰 주어 절화의 호흡작용 등 생리대사를 억제한다. 절화의 신선도를 유지시키며 수명연장의 효과도 있다.

42 다음 중 절화 장미의 꽃목굽음이 잘 생기는 조건으로 가장 관계가 없는 것은?

① 꽃목의 경화가 덜 된 시기에 수확했을 때
② 늦게(개화된 것) 수확했을 때
③ 너무 조기(어린 봉오리)에 수확했을 때
④ 수분균형이 불량할 때

해설
개화단계가 어느 정도 진행된 후에 절화하면 꽃목굽음 현상은 적지만 절화수명이 그만큼 짧아진다.

43 꽃의 건조방법에 대한 설명으로 틀린 것은?

① 열풍건조는 열풍건조기를 이용하여 많은 건조화를 생산하며, 꽃을 빠르게 건조시키면서 변색이 적고 형태유지가 가능하다.
② 동결건조는 형태와 색상이 그대로 유지되고, 공기 중의 수분흡수가 적어 밀폐되지 않은 공간장식에 많이 이용된다.
③ 실리카겔을 이용한 매몰건조는 형태와 색상변화가 적으나 공기 중 수분을 쉽게 흡수하므로 밀폐공간이나 피막처리하여 장식해야 한다.
④ 누름건조를 이용한 건조화를 누름꽃이라 하고, 밀폐용 액자와 평면장식에 이용된다.

해설
동결건조는 자연적인 형태와 색상도 그대로 유지되어 수명이 연장되는 장점이 있지만, 공기 중 습기를 쉽게 흡수하여 변색되고 모양이 흐트러지므로 코팅제를 뿌리거나 유리용기 속에 밀폐시켜 장식해야 한다.

44 테이블장식품의 제작 시 유의사항으로 옳지 않은 것은?

① 테이블의 모양과 크기를 확인한다.
② 콘셉트에 맞추어 꽃 소재를 선택하고 화형을 정한다.
③ 마주 앉은 사람의 시선을 가리지 않게 디자인한다.
④ 테이블의 정중앙에만 용기가 위치해야 한다.

해설
테이블의 메인 장식이 되는 꽃이나 초 등의 센터피스는 테이블 정중앙이나 양 옆으로 위치할 수 있다.

45 식물의 분지를 증가시키는 데 기여하는 광의 파장 범위는?

① 400~450nm
② 500~550nm
③ 600~650nm
④ 700~750nm

해설
식물은 660nm 파장대의 적색과 450nm 파장대의 청색에서 가장 잘 자란다고 알려져 있다.

46 절화 수송 시 반드시 세워서 저장 및 수송해야 하는 것은?

① 숙근안개초　　② 개나리
③ 글라디올러스　　④ 국화

해설
글라디올러스는 길고 가느다란 꽃줄기에 꽃대 없는 작은 꽃들이 촘촘히 달린 모양의 수상화서이기 때문에 반드시 세워서 저장·수송해야 한다.

47 화훼장식 디자인에 있어 주제, 형태, 크기, 재료, 질감, 무늬와 같은 요소들이 일치된 속에서 통일된 균형을 이루고 있음을 의미하는 것은?

① 통일　　② 조화
③ 강조　　④ 리듬

해설
① 통일 : 통합되거나 완전해진 하나의 상태로, 전체의 구성이 개개의 부분에 비해 훨씬 두드러지는 미적 원리
③ 강조 : 다른 재료들과의 구성을 하는데 있어서 일정한 한 부분에 시선을 집중시키게 하는 원리
④ 리듬 : 유사한 요소가 반복, 배열됨으로서 시각적 인상이 강화되는 미적원리

48 선의 방향에 따른 감정표현으로 옳지 않은 것은?

① 수직선 : 높이를 강조하여 강한 힘, 위엄의 느낌을 준다.
② 곡선 : 직선보다 더 부드럽고 온화하며, 유동적인 느낌을 준다.
③ 수평선 : 평화롭고 고요한 분위기, 휴식과 안정감을 준다.
④ 대각선 : 움직임과 흥미를 느낄 수 있으므로 많이 사용할수록 좋다.

해설
④ 대각선 : 동적인 에너지, 강한 시선의 이동을 유도한다.

49 노란색(Yellow)의 특성과 이미지에 관한 설명으로 거리가 먼 것은?

① 노란색의 보색은 남색(PB)이다.
② 노란색은 빨간색이나 주황색과 같은 난색이며, 후퇴색이므로 크게 보인다.
③ 가시스펙트럼에서 570~580nm 사이의 색으로, 색상 중 가장 밝은 기본색이다.
④ '조심'의 뜻을 지니고 있어 주의 또는 방사능 표지 등에 사용된다.

> **해설**
> ② 노란색은 빨간색이나 주황색과 같은 난색이며, 진출되어 보인다.

50 다음 중 어떤 두 색이 인접해 있을 때 두 색의 경계가 되는 부분에서 경계로부터 멀리 떨어져 있는 부분보다 색상, 명도, 채도대비가 더 강하게 일어나는 현상은?

① 보색대비
② 연변대비
③ 명도대비
④ 색상대비

> **해설**
> ① 보색대비 : 보색관계인 두 색을 나란히 놓았을 때 서로의 영향으로 각 색의 채도가 높아 보이는 대비현상
> ③ 명도대비 : 명도가 다른 색상이 인접할 때 밝은 색은 더 밝게, 어두운 색은 더 어둡게 느껴지는 효과
> ④ 색상대비 : 두 가지 이상의 색을 동시에 볼 때 각 색상의 차이가 크게 느껴지는 현상

51 실내정원을 구성할 때 사용되는 인공토양에 관한 설명으로 옳은 것은?

① 펄라이트(Perlite)는 화강암 속의 흑운모를 1,100℃ 정도의 고온에서 수증기를 가하여 팽창시킨 것이다.
② 버미큘라이트(Vermiculite)는 황토와 톱밥을 섞어서 둥글게 뭉쳐 고온 처리한 것이다.
③ 하이드로볼(Hydro Ball)은 진주암을 870℃ 정도의 고온으로 가열하여 팽창시켜 만든 백색의 가벼운 입자로 만든 것으로 무균상태이다.
④ 피트모스(Peatmoss)는 습지의 수태가 퇴적하여 만들어진 것으로 유기질 용토이다.

> **해설**
> ① 펄라이트(Perlite)는 진주암을 1,000℃ 정도의 고온으로 가열하여 팽창시켜 만든 백색의 가벼운 무균 인조토양이다.
> ② 버미큘라이트(Vermiculite)는 화강암 속의 흑운모를 1,100℃ 정도의 고온에서 수증기를 가하여 팽창시킨 것이다.
> ③ 하이드로볼(Hydro Ball)은 황토와 톱밥을 섞어서 둥글게 뭉쳐 고온 처리한 것이다.

52 화훼장식을 구성할 때 디자인은 원리와 요소로 구분된다. 그 중 디자인의 요소에 해당되는 것은?

① 조 화
② 질 감
③ 통 일
④ 균 형

> **해설**
> 디자인의 원리와 요소
> • 원리 : 구성, 초점, 통일, 균형, 율동, 조화, 대칭, 강조, 비례, 대비, 반복과 교체
> • 요소 : 점, 선, 면, 형태, 방향, 명암, 질감, 크기, 색채

정답 49 ② 50 ② 51 ④ 52 ②

53 조선시대의 화훼장식과 관련이 없는 것은?

① 산림경제의 양화편
② 성소부부고의 병화인
③ 수덕사 대웅전의 수화도
④ 오주연문장전산고의 당화병화변증설

해설
수덕사의 야화도와 수화도는 고려시대 꽃꽂이의 압권을 보여준다.

54 전통 한국식 꽃꽂이의 특성이 아닌 것은?

① 자연에서 식물이 자라는 모습을 화기에 재현한 자연적인 구성이다.
② 나뭇가지의 선의 아름다움을 강조한다.
③ 대부분 사방형으로 제작한다.
④ 자연에서 식물이 자라는 형태는 직립형, 경사형, 하수형으로 나눌 수 있다.

해설
표현양식에 따른 꽃꽂이의 형태
• 전통 한국식 꽃꽂이 : 자연에서 식물이 자라는 모습을 화기에 재현한 자연적인 구성으로 나뭇가지 선이 지니는 아름다움을 특히 강조한다.
• 전통 유럽식 꽃꽂이 : 방사선 줄기배열로 표현하며 소재 각각의 개성보다는 전체의 모습으로 표현한다.

55 화훼장식에 철사를 사용하는 목적으로 틀린 것은?

① 약한 줄기를 지지한다.
② 꽃을 똑바로 세우고 구부러진 줄기를 곧게 편다.
③ 코사지의 줄기부피를 늘린다.
④ 리본 등 각종 액서서리를 장식한다.

해설
화훼장식에 철사를 사용하는 목적
• 약한 줄기를 지지하기 위해
• 원하는 지점에 꽃과 잎을 고정하기 위해서
• 코사지나 꽃꽂이 등에 액세서리를 덧붙이기 위해

56 다음은 무엇에 대한 설명인가?

순색에 다른 색을 혼합하면 색의 명탁이 달라지고, 다른 어떤 색이라도 혼합하면 선명도가 떨어져 탁하게 보인다.

① 명도 ② 채도
③ 색상 ④ 색채

해설
색의 3요소
• 명도(Value) : 색의 밝고 어두운 정도이며, V로 표시한다.
• 채도(Chroma) : 색의 맑고 탁한 정도로, C로 표시한다.
• 색상(Hue) : 다른 색과 구별되는 색의 고유명칭이나 특성을 말하며, H로 표시한다.

57 꽃다발을 완성 후 마무리 방법에 대한 설명으로 틀린 것은?

① 꽃다발이 완성 된 후에는 줄기를 사선으로 잘라 준다.
② 묶이는 부분 아래에 있는 모든 잎은 제거해 준다.
③ 묶을 때는 단단하게 마무리 한다.
④ 줄기는 철사로 단단하게 묶는다.

해설
④ 묶음점은 되도록 가늘게 필요한 만큼의 폭으로 부드러운 노끈을 사용하여 묶는다.

58 서양의 전통 절화장식에 대한 특징으로 옳은 것은?

① 표현기법이 기하학적이고 꽃이 주재료이다.
② 선과 여백의 아름다움을 중요시한다.
③ 자연과의 조화를 추구하였다.
④ 3주지가 명확한 형태로 표현된다.

해설
② · ③ · ④ 동양식 꽃꽂이의 특징이다.
서양식 꽃꽂이의 특징
• 다양한 색과 양을 강조하고, 기하학적인 구성양식으로 풍성함을 표현한다.
• 표현기법이 기하학적이고 꽃이 주재료이다.
• 주요 골격은 직선구성, 매스구성, 곡선구성, 입체구성 등이다.

59 주간온도가 16℃, 야간온도가 23℃일 때의 DIF값은?

① +39
② +7
③ −7
④ −39

해설
DIF는 주간온도에서 야간온도를 뺀 주야간온도 차이를 의미하므로, DIF = 16 − 23 = −7℃이다.

60 품질관리를 위한 수확 후 처리방법에 대한 설명으로 틀린 것은?

① 모든 절화는 끓는 물에 수초간 기부를 담그는 열탕처리가 수명연장에 가장 효과적이다.
② 절화는 온도가 높으면 호흡량이 많아지므로 가능한 저온에 보관한다.
③ 절화에 STS처리는 Ag 이온이 에틸렌작용을 억제하기 때문에 효과가 있다.
④ 미생물이 증식하여 절화의 도관을 막으면 수분흡수가 억제되므로 미생물의 증식을 억제시킨다.

해설
열탕처리의 효과가 미미한 절화도 있다.

정답 57 ④ 58 ① 59 ③ 60 ①

2022년 제2회 과년도 기출복원문제

01 대칭과 비대칭을 결정짓는 디자인의 원리는?

① 균 형   ② 강 조
③ 리 듬   ④ 조 화

해설
균형은 둘 이상의 힘이 서로 평균되는 것이며 시각적인 균형은 대칭균형과 비대칭 균형으로 나눈다.

02 우리나라의 전통 화훼장식에 관한 설명으로 옳은 것은?

① 압화사는 고려시대의 꽃을 거두는 벼슬아치이다.
② 꽃꽂이방법이 소개된 임원십육지는 홍석모의 저서이다.
③ 한 화기에 두 개의 침봉을 사용한 것을 복형이라 한다.
④ 주지의 삼각구성 이론은 동양사상인 천지인의 삼재(三才)사상에 근거를 두고 있다.

해설
① 압화사는 고려시대의 궁중에 꽃을 꽂거나 관리하는 관직이다.
② 임원십육지는 서유구의 저서이다.
③ 복형(거듭꽂기)은 두 개 이상의 화기를 복합적으로 배치하여 꽂는 방법이다.

03 다음 괄호 안의 용어로 바르게 짝지어진 것은?

사막이나 건조지방에서 잘 자라는 식물로 잎이 가시로 변한 식물은 (a)이고, 잎이나 줄기가 육질화된 식물은 (b)이라 한다.

① a : 다육식물, b : 선인장
② a : 선인장, b : 다육식물
③ a : 선인장, b : 수생식물
④ a : 고산식물, b : 다육식물

04 화훼장식의 디자인 원리에 대한 설명으로 옳게 짝지어진 것은?

① 구성 – 일치감, 동일성과 관련된 구성요소들을 배합하여 나타내는 미적 본질
② 조화 – 물리적·시각적 안정감을 주는 배치에 의해 이루어지는 원리
③ 균형 – 소재들 간의 상대적인 크기의 관계
④ 강조 – 부분적이고 소극적으로 특정 부분을 강하게 표현

해설
① 구성 : 작품의 여러 가지 요소들이 전체적인 형태를 만들어 하나의 작품으로 완성되는 것
② 조화 : 둘 이상의 요소가 분리하거나 배척하지 않고 통일된 전체로서 효과를 발휘할 때 일어나는 미적 현상
③ 균형 : 둘 이상의 힘이 서로 평균이 되는 것

정답 1 ① 2 ④ 3 ② 4 ④

05 물의 흐름을 표현한 디자인이 아닌 것은?

① 샤 워　　② 캐스케이드
③ 워터폴　　④ 크레센트

해설
④ 크레센트(Crecent) : 두 개의 갈란드를 연결하여 초승달 형태가 되도록 조립한 부케

06 작품 구성에서 균형의 종류가 아닌 것은?

① 무게의 균형
② 색채의 균형
③ 재질의 균형
④ 강조의 균형

해설
균형은 형태나 색채상으로 평형상태인 것을 말하며, 중량, 선, 크기, 방향, 질감, 색 등의 디자인 요소의 배치, 양, 성질 등이 작용하는 것이다.

07 어버이날을 상징하는 꽃으로 가장 적당한 것은?

① 국 화　　② 카네이션
③ 백 합　　④ 장 미

해설
카네이션 꽃말은 모정, 사랑, 애정, 감사, 존경이다.
※ 카네이션 색깔에 따른 꽃말
  • 적색 : 모정, 건강염원
  • 핑크 : 감사
  • 백색 : 존경, 추모, 순애
  • 황색 : 경멸, 거절

08 근조용 헌화장식은 조형예술로서 화훼장식의 구체적인 효과 중 어디에 해당하는가?

① 의료적 효과
② 교육적 효과
③ 심리적 효과
④ 의사전달 효과

해설
메시지 전달 - 의사전달기능
사람들이 꽃을 구입하는 동기는 다양하지만, 선물용으로 꽃을 많이 소비하는 것으로 나타나고 있다. 이러한 꽃은 경축, 애도, 감사, 사랑 등의 감정을 빠르게 전달하는 수단으로서의 기능을 가지고 있다.

09 공간연출을 위한 디자인 과정으로 옳은 것은?

① 기획 → 조사분석 → 구상 → 계획 → 시공 → 관리
② 조사분석 → 기획 → 계획 → 구상 → 시공 → 관리
③ 계획 → 기획 → 구상 → 조사분석 → 시공 → 관리
④ 구상 → 기획 → 계획 → 조사분석 → 시공 → 관리

10 오방색에 관한 설명으로 옳지 않은 것은?

① 흑색은 생을 상징하고 주술적 의미가 강하다.
② 황색은 중국에서 황제의 색이라 하여 귀하게 여겼다.
③ 청색은 동쪽을 상징하고 자연의 힘과 신비의 의미가 있다.
④ 백색은 서쪽의 색으로, 결백과 진실을 상징한다.

해설
① 흑색은 북쪽의 색으로, 생명의 종식을 상징한다.

정답　5 ④　6 ④　7 ②　8 ④　9 ①　10 ①

11 다음 중 화훼장식의 기능으로 거리가 먼 것은?

① 공간장식
② 메시지 전달
③ 정서불안
④ 환경조절

해설
심리적 기능
화훼장식을 통해 공동체의 주거환경을 개선시켜 구성원들의 사회 정신적 건강과 작업능률을 증진시키고, 경제적·사회적 조건들을 고양시켜 그 지역의 부정적인 이미지를 변화시킨다.

12 초등학교 교실에 화분 키우기를 하여 식물의 이름과 생육 모습을 관찰하게 함으로서 아이들에게 얻을 수 있는 교육적 효과에 해당하지 않는 것은?

① 식물 생장의 이해
② 전자파 차단, 방음 등의 환경개선
③ 꽃과 식물을 이용한 생활환경 대한 관심
④ 식물에 대한 식물학적 이해와 애정의 감정적 승화

13 색채가 주는 감정적 효과로 옳지 않은 것은?

① 백색보다는 흑색이 무겁게 느껴진다.
② 명도가 높은 색은 가볍고 진출되어 보인다.
③ 색채의 강약은 색상에 의해 주로 생긴다.
④ 저명도색은 고명도색보다 후퇴되어 보인다.

해설
③ 색채의 강약은 채도에 의해 주로 생긴다.

14 절화를 꽂는 물에 식초를 몇 방울 넣어주는 주된 이유는?

① 꽃에 영양분을 주기 위하여
② 물을 산성화하여 미생물의 증식을 억제하기 위하여
③ 줄기의 갈라짐을 방지하기 위하여
④ 화색을 좋게 하기 위하여

해설
절화를 보존하는 물을 산성화시켜 미생물 억제 및 수분흡수력을 증가시킨다.

15 같은 재료를 아래위로 배치하면서 사이에 공간을 두어 계단과 같은 모양이 되도록 하는 베이싱(Basing) 기법은?

① 번들링
② 클러스터링
③ 테라싱
④ 시퀀싱

해설
① 번들링(Bundling) : 서로 유사한 소재들을 한 단위로 함께 묶는 기법으로, 다발 짓기 기법이라고도 한다.
② 클러스터링(Clustering) : 같은 종류 혹은 같은 색의 소재를 두드러지게 보이도록 뭉치로 꽂아 주는 기법이다.
④ 시퀀싱(Sequencing) : 크기, 색, 질감 등의 요소에 점진적인 변화를 주어 배열하는 기법으로, 꽃을 배치할 때 중심에는 어두운색, 바깥으로 갈수록 점차 밝은색으로 배치한다.

16 영국 조지아시대에 유행한 노즈게이(Nosegay)에 대한 설명으로 틀린 것은?

① 꽃향기는 전염병을 예방해 준다고 믿어 향기가 나는 것으로 만들었다.
② 후에 머리, 목, 허리, 가슴 등의 몸장식으로 이용되기 시작했다.
③ 작은 원형 디자인으로 코르누코피아(Cornucopia)라고 불리기도 하였다.
④ 터지머지(Tuzzy-Muzzy)라고 불리었다.

해설
코르누코피아(Cornucopia) : 그리스 신화의 '풍요의 뿔'에서 유래된 과일과 꽃들이 넘치도록 담겨 있는 뒤틀리거나 나선형인 뿔의 장식 모티프이며, 풍요와 번영의 상징으로 르네상스시대, 로마제국시대, 빅토리아시대에 유행하였다.

17 여성들의 의복이나 신체를 꾸미는 꽃장식물을 나타내는 용어는?

① 코사지　　② 부토니아
③ 갈란드　　④ 레이

해설
코사지(Corsage)는 여성의 꽃장식, 부토니아(Boutonniere)는 남성의 꽃장식이다.
③ 갈란드 : 절화와 절엽 등을 철사 등에 길게 엮은 장식물
④ 레이 : 낚시줄 같은 끈으로 꽃을 꿰어 행사 때나 송영식(送迎式) 때 목에 걸어 주는 것

18 꽃을 뿌려 장식을 시작한 우리나라와 외국의 시기로 옳은 것은?

① 통일신라시대, 로마시대
② 고려시대, 이집트시대
③ 삼국시대, 그리스시대
④ 조선시대, 르네상스시대

해설
- 삼국시대 : 강서대묘현실북벽의 비천상 그림에 꽃을 뿌리는 모습이 그려져 있다(산화도).
- 그리스시대 : 갈란드, 리스, 화관이 화훼장식의 주요 형태였으며, 축제에는 산화(꽃을 뜯어 바닥에 뿌림)를 하기도 하였다.

19 도구 및 부재료의 보관방법으로 적합하지 않은 것은?

① 리본 및 포장지는 광선에 의해 변색되기 쉬우므로 광과 습기가 들어가지 않는 장소에 보관한다.
② 스프레이는 화재 위험이 없는 곳에 보관한다.
③ 플로랄 테이프는 접착성 물질이 굳지 않도록 따뜻한 곳에 보관한다.
④ 플로랄폼은 상자에 넣은 채로 건조한 곳에 보관한다.

해설
③ 플로랄 테이프에는 접착제 성분이 있으므로 서늘한 곳에 보관한다.

20 다음 중 매스 플라워(Mass Flower)로 볼 수 없는 것은?

① 글라디올러스　　② 장미
③ 카네이션　　④ 수국

해설
글라디올러스 : 라인 플라워로 디자인의 골격이 되어 선을 구성하거나 윤곽을 잡는 데 사용한다.

정답　16 ③　17 ①　18 ③　19 ③　20 ①

21 고대 이집트와 로마시대부터 사용된 절화와 절엽 등을 길게 엮은 장식물은?

① 리스　　② 갈란드
③ 형상물　④ 콜라주

해설
갈란드(Garland)
절화와 절엽 등을 길게 엮은 장식물로 고대 이집트와 로마시대부터 행사에서 경축의 용도로 벽이나 천장에 드리우거나 기둥의 둘레를 감는 목적으로 사용되었다.

22 결혼식에서 신랑 상의의 칼라에 있는 단추구멍에 다는 코사지(Body Corsage)의 명칭은?

① 부토니아(Boutonniere)
② 브레이슬릿(Bracelet)
③ 숄더(Shoulder)
④ 헤어 오너먼트(Hair Ornament)

해설
- 바디 코사지(Body Corsage) : 자신을 돋보이게 하기위해 의복이나 신체에 다는 작은 꽃다발을 총칭하는 말이다.
- 부토니아(Boutonniere) : 남성용 코사지로 주로 상의의 칼라에 있는 단추구멍에 다는 것이 원칙
- 브레이슬릿(Bracelet) : 파티나 결혼식용으로 팔이나 손목에 장식하는 것
- 숄더(Shoulder) : 어깨에서 등까지 늘어뜨리는 장식
- 헤어 오너먼트(Hair Ornament) : 머리에 장식하는 코사지
- 에폴렛(Epaulet) : 어깨 위에서 겨드랑이를 장식하는 것
- 앵클릿(Anklet) : 발목에 장식하는 코사지

23 평면적인 화면에 입체적인 생화나 건조소재 등의 소재를 반평면적으로 배치하여 표현하는 장식물은?

① 갈란드　② 콜라주
③ 리스　　④ 형상물

해설
③ 리스(=화환) : 절화를 이용하여 고리 모양으로 만들어 낸 장식물
④ 형상물 : 절화를 이용하여 십자가, 별, 하트, 곰, 토끼, 공 등의 형상물을 반평면적이거나 입체적으로 만들어 다양한 용도로 이용하는 형태로, 토피어리가 대표적임

24 화훼장식에서 철사를 꽃의 줄기 속으로 집어넣어 눈에 보이지 않도록 하는 기법은?

① 시큐어링(Securing)법
② 소잉(Sewing)법
③ 인서션(Insertion)법
④ 헤어핀(Hair-pin)법

해설
① 시큐어링(Securing)법 : 철사 한쪽 끝을 꽃받침이나 꽃받침 아래에 찔러 넣고 다른 한 쪽은 줄기를 따라 비틀며 감아 내리는 방법으로 줄기가 약하거나 곡선을 내기 위해 구부려야 할 때 사용한다.
② 소잉(Sewing)법 : 꽃잎이나 초화류의 넓은 잎에 바느질하듯 철사를 꿰어주는 방법이다.
④ 헤어핀(Hair-pin)법 : U자형으로 꽂는 방법으로 철사 끝을 머리핀처럼 구부려 꽃잎이나 잎에 걸치거나, 겹친 잎에도 꽂아 쓴다.

25 식물의 뿌리 흡수기능이 약해져서 초세를 빨리 회복하기 위해 액체비료를 식물 지상부에 살포하려고 한다. 다음 중 시비방법으로 적당한 것은?

① 엽면시비　　② 전면시비
③ 부분시비　　④ 이산화탄소시비

26 소나무나 전나무 껍질을 잘게 부수어 만든 것으로, 서양란의 식재재료로 많이 이용되는 것은?

① 펄라이트(Perlite)
② 피트모스(Peatmoss)
③ 질석(Vermiculite)
④ 바크(Bark)

해설
바크(Bark)는 전나무 등의 나무껍질을 잘게 분쇄하여 만든 것으로, 서양란의 식재재료로 사용한다. 또한 나무 밑에 깔아 잡초 발생을 억제하거나 미관재료로 사용할 수도 있다.

정답 21 ② 22 ① 23 ② 24 ③ 25 ① 26 ④

27 절화를 수확한 후 물올림작업에 사용하는 물의 pH로 가장 적당한 것은?

① pH 1~2
② pH 3~4
③ pH 6~7
④ pH 8~9

해설
물올림 시 물의 pH는 3~4로 산성화시켜 미생물 억제 및 수분흡수력을 증가시킨다.

28 다음 중 다육식물에 대한 설명으로 가장 거리가 먼 것은?

① 건조지방에서 잘 자란다.
② 사막이나 태양광선이 강한 곳에서 잘 자란다.
③ 식물체가 연약하므로 잦은 관수를 통해 유지해야 한다.
④ 주로 분화용으로 많이 이용하며 분주, 삽목 등의 영양번식을 주로 한다.

해설
③ 다육식물이나 선인장은 다습하면 썩기 쉽다.

29 다음 중 나팔꽃의 특성에 대한 설명으로 옳지 않은 것은?

① 한해살이 화초이다.
② 가을에 파종하는 화초이다.
③ 보통 종자로 번식한다.
④ 대체로 단일조건하에서 개화가 촉진된다.

해설
② 나팔꽃은 봄에 파종하는 화초이다.

30 화훼장식 대상물에 따른 질감의 표현으로 옳은 것은?

① 장미 - 나무의 질감
② 팜파스그라스 - 순모의 털처럼 포근한 질감
③ 안스리움 - 벨벳과 같은 부드러운 질감
④ 팬지 - 금속의 질감

해설
①·④ 장미, 팬지 : 벨벳과 같은 부드러운 질감
③ 안스리움 : 크롬, 알루미늄같은 금속의 질감

31 작업 시 깊이감을 주는 방법으로 옳은 것은?

① 줄기를 모두 같은 각도로 꽂는다.
② 통일된 질감을 사용한다.
③ 꽃잎이 겹치지 않게 하여 평행하게 배열한다.
④ 큰 꽃은 아래로, 작은 꽃은 위로 배열한다.

해설
작품에 깊이를 주는 방법
- 줄기의 각도가 과장되어 보이기 위해 가장 뒤에 있는 줄기는 약간 더 뒤로 제치고, 맨 앞의 줄기는 밑으로 늘어뜨린다. 이때 각도는 자연스럽게 점진적으로 변화시킨다.
- 꽃을 배열할 때 부분적으로 다른 꽃을 가리거나 꽃의 길이를 약간 다르게 해서 나타낸다.
- 큰 꽃은 아래로, 작은 꽃은 위로, 큰 것에서 작은 것으로 점진적으로 변화하도록 배열한다.

정답 27 ② 28 ③ 29 ② 30 ② 31 ④

32 평행배열로 된 꽃꽂이 형태에 대한 설명으로 옳은 것은?

① 원형, 평행형, 폭포형, 수평형 등이 있다.
② 교차선 배열에서 발전된 형으로 유연한 선의 흐름이다.
③ 모든 줄기의 선이 한 개의 초점에서 사방으로 전개되는 배열이다.
④ 여러 개의 초점으로부터 나온 줄기가 모두 같은 방향으로 나란히 뻗어 있는 배열이다.

해설

줄기배열에 의한 꽃꽂이 형태
- 방사선배열 : 모든 줄기의 선이 한 개의 초점에서 사방으로 전개되는 배열
- 병행선(평행)배열 : 여러 개의 초점으로부터 나온 줄기가 모두 같은 방향으로 나란히 뻗어 있는 배열
- 교차선배열 : 여러 개의 초점으로부터 나온 줄기의 선이 제각기 여러 각도의 방향으로 뻗어 서로 교차하는 상태로 배열
- 감는선배열 : 교차선배열에서 발전된 형으로 서로 구부러지고 휘감기는 유연한 선의 흐름으로 구조적 구성의 골조구조에 많이 쓰이는 배열
- 줄기배열이 없는 구성 : 일정한 규칙 없이 배열되거나 줄기를 짧게 잘라 꽃송이나 꽃잎만을 사용하여 구성

33 구조적(Structure) 디자인의 설명이 아닌 것은?

① 대칭과 비대칭의 질서를 유지하면서 형과 선을 명확하게 표현한다.
② 소재표면의 조직이나 재질감(Texture)이 드러난다.
③ 하나하나 조밀하게 구성하여 여러 겹으로 포개놓은 형태이다.
④ 잎 소재를 여러 겹 겹쳐 쌓아서 만든 작품들이 대부분 포함된다.

해설

구조적(Structure) 구성 : 각각의 소재가 가지고 있는 형태, 크기, 색, 재질감뿐만 아니라 소재의 배열이 나타내는 표면의 조직이나 구성, 재질감, 즉 구조의 효과를 전면에 부각시키는 화훼장식 구성

34 화훼장식 디자인의 원리와 요소에 대한 설명으로 틀린 것은?

① 색(Color)은 유일하게 촉각에 호소하는 요소로서 균형, 깊이, 강조, 리듬, 조화와 통일을 이루는 데 사용된다.
② 균형(Balance)은 물리적 균형과 시각적 균형이 모두 존재할 때, 안정감을 준다.
③ 디자인을 완성시키는데 있어서는 시간, 장소, 목적을 충족시킬 수 있는 구성이 필요하다.
④ 디자인의 압도적인 느낌을 주도하며 흥미를 유발하는 시각적 활동의 중심을 초점이라 한다.

해설

① 색은 시각적인 효과가 크다.

35 100ppm의 IBA 용액 250mL를 조제하기 위해서 순도 100%인 IBA를 넣는 양으로 옳은 것은?(단, 비중은 1이다)

① 100mL ② 75mL
③ 50mL   ④ 25mL

36 절화의 생리를 이용한 수명연장방법 설명 중 옳은 것은?

① 노화를 막기 위하여 상온저장한다.
② 시드는 것을 막기 위하여 70% 이하의 상대습도를 유지한다.
③ 저장양분의 소모를 최소화하기 위하여 암흑상태로 저장한다.
④ 실내인공조명 하에서 관리한다.

해설

① 노화를 막기 위하여 저온저장한다.
② 시드는 것을 막기 위하여 85~95% 정도로 습도를 유지한다.
③ 직접 태양광선을 받게 되면 쉽게 시들게 되므로 밝은 실내, 인공조명을 이용하여 보관한다.

37 다음에서 설명하는 동양식 절화장식은?

- 화기를 2개 이상 반복적으로 배치하여 하나의 작품이 되도록 구성한다.
- 하나하나 독립된 특성과 완미성를 나타낸다.
- 같이 연결되어 있을 때 더욱 효과적인 조화의 미를 표현할 수 있다.

① 분리형 ② 경사형
③ 전개형 ④ 복합형

해설
① 분리형 : 한 개의 화기에 두 개 이상의 침봉을 놓고 하나의 작품을 제작하거나 화기를 2개 이상 사용해 분리하여 꽂는 화형
② 경사형 : 1주지의 각도가 40~60°로 기울어진 화형

38 식사초대를 위한 유럽스타일의 테이블장식에 관한 설명으로 가장 거리가 먼 것은?

① 아침식사(Breakfast) 테이블은 상쾌한 햇살에 어울리는 흰색이나 파란색 또는 악센트로 색상이 조금 있는 것을 살짝 곁들인다.
② 런치(Lunch) 테이블은 짙고 옅은 색의 배합으로 고상하게 장식하거나 특별한 손님이나 관심이 가는 손님 앞에는 특별한 색을 하나 더하여 정성을 곁들인다.
③ 가든(Garden) 테이블은 뜰에 피는 작은 꽃을 모아 꽂아 친숙한 느낌을 주고, 꽃이나 잎을 조금 높게 꽂아 바람에 살랑거리게 하여 시원함을 준다.
④ 디너(Dinner) 테이블은 주가 되는 소재의 꽃을 여러 종류로 정하여 대범하게 꽂아 나가며 꽃향기가 강한 것을 사용한다.

해설
④ 식사용 테이블장식에는 향이 강하고 짙은 식물은 피한다.

39 다음 중 유리용기에 도마뱀, 개구리, 거북 등과 식물을 함께 생육시키는 식물장식으로 가장 적당한 것은?

① 토피어리 ② 테라리움
③ 비바리움 ④ 디시가든

해설
① 토피어리 : 관엽식물을 전정하거나 철사나 나뭇가지 등으로 틀을 만들어 그 위에 푸밀라 고무나무, 아이비와 같은 덩굴식물을 감아서 키워 동물이나 기타 여러 가지 모양을 만든 것
② 테라리움 : 밀폐된 유리용기 속에 토양층을 형성하여 식물이 자라도록 만든 것
④ 디시가든 : 작은 돌이나 인형 또는 그 밖의 장식물을 곁들여 소정원을 꾸밀 수 있고, 이것을 확장시켜 분경을 만든다.

40 한국의 분식물 장식에 대한 역사적인 설명으로 가장 거리가 먼 것은?

① 한국의 전통적인 분식물은 자생 목본식물이 주종을 이룬 분재나 분경이었다.
② 고려 후기에는 소나무를 비롯한 매화나무와 대나무가 주종이 되었다.
③ 1970년대 경제발전으로 인한 생활의 여유와 주거양식의 변화로 분식물 장식에 대한 관심이 높아졌다.
④ 오늘날 실내공간에서 가장 일반적으로 이용되고 있는 식물은 자생식물이다.

해설
④ 현재 실내재배에 이용되고 있는 대부분은 외국에서 도입된 외래종이 주를 이루고 있다.

41 건조화에 대한 설명으로 틀린 것은?

① 건조에 적합한 장소는 공기의 유입과 순환이 자유로운 곳이 좋다.
② 자연건조법은 건조방법 중에서 가장 특별한 기술과 재료를 요구하는 방법이다.
③ 건조소재는 중량이 가볍고, 반영구적으로 사용할 수 있는 장점을 가지고 있다.
④ 식물의 장식을 위한 건조에는 관상가치가 높은 꽃과 잎, 줄기, 열매에 이르는 모든 부위가 가능하다.

해설
② 자연건조법은 별다른 가공 과정 없이 상온에서 햇빛과 바람에 말리는 방법이다.

42 다음 중 주로 매년 종자 파종에 의해서 번식하는 것으로 가장 적합한 것은?

① 관엽식물
② 구근류
③ 일년초화류
④ 숙근초화류

해설
① 관엽식물 : 꽃보다는 잎의 모양, 색, 무늬 등의 아름다움을 관상하는 식물이다.
② 구근류 : 알뿌리가 있는 식물로 인경, 구경, 근경, 괴경, 괴근 등으로 구분한다.
④ 숙근초화류 : 종자를 파종한 후 발아되어 뿌리나 줄기가 여러 해 동안 살아남아 매년 꽃을 피우는 식물이다.

43 베란다 및 발코니 장식을 위한 계절별 분식물로 부적합한 것은?

① 3~5월의 시네라리아
② 6~8월의 페튜니아
③ 9~10월의 프리뮬러
④ 10~12월의 꽃양배추

해설
③ 9~10월 베란다 및 발코니 장식을 위한 분식물로 샐비어와 과꽃이 적합하다.

44 화훼장식의 목적별 분류에 해당하는 것은?

① 절화장식, 분화장식
② 상업용, 혼례용, 근조용, 장식용
③ 실내장식, 실외장식
④ 꽃꽂이, 꽃다발, 꽃바구니, 테이블장식, 식물심기

해설
① 이용되는 화훼식물의 특성에 따라
③ 장식 공간에 따라
④ 형태적 특성에 따라

45 다음 중 압화소재로 적합한 꽃은?

① 꽃잎이 나팔모양인 꽃
② 색이 선명하고 변화가 많은 꽃
③ 주름이 많은 꽃
④ 꽃잎이 두껍고 수분함량이 많은 꽃

해설
압화소재로 적합한 꽃
• 색이 선명하고 변화가 많은 꽃
• 구조가 간단하고 꽃잎이 적은 꽃
• 크기가 중간정도이거나 작은 꽃
• 두께가 적당하고 수분량이 적은 꽃
• 황색, 오렌지색, 남색, 자색, 홍색 등의 꽃

정답 41 ② 42 ③ 43 ③ 44 ② 45 ②

46 화훼의 이용형태에 관한 설명으로 연결이 틀린 것은?

① 생산화훼는 영리를 목적으로 한다.
② 생산화훼에는 절화, 절엽, 절지, 분화, 종묘, 화단묘가 해당된다.
③ 취미원예는 판매를 목적으로 하지 않는다.
④ 후생화훼에는 가정원예, 실내원예, 베란다원예, 생활원예가 해당된다.

해설
화훼의 이용형태
• 생산화훼 : 절화, 절엽, 절지, 분화, 종묘, 구근, 화단묘
• 취미화훼 : 개인적 관상목적 – 가정원예, 실내원예, 베란다원예, 생활원예
• 후생화훼 : 미화를 통한 서비스 – 원예치료, 향기치료

47 먼셀 표색계의 '채도'에 대한 설명으로 틀린 것은?

① 채도는 'C'로 표시한다.
② 색의 선명도를 나타내는 것으로 포화도라고도 한다.
③ 채도가 높으면 색이 탁해진다.
④ 채도는 1에서 14단계로 나뉘며 색입체의 중심축에서 바깥쪽으로 멀어질수록 채도번호는 점점 높아진다.

해설
채도가 높으면 색이 선명해지고, 채도가 낮으면 탁해진다.

48 장미를 신속하게 말리고 자연스러운 색상을 보다 잘 보존시켜주기 위해 사용하는 건조법은?

① 자연건조　② 실리카겔건조
③ 열풍건조　④ 탄화건조

해설
실리카겔은 꽃을 말리는 데 사용하는 상업적 혼합물로 꽃을 신속하게 말리고 꽃의 자연스러운 색상을 보다 잘 보존시켜주기 때문에 꽃을 보존·가공하는 데 가장 효과적인 건조제이다.

49 바인딩에 대한 설명으로 옳은 것은?

① 기능적인 목적보다는 특수한 요소를 강조할 때 사용한다.
② 밀짚이나 옥수수 다발 등과 같은 다량의 소재들을 함께 묶는 기법이다.
③ 장식적인 목적과 동시에 수직적 표현을 하기 위한 것이다.
④ 세 줄기 이상의 많은 줄기들을 함께 묶고, 묶은 끈으로 소재가 지탱되는 기법이다.

해설
바인딩은 줄기의 고정을 목적으로 묶어주는 방법이다.

50 꽃을 자연건조할 경우 고려해야 될 조건으로 틀린 것은?

① 햇빛이 비추는 개방된 곳이 좋다.
② 꽃의 성숙 정도는 활짝 피기 전이 좋다.
③ 장소는 서늘하며 통풍이 잘 되어야 하다.
④ 먼지, 바람, 수분 등을 피하는 것이 좋다.

해설
① 자연건조를 하기에 적당한 장소는 통풍이 잘되고 직사광선이 없는 곳이다.

51 유도화라고도 불리는 관상수목으로, 내한성(耐寒性)이 약해 우리나라 중부 이북의 노지에서는 월동이 어려운 식물은?

① 목련　② 은행나무
③ 협죽도　④ 산수유

해설
협죽도는 협죽도과(Apocynaceae)에 속하는 상록관목으로, 인도 원산의 열대성 식물이며, 내한성이 약해 남해안의 일부 지역을 제외한 내륙지방에서는 노지월동이 불가능하다.

정답　46 ④　47 ③　48 ②　49 ④　50 ①　51 ③

52 다음 설명하는 관수방법으로 가장 적합한 것은?

> • 화분의 배수공을 통해 모세관현상을 이용해서 수분을 흡수시키는 방법이다.
> • 비용이 저렴하고 화분의 크기에 상관없이 이용할 수 있는 방법이다.

① 파이프 관수 ② 저면관수
③ 스프링클러 관수 ④ 점적관수

해설
① 파이프 관수 : 일렬로 화분을 늘어놓고 그 위에 파이프를 배치하여 부착된 노즐을 통해 관수하는 방법
③ 스프링클러 관수 : 파이프에 연결된 회전 살수노즐을 통해 넓은 지역을 고르게 관수하는 방법
④ 점적관수 : 작은 구멍이 뚫린 파이프를 통해 조금씩 떨어지는 물방울로 관수하는 방법

53 다음 그림은 작물의 기본적인 생활순환(Life Cycle)을 나타낸 것이다. 도표의 (A)에 들어갈 용어로 가장 적합한 것은?

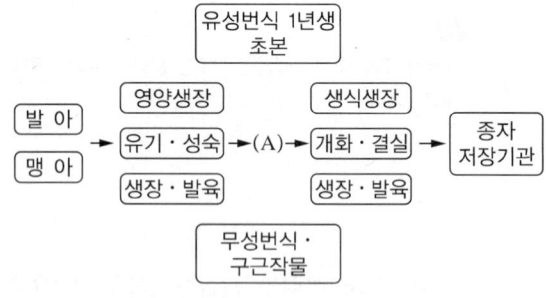

① 성숙상 ② 수 정
③ 화아분화 ④ 노 화

해설
③ 화아분화 : 식물이 생육하는 도중에 식물체의 영양 조건, 기간, 기온, 일조 시간 등의 필요조건이 다 차서 꽃눈을 형성하는 일
① 성숙상 : 작물이 다 자라 생식이 가능해지고, 탄수화물이나 단백질 따위의 물질을 축적하는 시기
② 수정 : 암수의 생식 세포가 하나로 합치는 것
④ 노화 : 구조와 기능이 점진적으로 퇴화되는 것

54 배양토에 대한 설명으로 틀린 것은?

① 통기성, 보수력, 보비력이 양호하다.
② 식물생육에 필요한 영양분이 함유되도록 한다.
③ 토양이 무거워야 식물의 뿌리를 잘 눌러 고정할 수 있다.
④ 사용할 식물에 맞게 적정 비율로 경량토를 혼합해서 사용한다.

해설
배양토는 비료분이 풍부하고 다공성(多孔性)이며, 보수력이 있고 병해충이 없어야 한다.

55 식물의 생육영양분 중 미량영양소가 아닌 것은?

① 붕소(B) ② 몰리브덴(Mo)
③ 망가니즈(Mn) ④ 칼륨(K)

해설
• 다량영양소 : 질소, 인, 칼륨, 칼슘, 마그네슘, 황
• 미량영양소 : 염소, 구리, 철, 망가니즈, 아연, 붕소, 몰리브덴

56 에틸렌 발생의 요인으로 거리가 먼 것은?

① 시들은 절화
② 익어가는 과일
③ 질병에 감염된 분식물
④ 저 온

해설
에틸렌(Ethylene)
• 절화의 성숙과 노화에 가장 큰 영향을 미친다.
• 에틸렌에 대한 민감도는 저온에서 감소되기 때문에 피해 방지를 위해서는 냉장보관이 효과적이다.
• 공기 중 불완전연소의 부산물로서 발생하거나 성숙한 과일, 노화된 꽃에서 발생한다.

57 식물성 색소가 아닌 것은?

① 플라보노이드
② 베타시아닌
③ 멜라닌
④ 카로티노이드

해설
천연색소의 종류
- 식물성 색소 : 플라보노이드류(안토크산틴, 안토시아닌, 타닌류), 베타레인류(베타잔틴, 베타시아닌), 카로티노이드류(카로틴, 크산토필), 클로로필
- 동물성 색소 : 헤모글로빈, 마이오글로빈, 멜라닌 등

58 소매상에서의 절화취급방법에 대한 설명으로 틀린 것은?

① 물올림 후 절화 품질과 수명을 연장시키기 위해 작물별 특성에 따라 적정 절화보존제를 사용하는 것이 좋다.
② 생산자에 의해서 출하 전 STS제가 전처리되었다면, 소매상에서는 STS제를 재처리해서는 안된다.
③ 생산자에 의해 질산은제가 함유된 전처리제를 사용했다면, 물올림 과정에서 재절단을 하는 것이 좋다.
④ 열대산 절화를 제외하고는 대부분 절화는 저온(5℃)에서 전시하거나 보관하는 것이 좋다.

해설
질산은으로 이미 처리된 절화는 꽃가게에서 재절단해서는 안된다. 질산은은 줄기 위로 이동되지 않기 때문에 재절단은 미생물의 생장과 줄기 부패에 의한 도관 폐쇄를 방지하는 질산은의 유리한 효과를 상실케 한다.

59 친환경적인 실내 환경의 조성을 위한 노력으로 틀린 것은?

① 방향성 식물이나 방향성 꽃은 휘발성 물질을 방출하여 인체에 해롭기 때문에 되도록 실외에 배치하였다.
② TV 옆에 파키라 화분을 배치하였다.
③ 건조한 겨울철에 베란다에서 식물들을 거실 공간으로 끌어들여 자동가습기의 역할을 할 수 있도록 하였다.
④ 스파티필름을 집안 구석구석에 놓아 공기 중에 유해성분을 제거하도록 하였다.

해설
① 식물·꽃의 방향 성분은 스트레스 해소, 심신 휴식 등 치유와 질병 치료 등에 사용되기도 한다.

60 글리세린 건조작업 시 글리세린과 물이 잘 혼합되도록 넣는 물질은?

① 트윈(Tween) 80
② 질산은
③ 황산은
④ 8-HQC

해설
글리세린을 40℃의 물과 1:2(부피비) 또는 1:3으로 혼합하고 트윈 20, 트윈 80과 같은 습윤제 0.5~1%를 첨가하면 물의 표면장력을 줄여 흡수가 용이해지며 독성이 적어진다.

정답 57 ③ 58 ③ 59 ① 60 ①

2023년 제1회 과년도 기출복원문제

01 다음 중 리스(Wreath)의 유래로 옳은 것은?

① 천(天), 지(地), 인(人)의 삼재사상에서 비롯되었다.
② 음양오행사상이 구성원리에 많은 영향을 미쳤다.
③ 충성과 헌신의 상징으로 신이나 영웅에게 바쳤다.
④ 불전공화(佛典供花)의 양식에서 비롯되었다.

해설
리스는 고대 그리스시대에 충성과 헌신의 상징으로서 신이나 영웅에게 바치는 장식물로 이용되었으며, 머리에 쓰거나 옷에 부착하였고, 생활공간을 장식하기도 하였다.

02 밀폐된 투명한 플라스틱이나 유리용기 속에 식물을 심어 재배 관상하는 화훼장식의 이용 형태는?

① 디시가든   ② 토피어리
③ 수경재배   ④ 테라리움

해설
① 디시가든 : 접시와 같이 넓고 깊이가 얕은 용기에 식물을 심어 놓은 작은 정원
② 토피어리 : 관엽식물을 전정하거나, 철사나 나뭇가지 등으로 틀을 만들어 그 위에 덩굴식물을 키워서 동물이나 기타 여러 가지 모양을 만든 것
③ 수경재배 : 흙을 전혀 사용하지 않고, 물과 식물생장에 필요한 무기양분을 인위적으로 공급하여 식물을 기르는 것

03 리본에 대한 설명으로 틀린 것은?

① 소재의 줄기가 모이는 부분에 달아주는 것이 무난하다.
② 작품의 크기에 비례하여 리본의 폭이 적절하여야 한다.
③ 리본 색의 선정은 전체 작품의 색과 전혀 관계가 없다.
④ 사용한 리본의 부피만큼 꽃의 사용을 줄일 수 있다.

해설
리본은 꽃다발, 포장 등 여러 부분에 이용되어 강조의 역할을 하거나 시각적 균형감을 주므로 리본 색을 선정할 때는 전체 작품의 색을 고려해야 한다.

04 다음 중 장일성 식물에 해당하는 것은?

① 포인세티아   ② 스위트피
③ 코스모스   ④ 칼랑코에

해설
장일식물 : 참나리, 토마토, 카네이션, 금어초, 스위트피 등으로, 이들은 모두 가을에 파종하면 다음해 봄에 개화한다.

05 먼셀(Albert H. Munsell) 색표계의 색을 표시하는 기호로 바른 것은?

① HC/V   ② VH/C
③ CV/H   ④ HV/C

해설
먼셀의 색표기법은 색상(Hue), 명도(Value), 채도(Chroma)를 'HV/C'로 표기한다.

06 화훼장식 대상물에 따른 질감의 표현으로 가장 잘못된 것은?

① 루나리아, 스위트피 : 유리화기처럼 투명하다.
② 팜파스그라스, 목화솜 : 순모의 털처럼 투명하다.
③ 아킬레아, 솔리다고 : 벨벳 같은 질감으로 부드럽다.
④ 안스리움, 베고니아 : 크롬, 알루미늄처럼 금속의 질감을 가진다.

해설
③ 아킬레아, 솔리다고 : 삼베같은 거칠고 까칠한 질감을 가진다.

07 다음 중 압화용 누름꽃으로 이용하기에 가장 좋은 꽃은?

① 맨드라미 ② 해바라기
③ 백일홍   ④ 팬 지

해설
압화용 소재
• 색이 선명하고, 크기가 적당한 꽃 : 수선화, 프리지아, 할미꽃, 금잔화 등
• 구조가 간단하고, 꽃잎수가 적은 꽃 : 팬지, 코스모스, 시클라멘, 양귀비 등
• 두께가 적당하고, 수분이 적은 꽃 : 클레마티스, 작약, 안개꽃, 데이지 등
• 평면적인 형태의 그린꽃 : 네프롤레피스, 클로버 등

08 용기에 작은 크기의 플로랄폼을 고정하기 위해서 플라스틱 핀 홀더를 접착시키는 데 이용하는 것은?

① 플로랄 테이프
② 케이블타이
③ 릴 철사
④ 접착용 점토

09 다육식물이 아닌 것은?

① 용설란   ② 맥문동
③ 칼랑코에   ④ 유 카

해설
② 맥문동은 여러해살이풀로 관엽식물이다.

10 구근의 형태에 따른 분류에서 구경(Corn)류로만 나열된 것은?

① 튤립, 칼라, 글라디올러스
② 나리, 원추리, 산마늘
③ 글라디올러스, 프리지아, 크로커스
④ 꽃생강, 칼라, 수선화

해설
구경 : 줄기가 비대해져 알뿌리 모양으로 된 것으로 글라디올러스, 프리지아, 크로커스, 아시단테라 등이 있다.

정답 6 ③ 7 ④ 8 ④ 9 ② 10 ③

11 색채가 주는 감정적 효과로 옳지 않은 것은?

① 백색보다는 흑색이 무겁게 느껴진다.
② 명도가 높은 색은 가볍고 진출되어 보인다.
③ 색채의 강약은 색상에 의해 주로 생긴다.
④ 저명도색은 고명도색보다 후퇴되어 보인다.

해설
색채의 강약은 채도에 의해 주로 생긴다.

12 고전적 삼각형 꽃꽂이에서 나타나는 생장점은?

① 두 개의 생장점
② 하나의 생장점
③ 무 생장점
④ 여러 개의 생장점

해설
고전적 삼각형 꽃꽂이에서는 하나의 생장점에서 줄기가 뻗어 나온다.

13 덩굴성이 아닌 식물은?

① 클레마티스 ② 후박나무
③ 인동덩굴   ④ 능소화

해설
② 후박나무는 상록활엽교목이다.

14 서양식 절화장식에서 골격을 형성하는 선형꽃(Line Flower)으로 주로 이용되는 소재로 가장 거리가 먼 것은?

① 스토크   ② 장 미
③ 글라디올러스 ④ 금어초

해설
매스 플라워(Mass Flower) : 장미, 국화, 카네이션 등

15 다음 중 줄기의 아랫부분 10cm 정도를 끓는 물에 넣었다 빼내는 열탕 처리가 수명 연장에 효과가 있는 화훼류는?

① 튤 립   ② 포인세티아
③ 국 화   ④ 카네이션

해설
열탕법을 적용하는 소재 : 국화, 백일홍, 숙근안개초, 대나무, 맨드라미, 접시꽃, 스토크, 금어초, 캄파눌라, 아게라툼, 부바르디아 등

16 다음 중 식충식물에 해당하지 않는 것은?

① 피닉스   ② 네펜데스
③ 사라세니아   ④ 끈끈이주걱

해설
① 피닉스는 관엽식물이다.

정답 11 ③ 12 ② 13 ② 14 ② 15 ③ 16 ①

17 사군자에 속하지 않는 것은?

① 매 화　　② 난 초
③ 소나무　　④ 국 화

해설
사군자 : 매화, 난초, 국화, 대나무

18 다음 중 에틸렌에 민감한 식물이 아닌 것은?

① 백 합　　② 안스리움
③ 프리지아　　④ 카네이션

해설
• 에틸렌에 민감한 꽃 : 카네이션, 델피니움, 알스트로메리아, 금어초, 스위트피, 난류, 나리, 수선, 프리지아, 백합, 숙근안개초 등
• 에틸렌에 둔감한 꽃 : 안스리움, 거베라, 튤립, 국화 등

19 전후좌우 어느 방향에서도 감상할 수 있는 디자인 형태는?

① 피라미드형(Pyramid Style)
② 부채형(Fan Style)
③ 수직형(Vertical Style)
④ 삼각형(Triangular Style)

해설
② 부채형 : 선의 꽃으로 펼쳐놓은 부채형의 골격으로 구성되었으며 소량의 꽃으로 할 수 있는 형태이다.
③ 수직형 : 화훼장식 가운데 가장 단순한 구성으로 모든 화형의 기본이 된다. 가능한 수직적 소재를 사용하여 생명력 넘치는 생동감을 줄 수 있도록 한다.
④ 삼각형 : 안정감 있는 기하학적인 작품을 만들기에 좋다.

20 화훼디자인의 요소 중 만져서 느낄 수 있는 촉각과 더불어 덩어리감을 느낄 수 있는 뭉치, 중량감, 부피감을 말하는 것은?

① 질 감　　② 양 감
③ 공 간　　④ 비 례

해설
① 질감 : 재료의 조직, 밀도감, 질량감, 빛의 반사도 등에 따른 시각적인 느낌
③ 공간 : 작품에서 소재들이 사용된 부분으로 물리적인 공간과 화훼장식물의 공간으로 나눌 수 있음
④ 비례 : 균형과 밀접한 관계를 가지고 있으며 통일과 변화를 조성하는 원리

21 속명의 연결이 틀린 것은?

① 단풍나무 - *Acer*
② 수련 - *Nymphaea*
③ 진달래 - *Aconitum*
④ 장미 - *Rosa*

해설
③ 진달래 : *Rhododendron*

22 와이어에 플로랄 테이프를 감고 리본과 가는 종이를 꼬듯이 감아 여러 가지 모양으로 만들 수 있는 리본 형태로 알맞은 것은?

① 레인보우 워크
② 스파클 리본
③ 프렌치 리본
④ 컬리큐즈

해설
컬리큐즈(Curlicues) : 와이어에 플로랄 테이프를 감고 다시 그 위에 리본을 감은 후 와이어의 양 끝을 꼬아 숫자나 이니셜 모양을 만들어 활용할 수 있는 리본 작업

23 다음 재료 중 부식상태에 따라 매끄럽고 거친 느낌이 나며 차고 강한 느낌의 현대 문명을 암시하는 것은?

① 도자기　　② 강 철
③ 테라코타　④ 구 리

24 다음 중 절화보존제의 역할이 아닌 것은?

① 절화 수명을 연장한다.
② 본래의 화색을 보존한다.
③ 에틸렌 발생을 증가시켜 피해를 준다.
④ 꽃의 개화를 돕는다.

> **해설**
> ③ 절화보존제는 에틸렌 발생을 억제시켜 준다.

25 밀 드 플레(Mille de Fleur) 디자인의 설명으로 옳지 않은 것은?

① 19세기 중반 유럽에서 시작되었다.
② 다양한 꽃과 잎, 과일이나 채소를 밀집되게 장식하는 형태이다.
③ 1,000송이 꽃 또는 많은 꽃이라는 뜻이다.
④ 둥근형 모양이 일반적이지만 삼각형이나 사각형과 같은 형도 있다.

> **해설**
> ②는 더치플레미시 디자인의 설명이다.

26 줄기배열 방식 중 교차(Cross)의 설명으로 가장 거리가 먼 것은?

① 평행의 변형·발전된 형태이다.
② 적은 소재를 써서 큰 스케일의 디자인이 가능하다.
③ 줄기를 꽂는 점이 겹쳐도 방향성이 좋으면 관계없다.
④ 구조적 구성에서 많이 나타난다.

> **해설**
> 교차선 배열은 여러 개의 초점으로부터 나온 줄기의 선이 제각기 여러 각도의 방향으로 뻗어 서로 교차하는 상태로 배열된 것이다.

27 화훼장식에 있어 꽃을 고정하는 데 사용되는 소재가 아닌 것은?

① 침 봉　　② 플로랄폼
③ 철 망　　④ 이 끼

> **해설**
> 절화 줄기의 고정방법 : 용기, 플로랄폼, 침봉, 철망, 격자, 끈·실·테이프, 접착제, 철사, 스프레이 등

28 다음 중 개화가 진행된 상태에서 절화해야 하는 것은?

① 거베라　　② 작 약
③ 아이리스　④ 나 리

> **해설**
> 거베라는 개화 시작 2일 정도의 꽃을 수확한다.

정답 23 ② 24 ③ 25 ② 26 ③ 27 ④ 28 ①

29 다음 중 대칭균형에 대한 설명으로 가장 거리가 먼 것은?

① 중심축을 기준으로 양쪽에 같은 요소로 동일하게 배열한다.
② 자연스럽고 비정형적이며 생동감이 있다.
③ 공식적이고 위엄이 있어 보인다.
④ 질서가 있어 안정된 느낌이다.

해설
②는 비대칭균형에 대한 설명이다.

30 화훼류 재배 배양토의 가장 적정한 pH 범위는?

① pH 3.0~3.5
② pH 4.0~4.6
③ pH 5.0~7.0
④ pH 8.0~9.0

해설
배양토의 산도는 식물의 생육과 양분의 유효화에 큰 영향을 미치는데, 일반적으로 pH 5.5~6.0의 약산성이 좋다.

31 분류상 칸나(Canna)가 속하는 과(科)명은?

① 분꽃과
② 홍초과
③ 백합과
④ 십자화과

해설
② 홍초과 : 칸나
① 분꽃과 : 분꽃
③ 백합과 : 옥잠화, 원추리, 맥문동, 둥굴레, 박새, 여로, 산달래, 부추, 무릇, 참나리, 유카, 비자루, 은방울꽃, 애기나리, 두루미꽃, 청가시 등
④ 십자화과 : 배추꽃, 갓, 유채, 무우꽃, 양배추, 겨자, 냉이, 부지깽이, 재쑥, 장대나물 등

32 갈란드(Galand)에 대한 설명으로 틀린 것은?

① 절화를 원형의 고리 모양으로 만들어낸 장식물이다.
② 고대 이집트와 로마시대부터 행사에서 경축의 용도로 사용하였다.
③ 어깨에 걸치거나, 기둥의 둘레를 감거나, 난간, 문 등을 장식할 수도 있다.
④ 절화와 절엽 등을 길게 엮은 장식물이다.

해설
① 절화를 원형의 고리 모양으로 만든 장식물은 화환(Wreaths)이다.

33 웨딩 부케 제작 시 고려할 사항으로 가장 거리가 먼 것은?

① 드레스의 형태나 컬러를 고려한다.
② 신부가 특별히 선호하는 색이나 형태를 고려한다
③ 신부의 나이, 피부색, 체형 등 외형을 고려한다.
④ 제작자의 취향이나 의견을 가장 우선한다.

34 절화를 꽂는 물에 구연산을 넣어주는 주된 이유는?

① 화색을 좋게 하기 위하여
② 꽃에 영양분을 주기 위하여
③ 줄기의 갈라짐을 방지하기 위하여
④ 물을 산성화하여 미생물의 증식을 억제하기 위하여

해설
구연산이나 레몬즙은 물의 pH를 낮춰 미생물의 증식을 줄일 수 있다.

정답 29 ② 30 ③ 31 ② 32 ① 33 ④ 34 ④

35 볏단, 밀짚다발, 옥수수대 등을 이용하여 같은 재료 또는 비슷한 재료를 단단히 묶는 기법은?

① 조닝(Zoning)
② 시퀀싱(Sequencing)
③ 번들링(Bundling)
④ 테라싱(Terracing)

해설
① 조닝(Zoning) : 꽃들을 색과 종류에 따라 넓은 특정 지역에 구역화하는 기법이다.
② 시퀀싱(Sequencing) : 소재들의 패턴을 차례대로 변화시키는 디자인 기법이다.
④ 테라싱(Terracing) : 동일한 소재들을 크기에 따라 앞, 뒤, 수평으로 일정한 간격으로 배치하여 계단식 단계처럼 연속적인 층을 만들어 구성의 밑부분에 입체감과 함께 질감을 더해 주는 기법이다.

36 다음 중 채도가 가장 높은 것은?

① 무채색
② 회 색
③ 순 색
④ 청 색

해설
채도는 색상의 포화도 또는 강도를 말하며, 한 색상 중에서 채도가 가장 높은 색을 순색이라 한다.

37 검은색과 노란색을 사용하는 교통표지판은 색채의 어떠한 특성을 이용한 것인가?

① 색채의 연상
② 색채의 이미지
③ 색채의 심리
④ 색채의 명시성

해설
명시도 : 두 색을 대비시켰을 때 멀리서도 잘 보이는 성질로 색상, 명도, 채도의 차이가 큰 색의 대비가 명시성이 높다.

38 절화수명 연장방법으로 틀린 것은?

① 줄기는 예리한 칼로 자른 즉시 물에 담가야 한다.
② 물통에 꽂을 때 줄기의 아랫잎을 보존한다.
③ 영양을 공급해 준다.
④ 에틸렌에 민감한 꽃은 분리하여 저장한다.

해설
잎이 물속에 잠기면 부패하기 쉽고, 부패된 잎으로부터 에틸렌가스가 발생하여 노화를 촉진시키므로 물통에 꽂을 때 줄기의 아랫잎은 제거한다.

39 자연향을 오래 간직하기 위해서 말린꽃에 향기나는 식물, 향료 등을 혼합하여 이것을 용기 속에 넣어 이용하는 장식화훼의 형태는?

① 포푸리
② 리 스
③ 부토니아
④ 오브제

해설
② 리스 : 화환이라고도 하며, 절화를 이용하여 고리 모양으로 만들어낸 장식물
③ 부토니아(Boutonniere) : 신부 꽃다발의 꽃 한 송이를 이용하여 신랑의 예복 상의 깃의 단추 구멍에 꽂는 꽃
④ 오브제(Objective) : 식물을 다른 소재와 조합하여 그 형이나 색채, 질감의 대비나 조화 등을 비사실적 기법에 의해 순수한 구성미를 가진 형태로 표현하는 것

35 ③　36 ③　37 ④　38 ②　39 ①

40 식물체 내의 수분의 역할 중 식물 체온조절에 대한 설명으로 가장 적합한 것은?

① 공기습도가 포화되면 엽온은 안정된다.
② 증산작용을 통해 식물체온의 상승을 막는다.
③ 세포 내의 팽압 유지로 식물의 체온을 유지시킨다.
④ 각종 효소의 활성을 증대시켜 식물 체온이 상승하도록 한다.

> **해설**
> 증산작용의 효과
> • 물이 수증기로 빠져나갈 때 기화열을 갖고 나가기 때문에 식물체의 온도가 상승하는 것을 방지
> • 식물체 내의 수분을 내보내어 식물체 내의 수분량을 조절
> • 수분량을 증발시켜 양분을 체내에 농축
> • 뿌리에서 흡수한 물과 무기양분을 상승시킬 수 있는 원동력

41 식물염색에 사용하는 방법이 아닌 것은?

① 대량 염색할 때는 염료가 첨가된 물에 식물을 넣고 삶은 후 건조시킨다.
② 염색은 표백 후 하는 것이 좋고, 염료혼합 시 증류수를 사용하는 것이 좋다.
③ 염료가 섞여 있는 물에 식물을 꽂아 도관을 통해 물을 흡수시킨다.
④ 스프레이 염료는 분무해서 염색시키는 것으로 건조화에서만 가능하다.

> **해설**
> ④ 생화를 염색하는 방법 중에 식용색소를 섞은 물을 생화에 흡수시키는 방법과 색소를 직접 꽃에 분무하는 방법이 있다.

42 품질관리를 위한 수확 후 처리방법에 대한 설명으로 틀린 것은?

① 모든 절화는 끓는 물에 수초간 기부를 담그는 열탕처리가 수명연장에 가장 효과적이다.
② 절화는 온도가 높으면 호흡량이 많아지므로 가능한 저온에 보관한다.
③ 절화에 STS 처리는 Ag이온이 에틸렌작용을 억제하기 때문에 효과가 있다.
④ 미생물이 증식하여 절화의 도관을 막으면 수분흡수가 억제되므로 미생물의 증식을 억제시킨다.

> **해설**
> 열탕처리의 효과가 미미한 절화도 있다.

43 장미의 꽃목굽음이 일어나는 주요 요인으로 옳은 것은?

① 기온이 떨어지는 겨울에 채화 할 때 일어나는 현상이다.
② 조기 채화 시 전처리를 해주어 일어나는 현상이다.
③ 절화의 수분균형이 깨져 발생하는 현상이다.
④ 수분 공급이 지나치게 되면 발생하는 현상이다.

> **해설**
> 물올림이 잘되지 않으면 꽃목굽음이 발생한다.

정답 40 ② 41 ④ 42 ① 43 ③

44 절화의 경우 유액이 많이 나오는 식물의 수명 연장을 위해 어떻게 처리하여야 하는가?

① 물통에 넣어 물을 흡수하게 한다.
② 절화보존제를 사용한다.
③ 물속 자르기를 한다.
④ 탄화 처리를 한다.

해설
탄화 처리
- 탄화 처리란 줄기 절단면의 1~2cm 정도를 불에 태운 다음 찬물에 넣는 것이다.
- 유액이 나오는 절화는 절단면을 불에 살짝 태워 자극을 준다.
- 줄기 절단면의 부패를 막고, 물의 흡수를 원활하게 하기 위해 사용된다.
- 탄화 처리를 적용하는 소재 : 수국, 장미, 포인세티아 등

45 꽃을 자연건조할 경우 고려해야 될 조건으로 틀린 것은?

① 햇빛이 비추는 개방된 곳이 좋다.
② 꽃의 성숙 정도는 활짝 피기 전이 좋다.
③ 장소는 서늘하며 통풍이 잘 되어야 한다.
④ 먼지, 바람, 수분 등을 피하는 것이 좋다.

해설
자연건조를 하기에 적당한 장소는 통풍이 잘되고 직사광선이 없는 곳이다.

46 꽃꽂이 형태에서 줄기배열을 구분할 때 한 개의 초점에서 사방으로 전개되는 줄기배열은?

① 방사선 배열
② 교차선 배열
③ 수직선 배열
④ 평행선(병행선) 배열

해설
① 방사선 배열 : 모든 줄기의 선이 한 개의 초점에서 사방으로 전개되는 배열
② 교차선 배열 : 여러 개의 초점으로부터 나온 줄기의 선이 제각기 여러 각도의 방향으로 뻗어 서로 교차하는 상태로 배열
④ 평행선(병행선) 배열 : 여러 개의 초점으로부터 나온 줄기가 모두 같은 방향으로 나란히 뻗어 있는 배열

47 실내정원을 구성할 때 사용되는 인공토양에 관한 설명으로 옳은 것은?

① 펄라이트(Perlite)는 화강암 속의 흑운모를 1,100℃ 정도의 고온에서 수증기를 가하여 팽창시킨 것이다.
② 버미큘라이트(Vermiculite)는 황토와 톱밥을 섞어서 둥글게 뭉쳐 고온 처리한 것이다.
③ 하이드로볼(Hydro Ball)은 진주암을 870℃ 정도의 고온으로 가열하여 팽창시켜 만든 백색의 가벼운 입자로, 무균 상태이다.
④ 피트모스(Peatmoss)는 습지의 수태가 퇴적하여 만들어진 것으로 유기질 용토이다.

해설
① 펄라이트(Perlite)는 진주암을 1,000℃ 정도의 고온으로 가열하여 팽창시켜 만든 백색의 가벼운 입자로, 무균 상태이다.
② 버미큘라이트(Vermiculite)는 화강암 속의 흑운모를 1,100℃ 정도의 고온에서 수증기를 가하여 팽창시킨 것이다.
③ 하이드로볼(Hydro Ball)은 황토와 톱밥을 섞어서 둥글게 뭉쳐 고온처리한 것이다.

48 절화를 상점에서 사온 후 소비자가 우선적으로 하여야 할 것은?

① 절화를 찬물에 담금
② 절화의 아랫부분을 물속자르기로 재절단함
③ 절화를 냉장고에 넣어 시원하게 함
④ 절화를 따뜻한 물에 담금

[해설]
물속에서 자르면 줄기 내의 공기유입을 막아 물 흡수를 돕기 때문이다.

49 소매상에서의 절화취급방법에 대한 설명으로 틀린 것은?

① 물올림 후 절화 품질과 수명을 연장시키기 위해 작물별 특성에 따라 적정 절화보존제를 사용하는 것이 좋다.
② 생산자에 의해서 출하 전 STS제가 전처리되었다면, 소매상에서는 STS제를 재처리해서는 안 된다.
③ 생산자에 의해 질산은제가 함유된 전처리제를 사용했다면, 물올림 과정에서 재절단을 하는 것이 좋다.
④ 열대산 절화를 제외하고는 대부분 절화는 저온(5℃)에서 전시하거나 보관하는 것이 좋다.

[해설]
질산은으로 이미 처리된 절화는 꽃가게에서 재절단해서는 안된다. 왜냐하면 질산은 줄기 위로 이동되지 않기 때문에 재절단은 미생물의 생장과 줄기 부패에 의한 도관 폐쇄를 방지하는 질산은의 유리한 효과를 상실케 한다.

50 우리나라 분식물장식의 역사로 틀린 것은?

① 문인, 문객들의 문집에 수록된 시에서 그 흔적을 찾아 볼 수 있다.
② 고려말기의 자수병풍에서 분식물을 찾아 볼 수 있다.
③ 한국의 전통적인 분식물은 매화나무나 소나무 등 자생 목본식물이 주종을 이룬다.
④ 홍만선의 산림경제에는 노송을 비롯한 만년송 등에 대한 내용을 수록하고, 어울리는 수형과 분토에 이끼를 생겨나게 하는 요령 등이 자세히 소개되어 있다.

[해설]
분토에 이끼를 생겨나게 하는 요령은 박세당의 색경증집(穡經增集)에 수록되어 있다.

51 다음에서 설명하는 화훼장식의 기능으로 가장 적합한 것은?

> 최근 연구결과에 따르면 건물의 외부 유입 공기의 감소와 실내 화학물질의 발생이 급격해짐에 따라 '병든빌딩증후군', '새집증후군', '복합화학물질 증후군' 등으로 고통 받고 있는 현대인들에게 실내공간의 식물 유입으로 유해물질을 정화하고, 실내의 온도·습도 등의 환경을 조절하여 쾌적성을 향상시킬 수 있다고 한다.

① 환경적 기능   ② 치료적 기능
③ 장식적 기능   ④ 건축적 기능

[해설]
화훼장식의 환경적 기능 : 공기정화, 습도유지, 온도조절, 음이온 다량발생, 휘발성 물질 방출효과 등

52 보색대비가 아닌 것은?

① 빨강(R) – 청록(GB)
② 노랑(Y) – 남색(PB)
③ 파랑(B) – 주황(YR)
④ 녹색(G) – 보라(P)

해설
녹색(G) – 자주(RP), 보라(P) – 연두(GY)

53 절화 수송 시 반드시 세워서 저장 및 수송해야 하는 것은?

① 숙근안개초
② 개나리
③ 글라디올러스
④ 국 화

해설
글라디올러스는 길고 가느다란 꽃줄기에 꽃대 없는 작은 꽃들이 촘촘히 달린 모양의 수상화서이기 때문에 반드시 세워서 저장·수송해야 한다.

54 압화의 재료로 사용하기 가장 어려운 소재는?

① 주름이 많은 꽃
② 색상의 선명도가 높은 꽃
③ 구조가 간단한 꽃
④ 수분함량이 적은 잎

해설
압화에 부적합한 꽃
- 꽃잎이 나팔 모양인 꽃, 관상화
- 하나의 꽃잎으로 이루어지거나 꽃잎의 각도가 너무 큰 꽃
- 꽃잎이 너무 크고 주름이 많은 꽃
- 꽃잎이 두껍고 수분함량이 많은 꽃(너무 얇아도 어려움)
- 화관 밑 부분이 직접 분열되어 꽃잎을 이루는 꽃

55 고려시대 꽃 문화의 특징에 해당하는 것은?

① 꽃 문화가 생활 속에 정착하고 발전하였으며, 불전에 바치는 공양으로 꽃이 많이 사용되었다.
② 이 시대에 들어 꽃꽂이는 획기적인 발전을 이루었으며, 꽃에 관한 다양한 전문서적이 저술되었다.
③ 서양으로부터 다양한 양식이 도입되었다.
④ 꽃꽂이는 실용적인 목적으로 사용되기 시작하였으며, 주로 여성들의 여가 활동으로 각광을 받았다.

해설
고려시대에는 대체로 불전 공화 의식이 무속의 하나로 퇴행하는 시기였다. 이때부터 장식하는 예술로서 꽃꽂이가 발전했으며 꽃을 화분에 담아 감상하는 풍습도 시작됐다.

56 절화를 꽂아두는 물을 산성화하여 미생물이 증식하는 것을 억제하는 것은?

① 계면활성제
② 나트륨
③ 구연산
④ 당 분

해설
살균제
- 미생물에 대한 살균작용, 보존용액의 산성화 및 수분흡수를 촉진한다.
- 살균제의 종류 : 질산은, 황산염, 구연산염 등

57 웨딩 부케에 대한 설명으로 틀린 것은?

① 트라이앵글형(Triangular)의 부케는 두 개의 갈란드를 중심부에 연결하여 아름다운 곡선이 돋보이는 형태이다.
② 캐스케이드형(Cascade) 부케란 상부의 원형 부케와 하부의 흐름을 갈란드로 연결한 것이다.
③ 초승달형(Crescent) 부케는 선의 흐름을 최대한 돋보이게 하고 대칭적, 비대칭적 제작 구성이 가능하다.
④ 모든 부케의 기본 형태는 원형이다.

해설
트라이앵글형 부케는 중앙 라운드형을 기준으로 3개의 갈란드가 생긴다.

58 신미술이라는 의미로 자연을 모티브로 하여 식물의 곡선을 주제로 한 양식은?

① 플레미시
② 밀 드 플레
③ 아르데코
④ 아르누보

해설
아르누보(Art Nouveau)
19세기 말~20세기 초에 걸쳐서 유럽 전역에 넓게 퍼졌던 장식적 양식으로, 신미술이라는 뜻을 가지고 있으며, 자연에서 식물의 모양을 따라 곡선을 주제로 구성한 양식이다.

59 삼국시대의 꽃꽂이에 관한기록으로 옳지 않은 것은?

① 안악2호분 동벽의 비천상
② 해인사 대적광전 벽화
③ 무용총의 벽화
④ 강서대묘 현실북벽의 비천상

해설
해인사 대적광전 벽화는 고려시대의 작품이다.

60 일본의 꽃예술가 오하라의 영향을 받아 1800년대와 1900년대 프랑스, 이탈리아에서 발전한 현대 화훼장식은?

① 필로잉 디자인
② 뉴웨이브 디자인
③ 추상적 디자인
④ 조각적 디자인

해설
① 필로잉 디자인 : 이끼, 지피식물 등을 이용하여 구름, 베게 모양으로 조밀하게 배치하는 디자인이다.
② 뉴웨이브 디자인 : 소재의 변형, 새로운 개발, 획기적인 방법 등으로 제작하여 새롭고 실험적인 것을 선호하는 디자인을 말한다. 화훼장식에서는 잎을 특이한 색상으로 칠하거나, 소재를 접거나 구부려 독특하고 색다르게 표현한다.
③ 추상적 디자인 : 전통과 관습에 매이지 않고 고전적인 형태에서 벗어난 추상적이고 비현실적인 디자인을 말한다.

2023년 제2회 과년도 기출복원문제

01 낚싯줄 같은 끈으로 꽃을 꿰어 행사 때 목에 걸어주는 장식은?

① 코사지
② 레이
③ 리슬렛
④ 펜던트

해설
① 코사지(Corsage) : 결혼식과 같은 각종 연회와 모임에 남녀 모두 널리 사용하는 작은 꽃다발의 몸장식
③ 리슬렛(Wrislet) : 손등을 장식하는 코사지
④ 펜던트(Pendant) : 목걸이, 귀걸이 등과 같이 아래로 늘어뜨린 장신구

02 다음 중 난과 식물만으로 짝지어지지 않은 것은?

① 덴파레, 심비디움
② 팔레놉시스, 카틀레야
③ 반다, 시프리페디움
④ 덴드로비움, 필로덴드론

해설
④ 필로덴드론은 관엽식물이다.

03 그루핑의 대상으로 가장 거리가 먼 것은?

① 같은 색
② 같은 향기
③ 같은 소재
④ 같은 질감

해설
그루핑은 비슷한 종류나 색상의 재료를 한곳에 모아 서로의 길이를 다르게 표현하여 꽂는 기법이다.

04 다음 중 무한화서에 속하는 것은?

① 양귀비
② 베고니아
③ 심비디움
④ 패랭이꽃

해설
심비디움은 무한화서 중 총상화서에 속한다.

05 잎보다 꽃이 먼저 피는 식물은?

① 회양목
② 모란
③ 산수유
④ 배롱나무

06 리듬에 대한 설명으로 옳은 것은?

① 조형상의 색, 형태, 질감, 선 등이 반복적으로 나타나는 것을 말한다.
② 시선을 유도하는 데는 옅은 색에서 강한 색으로 표현한다.
③ 꽃의 크기, 길이의 변화, 굵고 가늘음, 간격은 리듬을 나타내지 못한다.
④ 강약이 반복될 때는 리듬감을 나타내기 어렵다.

해설
리듬 : 같은 요소들에 의한 시각적인 움직임이 연속적으로 되풀이 되는 것

정답 1② 2④ 3② 4③ 5③ 6①

07 베이싱(Basing)기법에 대한 설명으로 가장 거리가 먼 것은?

① 디자인의 아래쪽을 시각적인 흥미를 위해 장식하는 방법이다.
② 필로잉, 테라싱, 파베 같은 기술을 사용한다.
③ 플로랄폼을 가려 주는 기술이다.
④ 같거나 비슷한 재료를 함께 무리지어 꽂는 기법이다.

해설
④는 그루핑기법에 대한 설명이다.

08 색채가 갖는 감정효과로 거리가 먼 것은?

① 성글고 조밀함
② 팽창과 수축
③ 가볍고 무거움
④ 따뜻하고 차가움

09 오스트발트 색체계에 대한 설명으로 옳은 것은?

① 노랑, 빨강, 파랑, 초록을 4원색으로 설정한다.
② 4원색의 사이색으로 자주, 남보라, 청록, 연두의 네 가지 색을 합하여 8색을 기본으로 하고 있다.
③ 8가지 기본색을 각각 3단계씩 나누어 각 색상명 앞에 1, 2, 3 번호를 붙이고, 이 중 3번이 중심색상이 되도록 한다.
④ 총 28가지 색상으로 이루어진다.

해설
오스트발트 색상환
• 노랑, 빨강, 파랑, 초록을 4원색으로 설정하고 그 사이색으로 주황, 보라, 청록, 연두의 네 가지 색을 합하여 8색을 기본색으로 하고 있다.
• 8가지 기본색을 각각 3단계씩으로 나누어 각 색상명 앞에 1, 2, 3의 번호를 붙이며, 이 중 2번이 중심색상이 되도록 하였다. 이렇게 24색상이 오스트발트의 색상환을 이룬다.

10 색의 온도감은 난색, 한색, 중성색으로 나뉘는데, 다음 중 가장 차가운 한색에 속하는 것은?

① 빨 강
② 노 랑
③ 보 라
④ 파 랑

해설
색(Color)의 온도
• 따뜻한 색 : 빨강, 다홍, 주황, 노랑 등의 적색·노랑 계통 장파장색
• 차가운 색 : 청록, 바다색, 파랑, 감청 등의 청색 계통 단파장색
• 중성색 : 연두색, 보라색, 자주색 등

11 칼라의 부드러운 줄기를 지탱하기 위한 철사 처리 방법으로 적합한 것은?

① 소잉(Sewing)
② 크로싱(Crossing)
③ 인서션(Insertion)
④ 시큐어링(Securing)

해설
인서션(Insertion)
줄기를 강하게 하거나 휘어진 줄기를 곧게 할 때 꽃의 목이 구부러지지 않도록 하기 위해 사용된다.

12 장미, 솔리다스터, 아이비로 코사지를 만들 때 와이어링 방법이 틀린 것은?

① 장미 꽃잎 - 헤어핀 메서드
② 장미꽃 - 피어스 메서드
③ 아이비 - 헤어핀 메서드
④ 솔리다스터 - 인서트 메서드

해설
솔리다스터는 국화과의 다년초로 안개꽃 등과 함께 필러 플라워로 쓰인다. 작은 꽃, 작은 가지 등을 한 번에 모을 때 사용하는 트위스팅법이 적당하다.

정답 7 ④ 8 ① 9 ① 10 ④ 11 ③ 12 ④

13 일반적으로 한국 꽃꽂이에서 제2주지를 나타내는 기호는?

① ▽ ② ⊥
③ + ④ □

14 동양식 꽃꽂이에서 자연묘사에 따른 형태의 설명으로 옳지 않은 것은?

① 복합형 : 두 개 이상의 수반을 복합적으로 배치하여 꽂는 형
② 부화형 : 수반에 물을 채우고 연꽃모양으로 꽃을 꽂는 형
③ 방사형 : 중심축을 중심으로 사방으로 균일하게 꽂는 형
④ 분리형 : 한 개 혹은 두 개의 수반에 분리하여 꽂는 형

해설
부화형(Floating Bowl)은 수반에 물을 채우고 수생식물을 띄우는 형태이다.

15 화훼장식 디자인 요소 중 음성적 공간의 설명에 해당하는 것은?

① 재료가 꽉 채워진 공간이다.
② 꽃과 꽃 사이에 생긴 빈 공간이다.
③ 작품에서 소재들이 사용된 부분으로, 꽃이 절대적인 부분을 차지한다.
④ 의도적으로 계획한 적극적 공간이다.

해설
디자인 요소로서의 공간의 유형
• 양성적 공간(Positive Space) : 작품에서 소재들이 사용된 부분으로, 꽃은 양성적 공간의 절대적인 부분을 차지한다.
• 음성적 공간(Negative Space) : 디자이너가 의도하지 않은 꽃과 꽃 사이에 생긴 빈 공간을 의미한다.

16 절화보존제의 역할이 아닌 것은?

① 에틸렌 발생 억제
② 에너지원 제공
③ 수분 증발 촉진
④ 미생물 증식 억제

해설
절화보존제는 수분 증발을 억제하는 효과가 있다.

17 절화의 수명을 연장하기 위한 방법으로 옳은 것은?

① 열대성 절화는 0~4℃의 온도에서 저온저장한다.
② 절화의 관상가치를 위해 꽃 냉장고에 과일과 함께 보관한다.
③ 보존용액은 pH 5 정도의 약산성 용액을 사용한다.
④ 절화 수명연장을 위한 최적의 공중습도는 50% 미만이다.

해설
① 열대식물은 8~15℃에서 저장한다.
② 과일이나 채소와 같이 보관하지 않는다.
④ 가장 적당한 공중습도는 80~85%이다.

18 주황색의 나리(Lily)를 주소재로 하여 꽃다발을 제작하고 꽃을 보다 강하고 뚜렷하게 보이고자 할 때 포장지의 색상으로 가장 적당한 것은?

① 파 랑 ② 노 랑
③ 빨 강 ④ 자 주

해설
보색관계 : 주황(YR) - 파랑(B)

정답 13 ④ 14 ② 15 ② 16 ③ 17 ③ 18 ①

19 식물체 내의 수용성 색소의 주요성분이 아닌 것은?

① 플라보노이드　② 타닌
③ 카로틴　　　　④ 화청소

해설
식물성 색소
• 수용성 : 플라보노이드류(안토크산틴, 안토시아닌, 타닌류), 베타레인류(베타잔틴, 베타시아닌)
• 지용성 : 카로티노이드류(카로틴, 크산토필), 클로로필

20 화훼장식에 영향을 미친 미술양식의 연대 순으로 옳게 나열한 것은?

① 바로크 → 비잔틴 → 로코코 → 로맨틱
② 고딕 → 비잔틴 → 로코코 → 르네상스
③ 비잔틴 → 르네상스 → 바로크 → 로코코
④ 비잔틴 → 르네상스 → 로코코 → 바로크

해설
화훼장식에 영향을 미친 미술양식의 연대순서
비잔틴 → 고딕 → 르네상스 → 바로크 → 로코코 → 신고전주의 → 로망주의 → 사실주의 → 인상주의 → 아르누보 → 추상주의

21 우리나라의 전통 색채는 생활 속에서 아름다움을 추구하는 요소로 또는 음양오행사상을 표현하는 상징적 의미의 표현수단으로 이용되었다. 이때 오행에 상응하는 오색은?

① 황(黃), 청(靑), 백(白), 적(赤), 흑(黑)
② 황(黃), 백(白), 흑(黑), 홍(紅), 녹(綠)
③ 녹(綠), 청(靑), 홍(紅), 자(紫), 남(藍)
④ 청(靑), 백(白), 홍(紅), 적(赤), 녹(綠)

해설
• 청(靑)-동쪽, 목(木)
• 백(白)-서쪽, 금(金)
• 적(赤)-남쪽, 화(火)
• 흑(黑)-북쪽, 수(水)
• 황(黃)-중앙, 토(土)

22 화훼장식에 사용되는 도구에 대한 설명으로 틀린 것은?

① 플로랄테이프는 쭉 펴서 감아주면 잘 달라붙도록 다양한 색상의 종이에 접착제 성분이 있다.
② 철사는 지름에 따라 번호가 매겨지며, 수가 증가할수록 굵은 철사이다.
③ 워터튜브는 절화의 줄기가 짧아 플로랄폼에 바로 꽂을 수 없을 때 사용한다.
④ 글루건은 전기를 이용하여 글루스틱을 녹여 접착제로 이용하는 기구이다.

해설
② 철사의 굵기는 짝수로 표시하며, 높은 숫자일수록 가는 철사이다.

23 주간온도가 16℃, 야간온도가 23℃일 때의 DIF 값은?

① +39　　② +7
③ -7　　 ④ -39

해설
DIF는 주간온도에서 야간온도를 뺀 주야간온도 차이를 의미하므로, DIF = 16 - 23 = -7℃이다.

24 피트모스(Peatmoss)에 대한 설명으로 옳지 않은 것은?

① 초본의 식물이 습지에 퇴적되어 완전히 분해되지 않고 탄화된 것이다.
② 온대에서는 퇴적되는 양이 적지만, 아한대, 한대 지역에서는 넓게 분포한다.
③ 보수성이 높고, 공극이 크며, 염기치환용량이 낮은 편이다.
④ pH는 3.0~6.2인 산성이다.

해설
③ 염기치환용량이 높다.

정답　19 ③　20 ③　21 ①　22 ②　23 ③　24 ③

25 토피어리에 관한 설명으로 옳은 것은?

① 어항과 같이 유리용기에 수생식물을 심고, 거북이나 물고기를 넣어 기르는 것을 말한다.
② 파인애플과 식물이나 착생란 등을 나무, 돌, 숯 등에 붙여 심고 관상하는 것을 말한다.
③ 접시와 같이 넓고 얕은 용기에 식물을 심어 작은 정원을 꾸미는 것을 말한다.
④ 식물의 가지를 전정하여 동물모양이나 기하학적 형태 등으로 디자인하는 것을 말한다.

해설
토피어리 : 관엽식물을 전정하거나, 철사나 나뭇가지 등으로 틀을 만들어 그 위에 덩굴식물을 키워서 동물이나 기타 여러가지 모양을 만든 것

26 걸이화분용 소재로 가장 적당한 것은?

① 안스리움
② 구즈마니아
③ 러브체인
④ 테이블야자

해설
걸이화분용 소재로는 러브체인, 산호수 등이 가장 적당하다.

27 꽃다발(Handtied Bouquet)을 제작할 때 사용할 부소재로 가장 적합한 것은?

① 침 봉
② 라피아
③ 용 기
④ 플로랄폼

28 분화식물을 위한 배양토의 조건으로 옳지 않은 것은?

① 산도가 높아야 한다.
② 보수력과 보비력이 좋아야 한다.
③ 배수성과 통기성이 좋아야 한다.
④ 병충해가 없는 무병토양이어야 한다.

해설
배양토의 산도는 식물의 생육과 양분의 유효화에 큰 영향을 미치는데, 일반적으로 pH 5.5~6.0의 약산성이 좋다.

29 테이블장식에 적합하지 않은 꽃은?

① 계절감이 있는 꽃
② 향기가 진한 꽃
③ 색이 연한 꽃
④ 색이 진한 꽃

해설
향기가 강한 꽃, 화분(꽃가루)이 떨어지는 꽃은 테이블 장식에 적합하지 않다.

30 잎의 형태가 원형인 식물은?

① 소나무
② 팬 지
③ 콜레우스
④ 한련화

해설
① 소나무 : 침형
② 팬지 : 장타원형
③ 콜레우스 : 심장형

25 ④ 26 ③ 27 ② 28 ① 29 ② 30 ④

31 꽃의 형태에 따른 분류 중 폼 플라워(Form Flower)에 사용되지 않는 것은?

① 안개꽃　　② 백 합
③ 수 선　　④ 안스리움

해설
- 폼 플라워(Form Flower, 형태 꽃) : 꽃 모양이 특수하게 생긴 꽃들로서 꽃의 색이나 형태가 특이하여 시각의 유도를 크게 한다.
- 안개꽃은 필러 플라워(Filler Flower, 채우기 꽃)로 분류된다.

32 색채를 표현할 때 일반적으로 조화가 잘되고 배색이 가장 아름다울 때의 비율은?

① 주색 70%, 보조색 25%, 강조색 5%
② 주색 60%, 보조색 20%, 강조색 20%
③ 주색 50%, 보조색 30%, 강조색 20%
④ 주색 60%, 보조색 35%, 강조색 5%

해설
주색은 전체적인 색감을 결정하고, 보조색은 주색을 부각시키고 조화를 이루며, 강조색은 포인트를 주는 역할을 한다.

33 잎 비료로 왕성한 생육을 유도하고 부족하면 잎이 연한색으로 변하며 오래된 잎에서 결핍증상이 빨리 나타나는 것은?

① 인산(P)　　② 질소(N)
③ 망간(Mn)　　④ 칼륨(K)

해설
질소(N)
- 뿌리의 발육이나 줄기와 잎의 신장을 좋게 하고, 잎의 녹색을 좋게 한다.
- 결핍 시 전체적으로 생장이 약하며 잎이 황화하고 줄기가 가늘며 잎은 작다.

34 다음 중 식물의 성숙 및 노화를 일으키며, 화학구조가 매우 단순한 식물 호르몬은?

① 옥 신　　② 지베렐린
③ 에틸렌　　④ ABA

해설
에틸렌은 무색무취의 기체로 절화의 성숙과 노화에 가장 큰 영향을 미치는 호르몬이다.

35 작은 보석을 빽빽하게 배치하는 데서 유래하여 편평한 용기에 꽃, 잎, 줄기 등을 플로랄폼이 보이지 않도록 조밀하게 비치하여 색과 질감을 대비시켜 구성하는 방법은?

① 뉴컨벤션 디자인
② 비더마이어 디자인
③ 파베 디자인
④ 폭포형 디자인

해설
파베 기법
작은 돌들을 가능한 빽빽하게 모으는 것처럼 소재들을 구성하는 방법으로, 높낮이 차이가 없도록 구성한다.

36 장미를 신속하게 말리고 자연스러운 색상을 보다 잘 보존시켜주기 위해 사용하는 건조법은?

① 자연건조　　② 실리카겔건조
③ 열풍건조　　④ 탄화건조

해설
실리카겔은 꽃을 말리는 데 사용하는 상업적 혼합물로 꽃을 신속하게 말리고 꽃의 자연스러운 색상을 보다 잘 보존시켜주기 때문에 꽃을 보존·가공하는 데 가장 효과적인 건조제이다.

정답　31 ①　32 ①　33 ②　34 ③　35 ③　36 ②

37 절화장식에 사용되는 화기로 적절하지 않은 것은?

① 병
② 테라리움 용기
③ 수 반
④ 콤포트

해설
절화장식에 이용되는 용기의 종류에는 병, 수반, 사발, 콤포트, 항아리, 플로랄폼 등이 있다.

38 식물의 일장 반응에 있어 야간 동안에 광을 쬐어주면 긴 밤의 효과가 없어진다. 이때 야간 동안에 광 처리를 해주는 것을 무엇이라고 하는가?

① 광중단
② 온탕처리
③ 멀 칭
④ 춘화처리

39 건조소재로서 포푸리의 설명으로 가장 거리가 먼 것은?

① 병속에 향기를 가꾼다는 의미이다.
② 꽃, 잎, 열매 등에서 자연적으로 향기가 나는 식물을 지칭한다.
③ 용기, 주머니 등 다양한 형태로 장식되며, 방향요법에 사용된다.
④ 이집트시대에 시체의 부패를 방지하기 위해 사용되었다.

해설
②는 방향식물에 대한 설명이다.

40 가을 국화를 7~8월에 개화시키고자 할 때 처리해야 하는 방법은?

① 차광처리
② 이산화탄소시비
③ 저온처리
④ 고온처리

해설
가을 국화는 일장이 개화조절의 주요 요인이다.

41 관수요령에 대한 설명으로 틀린 것은?

① 물을 조금씩 여러 번에 나누어 자주 준다.
② 관수 전에 손으로 배양토를 만져 본다.
③ 대부분의 식물은 배양토 위에 관수한다.
④ 겨울철에는 정오에 관수하는 것이 좋다.

해설
① 한 번 줄 때 흠뻑 주어서 화분 밑의 배수공으로 물이 흘러나오게 한다.

42 다음 중 식물이 휴면을 하는 이유로 가장 적합한 것은?

① 자손을 남기기 위하여
② 병충해를 방지하기 위해서
③ 스스로 불량환경을 극복하기 위해서
④ 생산된 에너지를 저장하기 위하여

43 절화를 물에 꽂았을 때 줄기 기부가 잘 갈라지는 종류가 아닌 것은?

① 아마릴리스 ② 상사화
③ 칼 라 ④ 아이리스

44 장미꽃의 관리요령으로 가장 적합한 것은?

① 줄기의 잎을 될 수 있는 한 많이 떼어낸다.
② 물속에 잠기는 잎과 노화된 잎은 떼어낸다.
③ 잎과 가시는 모두 물속에 그대로 둔다.
④ 보관용기 안에 빽빽하게 많이 넣을수록 좋다.

해설
줄기의 잎은 필요한 만큼만 제거하는 것이 좋으며, 물속에 잠기는 잎이나 가시는 모두 제거하고 보관용기에 꽃을 빽빽하게 넣는 것은 좋지 않다.

45 추식구근으로 무피인경에 속하는 식물은?

① 수 선
② 아마릴리스
③ 무스카리
④ 나리(백합)

해설
인 경
• 유피인경[구(球)의 외부가 막질(膜質)로 감싸여 있는 인경] : 튤립, 아마릴리스, 히아신스, 스노드롭, 사프란, 로도히폭시스, 상사화, 수선화, 실라, 히메노칼리스, 알륨, 오니소갈럼, 튜베로스, 무스카리
• 무피인경(두터운 인편들이 디스크에 있는 생장점을 중심으로 나선형으로 겹쳐서 부착되어 있고 막질이 없는 것) : 백합류, 프리틸라리아

46 꽃받침이 꽃잎화된 것이 아닌 것은?

① 안스리움 ② 나 리
③ 극락조화 ④ 수 국

해설
겹꽃은 홑꽃의 수술, 암술, 꽃받침이 꽃잎화된 것으로 나리, 극락조화, 수국, 아이리스, 국화, 장미, 동백 등이 있다.

47 근조용 헌화장식은 조형예술로서 화훼장식의 구체적인 효과 중 어디에 해당하는가?

① 의료적 효과
② 교육적 효과
③ 의사전달 효과
④ 심리적 효과

해설
메시지 전달 - 의사전달기능
사람들이 꽃을 구입하는 동기는 다양하지만, 선물용으로 꽃을 많이 소비하는 것으로 나타나고 있다. 이러한 꽃은 경축, 애도, 감사, 사랑 등의 감정을 빠르게 전달하는 수단으로서의 기능을 가지고 있다.

48 정적인 선에 해당하며, 일반적으로 힘 있는 느낌과 위엄 그리고 엄격함을 표현하는데 효과적인 것은?

① 포물선 ② 나선형
③ 사 선 ④ 수직선

해설
선의 특성
• 수직선 : 힘과 강함을 표현, 형식적이고 엄숙한 분위기
• 수평선 : 평화롭고 고요한 분위기, 안정감
• 대각선 : 동적인 에너지, 강한 시선의 이동을 유도
• 곡선 : 부드럽고 편안한 느낌, 흥미로움
• 포물선 : 율동감, 속도감

정답 43 ④ 44 ② 45 ④ 46 ① 47 ③ 48 ④

49 장식리본에서 상품용도에 맞게 스트리머를 자르는 방법 중 맞는 것은?

① 축하용은 삼각형으로 자른다.
② 애도용은 사선으로 자른다.
③ 감사용은 일자형으로 자른다.
④ 어떻게 자르던 관계없다.

해설
스트리머의 끝처리 : 축하나 감사의 용도로 사용되는 경우에는 스트리머의 끝처리 시 사선이나, 삼각형, 둥근 모양 등 제한이 없지만, 애도의 용도로 사용될 경우에는 일자로 잘라야 하므로 주의해야 한다.

50 절화의 줄기를 사선으로 자르는 가장 큰 이유는?

① 잘 꽂아지게 하기 위해
② 키가 커보이게 하기 위해
③ 절단면의 면적을 늘려 수분 흡수면적을 넓히기 위해
④ 세균의 번식을 줄이기 위해

해설
절화의 줄기를 자를 때에는 물의 흡수면적을 넓혀 주기 위하여 45° 각도로 비스듬히 잘라 주고, 물의 상승이 잘 이루어지도록 하기 위해 물속에 담근 상태에서 자르도록 한다.

51 깊이감을 주는 방법으로 적합하지 않은 것은?

① 줄기선의 각도를 조절한다.
② 꽃을 부분적으로 겹치게 배열한다.
③ 색, 크기, 질감의 변화를 이용한다.
④ 선명하고 짙은 색은 뒷부분에 높게, 옅고 가벼운 색은 앞부분에 낮게 배치한다.

해설
명도가 낮은 색(짙은 색)은 낮게, 명도가 높은 색(밝은 색)은 높게 배치하면 깊이감을 느낄 수 있다.

52 다음 중 가법혼합에 해당하지 않는 것은?

① 가산혼합 ② 플러스혼합
③ 가색혼합 ④ 감산혼합

해설
가산혼합(가법혼색, 색광의 혼합)
가산혼합은 색광의 혼합으로, 색광을 가할수록 혼합색은 점점 밝아진다.

53 식물의 뿌리 흡수기능이 약해져서 초세를 빨리 회복하기 위해 액체비료를 식물 지상부에 살포하려고 한다. 다음 중 시비방법으로 적당한 것은?

① 이산화탄소시비 ② 전면시비
③ 엽면시비 ④ 부분시비

해설
③ 엽면시비 : 토양조건이 나쁘거나 뿌리 기능이 약할 때 잎을 통해 양분을 흡수시키는 방법
① 이산화탄소시비 : 시설 내에서 인위적으로 공기 환경을 조절하면서 광합성에서 필수적인 탄산 가스를 공급하여 작물의 생육을 촉진시키는 방법
② 전면시비 : 수목을 식재하기 전 표토에 비료를 골고루 뿌려주는 방법
④ 부분시비 : 작물을 심을 때 특정 위치에 집중적으로 공급해주는 방법으로 생육기간 중 질소 요구량이 많은 경우에 좋다.

54 분화류의 관리 및 환경에 대한 설명으로 틀린 것은?

① 관엽류는 대부분 저온다습한 조건에서 생육이 왕성하다.
② 관엽류는 잎 청소를 해주지 않으면 병충해 발생이 쉬워진다.
③ 관엽류는 겨울철에 동해나 저온장해를 받지 않도록 주의해야 한다.
④ 분화류는 실내나 실외로 이동될 때 환경의 급격한 변화로 인해 스트레스를 많이 받는다.

해설
관엽식물은 대개 그늘에서 잘 자라고, 대부분 열대식물이다.

49 ① 50 ③ 51 ④ 52 ④ 53 ③ 54 ①

55 서양의 시대별 화훼장식의 특징으로 틀린 것은?

① 고대 이집트 : 질서 있고 간결한 디자인으로 리스나 갈란드가 있었다.
② 바로크 : 화려한 꽃장식으로 선명한 색을 많이 사용하였다.
③ 로코코 : 엘레강스한 디자인으로 파스텔보다 원색을 주로 사용하였다.
④ 빅토리안 : 채소와 과일을 곁들인 디자인으로 아트플라워도 사용하였다.

해설
③ 로코코 : 우아하고 가벼운 느낌의 색채와 장식, 곡선 화훼장식용 전용화기 사용

56 우리나라 전통적 화훼장식의 발전은 어디에서 비롯되어 발전되었는가?

① 일지화, 기명절지화
② 분식물 장식, 일지화
③ 불교장식, 궁중의례장식
④ 궁중의례장식, 혼례장식

57 저장이나 운송 시 절화의 호흡작용으로 인한 품질 저하로 틀린 것은?

① 열 발생 및 양분의 소실
② 절화의 표면에 수분 응축
③ 포장 내의 에틸렌 집적
④ 포장 내의 호흡작용으로 인한 온도 저하

해설
포장된 상태의 절화상품은 포장지로 인해 통기성이 나빠지고, 포장 내의 호흡작용으로 인해 온도가 높아져 품질 저하의 원인이 되므로 운송 시 온도를 낮춰주어야 한다.

58 꽃 품질이 떨어지는 외관적인 원인이 아닌 것은?

① 위조(시듦)
② 낙화(꽃떨어짐)
③ 잎의 황화
④ 비료 부족

해설
④ 비료 부족은 꽃 품질이 떨어지는 내적 원인이다.

59 공간장식 계획에서 가장 먼저 고려해야 하는 것은?

① 도면 및 서류 작성
② 작품의 형태 결정
③ 이미지 구축 및 디자인
④ 대상공간의 특징 및 규모 파악

해설
화훼장식으로 공간을 장식할 경우 가장 먼저 고려해야 할 사항은 공간의 규모와 특성을 파악하는 일이다.

60 화훼에 대한 정의로 가장 거리가 먼 것은?

① 화훼는 관상을 대상으로 하는 초본식물을 포함한다.
② 화훼는 목본식물을 제외한 관상용 식물을 말한다.
③ 화훼는 이용 목적에 따라 절화식물, 분식물, 정원식물 등으로 나눌 수 있다.
④ 화훼의 분류는 식물학적 분류 및 원예학적 분류 등으로 구분된다.

해설
화훼는 관상을 대상으로 하는 초본식물과 목본식물을 총괄하는 식물을 말한다.

정답 55 ③ 56 ③ 57 ④ 58 ④ 59 ④ 60 ②

2024년 제1회 과년도 기출복원문제

01 다음 중 춘파일년초가 아닌 것은?

① 샐비어
② 물망초
③ 페튜니아
④ 메리골드

해설
③ 페튜니아는 추파일년초이다.

02 화훼 육묘용토가 지녀야 할 특징으로 옳은 것은?

① 보수력과 통기성이 좋아야 한다.
② 병충해나 잡초종자가 있어도 무방하다.
③ 토양 pH가 4.0 미만인 것이 좋다.
④ 보비력과는 상관이 없다.

03 많은 꽃을 늘어뜨려 줄로 이어가며 만드는 화훼장식물은?

① 리스
② 콜라주
③ 부토니아
④ 페스툰

해설
페스툰(Festoon)
두 점 사이를 연결하여 많은 꽃을 늘어뜨려 줄로 이어가며 만드는 장식품을 말한다. 따라서 사용되는 소재들은 부드러운 소재를 선택하여야 한다.

04 규모에 대한 설명으로 틀린 것은?

① 질감과 색은 규모에 있어서 중요한 요소이다.
② 화훼장식물에서 용기의 크기는 형태를 결정하는 요소가 될 수 있다.
③ 화훼장식물의 크기는 공간의 크기와는 상관없이 조화를 이루어야 한다.
④ 적절한 규모의 디자인은 일관성이 있고 편안함을 준다.

해설
③ 화훼장식물의 크기는 공간의 크기와 연관성이 있다.

05 숙근초로 내한성이 있는 것은?

① 거베라
② 군자란
③ 아프리칸 바이올렛
④ 아퀼레기아

해설
내한성 숙근초
• 추위에 강하여 노지월동이 가능한 다년초
• 절초, 아퀼레기아, 벌개미취, 작약, 샤스타데이지, 국화, 꽃창포, 루드베키아, 매발톱꽃, 꽃잔디, 숙근플록스, 옥잠화, 비비추, 원추리 등

1 ③ 2 ① 3 ④ 4 ③ 5 ④ **정답**

06 외경 50cm, 내경 20cm, 링의 두께가 15cm인 리스를 축적 1:5로 평면도면에 작성할 때 각각의 비율은?

① 1 : 2 : 1
② 1 : 2 : 1.5
③ 10 : 4 : 3
④ 4 : 5 : 4

> **해설**
> 각각 50 : 20 : 15인 외경, 내경, 링의 두께를 축적 1 : 5로 줄여서 표시하면 10 : 4 : 3이다.

07 화훼장식 디자인 원리 중 반복에 대한 설명은?

① 많고 적음, 길고 짧음, 부분과 부분에 대한 차이다.
② 미적 질서의 근본으로 근접, 전이로 표현된다.
③ 형태나 색채상으로 움직이는 느낌을 준다.
④ 일정한 간격을 두고 되풀이 되는 것을 말한다.

> **해설**
> ① 비례, ② 통일, ③ 균형

08 다음 화훼 관련 설명 중 옳지 않은 것은?

① 물의 산성화는 미생물의 발생을 촉진시킨다.
② 최초 물올림용 물은 소독된 물이어야 한다.
③ 보존 온도가 높을수록 절화 수명이 짧아진다.
④ 위조란 식물이 수분을 잃어 시들어 가는 것이다.

> **해설**
> ① pH 3~4 정도의 산성일 때 수분흡수촉진과 미생물 증식억제효과가 있다.

09 꽃의 구조에 관한 설명으로 틀린 것은?

① 자웅이주 - 소철, 은행나무, 장미
② 자웅동주 - 국화, 나리, 베고니아
③ 꽃 - 꽃받침, 꽃잎, 수술, 암술
④ 완전화 - 나리, 튤립, 수선

> **해설**
> • 완전화(꽃받침, 꽃잎, 수술, 암술) : 나리, 수선
> • 불완전화 : 튤립

10 신부 부케의 종류별 설명으로 옳은 것은?

① 개더링 부케(Gathering Bouquet)는 꽃잎을 겹쳐서 만든 부케이다.
② 클러치 부케(Clutch Bouquet)는 원형이 길어진 형태의 부케이다.
③ 호가스 부케(Hogarth Bouquet)는 두 개의 갈란드를 연결하여 초승달 형태가 되도록 조립한 부케이다.
④ 포멀 리니어(Formal Linear)는 장식적으로 구성한 부케이다.

> **해설**
> ② 클러치 부케는 꽃의 줄기를 묶어 그 상태로 자연스러운 스타일이다.
> ③ 호가스 부케는 자연스러운 가지의 선을 이용하여 만든 가늘고 날씬한 S자 곡선형의 부케이다.
> ④ 포멀 리니어는 형태와 선의 뚜렷한 각도를 가지고 대칭과 비대칭의 질서를 유지하면서 선과 형을 명확하게 표현하는 구성의 디자인이다.

정답 6 ③ 7 ④ 8 ① 9 ④ 10 ①

11 식물체 내의 수분의 역할 중 식물체온 조절에 대한 설명으로 가장 적합한 것은?

① 공기습도가 포화되면 엽온은 안정된다.
② 증산작용을 통해 식물체온의 상승을 막는다.
③ 세포 내의 팽압 유지로 식물의 체온을 유지 시킨다.
④ 각종 효소의 활성을 증대시켜 식물체온이 상승하도록 한다.

해설
② 물이 수증기로 빠져나갈 때 기화열을 갖고 나가기 때문에 식물체온이 상승하는 것을 방지한다.

12 다음 중 방사형 구성의 화훼장식으로 가장 적당한 것은?

① 평행선 배열
② 교차선 배열
③ 형-선적 구도
④ 삼각형 구도

해설
삼각형 구도는 가장 기본적인 방사형 꽃꽂이 형태로, 세 면 어디에서 보아도 아름다워야 한다.

13 잎의 구조 중 양분과 수분의 이동통로 역할을 하는 것은?

① 엽면(잎 가장자리)
② 탁엽(턱잎)
③ 엽육(잎살)
④ 엽맥(잎맥)

해설
잎맥은 식물이 성장하는 데 필요한 물과 양분이 이동하는 통로 역할을 한다.

14 화훼가공에 관한 설명으로 옳은 것은?

① 자연건조에 적합한 꽃은 튤립이다.
② 향이 좋은 식물체를 건조하여 감상하는 것을 토피어리라 한다.
③ 글리세린 건조법에서 물과 글리세린의 혼합비율은 1 : 5가 적합하다.
④ 수산화칼륨(KOH)은 망사잎(Skeletonizing Leaves)의 가공에 사용되는 약제이다.

해설
① 자연건조에는 스타티스, 안개꽃, 장미꽃과 같이 건조 후 변형이 없는 꽃이 적합하다.
② 향이 좋은 식물체를 건조하여 감상하는 것을 포푸리라 한다.
③ 물과 글리세린의 혼합비율은 1 : 2 또는 1 : 3이 적합하다.

15 다음 중 양지식물은?

① 백량금
② 아이비
③ 베고니아
④ 루드베키아

해설
① 백량금 : 반음지식물
② · ③ 아이비, 베고니아 : 음지식물

16 다음 중 장일성 식물에 해당하는 것은?

① 포인세티아
② 스위트피
③ 코스모스
④ 칼랑코에

해설
장일식물 : 보리, 밀, 호밀, 귀리, 양배추, 상추, 참나리, 토마토, 카네이션, 금어초, 스위트피 등으로, 이들은 모두 가을에 파종하면 다음 해 봄에 개화한다.

17 황금분할비를 이용하여 화훼장식을 할 경우 용기가 3이라면 꽃이 차지하는 비는?

① 7
② 2
③ 3
④ 5

해설
황금분할비 7 : 3 또는 3 : 5 : 8

18 다음 중 은방울꽃의 와이어링 기법으로 가장 알맞은 것은?

① 루핑법
② 후킹법
③ 시큐어링법
④ 트위스트법

해설
시큐어링법(securing wiring method)
줄기가 약하거나 줄기로 곡선을 나타낼 때 사용하는 방법으로 줄기 바깥쪽에 와이어를 감아 보강하는 기법이다.

19 다음 중 식물과 줄기의 형태가 맞는 것은?

① 크로커스 – 근경
② 시클라멘 – 다육경
③ 시계초 – 덩굴손
④ 선인장 – 괴경

해설
① 크로커스 : 구경
② 시클라멘 : 괴경
④ 선인장 : 다육경

20 다음에서 설명하는 관수방법으로 가장 적합한 것은?

- 화분의 배수공을 통해 모세관현상을 이용해서 수분을 흡수시키는 방법이다.
- 비용이 저렴하고 화분의 크기에 상관없이 이용할 수 있는 방법이다.

① 파이프 관수
② 저면관수
③ 스프링클러 관수
④ 점적관수

해설
① 파이프 관수 : 일렬로 화분을 늘어놓고 그 위에 파이프를 배치하여 부착된 노즐을 통해 관수하는 방법
③ 스프링클러 관수 : 파이프에 연결된 회전 살수노즐을 통해 넓은 지역을 고르게 관수하는 방법
④ 점적관수 : 작은 구멍이 뚫린 파이프를 통해 조금씩 떨어지는 물방울로 관수하는 방법

정답 16 ② 17 ① 18 ③ 19 ③ 20 ②

21 다음에서 설명하는 디자인기법은?

> 그루핑기법과 비슷하나 구성의 영역 내에서 같은 재료는 모아주면서 다른 재료는 서로 공간을 두어 겹치지 않게 구획정리를 해준다.

① 조닝(Zoning)
② 번들링(Bundling)
③ 섀도잉(Shadowing)
④ 프레이밍(Framing)

해설
② 번들링 : 밀짚, 옥수수의 다발, 지붕을 잇는 짚, 오두막 등과 같이 서로 유사한 소재들을 한 단위로 함께 묶는 기법이다.
③ 섀도잉 : 소재의 바로 뒤와 아래에 똑같은 소재를 하나씩 더 가깝게 꽂아 입체적으로 보이도록 하는 기법이다.
④ 프레이밍 : 감상하는 사람의 시선을 특정한 곳으로 끌기 위해 초점지역에 틀(테두리)을 만들어 소재를 꽂는 기법이다.

22 다음 중 식물이 휴면(Dormancy)을 하는 이유로 가장 적합한 것은?

① 스스로 불량환경을 극복하기 위해서
② 병충해를 방지하기 위해서
③ 자손을 남기기 위하여
④ 생산된 에너지를 저장하기 위하여

23 절화를 물에 꽂았을 경우 줄기 기부가 잘 갈라지는 종류가 아닌 것은?

① 칼 라
② 아마릴리스
③ 아이리스
④ 상사화

24 절화보존제의 역할이 아닌 것은?

① 양분의 공급
② 에틸렌 발생억제
③ 노화 촉진
④ 미생물 등의 발생억제

해설
절화보존제는 절화수명연장제로 에틸렌가스 발생억제제와 미생물 증식억제제 및 영양제 등이 들어 있다.

25 구조적 구성에 대한 설명으로 옳은 것은?

① 생화나 건조화를 이용한 콜라주와 압화를 이용한 것이 있다.
② 아크릴이나 나무로 만들어진 틀이나 골조 안에 생화 또는 보존화의 다양한 소재를 붙여서 평면으로 구성한다.
③ 소재의 표면구조를 강조하기 위해 천, 털실, 깃털 등의 인공소재와 식물소재를 조합하기도 한다.
④ 비사실적이며 순수한 구성미의 창작작품이다.

해설
구조적 구성 : 소재를 의도적으로 구성·배치하여 소재의 형태와 색깔 등 구조적 효과를 전면에 나타내는 구성으로 장식적 구성이 발전되어 나타난 새로운 현대적 구성이다.

26 생화와 비교할 때 인조화의 특징이 아닌 것은?

① 장식 시 물이 필요 없고 수명이 장기간 유지된다.
② 보관과 운반, 관리가 편리하여 다양하게 이용된다.
③ 색상과 꽃의 크기, 모양을 자유자재로 이용 가능하다.
④ 색채가 아름답고 신선감과 생동감이 있다.

27 교차선의 설명으로 가장 거리가 먼 것은?

① 평행선 배열에서 발전된 형태이다.
② 소재의 종류와 양을 최소화하여 최대의 효과를 얻을 수 있는 형태이다.
③ 줄기를 꽂는 점이 겹쳐도 방향성이 좋으면 관계없다.
④ 구조적 구성에서 많이 나타난다.

해설
교차선 배열은 여러 개의 초점으로부터 나온 줄기의 선이 제각기 여러 각도의 방향으로 뻗어 서로 교차하는 상태로 배열된 것이다.

28 암흑상태에 계속 보관 시 잎의 황화가 가장 빨리 촉진되는 것은?

① 카네이션   ② 장 미
③ 국 화   ④ 거베라

해설
국화는 저장 시 암흑상태가 지속되면 잎이 황변되어 상품성이 떨어진다.

29 아름다운 잎을 관상하는 식물은?

① 다육식물   ② 관엽식물
③ 구근식물   ④ 화단식물

해설
관엽식물은 꽃보다는 잎의 모양, 색, 무늬 등의 아름다움을 관상하는 식물이다.

30 압화재료의 채집 시 유의사항에 대한 설명으로 거리가 먼 것은?

① 여름 한낮에는 온도가 높아 수분 증발속도가 빠르고 곧 위축되므로 한낮을 피한다.
② 손으로 거칠게 뽑아서 재료가 손상되지 않도록 꽃과 잎을 따로 담아 꽃이 눌리는 것을 방지한다.
③ 비닐주머니를 밀봉하기 전에 공기를 채워 재료가 눌리지 않게 한다.
④ 채집 후 담은 비닐주머니는 양지바른 곳에 둬서 충분히 광합성을 할 수 있도록 한다.

해설
④ 채집 후 담은 비닐주머니는 가급적 햇빛이 들지 않는 곳에 둔다.

정답 26 ④ 27 ③ 28 ③ 29 ② 30 ④

31 다음 중 장례용 화훼장식에 속하지 않는 것은?

① 이젤엠블럼
② 이젤스프레이
③ 케이크테이블
④ 캐스킷스프레이

해설
케이크테이블은 축하용 또는 행사용 화훼장식에 쓰인다.

32 부피를 강조하기 위해 소재를 모아 빈틈을 제거하고 덩어리 모양을 만드는 방법은?

① 클러스터링(Clustering)
② 플레이밍(Flaming)
③ 조닝(Zoning)
④ 베이싱(Basing)

해설
클러스터링 : 동일한 단위로 알아볼 수 있도록 모아 시각적인 효과를 거두도록 하는 기법이다.

33 절화를 물에 꽂을 때 줄기의 절단면은 어떤 상태인 것이 수분흡수가 많고 좋은가?

① 망치로 찧어 줄기 끝을 뭉갠 것
② 수평면으로 자른 것
③ 사선으로 자른 것
④ 어떤 상태든 상관없다.

해설
줄기 끝은 사선으로 잘라 절단면적의 부위를 넓혀 수분 공급을 원활하게 한다.

34 동양식 꽃꽂이에서 작품의 크기를 결정하는 주지는?

① 3주지   ② 2주지
③ 1주지   ④ 종 지

해설
주지의 역할(기호·이름·역할) 및 크기
• 1주지[○, 천(天), 높이] : 화기 크기(가로+세로)의 1.5~2배
• 2주지[□, 지(地), 넓이] : 제1주지의 3/4, 제1주지의 굵기나 무게에 따라 1/3, 1/2
• 3주지[△, 인(人), 깊이] : 제2주지의 3/4, 제2주지의 굵기나 무게에 따라 1/3, 1/2

35 연회장 화훼장식을 위한 배치방법으로 가장 거리가 먼 것은?

① 연회장 테이블 위에는 절화나 소형 분식물을 이용한 장식물을 배치한다.
② 연회장 출·입구에는 화환이나 대형 관엽식물을 배치한다.
③ 연회장 주변 테이블 앞에는 칼랑코에를 이용한 갈란드(Galand)를 늘어뜨린다.
④ 연회장 테이블 위에는 상대방의 눈을 가리지 않는 높이의 장식물을 배치한다.

해설
갈란드는 길고 유연성이 있어 기둥의 둘레를 감거나 난간, 문, 벽, 천장 등을 장식할 때 사용되는데 칼랑코에는 주로 분화용으로 유통되고 있어 갈란드 제작을 위해서 사용되지 않는다.

36 다음 중 수액이 다른 꽃에 영향을 끼쳐 따로 물올림 하는 것은?

① 튤 립 ② 아마릴리스
③ 장 미 ④ 수선화

37 관상부위가 다르게 짝지어진 화목류는?

① 매화, 벚나무
② 아벨리아, 유카리
③ 모과, 꽃아그배나무
④ 버드나무, 남천

해설
④ 버드나무는 잎을 관상하고 남천은 열매를 주로 관상하는 수목이다.
① 매화, 벚나무 : 꽃
② 아벨리아, 유카리 : 잎
③ 모과, 꽃아그배나무 : 열매

38 건조소재로서 포푸리의 설명으로 가장 거리가 먼 것은?

① 병속에 향기를 가꾼다는 의미이다.
② 꽃, 잎, 열매 등에서 자연적으로 향기가 나는 식물을 지칭한다.
③ 용기, 주머니 등 다양한 형태로 장식되며, 방향요법에 사용된다.
④ 이집트시대에 시체의 부패를 방지하기 위해 사용되었다.

해설
②는 방향식물에 대한 설명이다.

39 코사지에 대한 설명으로 틀린 것은?

① 가슴부위에 다는 것만 코사지라고 한다.
② 주소재가 코사지를 달고 있는 사람을 향하도록 한다.
③ 다는 사람의 이미지와 맞는 소재, 크기를 선택한다.
④ 코사지는 신체장식의 하나이다.

해설
코사지 : 각종 연회와 모임에 가장 널리 사용되고, 여성용으로 가슴이나 어깨, 팔목 등을 장식하며 의복의 특성에 따라 다양한 양식으로 디자인되는 결혼식 꽃장식이다.

40 꽃바구니 제작 시 꽃의 형태 중 폼 플라워(Form Flower)로 이용되는 것은?

① 리아트리스
② 금어초
③ 스토크
④ 백 합

해설
• 선형 꽃(Line Flower) : 글라디올러스, 리아트리스, 스토크, 아이리스, 금어초, 델피니움, 용담 등
• 형태 꽃(Form Flower) : 극락조화, 안스리움, 백합, 카틀레야, 튤립, 칼라 등

정답 36 ④ 37 ④ 38 ② 39 ① 40 ④

41 프레젠테이션 꽃다발에 대한 설명으로 옳은 것은?

① 원형의 본체에 갈란드를 조립하여 만드는 부케로, 원형이 자연스럽게 길어진 형태이다.
② 세 개의 다른 갈란드를 조립하여 삼각형 형식으로 구성한 부케이다.
③ 세 개의 둥근 꽃다발을 조립해 한 개의 가지에 여러 송이의 꽃이 핀 것 같은 부케이다.
④ 팔에 걸쳐서 사용하는 부케로 앞면에서 꽃이 차례대로 보여지게 만든 부케이다.

해설
프레젠테이션 꽃다발 : 팔에 안을 수 있도록 만든 꽃다발로 암(Arm)부케라고도 부른다.

42 배양토의 종류 중 광물질 재료에 대한 설명으로 틀린 것은?

① 하이드로볼 - 1,800℃ 전후의 온도에서 현무암을 구운 다공질의 소재
② 펄라이트 - 진주암을 약 1,000℃ 정도에서 부풀게 한 것
③ 암면 - 약 1,500℃에서 용융된 암석을 섬유상으로 가공한 것
④ 버미큘라이트 - 질석을 약 1,000℃ 정도로 가열하여 입자 내의 공극을 팽창시킨 것

해설
① 하이드로볼 : 황토를 원료로 하여 1,000℃ 이상의 고열로 살균처리한 인공배양토

43 생산자가 채화를 할 때 주의해야 할 사항으로 틀린 것은?

① 꽃봉오리에서 화색을 구별할 수 있을 때 채화한다.
② 온실에서 수확한 절화는 통로에 놓아두었다가 한꺼번에 선별장으로 운반한다.
③ 기온이 낮은 계절에는 꽃이 피기 시작할 무렵에 채화한다.
④ 고온기에는 서늘한 아침, 저녁에 채화하고, 예냉과 소독을 한다.

해설
생산자가 채화를 할 때 주의해야 할 사항
- 조기채화를 한다 할지라도 적어도 꽃봉오리에서 화색을 구별할 정도의 화판이 형성되었을 때 채화한다. 그렇지 않으면 체내 탄수화물의 축적이 감소함으로 꽃의 색소형성이 불량하거나, 완전한 개화가 이루어지지 않거나, 절화의 수명이 단축된다.
- 장거리 수송일수록 조기채화를 하고 반드시 전처리에 준하는 물올림을 행한다.
- 꽃대의 길이는 가능하면 길게 하고 절단면은 일단 줄기에 직각으로 자른 다음 물올림 시에는 다시 경사지게 하는 것이 좋다.
- 채화 후에는 항상 Cold Chain(저온유통체계)을 명심하고 반드시 저온에서 물올림을 실시한다.
- 온도가 낮은 계절에는 꽃이 피기 시작할 무렵에 채화하고, 높은 계절에는 봉오리나 꽃받침이 열개된 상태에서 채화한다.
- 고온기에는 서늘한 아침, 저녁에 채화하고, 예냉과 소독을 한다.

44 잎의 구조가 단엽인 식물은?

① 칠엽수　　② 남 천
③ 장 미　　　④ 팔손이

해설
①·②·③ 칠엽수, 남천, 장미 : 복엽

45 난과 식물 중 지생란에 속하는 것은?

① 카틀레야　② 석 곡
③ 심비디움　④ 풍 란

[해설]
①·②·④ 카틀레야, 석곡, 풍란은 착생란이다.

46 면을 가진 소재를 차례대로 겹쳐 부피가 큰 면을 만들어주는 디자인기법은?

① 밴딩(Banding)
② 레이어링(Layering)
③ 번들링(Bundling)
④ 바인딩(Binding)

[해설]
① 밴딩 : 묶는 기법 중에서 기능적인 것보다 자의적인 목적으로 특정한 소재를 강조하거나 관심을 집중시키기 위해 사용되는 기법
③ 번들링 : 볏단, 밀짚다발, 옥수수대 등을 이용하여 같은 재료 또는 비슷한 재료를 단단히 묶는 기법
④ 바인딩 : 핸드타이드 부케를 제작할 때 모든 줄기들이 교차하는 묶음점에 적용되는 기법으로 물리적·기능적으로 소재를 결합하기 위한 기법

47 리스에 대한 설명으로 틀린 것은?

① 리스는 화훼 소재를 이용하여 고리(ring)모양으로 만든 장식물이다.
② 리스는 리스 고리의 크기에 비해 두께가 가늘수록 모양이 좋다.
③ 리스는 나무덩굴이나 짚, 로프, 철사, 철망, 이끼 등으로 만든 둥근 고리모양의 틀에 소재를 부착시켜 만들 수 있다.
④ 리스는 플로랄폼이 있는 고리모양의 틀에 꽃꽂이하듯 소재를 꽂아 만들 수 있다.

[해설]
리스를 제작할 때는 둥근 고리의 크기와 고리 두께의 비율이 맞아야 한다.

48 엽병삽으로 번식할 수 있는 식물은?

① 아프리칸 바이올렛
② 동백나무
③ 개나리
④ 목 련

[해설]
아프리칸 바이올렛
• 아프리카 열대 지방이 원산으로, 주로 온실에서 가꾼다.
• 여름에는 강한 광선을 피하고, 겨울에는 온도를 10℃ 이상 유지해야 하며, 찬물이 잎에 닿으면 흰색 반점이 생기므로 주의해야 한다.
• 번식은 엽병삽(잎꽂이)로 한다.

[정답] 45 ③　46 ②　47 ②　48 ①

49 1960년대 미국에서 유행하여 일상생활에서 사용한 용기에 흙을 채우고 식물을 심어 정원을 연출한 디자인은?

① 디시가든
② 분 재
③ 토피어리
④ 공중걸이

> **해설**
> 디시가든(Dish Garden)은 접시와 같이 넓고 깊이가 얕은 용기에 키가 작고 생육속도가 늦은 식물을 식재하여 감상하는 분식물 장식이다.

50 아이비 잎에 철사를 사용하여 머리핀 모양으로 구부려서 잎이나 꽃에 꽂아 보강하는 방법은?

① 헤어핀방법
② 피어싱방법
③ 크로싱방법
④ 후킹방법

> **해설**
> ② 피어싱방법 : 씨방이나 꽃받침 부분의 줄기에 직각으로 철사를 꽂은 뒤 두 가닥이 되게 줄기와 같은 방향으로 구부리는 방법
> ③ 크로싱방법 : 꽃송이가 무거운 경우 십자 모양으로 구부리는 방법
> ④ 후킹방법 : 과꽃이나 소국 등으로 부케를 제작할 때 와이어의 끝을 1cm 가량 구부려서 제작하는 철사처리방법

51 꽃다발을 제작할 때의 주의사항으로 가장 거리가 먼 것은?

① 묶음점 아래 부분의 줄기는 깨끗이 다듬어 준다.
② 묶음점을 굵은 철사로 여러 번 묶는다.
③ 일반적으로 줄기는 나선형으로 돌려가며 구성한다.
④ 묶음점을 부드러운 노끈으로 묶는다.

> **해설**
> 묶음점은 되도록 가늘게 필요한 만큼의 폭으로 묶는다.

52 꽃다발을 만들 때 나선형으로 묶는 방법이 아닌 것은?

① 구조물을 이용한 핸드타이드
② 자연적 소재를 이용한 핸드타이드
③ 나뭇가지를 이용한 핸드타이드
④ 평행적인 조형 형태를 만들 때

> **해설**
> 꽃다발은 나선형으로 돌려가며 디자인하는 스파이럴(Spiral)과 패럴렐(Parallel) 두 가지 기법이 있다.

53 화훼원예에 대한 설명으로 틀린 것은?

① 영어로 Floriculture인데 꽃을 의미하는 Flori와 재배를 나타내는 Culture의 합성어이다.
② 이용방향에 따라 과수, 채소로 나뉜다.
③ 형태 및 목적에 따라 생산화훼, 전시화훼, 취미화훼로 구분한다.
④ 절화, 분화, 화단묘 등의 화훼를 생산, 유통, 이용, 가공, 판매하는 것이다.

해설
② 원예식물의 종류는 이용상 가치를 기준으로 화훼, 과수, 채소로 나뉜다.

54 병문안용으로 꽃을 고를 때 적합하지 않은 것은?

① 환자의 기분이 되어 꽃을 선택한다.
② 수명이 길고 계절감을 느낄 수 있는 꽃이 좋다.
③ 꽃가루가 있는 꽃은 피한다.
④ 향기가 강한 꽃을 선택한다.

해설
병문안용으로 꽃을 고를 때 향기가 강한 꽃은 가급적 고르지 않도록 하며, 꽃 색깔이나 꽃송이의 수와 같은 사항도 주의하여야 한다.

55 클러스터링(Clustering)에 대한 설명으로 가장 적당한 것은?

① 식물 부분들을 촘촘하게 평행으로 배열하고, 각 그룹들은 비대칭으로 구성하는 것
② 유사한 꽃, 유사한 색, 유사한 모양들을 결합하여 사용하는 방법
③ 수평적인 평면이나 복잡한 구조상의 세부적인 묘사를 하고, 땅 표면에 장식적인 기초를 만들어 주는 것
④ 덩어리를 강조하기 위하여 소재들 사이의 공간을 제거하고 빈틈없이 모아 덩어리 모양을 만드는 것

해설
클러스터링(Clustering)
디자인의 색상, 질감, 형태 등이 대비를 이루도록 하면서, 소재들을 종류나 질감이 유사한 것끼리 모아 높든 낮든 하나가 된 느낌으로 표현하는 기법으로, 하나의 소재 그 자체만으로는 구성요소로 인식하기에 너무 작은 소재들을 색, 질감, 형태 단위로 모아 빈틈없이 덩어리를 만들어 꽂는 기술이다.

56 일년생 초화류 식물은?

① 장미(*Rosa centifolia* L.)
② 아이비(*Hedera helix*)
③ 금어초(*Antirrhinum majus* L. Magnoliophyta)
④ 러브체인(*Ceropegia woodii*)

해설
금어초는 춘파 1년초(한해살이식물)이다.

정답 53 ② 54 ④ 55 ④ 56 ③

57 모체식물에서 채화한 형태로서 가장 많이 사용하는 꽃장식 소재는?

① 절 엽　　② 절 화
③ 절 지　　④ 청 지

해설
② 절화 : 모체식물에서 줄기를 잘라 채화한 것으로 장식 소재 중 가장 많이 사용하는 소재이다.
① 절엽 : 변화와 마무리, 혹은 배경 표현을 위해 이용된다.
③ 절지 : 디자인의 골격 또는 선을 표현하거나 공간을 메우는 소재로 사용된다.

59 장식적인 디자인 테크닉(Design Technique)의 하나로 시험관 등을 이용하여 재료가 공중에 떠 있는 것처럼 보이도록 하는 기술은?

① 플로팅 테크닉(Floating Technique)
② 플리센트 테크닉(Fliessend Technique)
③ 밴딩 테크닉(Banding Technique)
④ 펜싱 테크닉(Fencing Technique)

해설
② 플리센트 테크닉 : 물이 흐르는 느낌을 표현하는 방법
③ 밴딩 테크닉 : 단순히 장식을 위해서거나 얇고 넙적한 소재 언저리에 주목을 끌기 위해 사용되는 기법
④ 펜싱 테크닉 : 비슷한 종류의 재료를 곧게 패럴렐(병렬형)로 배치하는 그루핑의 방법

58 구근식물로만 짝지어진 것은?

① 글로리오사, 백합, 거베라
② 안스리움, 수선화, 튤립
③ 프리뮬러, 글라디올러스, 수선
④ 칼라, 한련화, 아네모네

해설
① · ② 거베라, 안스리움 : 숙근초화
③ 프리뮬러 : 일년초화
구근식물(알뿌리 화초)
• 춘식구근 : 글라디올러스, 칸나, 다알리아, 글로리오사, 아마릴리스, 수련, 칼라 등
• 추식구근 : 나리(백합), 무스카리, 수선화, 아네모네, 크로커스, 튤립 등

60 다음 분재용 관상식물 중 열매분재로 주로 이용되는 식물로 짝지어진 것은?

① 낙상홍, 피라칸타
② 주목, 삼나무
③ 낙우송, 측백나무
④ 느티나무, 버드나무

해설
열매분재(유실분재)
열매를 주로 감상하는 수종으로 피라칸타, 모과나무, 석류나무, 감나무, 배나무, 산수유, 구기자, 산사나무, 심산해당, 노박덩굴, 윤노리나무, 참빗살나무, 팥배나무, 오미자, 으름나무, 화살나무, 치자나무, 보리수, 낙상홍, 매자나무, 탱자나무 등이 있다.

2024년 제2회 과년도 기출복원문제

01 절화보관 중 에틸렌 가스 발생을 억제하는 데 가장 효과적인 것은?
① 구연산
② 질산은
③ 탄산음료
④ 8-HQC

해설
에틸렌억제제
- 에틸렌은 식물의 노화를 촉진시키므로 생성을 억제해야 절화의 수명을 연장시킬 수 있다.
- 종류 : 질산은, AVG, MVG, STS, 1-MCP 등

02 절화의 물올림 촉진법에 대한 설명으로 틀린 것은?
① 재절단이란 줄기 끝의 잘린 부분을 물에 꽂기 전에 다시 한 번 자르는 것을 말한다.
② 탄화 처리란 줄기 절단면의 1~2cm 정도를 불에 태운 다음 찬물에 넣는 것이다.
③ 열탕처리는 절화 줄기의 중간까지 50~60℃의 물에 수초 동안 담갔다가 꺼내서 찬물에서 물올림하는 방법이다.
④ 재수화는 수분 스트레스를 받은 절화에 물올림을 촉진하여 절화의 팽만성을 회복시키는 것이다.

해설
③ 열탕처리는 잘라 낸 줄기 끝에서부터 2~3cm 되는 부분을 끓는 물에 수초 담갔다가 냉수에 잠시 넣어 식히는 방법이다.

03 식사초대를 위한 유럽스타일의 테이블장식에 관한 설명으로 가장 거리가 먼 것은?
① 런치(Lunch) 테이블은 짙고 옅은 색의 배합으로 고상하게 장식하거나 특별한 손님이나 관심이 가는 손님 앞에는 특별한 색을 하나 더하여 정성을 곁들인다.
② 디너(Dinner) 테이블은 주가 되는 소재의 꽃을 여러 종류로 정하여 대범하게 꽂아 나가며 꽃향기가 강한 것을 사용한다.
③ 아침식사(Breakfast) 테이블은 상쾌한 햇살에 어울리는 흰색이나 파란색 또는 악센트로 색상이 조금 있는 것을 살짝 곁들인다.
④ 가든(Garden) 테이블은 뜰에 피는 작은 꽃을 모아 꽂아 친숙한 느낌을 주고, 꽃이나 잎을 조금 높게 꽂아 바람에 살랑거리게 하여 시원함을 준다.

해설
② 식사용 테이블장식에는 향이 강하고 짙은 식물은 피한다.

04 화훼식물이 장식에 이용되는 주요 형태로 가장 거리가 먼 것은?
① 도시조경
② 실내정원
③ 절화장식
④ 분식물장식

해설
화훼장식 중 실내장식의 형태는 절화장식, 분식물장식, 실내정원으로 나눈다.

[정답] 1 ② 2 ③ 3 ② 4 ①

05 화훼에 대한 정의로 가장 거리가 먼 것은?

① 화훼는 관상을 대상으로 하는 초본식물을 포함한다.
② 화훼는 목본식물을 제외한 관상용 식물을 말한다.
③ 화훼는 이용 목적에 따라 절화식물, 분식물, 정원식물 등으로 나눌 수 있다.
④ 화훼의 분류는 식물학적 분류 및 원예학적 분류 등으로 구분된다.

해설
화훼는 관상을 대상으로 하는 초본식물과 목본식물을 총괄하는 식물을 말한다.

06 절화보존제의 주성분이 아닌 것은?

① 살충제
② 당 류
③ 에틸렌억제제
④ 생장조절제

해설
절화보존제의 주성분은 탄수화물(자당), 살균제, 생장조절물질, 에틸렌억제제, 무기질 등이다.

07 절화의 줄기를 사선으로 자르는 가장 큰 이유는?

① 잘 꽂아지게 하기 위해
② 키가 커보이게 하기 위해
③ 절단면의 면적을 늘려 수분 흡수면적을 넓히기 위해
④ 세균의 번식을 줄이기 위해

해설
절화의 줄기를 자를 때에는 물의 흡수면적을 넓혀 주기 위하여 45° 각도로 비스듬히 잘라 주고, 물의 상승이 잘 이루어지도록 하기 위해 물속에 담근 상태에서 자르도록 한다.

08 다음 중 절화 장미의 꽃목굽음이 잘 생기는 조건으로 가장 관계가 없는 것은?

① 너무 늦게 수확했을 때
② 너무 조기에 수확했을 때
③ 수분균형이 불량할 때
④ 꽃목의 경화가 덜 된 시기에 수확했을 때

해설
개화단계가 어느 정도 진행된 후에 절화하면 꽃목굽음 현상은 적지만 절화수명이 그만큼 짧아진다.

09 수분함량이 많은 꽃의 이상적인 건조방법은?

① 글리세린 건조법
② 동결건조법
③ 자연건조법
④ 실리카겔 건조법

해설
동결건조법은 수분함량이 많은 줄기와 꽃에 효과적으로 이용 가능한 건조방법으로 소재의 수축과 쭈그러짐이 거의 없으며, 자연적인 형태와 색상이 유지되어 수명이 연장되는 장점이 있다.

10 관수요령에 대한 설명으로 틀린 것은?

① 물을 조금씩 여러 번에 나누어 자주 준다.
② 관수 전에 손으로 배양토를 만져 본다.
③ 대부분의 식물은 배양토 위에 관수한다.
④ 겨울철에는 정오에 관수하는 것이 좋다.

해설
① 한 번 줄 때 흠뻑 주어서 화분 밑의 배수공으로 물이 흘러나오게 한다.

11 베이싱(Basing)기법에 대한 설명으로 가장 거리가 먼 것은?

① 디자인의 아래쪽을 시각적인 흥미를 위해 장식하는 방법이다.
② 필로잉, 테라싱, 파베 같은 기술을 사용한다.
③ 플로랄폼을 가려 주는 기술이다.
④ 같거나 비슷한 재료를 함께 무리지어 꽂는 기법이다.

해설
④는 그루핑기법에 대한 설명이다.

12 다음 중 난과 식물만으로 짝지어지지 않은 것은?

① 덴파레, 심비디움
② 팔레놉시스, 카틀레야
③ 반다, 시프리페디움
④ 덴드로비움, 필로덴드론

해설
④ 필로덴드론은 관엽식물이다.

13 수덕사 대웅전에 그려진 야화도에 나타나지 않은 식물은?

① 작 약　　　② 부 들
③ 계관화　　　④ 치 자

해설
수덕사 대웅전에 그려진 야화도에는 모란, 작약, 맨드라미(계관화), 치자, 들국화 등이 수반에 가득 담겨 있다.

14 먼셀 표색계에 대한 설명으로 옳은 것은?

① 4가지 색을 기본색으로 사용하였다.
② 색상, 명도, 채도의 기호는 각각 H, C, V이다.
③ 색상, 명도, 채도를 표기하는 순서는 HC/V이다.
④ 채도단계에서 회색을 시작점으로 놓고 0이라고 표기한다.

해설
① 최초 색상기준은 5원색(빨강, 노랑, 초록, 파랑, 보라)이다.
② 색상 H, 명도 V, 채도 C로 표기한다.
③ 표기순서는 HV/C이다.

15 형-선적 구성에 대한 설명으로 옳은 것은?

① 좌우 비대칭의 구성으로 식물의 생태적 특성을 고려한다.
② 자연주의를 바탕으로 사실적이고 자유로운 질서가 있다.
③ 식물의 생태적 특성보다는 주어진 형태 안에서 장식효과를 높이는 데 주안점을 둔다.
④ 선과 면의 강한 대비를 통해 긴장감 고조를 유도한다.

> 해설
> 형-선적 구성 : 소재의 형, 선, 각도를 강조하고, 형과 선이 두드러지게 대비되며 여백을 이용하여 소재의 아름다움을 강조한 형식이다.
> ①·② 식생적 구성, ③ 장식적 구성

16 중심축을 기준으로 사방으로 균일하게 꽂는 형으로 가장 적합한 것은?

① 분리형　② 복합형
③ 방사형　④ 부화형

> 해설
> ① 분리형 : 한 개 혹은 두 개의 수반에 분리하여 꽂는 형
> ② 복합형 : 두 개 이상의 수반을 복합적으로 배치하여 꽂는 형
> ④ 부화형 : 수반에 물을 채우고 수생식물을 띄우는 형

17 리듬에 대한 설명으로 옳은 것은?

① 조형상의 색, 형태, 질감, 선 등이 반복적으로 나타나는 것을 말한다.
② 시선을 유도하는 데는 옅은 색에서 강한 색으로 표현한다.
③ 꽃의 크기, 길이의 변화, 굵고 가늘음, 간격은 리듬을 나타내지 못한다.
④ 강약이 반복될 때는 리듬감을 나타내기 어렵다.

> 해설
> 리듬 : 같은 요소들에 의한 시각적인 움직임이 연속적으로 되풀이되는 것

18 질감(Texture)의 구분과 그에 따른 감정표현의 연결로 틀린 것은?

① 무게 - 가볍다, 약하다
② 빛에 대한 반응 - 반투명하다, 광택이 있다.
③ 구조와 조직 - 조밀하다, 불규칙적이다.
④ 촉감 - 야무지다, 느슨하다.

> 해설
> ④ 촉감 : 부드럽다, 매끄럽다, 거칠다, 반질거린다, 차다, 덥다, 물렁하다.

19 식물체 내 수용성 색소의 주요성분이 아닌 것은?

① 플라보노이드
② 베타시아닌
③ 카로티노이드
④ 안토시아닌

> 해설
> 식물성 색소
> • 수용성 : 플라보노이드류(안토크산틴, 안토시아닌, 타닌류), 베타레인류(베타잔틴, 베타시아닌)
> • 지용성 : 카로티노이드류(카로틴, 크산토필), 클로로필

15 ④　16 ③　17 ①　18 ④　19 ③

20 화훼장식의 목적으로 볼 수 없는 것은?

① 지적욕구를 충족시키며, 예술적 기능을 가진다.
② 사회, 문화적 질을 향상시킨다.
③ 심리적 효과와 휴식장소를 제공한다.
④ 상업공간 및 공공장소 등의 화훼장식은 경제적 기능이 없다.

> **해설**
> ④ 화훼장식물이 장식된 공간은 볼거리를 제공하며 사람들을 불러 모으는 효과가 있다.

21 다음 중 테이블장식을 할 때 고려사항으로 틀린 것은?

① 사방에서 감상 할 수 있도록 꽂는다.
② 꽃이나 잎이 잘 떨어지는 소재는 피한다.
③ 진한 향과 색의 꽃을 꽂는다.
④ 장식물이 시야를 가리지 않도록 한다.

> **해설**
> ③ 지나치게 향기가 진한 꽃은 사용을 자제한다.

22 기능적인 것보다 장식적인 목적으로 강조하거나 관심을 집중시키기 위해 사용되는 꽃꽂이기법은?

① 바인딩(Binding)
② 그루핑(Grouping)
③ 밴딩(Banding)
④ 번들링(Bundling)

> **해설**
> ① 바인딩 : 두 개 이상의 소재 줄기를 묶어서 줄기끼리 기계적으로 고정하는 기법
> ② 그루핑 : 같은 종류의 재료를 모아 꽂음으로써 재료의 형태나 색채, 양감, 질감 등을 강조하는 기법
> ④ 번들링 : 볏단, 밀짚 다발, 옥수수대 등을 이용하여 같은 재료 또는 비슷한 재료를 단단히 묶는 기법

23 화훼장식을 통해 인간과 환경에 주어지는 효과에 대한 설명으로 틀린 것은?

① 정서안정과 스트레스 해소의 효과가 있다.
② 식물을 통해 학습적인 효과를 얻을 수 있다.
③ 오염된 공기를 정화시킬 수 있다.
④ 미학적인 효과는 높게 나타나지만 치료적인 효과는 나타나지 않는다.

> **해설**
> ④ 미적인 효과 뿐만 아니라 원예치료, 향기치료 등에 사용되며 심신 안정과 회복에 많은 도움을 준다.

24 다음 중 꽃이 줄기에 착생하는 형태가 다른 하나는?

① 금어초
② 수 선
③ 튤 립
④ 칼 라

25 꽃을 구성하는 여러 기관 중 성숙하여 종자로 발달하는 기관은?

① 암술머리
② 화 탁
③ 자 방
④ 배 주

해설
④ 배주 : 종자식물의 암술의 자방 속에서 수정 후에 종자가 되는 부분
① 암술머리 : 식물의 암술의 꼭대기 부분(주두)으로서 꽃가루를 받아들이는 부분
② 화탁 : 속씨식물 꽃의 모든 기관이 달리는 꽃자루 맨 끝의 불룩한 부분
③ 자방 : 속씨식물의 배주를 가지고 있는 자루모양의 기관

26 다음 중 장미꽃의 와이어링처리법으로 가장 적합한 것은?

① 트위스트(Twist)법
② 피어스(Pierce)법
③ 루핑(Looping)법
④ 후크(Hook)법

해설
피어스법 : 카네이션, 장미와 같이 꽃받기 부위가 발달하여 단단한 꽃 종류에 사용하는 방법으로, 꽃받침 기부에 철사를 관통시켜 구부리는 철사처리 방법이다.

27 노즈게이 혹은 터지머지 라는 이름으로 불리며, 18세기에는 외출 시 손에 들고 다녔던 것은?

① 리 스
② 콜라주
③ 형상물
④ 꽃다발

해설
영국 조지아시대에 꽃의 향기가 전염병을 예방해 주는 것으로 인식되어 손에 들고 다녔으며 역사상 어느 시기보다 다양한 꽃과 건조화를 사용하였다.

28 '낯설게 하기'의 효과를 이용하여 자연물의 특성을 연결시키고 식물 자체를 특수 오브제로 여기는 1960년대 미국에서 등장한 것은?

① 아르데코
② 아르누보
③ 미니멀리즘
④ 포스트모더니즘

해설
포스트모더니즘
1960년대에 미국에서 등장한 철학적 및 문화적 경향으로 과거의 일상적인 사물이나 관념에서 벗어나 다양한 방법들을 시도함으로써 현대 화훼장식에 있어서도 새로운 영역의 확대에 기여하였다.

29 장식품의 전시에서 이용되는 조명 중 광원의 빛을 대부분 천장이나 벽에 부딪혀 확산된 반사광으로 비추는 방식으로 효율이 떨어지지만 그늘짐이나 눈부심이 없는 것은?

① 전반확산조명
② 간접조명
③ 반간접조명
④ 직접조명

해설
① 전반확산조명 : 빛이 모든 방향으로 투사되어 실내 전체가 고르게 조도를 갖게 되는 조명
③ 반간접조명 : 작업면에 빛의 10~40%가 직접 투사되고 나머지는 대부분은 반사되는 조명
④ 직접조명 : 작업면에 90% 이상의 빛이 직접 비추는 조명

정답 25 ④ 26 ② 27 ④ 28 ④ 29 ②

30 감상하는 사람의 시선을 특정한 곳으로 끌기 위하여 초점지역에 틀(테두리)을 만들어 소재를 꽂는 기법은?

① 섀도잉(Shadowing)
② 밴딩(Banding)
③ 클러스터링(Clustering)
④ 프레이밍(Framing)

31 다음 중 에틸렌에 가장 민감한 화훼류는?

① 튤 립
② 거베라
③ 카네이션
④ 안스리움

해설
- 에틸렌에 민감한 꽃 : 카네이션, 델피니움, 알스트로메리아, 금어초, 스위트피, 난류, 나리, 수선, 프리지아, 백합, 숙근안개초 등
- 에틸렌에 둔감한 꽃 : 안스리움, 거베라, 튤립, 국화 등

32 유럽의 화훼장식의 역사 중 좌우대칭에서 부드러운 비대칭 형태로 변화하고 S라인의 꽃꽂이 형태가 만들어진 시기는?

① 비잔틴
② 바로크
③ 로코코
④ 르네상스

해설
바로크시대에 유행한 S자 형태는 영국의 화가 윌리엄 호가스가 S선을 '선의 아름다움'이라는 말로 표현한 데에서 유래되었으며 호가스 라인(Hogarth Curve)이라고도 불린다.

33 꽃을 물들이는 방법으로 염료를 떨어뜨려서 방향에 따라 섞으면서 계속 반복한 다음 헹궈 말리는 방법과 카네이션이나 덴드로비움 줄기에 흡수염으로 집중적으로 줄기를 염색하는 방법을 무엇이라고 하는가?

① 더미(Dummy)
② 페틀레타(Petaleta)
③ 틴팅(Tinting)
④ 테일러드(Tailored)

해설
① 더미 : 모형, 모조품
② 페틀레타 : 장미 꽃잎 두 장을 장미의 잎으로 싸서 만든 작은 꽃처럼 만든 것
④ 테일러드 : 코사지의 한 종류로 글라디올러스 봉오리와 꽃받침을 사용해 만든 것

34 화훼장식 디자인을 할 때 구체적인 용도에 맞도록 고려해야 한다. 다음 중 우선적으로 고려해야 하는 사항에 포함되지 않는 것은?

① 독창성
② 장 소
③ 목적과 동기
④ 시 간

해설
화훼장식물 제작 시 장소, 목적과 동기, 환경, 시간 등 구체적인 용도를 고려하여 조건에 따라 다르게 구성해야 한다.

정답 30 ④ 31 ③ 32 ② 33 ③ 34 ①

35 고전적 형태의 하나로 양끝이 서로 이어지려는 듯이 곡선과 공간의 균형이 아름다우며 동적인 느낌을 주는 디자인은?

① 나선형　② 둥근형
③ 수직형　④ 초승달형

> **해설**
> 초승달형(크레센트형)은 가운데 부분은 다소 두툼하게 곡선을 이루며 양쪽 끝으로 가면서 가늘게 구성하여 동물의 뿔 모양으로 만들며, 높이보다는 가로로 퍼지도록 꽂아주는 형이다.

36 속이 비었거나 연한 자연줄기를 그대로 살리고 싶을 때 철사를 줄기 속에 넣어 제작하는 테크닉은?

① 소잉(Sewing)법
② 피어스(Pierce)법
③ 인서션(Insertion)법
④ 시큐어링(Securing)법

> **해설**
> 인서션법은 줄기 속에 철사를 통과시켜 자연줄기를 보강해 주거나 구부리기 쉽게 하는 기법이다.

37 다음 중 필러플라워로 가장 많이 사용되는 것은?

① 숙근안개초
② 리아트리스
③ 장 미
④ 극락조화

> **해설**
> ② 리아트리스 : 라인플라워
> ③ 장미 : 매스플라워
> ④ 극락조화 : 폼플라워

38 꽃잎을 흩뿌리듯이 보이는 그림이 그려진 곳은?

① 강서대묘 현실북벽의 비천상
② 무용총의 벽화
③ 안악2호분 동벽의 비천상
④ 석굴암 십일면관음보살 입상

> **해설**
> ① 강서대묘 현실북벽의 비천상 : 꽃을 흩뿌리는 산화도
> ② 무용총 벽화 : 무용총의 접객도에 꽃쟁반 속에 핀 소담스러운 꽃봉우리
> ③ 안악2호분 동벽의 비천상 : 하늘을 날고 있는 비천이 들고 있는 화반에 속의 연꽃
> ④ 석굴암 십일면관음보살 입상 : 연꽃을 꽂은 목이 긴 화병을 들고 있는 십일면 관음보살상

39 화훼류 재배 배양토의 가장 적정한 pH 범위는?

① pH 3.0~3.5
② pH 4.0~4.6
③ pH 5.0~7.0
④ pH 8.0~9.0

> **해설**
> 배양토의 산도는 식물의 생육과 양분의 유효화에 큰 영향을 미치는데, 일반적으로 pH 5.5~6.0의 약산성이 좋다.

40 색의 3속성과 거리가 먼 것은?

① 명도
② 색도
③ 채도
④ 색상

해설
색의 3속성은 색상(Hue), 명도(Value), 채도(Chroma)이다.

41 한국의 결혼식장에서 주로 이용되는 화훼장식으로 가장 거리가 먼 것은?

① 주례단상 장식
② 화관
③ 화동의 꽃바구니
④ 십자가 장식

해설
십자가 장식은 종교적인 의미가 강하므로 기독교, 천주교식 장례 행사에서 볼 수 있다.

42 소재의 바로 뒤와 아래에 똑같은 소재를 하나씩 더 가깝게 꽂아 입체적으로 보이도록 하는 기법은?

① 그루핑(Grouping)
② 섀도잉(Shadowing)
③ 필로잉(Pillowing)
④ 베이싱(Basing)

해설
① 그루핑 : 색상, 질감, 형태 등이 비슷한 소재를 모아 꽂아 재료의 형태, 색채, 양감, 질감 등을 강조하는 기법
③ 필로잉 : 줄기가 짧은 소재를 한데 모아 언덕의 효과를 내는 기법
④ 베이싱 : 필로잉, 테라싱, 파베 같은 기술을 사용하여 밑받침을 입체감 있게 장식하는 방법

43 원예용 특수 토양에 관한 설명으로 틀린 것은?

① 수태는 이끼를 건조시켜 만든 것이다.
② 부엽토는 낙엽을 썩힌 것으로 만든 것이다.
③ 나무껍질로 만든 것을 질석이라고 한다.
④ 진주암을 고온에서 가열하여 만든 것을 펄라이트라고 한다.

해설
③ 질석은 적운모의 일종으로 가벼우면서도 흡수력이 뛰어나 배양토에 섞어 쓰면 좋다.

44 다음 중 채도가 가장 높은 것은?

① 무채색
② 회색
③ 청색
④ 순색

해설
채도는 색상의 포화도 또는 강도를 말하며, 한 색상 중에서 채도가 가장 높은 색을 순색이라 한다.

정답 40 ② 41 ④ 42 ② 43 ③ 44 ④

45 리본의 용도로 틀린 것은?

① 철사처리 및 테이프를 감은 부분을 마무리할 때 사용한다.
② 상품을 안전하게 보호하는 기능을 하는 데 주로 사용한다.
③ 철사에 리본을 감아 독특한 모양으로 만들어 장식적으로 사용한다.
④ 작품 제작 및 포장에 리본뿐만 아니라 리본 보우를 만들어 사용한다.

해설
리본은 꽃다발, 포장 등 여러 부분에 이용되어 강조의 기능을 하거나 시각적 균형감을 주는 역할을 하며, 리본의 색을 선정할 때는 전체 작품의 색을 고려해야 한다.

46 화훼장식의 디자인 요소인 질감에 대한 설명으로 틀린 것은?

① 무거운 색채의 단단하고 품위 있는 질감으로 화분을 선택하였다면 화분 받침이나 식물도 그와 같은 느낌을 갖는 것으로 선택한다.
② 고운 질감의 식물은 시각적으로 멀어지는 느낌이 있으므로 가깝게 배치한다.
③ 칼라는 카네이션이나 맨드라미와 대조적인 질감의 강조를 표현할 수 있다.
④ 거친 질감과 울퉁불퉁하거나 광택이 없는 표면은 형식적이며 우아한 느낌을 준다.

해설
④ 거친 질감과 울퉁불퉁하거나 광택이 없는 표면은 비형식적인 느낌을 주기 때문에 캐주얼한 분위기에 적합하다.

47 리듬(Rhythm)감을 주는 방법이 아닌 것은?

① 동일한 소재의 동일한 색상과 명암
② 선의 높고 낮음
③ 꽃과 꽃의 간격
④ 소재의 질감 변화

해설
리듬(Rhythm, 율동)
• 같은 요소들에 의한 시각적인 움직임이 연속적으로 되풀이 되는 것
• 선의 운동으로 표현할 수 있고, 엷은 색에서 진한 색으로, 점에서 시작하여 면이나 뭉치로 구성하는 방법으로 표현
• 크고 작은 꽃의 순위, 꽃과의 간격, 꽃과 선의 높낮이, 색채의 명암이나 소재의 질감 등으로 표현
• 색채의 강약과 명암 등의 변화를 통해 작품의 깊이와 율동감 형성

48 꽃받침이 발달하여 단단한 소재의 꽃받침에 와이어를 꽂아 아래로 내려 줄기의 지지대 역할을 도와주도록 하는 기법은?

① 헤어핀법
② 피어싱법
③ 소잉법
④ 크로스법

해설
① 헤어핀법 : 철사를 U자 형태로 구부려 소재의 중심부를 관통시키는 와이어링기법으로, 연약하거나 섬세한 소재에 적합하다.
③ 소잉법 : 꽃이나 잎을 바느질하듯 꿰매는 방법으로, 꽃잎의 면적이 넓은 여러 개의 꽃잎을 연결하여 하나의 꽃으로 만들 때 적합하다.
④ 크로스법 : 꽃이 크고 무거워 피어싱법만으로 충분하지 않은 경우, 꽃받침에 가는 철사를 십자형으로 찔러 넣어 단단하게 지지하고, 줄기가 돌아가는 것을 막기 위한 기법이다.

49 광(光)이 충분한 조건에서 광합성량을 증가시키려고 한다. 다음 중 필요한 공기요소로 적합한 것은?

① 산 소
② 이산화탄소
③ 질 소
④ 일산화탄소

해설
광합성이란 뿌리에서 흡수되는 수분과 잎의 기공을 통해 흡수되는 이산화탄소가 엽록소 내에서 빛에너지에 의해 양분으로 합성되는 과정이다.

50 장일성 식물로 가장 적합한 것은?

① 카네이션
② 칼랑코에
③ 맨드라미
④ 포인세티아

해설
장일식물 : 하루 일조시간이 12시간 이상이 되면 화아분화가 시작되면서 개화가 촉진되는 식물이다.
예 양귀비, 상추, 장미, 개나리, 카네이션, 안개초, 유채, 금어초, 아킬레아, 섬초롱꽃 등

51 실내의 분화장식물에 있어서 우선적으로 고려해야 하는 사항이 아닌 것은?

① 유행하는 식물의 선택
② 실내의 기능적인 면과 이용자의 기호도
③ 실내의 환경조건
④ 바닥재료, 벽지 등 실내 분위기

해설
분화장식물은 유행하는 식물의 선택보다는 실내환경조건과 실내 분위기와 이용자의 기호도에 맞추어 제작해야 한다.

52 다음 중 흘러내리는 형태의 부케가 아닌 것은?

① 트라이앵글
② 호가스
③ 캐스케이드
④ 프레젠테이션

해설
④ 프레젠테이션(Presentation) : 팔에 안을 수 있도록 만든 형태
① 트라이앵글(Triangular) : 두 개의 갈란드를 중심부에 연결하여 곡선이 돋보이는 형태
② 호가스(Hogarth) : 자연스러운 가지의 선을 이용하여 만든 가늘고 날씬한 S자 곡선형
③ 캐스케이드(Cascade) : 폭포의 흐름을 이미지화한 형태

정답 49 ② 50 ① 51 ① 52 ④

53 코사지나 부케를 만들 때 식물 종류별 철사감기방법으로 틀린 것은?

① 거베라 – 트위스팅법(Twisting Method)
② 칼라 – 인서션법(Insertion Method)
③ 장미 – 피어스법(Pierce Method)
④ 아이비 – 헤어핀법(Hair-Pin Method)

해설
① 거베라 : 인서션법(Insertion Method)

54 식물의 생육과 광의 연관성에 대한 설명으로 틀린 것은?

① 일반적으로 개화하는 식물 혹은 열매를 맺는 식물 및 무늬가 있는 식물들은 보통 관엽식물보다 많은 광을 필요로 한다.
② 탄소동화작용으로 잎에서 영양분을 만들기 위해서 겨울에도 광선은 꼭 필요하다.
③ 광은 호흡작용에 의한 영양분의 소모를 조장한다.
④ 광은 식물의 광합성작용뿐만 아니라 조직이나 기관의 분화, 종자의 발달 등 식물의 형태형성에도 관여한다.

해설
• 광합성작용은 주로 빛이 있는 낮에 일어나며, 잎에 있는 엽록소에 의하여 기공을 통하여 탄산가스를 흡수하고 영양분이 만들어진다.
• 빛이 없는 밤이 되면 산소를 흡수하고 탄산가스를 내보내며, 낮에 만든 영양분을 호흡작용으로 소비하게 된다.

55 플랜터(Planter)는 바닥 위로 돌출한 형과 바닥에 묻힌 매몰형이 있다. 매몰형의 특징으로 틀린 것은?

① 식재면의 높이가 바닥과 같아 자연과 같은 느낌이다.
② 통행이 많은 백화점, 쇼핑센터에 이용하면 좋다.
③ 잉여수분의 처리가 곤란하다.
④ 사람과 수목의 일체감을 갖는데 효과적이다.

해설
매몰형 플랜터의 일반적인 구조는 건물바닥 아래에 상자형 용기를 철근 콘크리트로 건조하는 것으로, 이런 종류의 플랜터는 건물설계 시부터 계획하여 콘크리트를 형태에 맞게 부어서 만든다. 그러므로 배수관도 처음부터 플랜터와 함께 설치되어 건물의 본 배수관과 연결되므로 관수 시의 잉여수분 처리문제도 용이하게 해결된다.

56 다음 중 일년초화는?

① 맨드라미
② 속 새
③ 범부채
④ 옥잠화

해설
춘파 1년초 : 봄에 파종하여 가을이나 그 이전에 꽃을 피우며, 맨드라미, 채송화, 과꽃, 색비름, 샐비어, 메리골드, 다알리아, 백일초 등이 있다.

57 동양식 꽃꽂이에서 제1주지의 길이는 화기의 길이(가로)와 높이(세로)를 더한 길이의 몇 배가 적당한가?

① 2.5~3.5배
② 5~7배
③ 1배
④ 1.5~2배

해설
동양화 이론 각 주지의 길이
- 1주지 : 화기의 크기(가로+세로)의 1.5~2배
- 2주지 : 1주지의 3/4~4/5 정도
- 3주지 : 1주지의 1/2~2주지의 3/4~4/5 정도

58 화분 밑의 배수공을 통해 물이 모세관현상으로 스며 올라가게 하는 관수방법은?

① 점적관수
② 저면관수
③ 살수관수
④ 지중관수

해설
① 점적관수 : 가는 관을 화분에 꽂아 직접 물을 주는 방법
③ 살수관수 : 물뿌리개로 관수하는 방법
④ 지중관수 : 땅속에 관을 박아서 관수하는 방법

59 화훼장식 디자인에 이용되는 3가지 선의 분류에 해당하지 않는 것은?

① 실제적 선(Actual Line)
② 함축된 선(Implied Line)
③ 정적인 선(Static Line)
④ 심적인 선(Psychic Line)

해설
디자인에 이용되는 3가지 선은 실제적 선(Actual Line), 함축된 선(Implied Line), 심리적 선(Psychic Line)이다.

60 색채지각과 감정효과에 대한 설명으로 옳지 않은 것은?

① 흰색보다는 검정색이 무겁게 느껴진다.
② 저명도색은 고명도색보다 가볍고 진출되어 보인다.
③ 색채의 강약은 주로 채도에 의해 생긴다.
④ 배경이 어두울 때는 어두운 색보다 밝은 색이 진출되어 보인다.

해설
② 고명도색은 저명도색보다 가볍고 진출되어 보인다.

2025년 제1회 최근 기출복원문제

01 다음 화훼 관련 설명 중 옳지 않은 것은?
① 물의 산성화는 미생물의 발생을 촉진시킨다.
② 최초 물올림용 물은 소독된 물이어야 한다.
③ 보존 온도가 높을수록 절화 수명이 짧아진다.
④ 위조란 식물이 수분을 잃어 시들어 가는 것이다.

해설
① pH 3~4 정도의 산성일 때 수분흡수촉진과 미생물 증식억제효과가 있다.

02 절화장식에 사용되는 화기로 적절하지 않은 것은?
① 병
② 테라리움 용기
③ 수반
④ 콤포트

해설
절화장식에 이용되는 용기의 종류에는 병, 수반, 사발, 콤포트, 항아리, 플로랄폼 등이 있다.

03 총상화서(總狀花序)로 꽃이 피는 화훼류는?
① 칼라
② 수국
③ 나리
④ 국화

해설
① 육수화서, ② 산방화서, ④ 두상화서

04 착생종에 해당되지 않는 것은?
① 심비디움
② 팔레놉시스
③ 호접란
④ 카틀레야

해설
① 심비디움은 지생종에 해당된다.

05 우리나라 화훼장식의 역사를 살펴볼 때 식물이 조형미를 갖추고 감상의 대상이 된 최초의 시기는?
① 삼국시대
② 통일신라시대
③ 고려시대
④ 조선시대

해설
삼국시대
• 불교의 전래와 함께 불전헌공화가 전래되었다.
• 식물이 조형미를 갖추고 감상의 대상이 된 최초의 시기이다.

06 다음 중 질감이 가장 거친 꽃은?
① 방크시아
② 연꽃
③ 치자꽃
④ 백합

해설
① 굵은 베처럼 거친 질감
②·③·④ 도자기같은 질감

정답 1① 2② 3③ 4① 5① 6①

07 생화를 장기간 보존할 수 있도록 특수보존액을 사용하여 탈수, 탈색, 착색, 보존 및 건조 단계를 거쳐 제작하는 가공화는?

① 건조화 ② 보존화
③ 압 화 ④ 인조화

해설
보존화는 신개념 드라이플라워로, 자연건조된 건조화에 비해 생화에 가까운 탄성과 유연성을 지니고 있으며, 다양한 색상으로도 염색이 가능하여 전문적으로 디자인하기에 용이하다.

08 다음 중 주로 매년 종자 파종에 의해서 번식하는 것으로 가장 적합한 것은?

① 관엽식물 ② 구근류
③ 일년초화류 ④ 숙근초화류

해설
① 관엽식물 : 꽃보다는 잎의 모양, 색, 무늬 등의 아름다움을 관상하는 식물이다.
② 구근류 : 알뿌리가 있는 식물로 인경, 구경, 근경, 괴경, 괴근 등으로 구분한다.
④ 숙근초화류 : 종자를 파종한 후 발아되어 뿌리나 줄기가 여러 해 동안 살아남아 매년 꽃을 피우는 식물이다.

09 잎과 줄기보다는 꽃과 열매에 더 중요한 비료 성분은?

① N ② P
③ K ④ Ca

해설
① 잎과 줄기의 비료이다.
③ 식물의 발달과 성숙의 비료이다.

10 화훼장식의 목적별 분류에 해당하는 것은?

① 절화장식, 분화장식
② 상업용, 혼례용, 근조용, 장식용
③ 실내장식, 실외장식
④ 꽃꽂이, 꽃다발, 꽃바구니, 테이블장식, 식물심기

해설
① 이용되는 화훼식물의 특성에 따라
③ 장식 공간에 따라
④ 형태적 특성에 따라

11 일상적으로 꽃과 식물이 애호되고, 전문도서와 화훼장식기술학교가 설립되는 등 서양의 화훼장식이 체계화되기 시작한 시대는?

① 르네상스시대
② 바로크시대
③ 로코코시대
④ 빅토리아시대

해설
① 르네상스시대에는 밝은 색의 다양한 꽃을 사용하고 고대 그리스나 로마시대처럼 연회나 축제에 갈란드, 화관, 산화를 사용하는 것이 다시 유행하였다.
② 바로크시대에는 복잡하게 흘러넘치는 것이 전형이었으며, 대부분 운율적인 비대칭균형을 보였다.
③ 로코코시대에는 화려하면서도 여성스러운 스타일이 주를 이루었으며, 아름다운 기품을 표현하기 위해 파랑이나 자줏빛의 색상을 많이 사용하였다.

12 꽃꽂이 형태에서 줄기배열을 구분할 때 한 개의 초점에서 사방으로 전개되는 줄기배열은?

① 방사선 배열
② 교차선 배열
③ 수직선 배열
④ 평행선(병행선) 배열

해설
① 방사선 배열 : 모든 줄기의 선이 한 개의 초점에서 사방으로 전개되는 배열
② 교차선 배열 : 여러 개의 초점으로부터 나온 줄기의 선이 제각기 여러 각도의 방향으로 뻗어 서로 교차하는 상태로 배열
④ 평행선(병행선) 배열 : 여러 개의 초점으로부터 나온 줄기가 모두 같은 방향으로 나란히 뻗어 있는 배열

13 일반적으로 리스에 적용되는 본체와 안쪽 지름의 황금비율은(A : B : C)?

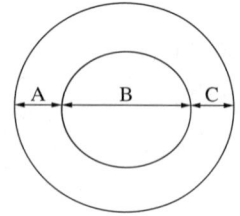

① 1 : 1 : 1
② 1 : 1.6 : 1
③ 1 : 2 : 1
④ 1 : 2.5 : 1

해설
리스의 이상적인 제작비율은 황금비율(1 : 1.618 : 1)이지만 색, 배경, 환경에 따라 시각적인 비율이 다르므로 반드시 물리적인 비율에 의존하지 않는다.

14 다음 중 에틸렌에 민감한 식물이 아닌 것은?

① 백 합
② 안스리움
③ 프리지아
④ 카네이션

해설
• 에틸렌에 민감한 꽃 : 카네이션, 델피니움, 알스트로메리아, 금어초, 스위트피, 난류, 나리, 수선, 프리지아, 백합, 숙근안개초 등
• 에틸렌에 둔감한 꽃 : 안스리움, 거베라, 튤립, 국화 등

15 삼국시대의 꽃꽂이에 관한기록으로 옳지 않은 것은?

① 안악2호분 동벽의 비천상
② 해인사 대적광전 벽화
③ 무용총의 벽화
④ 강서대묘 현실북벽의 비천상

해설
해인사 대적광전 벽화는 고려시대의 작품이다.

16 꽃의 구조에 관한 설명으로 틀린 것은?

① 자웅이주 - 소철, 은행나무, 장미
② 자웅동주 - 국화, 나리, 베고니아
③ 꽃 - 꽃받침, 꽃잎, 수술, 암술
④ 완전화 - 나리, 튤립, 수선

해설
• 완전화(꽃받침, 꽃잎, 수술, 암술) : 나리, 수선
• 불완전화 : 튤립

17 숙근초로 내한성이 있는 것은?

① 거베라
② 군자란
③ 아퀼레기아
④ 아프리칸 바이올렛

해설
내한성 숙근초
- 추위에 강하여 노지월동이 가능한 다년초
- 국화, 작약, 패랭이꽃, 금낭화, 용담, 원추리, 접시꽃, 아퀼레기아 등

18 다음 중 수분요구도가 다른 것은?

① 채송화　　② 토 란
③ 돌나물　　④ 바위솔

해설
- 건생식물 : 채송화, 돌나물, 바위솔, 선인장 등
- 습생식물 : 토란, 꽃창포, 억새 등

19 다음 중 개화가 진행된 상태에서 절화해야 하는 것은?

① 거베라　　② 작 약
③ 아이리스　　④ 나 리

해설
거베라는 개화 시작 2일 정도의 꽃을 수확한다.

20 리본의 용도로 틀린 것은?

① 철사처리 및 테이프를 감은 부분을 마무리할 때 사용한다.
② 작품 제작 및 포장에 리본뿐만 아니라 리본 보우를 만들어 사용한다.
③ 철사에 리본을 감아 독특한 모양으로 만들어 장식적으로 사용한다.
④ 상품을 안전하게 보호하는 기능을 하는 데 주로 사용한다.

해설
리본은 꽃다발, 포장 등 여러 부분에 이용되어 강조의 기능을 하거나 시각적 균형감을 주는 역할을 하며, 리본의 색을 선정할 때는 전체 작품의 색을 고려해야 한다.

21 장식용 건조식물을 주소재로 하고 여기에 천, 작은 돌, 나무조각 등을 붙여 구성하는 화훼장식의 표현 기법은?

① 콜라주　　② 갈란드
③ 리 스　　④ 형상물

해설
② 식물소재를 철사 등에 엮어서 길게 늘어뜨리는 기법이다.
③ 절화를 이용하여 고리 모양으로 만들어 낸 장식물로 화관용, 테이블용, 벽걸이용 등과 스탠드에 걸어 사용하는 장례용이나 축하용도 있다.
④ 절화를 이용하여 십자가, 별, 하트, 곰, 토끼, 공 등의 형상물을 반평면적이거나 입체적으로 만들어 다양한 용도로 이용하는 형태로, 토피어리가 대표적이다.

정답　17 ③　18 ②　19 ①　20 ④　21 ①

22 다음 중 단일식물인 것은?

① 금어초　　② 코스모스
③ 카네이션　④ 페튜니아

해설
- 단일식물 : 포인세티아, 코스모스, 국화, 맨드라미 등
- 장일식물 : 금어초, 카네이션, 메리골드, 페튜니아 등

23 사군자에 속하지 않는 것은?

① 매 화　　② 난 초
③ 소나무　　④ 국 화

해설
사군자 : 매화, 난초, 국화, 대나무

24 화훼장식 디자인 요소 중 음성적 공간의 설명에 해당하는 것은?

① 재료가 꽉 채워진 공간이다.
② 꽃과 꽃 사이에 생긴 빈 공간이다.
③ 작품에서 소재들이 사용된 부분으로, 꽃이 절대적인 부분을 차지한다.
④ 의도적으로 계획한 적극적 공간이다.

해설
디자인 요소로서의 공간의 유형
- 양성적 공간(Positive Space) : 작품에서 소재들이 사용된 부분으로, 꽃은 양성적 공간의 절대적인 부분을 차지한다.
- 음성적 공간(Negative Space) : 디자이너가 의도하지 않은 꽃과 꽃 사이에 생긴 빈 공간을 의미한다.

25 다음 화훼류 중 덩굴성 식물(만경식물)로 짝지어진 것은?

① 클레마티스 - 능소화
② 등나무 - 만병초
③ 부겐빌레아 - 자금우
④ 마삭줄 - 알로카시아

해설
덩굴성(만경류) 식물 : 클레마티스, 능소화, 등나무, 마삭줄 등

26 우리나라 꽃꽂이의 기본형태는 식물이 자연에서 자라는 형태를 기준으로 한다. 다음 중 기본형태에 대한 설명으로 옳지 않은 것은?

① 직립형 - 위로 곧게 뻗는 형
② 경사형 - 비스듬히 뻗는 형
③ 하수형 - 아래로 늘어지는 형
④ 평면형 - 사방으로 퍼지는 형

해설
④ 평면형 : 1, 2, 3 주지의 꼭짓점이 같은 수평선상에서 높낮이가 없게 180° 방향만 표현하므로 일방화라고도 한다.

27 와이어에 플로랄 테이프를 감고 리본과 가는 종이를 꼬듯이 감아 여러 가지 모양으로 만들 수 있는 리본 형태로 알맞은 것은?

① 레인보우 워크
② 스파클 리본
③ 프렌치 리본
④ 컬리큐즈

> **해설**
> 컬리큐즈(Curlicues) : 와이어에 플로랄 테이프를 감고 다시 그 위에 리본을 감은 후 와이어의 양 끝을 꼬아 숫자나 이니셜 모양을 만들어 활용할 수 있는 리본 작업

28 분류학상 가장 하위단위는?

① 목
② 과
③ 종
④ 속

> **해설**
> 생명체의 분류체계는 '종, 속, 과, 목, 강, 문, 계'로 이뤄져 있다.

29 밀 드 플레(Mille de Fleur) 디자인의 설명으로 옳지 않은 것은?

① 19세기 중반 유럽에서 시작되었다.
② 다양한 꽃과 잎, 과일이나 채소를 밀집되게 장식하는 형태이다.
③ 1,000송이 꽃 또는 많은 꽃이라는 뜻이다.
④ 둥근형 모양이 일반적이지만 삼각형이나 사각형과 같은 형도 있다.

> **해설**
> ②는 더치플레미시 디자인의 설명이다.

30 다음에서 설명하는 화훼장식의 효과는?

> 인간의 지각기능을 적절히 자극해 창조성을 높이거나 스트레스를 해소시켜 준다.

① 정서함양과 치료효과
② 교육효과
③ 환경조절효과
④ 공간장식효과

> **해설**
> 화훼장식의 정서함양과 치료효과 : 화훼장식물 관리를 통해 식물을 보살핌으로서 정서적 안정감을 주고 식물이나 꽃을 통해 스트레스를 줄이고 업무 효율성을 높이는 등 정신적 치료효과도 나타낸다.

31 다음 분재용 관상식물 중 열매분재로 주로 이용되는 식물로 짝지어진 것은?

① 낙상홍, 피라칸타
② 주목, 삼나무
③ 낙우송, 측백나무
④ 느티나무, 버드나무

> **해설**
> **열매분재(유실분재)**
> 열매를 주로 감상하는 수종으로 피라칸타, 모과나무, 석류나무, 감나무, 배나무, 산수유, 구기자, 산사나무, 심산해당, 노박덩굴, 윤노리나무, 참빗살나무, 팥배나무, 오미자, 으름나무, 화살나무, 치자나무, 보리수, 낙상홍, 매자나무, 탱자나무 등이 있다.

정답 27 ④ 28 ③ 29 ② 30 ① 31 ①

32 토양수분 중 식물의 흡수 및 생육에 가장 관계가 깊은 것은?

① 흡착수　　② 모관수
③ 지하수　　④ 중력수

해설
모관수는 모세관현상에 의해 토양의 입자 사이를 채우고 있는 지하수의 하나로, 식물의 흡수와 생장에 이용된다.

33 광합성을 위한 이산화탄소(CO_2)의 흡수량과 호흡에 의한 방출량이 같게 되는 광도는?

① 총동화량　　② 광보상점
③ 한계일장　　④ 광포화점

해설
① 총광합성량(총동화량) = 호흡량 + 순광합성량(순동화량)
③ 한계일장 : 작물의 생육이 일장의 영향을 받을 때 생육에 영향을 줄 수 있는 일장의 한계
④ 광포화점 : 식물의 광합성 속도가 더 이상 증가하지 않을 때의 빛의 세기를 말하며, 광합성 속도는 빛의 세기에 비례하지만 광포화점에 이르면 속도가 증가하지 않는다.

34 식물염색에 사용하는 방법이 아닌 것은?

① 대량 염색할 때는 염료가 첨가된 물에 식물을 넣고 삶은 후 건조시킨다.
② 염색은 표백 후 하는 것이 좋고, 염료혼합 시 증류수를 사용하는 것이 좋다.
③ 염료가 섞여 있는 물에 식물을 꽂아 도관을 통해 물을 흡수시킨다.
④ 스프레이 염료는 분무해서 염색시키는 것으로 건조화에서만 가능하다.

해설
④ 생화를 염색하는 방법 중에 식용색소를 섞은 물을 생화에 흡수시키는 방법과 색소를 직접 꽃에 분무하는 방법이 있다.

35 간단한 가족모임을 위해 꽃을 꽂으려 한다. 장식물을 식탁 위에 둔다면 다음 중 어느 형태로 계획하는 것이 가장 적합한가?

① 피닉스형　　② 피라미드형
③ 수평형　　④ 부채형

해설
③ 수평형 : 낮고 넓게 퍼지는 형태로, 안정적이고 편안한 느낌을 주며 테이블장식에 많이 쓰인다.
② 피라미드형 : 밑면이 정사각형인 모양을 입체적으로 구성하여 전후좌우에서 감상할 수 있으며 크리스마스트리처럼 공간 연출에 다양하게 사용된다.
④ 부채형 : 절화를 부채 모양으로 풍성하게 꽂아 공간을 가득 채우는 형태이며 주로 한쪽 면에서 감상한다.

36 모체식물에서 채화한 형태로서 가장 많이 사용하는 꽃장식 소재는?

① 절 엽　　② 절 화
③ 절 지　　④ 청 지

해설
② 절화 : 모체식물에서 줄기를 잘라 채화한 것으로 장식 소재 중 가장 많이 사용하는 소재이다.
① 절엽 : 변화와 마무리, 혹은 배경 표현을 위해 이용된다.
③ 절지 : 디자인의 골격 또는 선을 표현하거나 공간을 메우는 소재로 사용된다.

37 다음 중 압화소재로 적합한 꽃은?

① 꽃잎이 나팔모양인 꽃
② 색이 선명하고 변화가 많은 꽃
③ 주름이 많은 꽃
④ 꽃잎이 두껍고 수분함량이 많은 꽃

해설
압화소재로 적합한 꽃
- 색이 선명하고 변화가 많은 꽃
- 구조가 간단하고 꽃잎이 적은 꽃
- 크기가 중간 정도이거나 작은 꽃
- 두께가 적당하고 수분량이 적은 꽃
- 황색, 오렌지색, 남색, 자색, 홍색 등의 꽃

38 꽃다발을 만들 때 나선형으로 묶는 방법이 아닌 것은?

① 구조물을 이용한 핸드타이드
② 자연적 소재를 이용한 핸드타이드
③ 나뭇가지를 이용한 핸드타이드
④ 평행적인 조형 형태를 만들 때

해설
꽃다발은 나선형으로 돌려가며 디자인하는 스파이럴(Spiral)과 패럴렐(Parallel) 두 가지 기법이 있다.

39 가법혼색(Additive Color Mixture)의 삼원색에 속하는 색이 아닌 것은?

① 파란색(Blue)   ② 노란색(Yellow)
③ 빨간색(Red)   ④ 녹색(Green)

해설
가법혼색의 3원색(색광의 3원색)은 Red(빨강), Green(녹색), Blue(파랑)이다.

40 〈보기〉의 플라워디자인 제작과정이 바르게 나열된 것은?

┌보기─────────────────────┐
ㄱ. 작품의 결정   ㄴ. 주제의 결정
ㄷ. 구상과 스케치   ㄹ. 물리적인 파악
ㅁ. 작품 제작   ㅂ. 재료 구입
└──────────────────────┘

① ㄴ-ㄹ-ㄱ-ㄷ-ㅂ-ㅁ
② ㄷ-ㅁ-ㄱ-ㄴ-ㅂ-ㄹ
③ ㅂ-ㅁ-ㄷ-ㄹ-ㄱ-ㄴ
④ ㄱ-ㄴ-ㄷ-ㄹ-ㅁ-ㅂ

해설
플라워디자인의 제작과정
주제의 결정 – 물리적인 파악 – 작품의 결정 – 구상과 스케치 – 재료 구입 – 작품 제작

41 절화 장미의 수확 후 품질 특성에 관한 설명으로 옳은 것은?

① 장미는 수분 보유력이 강해 수확 후 물올림 작업이 필요 없다.
② 물올림이 잘되지 않으면 꽃목굽음이 발생한다.
③ 저온에 민감하여 저온장해를 일으키므로 10℃ 이상에서 수송 및 유통을 한다.
④ 카네이션에 비해 수확 후 에틸렌 발생이 많은 편이다.

해설
장미는 급격한 수분감소에 의해 목굽음이 발생한다.

정답 37 ② 38 ④ 39 ② 40 ① 41 ②

42 일본의 꽃예술가 오하라의 영향을 받아 1800년대와 1900년대 프랑스, 이탈리아에서 발전한 현대 화훼장식은?

① 필로잉 디자인
② 뉴웨이브 디자인
③ 추상적 디자인
④ 조각적 디자인

해설
① 필로잉 디자인 : 이끼, 지피식물 등을 이용하여 구름, 베게 모양으로 조밀하게 배치하는 디자인이다.
② 뉴웨이브 디자인 : 소재의 변형, 새로운 개발, 획기적인 방법 등으로 제작하여 새롭고 실험적인 것을 선호하는 디자인을 말한다. 화훼장식에서는 잎을 특이한 색상으로 칠하거나, 소재를 접거나 구부려 독특하고 색다르게 표현한다.
③ 추상적 디자인 : 전통과 관습에 매이지 않고 고전적인 형태에서 벗어난 추상적이고 비현실적인 디자인을 말한다.

43 화훼장식에 대한 설명으로 틀린 것은?

① 생명이 있는 신선한 재료만을 가지고 미적 가치를 높이는 것이다.
② 꽃꽂이에서부터 오브제에 이르는 다원적인 개념의 형상과정이다.
③ 화훼장식의 주요 구성요소로서 꽃이 강조되는 이유는 장식의 주된 미적 가치를 꽃에 두어 왔던 전통에 유래한다.
④ 미적이고 정서적인 창조활동이다.

해설
화훼장식의 재료로 절화류, 분화류, 관엽식물 등 생명이 있는 재료뿐만 아니라 건조화 등 다양한 가공화도 이용된다.

44 자생지가 온대산인 식물의 화분갈이 시기로 가장 적절한 때는?

① 낙엽이 지는 가을철
② 생장이 완료되어 휴면이 시작되기 전
③ 겨울철 휴면기간
④ 휴면이 끝나고 생장 직전

해설
휴면에서 깨어나 생장을 개시하기 직전이 가장 효과적이다.

45 토양산도가 강산성(pH 5.0 이하)에서 잘 자라기 힘든 화훼는?

① 아게라텀
② 철쭉
③ 제라늄
④ 은방울꽃

해설
제라늄에게 알맞은 토양산도는 pH 7 이상의 알칼리성 토양이다.

46 화훼장식의 대칭균형(Symmetrical Balance)에 대한 설명으로 틀린 것은?

① 편안하고 안정된 느낌과 공식적이고 위엄이 있는 듯이 보인다.
② 상상에 의한 중앙의 수직축을 기준으로 양쪽요소를 동일하게 배열한다.
③ 단조롭거나 인위적인 것처럼 보이기도 한다.
④ 자연스럽고 비정형적이며 시각적 움직임으로 인한 생동감이 느껴진다.

해설
④ 비대칭균형에 대한 설명이다.

47 원예용 토양에 대한 설명으로 옳지 않은 것은?

① 통기성, 배수성, 흡수성이 좋아야 한다.
② 질석은 진주암을 고온에서 가열하여 만든 특수토양이다.
③ 토양 3상인 기상, 액상, 고상은 각각 25%, 25%, 50%가 이상적인 비율이다.
④ 배양토는 식물이 요구하는 수분, 통풍, 비료의 양에 따라 혼합비율 및 원료가 달라진다.

해설
펄라이트는 진주암을 고온에서 가열하여 만든 특수 토양이고, 버미큘라이트(질석)는 질석을 고열 처리한 가벼운 용토이다.

48 다음 중 절화줄기 기부를 끓는 물에 수초간 넣었다 빼내는 열탕처리가 수명연장에 가장 효과가 있는 화훼류는?

① 튤 립   ② 포인세티아
③ 안개초   ④ 카네이션

해설
열탕법 : 과꽃, 국화, 백일홍, 숙근안개초, 대나무, 맨드라미, 접시꽃 등

49 건조소재의 조건으로 틀린 것은?

① 건조 후에도 소재의 지속성은 있어야 한다.
② 건조 후에도 원하는 색을 유지해야 한다.
③ 건조나 가공 후의 변형이 있을수록 좋다.
④ 건조 후에도 유연성이 있어야 한다.

해설
건조소재의 조건
• 건조나 가공 후 변형이 없어야 한다.
• 유연성·지속성이 있어야 한다.
• 원하는 색을 유지해야 한다.

50 화훼장식 기능 중 회사원들의 스트레스를 줄이고, 일의 효율성과 창의성을 높여 주는 데 효과적인 역할을 하는 기능은?

① 장식적 기능
② 심리적 기능
③ 환경적 기능
④ 교육적 기능

해설
① 장식적 기능 : 화훼장식물이나 화훼장식공간은 아름다운 생활환경에 대한 관심을 유도한다.
③ 환경적 기능 : 식물의 잎 뒷면의 기공을 통한 이산화탄소의 흡수는 실내환경 개선에 기여한다.
④ 교육적 기능 : 지속적으로 유지되는 분식물을 통해 관리에 대한 지식을 습득할 수 있다.

51 화훼장식 디자인 원리 중 반복에 대한 설명은?

① 많고 적음, 길고 짧음, 부분과 부분에 대한 차이다.
② 미적 질서의 근본으로 근접, 전이로 표현된다.
③ 형태나 색채상으로 움직이는 느낌을 준다.
④ 일정한 간격을 두고 되풀이 되는 것을 말한다.

해설
① 비례, ② 통일, ③ 균형

52 CAM식물 종류로만 나열된 것은?

① 칼랑코에, 장미
② 무궁화, 선인장
③ 호야, 반다
④ 채송화, 스파티필룸

해설
CAM식물
밤에 이산화탄소를 흡수하여 저장했다가 낮에 당을 만들어내는 식물로 산세비에리아, 선인장, 호접란, 드라세나, 칼랑코에, 여주, 호야, 반다, 용설란, 크루시아, 틸란드시아 등이 있다.

53 자연건조된 건조화에 비해 생화에 가까운 탄성과 유연성을 지니고 있는 가공화는?

① 건조화
② 보존화
③ 압 화
④ 누름꽃

해설
보존화는 생화를 장기간 보존할 수 있도록 특수보존액을 사용하여 탈수, 탈색, 착색, 보존 및 건조 단계를 거쳐 제작한다.

54 다음 중 유리용기에 도마뱀, 개구리, 거북 등과 식물을 함께 생육시키는 식물장식으로 가장 적당한 것은?

① 토피어리
② 테라리움
③ 비바리움
④ 디시가든

해설
① 토피어리 : 관엽식물을 전정하거나 철사나 나뭇가지 등으로 틀을 만들어 그 위에 푸밀라 고무나무, 아이비와 같은 덩굴식물을 감아서 키워 동물이나 기타 여러 가지 모양을 만든 것
② 테라리움 : 밀폐된 유리용기 속에 토양층을 형성하여 식물이 자라도록 만든 것
④ 디시가든 : 작은 돌이나 인형 또는 그 밖의 장식물을 곁들여 소정원을 꾸밀 수 있고, 이것을 확장시켜 분경을 만든다.

55 비더마이어(Biedermeier) 디자인에 대한 설명으로 틀린 것은?

① 1815~1848년 독일과 오스트리아의 한 세대에 사용되었던 디자인이다.
② 로맨틱하고 향기로운 꽃이 소재에 포함되어 낭만적인 느낌을 준다.
③ 피라미드 모양의 나선형은 프랑스 스타일이다.
④ 단단하고 촘촘하게 구성되어서 손으로 묶는 부케로 많이 사용한다.

해설
③ 피라미드 모양의 나선형은 스위스 스타일이다.

56 화학펄프를 유산 용액으로 처리한 것으로 내수성, 내유성, 표면강도, 확장력이 강한 포장지는?

① 크라프트지
② 왁스지
③ 색화지
④ 유산지

해설
① 크라프트지 : 재질이 강하고, 표면이 거친 내추럴 컬러의 지류로, 종이봉투의 원류이다.
② 왁스지 : 종이에 왁스를 처리하여 광택이 있는 포장지로, 수분 차단성이 좋으나 구김에 약해 상품을 포장하기 위한 숙련이 필요하다.
③ 색화지 : 습자지의 한 종류로, 색상이 다양하고 습기에 약하지만, 완충역할을 할 수 있어 꽃다발 포장 시 속포장용으로 효과적이다.

57 화훼디자인의 요소 중 만져서 느낄 수 있는 촉각과 더불어 덩어리감을 느낄 수 있는 뭉치, 중량감, 부피감을 말하는 것은?

① 질 감 ② 양 감
③ 공 간 ④ 비 례

해설
① 질감 : 재료의 조직, 밀도감, 질량감, 빛의 반사도 등에 따른 시각적인 느낌
③ 공간 : 작품에서 소재들이 사용된 부분으로 물리적인 공간과 화훼장식물의 공간으로 나눌 수 있음
④ 비례 : 균형과 밀접한 관계를 가지고 있으며 통일과 변화를 조성하는 원리

58 꽃을 자연건조할 경우 고려해야 될 조건으로 틀린 것은?

① 햇빛이 비추는 개방된 곳이 좋다.
② 꽃의 성숙 정도는 활짝 피기 전이 좋다.
③ 장소는 서늘하며 통풍이 잘 되어야 한다.
④ 먼지, 바람, 수분 등을 피하는 것이 좋다.

해설
자연건조를 하기에 적당한 장소는 통풍이 잘되고 직사광선이 없는 곳이다.

59 흙에 심지 않고 나무나 돌 등에 붙여 재배하는 난의 종류는?

① 반 다 ② 심비디움
③ 춘 란 ④ 한 란

해설
착생란은 뿌리는 드러나고 바람이 잘 통해야 잘 자라고 나무나 돌 등에 붙여 살며, 카틀레야, 레리아, 덴드로븀, 온시디움, 팔레놉시스, 티시스, 셀로지네, 에리데스, 린코틸리스, 반다 등이 있다.

60 크기, 색, 질감 등의 요소에 점진적인 변화를 주어 배열하는 기법으로, 꽃을 배치할 때 중심에서 바깥으로 벗어날수록 어두운 색에서 점진적으로 밝은 색으로 배치하는 기법은?

① 프레이밍 ② 섀도잉
③ 시퀀싱   ④ 조 닝

해설
① 프레이밍 : 감상하는 사람의 시선을 특정한 곳으로 끌기 위해 초점지역에 틀(테두리)을 만들어 소재를 꽂는 기법이다.
② 섀도잉 : 소재의 바로 뒤와 아래에 똑같은 소재를 하나씩 더 가깝게 꽂아 입체적으로 보이도록 하는 기법이다.
④ 조닝 : 같은 재료는 모으고, 다른 재료는 서로 공간을 두어 겹치지 않도록 구획을 정리해 주는 표현기법이다.

정답 57 ② 58 ① 59 ① 60 ③

2025년 제2회 최근 기출복원문제

01 난과 식물 중 지생란에 속하는 것은?

① 카틀레야　　② 석 곡
③ 심비디움　　④ 풍 란

해설
①·②·④ 카틀레야, 석곡, 풍란은 착생란이다.

02 다음 절화에 나타나는 현상과 관계있는 식물 호르몬은?

카네이션	꽃의 노화와 꽃잎 말림
난류	꽃봉오리의 개화 억제 및 소화탈리
금어초, 스위트피	꽃과 잎의 탈리
튤립	꽃잎의 말림

① 옥 신　　② 지베렐린
③ 에틸렌　　④ ABA

해설
절화의 종류별 에틸렌 피해증상
- 카네이션 : 꽃의 노화와 꽃잎 말림
- 난류 : 꽃봉오리의 개화 억제 및 소화탈리
- 금어초, 스위트피 : 꽃과 잎의 탈리
- 튤립 : 꽃잎의 말림

03 화훼류의 개화 조절방법에 속하지 않는 것은?

① 춘화처리　　② 생장조절제 처리
③ 차 광　　　④ 멀 칭

해설
멀칭은 짚이나 건초, 비닐 등으로 작물이 자라고 있는 지표면을 덮어 주는 일이다.

04 분식물장식에 대한 설명으로 옳은 것은?

① 디시가든(Dish Garden)이란 접시와 같이 넓고, 깊이가 얕은 용기에 키가 크고 생육속도가 빠른 열대식물을 심은 작은 정원을 말한다.
② 분식 토피어리(Topiary)는 용기에서 자라는 식물을 동물이나 기하학적인 형으로 전정하여 형태를 만들거나 틀을 부착시켜 넝쿨식물을 틀의 형태로 유인하여 키우는 분식물을 말한다.
③ 비바리움(Vivarium)은 유리용기에 식물을 심고 연못을 만들어 물고기를 넣어 함께 키우는 것을 말한다.
④ 식물을 심은 용기에 동물과 함께 생활하도록 만든 것은 아쿠아리움(Aquarium)이라 한다.

해설
① 디시가든(Dish Garden)이란 접시와 같이 넓고, 깊이가 얕은 용기에 키가 작고 생육속도가 느린 식물을 식재하여 감상하는 분식물장식을 말한다.
③ 비바리움(Vivarium)은 유리용기 속에 도마뱀, 개구리 등의 동물과 식물이 공생하는 자연의 모습을 연출한다.
④ 유리용기 속에 물고기 등을 넣고 수생식물을 띄워 키운 것을 아쿠아리움(Aquarium)이라 한다.
※ 테라리움 : 용기 내에 식물만을 심는 것을 말한다.

정답 1 ③　2 ③　3 ④　4 ②

05 꽃받침이 꽃잎화된 것이 아닌 것은?

① 수국 ② 극락조화
③ 나리 ④ 안스리움

해설
겹꽃은 홑꽃의 수술, 암술, 꽃받침이 꽃잎화된 것으로 나리, 극락조화, 수국, 아이리스, 국화, 장미, 동백 등이 있다.

06 실내의 한 벽면에 커다란 소파를 놓고 그 벽면에 그림 한 장을 걸었을 때 그 그림이 너무 크다거나, 작다거나 또는 아주 적당하다는 느낌을 주는 것은 디자인의 원리 중 주로 무엇에 의한 것인가?

① 조화(Harmony) ② 비례(Proportion)
③ 통일(Unity) ④ 리듬(Rhythm)

해설
② 비례 : 디자인할 때 상대적인 크기와의 관계를 의미하며 폭, 길이, 두께, 높이에 의한 치수와 관계가 있음
① 조화 : 서로 다른 요소들이 통합되어 상호관계를 이루는 것
③ 통일 : 통합되거나 완전해진 하나의 상태로, 전체의 구성이 개개의 부분에 비해 훨씬 두드러지는 것
④ 리듬 : 조형 상의 색, 형태, 질감, 선 등이 반복적으로 나타나는 것

07 다음 식충식물 중 포충낭을 가지고 있는 것은?

① 네펜데스 ② 끈끈이주걱
③ 벌레잡이 제비꽃 ④ 파리지옥

해설
②·③ 끈끈이주걱, 벌레잡이 제비꽃 : 끈끈한 점액
④ 파리지옥 : 포충엽

08 가공화의 종류에 해당하지 않는 것은?

① 압화 ② 건조화
③ 분화 ④ 보존화

해설
가공화의 종류 : 인조화, 건조화(드라이플라워), 압화(프레스플라워, 누름꽃), 보존화(프리저브드플라워)

09 일본의 화훼장식에 대한 설명을 옳은 것은?

① 생화 양식은 사각형의 구도이다.
② 전위화 양식에서 입화 양식으로 발전되었다.
③ 불전공화 양식에서 기원하였다.
④ 분재의 형식을 도입한 것을 입화 양식이라 칭한다.

해설
① 생화(生花, 세이카) 양식은 천지인(天地人) 삼재사상을 반영한 삼각형 구도이다.
② 일본의 화훼장식은 불전공화(佛典供花)에서 시작하여 입화(立花, 릿카) 양식, 생화 양식으로 발전하였고, 전위(前衛)화는 현대에 등장한 새로운 양식이다.
④ 분재(盆栽)는 나무를 화분에 심어 가꾸는 것이고, 입화 양식은 꽃과 가지를 세워서 표현하는 특징을 가지는 것으로 분재의 형식을 도입한 것은 아니다.

정답 5 ④ 6 ② 7 ① 8 ③ 9 ③

10 최적의 건조화 소재가 되기 위한 특성이 아닌 것은?

① 건조나 가공 후 변형이 없어야 한다.
② 지속성이 있어야 한다.
③ 원하는 색을 유지해야 한다.
④ 유연성이 없어야 한다.

해설
건조소재의 조건
- 건조나 가공 후 변형이 없어야 한다.
- 유연성·지속성이 있어야 한다.
- 원하는 색을 유지해야 한다.

11 절화와 절엽을 길게 엮은 장식물로 길고 유연성이 있어 어깨에 걸치거나 기둥의 둘레, 벽이나 천장에 드리우는 장식에 이용되는 것은?

① 갈란드   ② 리스
③ 콜라주   ④ 레이

해설
갈란드(Garlands)는 절화와 절엽 등을 길게 엮은 장식물로 고대 이집트와 로마 시대부터 행사 시 경축의 용도로 사용되었다.

12 절화보존제의 역할이 아닌 것은?

① 에틸렌 발생 억제
② 에너지원 제공
③ 수분 증발 촉진
④ 미생물 증식 억제

해설
절화보존제는 수분 증발을 억제하는 효과가 있다.

13 화훼 디자인 요소가 아닌 것은?

① 형태, 방향   ② 명암, 질감
③ 크기, 색채   ④ 구성, 초점

해설
화훼 디자인 요소 및 원리
- 디자인 요소 : 점, 선, 면, 형태, 방향, 명암, 질감, 크기, 색채 등
- 디자인 원리 : 구성, 초점, 통일, 균형, 율동, 조화, 대칭, 강조, 비례, 대비, 반복과 교체 등

14 콜라주에 대한 설명으로 틀린 것은?

① 20세기에 등장한 독특한 시각예술이다.
② 벽장식으로만 이용한다.
③ 천, 금속, 돌 등의 재료를 붙여서 구성하는 표현기법 중 하나이다.
④ 평면적 구성이다.

해설
평면적인 화면에 입체적인 생화나 건조식물 등의 소재를 반평면적으로 배치하여 표현하는 장식물이다.

15 앞쪽에는 키가 작은 식물을 심고 뒤쪽으로 갈수록 키가 큰 식물을 배치하여 건물, 담장 등을 따라 좁고 길게 만든 화단은?

① 경재화단   ② 노단화단
③ 암석화단   ④ 기식화단

해설
② 노단화단 : 경사진 땅을 계단모양으로 단을 만들어 초화류를 심거나 계단형식으로 꽃상자를 진열한 화단
③ 암석화단 : 자연석을 활용하여 암석과 식물을 조화롭게 배치하여 꾸민 화단
④ 기식화단 : 로터리나 공원의 중앙에 설치하여 사방으로부터 관상할 수 있게 만든 화단

정답 10 ④ 11 ① 12 ③ 13 ④ 14 ② 15 ①

16 일년생 초화류 식물은?

① 장미(*Rosa centifolia* L.)
② 아이비(*Hedera helix*)
③ 금어초(*Antirrhinum majus* L. Magnoliophyta)
④ 러브체인(*Ceropegia woodii*)

해설
금어초는 춘파 1년초(한해살이식물)이다.

17 화훼장식의 구성형식 중 식물이 자연상태에서 살아 있는 것과 같은 형태로 조형하는 것은?

① 구조적 구성
② 선형적 구성
③ 식생적 구성
④ 장식적 구성

해설
① 구조적 구성 : 소재를 의도적으로 구성·배치하여 소재의 형태와 색깔 등 구조적 효과를 전면에 나타내는 구성으로 장식적 구성이 발전되어 나타난 새로운 현대적 구성이다.
② 선형적 구성 : 각 식물의 소재가 가지고 있는 형태와 동적인 특성이 잘 나타나도록 형과 선을 명확히 표현하는 구성이다.
④ 장식적 구성 : 디자이너의 의도로 소재를 자유롭고 인위적으로 구성하는 형태로서 절화장식에서 가장 먼저 시작된 것이다. 이 구성의 전형적인 형태는 대칭형의 방사선 줄기배열로서 많이 사용되고 있다.

18 화훼의 이용형태에 관한 설명으로 연결이 틀린 것은?

① 생산화훼 - 절화, 절엽, 절지, 분화, 종묘, 화단묘가 해당된다.
② 취미화훼 - 판매를 목적으로 하지 않는다.
③ 후생화훼 - 가정원예, 실내원예, 베란다원예, 생활원예가 해당된다.
④ 생산화훼 - 영리를 목적으로 한다.

해설
화훼의 이용형태
• 생산화훼 : 절화, 절엽, 절지, 분화, 종묘, 구근, 화단묘
• 취미화훼 : 가정원예, 실내원예, 베란다원예, 생활원예 등의 개인적 관상목적
• 후생화훼 : 교육 및 환경 조성, 원예치료·향기치료 등의 미화를 통한 서비스

19 다음 중 싱고니움의 학명을 올바르게 표시한 것은?

① *syngoniuM podophyllum* Schott
② Syngonium podophyllum Schott
③ *syngonium podophyllum Schott*
④ *Syngonium podophyllum* Schott

해설
학명 표기법
• 린네의 이명법에 따라 속명과 종명으로 표기한다.
• 라틴어 사용을 기본으로 하여 이탤릭체로 쓴다.
• 속명은 대문자로 시작하고 종명은 소문자로 시작한다.
• 끝에는 명명자를 일반체로, 첫자는 대문자로 적는다.

정답 16 ③ 17 ③ 18 ③ 19 ④

20 다음 중 잎의 착생양식이 대생(對生)하는 식물이 아닌 것은?

① 거베라　　② 개나리
③ 용 담　　　④ 숙근안개초

해설
① 거베라 잎은 호생(어긋나기) 한다.
엽서의 종류
- 호생(어긋나기) : 장미, 국화, 금어초, 과꽃, 맨드라미, 수국, 나리, 미루나무 등
- 대생(마주나기) : 카네이션, 용담초, 개나리, 숙근안개초, 들깨, 백일홍 등
- 윤생(돌려나기) : 쇠뜨기, 쇠뜨기말, 검정말, 칼라데아 등
- 근생(뿌리처럼 나기) : 민들레, 소나무, 은행나무, 낙엽송 등

21 다음 설명 중 색상이 가지는 특성을 가장 잘 표현한 것은?

① 테이블 장식에서는 빨강, 주황, 노랑의 꽃은 피하도록 한다.
② 고명도의 색상은 빠른 느낌을 준다.
③ 파스텔조의 색채는 동적이고 화사한 느낌을 준다.
④ 보라색 꽃은 자주색 배경보다 남보라색 배경에서 더 푸르게 보인다.

해설
① 테이블 장식에서 특정 색상의 꽃을 피하는 것은 색상의 일반적 특성으로 보기는 어렵다.
③ 파스텔색조는 안정적이며, 흥분을 가라앉힌다.
④ 보라색 꽃은 보색 관계에 있는 자주색 배경에서 더 푸르게 보인다.

22 비례는 폭, 길이, 높이 등의 치수와 비교되는 분량의 측정관계이다. 가장 기본적인 비율로 3 : 5 : 8 : 13의 연속적인 분할비율을 나타내는 것은?

① 황금비율　　② 정상비율
③ 과소비율　　④ 과대비율

해설
황금비율은 1 : 1.618의 비례로, 가장 기본적인 비율은 8 : 5 : 3 이다.

23 다음 중 양지식물은?

① 백량금　　② 아이비
③ 베고니아　④ 루드베키아

해설
① 백량금 : 반음지식물
②·③ 아이비, 베고니아 : 음지식물

24 비더마이어(Bidermeier)에 대한 설명으로 옳은 것은?

① 네덜란드 화풍에서 나온 디자인이다.
② 수 천 송이의 꽃이란 의미가 있다.
③ 꽃들을 빈 공간 없이 촘촘하게 배열하여 원추형이나 반구형으로 조형한다.
④ 물이 흐르는 듯한 모양으로 꽂는다.

해설
비더마이어 양식은 꽃들을 촘촘히 구성하여 양감(Mass)을 강조하는 돔(Dome)형의 어레인지먼트(Arrangement)를 압축한 양식으로 1815~1848년 독일, 오스트리아에서 사용되었던 양식이다.

25 우리나라의 분식물장식과 관련된 전문서적이 아닌 것은?

① 색경증집   ② 부생육기
③ 양화소록   ④ 산림경제

해설
② 부생육기(浮生六記) : 중국 청나라 말기에 쓰여진 수필
① 색경증집(色經增集) : 조선 후기 박세당이 지은 농서로 농업 기술 전반에 대한 내용을 담고 있다.
③ 양화소록(養花小錄) : 조선 전기 문신 강희안이 지은 우리나라 최초의 전문 원예서이다.
④ 산림경제(山林經濟) : 조선 후기 홍만선이 지은 농업 및 생활 백과사전이다.

26 절화의 줄기를 사선으로 자르는 가장 큰 이유는?

① 잘 꽂아지게 하기 위해
② 절단면의 면적을 늘리기 위해
③ 키가 커보이게 하기 위해
④ 세균의 번식을 줄이기 위해

해설
절화의 줄기를 자를 때에는 물의 흡수면적을 넓혀 주기 위하여 45° 각도로 비스듬히 잘라 주고, 물의 상승이 잘 이루어지도록 하기 위해 물속에 담근 상태에서 자르도록 한다.

27 고전적 형태의 하나로 양끝이 서로 이어지려는 듯이 곡선과 공간의 균형이 아름다우며 동적인 느낌을 주는 디자인은?

① 나선형   ② 초승달형
③ 수직형   ④ 둥근형

해설
초승달형(크레센트형)은 가운데 부분은 다소 두툼하게 곡선을 이루며 양쪽 끝으로 가면서 가늘게 구성하여 동물의 뿔 모양으로 만들며, 높이보다는 가로로 퍼지도록 꽂아주는 형이다.

28 물과 살충제를 희석해서 만든 농도 3% 용액의 비율은?

① 물 1L, 살충제 3mL
② 물 10L, 살충제 3mL
③ 물 1L, 살충제 30mL
④ 물 10L, 살충제 30mL

해설
$$농도(\%) = \frac{원액의\ 양}{희석액의\ 양} \times 100$$
$$= \frac{살충제\ 30mL}{물\ 1,000mL + 살충제\ 30mL} \times 100 (※ 1,000mL = 1L)$$
$$= 약\ 3\%$$

29 꽃다발을 제작할 때의 주의사항으로 가장 거리가 먼 것은?

① 묶음점 아래 부분의 줄기는 깨끗이 다듬어 준다.
② 묶음점을 굵은 철사로 여러 번 묶는다.
③ 일반적으로 줄기는 나선형으로 돌려가며 구성한다.
④ 묶음점을 부드러운 노끈으로 묶는다.

해설
묶음점은 되도록 가늘게 필요한 만큼의 폭으로 묶는다.

정답 25 ② 26 ② 27 ② 28 ③ 29 ②

30 분화류 관수방법으로 가장 부적합한 것은?

① 흙의 표면이 약간 말라보일 때 관수한다.
② 화분 바닥으로 충분히 물이 흘러나오도록 관수한다.
③ 겨울철 관수 시 수돗물을 틀어서 즉시 관수한다.
④ 관수시기는 봄, 가을에는 오전 9~10시에 한번 관수한다.

해설
수돗물의 경우 24시간 침전을 시킨 후 사용한다.

31 화훼장식에 있어 꽃을 고정하는 데 사용되는 소재가 아닌 것은?

① 침 봉　　② 플로랄폼
③ 철 망　　④ 이 끼

해설
절화 줄기의 고정방법 : 용기, 플로랄폼, 침봉, 철망, 격자, 끈·실·테이프, 접착제, 철사, 스프레이 등

32 질감(Texture)에 관한 설명으로 틀린 것은?

① 질감에서 느껴지는 감정은 모든 사람이 동일하다.
② 질감은 물체의 표면이 촉각적으로나 시각적으로 느껴지는 질감이다.
③ 조화와 생화의 질감은 다르다.
④ 일반적으로 거친 질감은 남성적이고 고운 질감은 여성적이다.

해설
질감에서 느껴지는 감정은 감상하는 사람의 감성이나 과거의 경험에 따라 다르게 느껴진다.

33 분화용 상토로 적합하지 않은 것은?

① 황 토　　② 버미큘라이트
③ 피트모스　　④ 펄라이트

해설
분화용 상토의 기본 재료로는 하이드로볼, 질석(버미큘라이트), 펄라이트, 피트모스, 코코피트 등이 있다.

34 1960년대 미국에서 유행하여 일상생활에서 사용한 용기에 흙을 채우고 식물을 심어 정원을 연출한 디자인은?

① 디시가든　　② 분 재
③ 토피어리　　④ 공중걸이

해설
디시가든(Dish Garden)은 접시와 같이 넓고 깊이가 얕은 용기에 키가 작고 생육속도가 늦은 식물을 식재하여 감상하는 분식물 장식이다.

35 식물의 뿌리 흡수기능이 약해져서 초세를 빨리 회복하기 위해 액체비료를 식물 지상부에 살포하려고 할 때 시비방법으로 적당한 것은?

① 이산화탄소시비　　② 전면시비
③ 엽면시비　　④ 부분시비

해설
③ 엽면시비 : 토양조건이 나쁘거나 뿌리 기능이 약할 때 잎을 통해 양분을 흡수시키는 방법
① 이산화탄소시비 : 시설 내에서 인위적으로 공기 환경을 조절하면서 광합성에서 필수적인 탄산가스를 공급하여 작물의 생육을 촉진시키는 방법
② 전면시비 : 수목을 식재하기 전 표토에 비료를 골고루 뿌려주는 방법
④ 부분시비 : 작물을 심을 때 특정 위치에 집중적으로 공급해주는 방법으로 생육기간 중 질소 요구량이 많은 경우에 좋다.

정답 30 ③　31 ④　32 ①　33 ①　34 ①　35 ③

36 절화의 물올림에 관한 설명 중 옳은 것은?

① 반드시 공기 중에서 재절단한다.
② 손상된 잎이나 물에 잠기는 잎은 제거한다.
③ 물의 흡수면적을 넓혀 주기 위해 줄기 기부를 수평으로 절단한다.
④ 종에 상관없이 한 용기에 모두 담아 물올림을 한다.

해설
① 물속에서 재절단하며, 재절단 시 가위보다 예리한 칼을 사용한다.
③ 물의 흡수면적을 넓혀 주기 위해 45°가 되도록 비스듬히 자른다.
④ 같은 종 또는 같은 품종 단위로 동일한 용기에 넣고 물올림을 한다.

37 '수 천 송이의 꽃', '많은 꽃'이라는 의미로 여러 가지 질감, 색, 꽃을 한꺼번에 꽂아 주는 기법으로 19세기 유럽에서 유행한 것으로 가장 적당한 것은?

① 밀 드 플레(Mille de Fleur)
② 워터 폴(Water Fall)
③ 비더마이어(Biedermeier)
④ 보태니컬(Botanical)

38 화훼식물이 장식에 이용되는 주요 형태로 가장 거리가 먼 것은?

① 도시조경   ② 실내정원
③ 절화장식   ④ 분식물장식

해설
화훼장식 중 실내장식의 형태는 절화장식, 분식물장식, 실내정원으로 나눈다.

39 신미술이라는 의미로 자연을 모티브로 하여 식물의 곡선을 주제로 한 양식은?

① 플레미시   ② 밀 드 플레
③ 아르데코   ④ 아르누보

해설
아르누보(Art Nouveau)
19세기 말~20세기 초에 걸쳐서 유럽 전역에 넓게 퍼졌던 장식적 양식으로, 신미술이라는 뜻을 가지고 있으며, 자연에서 식물의 모양을 따라 곡선을 주제로 구성한 양식이다.

40 분식물장식에 대한 설명으로 틀린 것은?

① 테라리움은 밀폐된 용기 속에 식물을 심고 연못을 만들어 거북이나 물고기를 넣어 키우는 것이다.
② 디시가든은 용기에 키가 작고 생육속도가 느린 식물을 심는 분식물장식이다.
③ 걸이분은 바구니를 비롯한 가벼운 용기에 식물을 심어 매달아 키우는 형태이다.
④ 수경재배는 토양 대신 식물을 지지할 수 있는 배지와 물을 넣어 재배하는 것을 말한다.

해설
① 테라리움 : 밀폐된 투명한 플라스틱이나 유리용기 속에 식물을 심어 재배·관상하는 형태

[정답] 36 ② 37 ① 38 ① 39 ④ 40 ①

41 다음 중 기생 또는 착생식물로만 묶어진 것은?

① 틸란드시아, 석곡, 반다, 나도풍란
② 고무나무, 쉐프렐라, 디펜바키아, 남천
③ 인동덩굴, 아이비, 필로덴드론 옥시카르듐, 마삭줄
④ 수호초, 선인장류, 유카, 테이블야자

해설
기생 또는 착생식물은 다른 식물에 의존하여 생존하고 자체적으로 뿌리를 갖지 않는 것으로 틸란드시아, 석곡, 반다, 나도풍란 등이 있다.

42 수덕사 대웅전에 그려진 야화도에 나타나지 않은 식물은?

① 작 약　　② 부 들
③ 계관화　　④ 치 자

해설
수덕사 대웅전에 그려진 야화도에는 모란, 작약, 맨드라미(계관화), 치자, 들국화 등이 수반에 가득 담겨 있다.

43 다음 중 백합과 식물이 아닌 것은?

① 드라세나 골든킹
② 아스파라거스 플루모서스
③ 옥잠화
④ 프리지아

해설
프리지아는 붓꽃과이다.

44 평행배열로 된 꽃꽂이 형태에 대한 설명으로 옳은 것은?

① 원형, 평행형, 폭포형, 수평형 등이 있다.
② 교차선 배열에서 발전된 형으로 유연한 선의 흐름이다.
③ 모든 줄기의 선이 한 개의 초점에서 사방으로 전개되는 배열이다.
④ 여러 개의 초점으로부터 나온 줄기가 모두 같은 방향으로 나란히 뻗어 있는 배열이다.

해설
줄기배열에 의한 꽃꽂이 형태
- 방사선배열 : 모든 줄기의 선이 한 개의 초점에서 사방으로 전개되는 배열
- 병행선(평행)배열 : 여러 개의 초점으로부터 나온 줄기가 모두 같은 방향으로 나란히 뻗어 있는 배열
- 교차선배열 : 여러 개의 초점으로부터 나온 줄기의 선이 제각기 여러 각도의 방향으로 뻗어 서로 교차하는 상태로 배열
- 감는선배열 : 교차선배열에서 발전된 형으로 서로 구부러지고 휘감기는 유연한 선의 흐름으로 구조적 구성의 골조구조에 많이 쓰이는 배열
- 줄기배열이 없는 구성 : 일정한 규칙 없이 배열되거나 줄기를 짧게 잘라 꽃송이나 꽃잎만을 사용하여 구성

45 화훼의 생태학적 분류방식이 아닌 것은?

① 기후형에 따른 분류
② 광도에 따른 분류
③ 광주기에 따른 분류
④ 형태에 따른 분류

해설
화훼의 생태적 조건에 따른 분류
- 기후형 : 지중해, 대륙서안, 대륙동안, 열대고지, 열대, 사막, 북지기후형
- 광선 : 광도와 광주기
- 수분 : 건생, 중생, 습생, 수생식물

정답 41 ① 42 ② 43 ④ 44 ④ 45 ④

46 다음 중 채도가 가장 높은 것은?

① 무채색　　② 회 색
③ 순 색　　④ 청 색

해설
채도는 색상의 포화도 또는 강도를 말하며, 한 색상 중에서 채도가 가장 높은 색을 순색이라 한다.

47 12개의 색상환에서 1색상씩 건너뛴 3색이 함께 조화되는 것을 가리키는 것은?

① 보색조화
② 유사색조화
③ 이색 3조화
④ 이색 6조화

해설
① 보색조화 : 색상환에서 서로 반대편에 위치하며 대립하는 색으로, 강한 느낌을 주는 색채조화이다.
② 유사색조화 : 하나의 색을 결정한 후 색상환에서 그 색의 양쪽에 위치한 두 색을 함께 배색하는 것이다.
③ 이색 3조화 : 색상환에서 120° 위치에 있는 각각의 색으로 조화를 이루는 것이다.

48 아름다운 잎을 관상하는 식물은?

① 다육식물
② 관엽식물
③ 구근식물
④ 화단식물

해설
관엽식물은 꽃보다는 잎의 모양, 색, 무늬 등의 아름다움을 관상하는 식물이다.

49 식물체 내 수용성 색소의 주요성분이 아닌 것은?

① 플라보노이드
② 베타시아닌
③ 카로티노이드
④ 안토시아닌

해설
식물성 색소
• 수용성 : 플라보노이드류(안토크산틴, 안토시아닌, 타닌류), 베타레인류(베타잔틴, 베타시아닌)
• 지용성 : 카로티노이드류(카로틴, 크산토필), 클로로필

50 작은 보석을 빽빽하게 배치하는 데서 유래하여 편평한 용기에 꽃, 잎, 줄기 등을 플로랄폼이 보이지 않도록 조밀하게 비치하여 색과 질감을 대비시켜 구성하는 방법은?

① 뉴컨벤션 디자인
② 비더마이어 디자인
③ 파베 디자인
④ 폭포형 디자인

해설
파베 기법
작은 돌들을 가능한 빽빽하게 모으는 것처럼 소재들을 구성하는 방법으로, 높낮이 차이가 없도록 구성한다.

정답 46 ③ 47 ④ 48 ② 49 ③ 50 ③

51 스파이럴 부케 제작 방법으로 옳지 않은 것은?

① 묶음점을 포함하여 밑으로 잎이나 이물질을 깨끗하게 제거한다.
② 나선형으로 돌리면서 원형의 형태를 잡아 주며, 줄기가 한 방향을 향하도록 사선으로 덧댄다.
③ 포인트를 추가하기 위해 형태가 화려한 폼플라워를 중앙에 포인트로 잡는다.
④ 바인딩 포인트를 스트링이나 라피아를 이용해 단단하게 묶고 남은 부분을 깔끔하게 잘라 준다.

해설
스파이럴 부케는 폼플라워를 이용하여 포인트를 추가하기 보다는 매스플라워와 잎을 이용하여 360° 사방으로 전개되도록 배치해야 한다.

52 잎의 구조와 형태에 대한 설명으로 틀린 것은?

① 잎몸은 광합성작용을 하는 기관으로, 잎맥이 발달해 있다.
② 잎의 관다발은 식물체를 지지하게 해 준다.
③ 잎맥은 보통 주맥, 곁맥, 가는맥으로 구분한다.
④ 잎맥은 잎 속의 물과 양분이 이동하는 부분이다.

해설
잎의 관다발과 이것을 둘러싼 부분을 잎맥이라고 하며, 잎맥은 잎 속의 물질이 이동하는 부분이다. 식물체(전체)를 지지하는 기능은 줄기가 담당한다.

53 여러해살이풀에 속하는 것은?

① 메리골드   ② 천일홍
③ 제라늄   ④ 페튜니아

해설
①·② 춘파 1년초, ④ 추파 1년초

54 검은색과 노란색을 사용하는 교통표지판은 색채의 어떠한 특성을 이용한 것인가?

① 색채의 연상
② 색채의 이미지
③ 색채의 심리
④ 색채의 명시성

해설
명시도 : 두 색을 대비시켰을 때 멀리서도 잘 보이는 성질로 색상, 명도, 채도의 차이가 큰 색의 대비가 명시성이 높다.

55 다음 중 포인세티아에 관한 설명으로 틀린 것은?

① 학명은 *Euphorbia pulcherrima* Wild.이다.
② 멕시코 원산의 대극과 식물이다.
③ 내한성이 약하다.
④ 상업적 생산을 위해서는 종자번식을 한다.

해설
④ 포인세티아는 주로 삽목을 통해 번식한다.

56 철사 처리법 중 인서션(Insertion)법으로 처리하는 소재끼리 짝지어진 것은?

① 안개초, 백합
② 거베라, 장미
③ 나팔수선, 칼라
④ 카네이션, 라넌큘러스

해설
인서션법으로 처리하는 소재는 수선화, 거베라, 칼라, 나팔수선 등이다.

57 절화 수송 시 반드시 세워서 저장 및 수송해야 하는 것은?

① 숙근안개초
② 개나리
③ 글라디올러스
④ 국화

해설
글라디올러스는 길고 가느다란 꽃줄기에 꽃대 없는 작은 꽃들이 촘촘히 달린 모양의 수상화서이기 때문에 반드시 세워서 저장·수송해야 한다.

58 식물의 성숙 및 노화를 촉진하는 식물 호르몬은?

① 옥신
② 에틸렌
③ 지베렐린
④ ABA

해설
에틸렌은 무색무취의 기체로 절화의 성숙과 노화에 가장 큰 영향을 미치는 호르몬이다.

59 자연향을 오래 간직하기 위해서 말린꽃에 향기나는 식물, 향료 등을 혼합하여 이것을 용기 속에 넣어 이용하는 장식화훼의 형태는?

① 포푸리
② 리스
③ 부토니아
④ 오브제

해설
② 리스 : 화환이라고도 하며, 절화를 이용하여 고리 모양으로 만들어낸 장식물
③ 부토니아(Boutonniere) : 신부 꽃다발의 꽃 한 송이를 이용하여 신랑의 예복 상의 깃의 단추 구멍에 꽂는 꽃
④ 오브제(Objective) : 식물을 다른 소재와 조합하여 그 형이나 색채, 질감의 대비나 조화 등을 비사실적 기법에 의해 순수한 구성미를 가진 형태로 표현하는 것

60 우리나라의 전통 색채는 생활 속에서 아름다움을 추구하는 요소로 또는 음양오행사상을 표현하는 상징적 의미의 표현수단으로 이용되었다. 이때 오행에 상응하는 오색은?

① 황(黃), 청(靑), 백(白), 적(赤), 흑(黑)
② 청(靑), 백(白), 홍(紅), 적(赤), 녹(綠)
③ 녹(綠), 청(靑), 홍(紅), 자(紫), 남(藍)
④ 황(黃), 백(白), 흑(黑), 홍(紅), 녹(綠)

해설
• 청(靑)-동쪽, 목(木)
• 백(白)-서쪽, 금(金)
• 적(赤)-남쪽, 화(火)
• 흑(黑)-북쪽, 수(水)
• 황(黃)-중앙, 토(土)

정답 56 ③ 57 ③ 58 ② 59 ① 60 ①

우리 인생의 가장 큰 영광은 결코 넘어지지 않는 데 있는 것이 아니라
넘어질 때마다 일어서는 데 있다.

- 넬슨 만델라 -

Win-Q 화훼장식기능사 필기

개정8판1쇄 발행	2026년 01월 05일 (인쇄 2025년 08월 21일)
초 판 발 행	2018년 01월 05일 (인쇄 2017년 08월 31일)
발 행 인	박영일
책 임 편 집	이해욱
편 저	김근성
편 집 진 행	윤진영, 장윤경
표지디자인	권은경, 길전홍선
편집디자인	정경일, 조준영
발 행 처	(주)시대고시기획
출 판 등 록	제10-1521호
주 소	서울시 마포구 큰우물로 75 [도화동 538 성지 B/D] 9F
전 화	1600-3600
팩 스	02-701-8823
홈 페 이 지	www.sdedu.co.kr
I S B N	979-11-383-9782-7(13520)
정 가	23,000원

※ 저자와의 협의에 의해 인지를 생략합니다.
※ 이 책은 저작권법의 보호를 받는 저작물이므로 동영상 제작 및 무단전재와 배포를 금합니다.
※ 잘못된 책은 구입하신 서점에서 바꾸어 드립니다.

기능사 / 기사·산업기사 / 기능장 / 기술사

단기합격을 위한 완전 학습서

Win-Q 윙크시리즈
WIN QUALIFICATION

Win-Q
승강기기능사
필기+실기

Win-Q
전기기능사
필기

Win-Q
피복아크용접기능사
필기

Win-Q
컴퓨터응용선반·밀링기능사
필기

Win-Q
설비보전기능사
필기+실기

Win-Q
자동화설비기능사
필기

Win-Q
전산응용기계제도기능사
필기

Win-Q
화학분석기능사
필기+실기

자격증 취득에 승리할 수 있도록 **Win-Q**시리즈가 완벽하게 준비하였습니다.

Win-Q
위험물기능사
필기

Win-Q
환경기능사
필기+실기

Win-Q
화훼장식기능사
필기

Win-Q
원예기능사
필기+실기

Win-Q
공조냉동기계산업기사
필기

Win-Q
화학분석기사
필기

Win-Q
위험물산업기사
필기

Win-Q
소방설비기사[전기편]
필기

Win-Q
설비보전산업기사
필기+실기

Win-Q
가스산업기사
필기

Win-Q
에너지관리기사
필기

Win-Q
실내건축산업기사
필기

※ 도서의 이미지 및 구성은 변경될 수 있습니다.

산림·조경·농업 국가자격 시리즈

산림기사·산업기사 필기 한권으로 끝내기	4×6배판 / 45,000원
산림기사 필기 기출문제해설	4×6배판 / 24,000원
산림기사·산업기사 실기 한권으로 끝내기	4×6배판 / 25,000원
산림기능사 필기 한권으로 끝내기	4×6배판 / 28,000원
산림기능사 필기 기출문제해설	4×6배판 / 25,000원
조경기사·산업기사 필기 한권으로 합격하기	4×6배판 / 42,000원
조경기사 필기 기출문제해설	4×6배판 / 37,000원
조경기사·산업기사 실기 한권으로 끝내기	국배판 / 41,000원
조경기능사 필기 한권으로 끝내기	4×6배판 / 29,000원
조경기능사 필기 기출문제집	4×6배판 / 27,000원
조경기능사 실기 [조경작업]	8절 / 27,000원
식물보호기사·산업기사 필기 한권으로 끝내기	4×6배판 / 37,000원
식물보호기사·산업기사 실기 한권으로 끝내기	4×6배판 / 20,000원
농산물품질관리사 1차 한권으로 끝내기	4×6배판 / 40,000원
농산물품질관리사 2차 필답형 실기	4×6배판 / 32,000원
농·축·수산물 경매사 한권으로 끝내기	4×6배판 / 40,000원
축산기사·산업기사 필기 한권으로 끝내기	4×6배판 / 36,000원
축산기사·산업기사 실기 한권으로 끝내기	4×6배판 / 28,000원
Win-Q(윙크) 화훼장식기능사 필기	별판 / 23,000원
Win-Q(윙크) 원예기능사 필기	별판 / 25,000원
Win-Q(윙크) 버섯종균기능사 필기	별판 / 22,000원
Win-Q(윙크) 축산기능사 필기+실기	별판 / 24,000원
무단뼈 조경기능사 필기+무료 동영상	별판 / 26,000원
유기농업기능사 필기+실기 가장 빠른 합격	별판 / 32,000원
기출이 답이다 종자기사 필기 [최빈출 기출 1000제 + 최근 기출복원문제 2개년]	별판 / 28,000원